TURING

服务器端网络架构

（第2版）

[日] 宫田宽士 著
曾薇薇　李　云译

人民邮电出版社
北　京

图书在版编目(CIP)数据

图解服务器端网络架构 / (日) 宫田宽士著 ; 曾薇薇, 李云译. -- 2版. -- 北京 : 人民邮电出版社, 2024.3

(图灵程序设计丛书)

ISBN 978-7-115-63204-3

Ⅰ. ①图… Ⅱ. ①宫… ②曾… ③李… Ⅲ. ①服务器—架构—图解 Ⅳ. ①TP368.5-64

中国国家版本馆CIP数据核字(2023)第227407号

内 容 提 要

本书以图配文，详细说明服务器端网络架构的基础技术和设计要点。基础设计是服务器端网络架构最重要的一个阶段。本书立足于基础设计的细分项目，详细介绍各细分项目的相关技术和设计要点。全书共6章，除了概述性内容，后5章分别讲述进行物理设计、逻辑设计、安全设计与负载均衡设计、高可用架构设计以及管理设计时所必需的技术和设计要点。

本书适合想设计服务器端网络架构的基础架构工程师和网络工程师、想拓展知识面的云服务工程师、负责服务器端运行和管理的现场管理人员阅读。

◆ 著　[日] 宫田宽士
译　曾薇薇　李　云
责任编辑　魏勇俊
责任印制　胡　南

◆ 人民邮电出版社出版发行　北京市丰台区成寿寺路11号
邮编　100164　电子邮件　315@ptpress.com.cn
网址　https://www.ptpress.com.cn
文畅阁印刷有限公司印刷

◆ 开本：800×1000　1/16
印张：27　2024年3月第2版
字数：550千字　2024年3月河北第1次印刷

著作权合同登记号　图字：01-2019-7712号

定价：99.80元

读者服务热线：(010)84084456-6009　印装质量热线：(010)81055316

反盗版热线：(010)81055315

广告经营许可证：京东市监广登字20170147号

前言

关于本书

欢迎你来到美丽而又传统的场内服务（on-premises，也称内部部署，即公司内部运行）世界。本书是一本入门书，它将带你领略场内服务的真谛，讲述场内服务模式下服务器端网络架构的基础技术和独门秘籍。因本书第 1 版受到广泛好评，才有了出版第 2 版的机会。在此要感谢每一位读者。

本书第 1 版于 2013 年出版。当时，人们已经认识到云服务成本低廉、运行管理方便等优点，但也有不少人持有“场内服务自有其独特优势”的观念，引发了“去云服务化”、回归场内服务的潮流。光阴似箭，如今多年过去了，其间兜兜转转，现在场内服务和云服务各得其所，两种环境相辅相成，共同发展。若要问我“这几年内，场内服务中服务器端网络架构设计是否发生了天翻地覆的变化”，我的回答是“并非如此”。之所以这么说，是因为服务器端网络大多设在执行关键任务的环境中，它的设计方式汇集了无数前辈的经验和智慧，形成了自身固有的程式，新的技术很难植根于这样的环境。

但这几年来，网络本身所处的环境发生了不容忽视的变化。IoT（Internet of Things，物联网）和 Fintech（Financial Technology，金融科技）等依托网络的技术开始兴起，信息量加速猛增，仅靠简单地升级网络带宽以提高通信速度的方式已走向尽头。在资源有限的情况下提高网络带宽的利用效率，不断优化网络设计成为新的趋势。本书主要讲述面对这种变化依然能从容应对，且毫不过时的程式化设计方式。同时，本书将讲述应对新变化所需的高速通信设计、最优化设计以及与之相关的实现方式。

尽管场内服务和云服务相辅相成、齐头并进，但本书还是坚持探索场内服务的真谛。原因很简单：在网络世界里，场内服务是云服务的延伸。只要领悟了场内服务的含义，适应云服务并不困难。我们都知道，云服务的设计局限于供应商提供的框架，而场内服务因其框架本身就需要工程师进行设计和搭建，具有很高的自由度。这种自由度正是场内服务的魅力所在，也是基础架构工程师和网络工程师拓展知识边界、探索各种可能性的重要因素。云服务也好，场内服务也罢，本质上都是网络上流通的数据包，在处理和设计上大同小异。重要的是，我们要熟练地将两种知识结合起来。“场内服务如此运行，则云服务也可效仿”或者“云服务如此处理，场内服务也可一试”——抱着这样的态度不断尝试，才能打开工程师的灵感之门。

最后，本书在讲述网络技术与设计的同时，字里行间也充满了当前日本 IT 行业存在的矛盾，以及作为一个“草根”工程师的我日常工作中的一些感想。若你翻开本书，能感受到日本IT行业、基础架构行业的“今时今日”，我将倍感荣幸。

本书适合的读者

本书适合以下几类读者阅读。

想设计服务器端网络架构的基础架构工程师和网络工程师

已经熟悉架构和测试等下游工程的工程师会向需求定义和基础设计这些上游工程转移和发展。在网络架构中，基础设计就是“生命线”，而基础设计中制定的规则决定了服务器端的一切。本书在各章中描述了基础设计中应该确定的最基本的内容，相信能在基础设计中助你一臂之力。

想拓展知识面的云服务工程师

云服务工程师一般基于供应商提供的框架进行设计，而场内服务工程师需要亲自设计和搭建所需的框架本身。两者相比，场内服务设计的自由度更高。一旦掌握了场内服务设计的本领，就可以从不同视角观察云服务框架结构之外的部分，从而打开新的知识大门。

负责服务器端运行和管理的现场管理人员

在长期的现场运行中，管理人员会遇到种种问题，例如服务器故障、网络设备损坏等。排除问题的捷径只有一条，那就是好好学习基础技术。服务器端是一个由诸多基础技术拼接而成的“世界”，本书列举了一些常见的程式化架构实例，能够帮助你掌握每一项基础技术，最终拼接出一个完整的“世界”。

致谢

本书的执笔得力于多方人士的大力协助。软银创新的友保健太先生“恩威并施”，给了行文迟缓的我极大的关心和鼓励，对此我的感激之情无以言表，唯有铭记于心。在写作期间，我每日查证执笔，重新认识到了自身的知识边界。能拥有这段无比珍贵的时光，实属三生有幸。

本书的出版还要感谢从技术支持层面提出建议的松田宏之先生，从应用程序层面提出建议的成定宏之先生，从系统集成层面提出建议的 Yuka 女士以及从物理层层面提出建议的田代好秀先生。他们在百忙之中从不同角度细致、严谨地审阅了相关内容。正是因为他们严格把关，才让本书取得了超越初版的成就。

最后还要感谢我的妻子，她为吾儿移植了肝脏。第一次经历这种事，想必她淡定的外表下隐藏着诸多不安，感谢她默默地承受。等情况稳定下来，我们就可以实现一家人初次旅行的愿望了。还要感谢吾儿，经历了大手术，之后又长期住院，小小身躯最终战胜病痛。你很棒！最近不知道他从哪里学会了说“屁屁侦探”，接下来要学说这句了——“谢谢妈妈为我移植肝脏!”最后的最后，还要感谢在岩手和鹿儿岛的父母，在妻儿住院期间，他们以“战备”状态给予了我极大的支持。吾儿集众爱于一身，定能健康成长。再次对大家表示诚挚的谢意。

宫田宽士

目录

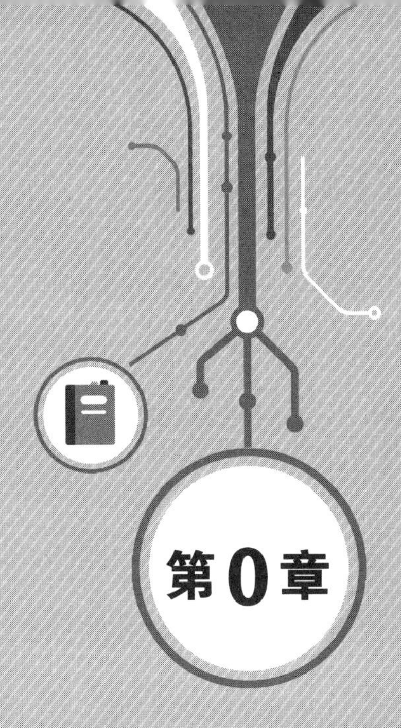

第0章

本书的用法

本章概要

本章针对本书的讲解顺序和使用方法进行说明。基础设计是服务器端网络架构中最重要的一个阶段，本书将立足于基础设计的设计细分项目，介绍各细分项目的相关技术和设计要点。我们需要在基础设计阶段制定一些重要规则，这些规则一旦定下便不可动摇，它们对系统今后的可扩展性和可操作性，乃至对整个网络都将产生重大影响。为了能够着眼于未来进行基础设计，请读者首先通过本章了解如何使用本书。

0.1 网络架构的流程

首先说明网络架构的大致流程。在理解了网络架构的大致流程之后，你就可以将该流程与本书的核心——基础设计的设计细分项目和本书内容（技术细分项目和设计细分项目）进行一一匹配。

0.1.1 网络架构分为 6 个阶段

普通服务器端的网络架构由 6 个阶段构成，分别为需求定义、基础设计、详细设计、架构、测试和运行。各个阶段并非完全独立，前一个阶段为后一个阶段提供输入，彼此之间密切相关。

0.1.1.1 需求定义

需求定义是指确认客户的需求并将它们一一定义出来的阶段。客户会给出需求建议书（Request For Proposal，RFP）来描述他们的需求，但这份资料中只有需求的大致内容。我们应在参考这份资料的基础上听取客户的具体需求，将需求明确和细化，然后整理成一份叫作需求定义书的文档。

0.1.1.2 基础设计

基础设计是指确定各要素设置规则的阶段。如果网络设备都属于同一个种类，只有设置方法和设置对象不一样，那么它们的功能应该是大同小异的。可以说，这里定下的规则决定了后面的所有阶段。对网络架构来说，这个阶段是它的生命线。我们应将这里制定的规则整理成一份叫作基础设计书的文档。

0.1.1.3 详细设计

详细设计是指根据基础设计中的信息确定各机器的各种参数（设定值）的阶段。毋庸置疑，设置对象会因机器本身、机器种类和操作系统（Operating System，OS）版本等要素的不同而不同。我们应详细规定每台机器的设定值，保证无论是谁去看设计书都能够完成设置，进而完成系统架构。我们还应将这里制定的参数整理成一份叫作详细设计书的文档。

不同的企业和供应商对详细设计书有着不同的定义。有的把记载了所有参数的机器设置书和参数表叫作详细设计书，有的则把总结了设定值要点的资料叫作详细设计书。总之，详细设计书的形式多样，不一而足。所以，请事先向客户确认好他们需要什么样的详细设计书。

0.1.1.4 架构

架构是指根据详细设计书中的信息（参数、设定值）对机器进行设置的阶段。详细设计书是落实设定值的资料，而在架构这个阶段，我们就要利用这些信息对机器进行设置和连接。毋庸置疑，设置方法也因机器本身、机器种类和 OS 版本等要素的不同而不同。我们应根据设置人员的技术水平和客户的要求编写操作手册和操作检查表，将操作步骤细化，力求减少设置失误。

0.1.1.5 测试

测试是指在完成架构的环境中进行单元测试、正常测试、故障（冗余化）测试等各种测试。测试前我们应编写测试规格说明书和测试计划书，然后根据资料中的测试事项进行测试，最后将结果整理成一份叫作测试报告的文档。

在单元测试中应检查 LED 能否正常亮灯、OS 能否以预想的版本正常启动、接口能否衔接等事项，以此来确认单机是否能正常运行。

在正常测试中应检查机器在连接的环境中是否按我们设想的那样接通、是否能进行应用通信、是否组成了冗余结构、是否能进行 Syslog、SNMP、NTP 管理通信等，以此来确认各相关机器能否彼此协作运行。

在故障测试中应针对所有进行了冗余配置的设备确认如下事项：当该处发生故障时能否继续提供服务，出现故障时会发送怎样的日志等。

0.1.1.6 运行

运行是为了持续，稳定地提供完成架构的系统而存在的阶段。并不是架构完系统就万事大吉了，才刚刚起步，以后可能有些机件会损坏，也可能需要新增服务器。所以，除了日常操作，我们还应多方考虑，做到有备无患。我们应将所有和运行相关的业务整理成一份叫作运行手册的文档。

图 0.1.1 网络架构分为 6 个阶段

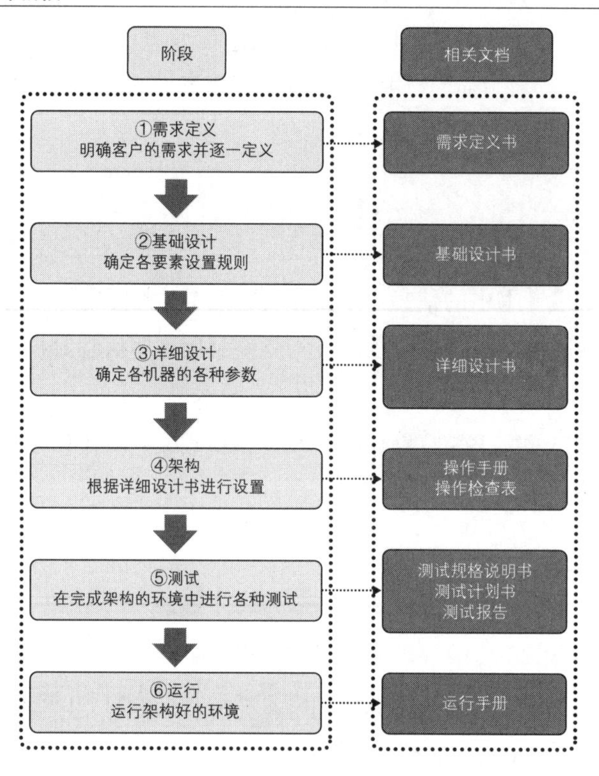

0.1.2 网络架构的重点是基础设计

网络架构中最重要的阶段就是基础设计阶段。在基础设计阶段确定的规则，对系统以后的可扩展性和可操作性，乃至对整个网络都将产生重大影响。由于不同的客户对基础设计有不同程度的要求，我们应在一开始就向客户确认他们的要求，然后根据他们的具体要求进行基础设计。如果有其他的现有系统存在，不妨去查看一下该系统的基础设计书，了解设计书大致处于怎样的水平。

关于服务器端网络架构，本书将重点介绍基础设计这一最重要的阶段，并对各设计细分项目所需的技术和设计要点进行说明。普通服务器端网络架构的基础设计可大致分为物理设计、逻辑设计、安全设计与负载均衡设计、高可用架构设计、管理设计这 5 个设计细分项目。当然这些只是一般的例子，设计细分项目会因客户需求、服务性质等的不同而不同。我们可根据实际需要进行调整，对这些细分项目进行切分、删除和添加。

接下来要对各设计细分项目的概要以及本书中与各设计细分项目相关的技术细分项目和设

计细分项目进行梳理和说明。希望尝试物理设计的读者请参看第 1 章，希望尝试逻辑设计的读者请参看第 2 章。

图 0.1.2 本书的结构

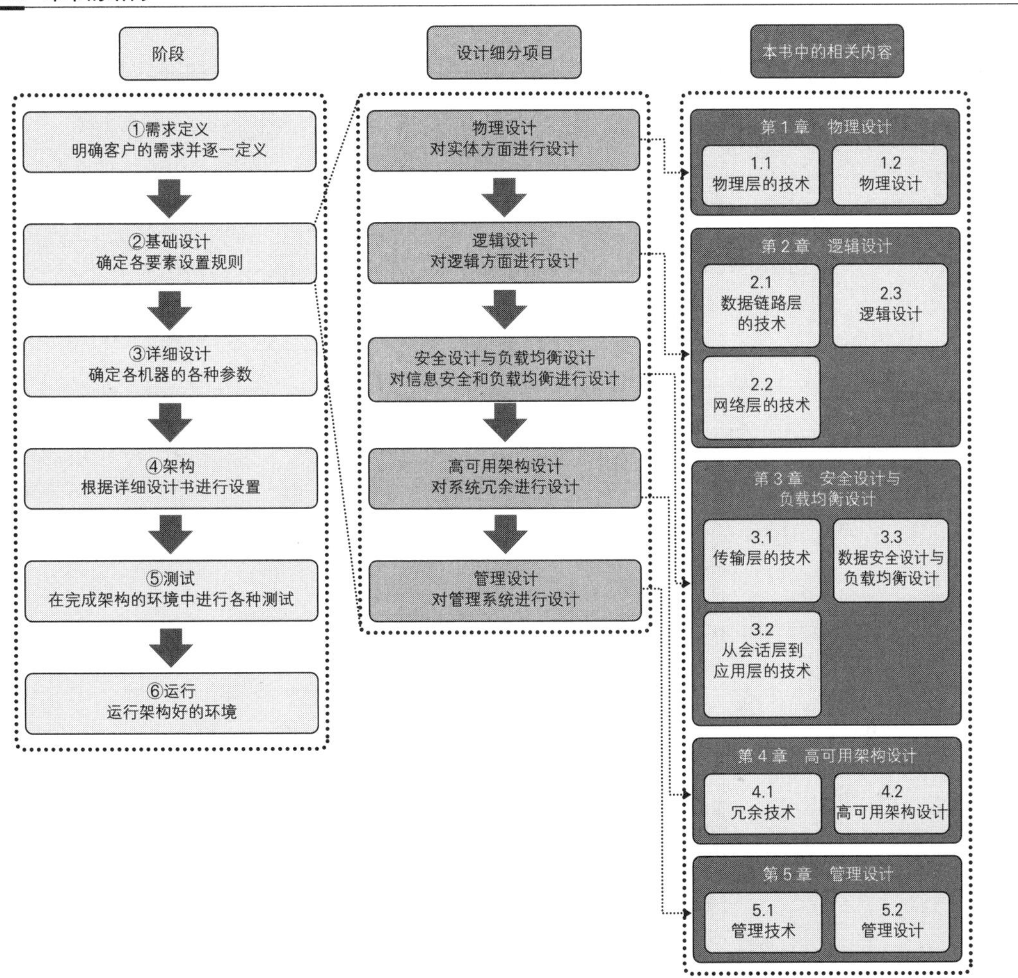

0.1.2.1 物理设计

在物理设计中，我们要定义服务器端所有实体对象的所有规则。术语“实体对象”涵盖的范围很广，从线缆到机架、电源，这些都是实体对象。我们要对所有的实体对象都进行严格的定义。

第 1 章讲述物理设计，将对物理设计所必需的技术和设计要点进行说明。关于设计细分项目以及本书中与之相关的技术细分项目和设计细分项目的详细内容请参看下表。

表 0.1.1　本书中与物理设计相关的技术细分项目和设计细分项目

设计细分项目		设计概要	本书中的相关技术细分项目		本书中的相关设计细分项目	
1	物理设计	对实体方面进行设计	1.1	物理层的技术	1.2	物理设计
1.1	物理设计规则	定义物理设计的整体规则	—	—	—	—
1.2	物理构成设计	如何连接各台机器	—	—	1.2.1	服务器端有两种结构类型
1.3	硬件构成设计	使用什么机器、哪种类别	—	—	1.2.2	选用稳定的设备
					1.2.3	选用设备时应参考考查项的最大值
					1.2.4	巧妙地使用虚拟设备
1.4	软件构成设计	使用什么版本的 OS	—	—	1.2.5	选择稳定可靠的 OS 版本
1.5	连接设计	在何处、如何连接	—	—	—	—
1.5.1	线缆设计	在何处、使用什么线缆	1.1.1	物理层里有多种规格	1.2.6	根据实际配置和使用目的选择线缆
			1.1.2	双绞线电缆有两大要素——类和传输距离		
			1.1.3	光纤光缆是用玻璃制成的		
1.5.2	物理连接设计	如何设置速率与双工	—	—	—	—
1.5.3	端口分配设计	按怎样的顺序使用端口	—	—	1.2.7	端口的物理设计出乎意料的重要
1.6	设备设计	如何使用机架和电源	—	—	—	—
1.6.1	机架安装设计	如何将机器安装到机架上	—	—	1.2.8	巧妙地配置设备
1.6.2	电源连接设计	如何连接电源	—	—	1.2.9	从两套系统获取电源

0.1.2.2　逻辑设计

在逻辑设计中，我们要定义服务器端所有逻辑对象的所有规则。任何网络都是立足于物理上的逻辑成立的，我们应对如何划分 VLAN（Virtual Local Area Network，虚拟局域网）、如何分配 IP（Intellectual Property，互联网协议）地址等规则一一做出定义。

第 2 章讲述逻辑设计，将对逻辑设计所必需的技术和设计要点进行说明。关于设计细分项目以及本书中与之相关的技术细分项目和设计细分项目的详细内容请参看下表。

表 0.1.2 本书中与逻辑设计相关的技术细分项目和设计细分项目

设计细分项目		设计概要	本书中的相关技术细分项目		本书中的相关设计细分项目	
2	逻辑设计	进行逻辑方面的设计	2.1	数据链路层的技术	2.3	逻辑设计
			2.2	网络层的技术		
2.1	逻辑设计规则	定义逻辑设计的整体规则	—	—	—	—
2.2	VLAN 设计	如何划分 VLAN	2.1.1	数据链路层是物理层的帮手	2.3.1	整理出所需的 VLAN
			2.1.2	数据链路层的关键在于 L2 交换机的运作		
			2.1.3	ARP 将逻辑和物理关联到一起		
2.3	IP 地址设计	如何分配 IP 地址	2.2.1	网络是由网络层拼接起来的	2.3.2	在考虑数量增减的基础上分配 IP 地址
			2.2.4	用 DHCP 自动设置 IP 地址		
2.4	路由设计	如何进行路径选择	2.2.2	用路由器和 L3 交换机将网段连接起来	2.3.3	路径选择以简为上
			2.2.5	用 ICMP 排除故障		
2.5	地址转换设计	如何转换地址	2.2.3	转换 IP 地址	2.3.4	NAT 要按入站和出站分别考虑

0.1.2.3 安全设计与负载均衡设计

在安全设计中，我们要定义防火墙的基本规则。当今，信息安全的重要性是无须赘言的。在安全设计中制定明确而简单的安全规则可以说是信息安全的基础。此外，我们还要在负载均衡设计中定义服务器的负载均衡规则。近来，惊呼信息量加速猛增的声音不绝于耳。在这样的背景下，服务器负载均衡技术有了惊人的进步。可以这么认为，在所有的大规模服务器端，服务器负载均衡技术都默默无闻地奉献着一己之力。在负载均衡设计中，高效的信息量负载均衡要承担两个重要职责，那就是保障服务器端的可扩展性和灵活性。

第 3 章讲述安全设计与负载均衡设计，将对安全设计与负载均衡设计所必需的技术和设计要点进行说明。本来将它们的设计细分项目分开讲述也是可以的，不过因为二者都与从传输层到应用层的技术相关，就将它们合并在一起讲解了，各位读者可根据需要将它们的细分项目分开阅读。关于设计细分项目和本书中与之相关的技术细分项目以及设计细分项目的详细内容请参看下表。

表 0.1.3　本书中与安全设计、负载均衡设计相关的技术细分项目和设计细分项目

设计细分项目		设计概要	本书中的相关技术细分项目		本书中的相关设计细分项目	
3	安全设计与负载均衡设计	进行与安全和负载均衡相关的设计	3.1	传输层的技术	3.3	数据安全设计与负载均衡设计
			3.2	从会话层到应用层的技术		
3.1	安全设计规则	定义安全设计的整体规则	—	—	—	—
3.2	安全设计	如何确保安全性	—	—	—	—
3.2.1	通信需求的整理	将发生怎样的通信	3.1.1	控制和识别应用程序的通信	—	—
			3.2.1	HTTP 支撑着互联网		
			3.2.2	用 SSL/TLS 保护数据		
			3.2.3	用 FTP 传输文件		
			3.2.4	用 DNS 解析名称		
3.2.2	对象设计	如何定义网络对象和协议对象	3.1.2	用防火墙守卫系统	3.3.1	数据安全设计
3.2.3	安全区域设计	如何分配安全区域				
3.2.4	安全基本规则的设计	如何定义安全基本规则				
3.3	负载均衡的设计规则	定义负载均衡设计的整体规则	—	—	—	—
3.4	负载均衡设计	如何进行负载均衡	—	—	—	—
3.4.1	负载均衡需求的整理	应针对什么通信进行负载均衡	3.1.3	通过负载均衡器分散服务器的负荷	3.3.2	负载均衡设计
3.4.2	健康检查设计	使用什么健康检查				
3.4.3	负载均衡方式的设计	使用什么负载均衡方式				
3.4.4	持久化设计	使用什么持久化方式				
3.4.5	SSL 卸载设计	是否使用 SSL 卸载				

0.1.2.4　高可用架构设计

在高可用架构设计中，我们要定义系统冗余的相关规则。服务器端大多设置在关键任务环境中，不允许出现服务中断的情况，因此我们要对所有部分进行冗余设计，确保无论在哪里、无论发生怎样的故障都能够从容应对。

第 4 章讲述高可用架构设计，将对高可用架构设计所必需的技术和设计要点进行说明。关于设计细分项目以及本书中与之相关的技术细分项目和设计细分项目的详细内容请参看下表。

表 0.1.4　本书中与高可用架构设计相关的技术细分项目和设计细分项目

设计细分项目		设计概要	本书中的相关技术细分项目		本书中的相关设计细分项目	
4	高可用架构设计	进行高可用架构相关的设计	4.1	冗余技术	4.2	高可用架构设计
4.1	高可用架构设计规则	定义高可用架构设计的整体规则	—	—	—	—
4.2	链接冗余设计	使用哪种链接冗余方式	4.1.1	物理层的冗余技术	4.2.1	高可用架构设计
4.3	机箱冗余设计	使用哪种机箱冗余方式				
4.4	STP 设计	使用哪种 STP 模式。使用哪种交换机进行路由桥接，禁用哪个端口	4.1.2	数据链路层的冗余技术		
4.5	FHRP 设计	使用哪种 FHRP。激活哪个路由器 /L3 交换机	4.1.3	网络层的冗余技术		
4.6	路由协议冗余设计	使用哪种路由协议实现冗余				
4.7	防火墙冗余设计	如何实现防火墙冗余	4.1.4	从传输层到应用层的冗余技术		
4.8	负载均衡器的冗余设计	如何实现负载均衡器冗余				
4.9	通信流设计	将会发生怎样的通信流	—	—		
4.9.1	正常情况时的通信流	正常情况时经过怎样的路由	—	—	4.2.2	厘清通信流
4.9.2	异常情况时的通信流	异常情况时经过怎样的路由	—	—		

0.1.2.5　管理设计

在管理设计中，我们要定义与服务器端运行管理相关的所有规则。管理设计中的严格规定直接影响后面运行阶段的可操作性和可扩展性。

第 5 章讲述管理设计，将对管理设计所必需的技术和设计要点进行说明。关于设计细分项目以及本书中与之相关的技术细分项目和设计细分项目的详细内容请参看下表。

表 0.1.5　本书中与管理设计相关的技术细分项目和设计细分项目

设计细分项目		设计概要	本书中的相关技术细分项目		本书中的相关设计细分项目	
5	管理设计	进行运行管理相关的设计	5.1	管理技术	5.2	管理设计
5.1	管理设计规则	定义管理设计的整体规则	—	—	—	—
5.2	主机名设计	定义怎样的主机名	—	—	5.2.1	确定主机名
5.3	对象名设计	定义怎样的对象名	—	—	5.2.2	确定对象名
5.4	标签设计	粘贴怎样的标签	—	—	5.2.3	通过标签管理连接
5.3.1	线缆标签设计	在线缆上粘贴怎样的标签	—	—		
5.3.2	机体标签设计	在机体上粘贴怎样的标签	—	—		
5.4	密码设计	定义怎样的密码	—	—	5.2.4	确定密码
5.6	运行管理网络设计	是否定义专门用于运行管理的网络	—	—	5.2.5	定义运行管理网络
5.7	备份与修复设计	如何备份设置、如何进行修复	—	—	5.2.4	管理设置信息
5.8	时间同步设计	在何处进行时间同步	5.1.1	用 NTP 同步时间	—	—
5.9	SNMP 设计	将何处定义为 SNMP 管理器、使用哪个版本	5.1.2	用 SNMP 检测故障	—	—
5.10	Syslog 设计	在何处定义 Syslog 服务器、使用什么程序模块和严重性	5.1.3	用 Syslog 检测故障	—	—
5.11	CDP/LLDP 设计	在何处激活 CDP/LLDP	5.1.4	用 CDP/LLDP 传递设备信息	—	—

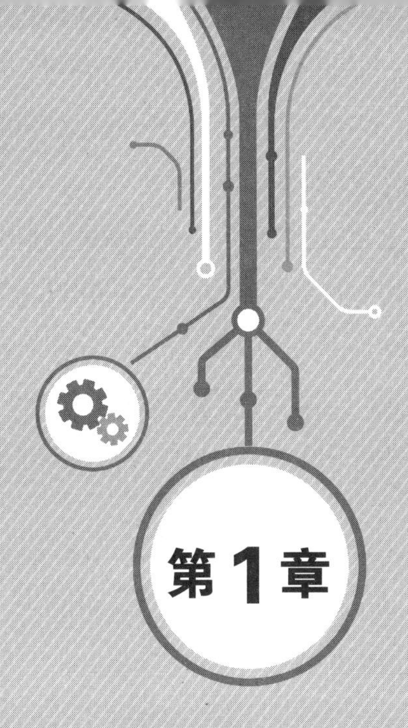

第1章 物理设计

本章概要

本章主要介绍用于服务器端的物理层技术、使用该技术时的设计要点以及常见的物理结构类型。

在服务器端，我们能看到的物体只有机架、线缆、端口等具有物理性质的东西。正因如此，我们要充分理解它们的技术和规格，根据客户的需求进行设计。物理层的合理设计将极大地影响系统今后的可扩展性和运行管理性。

1.1 物理层的技术

物理层是在物理实体层面支撑整个网络的基础层。我们都知道，计算机采用的是数字化表达方式，用数字 0 和 1 表示所有的数据。而网络采用的是模拟化表达方式，用光波或电波等波形表示所有的数据。这些数字数据和模拟数据需要在物理层完成转换，才能实现计算机与网络、计算机与计算机之间的连接。

在基础通信技术已经成型的网络世界里，物理层是“踩”着现在进行时的节奏持续、高速发展的。当今，网络上除了网页和电子邮件之外，还流通着存储在云端的数据、音视频等各种各样的信息。这些信息的激增使高速通信和带宽升级成为眼下急需解决的问题。物理层已经直面了这些问题，并率先取得了进步。

1.1.1 物理层里有多种规格

物理层，顾名思义**是承担着通信任务的所有物理实体所在的层**，也是 OSI 模型中最低的层。和其他层比起来，它的名字似乎有点儿一本正经，不过也不用想得太复杂。在公司和学校，我们常常能看到 LAN（Local Area Network，局域网）网线，把 LAN 网线理解成物理层就行了。如果是无线 LAN，那么把车站或咖啡馆里的 Wi-Fi 信号理解成物理层就好了。

图 1.1.1 数据通过物理层在 LAN 网线和光纤光缆上传输

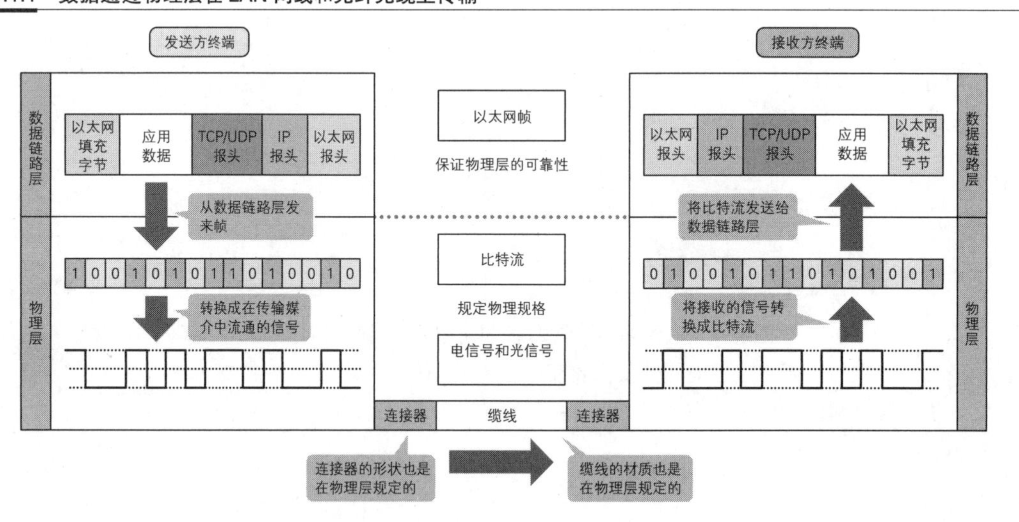

计算机的世界是由 0 和 1 这两个数字构成的。这两个数字被称为比特（bit），连续的比特被称为比特流。数据链路层向物理层发送比特流（帧），物理层接收后将它们转换为可在 LAN 网线或光纤光缆上传输的模拟波形。物理层中规定了数据之间互相转换的规则，还对所有物理性质的要素做了规定，如线缆的材质、连接器的形状、PIN 的接法和信号的频率等。

1.1.1.1 规格整理好后物理层就会显现出来

在讲解物理层的要点时会出现大量的规格名称。因此，我们需要先整理一下规格。规格整理好了，物理层也就整理好了，大家也就能够理解了。

物理层与数据链路层是紧密联系在一起的，其标准化并不是在自身范围内完成的，**而是和数据链路层共同实现的**，整理规格时要将这点考虑进去。IEEE 802 委员会的国际标准化组织对物理层和数据链路层的相关技术标准化起到了促进作用。IEEE 802 委员会下设很多工作组（Working Group，WG），这些工作组分别负责探讨不同的专业领域。人们以委员会的名字后面加上小数点，即类似 IEEE 802.1 这样的命名形式来区分它们。而进一步在后面加上英文字母，即以 IEEE 802.1x 这样的形式来命名工作组制定出的标准。工作组数量极多，有的已停止活动，有的甚至早已解散，所以我们没有必要去掌握所有的规格。在理解物理层之后，我们只要掌握两个关键标准就足够了：一个是有线 LAN 标准 IEEE 802.3，另一个则是无线 LAN 标准 IEEE 802.11。只要掌握好它们，基本上就可以应对现有的所有网络了。本书仅涉及在服务器端需要用到的以太网。

图 1.1.2 掌握 IEEE 802.3 和 IEEE 802.11 两个标准

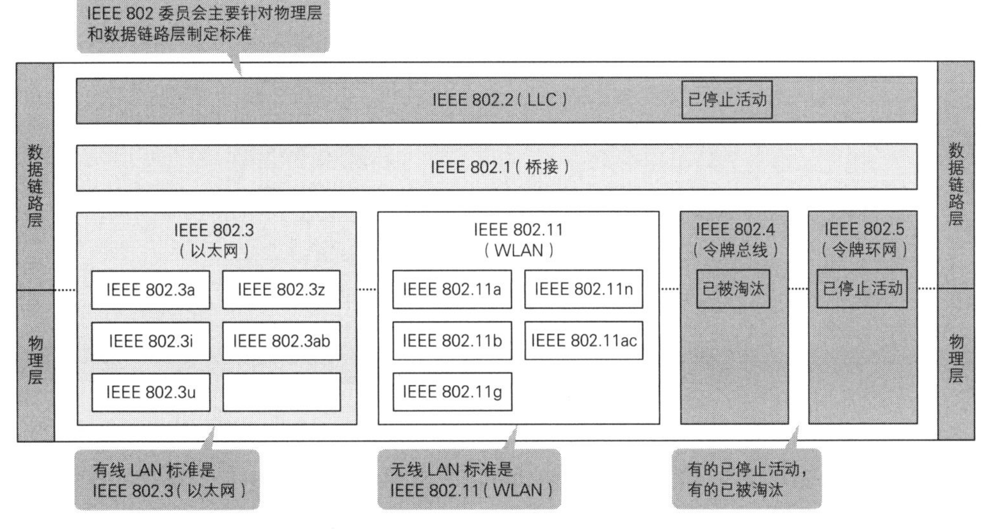

1.1.1.2 以太网标准另有称呼

以太网是处理物理层和数据链路层的一种标准。在现代网络的事实标准中，**可以说目前的有线 LAN 环境都是以太网**。IEEE 802 委员会规定用 IEEE 802.3 对以太网进行标准化管理。

IEEE 802.3 中有多种标准，这些标准都是在 IEEE 802.3 后面加上不同的英文字母命名的。然而在实际运用中，以太网的这些标准名称几乎不怎么用，人们一般用表示这些标准概

表 1.1.1 人们常常用以太网的别名来称呼它

传输速度	传输媒介：双绞线电缆	传输媒介：光纤光缆（多模）	传输媒介：光纤光缆（单模）
10 Mbit/s	10BASE-T IEEE 802.3i		
100 Mbit/s	100BASE-TX IEEE 802.3u		
1 Gbit/s	1000BASE-T IEEE 802.3ab	1000BASE-SX IEEE 802.3z	1000BASE-LX IEEE 802.3z
2.5 Gbit/s	2.5GBASE-T IEEE 802.3bz		
5 Gbit/s	5GBASE-T IEEE 802.3bz		
10 Gbit/s	10GBASE-T IEEE 802.3an	10GBASE-SR IEEE 802.3ae	10GBASE-LR IEEE 802.3ae
25 Gbit/s		25GBASE-SR IEEE 802.3by	25GBASE-LR IEEE 802.3cc
40 Gbit/s		40GBASE-SR4 IEEE 802.3ba	40GBASE-LR4 IEEE 802.3ba
100 Gbit/s		100GBASE-SR10 IEEE 802.3ba 100GBASE-SR4 IEEE 802.3bm	100GBASE-LR4 IEEE 802.3ba

BASE 后面的第一个英文字母，表示传输媒介或激光的种类。（①）
T：双绞线电缆
S：短波长（short wavelength）激光
L：长波长（long wavelength）激光

BASE 前面的数字表示传输速度
10：10 Mbit/s
100：100 Mbit/s
1000：1000 Mbit/s
2.5G：2.5G bit/s
5G：5G bit/s
10G：10G bit/s
40G：40G bit/s
100G：100G bit/s

40/100Gbit/s 等级中的最后一个数字表示传输路径中的比特数

①第二个英文字母表示该规格归属哪个协议族。例如 10GBASE-SR 和 10GBASE-LR 属于 10GBASE-R 协议族，而 40GBASE-SR4 和 40GBASE-LR4 属于 40GBASE-R 协议族。

要的别名来称呼它们。例如，使用双绞线电缆的千兆位以太网标准是 IEEE 802.3ab，别名叫作 1000BASE-T。在网络设计的大多数场合，人们不用 IEEE 802.3ab 这个名字，而是用 1000BASE-T 这个名字来称呼它。下表中列出了各种具有代表性的标准的名称和它们所对应的别名。一般来说，又看别名就能大致了解这是怎样的规格。

随着网络的急速发展，物理层里出现了大量纷杂的通信媒介和标准。光是讲解传输编码和信号转换方式的内容就足以写一本书了，由此可见它的深奥。不过，设计和架构有线 LAN 的时候只需要注意两点，那就是线缆和连接器。下面会针对这两点，结合它们各自对应的标准进行详细说明。

在物理层，一般会使用到铜质的双绞线电缆和玻璃材质的光纤光缆这两种线缆。线缆不同，使用的连接器也不同。本书会在介绍线缆时，一并说明连接器的相关内容。

图 1.1.3 用于有线 LAN 的两种常见线缆

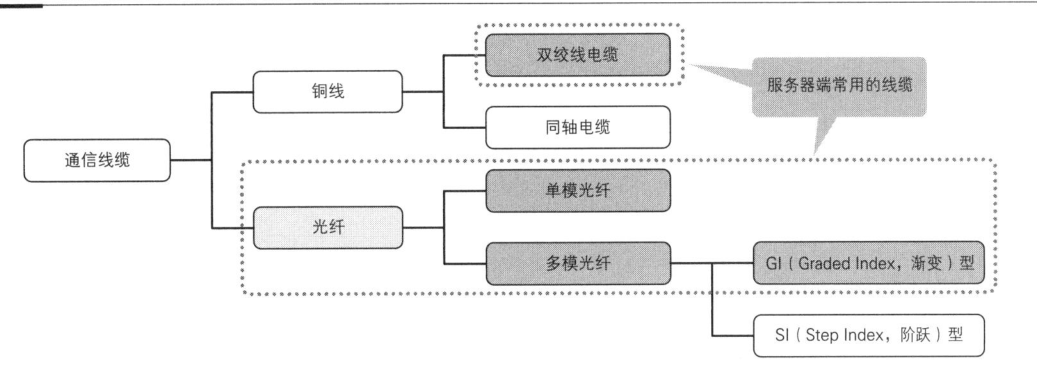

表 1.1.2 双绞线电缆和光纤光缆的比较

比较事项	双绞线电缆	光纤光缆
传输媒介的材质	铜	玻璃
传输速度	慢	快
传输距离	短	长
信号的衰减	大	小
受到电磁的干扰	大	无
使用	方便	困难
成本	低	高

1.1.2　双绞线电缆有两大要素——类和传输距离

首先我们来看双绞线电缆。双绞线电缆采用○○BASE-T 或○○BASE-TX 这样在 BASE 后面附上英文字母的标准。○○BASE-T 的 T 是双绞线电缆的英文 Twisted Pair Cable 的第一个字母。

双绞线电缆看起来是一根电缆，**但实际上是 8 根铜线，每两根（双）相互缠绕（绞），最后全部绞合成一整根线缆**。双绞线电缆分两种，一种是线缆部分用铝箔等材质做了绝缘处理的 **STP（Shielded Twisted Pair，屏蔽双绞线）电缆**，另一种是线缆部分没做绝缘处理的 **UTP（Unshielded Twisted Pair，非屏蔽双绞线）电缆**。

1.1.2.1　常见的 LAN 网线是 UTP 电缆

UTP 电缆就是我们常说的 LAN 网线。我们经常在家里、公司或电器商场等地方看到它的身影。所以，UTP 电缆应该是我们最熟悉的线缆。由于使用方便、价格便宜，UTP 电缆得到了大规模的普及。最近，市面上售卖的 UTP 电缆变得更细，也更好看了，就连颜色也越来越丰富。但是，因为这种电缆容易受到电磁干扰，所以不适合在工厂等电磁干扰较多的环境中使用。

STP 电缆则克服了这种容易受到电磁干扰的缺点。STP 电缆做了绝缘处理，所以有效地减轻了内外部电磁干扰。然而，美中不足的是，绝缘处理使得电缆价格昂贵、用起来不太方便。因此，目前只有在工厂等电磁干扰较多的环境中才会用到它，服务器端基本上并无它的用武之地。

图 1.1.4　UTP 电缆和 STP 电缆的差异在于是否做了绝缘处理

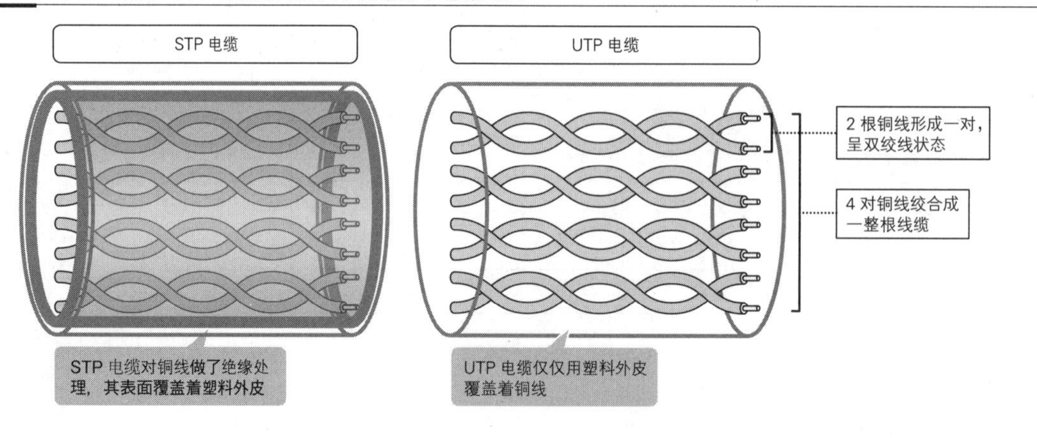

1.1.2.2 类的数字越大传输速度就越快

在双绞线电缆中有“类”的概念。仔细观察电器商场里卖的 LAN 网线规格表就会发现，上面印着 5 类、6 类这样的标记。**这里的“类”代表传输速度，“类”的数字越大传输速度就越快。**

目前，以太网环境使用的类都不低于 5e 类，1 到 5 类的线缆无法支持主流的 1000BASE-T 标准。因此，如果你沿用旧式的线缆环境、仅更新服务器和网络设备，或想要迁移到高速以太网环境，就需要注意确认各种线缆对应的规格。

当铜线根数（铜线芯数）较少时尤其需要注意。例如，3 类线缆只有 4 根铜线，而 1000BASE-T 需要用到 8 根铜线以提高吞吐率。所以，在沿用 3 类线缆环境的前提下向 1000BASE-T 环境迁移，就会完成不了对接，在架构现场窘态百出。我们必须在相应的时机将整个线缆环境全部替换掉。

各类电缆及其对应的规格请参看下表。一定要确认无误之后再选择使用什么样的双绞线电缆。

表 1.1.3 类的数字越大传输速度就越快

类	种类	铜线芯数	对应的频率	主要对应的规格	最高传输速度	最大传输距离
3 类	UTP/STP	4 芯 2 对	16 Mbit/s	10BASE-T	16 Mbit/s	100 m
4 类	UTP/STP	4 芯 2 对	20 MHz	令牌环网	20 Mbit/s	100 m
5 类	UTP/STP	8 芯 4 对	100 MHz	100BASE-TX	100 Mbit/s	100 m
5e 类	UTP/STP	8 芯 4 对	100 MHz	1000BASE-T 2.5GBASE-T 5GBASE-T	1 Gbit/s 2.5 Gbit/s 5 Gbit/s	100 m
6 类	UTP/STP	8 芯 4 对	250 MHz	1000BASE-T 10GBASE-T	1 Gbit/s 10 Gbit/s	100 m 55 m（10GBASE-T 时）
6A 类	UTP/STP	8 芯 4 对	500 MHz	10GBASE-T	10 Gbit/s	100 m
7 类	STP	8 芯 4 对	600 MHz	10GBASE-T	10 Gbit/s	100 m

1.1.2.3 根据不同情况选择使用直通线或交叉线

在双绞线电缆中，除了类之外还有**直通线**和**交叉线**这两个概念。它们的外表毫无二致，不同之处在于是否能从名为 RJ-45 的连接器部位隐约看到铜线排列。

直通线和交叉线与名为 MDI 和 MDI-X 的两种物理端口类型有着密切的关系。前面已经介绍过，双绞线电缆是 8 根铜线按每两根（双）相互缠绕（绞）的方式绞合，最后全部绞合成一整根线缆。服务器、PC（Precast Concrete，个人计算机）的 NIC（Network Interface Card，网络接口卡，简称网卡）和交换机的物理端口中有 8 个 PIN，用于接收 8 根铜线，从左至右都有相应的编号，而且各有各的作用。

图 1.1.5 物理端口中有 8 个 PIN

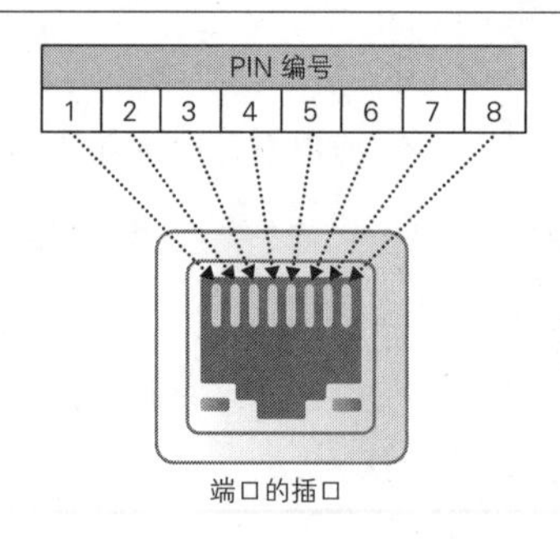

在 100BASE-TX 中，MDI 端口通过 1 号和 2 号 PIN 发送信息，通过 3 号和 6 号 PIN 接收信息，剩余的 PIN（4 号、5 号、7 号、8 号）并不使用。PC 和服务器的网卡，还有路由器的物理端口都是 MDI 端口。MDI-X 端口和 MDI 端口恰恰相反，MDI-X 端口通过 1 号和 2 号 PIN 接收信息，通过 3 号和 6 号 PIN 发送信息。L2 交换机和 L3 交换机的物理端口是 MDI-X 端口。

图 1.1.6 PC 和服务器的网卡是 MDI 端口

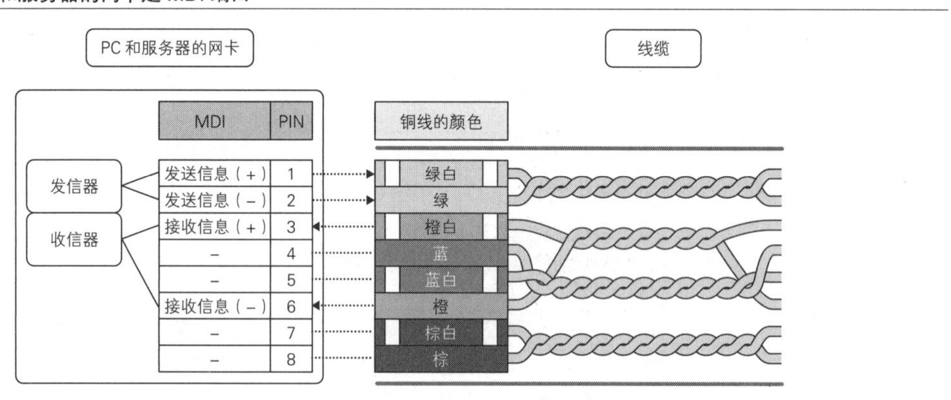

图 1.1.7 交换机的物理端口是 MDI-X 端口

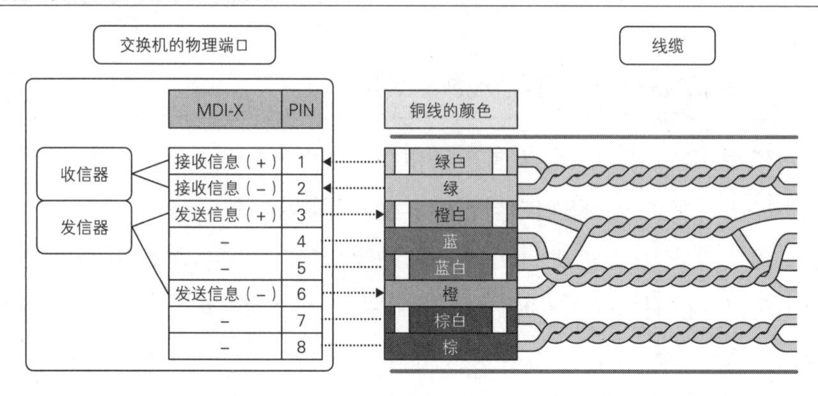

数据传递时，一方发送了信息，另一方必然就会接收信息。如果双方都要接收信息，就会变

成对峙的状态；而如果双方都要发送信息，数据就会发生冲突。因此，当双绞线电缆中的铜线是平行排列的情况时，就必须将 MDI 与 MDI-X 连接起来。如此一来，MDI 发送信息时，MDI-X 接收信息；MDI-X 发送信息时，MDI 接收信息。这种铜线为平行排列状态的线缆叫作直通线。举个例子，当 PC 或服务器连接到交换机上时，MDI 和 MDI-X 的上述关系成立，就可以使用直通线。

图 1.1.8 MDI 和 MDI-X 使用直通线连接

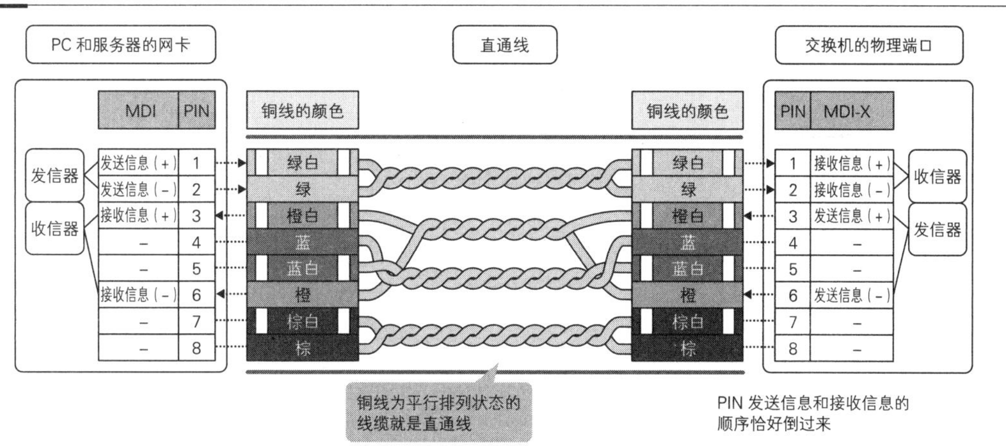

然而，MDI 和 MDI-X 的上述关系并非在所有连接环境中都是成立的。有计算机之间互联的情况，也有交换机之间互联的情况。在这些情况下，收发信息的关系并不成立，连对接都无法实现。

那么该怎么办呢？遇到这种情况，把布线改一改就好了。这时候我们需要用到的就是交叉线，交叉线的铜线配置在内部恰好是相互交叉的，所以即使端口类型相同也能形成收发信息的关系。计算机之间的互联也好，交换机之间的互联也罢，都能形成彼此收发信息的关系。

图 1.1.9 端口类型相同时应使用交叉线连接

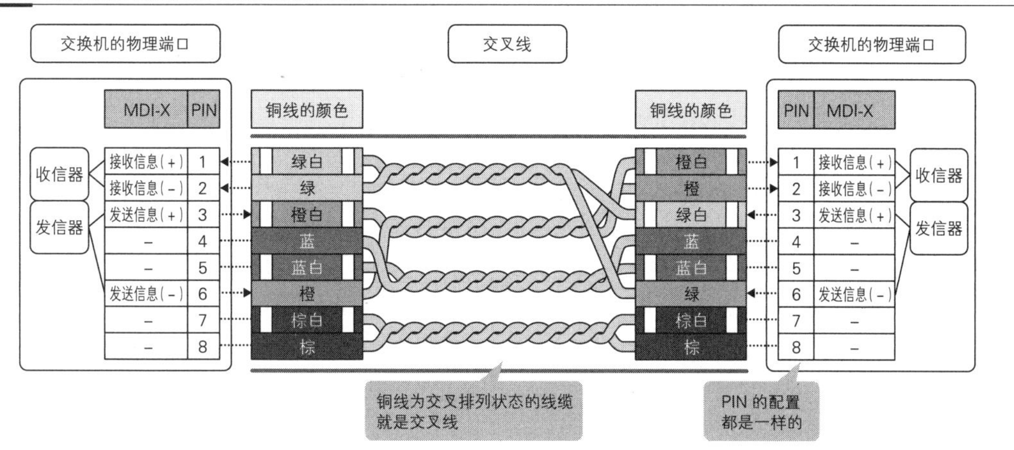

上面介绍了直通线和交叉线，但实际上人们最近不太使用交叉线了。以前人们对直通线和交叉线做了严格的使用区分，可是这种严格的使用区分带来了意想不到的麻烦，慢慢地反而变成了问题的根源。这里要用交叉线、那里要用直通线……像这样指定在哪里用什么线是非常麻烦的，在架构大规模的网络环境时也很费事。于是，具有能够自动识别端口类型（Auto MDI/MDI-X）功能的交换机应运而生。Auto MDI/MDI-X 功能能够自动识别对方的端口类型，并根据该类型将收信器和发信器进行调换。有了这项功能，同样的端口类型也能够使用直通线，而无须用到交叉线了。最近的大多数机器具备 Auto MDI/MDI-X 功能，所以人们就不再需要每次都考虑线缆的种类了。

图 1.1.10 使用 Auto MDI/MDI-X 功能的话任何情况都能用直通线连接

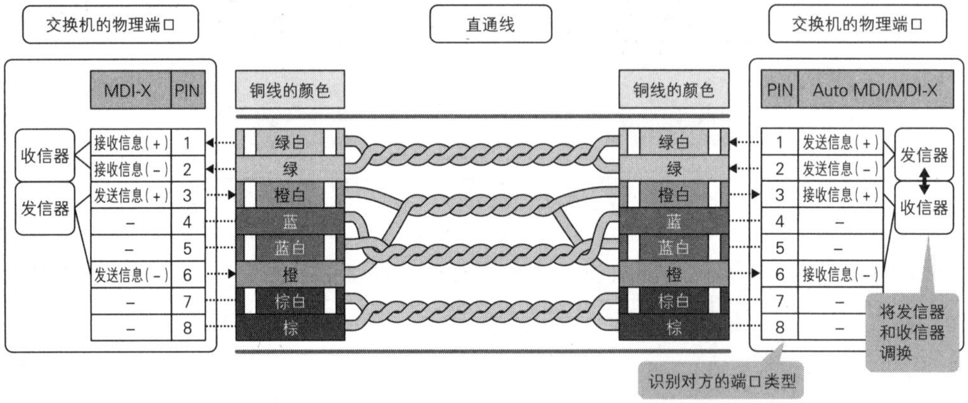

1.1.2.4 在 1000BASE-T 中 8 根铜线都会用到

在 100BASE-TX 中，MDI 端口通过 1 号和 2 号 PIN 发送信息，通过 3 号和 6 号 PIN 接收信息，剩余的 PIN（4 号、5 号、7 号、8 号）并不使用。这时候，双绞线电缆里虽然有 8 根铜线，却只能用到一半，剩下的 4 个 PIN 用不上，非常浪费。而在 1000BASE-T 中，剩余的 4 个 PIN 也要使用以提高吞吐率，1000BASE-T 是目前网络环境中使用最多的标准，现在的笔记本计算机和台式机的 NIC 也都支持这一标准。

1000BASE-T 的通信并不像 100BASE-TX 那样将收发信分开处理，而是用同样的 PIN 进行数据收发。收发器和 PIN 之间有一块混合电路板，在那里将发送的数据和接收的数据分开，然后分别交给发信器和收信器。在 100BASE-TX 中，1 号和 2 号 PIN 是用于发信的，而在 1000BASE-T 中，1 号和 2 号 PIN 既能用于收信也能用于发信。1 号和 2 号 PIN 进行 250 Mbit/s 的数据收发、3 号和 6 号 PIN 进行 250 Mbit/s 的数据收发、4 号和 5 号 PIN 进行 250 Mbit/s 的数据收发、7 号和 8 号 PIN 也进行 250 Mbit/s 的数据收发——就像这样，4 对 PIN 都能进行数据收发，由此实现了 1 Gbit/s（250 Mbit/s × 4 对）的高速通信。

图 1.1.11 在 1000BASE-T 中 8 根铜线都会用到

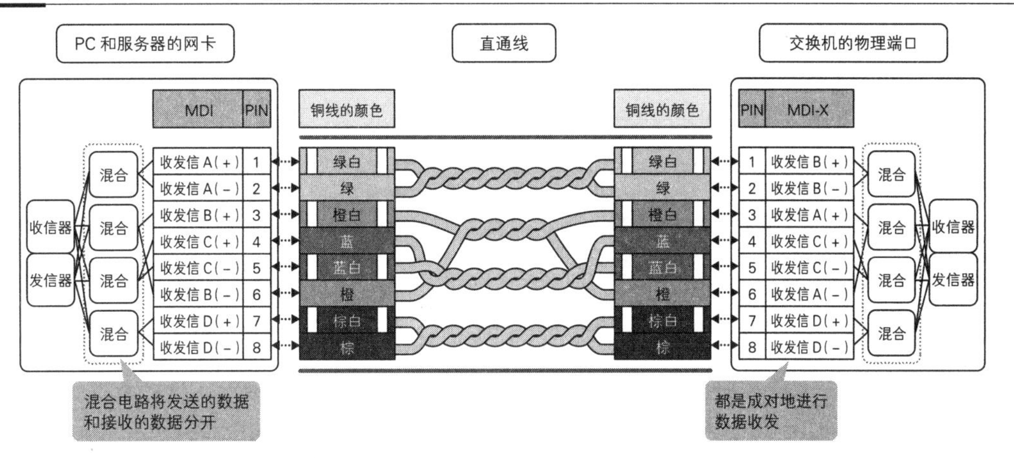

1.1.2.5 双绞线的极限——10GBASE-T

10GBASE-T 标准是目前实际使用的双绞线的标准中传输速度最快的。10GBASE-T 中 4 对共 8 根铜线全部用来收发数据，这一点与 1000BASE-T 完全相同。合理使用 8 根铜线，可以在短时间内承载最大限度的数据，达到一对铜线 2.5 Gbit/s、4 对铜线共计 10 Gbit/s 这样惊人的传输速度。

10GBASE-T 标准自 2006 年 9 月批准通过至今，因发热量高和功耗大等技术问题以及高昂的成本问题，迟迟没能得到普及。但近年来随着半导体工艺的细微化，它的技术问题得以解决，10GBASE-T 标准开始被用于服务器端。现在只剩下成本问题了。10GBASE-T 每端口

图 1.1.12 10GBASE-T 实现了一对铜线 2.5 Gbit/s 的传输速度

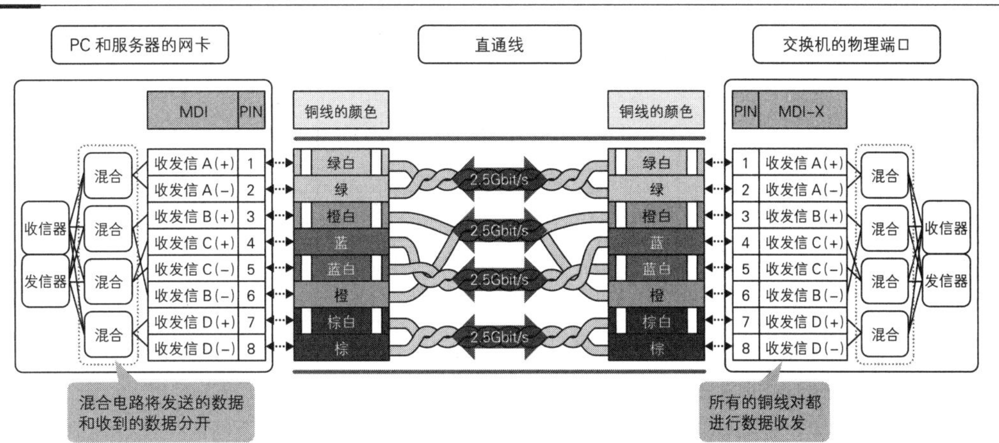

单价高于 1000BASE-T，若架构网络时全部使用支持 10GBASE-T 的设备，总成本就要高出不少。我们要精打细算，将有限的预算用在刀刃上，可以考虑只在备份服务器、NAS（Network Attached Storage，网络附接存储）以及虚拟环境等短时间内**通信量集中的部分使用支持 10GBASE-T 的设备**。

1.1.2.6　2.5G/5GBASE-T 可以沿用现有的线缆

介于 1000BASE-T 和 10GBASE-T 之间的双绞线标准是 2016 年制定的 **2.5GBASE-T** 和 **5GBASE-T**，有的生产商也称其为多兆位以太网（mGig）或 NBASE-T。这种称呼类似我们常说的方言，叫法有多种，实际上指的都是同一种东西。

2.5G/5GBASE-T 也是 4 对共 8 根铜线全部用来收发数据，这一点与 1000BASE-T 相同。它们借鉴了 10GBASE-T 的一部分技术来提升传输速度，分别实现了 2.5 Gbit/s 和 5 Gbit/s 的吞吐率。

图 1.1.13　2.5G/5GBASE-T 可以沿用现有的 5e 类线缆

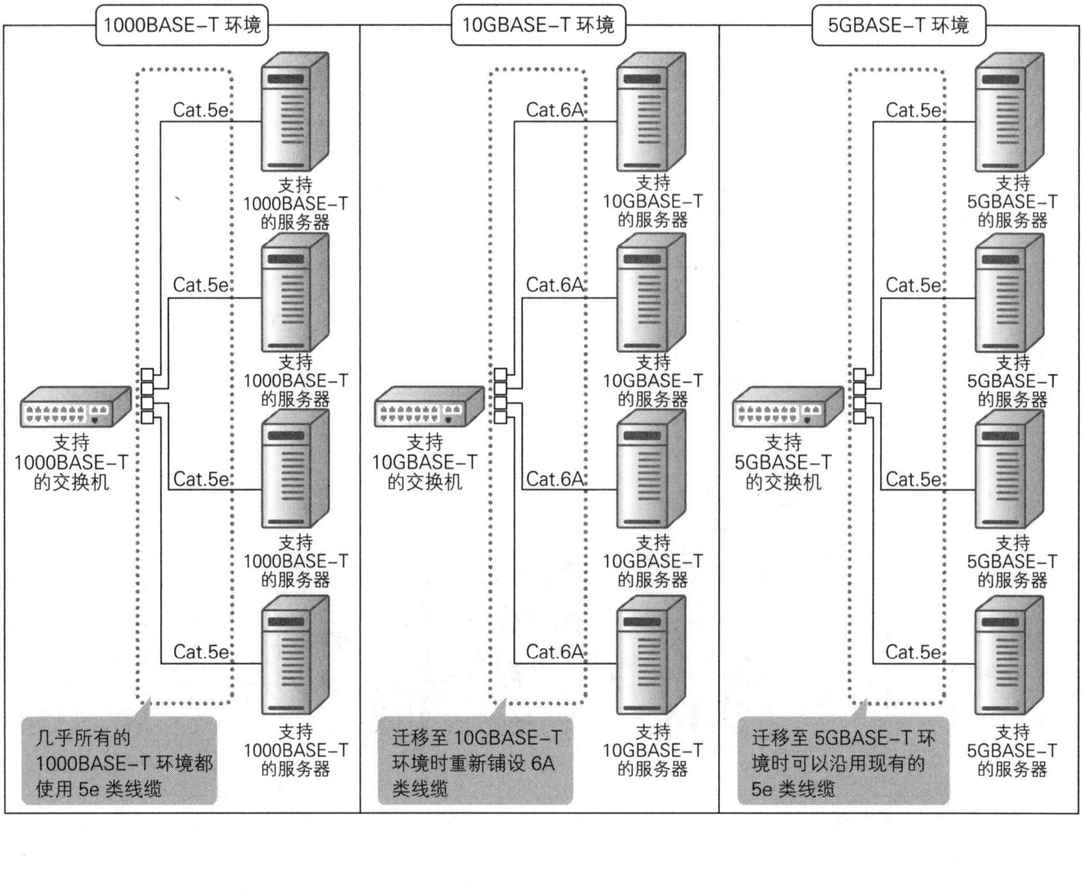

实际上，这两个标准中布线成本的下降比吞吐率的提高更受人关注。10GBASE-T 标准为了大幅提升传输速度，在制定时就舍弃了对 5e 类线缆的支持。长期以来，1000BASE-T 网络中使用的都是 5e 类线缆，10GBASE-T 标准不再支持此类线缆也就意味着架构 10GBASE-T 网络时，不得不重新布线。重新铺设机架内外、地板下方甚至天花板上方错综复杂的线缆绝不是一项小工程。在此背景下，2.5G/5GBASE-T 标准应运而生，重新开始支持 5e 类线缆。也就是说可以沿用现有线缆，只要升级服务器和网络设备就能提高 2.5～5 倍的传输速度。仔细想想，也不是所有网络环境都需要一步到位达到 10 Gbit/s 的传输速度。但考虑到近年来的网络状况，只有 1 Gbit/s 的传输速度多少会让人感到不安。在全面实现 10GBASE-T 标准的过渡阶段，2.5G/5GBASE-T 标准恰到好处地照顾了人们的需求，今后一定会被广泛使用。

1.1.2.7 相邻机器的速率和双工设置应保持一致

至此，我们对双绞线电缆烦琐而又深奥的结构做了说明。不过，物理层中受制于线缆和网卡这些硬件的地方很多，实际设置网络设备时未必有那么多的设置细分项目。我们在使用双绞线电缆时只需注意两处设置，那就是端口的速率和双工。**相邻设备的速率和双工设置必须要保持一致。**

顾名思义，速率表示传输速度。我们应配合服务器网卡和网络设备的物理端口将它设置成 100Mbit/s、1000Mbit/s 等值。

双工是指双向通信的方式。在网络的世界里不存在单向通信，只有双向通信。双工表示的就是双向通信成立的方式，它分为半双工（half duplex）和全双工（full duplex）两种。半双工通信在同一时刻只能进行单向通信，需要通过调换方向的方式才能使双向通信成立。以前人们用 10BASE2、10BASE5 这样的旧规格，但现在不会刻意设置成那样了。在 10GBASE-T 中，连半双工这个概念都不复存在了。这是因为，如果采用半双工通信，在收发批量文件等情况下会发生错误，吞吐率无法提升。与此相对，全双工通信则是同时进行收发处理来使双向通信成立的，分别设有不同的信道发送和接收信息。目前，全双工已经成为唯一的标准通信方式，端口的设置必须符合全双工通信的条件才行。

图 1.1.14　半双工通信只有一条传输线路

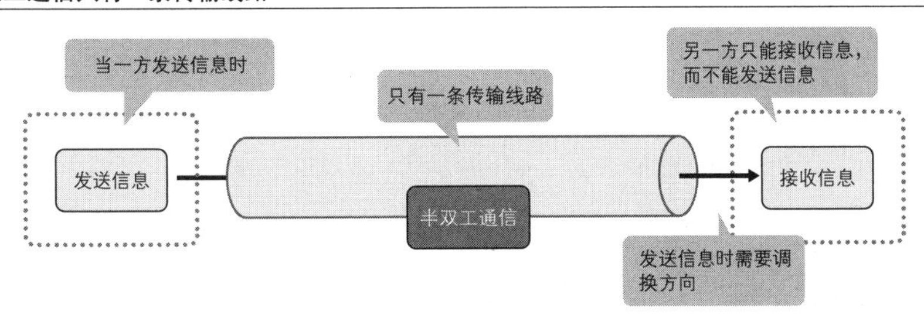

图 1.1.15　全双工通信有两条传输线路

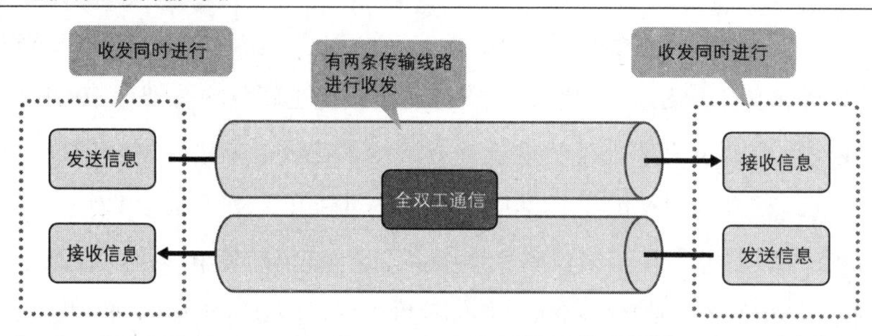

速率和双工有手动设置和自动（自协商）设置两种设置方法。无论采用哪种方法，我们都要确保两端设备的设置一致。

图 1.1.16　请务必确保两端设备的速率和双工设置一致

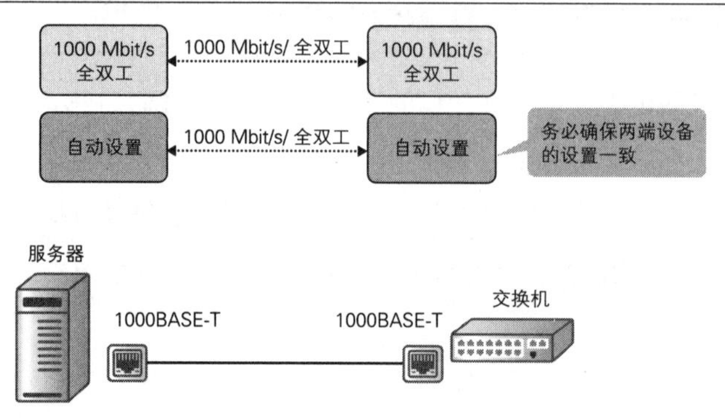

手动设置两端的端口时，如果速率设置得不一致，就会无法完成对接；如果双工设置得不一致，虽然能完成对接，但基本上无法进行通信。

图 1.1.17　手动设置时，如果速率或双工设置得不一致，将无法进行通信

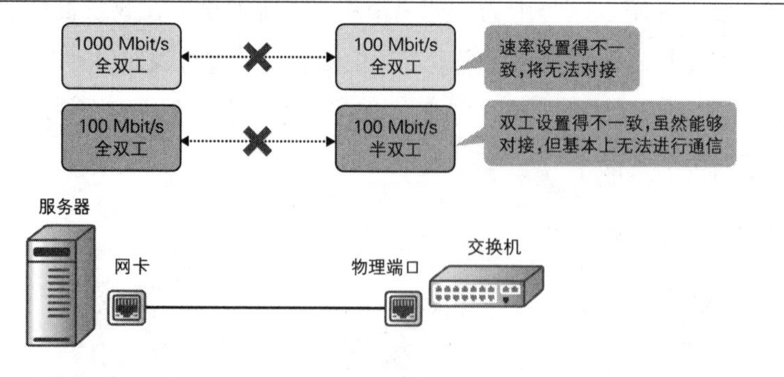

采用自动设置（自协商）时也要注意。自动设置是通过交换 FLP（Fast Link Pulse，快速连接脉冲）信号来决定速率和双工的，通过 FLP 交换彼此支持的速率和双工之后，按照预先决定好的优先顺序来决定速率和双工。

图 1.1.18 互相交换信号以决定速率和双工

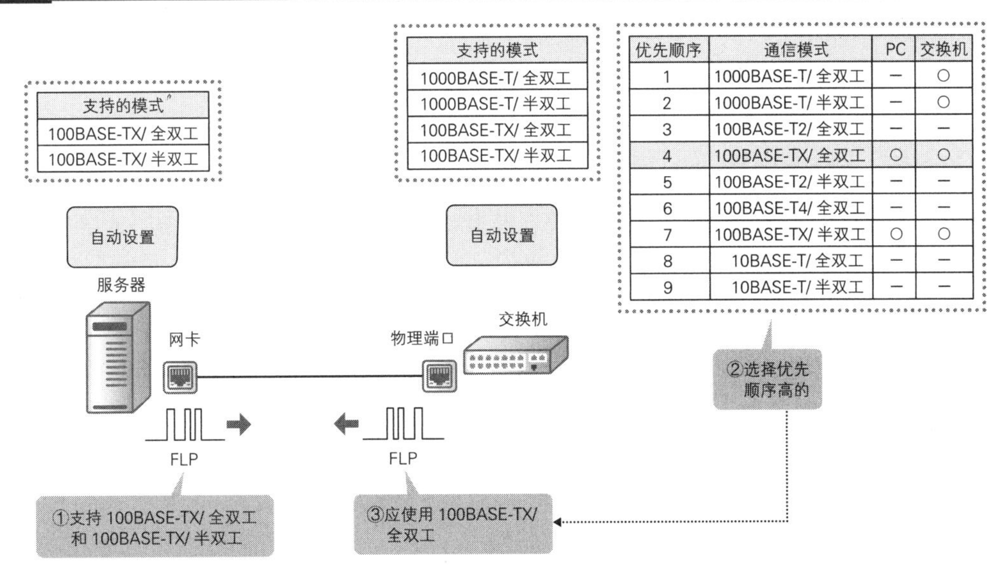

优先顺序	通信模式	PC	交换机
1	1000BASE-T/ 全双工	—	○
2	1000BASE-T/ 半双工	—	○
3	100BASE-T2/ 全双工	—	—
4	100BASE-TX/ 全双工	○	○
5	100BASE-T2/ 半双工	—	—
6	100BASE-T4/ 全双工	—	—
7	100BASE-TX/ 半双工	○	○
8	10BASE-T/ 全双工	—	—
9	10BASE-T/ 半双工	—	—

当两端都采用自动设置时，结果必然是选择全双工，这没有什么问题。但是，如果只有一端采用了自动设置，那么系统将选择默认的双工设置——半双工。这是因为当发送的是 FLP 信号而返回的却是非 FLP 信号时，系统就会选择半双工模式。这时候提升吞吐率是无望的。所以，如果一端采用了自动设置，另一端就一定也要采用自动设置，这个原则我们必须要遵守。

图 1.1.19 采用自动设置时要注意

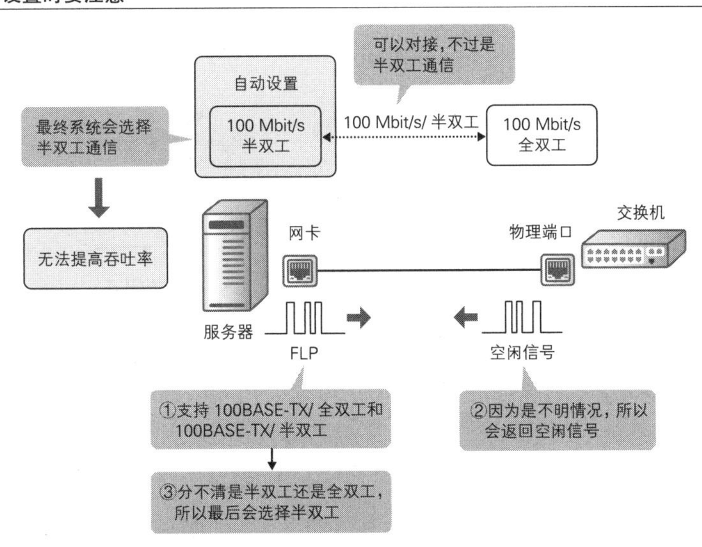

1.1.2.8 双绞线电缆的最大传输距离为 100m

双绞线电缆是目前最常用的布线材料，但它有一个缺点，那就是传输距离非常有限。**从规格上来说，双绞线电缆最多只能延伸到 100m 处**[①]。如果延伸到 100m 之外，电信号会衰减，数据会丢失。所以，超过 100m 时必须设置交换机等中转机器以延长传输距离。在布线时，考虑到最大传输距离是极其重要的。也许有人会觉得 100m 足够了，但是电缆需要装入导管，布线时会遇到障碍物，由于建筑物的某些特殊构造而不得不迂回布线的情况也很多。所以，你会意外地发现其实 100m 很短。这就意味着，我们应仔细确认布线线路，将总长度控制在 100m 之内。当然，你也可以通过中转机器让它得以无限延伸。不过那样的话，今后需要进行运行管理的机器将会增加，故障点也会增加，总体来说并不实用。遇到这种情况，我们应使用光纤光缆，1.1.3 节将详细说明。

1.1.2.9 用中继集线器抓包

在物理层设备中，最具实用性的就是中继集线器了。中继集线器的功能非常简单，它将端口接收到的信号复制并发送给所有端口。因为是将数据发送给所有端口，所以与该中继集线器连接的所有端口都会接收到和自己并不相关的数据。从通信量的角度来说，这样做的效率并不高。最近，大多中继集线器已被交换集线器替代，几乎见不到了。可以说，它作为支持数据通信的集线器这个角色，已经走到了终点。

图 1.1.20 中继集线器将复制的信号发送给所有的端口

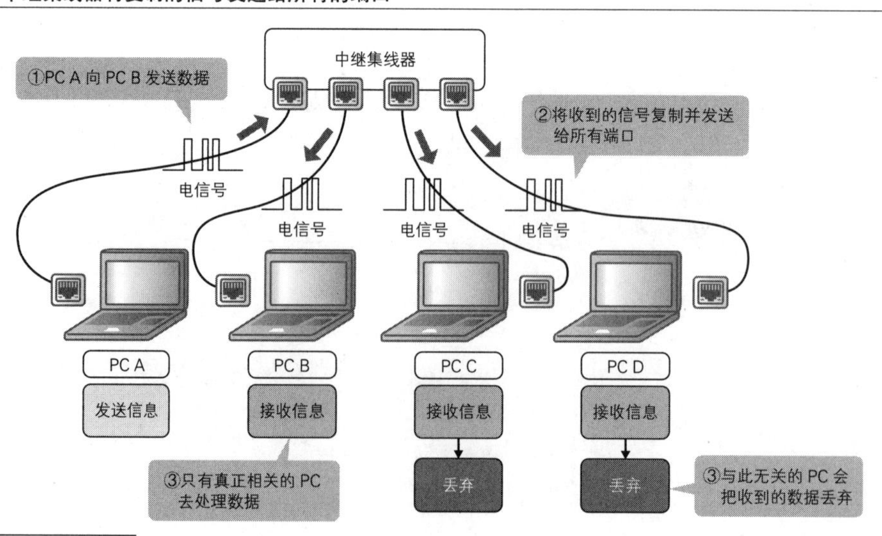

① 有一种例外情况，10GBASE-T 中使用 6 类线缆时，最多只能延伸到 55m 处。

中继集线器的真本领在于排除故障。我们在需要抓包的PC或服务器之间插入中继集线器，然后在同列中配置好另一台PC，就能接收到机器之间交换的信号。接收到的数码信号可以用Wireshark、tcpdump这样的专用软件进行截取和分析。使用中继集线器时能够顺利抓包而不改变现有机器的设置。因此，在细化到比特流程度的故障排除过程中，它总是能够发挥自己真正的本领。

图1.1.21 通过中继集线器排除故障

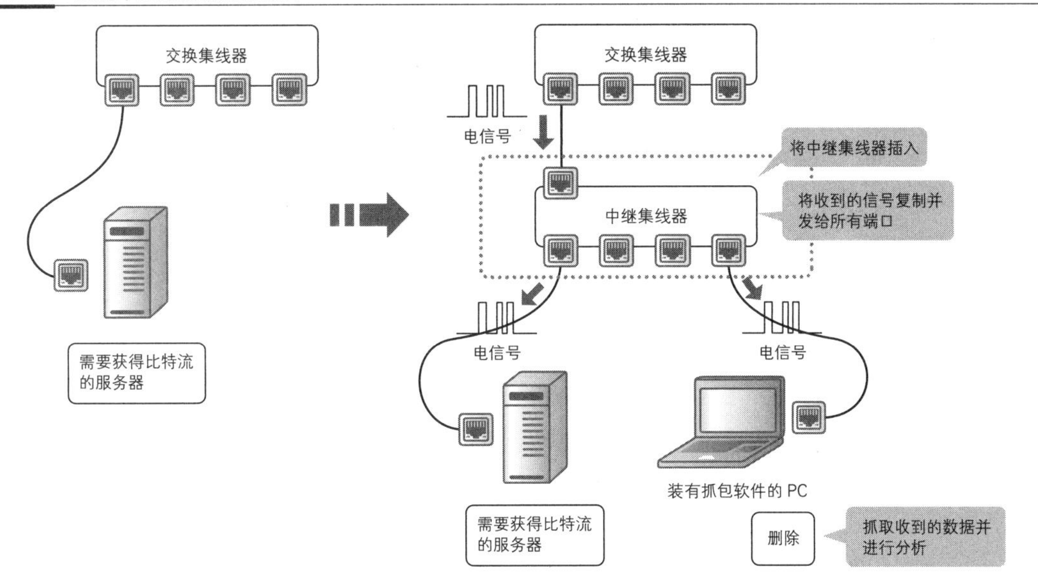

中继集线器可以在不改变现有机器设置的前提下截取机器之间的数据包，使用时再方便不过了。但是，在实际运用中，我们必须注意连接中继集线器的**机器台数**。中继集线器将收到的信号复制后转发给所有的端口，随着连接它的机器的增加，通信量也会不断增加，网络整体的处理负荷就会变大。所以，**在实际使用中，我们要尽量减少连接的机器台数，最好只连接抓包终端和被抓包终端这两台机器。**

1.1.3 光纤光缆是用玻璃制成的

接下来，我们来看光纤光缆。光纤光缆的规格为○○ BASE-SX/SR或○○ BASE-LX/LR。○○ BASE-SX/SR中的S是Short Wavelength（短波长）中的S，○○ BASE-LX/LR中的L是Long Wavelength（长波长）中的L，它们都代表了激光的种类。我们使用的激光种类将直接影响传输距离和所用的线缆。

光纤光缆是用极细的玻璃管制成的[①]，用于传输光信号。光纤光缆由折射率较高的纤芯和折射率较低的包层构成，为同芯双层结构。通过将折射率不同的两种玻璃做成双层构造[②]，可以将光封闭到纤芯内，进而形成低损耗的光通道，这个光通道就叫作模。

图 1.1.22　光纤光缆由纤芯和包层构成

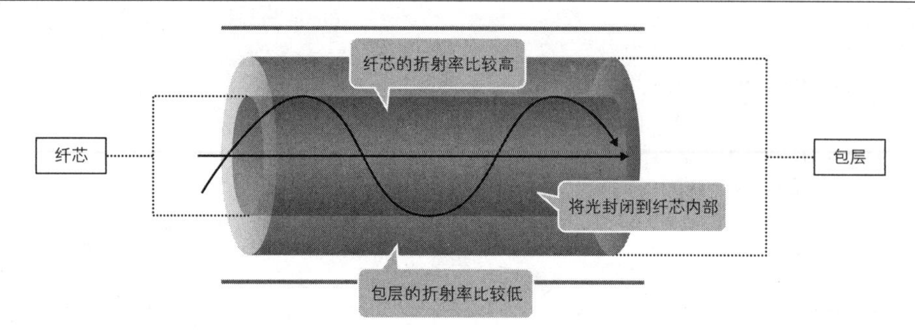

实际传输数据的时候，一根芯用于发送信息，另一根芯则用于接收信息，两根芯组成一对，形成全双工通信[③]。由于必须构成收和发的关系，如果一方发送了信息，另一方就必须接收信息。如果双方都发送信息或都接收信息，就会无法完成对接。

图 1.1.23　收发信息分别使用不同的光纤光缆

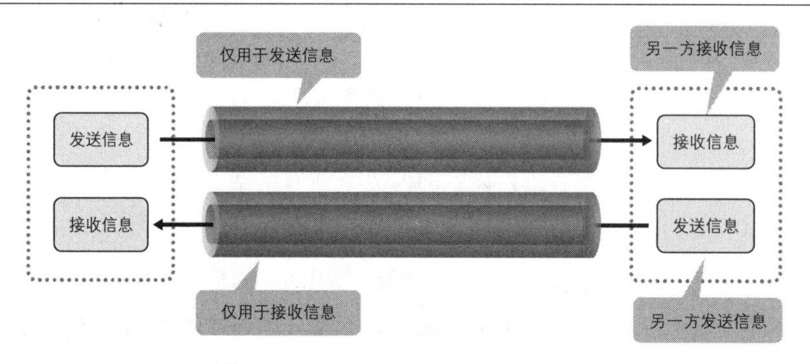

使用光纤光缆时，能够保持极宽的频带，即使传输距离很长，信号也不会衰减。和双绞线电缆相比，光纤光缆能延伸到更远的距离。但是光纤光缆也有缺点，那就是结构过于精密，使用起来不太方便。

---

① 最近也出现了塑料光纤、高分子光纤等用非玻璃材质制成的光纤，不过人们一般使用的光纤光缆都是用高纯度的石英玻璃制成的。

② 如果算上被覆表层就是 3 层构造。

③ 1000BASE-BX 在一根芯内将波长分为用于发信的波长和用于收信的波长，分别进行信息收发。

1.1.3.1 根据不同需要区分使用多模光纤和单模光纤

光纤光缆有**多模光纤（MMF）**和**单模光纤（SMF）**两种类型，二者的差异在于纤芯的直径（芯径，光信号从这里通过）。

多模光纤

多模光纤的芯径为 50 μm 或 62.5 μm，用于 10GBASE-SR 和 40GBASE-SR4 等使用短波长的规格。由于芯径较大，光通道（模）分散成了好几条（多）。多模光纤有多条通道，和单模光纤相比，它的传输损耗更大，传输距离更短（最长为 550 m）。然而它比单模光纤更便宜，更好用，因此常常用于 LAN 这种比较近距离的传输。多模光纤按纤芯折射率可分为 SI 型（阶跃型）和 GI 型（渐变型）两种，**目前人们使用的多模光纤一般为 GI 型**。我们可以认为多模光纤指的就是 GI 型光纤。GI 型光纤能使纤芯的折射率逐渐发生变化，使光信号沿所有光通道在同一时间到达目的地，这样就能减少传输损耗。

图 1.1.24　多模光纤中有多条光通道

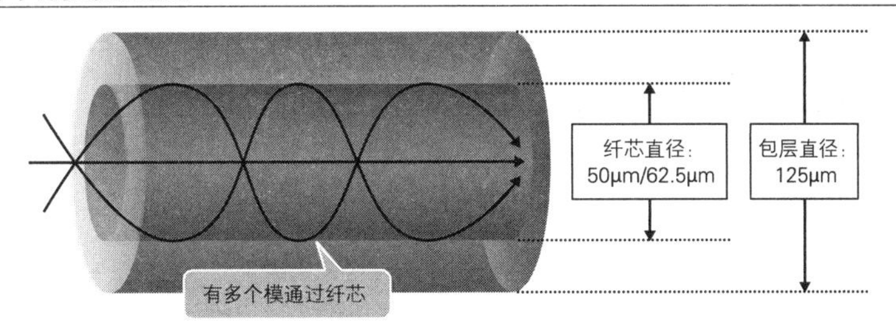

单模光纤

单模光纤的芯径为 8～10 μm，主要用于 1000BASE-LX 和 10GBASE-LR 中。通过缩小芯径，以及适度控制纤芯和包层之间的折射率差，使光通道（模）只有一条（单）。由于设计上保证了只有一条光通道，所以单模光纤能够实现长距离和大容量数据的传输。单模光纤在家庭或公司等场所不易见到，但如果你经常出入数据中心或 ISP（Internet Service Provider，互联网服务提供方）主干网设施，就会经常看到它。不知为何，在我的印象中，单模光纤往往是黄色的线缆。从传输损耗小，又能进行长距离通信这两点来看，单模光纤无可挑剔，但它的缺点是价格偏高。

图 1.1.25 单模光纤中只有一条光通道

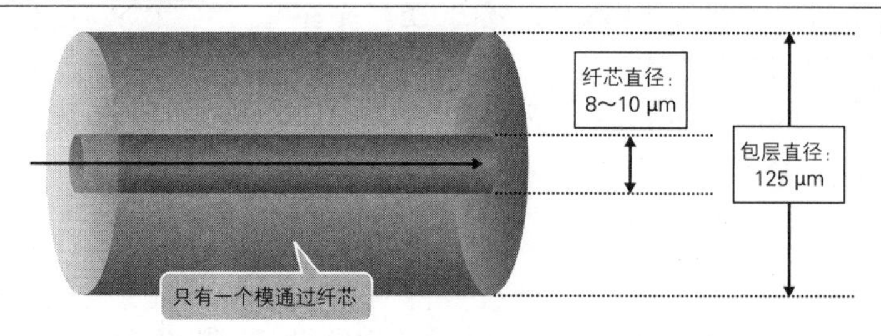

1.1.3.2 MPO 光缆集成多根光纤的线芯

多模光纤和单模光纤是较为基础的光纤光缆类型。从这两种基础类型中还衍生出了另外两种类型，接下来讲解这两种衍生类型。首先是第一种衍生类型——**MPO（Multi-fiber Push On，多芯推进）光缆**。MPO 光缆将多根光纤的线芯合并在一起，形成一根线缆，线缆的两端分别安装 MPO 型连接器。使用 MPO 光缆，可以极大地减少所需的光纤光缆数量，在节省空间的同时还能将烦琐的线缆管理变得简单方便。

图 1.1.26 使用 MPO 光缆可以减少所需的线缆数

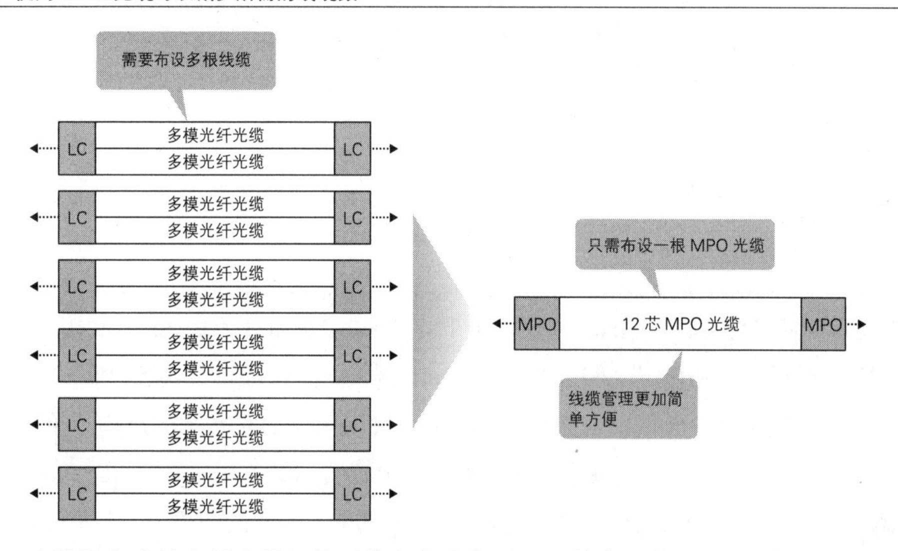

MPO 光缆按集成的光纤光缆芯数可分为多种类型。目前常用的是 12 芯和 24 芯这两种，详细内容将在 1.1.3.5 节中进行说明。一般来讲，12 芯的 MPO 光缆用于 40GBASE-SR4，24 芯的 MPO 光缆用于 100GBASE-SR10。

1.1.3.3 用可分支光缆进行分接

第二种衍生类型是**可分支光缆**，有的生产商也称其为分列光缆，实际上二者完全相同。可分支光缆将 MPO 光缆集成的线芯以一根或两根为单位进行分割。使用可分支光缆，可以连接一个 40GBASE-SR4 的 QSFP+ 模块[①]或者 4 个 10GBASE-SR 的 SFP 模块，也可以连接一个 100GBASE-SR10 的 QSFP28 模块[②]或者 4 个 25GBASE-SR 的 SFP28 模块，从而增加物理连接的多样性。

图 1.1.27 用可分支光缆增加连接的多样性

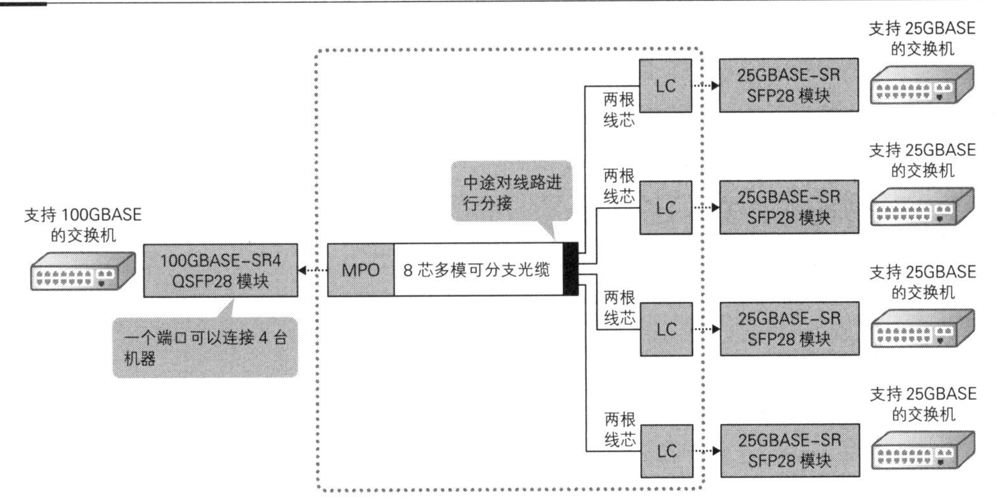

下表是将两种光纤光缆进行比较的结果。

表 1.1.4 单模光纤和多模光纤的比较

比较事项	多模光纤	单模光纤
纤芯直径	50 μm 62.5 μm	8～10 μm
包层直径	125 μm	125 μm
光通道（模）	多个	一个
模分散	有	无
传输损耗	小	更小
传输距离	最大 550 m	最大 70 km
使用	不方便	更不方便
成本	高	更高

① 此时将一个 40 Gbit/s 接口当作 4 个 10 Gbit/s 接口进行处理。

② 此时将一个 100 Gbit/s 接口当作 4 个 25 Gbit/s 接口进行处理。

1.1.3.4 常用的连接器有 SC 型、LC 型和 MPO 型 3 种

光纤连接器有多种类型，一般用于 LAN 等方面的连接器有 SC 型、LC 型和 MPO 型 3 种，我们应根据连接的设备和模块进行选择。

SC 型连接器

SC 型连接器只需推入插头就能锁住，向外轻拉就能断开，是一种推拉式构造的连接器。它的特点是使用方便、成本低廉，缺点是插头有点儿大。在连接机架的配线架、将电信号和光信号相互转换的媒体转换器、ONU（Optical Network Unit，光网络单元）设备这些对象时要用到 SC 型连接器。以前提到光纤连接器指的都是 SC 型连接器，近年来 SC 型连接器因集成效率低、体积大等问题，逐步被后面讲到的 LC 型连接器代替了。

图 1.1.28 SC 型连接器的形状（照片提供源：SANWA SUPPLY 股份有限公司）

LC 型连接器

LC 型连接器的形状和 SC 型的很像。它和双绞线电缆的连接器（RJ-45）一样只需推入插头就能锁住，要断开时按住小突起（闩锁）往外拉即可。它的插头比 SC 型连接器的小，能够安装很多端口。连接 SFP 模块、QSFP+ 模块①时使用 LC 型连接器。

图 1.1.29 LC 型连接器的形状（照片提供源：SANWA SUPPLY 股份有限公司）

① 有一种例外情况，40GBASE-SR4 的 QSFP+ 模块必须使用后面讲到的 MPO 型连接器，否则无法完成连接。

MPO 型连接器

MPO 型连接器一般安装在 MPO 光缆的两端或者可分支光缆的一端，它可以将多根光纤的线芯合并后连接起来。它形状扁平，并带着突起，仔细观察端面[①]可以看到合并后的线芯在里面呈多个点状。MPO 型连接器采用了与 SC 型连接器一样的推拉式构造，只需推入插头就能锁住，向外轻拉就能断开。它主要用于连接 40GBASE-SR4 的 QSFP+ 模块和 100GBASE-SR4/10 的 QSFP28 模块。

图 1.1.30 MPO 型连接器的形状

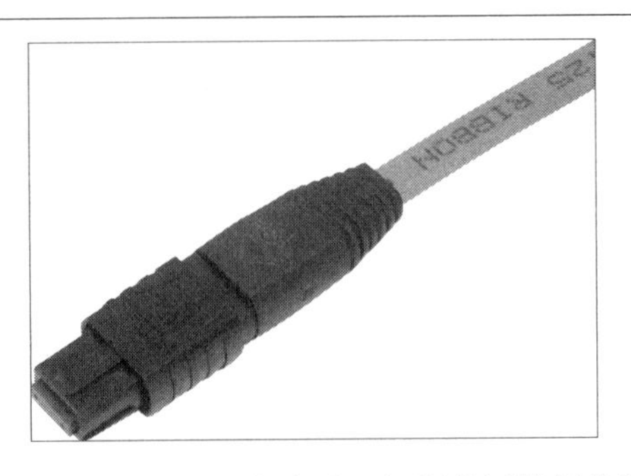

MPO 型连接器的插芯从左到右依次分配有编号，根据使用的规格发挥不同的作用。40GBASE-SR4 和 100GBASE-SR4 使用的是 12 芯 MPO 型连接器，其中左边 4 个插芯用于发送信息，右边 4 个插芯用于接收信息。而 100GBASE-SR10 使用的是 24 芯 MPO 型连接器，上排中间 10 个插芯用于发送信息，下排中间 10 个插芯用于接收信息。

图 1.1.31 MPO 型连接器的芯

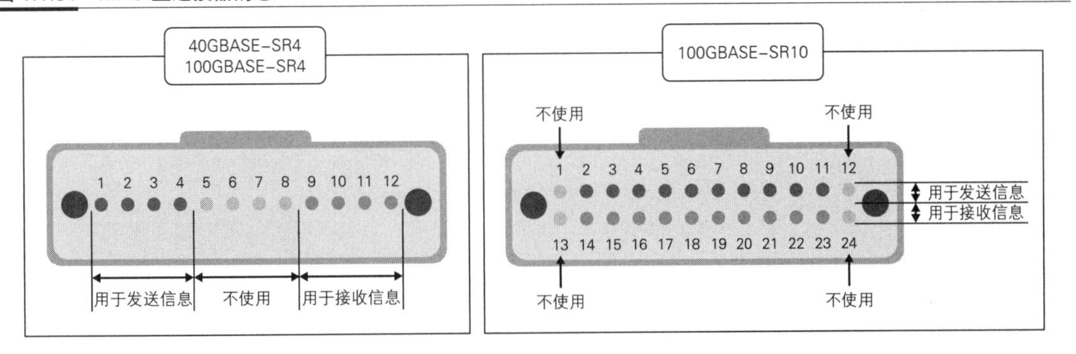

SC 型连接器、LC 型连接器和 MPO 型连接器只是形状不同而已，和使用的规格并没有直接的关系。首先，我们应根据需要的规格选择连接的设备和模块，然后根据该设备和模块选择连接器和光缆。举一个例子，有两台交换机装有 10GBASE-SR 的 SFP+ 模块，当我们需要将这两

① 端面亮灯时切勿用眼去看，否则会使人失明。

台交换机连接起来的时候，SFP+ 模块应接 LC 型连接器，且应选择 LC-LC 多模光纤。

图 1.1.32　根据设备和模块选择连接器和光缆

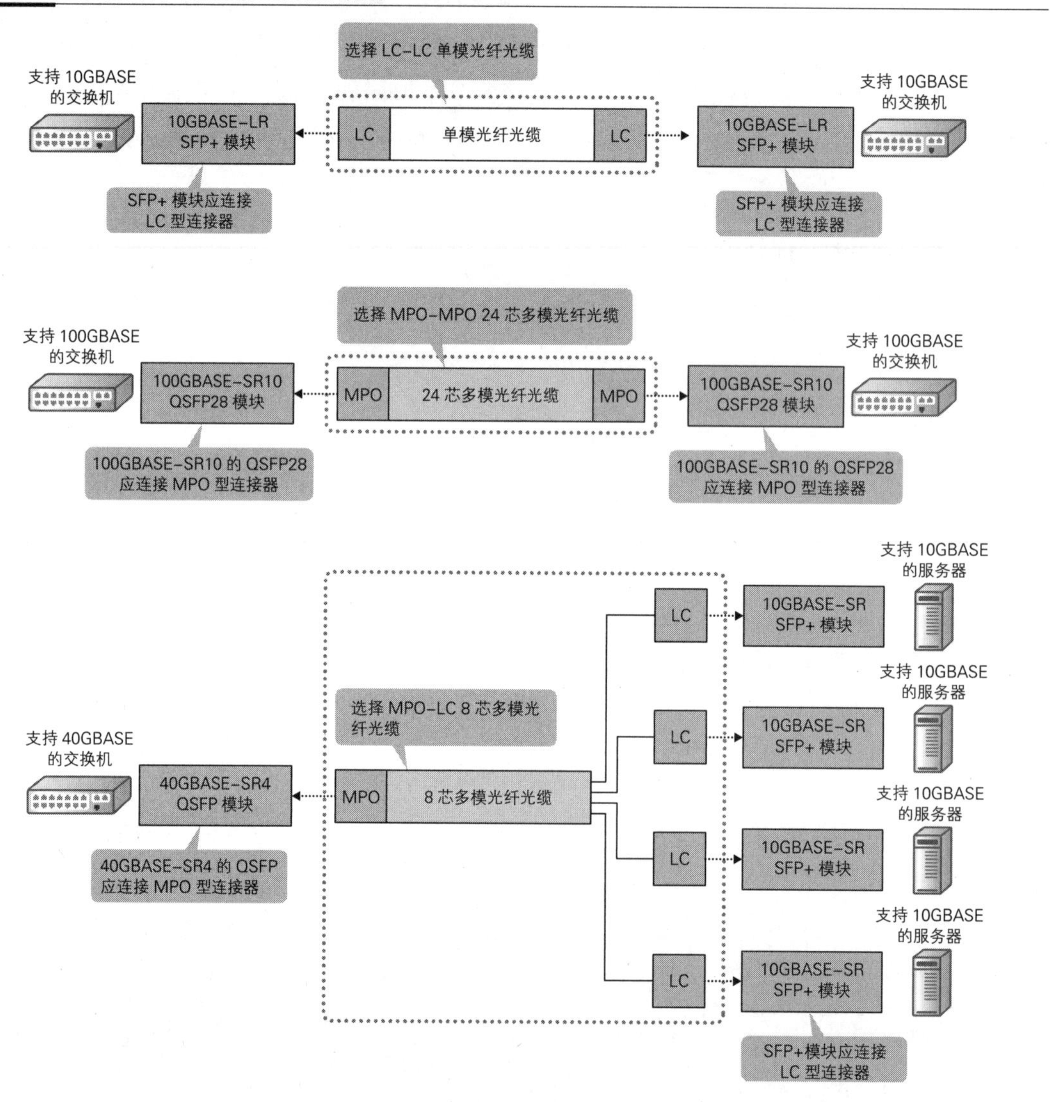

1.1.3.5　光纤光缆的规格

光纤光缆有多种规格，我常听大家说对这个方面不太了解。光纤光缆的具体规格直接关系到我们对它们的选择，所以在这里要好好整理一下。

我们在整理规格的时候，最容易理解的是○ BASE- □△中□的部分。这部分的英文字母表示激光的种类，我就是根据这里的英文字母整理规格的。以 10GBASE-SR 为例，10GBASE-SR 中的 S 代表了短波长，有 S 说明该光缆使用的是 850 nm 波长的短波长激光，仅能用于多模光纤。我是这样简单记忆的：S 代表 Short，指距离短的多模[①]；而 L 代表 Long，指距离长的单模。

接下来，我将挑服务器端常用的几个光纤光缆规格进行讲解。

10GBASE-R（10GBASE-SR/10GBASE-LR）

我们都知道，光纤通过携带比特信息的光波来传输数据。10GBASE-R 规格使用双芯光纤，发送和接收信息各用其中的一根芯，每根芯能以 10 Gbit/s 的传输速度传输光信号。10GBASE-SR 和 10GBASE-LR 的区别在于光的波长不同。光的波长越长，传输距离就越远。10GBASE-SR 使用的是波长为 850nm 的光，用多模光纤最远可传输 550m。与此相对，10GBASE-LR 使用的是波长为 1310nm 的光，用单模光纤最远可传输 10km。

图 1.1.33　10GBASE-R 在两根芯的光纤上能以 10 Gbit/s 的速度传输光信号

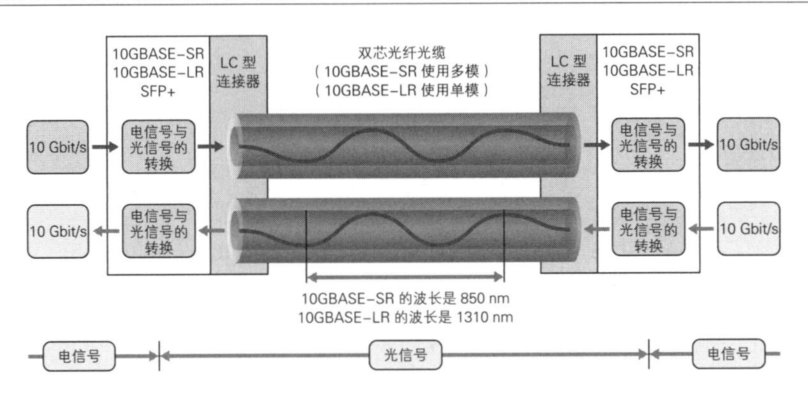

40GBASE-R（40GBASE-SR4/40GBASE-LR4）

传输速度达到 40 Gbit/s 的以太网标准统称为 40GBASE-R。40GBASE-R 中常用于服务器端的有 40GBASE-SR4 和 40GBASE-LR4 两种。接下来我将分别说明这两种规格。

简单地说，40GBASE-SR4 是将 4 根 10GBASE-SR 光纤汇合后形成的版本。它使用 8 芯光纤，发送和接收信息各用 4 根芯，每根芯能以 10 Gbit/s 的传输速度传输光信号。40GBASE-SR4 用 12 芯 MPO 光缆和连接器来增加光通道（路数），实现了相当于 10GBASE-SR 4 倍的传输速度。

40GBASE-LR4 使用波分多路复用（Wavelength Division Multiplexing，WDM）技术，将 4 路不同波长的光耦合到一根单芯单模光纤中进行传输。它发送和接收信息各用一根芯，每根芯能以 10 Gbit/s 的速度传输光信号，从而达到 40Gbit/s 的传输速度。

① 有一种例外情况，1000BASE-SX 不仅能使用多模光纤，还可以使用单模光纤。

图 1.1.34 40GBASE-SR4 使用 8 芯光纤，每根芯能以 10 Gbit/s 的速度传输光信号

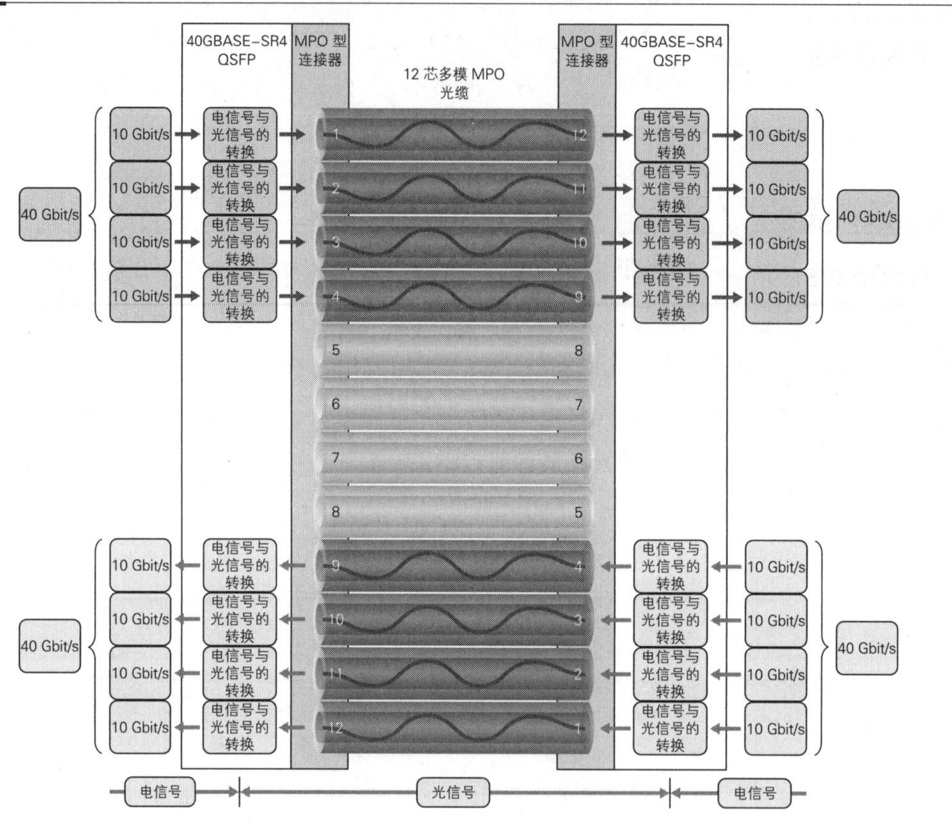

图 1.1.35 40GBASE-LR4 将 4 路波长不同的光汇合后传输

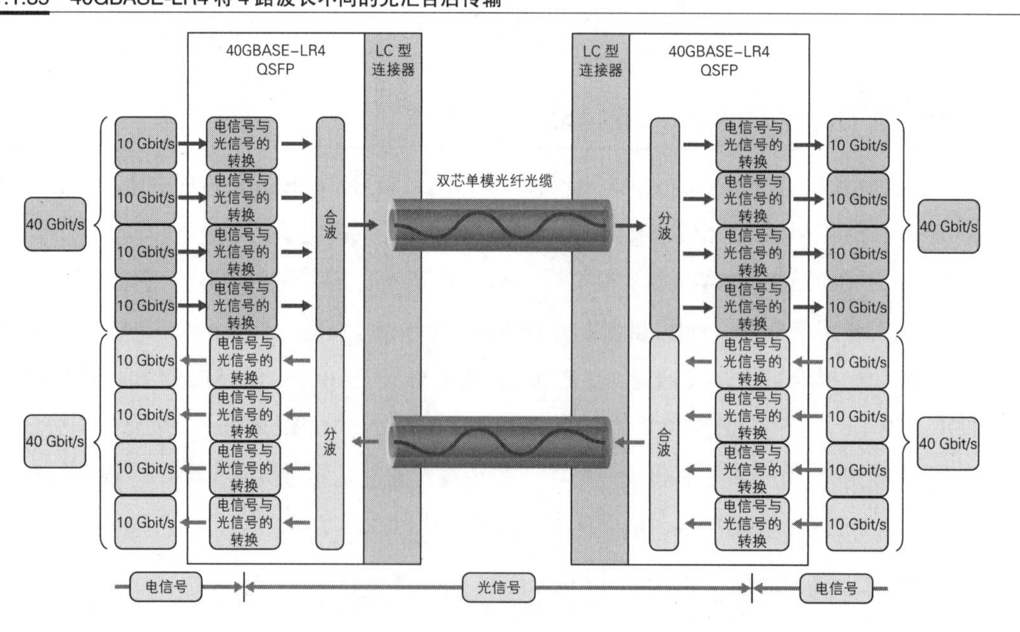

100GBASE-R（100GBASE-SR10/100GBASE-SR4/100GBASE-LR4）

传输速度达到 100 Gbit/s 的以太网标准统称为 100GBASE-R。100GBASE-R 中常用于服务器端的有 100GBASE-SR10、100GBASE-SR4 和 100GBASE-LR4 这 3 种。接下来我将分别说明这 3 种规格。

100GBASE-SR10

100GBASE-SR10 是将 10 根 10GBASE-SR 光纤汇合后形成的版本。它使用 20 芯光纤，发送和接收信息各用 10 根芯，每根芯能以 10 Gbit/s 的传输速度传输光信号。100GBASE-SR10 与 40GBASE-SR4 一样，通过使用 24 芯 MPO 光缆和连接器，增加光的通道（路数），实现相当于 10GBASE-SR10 倍的传输速度。

图 1.1.36 100GBASE-SR10 使用 20 芯光纤，每根芯能以 10 Gbit/s 的速度传播光信号

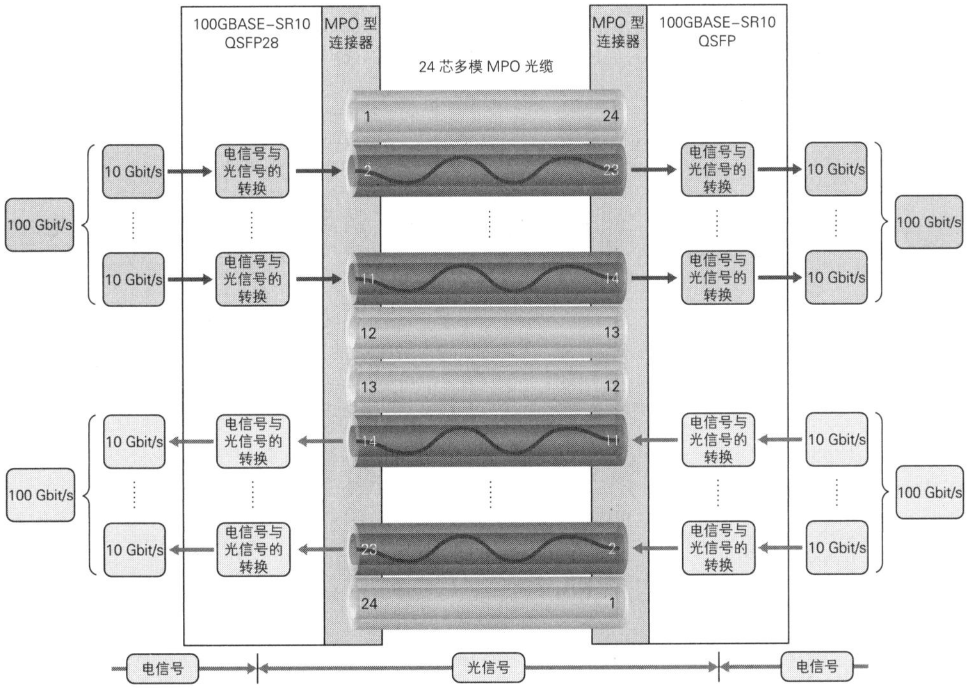

100GBASE-SR4

100GBASE-SR4 是 100GBASE-SR10 的升级版本。它使用 8 芯光纤，发送和接收信息各用 4 根芯，每根芯能以 25 Gbit/s 的传输速度传输光信号，故总传输速度达到 100Gbit/s。100GBASE-SR4 使用一种名为“变速箱”的变速设备，将 10 路 10 Gbit/s 信号转换成 4 路 25 Gbit/s 信号，并用 12 芯 MPO 光缆和连接器进行传输。虽然与 100GBASE-SR10 相比，100GBASE-SR4 的最大传输距离（100m）更短，但是它使用的光纤芯数少，加上配套的 QSFP28 模块的价格下跌，它的应用更加广泛。目前我们所说的 100GBASE-SR 规格指的都是 100GBASE-SR4。

图 1.1.37 100GBASE-SR4 使用 8 芯光纤，每根芯能以 25 Gbit/s 的速度传播光信号

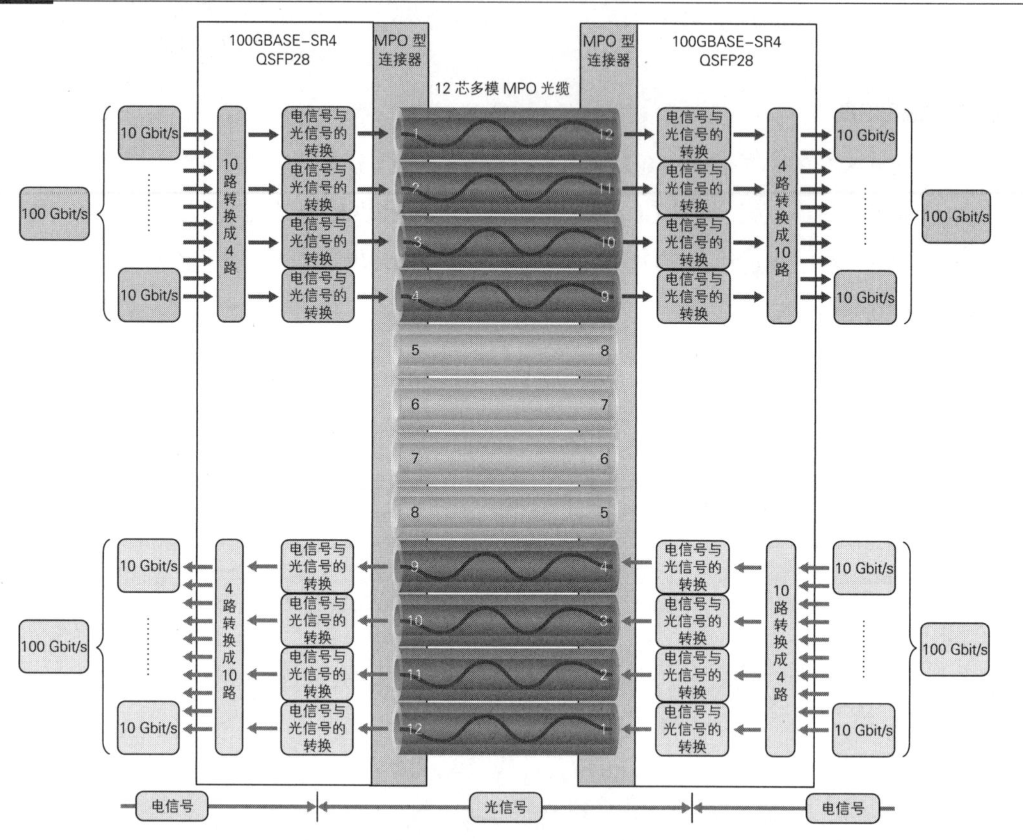

100GBASE-LR4

100GBASE-LR4 规格结合了上述两者的特点。它先用变速箱将传输速度由 10 路 10 Gbit/s 转换成 4 路 25 Gbit/s，然后将信号转换为光信号，形成 4 路光波。再通过波分多路复用技术将 4 路光波合并成一路，使用双芯单模光纤进行传输，其中发送和接收信息各用一根芯。

图 1.1.38 100GBASE-LR4 将 4 路 25Gbit/s 的光合并成一路后进行传输

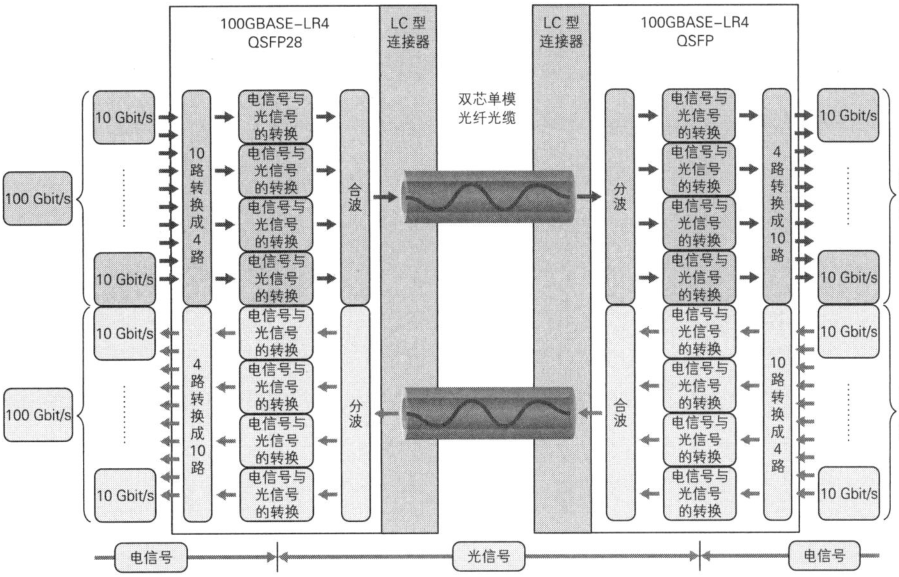

下面是我整理出来的具有代表性的光纤光缆规格一览表，表中还包含转换器模块。

表 1.1.5 光纤光缆规格

传输速度	协议族	规格名	IEEE 标准名	支持的线缆	最大传输距离	转换器模块	连接器的形状
10 Gbit/s	10GBASE-R	10GBASE-SR	IEEE 802.3ae	MMF	550 m	SFP+	LC
		10GBASE-LR	IEEE 802.3ae	SMF	10 km	SFP+	LC
25 Gbit/s	25GBASE-R	25GBASE-SR	IEEE 802.3by	MMF	100 m	SFP28	LC
		25GBASE-LR	IEEE 802.3cc	SMF	10 km	SFP28	LC
40 Gbit/s	40GBASE-R	40GBASE-SR4	IEEE 802.3ba	MMF	100 m	QSFP+	MPO（12 芯）
		40GBASE-LR4	IEEE 802.3ba	SMF	10 km	QSFP+	LC
100 Gbit/s	100GBASE-R	100GBASE-SR10	IEEE 802.3ba	MMF	150 m	CXP/CFP	MPO（24 芯）
		100GBASE-SR4	IEEE 802.3bm	MMF	100 m	CXP/CFP	MPO（12 芯）
		100GBASE-LR4	IEEE 802.3ba	SMF	10 km	CXP/CFP	LC

1.2 物理设计

前面我们已经对物理层的各种技术做了说明。下面从实用性的角度讲讲在服务器端应该如何使用这些物理层的技术，以及我们在设计和架构服务器端时应该注意哪些事项。

1.2.1 服务器端有两种结构类型

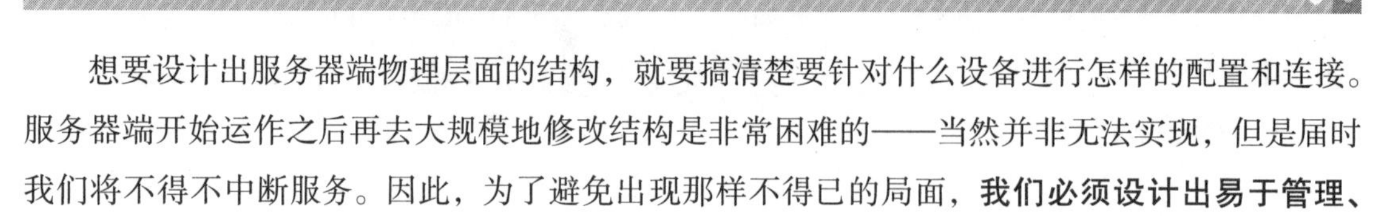

想要设计出服务器端物理层面的结构，就要搞清楚要针对什么设备进行怎样的配置和连接。服务器端开始运作之后再去大规模地修改结构是非常困难的——当然并非无法实现，但是届时我们将不得不中断服务。因此，为了避免出现那样不得已的局面，**我们必须设计出易于管理、易于扩展、着眼于未来的物理结构。**

一般用于服务器端的物理结构有两种，分别是**串联式**和**单路并联式**，中小规模的系统环境多采用前者，大规模的系统环境多采用后者。表是将二者进行粗略比较之后得出的结果。

表 1.2.1 串联式结构和单路并联式结构的比较①

比较事项	串联式结构	单路并联式结构
结构的简易度	○	△
故障排除的简易度	○	△
结构的灵活性	△	○
可扩展性	△	○
冗余性与可用性	○	○
采用的系统规模	中小规模	大规模

关于各种机器的技术、功能，以及为什么是这样的物理结构等详细内容将在第 2 章按结构类型分别进行讲解。在本节中，只需对连接方法有大致的印象就可以了。物理结构的设计是诸多技术和诸多功能的集大成技术，所有的设备配置都自有其道理和意义。相信你在了解了各种技术和功能之后再回过头来看本节就会觉得更加有趣。接下来我将详细介绍各种结构。

① 表格中的○代表“高”，△代表“尚可”。——译者注

1.2.1.1 采用串联式结构管理起来更方便

首先我们来看串联式结构。由于该结构是在通信线路上进行配置的，因此被称为串联式（inline）。目前在服务器端用得最多的就是串联式结构。它结构简单，出现故障也容易排除，深受运维人员的喜爱。串联式结构有很多种类型，无法一一列举，这里只介绍两种具有代表性的类型。

串联式结构之类型 1

我们来看第一种类型。这是串联式结构中最简单、最容易理解的一种结构，网络设备从上到下的配置都是方形结构。这种方形结构是最基本的串联式结构之一。

图 1.2.1　串联式结构之类型 1

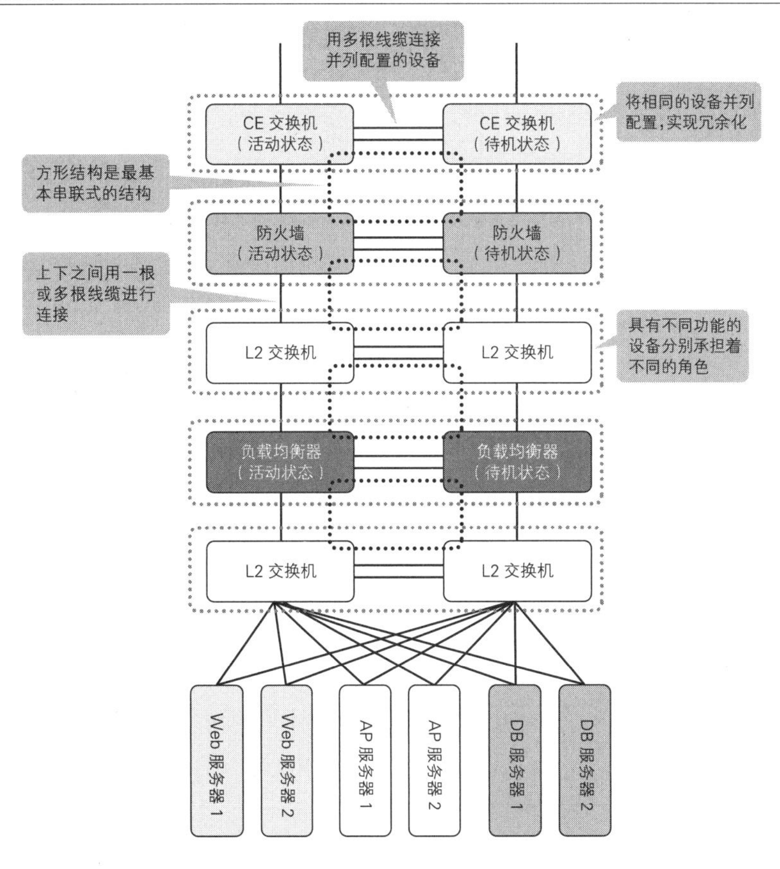

我们应将相同的设备并列配置以实现冗余化，用多根线缆连接机器。这些线缆不仅交换管理比特流（管理比特流用于管理冗余结构），同时又提供发生故障时的迂回线路。设备上下之间用一根线缆连接。实际上也可根据通信量适当地增加线缆，但这里为了方便大家理解，只用一根。

这种结构非常简单。在这种结构中，每台机器各司其职，无论哪台机器发生故障，系统都会将该故障对其他机器的影响控制在最小范围内，同时切换连接到备用机上。

串联式结构之类型2

接下来看看第二种类型。这种类型是在第一种结构类型中加入了刀片服务器、虚拟化、StackWise技术和VSS（Virtual Switching System，虚拟交换系统）、数据安全区段划分这4个元素。乍一看比较复杂，但仔细观察后会发现它是一种非常典型的方形结构。不过，值得注意的是使用StackWise技术的交换机必须通过专用的Stack线缆连接。

这种结构的刀片服务器和虚拟化能够提高服务器的集中效率和可扩展性，StackWise技术和VSS能够提高交换机的运行管理效率，这些都对简化结构起着重要的作用。此外，对DMZ和LAN的数据安全区段划分又提高了安全度。这种类型必须采用刀片服务器特有的结构，架构可使用虚拟化功能的专用网络，与类型1相较，类型2需要考虑的地方会更多一些。本书后面有对各个要素的详细说明，刀片服务器在4.1.1.2节，虚拟化在2.3.1.1节，StackWise技术和VSS在4.1.1.3节，数据安全区段划分在3.3.1节。

这种结构也和类型1一样，每台机器各司其职，无论哪台机器发生故障，系统都会将故障对其他机器的影响控制在最小范围内，同时切换连接到备用机上。

图 1.2.2 串联式结构之类型 2

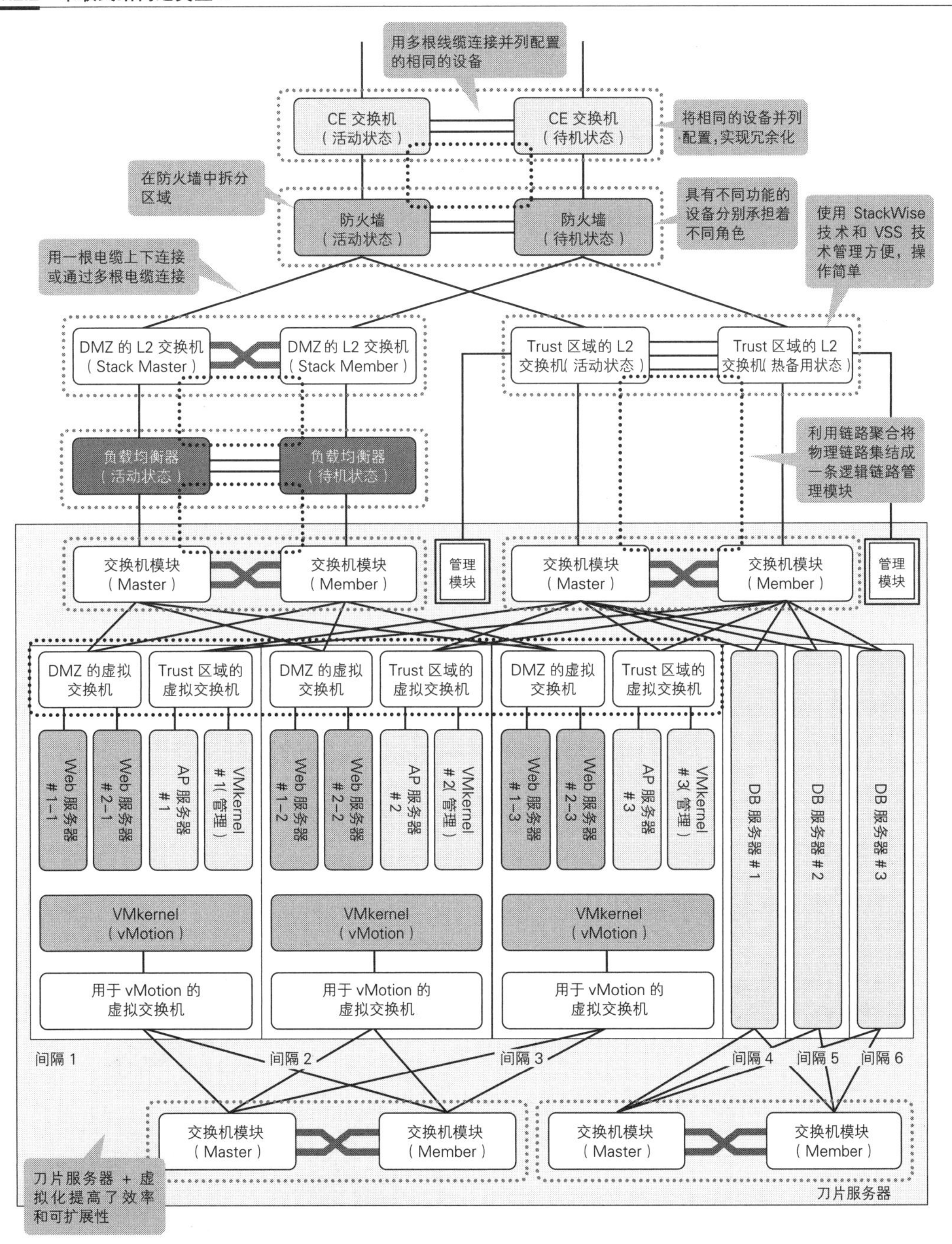

※ 由于版面关系，除管理控制台外，其他与管理端口的连接在图中省略未画。

1.2.1.2 采用单路并联式结构更容易扩展

下面，我们来看看单路并联式结构。**这种结构恰似将设备配置到核心交换机的手臂位置，所以叫作 One-Arm 结构（单臂结构）。**位于服务器端中心部位的核心交换机扮演着多重角色，因此整体结构比串联式结构要复杂。然而这种结构能够满足各种需求，兼具灵活性和可扩展性，常用于数据中心、多租户环境等规模较大的服务器端。下面介绍两种具有代表性的单路并联式结构类型和它们各自的特点。

单路并联式结构之类型 1

我们来看第一种类型。这是单路并联式结构中最简单、最容易理解的一种结构。实际上，这种结构在逻辑上和串联式结构的类型 1 是一样的。将相同的设备并列配置以实现冗余化这一点没有任何变化，不同的是单路并联式结构的类型 1 需要按纵列配置。在这种结构中，我们将防火墙和负载均衡器配置到核心交换机的旁边，就好像核心交换机的手臂一样。在串联式结构中，每台机器各司其职，配置非常容易理解；而在单路并联式结构中，很多职能集中于核心交换机，位于系统中心部位的核心交换机肩负着多重任务，几乎所有的通信都需要经过它的处理。

设备配置虽然完全不同，但单路并联式结构所用的冗余功能和串联式结构的一模一样。无论哪台机器发生故障，系统都会立刻切换线路并确保新的线路畅通无阻。由于核心交换机肩负着多重任务，一旦它发生故障，就会对所有的机器产生影响。

图 1.2.3 单路并联式结构之类型 1

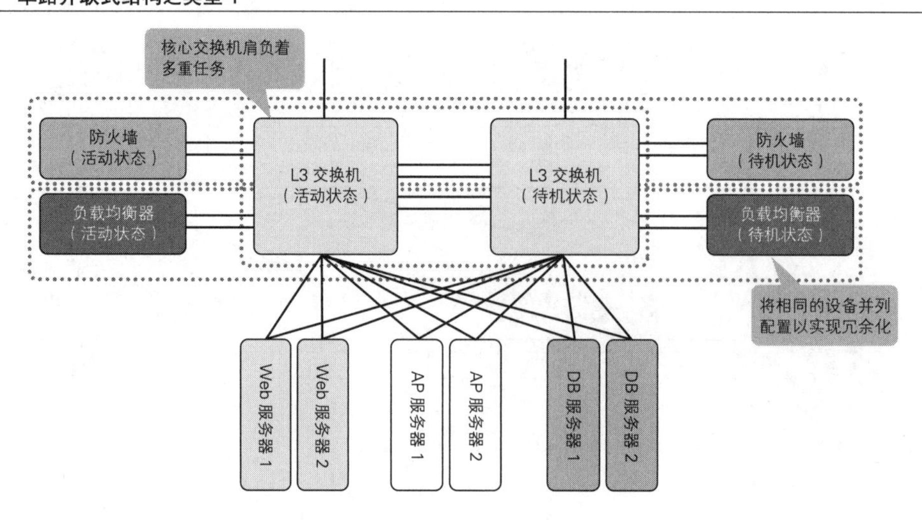

单路并联式结构之类型 2

我们来看第二种类型。和串联式结构一样，这种类型是在第一种单路并联式结构类型中加入了刀片服务器、虚拟化、StackWise 技术和 VSS、数据安全区段划分这 4 个元素。

图 1.2.4　单路并联式结构之类型 2

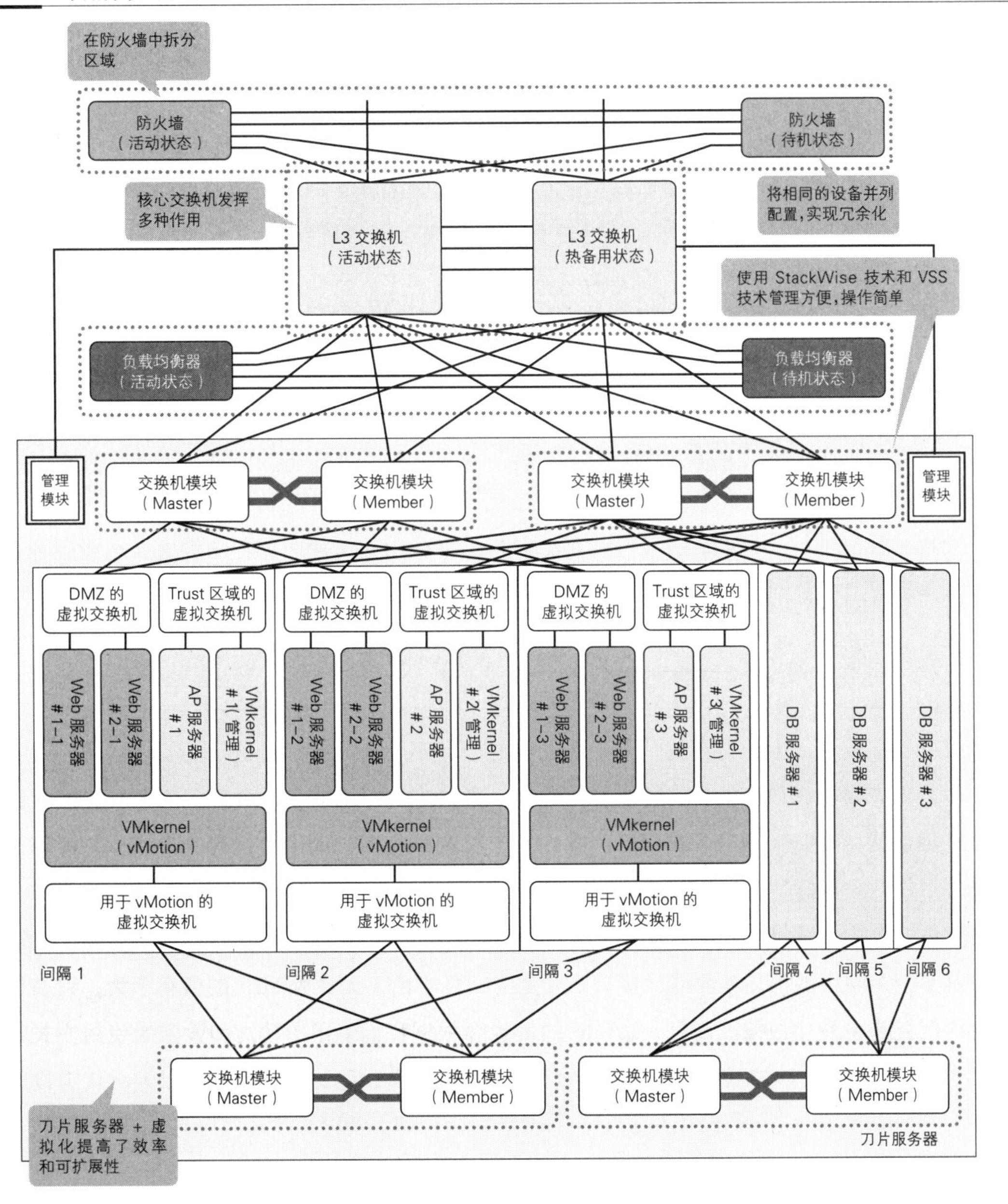

※ 由于版面关系，除管理控制台外，其他与管理端口的连接在图中省略未画。

这种类型也是乍一看比较复杂，但基本结构和类型 1 是一样的。因为 VSS 在逻辑上将两台核心交换机合并成了一台，所以核心交换机的连接形态稍有不同。**从防火墙和负载均衡器的角度来看，就像只连接到了一台核心交换机上那样**，而它们就像配置在这台核心交换机旁边的手臂。

这种结构也和类型 1 一样，机器配置虽然完全不同，但所用的冗余功能和串联式结构的一模一样。无论哪台机器发生故障，系统都会立刻切换线路并确保新的线路畅通无阻。这种结构的核心交换机和类型 1 的核心交换机一样肩负着多重任务，不过，由于它是 VSS 在逻辑上合并成的一台交换机，所以即使它发生故障，也不会像类型 1 那样对周边机器产生巨大影响。

在后文中，我会介绍技术和规格。届时，还会提到上述 4 种结构。在当前阶段，这些结构看起来非常难懂，尤其是类型 2，里面糅合了太多内容，现在你也许还完全摸不着头脑。不过，一旦理解了后面介绍的技术和规格之后，再回过头来看这些结构类型时，你一定会觉得豁然开朗。

1.2.2 选用稳定的设备

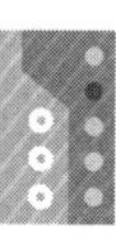

大致了解物理结构类型后，我们就要考虑各类结构中应该使用怎样的设备。选择服务器端设备有 3 个要点，分别是可靠性、成本和运行管理性。接下来我将分别说明这 3 个要点。

1.2.2.1 设备的可靠性最为重要

服务器端设备最大的特点就是要确保提供的服务不中断。要满足这样的要求，我们在选择设备时，首先要考虑设备的可靠性。一个设备，无论它的价格多高、处理速度多快，接二连三发生故障也就变得毫无意义了。所以，我们一定要选择能够长期稳定运行的设备。一般用于考查设备可靠性的指标是 MTBF（Mean Time Between Failures，平均故障间隔时间），它表示一次故障和下一次故障之间的平均间隔时间。这个数值可以参考各生产商在网站上公布的数据。

其实，上面讲的都是场面话，接下来才是我的真心话。**无论 MTBF 的值有多大，设备该发生故障时还是会发生故障。而且，MTBF 的值也会根据我们使用的功能和设备的使用方式不同而产生较大的变动。**MTBF 是一个理论数值，它简单易懂，但要说它是否可以绝对代表设备可靠性，答案应该是否定的。特别是现实中的网络运行管理者对该数值的实际意义都持怀疑态度。说到底，设备的可靠性是听天由命的。因此，我认为要想最大限度地防止问题的发生，首先要选择各个领域中最稳定、耐用的设备和最可靠的生产商。

图 1.2.5 MTBF

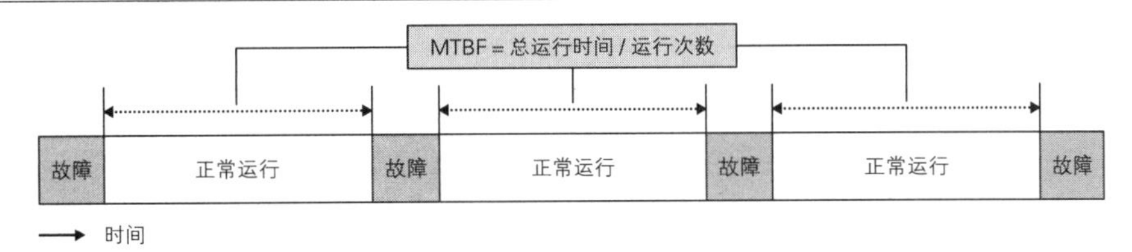

1.2.2.2 切勿贪小失大

如果我们在选择设备时一味地追求可靠性，全部使用最稳定、耐用的设备，那么很快就会发现成本太高了。稳定、耐用的设备往往价格不菲，如果贵公司财力雄厚，这样选择当然无可厚非。问题是钱包实力不够时该怎么办？这时候就需要有所舍弃，做出退而求其次的选择，寻找其他设备。市面上有许多设备，其价格仅为各领域中排名最靠前设备的一半甚至更低，不过这方面与家电和家具产品类似，存在便宜没好货的情况。因此，我们在选择时要特别注意切勿贪小失大。**一般只有重要度低的设备，才可以退而求其次考虑用其他设备代替。**举一个例子，为用户提供服务的服务器端设备和用于监视的运行管理端设备相比较，后者的重要度明显更低。那么，我们就可以将运行管理端设备替换成其他低价设备。

图 1.2.6 替换重要度低的设备

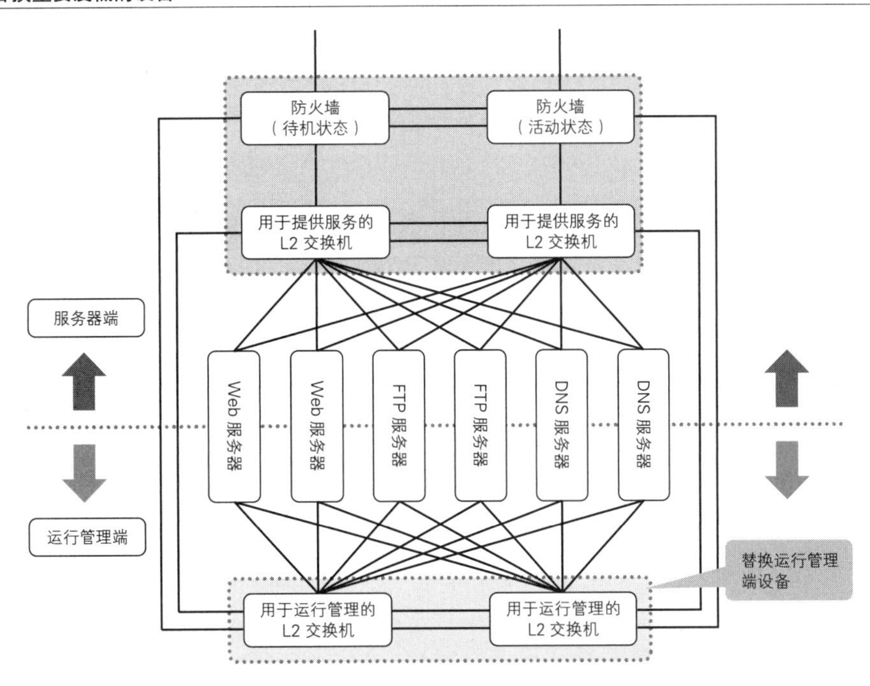

1.2.2.3 设备的运行管理性也很重要

运行管理阶段通常是服务器端网络架构生命周期中时间最长的阶段，有的长达 10 年以上。因此，选择设置简单、信息查阅方便的设备也很重要。特别是在日本，人们选择设备时往往只关注产品手册上的规格信息，忽视运行管理性这个极其重要的因素。有些设备对环境要求高、设置难度大，运行和管理这样的设备就需要长期投入运维费用和培训费用等间接成本。为避免增加这部分成本，我们务必选择方便易用的设备。

目前为止，我们讲的都是设备的选用。此外，架构网络时选择各类设备的理由和依据也越来越重要。我有过全盘采用客户指定的设备后，发生了“致命”的故障，引起客户勃然大怒的痛苦经历。客户盛怒之下呵斥：“为什么使用这样的设备？！”这个时候，我无论如何也说不出“那正是坐在你旁边的人指定的呢……”这样的话。在日本 IT 系统架构行业，大多数人本着“客户就是上帝”的观念，认为故障的责任就在架构方。很遗憾，我们只能忍气吞声。为了防止此类悲剧再次发生，我们可以采取某种形式，即保留选择设备时的理由和依据。

1.2.3 选用设备时应参考考查项的最大值

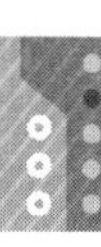

设备的物理结构确定下来后，我们就要考虑应该选用有着怎样规格（性能）的设备。根据什么要素去选用设备，这就是硬件结构设计的内容。有时候我们可能还需要另外准备一些考查项，它们并非物理设计的范畴，而是属于硬件结构设计和性能设计中的内容。本书立足于物理设备的性能设计来讲解物理设计。

选择设备时应考虑需要的功能、成本、吞吐率、连接数、设备被认可和采纳的实际情况等多种要素。这里，我们着重针对吞吐率和连接数进行说明。这两个要素可以成为我们选择设备时的绝对性指标。如果要更换旧机器，最好利用 SNMP（Simple Network Management Protocol，简单网络管理协议），预先从现有机器中获取这两个指标的相关数值，为今后选择设备做准备。关于 SNMP 将在本书的 5.1.2 节中详细介绍。如果要增设新机器，则应根据我们设想的用户人数、使用的协议、应用程序和信息内容大小以及构成比例等进行理论上的预测。

尽管这种情况屡见不鲜，但是像吞吐率和连接数这样的考查项，用它们一般的平均值去选择设备是没有多大意义的。**我们应对长期或短期的访问类型进行分析，参考考查项的最大值去选用设备。**

图 1.2.7 参考考查项的最大值

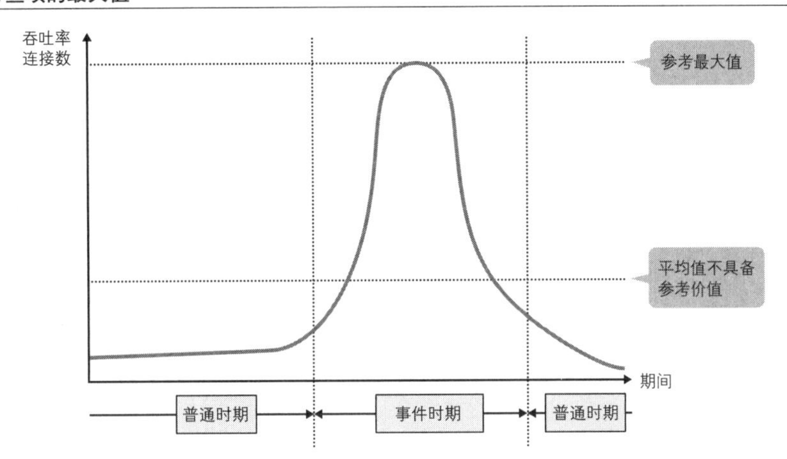

当然，在预算充足的情况下，最好使用真实的设备进行性能测试和负载测试以验证理论预测。通过实际测试，我们不仅可以获得最接近真实环境的数据，还能在一定程度上提前了解设备的设置方法和可能发生的问题。值得注意的是，我们在选择用于验证的设备时，最好选用与正式运行时相同的设备。因预算不足导致无法使用完全相同的设备时，**至少也要选择硬件结构相同的设备**。一般来说，设备的硬件结构相同，性能上的差异主要取决于 CPU 主频、内核数量及内存容量等。这样我们就可以将两种环境之间的差异控制在最小范围内。举一个例子，物理设备和虚拟设备在有无硬件处理这一点上，可以说硬件结构是完全不同的。即使同为物理设备，因产品系列或发售时间不同，某些产品可能采用新的框架或组件。因此，硬件结构也可能不同。我们在选择用于验证的设备时，要仔细确认生产商的网站和产品手册。

1.2.3.1 应用程序不同，吞吐率也就不同

吞吐率指的是应用程序实际传输数据的有效速度。吞吐率包括与应用程序相关的各种处理延迟，因此实际的传输速度值肯定会比规格上的理论值要小。例如，在采用 1000BASE-T 规格的网络中，吞吐率未必能达到 1 Gbit/s。服务器端的吞吐率受诸多需求因素的影响，包括我们设想的最大连接用户数、所用应用程序的信息流通类型等。我们应在了解这些因素的基础上算出我们需要的吞吐率。网络设备的各生产商一般会公布其产品的最大吞吐率，即在不发生位丢失的情况下能够传输的最高速度。我们应参考那些数据，选择性能上仍有一定富余的机器。

有的设备会因为启用的功能导致最大吞吐率降低。遇到这种情况，我们应在充分考虑使用的功能之后再去决定机器的最大吞吐率。举一个例子，有的设备在仅启动防火墙功能时处理速

度可以达到 4 Gbit/s，但同时开启 IPS（入侵防御系统，Intrusion Prevention System）功能，处理速度就会降到 1.3 Gbit/s。如果一定要用 IPS 功能，则最大吞吐率应为 1.3 Gbit/s，这个值才是我们应参考的。

1.2.3.2　新增连接数和并发连接数都要考虑

连接数是指设备能够处理多少连接。连接数的值越大，表示能够处理的数据越多。选用防火墙和负载均衡器时，我们需要注意这个数值。连接数分为**新增连接数**和**并发连接数**两种。新增连接数（Connection Per Second，CPS）指设备每秒能够处理多少连接；并发连接数指设备同时能够维持多少连接。

图 1.2.8　新增连接数和并发连接数未必成正比

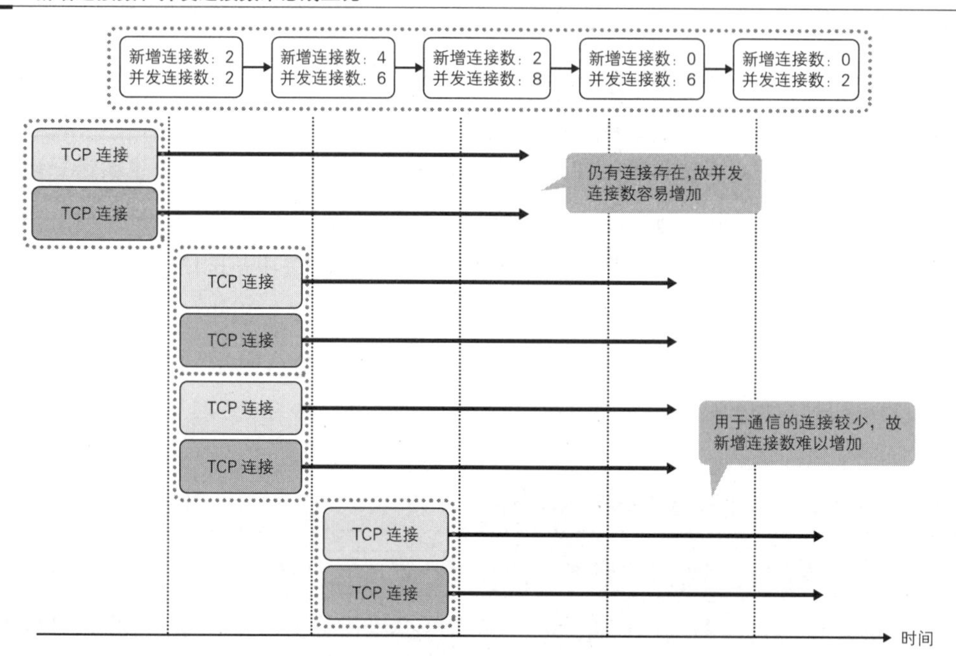

这两个值看起来似乎应该成正比，但其实未必。例如，当 FTP（File Transfer Protocol，文件传送协议）试图在长时间内维持少量的连接来进行访问时，并发连接数会增多，新增连接数却并不会增加多少。相反，当 HTTP（HyperText Transfer Protocol，超文本传送协议）/1.0 试图在短时间内通过维持大量的连接来进行访问时，新增连接数会增多，而并发连接数却不会增加多少。

我们设想的最大连接数和所用的应用程序会影响到我们实际需要的连接数。我们应明确了解这些因素之后再去计算所需的新增连接数和并发连接数。各生产商也会公布其产品的最大连接数[①]，我们应参考那些数据，**选择性能上仍有一定富余的设备。**无论是最大新增连接数还是最大并发连接数，实际的数字一旦超过它们，就会发生服务延迟。

前面都是对硬件结构设计的说明，归根结底，设备是无法满足超出它们规格之外的要求的。无论我们使用多少系数进行计算，得出的结果都在我们设想的范围之内。有些企业会按照极限值进行设定，并根据该设定去选用设备。可一旦遇到出乎意料的巨大通信量时，就会措手不及，无法应对。与服务器相比，网络设备的使用寿命会更长一些，无论纵向扩展还是横向扩展都比较困难。所以，我们在进行性能设计时一定要留有一定的余地才行。根据什么信息去选用设备，这其中的依据真的十分重要。

1.2.4 巧妙地使用虚拟设备

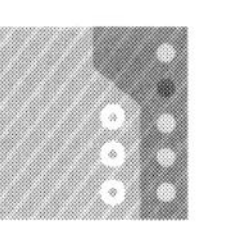

伴随着服务器虚拟化的潮流，一种新型设备应运而生，那就是经过虚拟化的网络设备，人们通常称其为**虚拟设备**。近年来，网络设备的基础操作系统基本都采用了 UNIX 系统。通过在此操作系统上层运行专门编写的服务程序或启动专用的硬件处理，来实现设备处理的高速化和高效化。在虚拟设备中，基础操作系统、各种服务以及硬件处理全部在虚拟机监控器（VMM，又称 Hypervisor）平台上运行。最近几年，虚拟设备在 IT 系统中已逐步站稳脚跟。下表列出了具有代表性的虚拟设备产品。

表 1.2.2 具有代表性的虚拟设备产品

生 产 商	设备类别	虚拟设备名称
思科（Cisco）	交换机	Nexus 1000v
	路由器	vIOS
	防火墙	ASAv
瞻博（Juniper）	路由器	vMX
	防火墙	vSRX
防特（Fortinet）	防火墙	FortiGate VM
派拓（Palo Alto）	防火墙	VM-Series
Imperva	防火墙	SecureSphere Virtual Appliances
F5	负载均衡器	BIG-IP VE

① 有的生产商仅公布了并发连接数。

1.2.4.1 虚拟设备的优点

虚拟设备最大的优点就是**不占用物理空间**。以前我们提到网络设备，脑海中浮现的都是类似机架式服务器一样自带服务器机架的设备，增设这样的设备当然需要占用一定的物理空间。而虚拟设备作为一个虚拟机程序在虚拟化软件平台（虚拟机监控器）上运行，自然不需要占用任何物理空间①。架构网络所需的物理空间大小直接影响着架构成本。使用虚拟设备，可以节省物理空间，也就等同于节省成本。

图 1.2.9 利用虚拟设备节省占用空间

① 虚拟化软件需要安装在物理服务器上，放置该物理服务器的空间是无法节省的。

1.2.4.2 虚拟设备的缺点

虚拟设备的缺点是**性能下降**。物理设备能够使用硬件FPGA（Field Programmable Gate Array，现场可编程门阵列）实现高速且高效的处理，但虚拟设备不仅要通过虚拟机监控器来运行，而且在处理方面还要完全交由软件（CPU）来执行，这就导致其性能明显下降。所以，我们不能盲目地只配置虚拟设备，而是要根据各方面情况来综合考虑，做好使用混合架构的打算。比如，在只测试简单功能的初期测试环境中使用虚拟设备，在需要测试具体功能的后期测试环境中，或验证性能的正式环境中再配置物理设备。

图 1.2.10 虚拟设备的架构注定了其性能低于物理设备

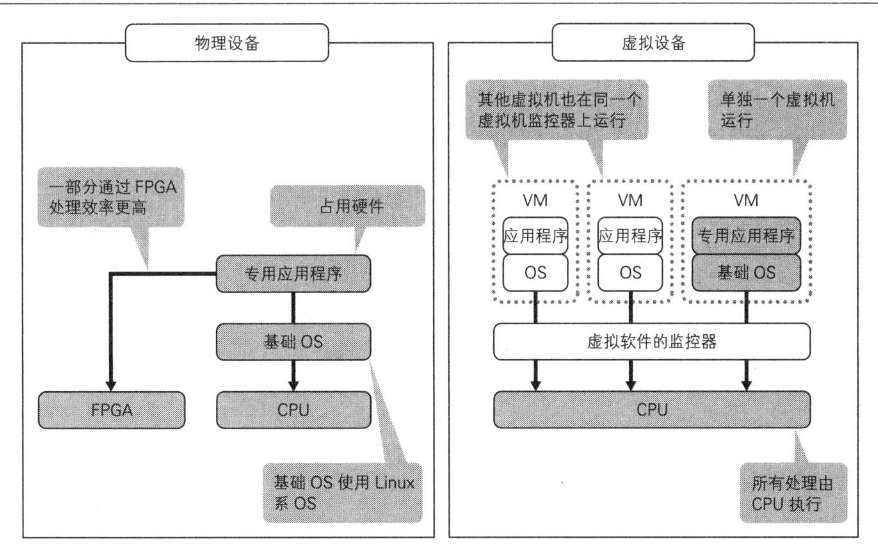

顺便说一句，在1.2.1.1节的串联式结构之类型1中，防火墙和负载均衡器使用虚拟设备，加入虚拟化的元素后如下图所示。

图 1.2.11 串联式结构之类型 1 中使用虚拟设备的例子

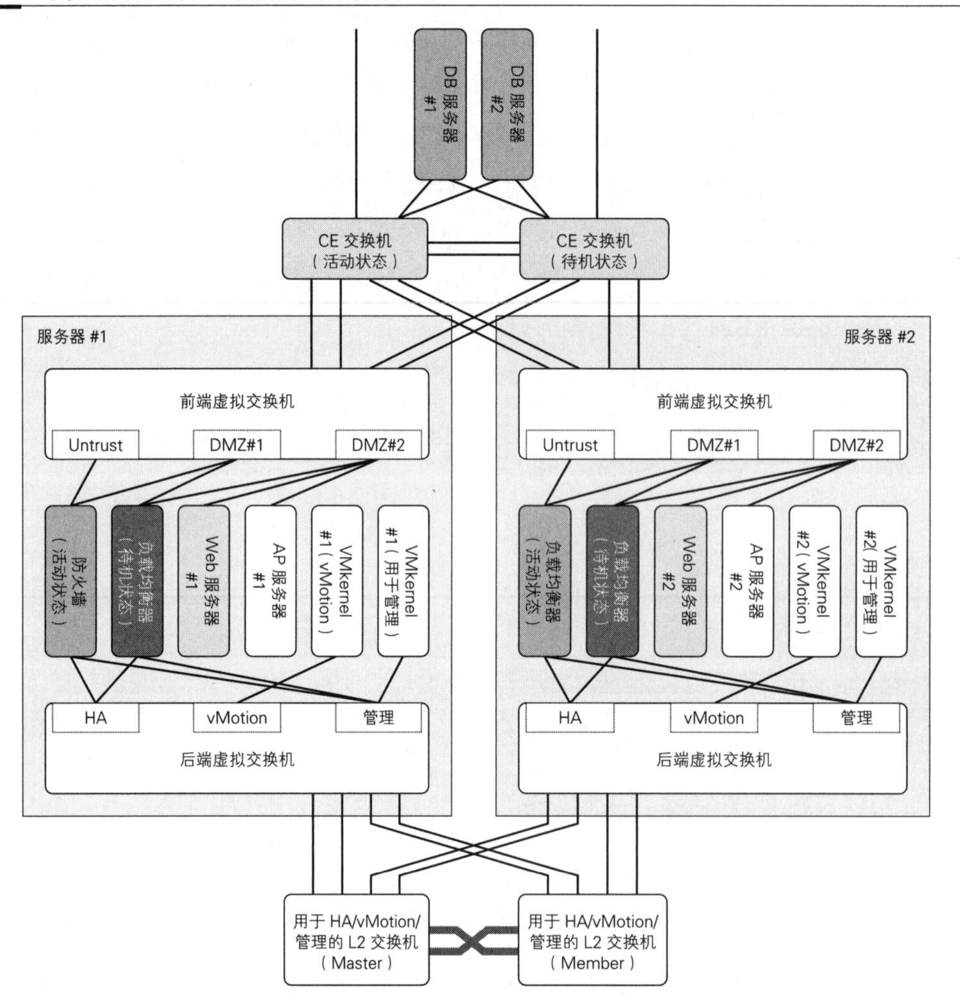

1.2.4.3 防止性能下降

实际上，虚拟软件对虚拟化的性能损耗问题并没有“袖手旁观”。为了抓住虚拟化大潮的机遇，各种技术层出不穷，其中一个就是 SR-IOV（Single Root I/O Virtualization，单根 I/O 虚拟化）。SR-IOV 是一种将 PCI Express NIC 上由物理端口（PF）扩展出的多个虚拟端口（VF）直接分配给虚拟机的技术。使用该技术可以绕过虚拟机监控器（虚拟交换机）的处理，让虚拟设备达到与物理设备同等的吞吐率。

接下来要讲解的内容是在设计过程中，如何考虑虚拟设备的性能优化。事先声明，接下来的内容与服务器的硬件结构紧密相关，有点儿复杂。如果不是追求高配置的虚拟环境，没必要硬着头皮往下读，可以跳过这些内容。

图 1.2.12 通过 SR-IOV 防止性能下降

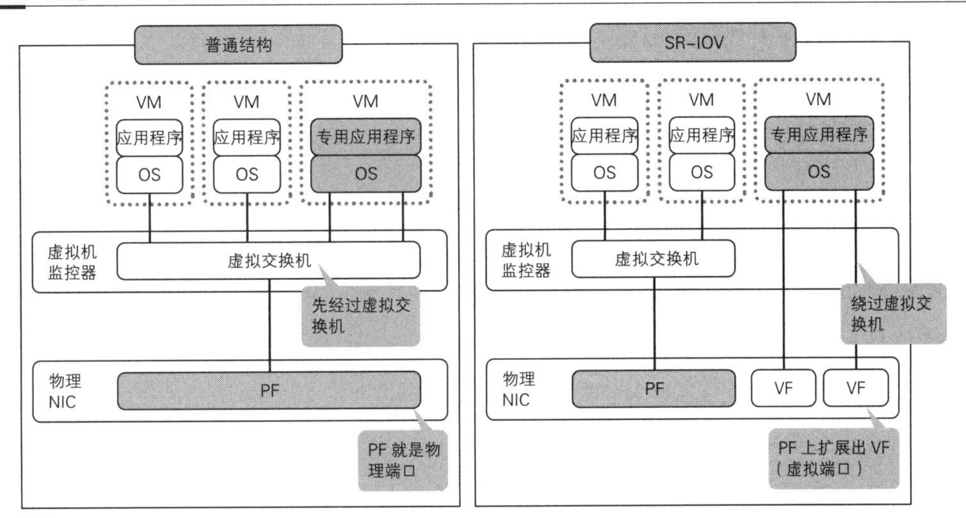

SR-IOV 设计要点

设计 SR-IOV 时，必须注意**支持环境**和 **NUMA（Non-Uniform Memory Access，非均匀存储器访问）**这两点。

首先是支持环境。SR-IOV 支持的环境十分严格，包括 NIC、虚拟软件、OS、驱动和它们的版本等。我们要仔细确认各生产商的网站，在选择服务器时一并指定相关要求。

其次是 NUMA。NUMA 结构是指一台服务器上搭载多个 CPU 和内部存储空间。该结构为每个 CPU 分配了可以同时并发访问（本地访问）的内部存储空间（本地内存），这样可避免发生内存访问冲突，从而提升处理性能。像这样的 CPU 和本地内存的组合称为 **NUMA 节点**。

图 1.2.13 NUMA 节点

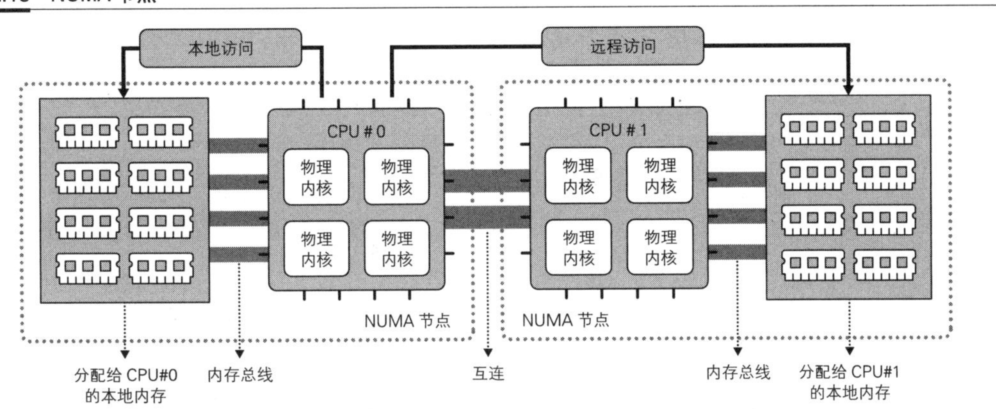

使用 SR-IOV 时，还需要注意**分配给虚拟机的资源（虚拟 CPU、虚拟内存、NIC）不能跨越不同的 NUMA 节点**。如果跨越不同的 NUMA 节点，则需要通过互连远程访问，这样就会导致性能下降。

虚拟 CPU

接下来要讲解的是分配给虚拟机的各种资源。

首先是虚拟 CPU。虚拟 CPU 是指为了占用物理内核来执行虚拟机处理，将特定的物理内核与虚拟机一一对应起来。当然，原则上分配给虚拟机的虚拟 CPU 数量越多，越能提升性能。但是，分配数量超出物理 CPU 拥有的最大内核数时，就会出现**跨越 NUMA 节点**的情况，从而影响处理性能。另外，将所有的物理内核分配给虚拟机后，虚拟机监控器的运行也会受到影响。因此，我们应将最大虚拟 CPU 数量控制为“一个 CPU 拥有的最大物理内核数 -1”个，保留下来的一个内核用于保障虚拟机监控器的运行。此外，我们还要确认虚拟机使用哪个内核、该内核位于哪个 NUMA 节点，然后调整分配的虚拟 CPU 数量，避免出现跨越 NUMA 节点（见图 1.2.14）的情况。

图 1.2.14 分配虚拟 CPU 时要避免跨越 NUMA 节点

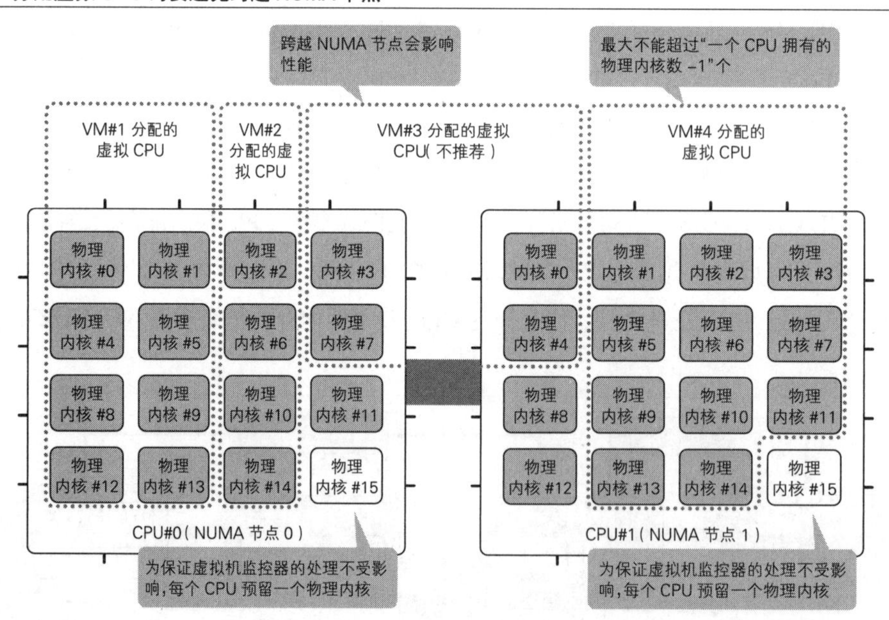

当我们启用 CPU 的“**超线程**”功能时，还要特别注意逻辑内核。超线程是将一个物理内核分割为 2 个逻辑内核（线程）以提高物理内核利用效率的技术。超线程功能有效时，分配给虚拟机的内核数将会翻倍，这确实很划算。但是，该技术只是利用物理 CPU 内核的空闲时间来执行处理，如果 CPU 处于高负载状态，几乎没有空闲时间的情况下，效果则很难说。如果需要考虑 CPU 没有空闲时间的情况，**那么就要固定虚拟 CPU 和逻辑内核的对应关系，尽量不要共享物理内核**（见图 1.2.15）。

图 1.2.15　启用超线程的情况下，分配逻辑内核时要避免共享物理内核

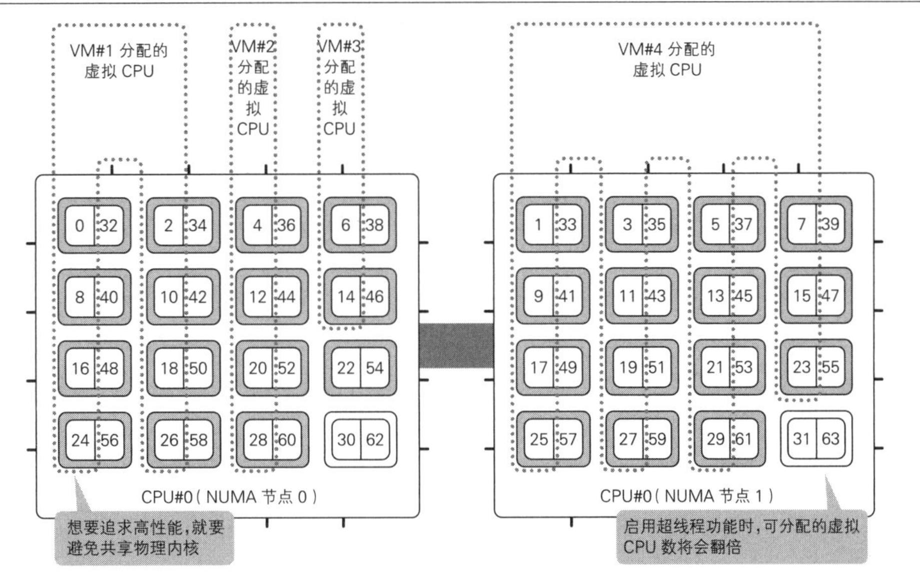

虚拟内存

接下来讲解的是虚拟内存。虚拟内存与虚拟 CPU 数量有关，一般用“○兆字节乘以虚拟 CPU 数”的形式来表示。具体数值需要参考各生产商的网站。如今的服务器都考虑了虚拟化环境的需求，配备了充足的内存，没有特殊情况的话一般不会发生跨越 NUMA 节点的情况。**在察觉到可能跨越 NUMA 节点时，我们可以灵活地调整内存大小以避免这种情况的发生。**

NIC

最后是 NIC。SR-IOV 技术中用到的 NIC 与 NUMA 节点紧密相关。假如一台服务器上有两个 NUMA 节点、3 块物理 NIC，那么其中两块物理 NIC 中的一块对应一个 NUMA 节点（NUMA 节点 0），另外一块对应另一个 NUMA 节点（NUMA 节点 1）。**我们要事先确认物理 NIC 与 NUMA 节点的对应关系。分配 VF 时，先确认分配给虚拟机的虚拟 CPU（CPU 内核）位于哪个 NUMA 节点，然后选择与该 NUMA 节点对应的物理 NIC。**

到目前为止，我们已经讲述了如何优化虚拟环境的性能。随着技术的不断发展，今后虚拟设备也许能够直接使用 CPU 上层搭载的 FPGA 处理。那么，虚拟设备与物理设备之间的差异将不复存在。真正的网络设备升级换代的时代也会随之到来。到那时，你可以回忆一下这里讲到的设计，肯定会对你有所帮助。

图 1.2.16 分配 VF 时要选择位于同一 NUMA 节点的物理 NIC

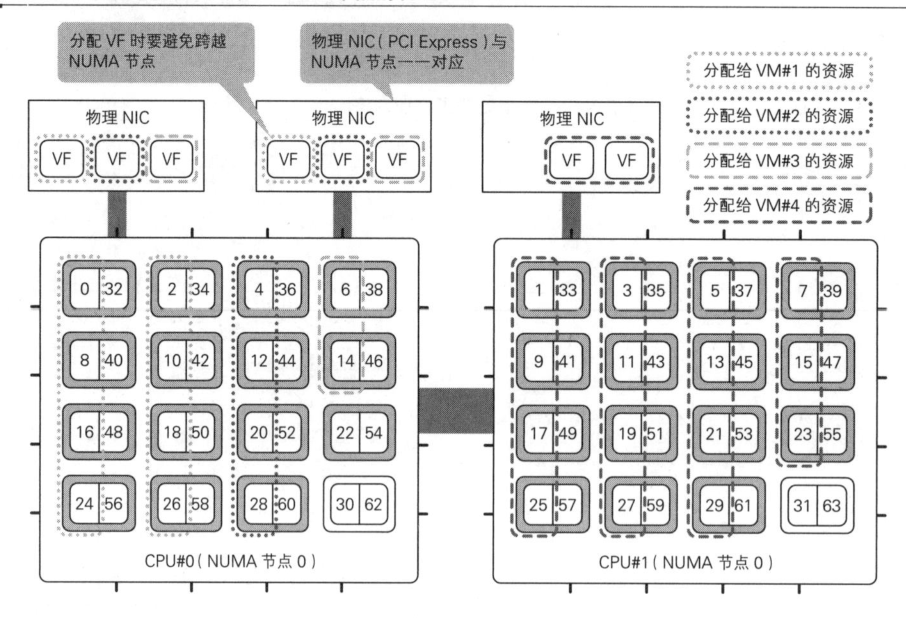

1.2.5 选择稳定可靠的 OS 版本

网络设备和服务器一样，它们都是在 OS 中运行的。然而不可思议的是，人们往往非常关心服务器的 OS 版本，对网络设备的 OS 版本却不是那么在意。其实，网络设备的 OS 版本也和服务器的 OS 版本同样重要。尤其是最近的网络设备，有些是在 Linux OS 中运行并在该 OS 的上层提供服务功能的，这就更需要我们在深思熟虑之后做出决定。如果采用了不稳定的 OS 版本，或是系统内出现了 OS 版本差异，那就可能会给今后的操作运行带来诸多的麻烦和障碍，所以我们一定要认真对待选择 OS 版本的问题。

1.2.5.1 不懂就问是捷径

网络设备使用的 OS 并不因为它是最新的版本或者执行了最新的修改程序（补丁、修补程序）就一定是稳定的。该 OS 被认可采纳的实际情况如何，生产商情况以及代理商的推荐起着重要的参考作用。一方面，有些生产商和代理商会公布他们的推荐版本和稳定版本。另一方面，也有些企业对企业内使用何种版本是有明文规定的，最好参考这些内容去挑选合适的 OS 版本。

OS 都是有漏洞的。系统运行后，生产商和代理商会通过简讯及时公布各种漏洞的存在，但我们不必去一一应对，否则会一直没完没了。我们只需要挑出那些和系统使用功能相关的漏洞以及会对系统产生较大影响的漏洞，对它们进行修补即可。此外还有一点，支持期限也可以成为我们挑选 OS 版本时的一个考查项。有些机器使用的每种 OS 版本都设有各自的支持期限，一旦超过该期限，官方将不再提供任何补丁，也不再受理用户提出的任何技术支持请求。**一直使用同一个版本这种事情本来就是不可能的**，所以我们应该及时查看生产商和代理商公布的简讯，定期地检查当前正在使用的 OS 版本，不断进行版本升级。下面以负载均衡器的默认标准软件 BIG-IP 为例，在表 1.2.3 中列出了其各种版本的支持期限。

表 1.2.3 不同版本有不同的支持期限（截至 2019 年 5 月的数据）

软件版本	发布时间	软件开发结束时间	技术支持结束时间
14.1.x	2018 年 12 月 11 日	2023 年 12 月 11 日	2024 年 12 月 11 日
13.1.x	2017 年 12 月 19 日	2022 年 12 月 19 日	2023 年 12 月 19 日
12.1.x	2016 年 5 月 18 日	2021 年 5 月 18 日	2022 年 5 月 18 日
11.6.x	2016 年 5 月 10 日	2021 年 5 月 10 日	2022 年 5 月 10 日
11.5.x	2014 年 4 月 8 日	2019 年 4 月 8 日	2020 年 4 月 8 日

1.2.5.2 仍不放心就提前审查软件漏洞

大致决定了要使用的软件版本后，我们还可以查看各个生产商公布的版本注释，事先了解该软件版本中存在的已知漏洞。像这样检查已知漏洞就叫作漏洞审查（bug scrub）。事先审查已知的漏洞，就可以在设计中避免使用有漏洞的功能，或者通过设计回避这些漏洞，从而预防可能发生的故障。软件漏洞引发的故障与设置错误和设计错误不同，很难被察觉，解决这样的问题往往需要花费大量的时间。通过事先审查漏洞，我们就可以未雨绸缪，避免浪费有限的时间。

1.2.6 根据实际配置和使用目的选择线缆

这里，我们要设计用于连接的网线，也就是要选择使用什么线缆进行连接。当前，对用于服务器端物理层的传输媒介，我们有两个选择——双绞线电缆和光纤光缆。如今，无线 LAN 即使再高速，系统管理人员也不会跃跃欲试地想把它们用到服务器端去吧。在选择使用哪种传输媒介时，**我们必须充分考虑成本、便利性、物理层面的配置以及数据用途等实际需求**。这里，我们将着重针对物理层面的配置和数据用途进行说明。

1.2.6.1 远距离传输选择光纤光缆

前面已经讲过，用于有线 LAN 的线缆都会受到传输距离的限制。距离越远，信号强度就越小，数据的损耗率就越大，当然吞吐率也会下降。特别是双绞线电缆，由于仅能延伸到 100 m 处，该现象尤为突出。如果需要跨越好几个楼层或是跨越大楼或房子，最后设备间的距离又接近 100 m，那么选择光纤光缆会比较安全。如果需要连接到更远的地方，则建议选择单模光纤光缆。我们应该根据传输距离选择传输媒介。

图 1.2.17 如果间距已接近 100 m，应选择光纤光缆进行连接

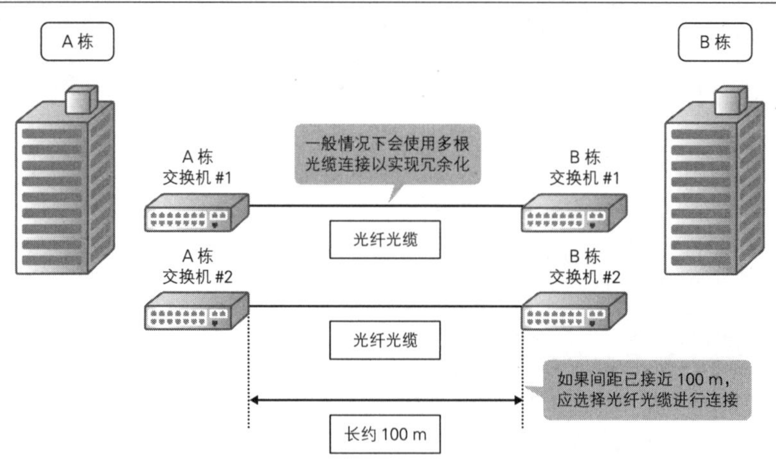

当交换机并不支持光纤光缆却需要延伸传输距离的时候，我们可以用媒体转换器来解决这个问题。媒体转换器将双绞线电缆中流通的电信号转换为能在光纤光缆中流通的光信号。首先，我们将不支持光纤光缆的设备通过双绞线电缆连到媒体转换器上；接下来，用 SC-SC 光纤光缆将其续接到另一台媒体转换器上；最后，我们再次使用双绞线电缆将媒体转换器连接至另一台设备。这样，传输距离就得以延伸了。

图 1.2.18 利用媒体转换器来延伸距离

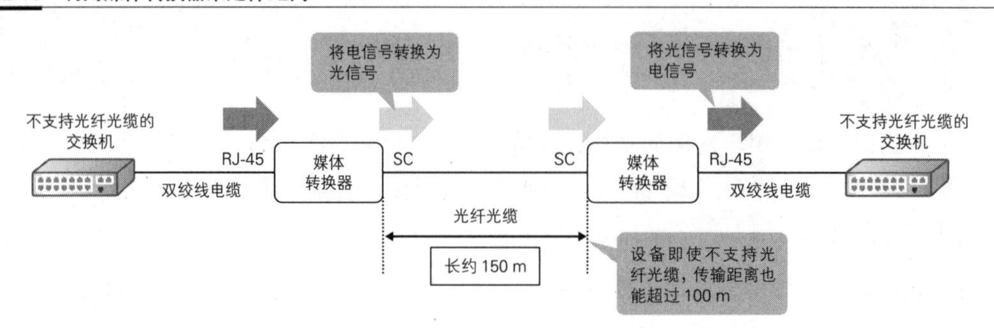

使用媒体转换器时需要注意的是链接连动功能。该功能会在单方向的链接断开后，主动切断另一个方向的链接。如果不使用链接连动功能，在某些服务器端网络结构中，系统将无法感知对面设备的故障，冗余配置就不能发挥作用。仅靠语言描述难以形象表达该功能的作用，我们用具体的例子来说明。

在图 1.2.19 所示的网络结构中，因防火墙和 L2 交换机 / 服务器的位置在物理空间上相隔较远，使用了媒体转换器来延伸传输距离。如果在该结构中不启用链接连动功能，L2 交换机的上行链接断开后，防火墙并不进行故障转移，最终会导致无法继续通信。而启用这一功能后，一旦 L2 交换机的上行链接断开，防火墙就会开始故障转移，从而继续维持通信状态。

图 1.2.19　单方向的链接断开后，链接连动功能将主动切断另一方向的链接

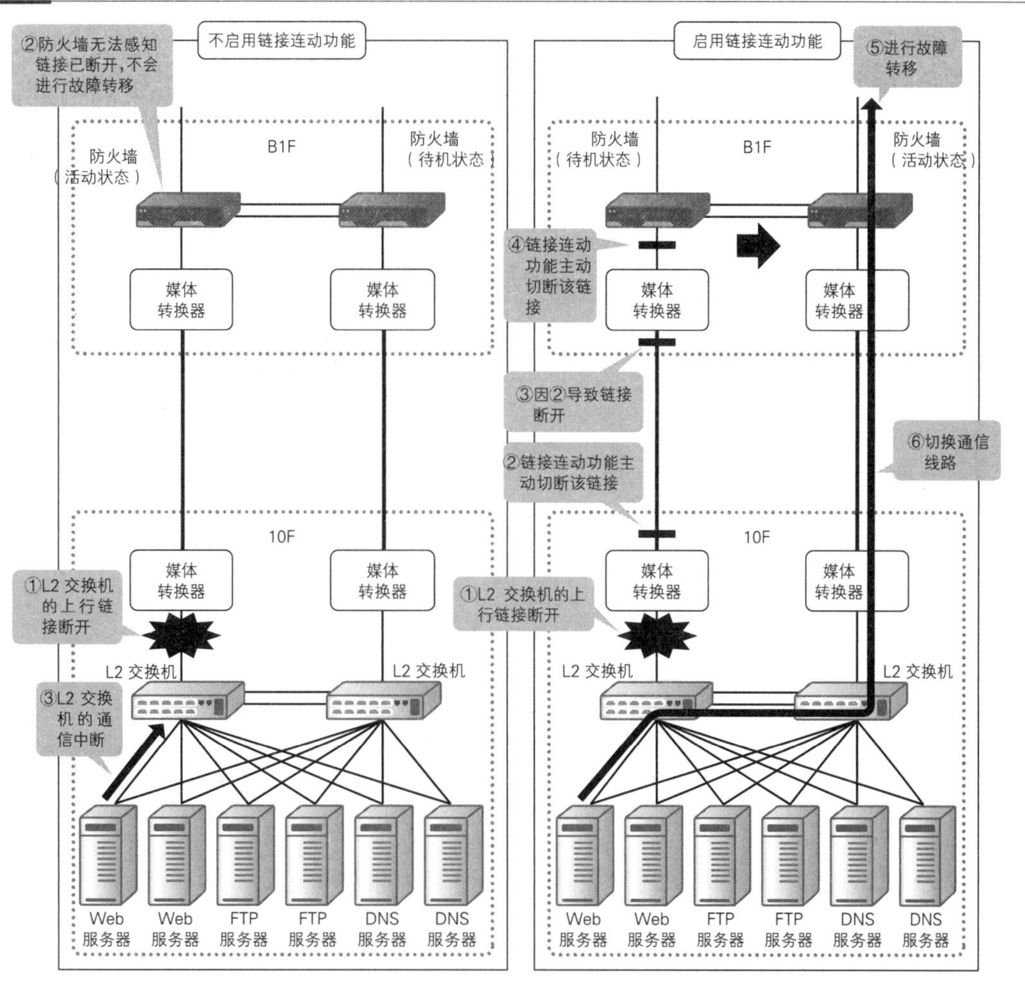

防火墙的冗余技术将在第 4 章详细说明。这里只要对冗余结构之间的相互切换有个大致的

印象就可以了。

1.2.6.2 追求宽频带和高可靠性时选择光纤光缆

双绞线电缆在高频下的信号衰减十分明显，所以用于宽频带（高速）传输的话性能有限。最近，通信统一已成为一种趋势，各种通信类型都开始在网络中出现。就好像 3 条车道比一条车道好用、道路越宽敞就越不容易发生交通拥堵。如今，宽频带传输已成为系统设计中不可或缺的内容。像 iSCSI（Internet Small Computer System Interface，互联网小型计算机接口）、FCoE（Fibre Channel over Ethernet，以太网光纤通道）等存储器通信那样既需要始终维持宽频带、又追求高可靠性的通信，使用光纤光缆比较合适。另外，通往位于上层的核心交换机、汇聚交换机[①]等交换机的上行部分也容易汇集大量的通信数据，因此同样需要宽频带和高可靠性。在这些地方我们应使用光纤光缆以确保宽带和高可靠性。

图 1.2.20 追求宽频带和高可靠性时选择光纤光缆

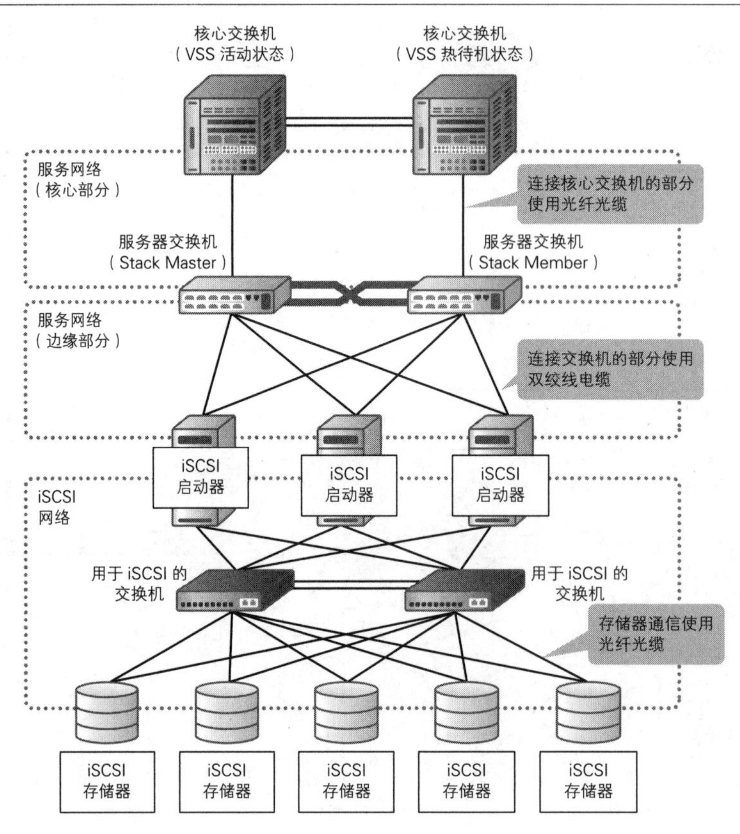

① 汇聚交换机是指将接入交换机和服务器交换机集中到一处的交换机，也叫分布交换机。

1.2.6.3 通过大小分类决定使用哪种双绞线电缆

使用双绞线电缆时，首先要注意它的大分类。双绞线电缆越是接近宽频带的规格就越容易受到电磁干扰，所以必须慎重选择合适的大分类。例如，对于 1000BASE-T，我推荐使用 5e 以上的规格；对于 10GBASE-T，我推荐使用 6A 以上的规格。在设计时，我们应明确规定使用哪种大分类，这样以后才不会糊里糊涂、不知所措。

双绞线电缆还有直通线和交叉线这两个小分类，**所以使用双绞线电缆时我们还必须决定选择其中哪一类**。当 Auto MDI/MDI-X 功能处于激活状态时，我们可以不必在意小分类，然而当该功能未被激活时，小分类不相符的话就会无法连通。我们可以立下类似这样的约定：连接同种网络设备时使用交叉线，连接服务器、PC 以及不同种类的网络设备时使用直通线。

图 1.2.21 当 Auto MDI/MDI-X 功能未被激活时决定是使用交叉线还是直通线

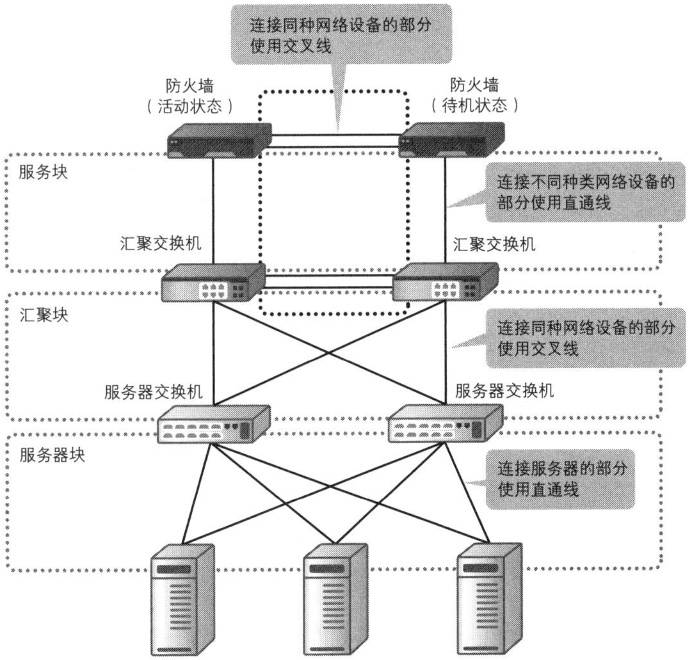

1.2.6.4 预先决定好使用线缆的颜色

线缆的颜色很重要，这一点容易被人们忽视。**预先确定好在什么地方，或者说针对什么机器使用什么颜色的线缆，我们就能一眼看出该线缆的用途，以便进行管理。**一般说来，按照线缆的小分类划分颜色较为常见，例如交叉线用红色、直通线用蓝色。这样，当线缆有问题时，我们一看就知道要准备什么线缆去替换，有助于快速解决问题。

这么一说，我想起来曾在某个服务器端见过色彩斑斓、犹如彩虹的线缆阵容，总共有 9 种颜色，的确是鲜艳无比、漂亮非凡。然而，对于如此多彩的 LAN 网线我只觉得惊讶不已，这样安排的话，不预先囤积大量的备用线缆，以后扩展系统时得花多少精力去配置它们啊！所以，我们在定义颜色时还是着眼于其中的几个关键点比较好。

到这里我们已经讲述了应该选择怎样的线缆。也许有的读者会想，全都使用光纤光缆不就好了？可能的确如此，如果贵公司财力雄厚，那么无可厚非，然而并非所有企业都是如此，光纤的线缆和连接器都是比较贵的，而且有些设备压根儿就没有光纤连接器。在这个充满艰辛的世界上生存，我们得勤俭节约才行。所以，还是多多精打细算，仅在机器间距离遥远以及需要提高传输质量的少数情况下使用光纤光缆吧。

1.2.6.5 预先决定好使用线缆的长度

线缆的长度问题，与其说是设计问题，不如说是订购线缆时需要考虑的重要因素。当然你也可以按实际铺设线缆时所需的长度，让工人们一根一根地制作。但是这么做的话，每次扩展都要通知工人制作线缆，相应的成本就会增加。所以，我们可以综合考虑后着眼于其中的几个关键点，事先定义机架内需要铺设多少米长的线缆、机架之间需要铺设多少米长的线缆。订购线缆时，按这几个关键定义多储备些备用线缆。

1.2.7 端口的物理设计出乎意料地重要

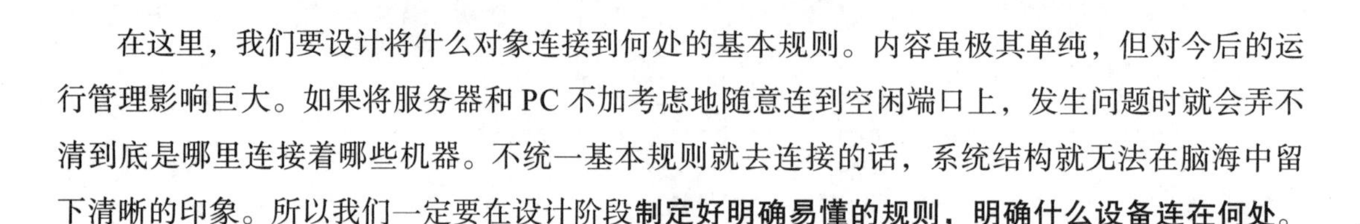

在这里，我们要设计将什么对象连接到何处的基本规则。内容虽极其单纯，但对今后的运行管理影响巨大。如果将服务器和 PC 不加考虑地随意连到空闲端口上，发生问题时就会弄不清到底是哪里连接着哪些机器。不统一基本规则就去连接的话，系统结构就无法在脑海中留下清晰的印象。所以我们一定要在设计阶段**制定好明确易懂的规则，明确什么设备连在何处**。

1.2.7.1 必须统一规划连接到哪里

保持统一性这一点在设计阶段非常重要。因此，如果现有系统中已经有了基本规则，我们最好去遵循它。无视现有的基本规则去进行系统架构和扩展只会让今后的局面混乱不堪。如果是新建一个系统，那就要从无到有地制定出基本规则。这时，设计人员必须要制定出明确易懂、便于扩展的基本规则。

以我制定的基本规则为例：如果连接的是并列配置和上下配置的网络设备的端口，由于它们不太会发生增减，所以要从尾号端口开始使用；相反，如果连接的是服务器和PC的端口，由于它们很可能会发生增减，所以要从小号端口开始使用。我们要像这样针对设备的每项功能制定出基本规则。

图 1.2.22 保持连接的统一性

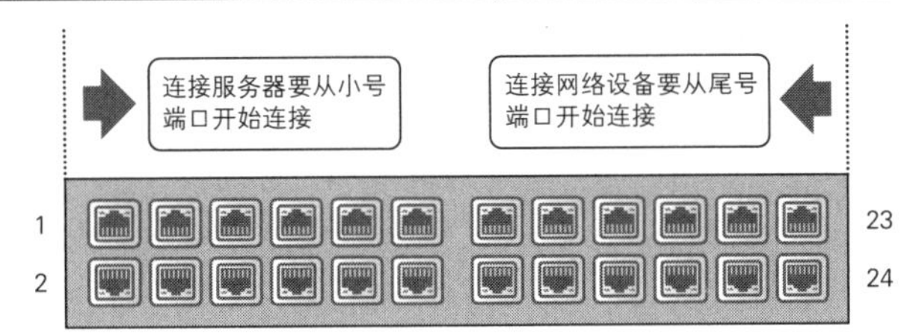

1.2.7.2 速率和双工、Auto MDI/MDI-X 的设置也要统一规划

在前文中已经讲过，当相连的两台设备各自的端口速率和双工不一致时，通信是不能进行的。所以，我们必须制定好基本规则以确保它们一致。和我在 1.2.7.1 节中所讲的一样，如果现有系统中已经有了基本规则，我们最好去遵循它。如果是新建一个系统，我们就要基于连接对象去考虑速率和双工的设置。最近，连接双方发生兼容问题的情况已经越来越少，所有端口都是自动设置的情况则越来越多。这固然是一种可能存在的理想状态，不过在这里，将连接双方手动设成固定值还是采用自动设置这件事情并不重要，**重要的是制定一个清晰的基本规则以保证两台设备保持步调一致**。

图 1.2.23 让两台设备的速率和双工保持一致非常重要

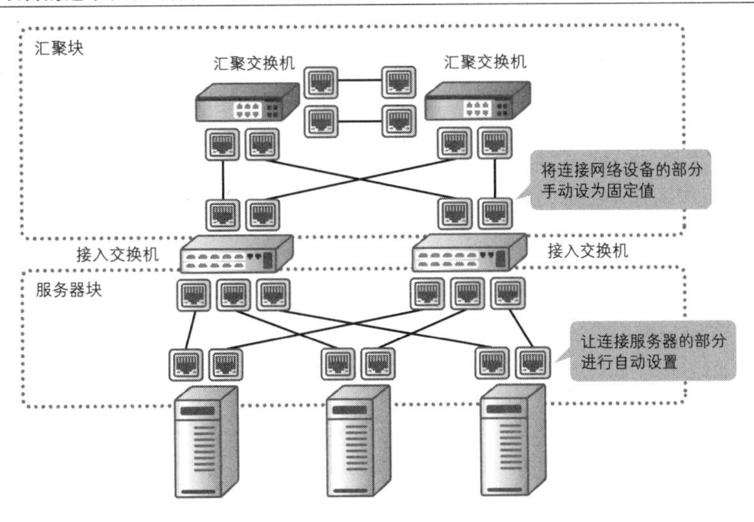

1.2.7.3 要考虑空闲端口的用途

如何处理未使用的端口，即空闲端口，也是非常重要的设计要素。如果不关闭空闲端口，不管哪台设备都能随意连接这些端口的话，就会产生很大的信息安全隐患。当今，大多数服务器端的设计考虑了虚拟化这一前提，大量增减使用端口的情况很少发生。即使需要扩展端口，也都采用增设虚拟机的方式来解决。因此，我们可以关闭空闲端口以消除物理层面的安全隐患。

1.2.8 巧妙地配置设备

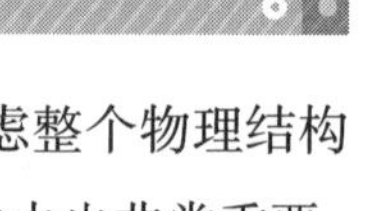

将设备分别配置到楼层的何处，这也是物理设计的内容之一。我们要在考虑整个物理结构及其可扩展性的基础上将设备分配到楼层各处。此外，如何将设备配置到机架中去也非常重要，我们应熟悉设备规格并仔细斟酌该将它们配置到哪里以及如何配置。

1.2.8.1 将核心交换机和汇聚交换机置于中央

我们应将设备置于楼层的何处，又该如何进行具体配置呢？这是关系到网络的物理结构和可扩展性的问题。大多数系统是按照设备的角色和功能去安排分层结构中的网络构造的，按照排列层次去考虑设备的配置应该比较高效。

举一个例子，假设该系统由核心交换机①、汇聚交换机②和接入交换机③这 3 种要素构成。这种情况下，接入交换机之外的其他设备是不会在突然之间大量增设的，于是我们可以将这些设备配置在楼层和机箱室等指定场地的中央。而接入交换机可能因服务器台数的增加而增加，我们应将它们分散配置以应不时之需。接入交换机有端列头（end of row）和机架顶（top of rack）两种配置类型，它们有优点，也有缺点。所以，我们在选择时应与管理成本的人员和运行的人员进行充分的探讨。

采用端列头式配置可以一气呵成地完成设备连接

端列头式配置是以整个机架列为单位配置接入交换机的类型。由较大的模块型交换机连接

① 核心交换机是在系统中发挥核心作用的交换机，将汇聚（分布）交换机汇集到一起。

② 汇聚交换机是将接入交换机汇集到一起的交换机，又叫分布交换机。

③ 接入交换机是连接服务器的交换机。

较多的服务器，如果服务器增加，就增设接口模块来实现对应。采用这种配置类型会有大量的线缆在机架之间穿插交织，线缆的布线作业比较烦琐，但是需要管理的接入交换机的数量比较少。

图 1.2.24 采用端列头式配置时只需管理少量设备即可

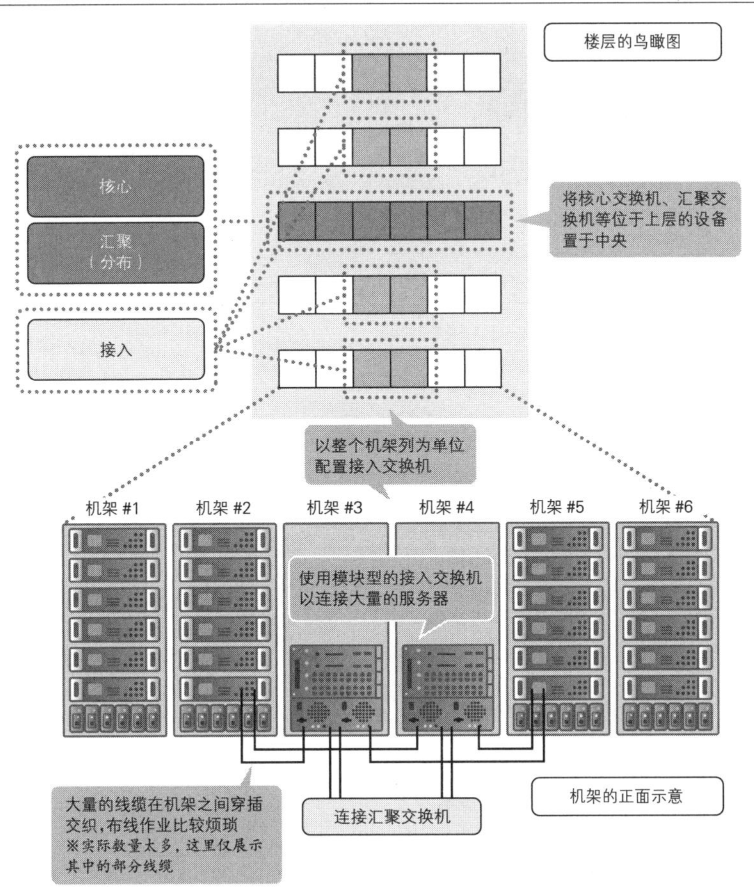

采用机架顶式配置可以在整个机架之间进行连接

机架顶式配置是以整个机架为单位配置接入交换机的类型。由较小的固定型交换机连接机架内的所有服务器，机架内的服务器配线无须太长，在机架内部能连接到设备即可。由于是在一个个机架中配置接入交换机，需要管理的设备数量会比较多，不过线缆的布线作业比较轻松，线缆成本也有所降低。

图 1.2.25 采用机架顶式配置时线缆的布线作业比较轻松

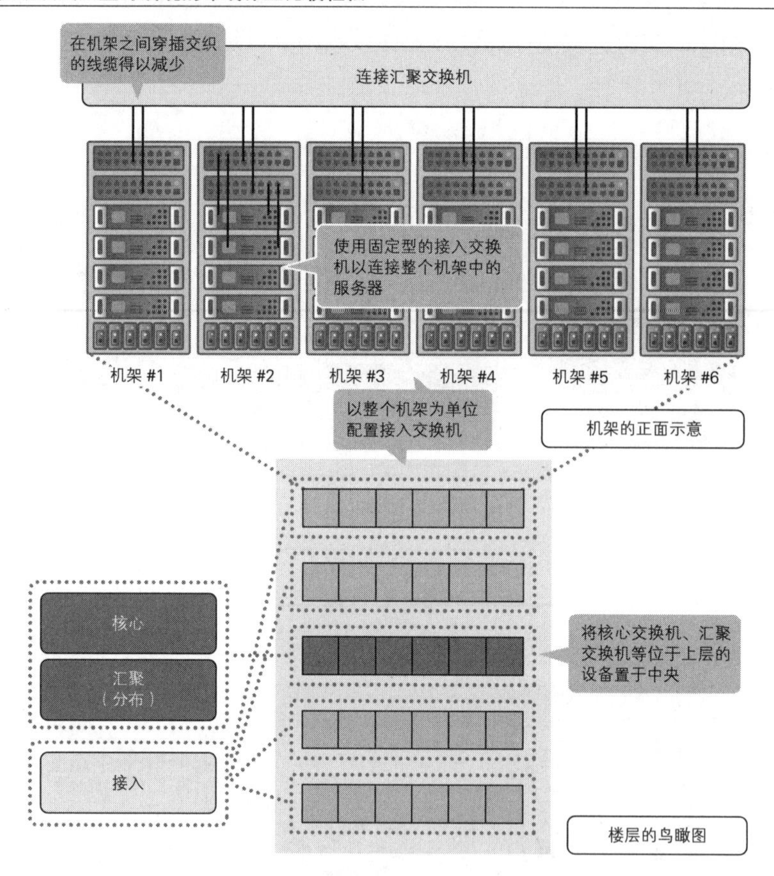

表 1.2.4 交换机有两种配置类型

比较事项	端列头式	机架顶式
接入交换机的设置单位	整个机架列	整个机架
管理台数	少	多
每台接入交换机连接的服务器数量	多	少
跨机架的线缆	多	少
线缆成本	高	低
可扩展性	低	高
灵活性	低	高

1.2.8.2 要考虑设备中空气吸入和排出的方向

将设备置于机架的什么地方，具体又是如何安装的，这些也是重要的问题。最近，有数据中心对空气的流动进行了细致的设计，通过向机架通道交替送出热空气和冷空气来提高整个楼层的气冷效率。在这种空气调节的设计中，**保证冷热空气不互相混合非常重要**。如果我们不了解各种设备在工作时哪面会吸入空气，哪面又会排出空气，就会导致冷热混流。所以，一定要在仔细了解设备规格之后再将它们安装到机架上去。

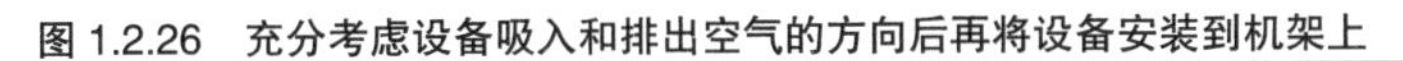

图 1.2.26　充分考虑设备吸入和排出空气的方向后再将设备安装到机架上

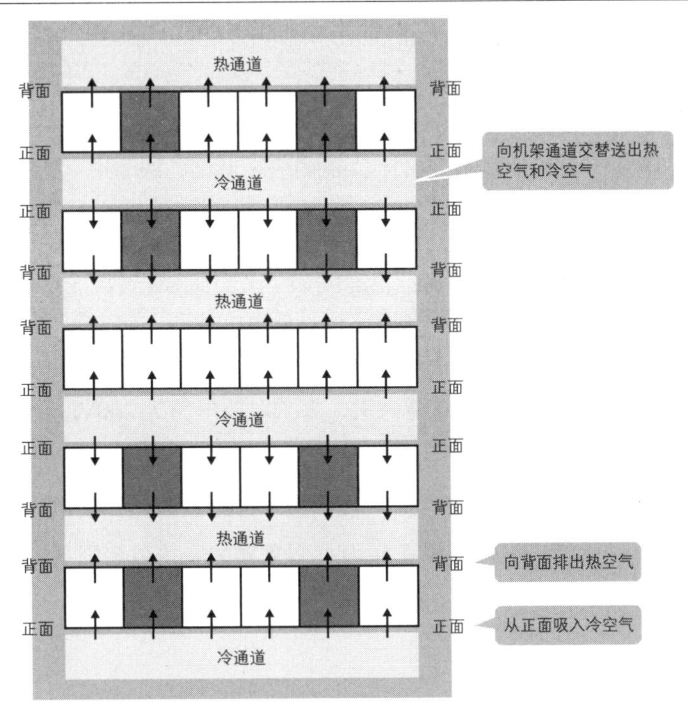

1.2.8.3　保持公司内部空气流动

在公司内部配置服务器和网络设备时，需要想办法让空气流动起来。如果空调效果不好，可以拆下机架侧板或者在机架旁边放置一个工厂里使用的大风扇。这样就能大幅提升换气效率，不妨一试。

说到这里，我就有过弄错整栋楼宇里空调设置的悲惨经历。当时，我将办公室空调的温度设置为清凉办公模式[①]后，机房（其实就是楼梯下方的一个小房间）的空调也一起变成了清凉办公模式。于是，服务器一台接一台地出现故障，简直苦不堪言。为了避免这种地狱式的经历，我们一定要事先采取相应的措施。

① 清凉办公模式是指夏季为节能减排，身着清凉服装，提高空调制冷温度，保持28℃的室温。——译者注

1.2.9 从两套系统获取电源

网络设备是非常精密的电子机器。无论我们对设备的功能和物理结构做了怎样的冗余配置，没有电的话设备就无法工作。所以我们还要对电源进行设计，确保当系统某处发生断电情况时也能够继续提供服务。

1.2.9.1 切莫弄错电源插头

用于网络设备和服务器的电源种类非常多，我们应根据设备的适用电流（单位为 A）和电压（单位为 V）去选择引入机架的电源。这里必须注意的是电源插座的形状，电源插头和电源插座的形状不吻合的话就会因插不进去而无法通电，这是不言自明的。因此我们务必多加注意，不要在机架前束手无策，只有痛哭流涕的份儿。

常用的电源插座有 4 种形状。如果电源电压为 100V，那么可以使用和家用电源插座一样的 NEMA 5-15 型或可锁式的 NEMA L5-30 型插座；如果电源电压为 200V，那么可以使用 NEMA L6-20 型或 NEMA L6-30 型插座。L 表示能否“咔嗒”一声就锁住，L 后面的数字 5 代表 100V，6 代表 200V，半字线后面的数字代表安培数。我们应在考虑设备适用的电压和整个机架的安培数之后选择引入哪种电源。模块型网络设备和刀片服务器的安培数会因其安装的模块和刀片的数量及种类而变化。我们在计算安培数的时候要为可扩展性考虑，保留一定余地，避免出现机架上有空的插槽却不能使用的窘况。

表 1.2.5 电源插座有多种形状

事　项	NEMA 5-15	NEMA L5-30	NEMA L6-20	NEMA L6-30
插座的形状				
电压	100V	100V	200V	200V
电流	15A	30A	20A	30A
是否可锁	×	○	○	○

电源引入机架之后会出现两个分支，一个是 PDU（Power Distribution Unit，电源分配单元/电源板），另一个是 UPS（Uninterruptible Power Supply，不间断电源）。如果电压为 100V[1]，那么插座形状和家用插座是一样的，直接使用即可。但如果电压为 200V，我们就要注意区别 PDU

① 日本的民用电压是 100V，而中国的民用电压是 220V。——译者注

和 UPS 了，它们的插座形状分别为 IEC320 C13 型和 IEC320 C19 型，要使用符合它们形状的电源线缆才行。

表 1.2.6 电压为 200V 时应注意 PDU 和 UPS 的插座形状

连接的插座	IEC320 C13	IEC320 C19
插座的形状		
用途	连接 200V 的 PDU	连接 200V 的 UPS

1.2.9.2 按照用途区别使用电源系统

要想对电源进行冗余配置，就必须具备一个前提，那就是在一个机架中布设两套电源系统，这是绝对条件。如果仅布设了一套电源系统，那么无论在机架内做怎样的电源冗余配置都是毫无意义的。这里，我们以机架中布设有 A、B 两套电源系统为前提进行说明。根据实际需要，我们可能会在两套系统中都设置 UPS 或仅对其中一套设置 UPS。

图 1.2.27 划分系统获取电能

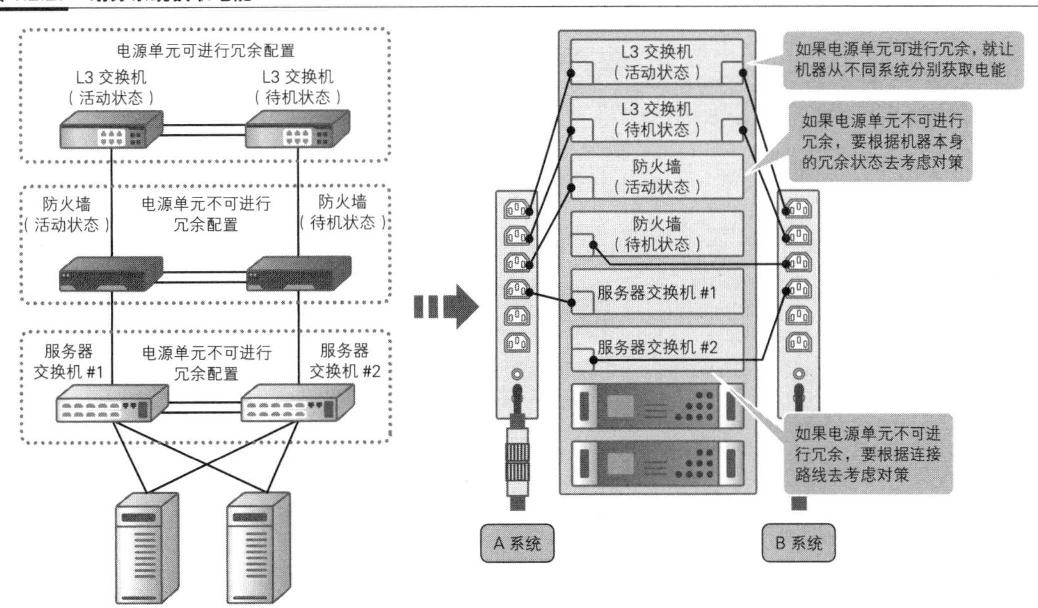

对于电源单元已做冗余配置的机器，我们无须考虑太多，让其从 A、B 系统分别获取电能即可。这样，即使其中一套电源发生故障，服务也不会受到丝毫的影响。然而对于电源单元未做冗余配置的机器，**我们就要根据设备本身的冗余状态（活动 / 待机、Stack Master/Member**

等）和连接路线将电源获取系统分开了。如果活动机和备用机都从同一系统获取电能，那么该系统发生故障时我们就会一筹莫展、无计可施。所以我们应该将电源系统分开使用，让活动机从 A 系统获取电能，让备用机从 B 系统获取电能。

1.2.9.3　切莫超过最大承重

大多数数据中心和机房的地板是双层构造，便于从下方吹送冷空气和布设机架之间的线缆。因此，为防止机架下沉，我们还需确定最大承重。最大承重分两种，分别是机架的最大承重和地板的最大承重。机架的最大承重指的是机架所能承载的重量，地板的最大承重则指地板每平方米所能承载的重量。如果在空处配置了太多服务器和网络设备，机架无疑会下沉。所以我们在考虑配置设备时还必须了解它们的最大重量。模块型网络设备和刀片服务器的重量会因其安装的模块和刀片的数量而变化，**我们要算出安装了各种设备时的最大总重量，并为可扩展性考虑，留出一定的余地。**

图 1.2.28　切莫超过最大承重（实际情况可不会像图例中那么轻）

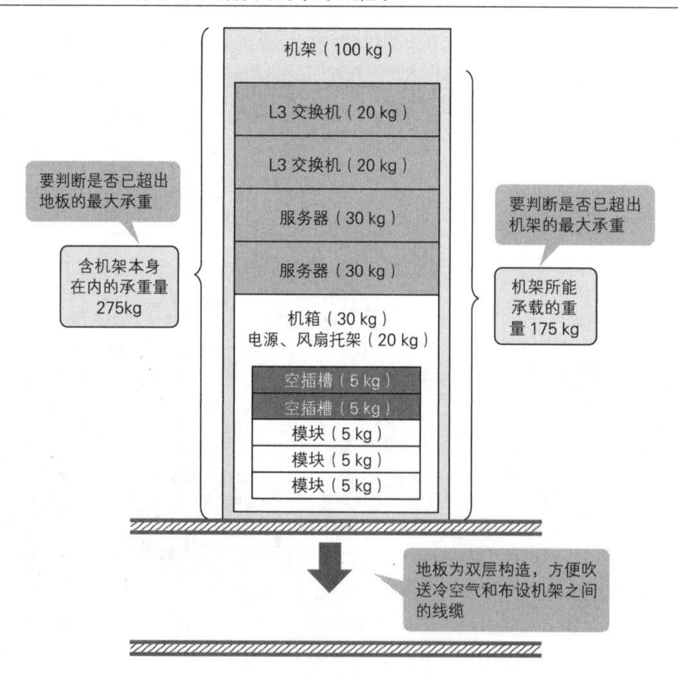

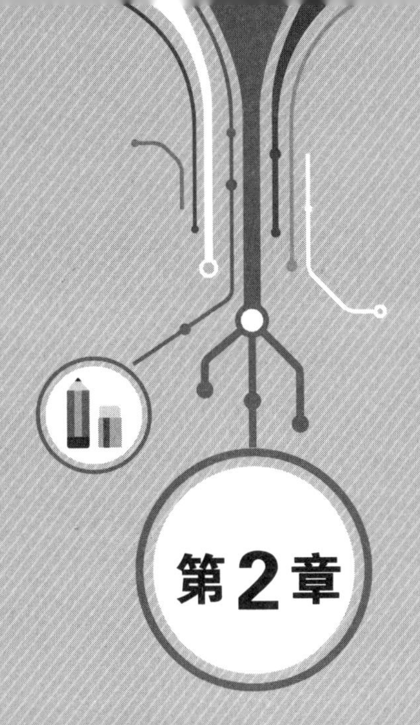

第2章

逻辑设计

本章概要

本章主要介绍用于服务器端的数据链路层和网络层的技术，以及使用这些技术时的设计要点。

最近这几年，和网络相关的基础技术并未取得较大发展，不过倒是变得越发纯粹和简练了。然而，用于服务器端和客户端的刀片服务器和虚拟化技术等却在日新月异地进步，人们追求的网络形式也在不断发生变化。我们要好好理解这些技术和规格，设计出最符合客户需求的逻辑结构，以灵活应对这些变化。

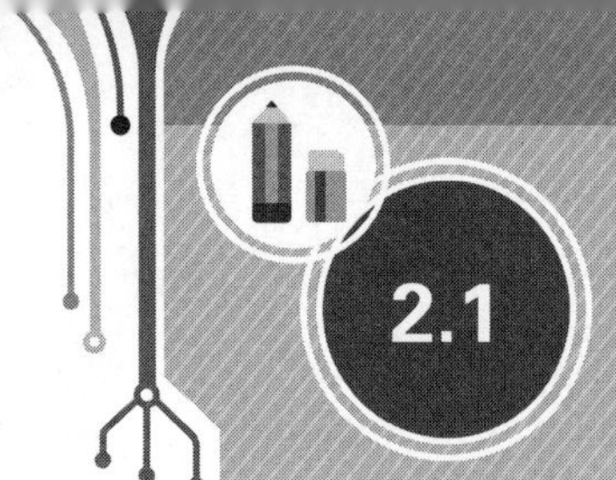

2.1 数据链路层的技术

数据链路层在物理层的上方提供了一种能够正确且稳定地传输比特流的结构。物理层仅仅负责将比特流转换成信号并传递给线缆，既不知道信号会发往何处，也不在意某一位是否会在某处丢失。数据链路层则刚好能够弥补物理层的这个短处，它能生成通往相邻设备的逻辑传输路径（数据链路），检查出其中的传输错误并将错误修复，从而确保物理层的可靠性。

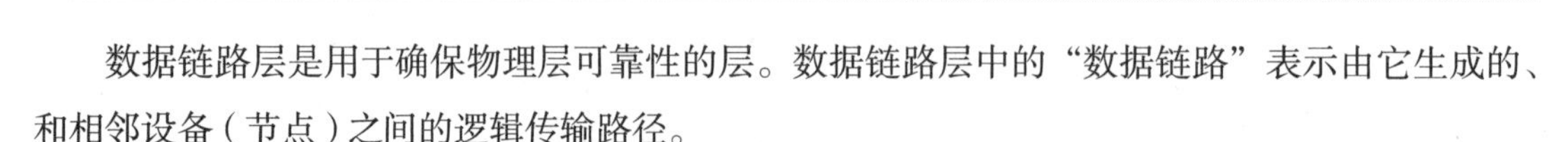

2.1.1 数据链路层是物理层的帮手

数据链路层是用于确保物理层可靠性的层。数据链路层中的“数据链路”表示由它生成的、和相邻设备（节点）之间的逻辑传输路径。

为了判断应针对哪个节点生成数据链路以及生成的数据链路中是否有位缺失，数据链路层会对数据进行封装处理，确保物理层的可靠性。在数据链路层进行的这种数据封装处理叫作成帧，封装之后的数据叫作帧。在数据链路层定义了成帧的各种方式。

图 2.1.1 在数据链路层将数据封装成帧

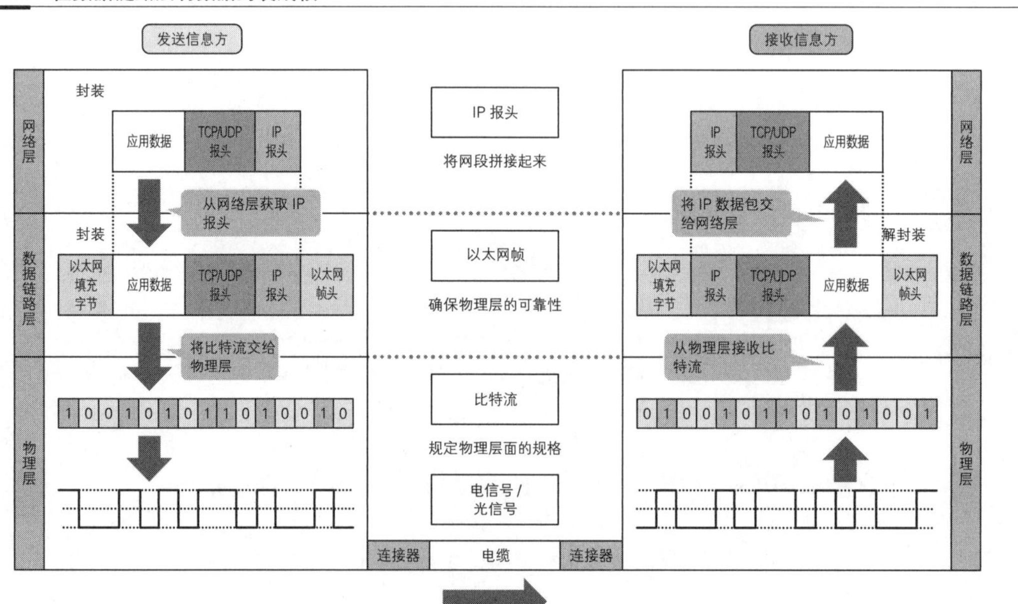

数据链路层位于网络层和物理层之间，是从下往上数的第二层。发送信息时，数据链路层将来自网络层的数据（数据包）封装成帧后交给物理层，接收信息时则对来自物理层的比特流做一个和成帧恰好相反的处理，然后交给网络层。

用以太网标准进行成帧处理

下面，我们来看看承担着数据链路层核心作用的封装处理——成帧具体是怎么一回事。

数据链路层和物理层是同甘共苦、休戚与共的关系，成帧的协议也和二者紧密相连。以往有令牌环网、帧中继、PPP 等林林总总的各式规格，不过现在我们只需记住以太网 IEEE 802.3 这一个就够了，接下来本书将为你讲解以太网 IEEE 802.3 是如何进行成帧处理的。

图 2.1.2 通过封装成帧确保位不会丢失

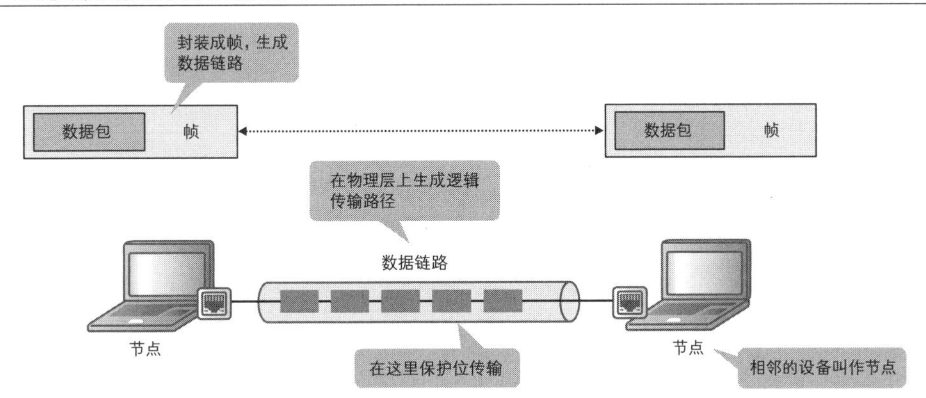

用以太网标准进行成帧处理后形成的数据帧被称为以太网帧。以太网的协议可粗略划分为 Ethernet Ⅱ（DIX）和 IEEE 802.3 这两种。IEEE 802.3 是将 DEC、Intel 和 Xero 这 3 家公司单独制定的 Ethernet Ⅱ改良之后根据 IEEE 标准制定出来的，但实际上大多数数据通信使用的还是 Ethernet Ⅱ规格。Ethernet Ⅱ的帧格式自 1982 年公布至今 40 余年间没有任何变化，是一种非常简约而又容易理解的格式。Ethernet Ⅱ的以太网帧是由前导码、目的 MAC 地址 / 源 MAC 地址、类型、以太网有效载荷 FCS（FrameCheckSequence，帧校验序列）这 5 个字段构成的。其中，目的 MAC 地址 / 源 MAC 地址和类型合起来叫作以太网帧头。

前导码相当于发送帧的信号

前导码是一个 8 字节（64 位）的位数组，相当于一个“我要发送帧了哦”的信号。它和“10101010…10101011”的位数组一定是一样的。对方看到这个特别的位数组之后就能知道即将会接收到帧。

以太网帧头决定将信息发至何处

以太网帧头由 3 个字段构成，分别为目的 MAC 地址、源 MAC 地址和类型。

目的 MAC 地址 / 源 MAC 地址

MAC 地址用于识别以太网中不同的节点，可以把它看作一个代表节点在以太网中地址的信息。当源节点向目的节点发送以太网帧时，首先在帧的目的 MAC 地址里写入目的节点的 MAC 地址，在源 MAC 地址里写入本机 MAC 地址，然后送出该数据。目的节点接收数据后，先要检查目的 MAC 地址。如果目的 MAC 地址与本机的 MAC 地址相同，则接收数据，否则将数据丢弃。另外，目的节点还要查看源 MAC 地址，由此判断数据来自哪个节点。

类型

类型用于识别网络层使用何种协议，网络层协议决定这里的具体数值是多少，如果使用 IPv4，那么数值是 0×0800；使用 ARP，则数值就是 0×0806。下表中列出了部分具有代表性的协议类型代码。

表 2.1.1　具有代表性的协议类型代码

类型代码（十六进制）	协　议
0x0800	IPv4（Internet Protocol version 4，第 4 版互联网协议）
0x0806	ARP（Address Resolution Protocol，地址解析协议）
0x86DD	IPv6（Internet Protocol version 6，第 6 版互联网协议）
0x8100	IEEE 802.1Q（Tagged VLAN，加标签的虚拟局域网）

以太网有效载荷就是网络层发来的数据包

以太网有效载荷指的是来自网络层的数据包。网络层使用 IP 时，以太网有效载荷就是 IP 数据包；网络层使用 ARP 时，以太网有效载荷就是 ARP 帧。以太网有效载荷能容纳的数据长度默认为 46～1500 字节，网络层的数据长度必须在这个范围内[①]。如果数据长度不足 46 字节，就要添加虚设数据强制使其长度达到 46 字节，这也被称作字节填充。反过来，如果数据长度超过 1500 字节，就要在网络层进行分割将其控制在 1500 字节以内。以太网有效载荷的最大数据长度（最大值）叫作 MTU（Maximum Transmission Unit，最大传输单元）。关于 MTU 的内容将在 3.1.1.3 节中详细说明。

---

① 我们也可将默认最大数据长度设置成大于 1500 字节。默认最大值大于 1500 字节的帧叫作巨型帧。

用 FCS 检查数据错误

FCS 字段用来检查数据是否发生了错误。发送方在发送信息时会对以太网帧头和有效载荷进行一定的计算（校验和计算，又称 CRC，即循环冗余校验），并将计算结果添加到 FCS 中。接收方在接收信息时会再次进行同样的计算，得出的值如果和 FCS 中添加的值一致，则认为帧是正确无误的。如果不一致，则会认为数据在传输过程中发生了错误，于是将数据丢弃。FCS 就是这样在数据链路中起着错误控制的作用的。

图 2.1.3 以太网的帧格式非常清晰，容易理解

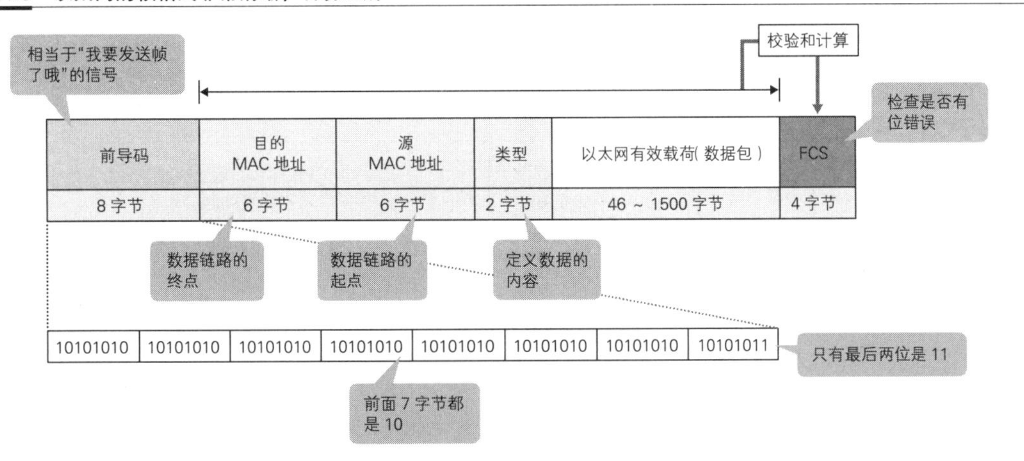

图 2.1.4 用 Wireshark 分析以太网帧的画面

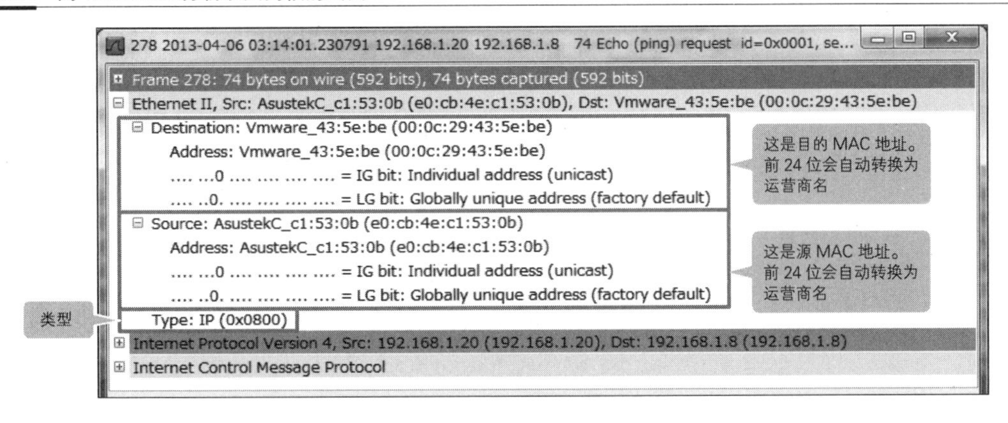

※ 用 Wireshark 进行分析时无法显示出前导码和 FCS，这是因为它们在 Wireshark 接收信息之前就已经被卸掉了，分析画面中仅显示除它们之外的那些信息（帧头和以太网有效载荷）。

看前 24 位就能知道网卡的运营商

MAC 地址是由 48 位构成的独一无二的识别信息，在以太网中扮演着数据链路起点和终点的角色。它的具体写法如 E0-CB-4E-C1-53-CB、00:0c:29:43:5e:be，每 8 位就用一个连字符或冒号隔开，用十六进制表示。

MAC 地址的前 24 位和后 24 位有着不同的含义。前 24 位是由 IEEE 管理的独一无二的运营商编码，叫作 OUI（Organizationally Unique Identifier，组织唯一标识符）。看这部分我们就能知道通信节点的网卡是哪家运营商提供的。

另外，预先在 Wireshark 的 Capture Options → Name Resolution 中勾选 Enable MAC name resolution 选项，MAC 地址的运营商编码就能自动转换成运营商名。这个功能意想不到地方便，我经常使用。

图 2.1.5 Wireshark 可将运营商编码自动转换成运营商名

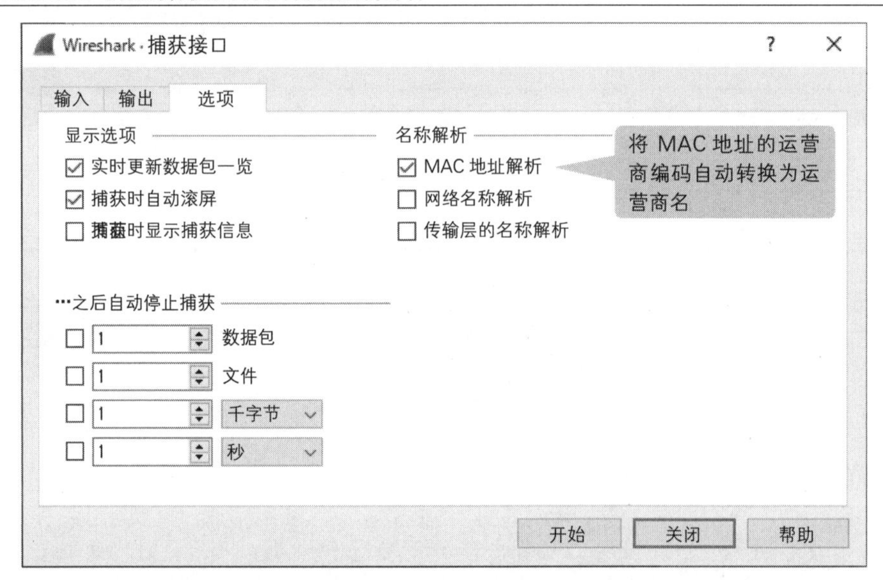

后 24 位是运营商内部管理的独一无二的编码。由 IEEE 管理的独一无二的前 24 位和由运营商管理的独一无二的后 24 位，这两个要素使 MAC 地址成为世界上独一无二的地址。

图 2.1.6 MAC 地址中的每段 24 位都代表着不同的意思

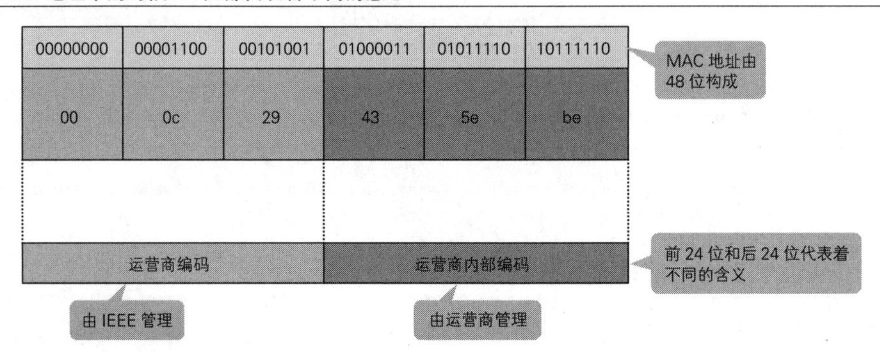

特殊的 MAC 地址

以太网中的所有通信都是一对一的形式吗？并不一定。一般情况是这样的：所有节点共享一根线缆（传输媒介），同时生成大量的逻辑传输路径（数据链路）与众多的对象互通信息。以太网按通信方式划分为**单播**、**广播**和**多播**这 3 种帧类型，比较常用的是单播和广播。下面我将逐一说明这 3 种类型。

单播

单播是一对一的通信，这应该很容易理解吧。MAC 地址基本上都是独一无二的，因此对应某个节点可以只生成一条数据链路，源 MAC 地址和目的 MAC 地址指的就是这两个节点的 MAC 地址。在现代以太网的环境中这种通信所占的比例很大，电子邮件和互联网的通信就属于这种通信类型。

图 2.1.7 单播是一对一的通信

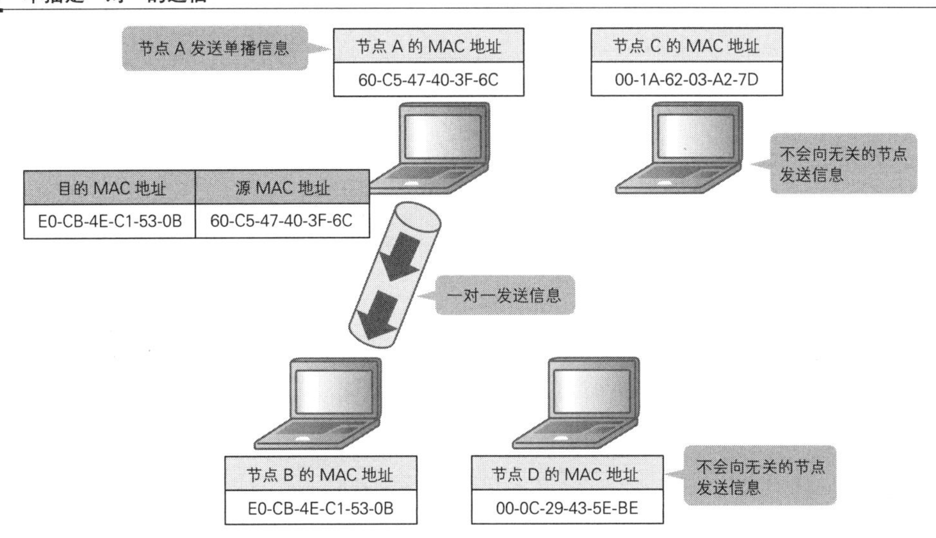

广播

广播是一对多的通信，这里所说的“多”是指同一个网络中的所有节点。如果某个节点发送了广播信息，那么所有的节点都会收到该信息。广播能够到达的范围叫作广播域。

广播的源 MAC 地址就是发送节点的 MAC 地址，目的 MAC 地址则比较特殊，稍微有点儿不同，写出来是 FF-FF-FF-FF-FF-FF 的形式，用位表示的话全部都是 1。

举一个比较典型的广播通信的例子，那就是 ARP。我们来看 ARP 大致的工作原理。假设节点 A 要对节点 B 进行单播，可是节点 A 并不知道节点 B 的 MAC 地址，为了弄清这个地址节点

A 就要用到广播。通过广播向所有节点发问“请告诉我节点 B 的 MAC 地址是多少”，弄清了之后再和节点 B 进行单播通信。关于 ARP 的内容将在 2.1.3 节中详细说明。

图 2.1.8 广播是针对所有节点一气呵成地发送信息

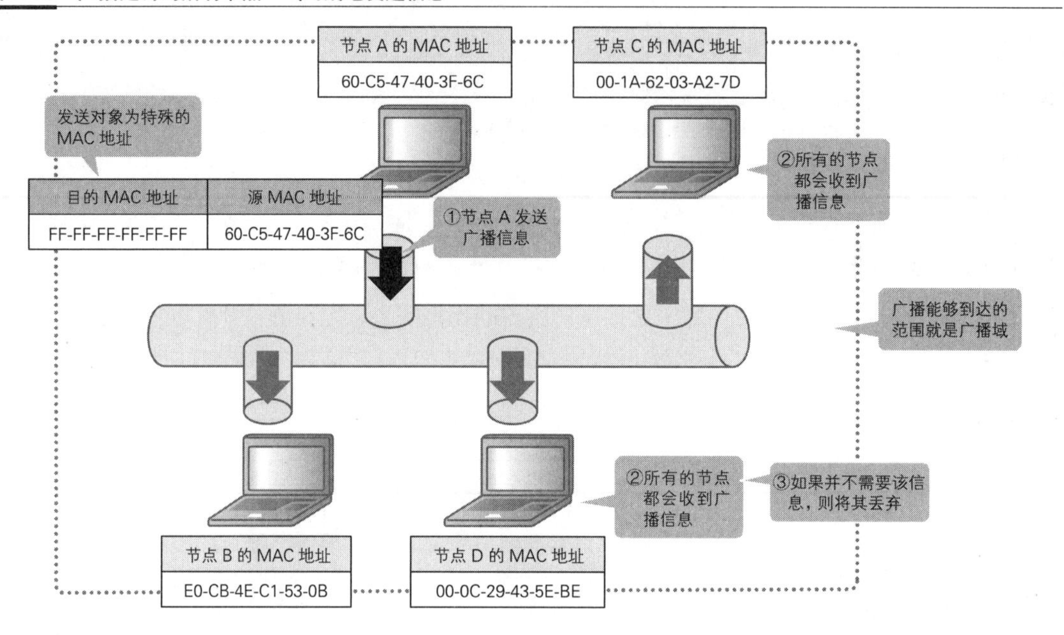

多播

多播是一对多的通信，看起来似乎和广播差不多，但这里的“多”指的是特定小组（多播组）中的节点。如果某个节点发送了多播信息，那么这个小组中的所有节点都会收到该信息。

多播的源 MAC 地址就是发送节点的 MAC 地址，目的 MAC 地址则比较特殊，稍微有点儿不同。多播 MAC 地址前面第 8 位的 I/G（Individual/Group，个人 / 组）位是 1。用于广播的 MAC 地址（FF-FF-FF-FF-FF-FF）也算作多播 MAC 地址的一部分。如果要对应多播 IPv4 地址，那么前 25 位是“0000 0001 0000 0000 1001 1110 0”。如果换算成十六进制，那么就是在“01-00-5E”后面的一位加个“0”。“01-00-5E”是管理互联网上全球 IP 地址的 ICANN（Internet Corporation for Assigned Names and Numbers，互联网名称与数字地址分配机构）所拥有的运营商编码。后 23 位是将多播 IP 地址（224.0.0.0～239.255.255.255）从后往前数的 23 位复制了一下。

多播用于视频发布和证券交易所的应用程序。使用广播时，所有节点都会强制性地收到信息。相比之下，使用多播时只有启动了该应用程序的节点才会收到信息，信息流动的效率更高。

图 2.1.9 多播是针对特定的组对象发送信息

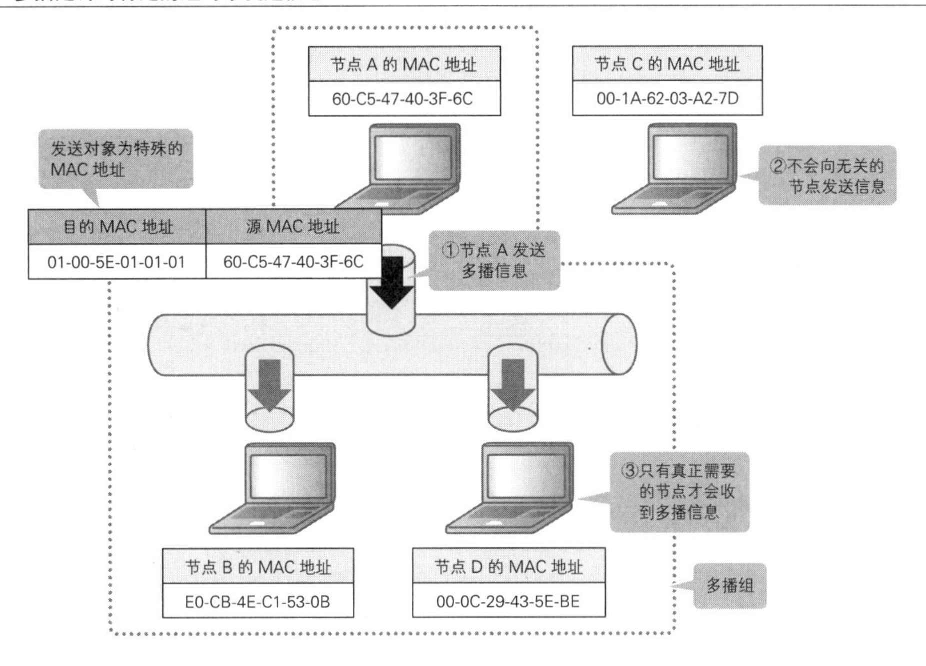

图 2.1.10 IPv4 多播的 MAC 地址是在 IP 地址的基础上生成的

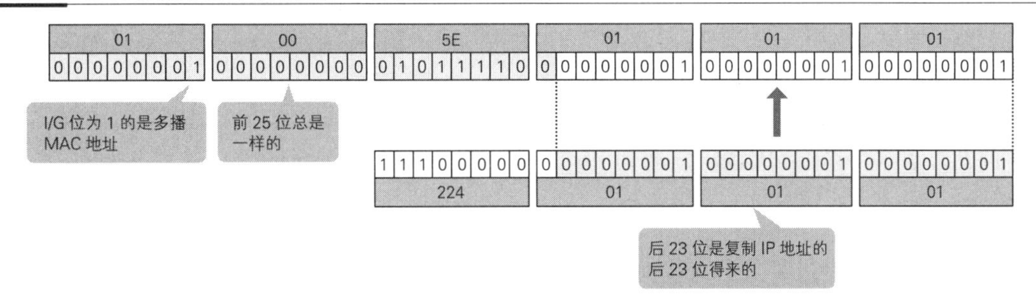

 2.1.2 数据链路层的关键在于 L2 交换机的运作

在数据链路层（以太网）运行的设备主要是 L2 交换机，对它不熟悉的读者可以回想在家电商场或公司桌子上经常能看到的具备多个 LAN 端口的网络设备，那就是 L2 交换机。几乎所有使用有线 LAN 的节点都通过网线与 L2 交换机相连。服务器端常用的具有代表性的 L2 交换机是思科的 Catalyst 交换机（2960 系列、9200 系列），它是我们首选的可靠机型。

顺带提一下，交换机在网络设备的世界里是个常用术语。○○交换机的○○部分代表 OSI 参考模型的层，表示它们是根据哪一层的信息去切换转发地址的。转发地址的切换叫作

“交换”，L2 交换机根据数据链路层（L2）的信息，也就是 MAC 地址的信息对帧进行 L2 交换的。

表 2.1.2 有各种各样的交换

层		交 换 机	根据什么进行交换
L5～L7	会话层～应用层	L7 交换机（负载均衡器）	应用程序
L4	传输层	L4 交换机（负载均衡器）	端口号
L3	网络层	L3 交换机	IP 地址
L2	数据链路层	L2 交换机	MAC 地址

2.1.2.1 交换 MAC 地址

接下来，我们来看看 L2 交换机是如何进行 L2 交换的。

L2 交换机是根据内存中的 MAC 地址表对帧进行交换的。MAC 地址表由端口和源 MAC 地址的信息构成，看地址表就能知道哪个节点连接着哪个端口。L2 交换机主要有 3 项职责——登记收到的帧的端口和源 MAC 地址、对来路不明的 MAC 地址进行泛洪处理、删除不再需要的信息。

利用 MAC 地址表进行交换

1 假设节点 A 和节点 B 是双向通信的①，我们来看看 MAC 地址表在这里是如何派上用场的。

节点 A 将数据包封装成帧并传递给线缆，目的是发送给节点 B。这部分还只是在进行单播发送，源 MAC 地址是节点 A 的 MAC 地址，目的 MAC 地址是节点 B 的 MAC 地址。

① 这里为了简明扼要地介绍 L2 交换的过程，假设有一个前提，那就是节点 A 已知节点 B 的 MAC 地址。在实际情况中，节点 A 一般并不知道节点 B 的 MAC 地址，所以节点 A 要先通过 ARP 广播确定节点 B 的 MAC 地址之后才能开始通信。

图 2.1.11　节点 A 向节点 B 发送单播帧

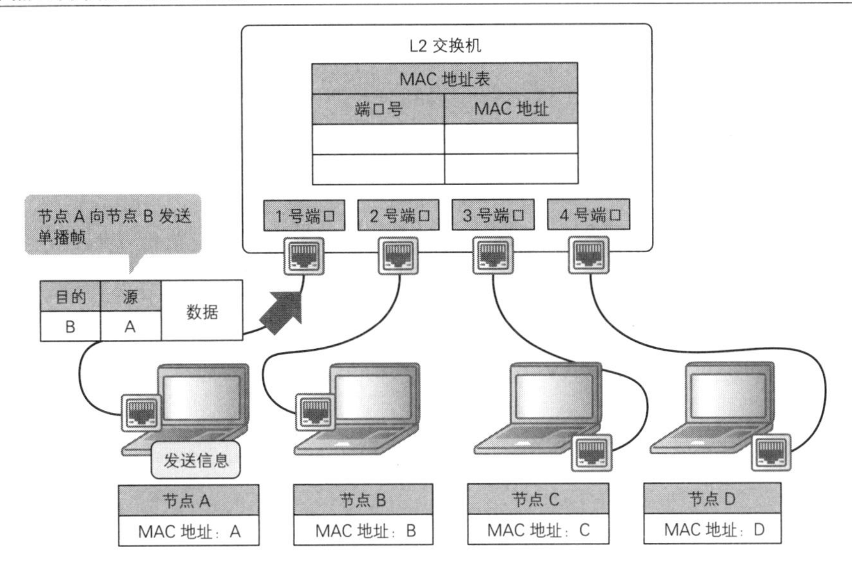

2 交换机收到帧后，将节点 A 的端口号和源 MAC 地址作为新的条目添加到 MAC 地址表中去。MAC 地址表一开始是空的，从空表的状态开始学习帧并不断添加新的数据。

图 2.1.12　将节点 A 登记到 MAC 地址表中

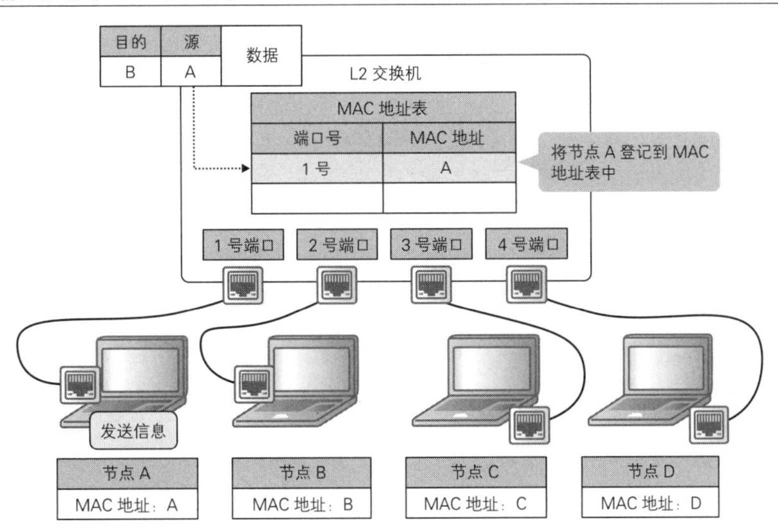

3 由于交换机并不知道节点 B 的 MAC 地址是多少，所以会将帧复制并发送给不与节点 A 相连接的所有端口。这种把帧同时发送给多个端口的现象叫作泛洪，是一种“我不知道是哪个 MAC 地址，所以干脆发给所有对象再说！”的应对方法。顺便提一句，广播的 MAC 地址 FF-FF-FF-FF-FF-FF 不会成为源 MAC 地址，因而不会被写入 MAC 地址表。也正因如此，广播经常会被泛洪。

图 2.1.13 通过泛洪处理将信息发给所有端口

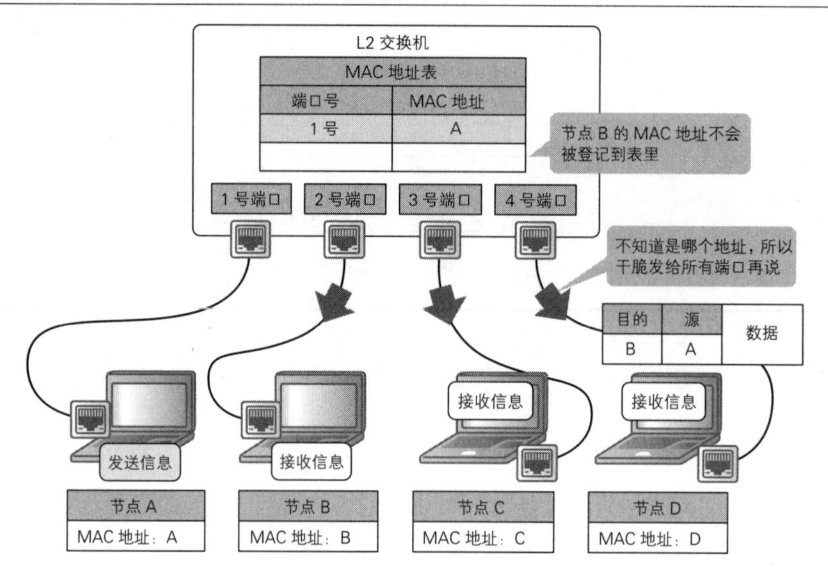

4 节点 B 收到帧之后认定这是发给自己的帧，为了回应节点 A，也会生成一个帧并传递给线缆。这时候，源 MAC 地址是节点 B 的 MAC 地址，目的 MAC 地址是节点 A 的 MAC 地址。节点 B 之外的节点 C 和节点 D 会判断出这是和自己无关的帧，然后将其丢弃。

图 2.1.14 真正有关系的节点 B 会做出回应

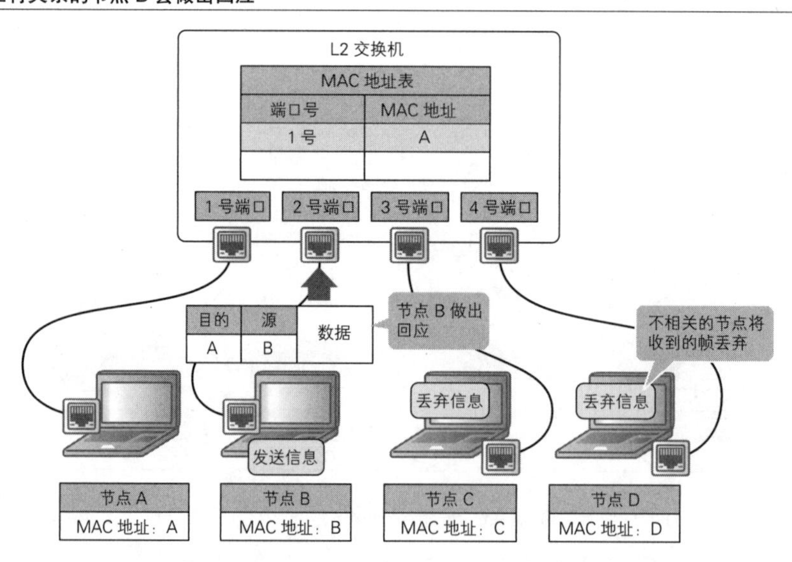

5 交换机收到帧后，会将节点 B 的端口号和 MAC 地址登记到 MAC 地址表中。这样，节点 A 和节点 B 的 MAC 地址表就建成了。根据 MAC 地址表中的登记内容，发给节点 A 的帧会被马上转发到 1 号端口。MAC 地址表生成之后，节点 A 和节点 B 之间的帧，即使被转发，也不会影响到其他节点，而且能够高效快速地进行。

图 2.1.15 建立 MAC 地址表

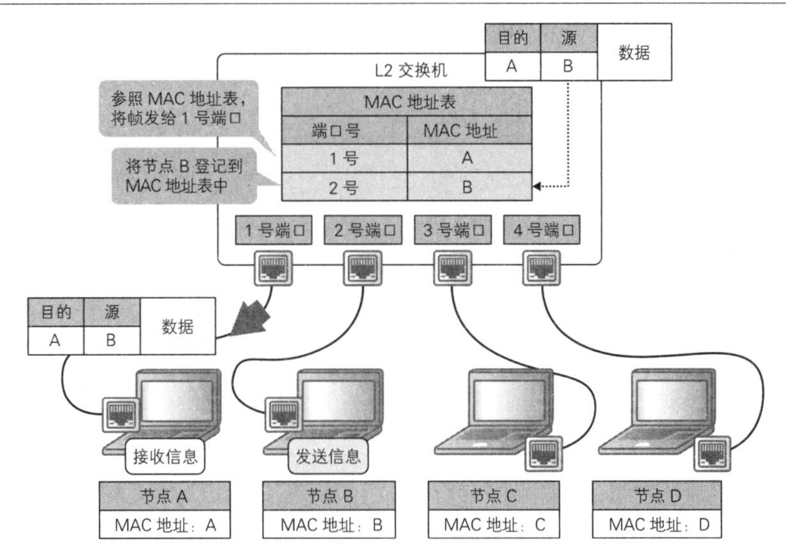

图 2.1.16 其他节点不会参与节点 A 和节点 B 之间的通信

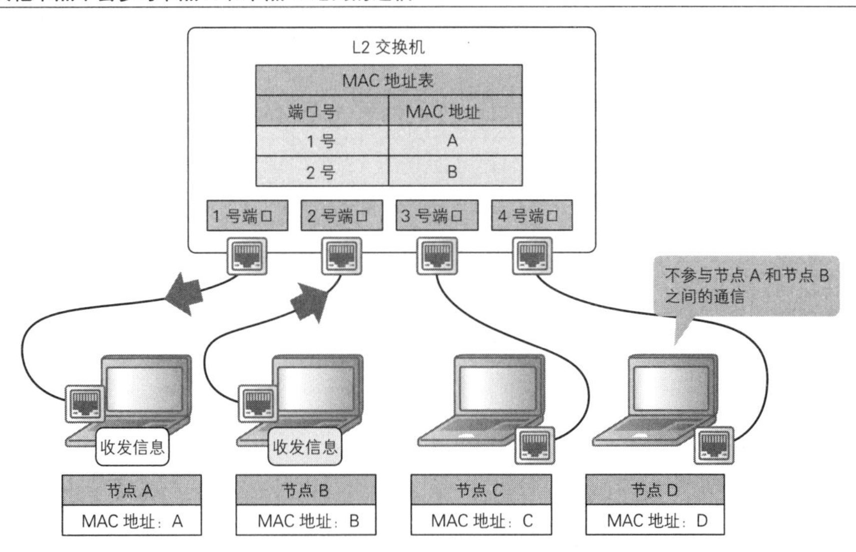

6 MAC 地址表建好之后，里面的条目并非是一直保留下去的。一直保留下去的话，内存再大也会不够用，而且节点一旦转移到别处去，与之对应的条目也就不起作用了。因此，与端口相连的线缆被拔掉或超过一定时间未收到帧时，条目会被删除。从条目生成到条目被删除的时间叫作老化时间，思科 Catalyst 交换机的老化时间默认值为 300 s（5 min），当然这个时间是可以修改的。

图 2.1.17 将不再需要的条目删除

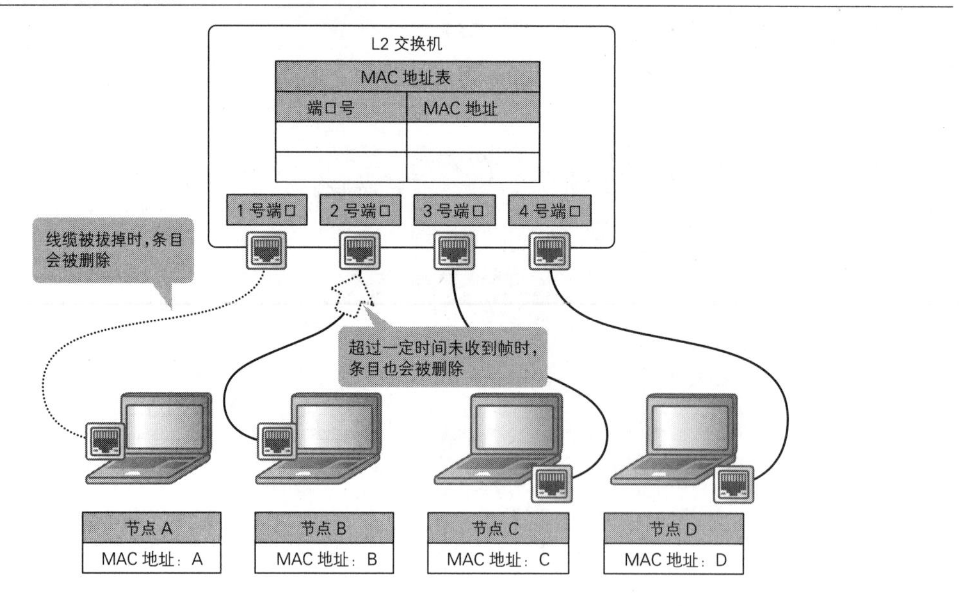

查看 MAC 地址表

我们来实际看看下图中所示的 L2 交换机即 Switch1 的 MAC 地址表。

图 2.1.18 方便确认 MAC 地址表的连接图例

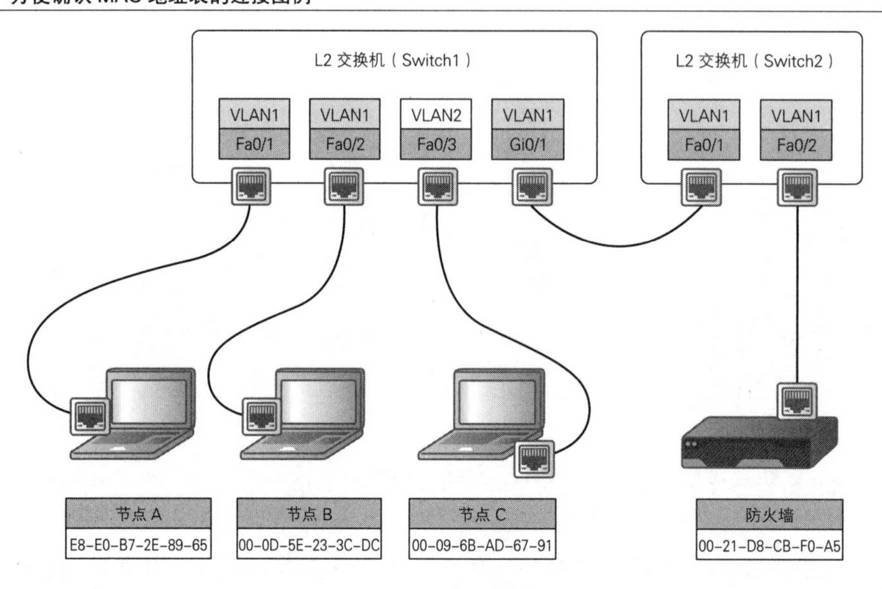

这里我们使用思科 Catalyst 交换机来确认。Catalyst 交换机可通过命令 show mac address-table 查看 MAC 地址表。

图 2.1.19 Catalyst 交换机中的 MAC 地址表示例

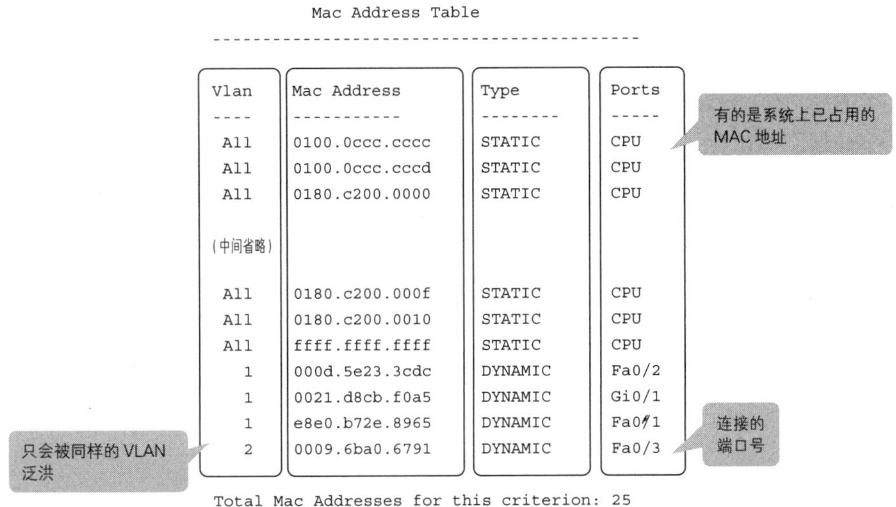

上图中，Mac Address 指节点的 MAC 地址，Ports 指连接的端口号。其他几个要素也在这里解释一下：VLAN 将在 2.1.2.2 节里详细说明，广播和泛洪只会针对同一 VLAN 发送信息；Type 指 MAC 地址的类型，通过帧动态学到的内容为 DYNAMIC 型，超过老化时间条目就会被删除；STATIC 表示是本机静态设置的或是系统上已占用的 MAC 地址，不会被自动删除。

2.1.2.2 通过 VLAN 将广播域分隔开

广播能够到达的范围叫作广播域。用来搜索单播发送目的节点的 APR 是通过广播发送的，我们不妨认为广播域就是能够直接收发帧的范围。广播针对所有节点一气呵成地发送信息，似乎挺方便，然而帧会被发送到不相关的节点那里，从通信流量的角度来看效率并不高。这时候我们就要用到 VLAN，它是交换机所拥有的一项功能，能够将广播域分隔开，有利于提高通信效率。

有些人会把 VLAN 叫作网段、网络或 LAN，称呼不同，但意思是完全一样的，我们不必太在意，知道它们指的都是 VLAN 就可以了。

图 2.1.20 在同一个 VLAN 中，所有节点都会收到广播信息

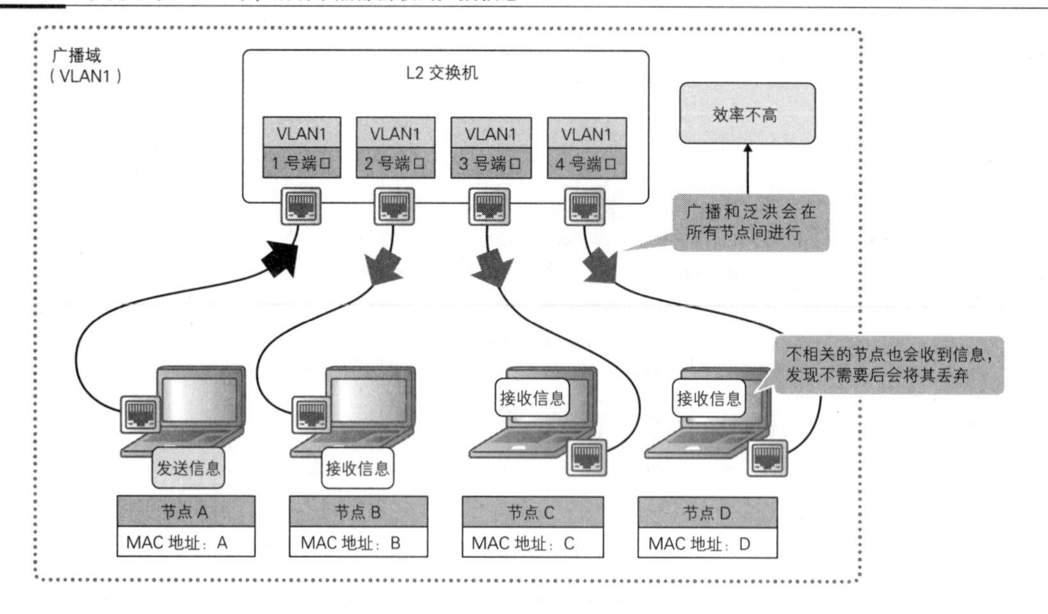

图 2.1.21 通过 VLAN 将广播域分隔开以提高通信效率

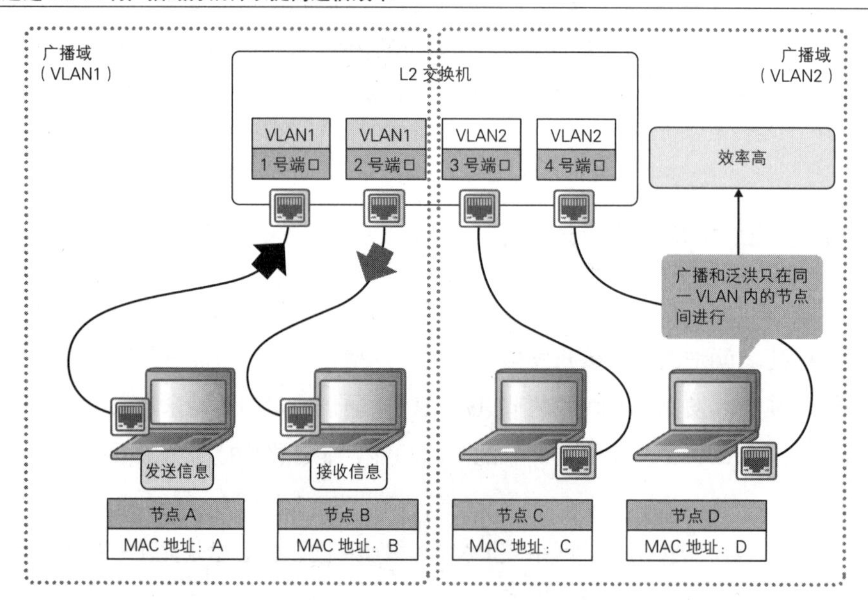

VLAN 由数字构成

VLAN 能将广播域分隔开，这听起来似乎挺复杂，不过 VLAN 的本质就是代表 VLAN ID 的一些数字，其原理是将 VLAN ID 的数字分配给各个端口，由此去识别端口而已。Catalyst 交换机最多可以支持 4096 个 VLAN ID，其中有几个已被系统保留，用于特殊的用途。机型和 OS

版本不同，实际上能够使用的 VLAN ID 范围和个数也就不同，这一点大家一定要仔细确认。

表 2.1.3 有些 VLAN ID 已被系统保留，不能使用

VLAN ID	用　途
0	系统已保留的 VLAN
1	默认 VLAN
2～1001	用于以太网的 VLAN
1002～1005	FDDI，令牌环网的默认 VLAN
1006～1024	系统已保留的 VLAN
1025～4094	用于以太网的 VLAN
4095	系统已保留的 VLAN

那么，我们应该如何设置 VLAN 呢？这并不复杂。VLAN 只有两种设置方法，不是端口 VLAN 就是打标 VLAN。下面就详细说明这两种设置方法。

端口 VLAN 设置是让端口和 VLAN 一一对应

正如其名，端口 VLAN 是将 VLAN 分配给端口的设置方法，有静态设置（静态 VLAN）和动态设置（动态 VLAN，根据基本规则的要求动态地进行设置）之分，以使用前者的环境居多。动态 VLAN 一般仅用于 CCNA、CCNP 等思科公司的测试中，本书只讲解静态 VLAN。

静态 VLAN 会将 VLAN ID 分配给端口。将 VLAN ID 分配给各个端口，就完成了对一台交换机的逻辑划分，也就完成了对广播域的划分。举一个例子，将 VLAN1 和 VLAN2 分配给端口

图 2.1.22 基于端口设置 VLAN

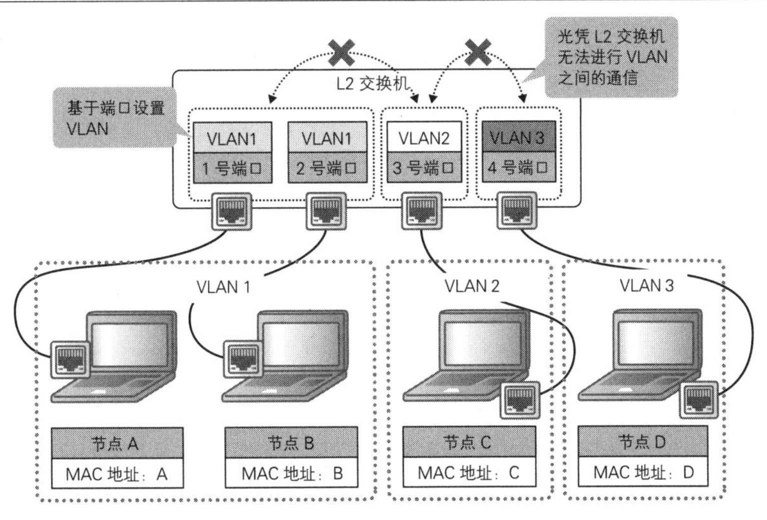

之后，VLAN1 所属终端的广播域和 VLAN2 所属终端的广播域就不一样了，VLAN2 不会收到 VLAN1 发出的广播，也不会收到 ARP，二者之间无法进行直接通信。如果要让 VLAN1 和 VLAN2 之间通信，必须通过 L3 交换机或路由器等 L3 设备进行中转才行。设置端口 VLAN 时也可以跨交换机进行，但必须注意一点，那就是有多少 VLAN 就得准备多少端口和线缆去连接交换机。

打标 VLAN

正如其名，打标 VLAN 是给 VLAN 打上标签的设置方法。打上标签？乍一听你也许会觉得丈二和尚摸不着头脑，但实际上它只是给帧打上一个包含 VLAN 信息的标签而已。有两种打标方法，一种是能够传输非以太网帧的 ISL 方式，另一种是只能传输以太网帧的 IEEE 802.1Q 方式。现在的网络环境大多是以太网，因此打标 VLAN 大多采用 IEEE 802.1Q 方式，IEEE 802.1Q 也是 IEEE 委员会制定的打标 VLAN 的标准规格，而 ISL 我们只能在 CCNA、CCNP 等思科公司的测试中见到。本书只讲解 IEEE 802.1Q。

图 2.1.23 通过 IEEE 802.1Q 为 VLAN 打标

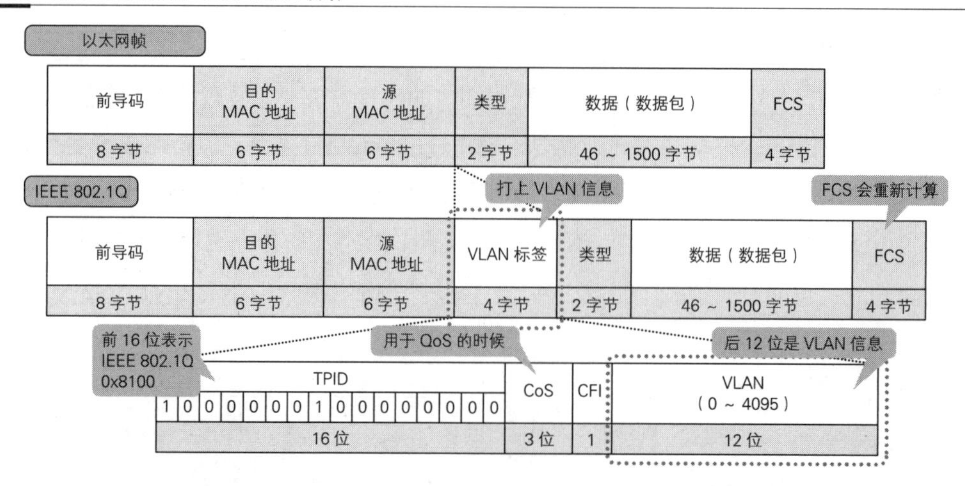

端口 VLAN 必须是一个端口对一个 VLAN，所以如果要跨交换机进行设置以促成同一 VLAN 内节点之间的通信，那么有多少 VLAN 就要准备多少端口和线缆。但是，这种情况在可扩展性上会发生问题，假设有 1000 个 VLAN，那么我们就得准备 1000 根线缆和 1000 个端口，无论是布线还是设置都极其耗时费力，端口再多也会有不够的时候。

这时候我们就要用到打标 VLAN。交换机端口发送信息时给帧打上一个含有 VLAN 信息（VLAN ID）的 VLAN 标签，目的端口收到帧时先卸掉标签，再交给需要该信息的节点。通过打标 VLAN 能够识别收到了哪个 VLAN 的帧，所以只需一根线缆和一个端口即可，布线也十分简单。使用打标 VLAN 时，相连的两台设备必须能够识别出同样的信息才行，因此两边设置的 VLAN ID 务必要统一。

图 2.1.24 使用端口 VLAN 时，如果 VLAN 要跨交换机会非常麻烦

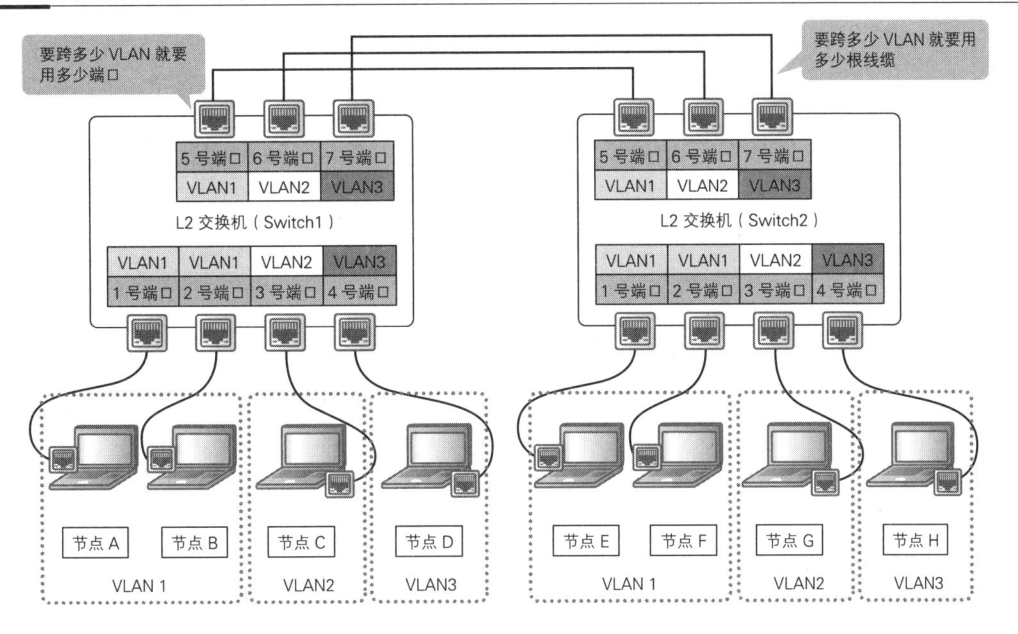

图 2.1.25 使用打标 VLAN 时，只需一根线缆和一个端口

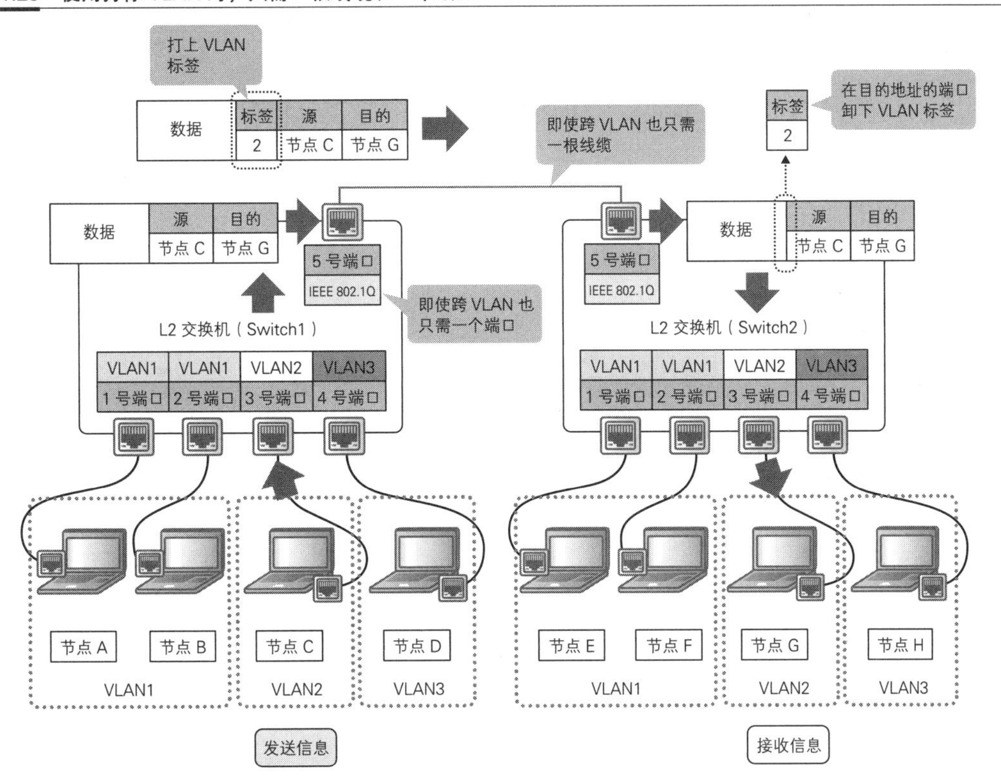

最近，打标 VLAN 不只用于交换机之间的连接，也越来越多地用在虚拟环境（VMware 环境）中。在虚拟环境中，隶属于各种 VLAN 的虚拟机共存于一个物理服务器中，通过虚拟交换机出现在网络上。连接 L2 交换机时，针对需要连接的端口，我们必须要设置该虚拟机所属的所有 VLAN，这时候就要用到 IEEE 802.1Q 了。

在虚拟环境中，虚拟机隶属于一个叫作端口组的虚拟交换机端口设置组，通过 vSwitch（虚拟交换机）连到网络上。假设虚拟机分别隶属于叫作 VLAN10 和 VLAN20 的端口组，那么映射到 vSwitch 上的 vmnic（物理网卡）就隶属于 VLAN10 和 VLAN20。vSwitch 给 VLAN10 和 VLAN20 打上标签，将与 vmnic 连接的交换机端口划分到打标 VLAN。用 vSwitch 进行的标签处理叫作 VST（Virtual Switch Tagging，虚拟交换机标记）。

另外，对思科 Catalyst 交换机而言，打标 VLAN 一般会称为“trunk”，而对其他生产商生产的机器而言，“trunk”指的却是链路聚合功能以及由该功能衍生出来的逻辑端口。二者很容易混淆，请大家务必区分清楚。关于链路聚合的内容将在 4.1.1.1 节中详细说明。

图 2.1.26　虚拟环境中也经常会用到打标 VLAN

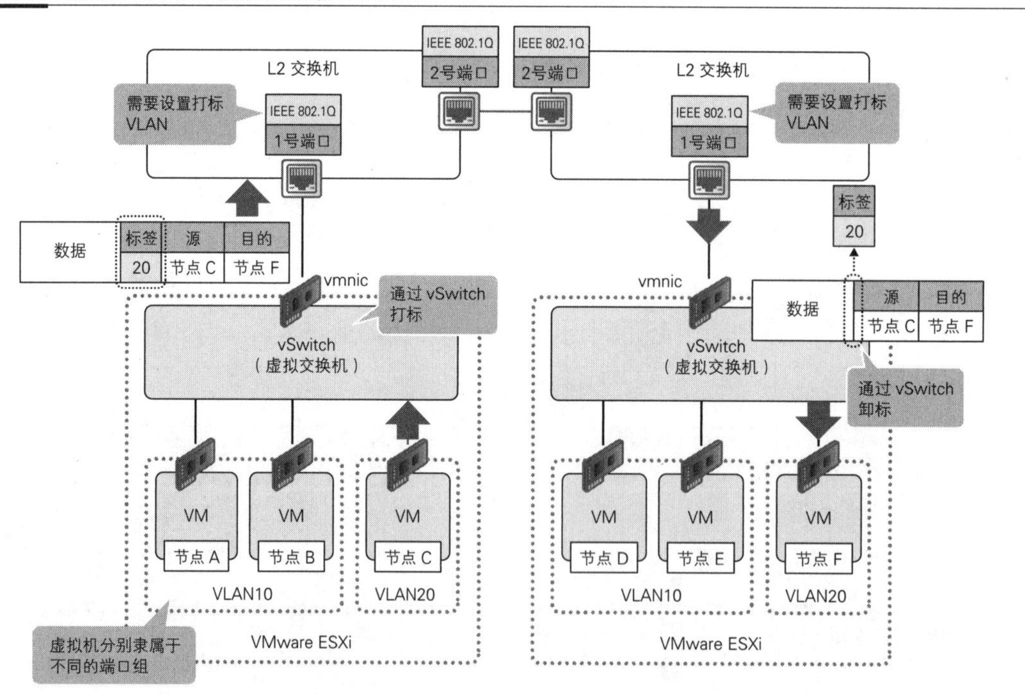

※ 实际上 L2 交换机中也有对 VLAN 标签的处理，图中省略未画。

使用打标 VLAN 时应统一本征 VLAN

我们在设置打标 VLAN 时要注意本征 VLAN 的存在。设有 IEEE 802.1Q 的端口并非会对所有的 VLAN 打标，有一个 VLAN 是除外的，那就是本征 VLAN。

这里的关键在于要保证相邻设备的本征 VLAN 一致。也许你会想，如果是不打标的 VLAN 就可以不用在意，然而实际情况却并非如此。假设一边的本征 VLAN 是 VLAN1，而另一边的本征 VLAN 是 VLAN3，那么它们会分别映射不同的广播域，二者之间就无法进行通信了。所以我们不仅要保证两边的 VLAN ID 一致，还要保证两边的本征 VLAN 也一致才行。

思科 Catalyst 交换机的默认本征 VLAN 是 VLAN1，当然我们也可以修改这一默认设置。另外，只有在使用 CDP（Cisco Discovery Protocol，思科发现协议）的前提下，才能自动检测出两边设备的本征 VLAN 不一致并发出警告信息“%CDP-4-NATIVE_VLAN_MISMATCH”。关于 CDP 的内容将在 5.1.4.1 节中说明。

本征 VLAN 在虚拟环境中的原理也一样。如果我们在端口组的 VLAN ID 中选择“无（0）”，那么隶属于该端口组的虚拟机的帧就不会被打标。不被打标也就等同于本征 VLAN。而如果在这里设置 VLAN ID，那么 vSwitch 就会给该 VLAN ID 打标。

图 2.1.27　有一个 VLAN 不会被打标

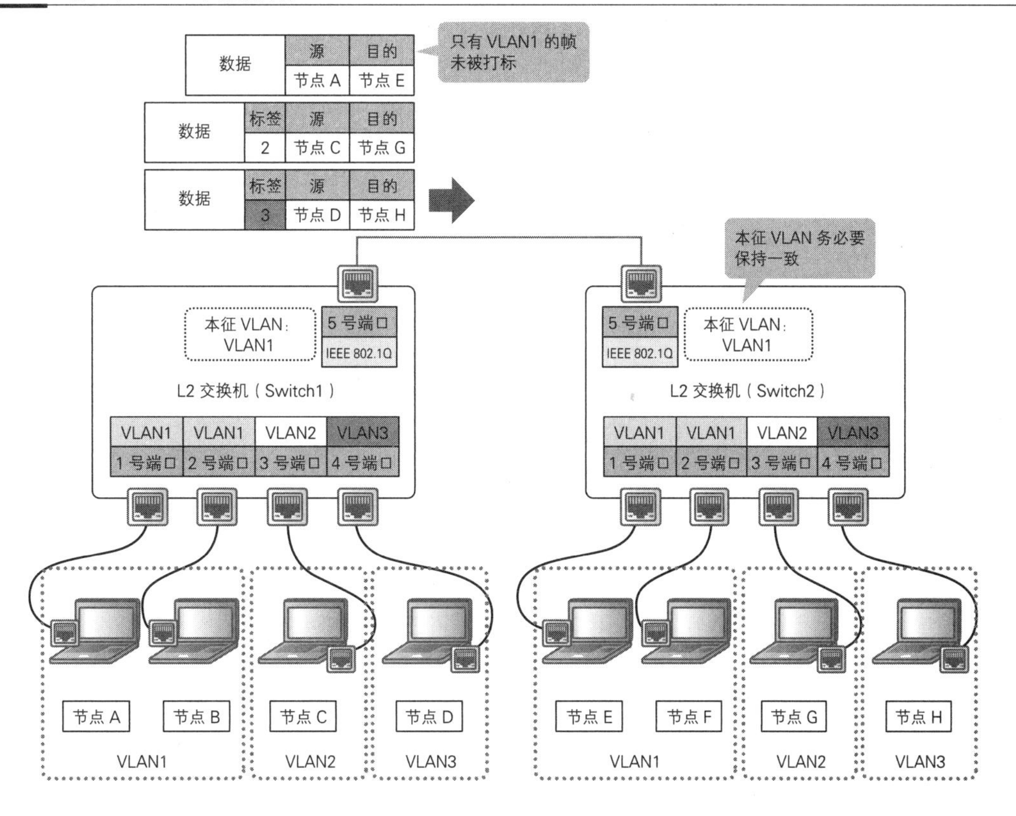

图 2.1.28　两边的本征 VLAN 如果不一致就无法正常通信（以 ARP 为例）

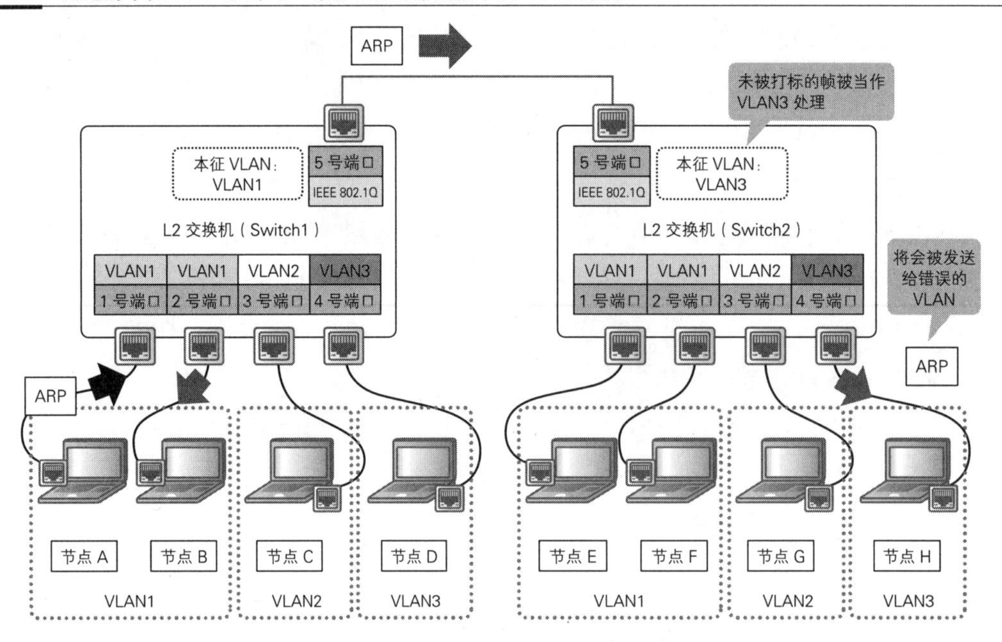

图 2.1.29　在虚拟环境中也要注意本征 VLAN

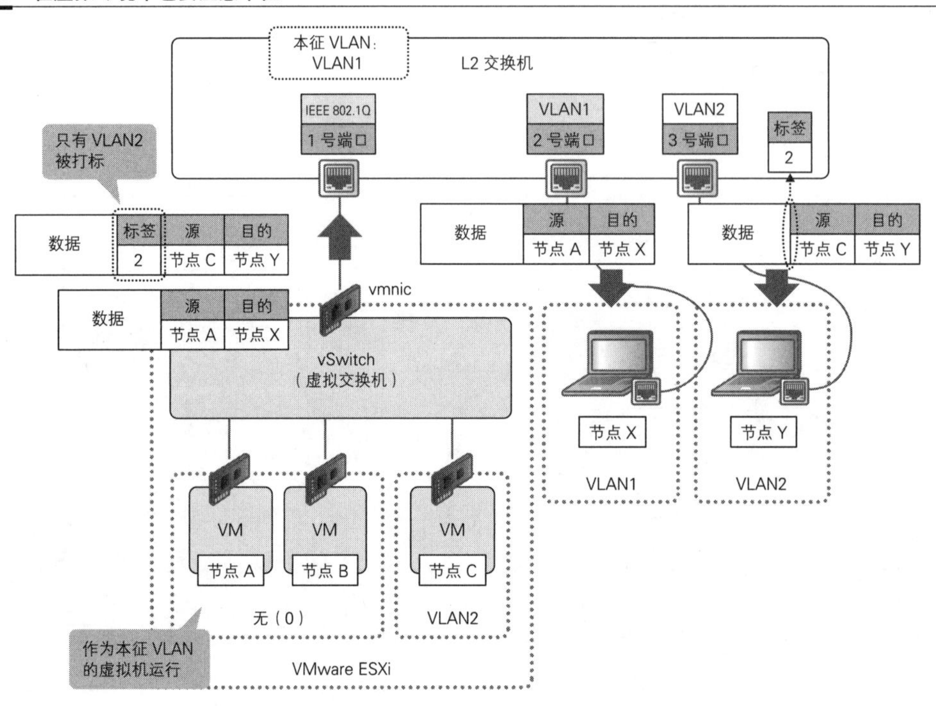

2.1.3 ARP 将逻辑和物理关联到一起

在网络的世界里只有两个概念是表示地址的，一个是前面一直在讲的 MAC 地址，另一个则是 IP 地址。MAC 地址是硬件被赋予的物理地址，在数据链路层（L2）中发挥作用。IP 地址则是由 OS 设置的逻辑地址，在网络层（L3）中发挥作用。这两个地址如果步调不一致就会乱套，务必让它们彼此协调配合才行。ARP 能让这两个地址保持协调，它在物理地址和逻辑地址之间起着桥梁的作用。

图 2.1.30　ARP 是物理地址和逻辑地址之间的桥梁

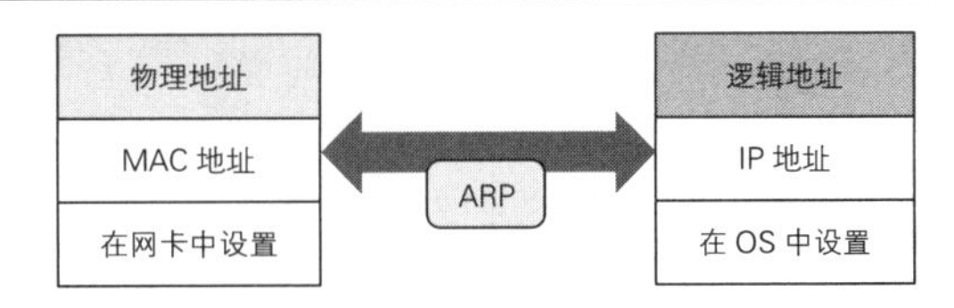

2.1.3.1　ARP 通过 IP 地址查询 MAC 地址

ARP 是物理地址和逻辑地址之间的桥梁，这听起来似乎非常高深，不过它实际上只是将 IP 地址和 MAC 地址关联起来而已，并没有进行复杂的处理。

我们知道，收到来自网络层的 IP 数据包之后，节点必须将其封装成帧并传递给线缆。然而，刚刚收到 IP 数据包时节点并不清楚该如何对它进行封装，因为节点虽然知道源 MAC 地址就是本机的 MAC 地址，却不知道目的 MAC 地址是什么。这时候就要用到 ARP 了。ARP 先去查看 IP 数据包的目的 IP 地址，如果是同一网段的节点，ARP 就去查询该 IP 地址的 MAC 地址；如果是不同网段的节点，ARP 就去查询默认网关的 MAC 地址。默认网关相当于一个通往非本地网段的出口，如果数据包是发给非本地的其他网段而且并不清楚目的 IP 地址，那么它就会被发给默认网关。这里说的“网段”指的是 IP 地址的所属范围，会在 2.2.1.2 节中详细说明。在目前这个阶段，我们可以认为广播域和 VLAN 是同一个意思。

这里请记住一点：ARP 是通过 IP 地址去查询 MAC 地址的。

图 2.1.31　ARP 将两个地址关联到一起

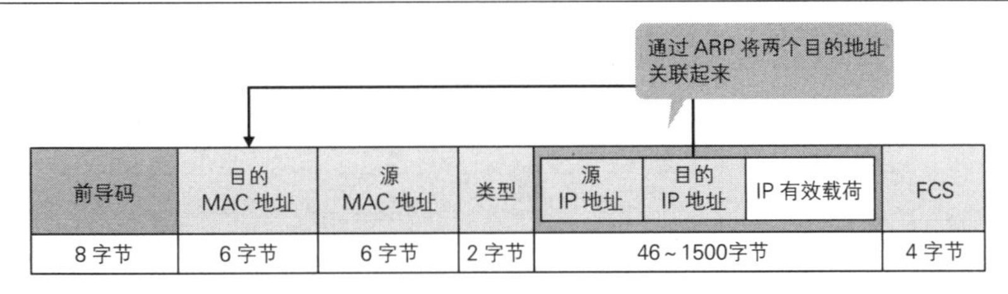

ARP 的原理很简单

ARP 的原理很简单，非常容易理解。请想象一下这个场景：你大声地（广播）问大家“某某某是哪位啊?”于是某某某回答“我就是某某某啊!”

图 2.1.32 ARP 不知道应将信息发往何处，于是大声询问所有节点

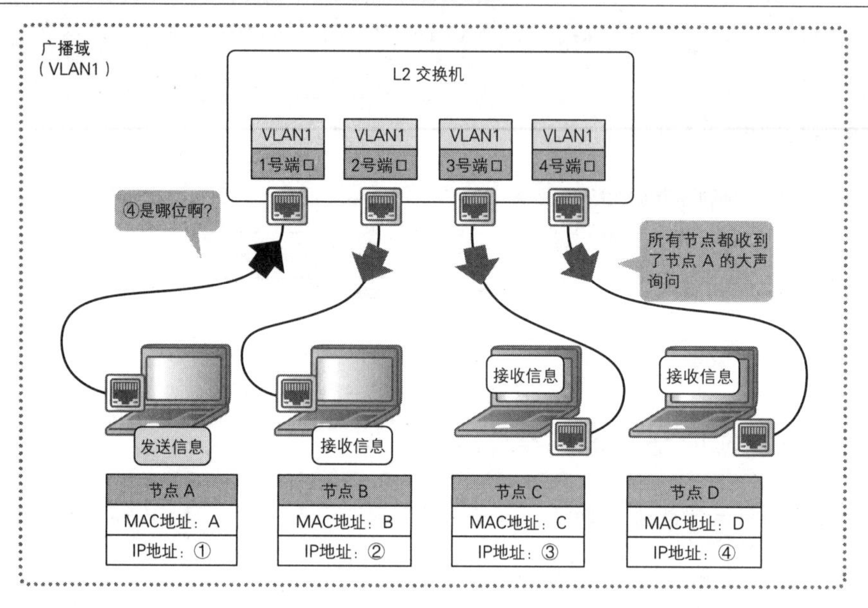

图 2.1.33 只有真正相关的节点给出回应

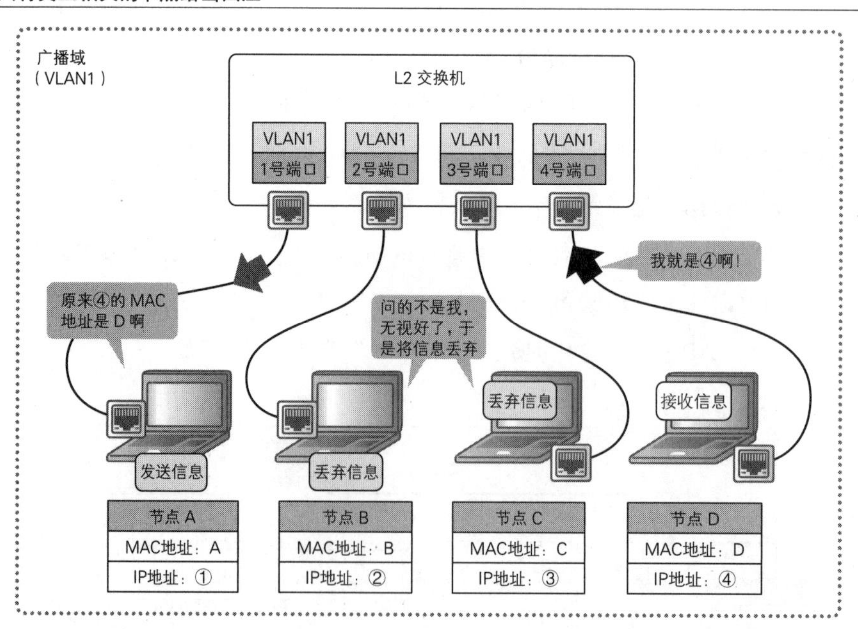

这个“某某某是哪位啊？”的提问叫作 ARP Request（ARP 请求）。“某某某”的部分就是从网络层发来的数据包中目的地的 IP 地址。ARP 请求通过广播散发出去，同一 VLAN 中的所有节点都会收到该请求。

针对 ARP 请求返回的这个“我就是某某某啊！”的回应叫作 ARP Reply（ARP 回复）。在同一 VLAN（广播域）的所有节点中，只有一个真正拥有对象 IP 地址的节点会做出回应。其他的节点会将收到的信息丢弃。ARP 回复不需要使用广播，它通过单播将信息发给发送 ARP 请求包的节点。

图 2.1.34　通过广播和单播查出对方节点的 MAC 地址

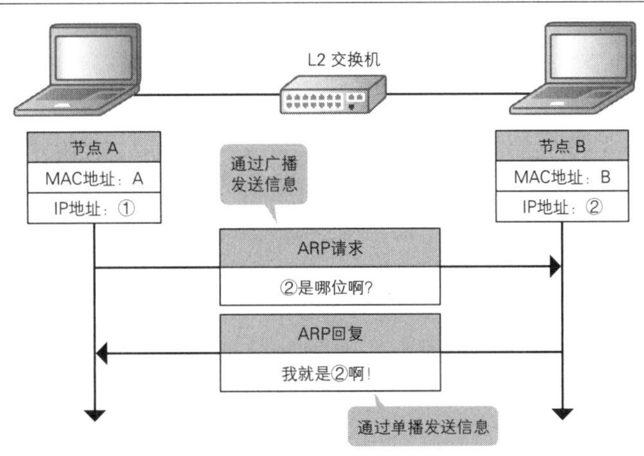

ARP 有效载荷中包含着诸多的地址信息

以太网进行成帧处理时，ARP 在有效载荷部分写入了很多地址信息，并以此将 MAC 地址和 IP 地址关联起来。由于操作（Operation）和地址之外的数据都是固定不变的，因此本书只介绍操作和地址这两项内容。

图 2.1.35　ARP 在数据部分写入了很多信息

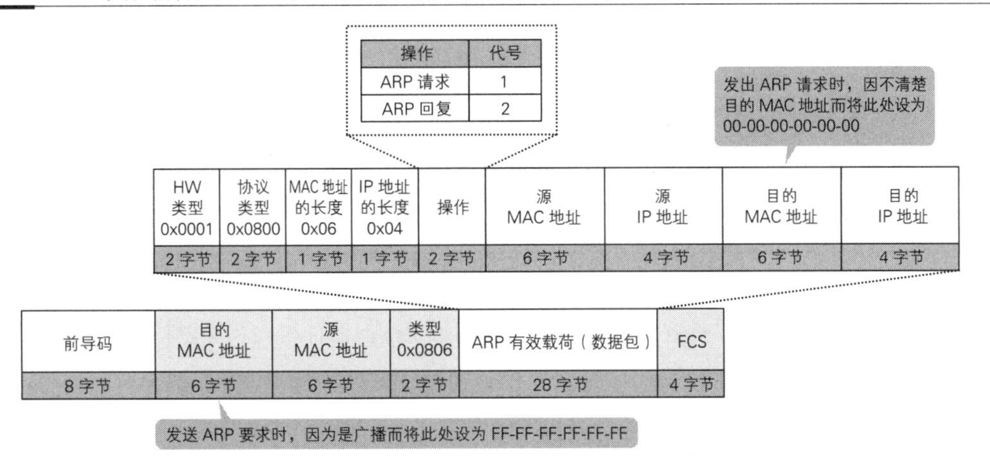

ARP 请求的操作代号是 1。请求时，节点将源 MAC 地址和源 IP 地址设置为本机地址，将目的 MAC 地址设置为 00-00-00-00-00-00（因为尚不清楚实际地址是什么），将目的 IP 地址设为欲查询其 MAC 地址的节点的 IP 地址。ARP 请求采用广播的形式，收到广播的所有节点都会去查看目的 IP 地址，但是只有真正拥有该 IP 地址的节点才会给出 ARP 回复，拥有其他 IP 地址的节点则会将收到的信息丢弃。

ARP 回复的操作代号是 2。回复时，节点将源 MAC 地址和源 IP 地址设置为本机地址，将目的 MAC 地址和目的 IP 地址分别设置为发送了 ARP 请求的节点的 MAC 地址和 IP 地址。ARP 回复采用单播的形式，向发来 ARP 请求的节点返回信息。收到 ARP 回复的节点查看源 MAC 地址和源 IP 地址的部分后，就能知道对方的 MAC 地址是多少，而知道 MAC 地址之后就可以开始通信了。将 MAC 地址和 IP 地址关联起来的表叫作 ARP 表。Windows OS 环境下可以在命令提示符后输入 arp –a 命令并执行查看 ARP 表；Linux OS 环境下可以在终端输入 arp 命令并执行查看 ARP 表。

图 2.1.36 通过请求和回应将 MAC 地址和 IP 地址关联到一起

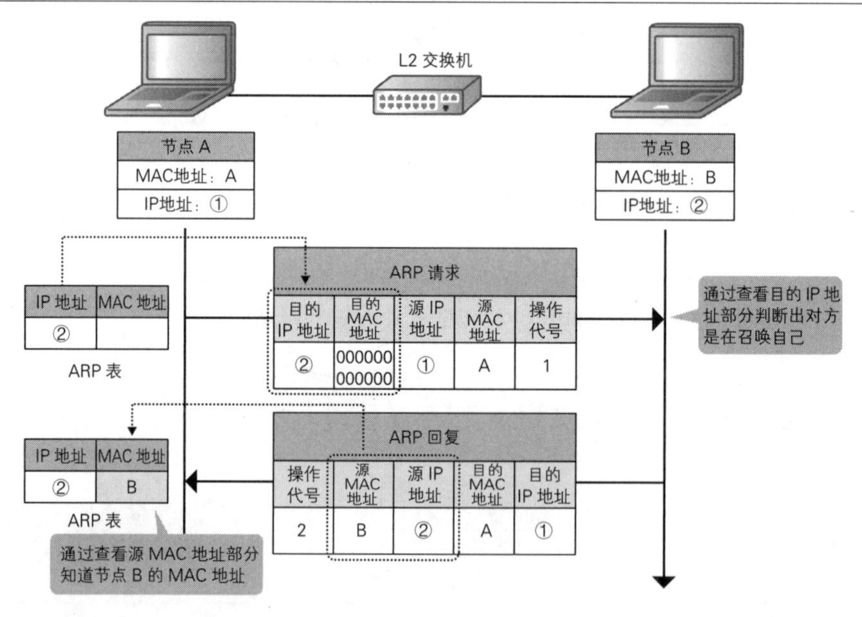

通过高速缓存控制通信流量

读到这里，想必各位已经能够了解 ARP 在通信中的重要作用了。对于通信来说，ARP 是基础中的基础。正是因为通过 ARP 查询出发送目的地的 MAC 地址，通信才得以进行。

然而 ARP 有着“致命”的弱点，那就是“以广播发送为前提条件”。由于一开始发送方并

图 2.1.37 ARP 将信息发给所有节点，但只能收到其中一个节点的回应，效率极低

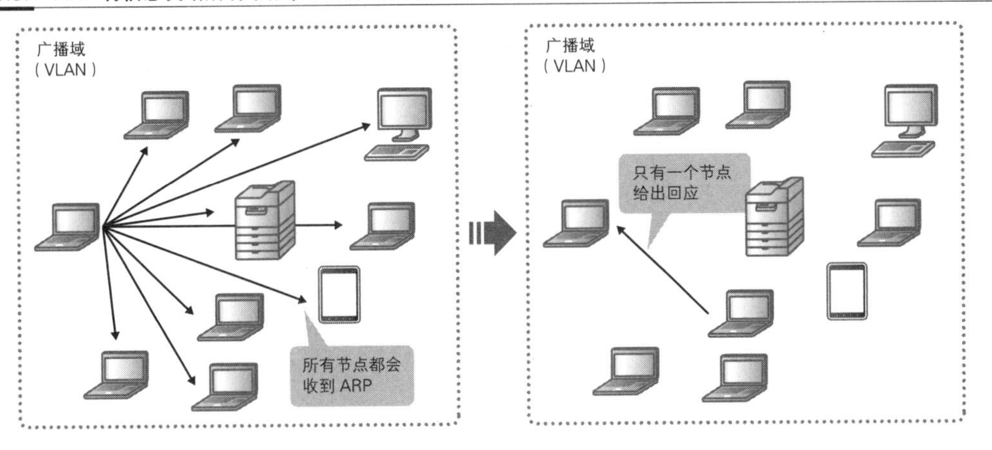

图 2.1.38 通过高速缓存功能提高效率

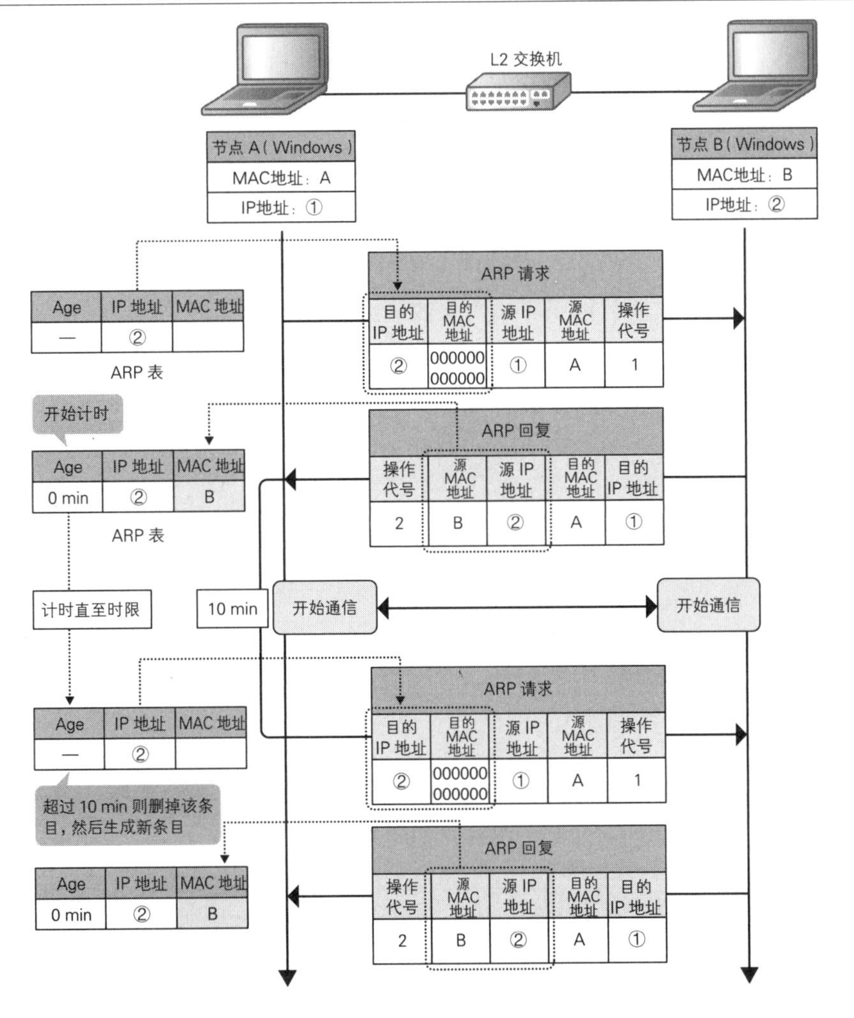

不知道对方节点的 MAC 地址，使用广播也算是一种必然的选择。然而广播会向同一网段中的所有节点都发送数据，是一种效率很低的通信。假设 VLAN 中有 1000 台节点机，那么通信就会流向这 1000 台机器，假如每台节点机通信时都发送 ARP，那么仅 ARP 通信流量就会充斥于整个 VLAN。原本 MAC 地址和 IP 地址就不会频繁发生变化，于是人们为 ARP 开发出了可暂时存储条目的高速缓存功能。

ARP 查询到对方节点的 MAC 地址后，会在 ARP 表中添加新的条目并将其暂时保存。在暂时保存期内 ARP 不会发送信息，超过一定时间（时限）之后则会删掉该条目并发送 ARP 请求。时限因设备种类和 OS 而异，Windows 10 是 10 min，思科公司的设备则为 4 h。当然，这些默认时限都是可以修改的。

更换设备时要注意 ARP 高速缓存

高速缓存功能在减少 ARP 的通信流量上发挥着巨大的作用，但它并非是完美无缺的。有了这项功能，实时性就会差强人意，这是拥有高速缓存功能的所有协议相通的一个“致命”弱点。当 IP 地址或 MAC 地址发生变化时，ARP 表依然保留着旧的信息，因此只有等保留的条目超过时限后，ARP 再重新学习一遍新地址才能重新开始通信。

那么，节点的 MAC 地址或 IP 地址会频繁发生变化吗？不会。在大多数情况下 MAC 地址和 IP 地址都是一直不变的。因此，一般情况下我们不必在意 ARP 的这个弱点，需要注意的是更换设备的时候。例如，网络打印机突然发生故障而不得不换掉了，这时候 IP 地址还是不变的，但 MAC 地址会变，然而打印机周边的节点并不知道 MAC 地址的这个变化，还是会去查看 ARP 表，试图和已经不存在的 MAC 地址通信，直到表中该条目的时限到来为止（超过时限之后才能重新开始通信）。要想解决这个问题就得使用 GARP，关于 GARP 的内容将在 2.1.3.3 节中详细说明。

图 2.1.39 MAC 地址一变就无法通信了

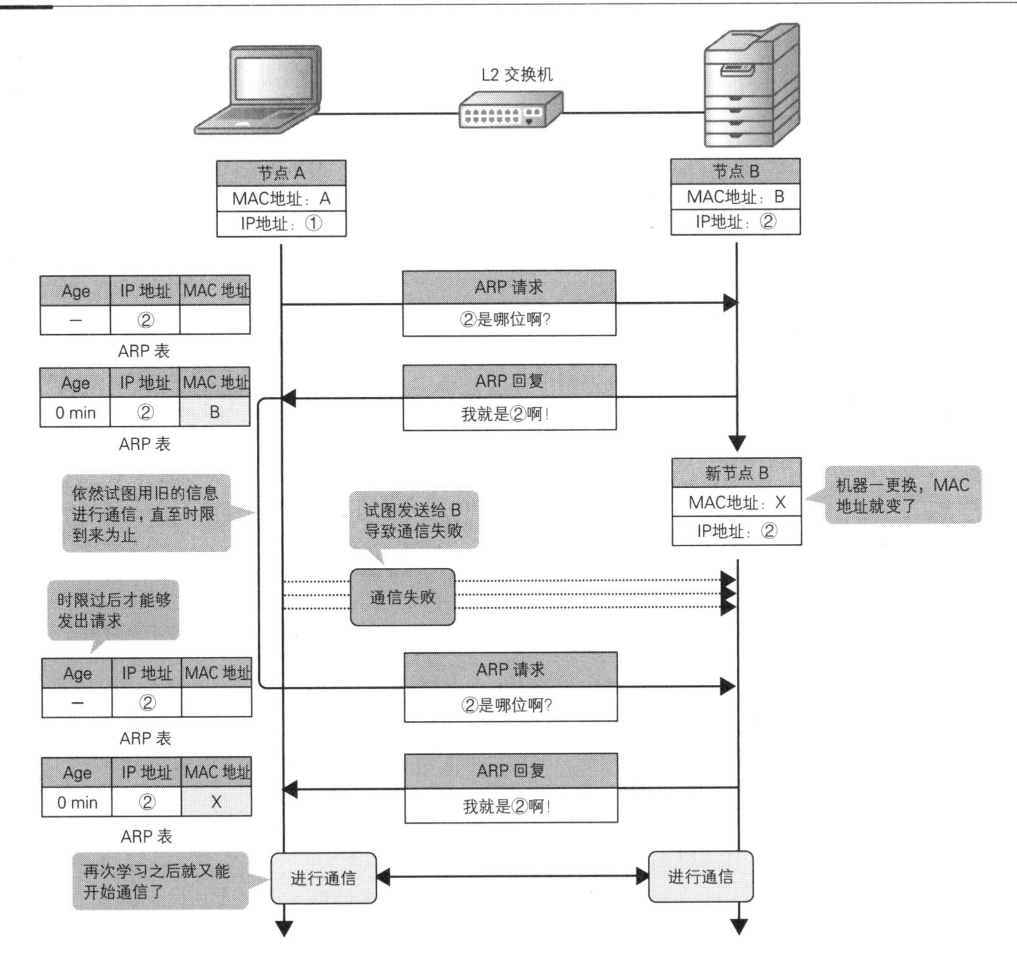

2.1.3.2 抓取 ARP 包，观察它的写法

下面两张图是我们抓取到的 ARP 请求包和 ARP 回复包的实例。

ARP 请求以广播发送，所以目的地址为 FF-FF-FF-FF-FF-FF，此外我们还能看到 ARP 有效载荷部分写入了很多地址信息；ARP 回复以单播发送，所以目的地址为发来 ARP 请求的节点的 MAC 地址，我们能看到该 ARP 有效载荷部分也同样写入了很多地址信息。

图 2.1.40 ARP 请求是通过广播发送的

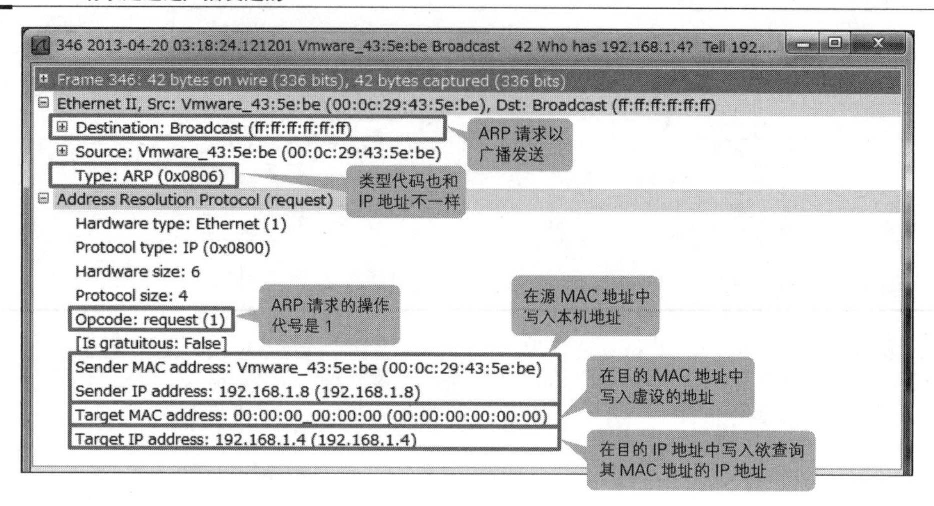

图 2.1.41 ARP 回复是通过单播发送的

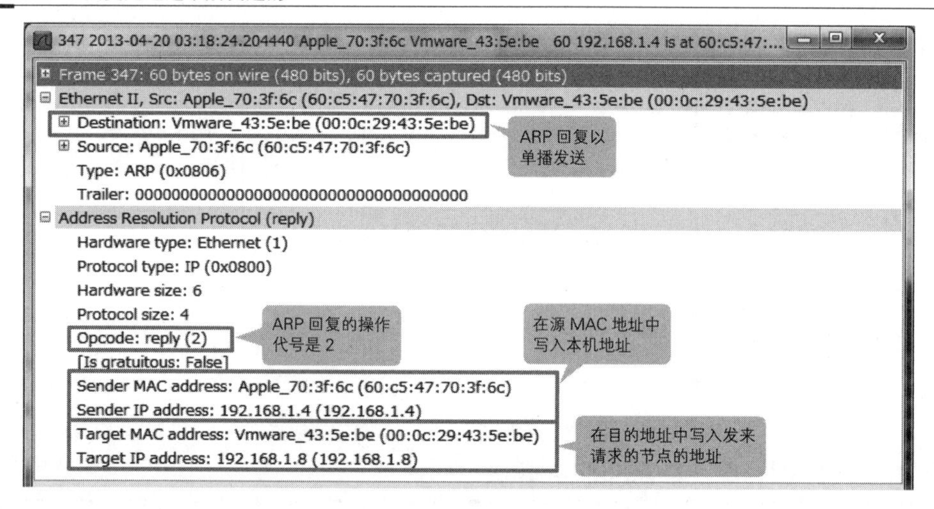

2.1.3.3 有几个特殊的 ARP

ARP 包是支撑 TCP/IP 通信初期阶段的非常重要的帧，这里发生问题就会无法进行通信。为了防止出现这样的情况，人们设计了几个特殊的 ARP 用来及时更新周边的信息（MAC 地址表和 ARP 表等），它们统称为 GARP（Gratuitous ARP，无故 ARP，免费 ARP）。下面我们就来详细说明 GARP。

OS 通过 GARP 能在 MAC 地址发生变化时发出通告

GARP 是一种特殊的 ARP，它会在 ARP 有效载部分的源 IP 地址和目的 IP 地址中写入本机地址。GARP 肩负着双重责任，一个是检查是否存在相同的 IP 地址，另一个则是更新相邻设备的表。

检查是否存在相同的 IP 地址

在公司或学校的网络环境中，我们可能会不经意就设置了和别人一样的 IP 地址。这时候 OS 会弹出报错信息警告我们 IP 地址冲突，提醒我们去修改 IP 地址，这个报错就是基于 GARP 的信息判断出来的。IP 地址设置好之后 OS 并不急于马上反映出来，而是发出 ARP 请求去检查周边是否存在设有相同 IP 地址的节点。如果收到 GARP，OS 就认为设有相同 IP 地址的节点确实存在，弹出报错信息；如果没有收到 GARP，OS 才会去反映前面设置好的 IP 地址。

图 2.1.42 通过 GARP 检查是否存在 IP 地址冲突

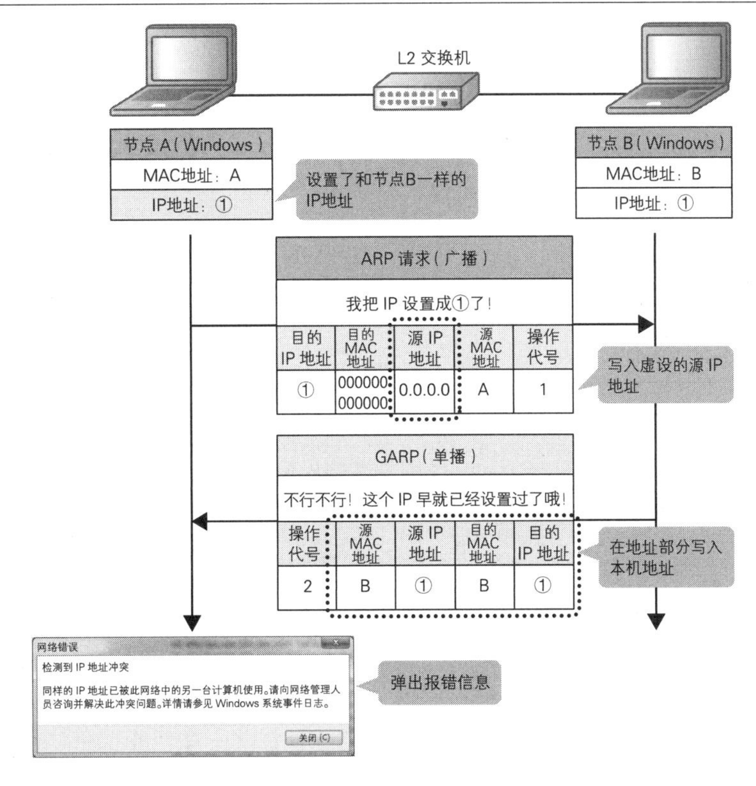

更新相邻设备的表

这里所说的表指的是 ARP 表和 MAC 地址表，二者都是通过 GARP 获得更新的，不过形式稍微有些不同。

首先我们来看 GARP 是如何更新 ARP 表的。当设备因发生故障或 EoS（End of Support，终止支持）等原因需要更换成新机器的时候，旧的 MAC 地址会被新的取代。然而，周边的节点即使拥有新机器的 ARP 条目也不会自动更新 MAC 地址，而是继续沿用旧的信息，结果导致通信无法完成。这时候就要用到 GARP。新的机器在对接或启动时会发出 GARP 通告[①]，声明原来的 MAC 地址已变，而收到 GARP 通告的节点就会去更新该 ARP 条目。

图 2.1.43 通过 GARP 更新 ARP 条目

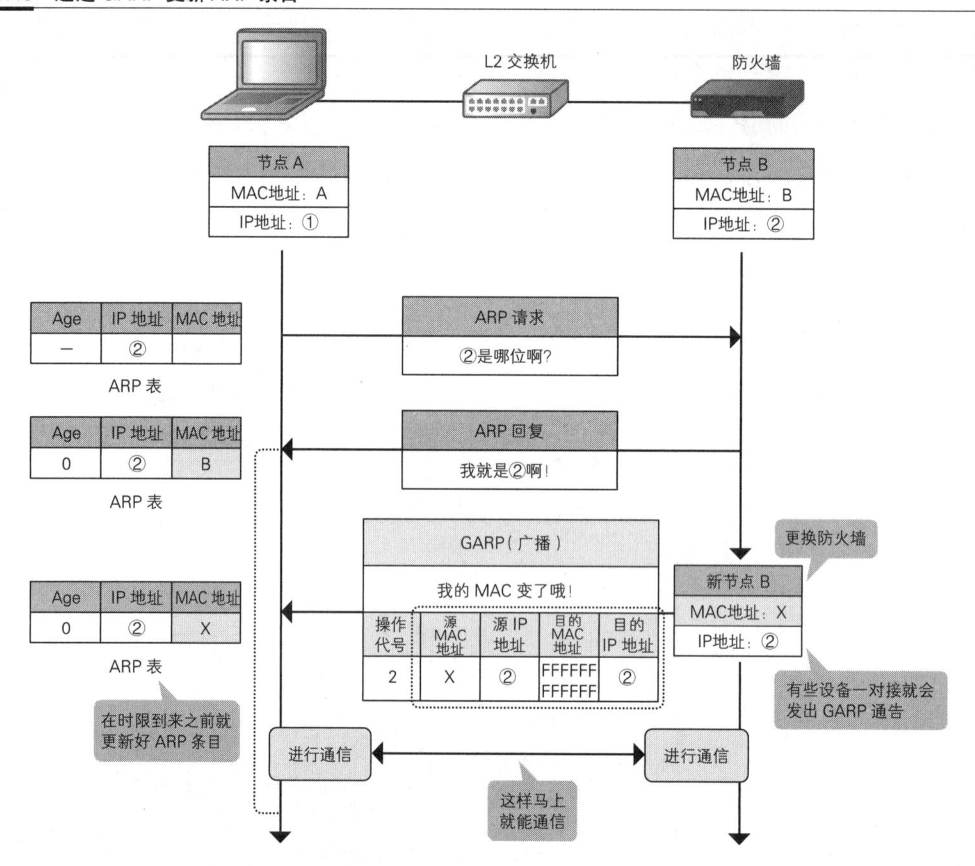

接下来，我们看看 GARP 是如何更新 MAC 地址表的。

这里以虚拟环境中的 GARP 为例进行说明。虚拟软件拥有实时迁移功能，它能够在不造成停机（虚拟机）的前提下对物理服务器进行实时迁移，这在 Xen 中叫作 XenMotion，在 VMware 中叫作 vMotion。执行实时迁移时，虚拟机会从一台物理服务器移动到另一台物理服务器，然而 L2 交换机并不知道这一情况，于是虚拟机移动之后会发出 GARP[②]。L2 交换机在收到 GARP

① 也有些设备并不发出 GARP 通告，遇到这种情况时我们需要自己去清空周边节点的 ARP 表。

② VMware 的 vMotion 采用的是 RARP（Reverse Address Resolution Protocol，反向地址解析协议）。协议虽然不同，原理却是一样的，RARP 也会更新 MAC 地址表。

后，会去查看该 GARP 的源 MAC 地址，并更新 MAC 地址表，使迁移之后的物理服务器能够维持正常通信。

图 2.1.44　通过 GARP 追踪实时迁移之后的虚拟机

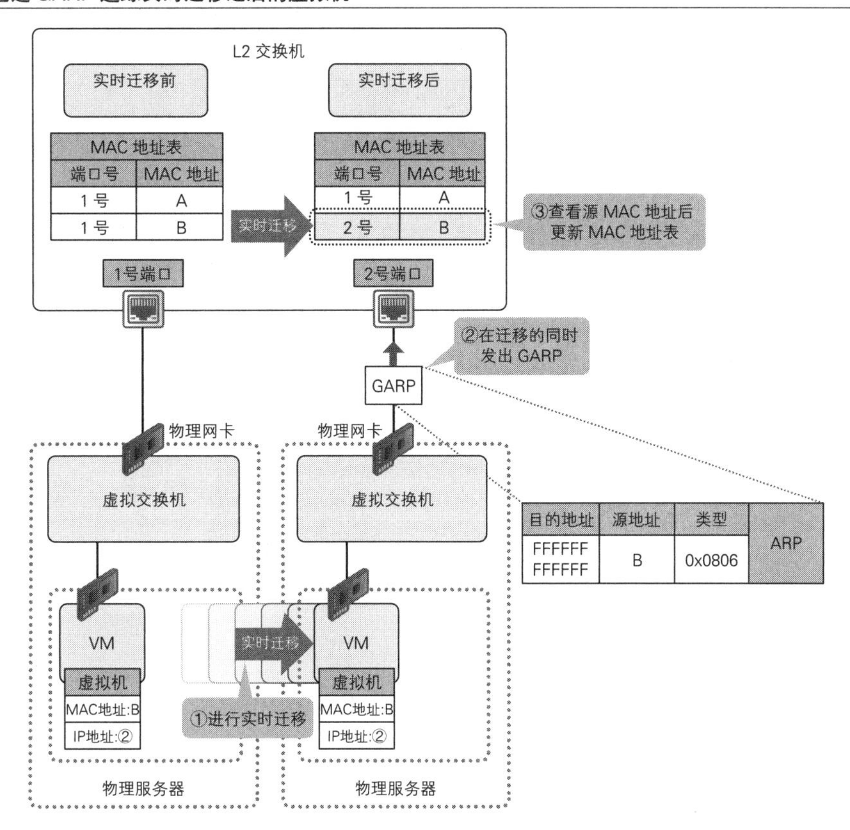

2.2 网络层的技术

网络层将不同的网段连接起来，确保端到端的正常通信；与此相对，数据链路层只是将同一网段中的节点连接起来而已。假如我们要连接国外的 Web 服务器，由于网段不同，在数据链路层这个层面是根本无法连接起来的，而网络层却能将数据链路层中的一个个小网段拼接成一个大网络。当今，互联网已经是我们日常生活中不可或缺的存在，“互联网”其实就是人们将“相互”（inter）和“网络”（network）合二为一创造出来的一个特殊词汇（不过现在已经是个普通名词了）。大量的网段彼此相连，就形成了互联网。

2.2.1 网络是由网络层拼接起来的

网络层是确保不同网段中的节点能够彼此相连的层。前面已经讲过，数据链路层是确保同

图 2.2.1　网络层为报文段添加 IP 报头

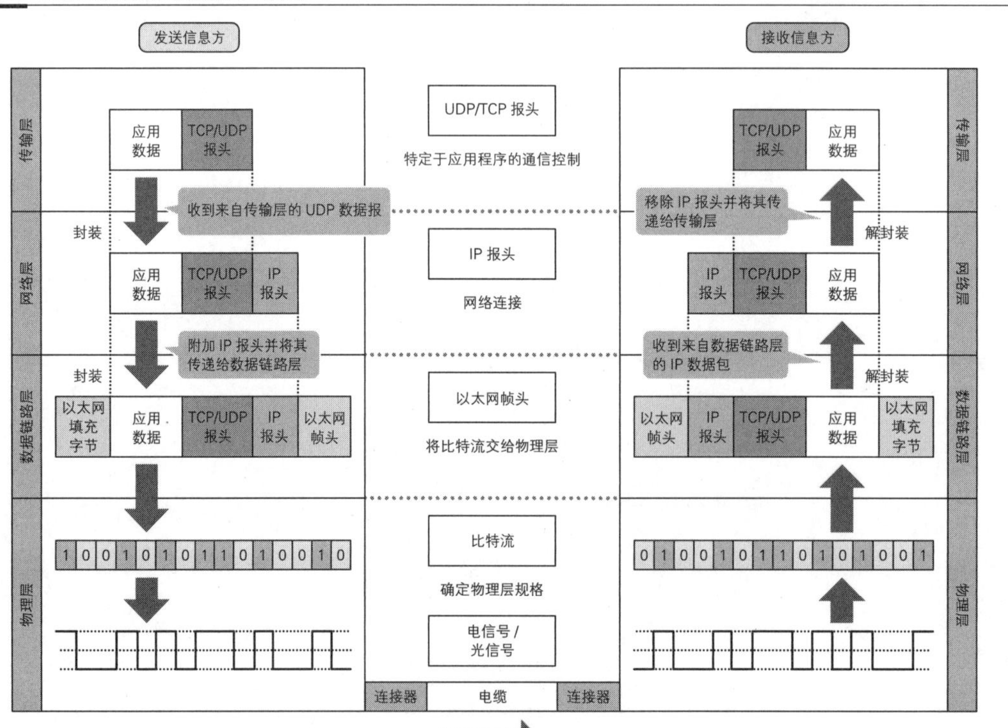

一网段中的相邻节点能够彼此相连的层。网络层则负责将数据链路层中形成的网段拼接起来，使不同网段中的不相邻节点也能够互联通信。为此，网络层要为报文段添加报头。这种添加报头的处理叫作“分组化处理”（国内很多教材称作“封装”），经过报文分组化处理得到的数据叫作数据包。网络层中定义了分组化的各种方式。

网络层是 OSI 参考模型中从下往上数的第三层。发送信息时，网络层将来自传输层的数据报或报文段进行分组化处理后交给数据链路层（必要时还需要进行分片处理）；接收信息时，则是对来自数据链路层的帧做一个和分组以及分片恰好相反的处理后交给传输层。

2.2.1.1 添加 IP 报头，进行分组化处理

架构服务器端网络时，我们需要掌握的网络层协议只有一个，那就是 IP。掌握 IP 后再去逐步了解其他的协议就可以了。本书主要讲解 IP 是如何进行分组化处理的。

通过 IP 进行分组化处理后得到的报文叫作 IP 数据包。IP 数据包由两部分构成，一部分是表示 IP 控制信息的 IP 报头，另一部分则是表示数据本身的 IP 有效载荷。两者中 IP 报头是 IP 的关键信息。平时，我们会访问各种各样的 Web 网页，其实在我们访问网页时，后台网络中的 IP 数据包“翻山越岭，嗖嗖地在世界各地东奔西跑”。为了让报文段在世界各地的各种网络中通行无阻，网络层为 IP 报头添加了大量的信息，由此屏蔽网络之间的差异，提供稳定的通信。

图 2.2.2 IP 报头中包含着诸多的信息（IPv4 报头，无可选字段）

前导码	目的MAC地址	源MAC地址	类型	版本	报头长度	ToS	数据包长	标识符	标志	分片偏移量	TTL	协议编号	报头校验和	源IP地址	目的IP地址	IP 有效载荷（TCP 报文段、UDP 数据报）	FCS
8字节	6字节	6字节	2字节	4位	4位	8位	16位	16位	3位	13位	8位	8位	16位	32位	32位	可变	4字节
	以太网报头（14字节）			IP报头（20字节）													

IP 报头中包含着诸多的信息，但是我们并不需要去全盘理解。本书是围绕如何设计服务器端展开的，因此下面仅介绍一些与该内容相关的常见字段以及经常需要我们去查询的字段。

图 2.2.3 Wireshark 对 IP 报头进行分析的画面

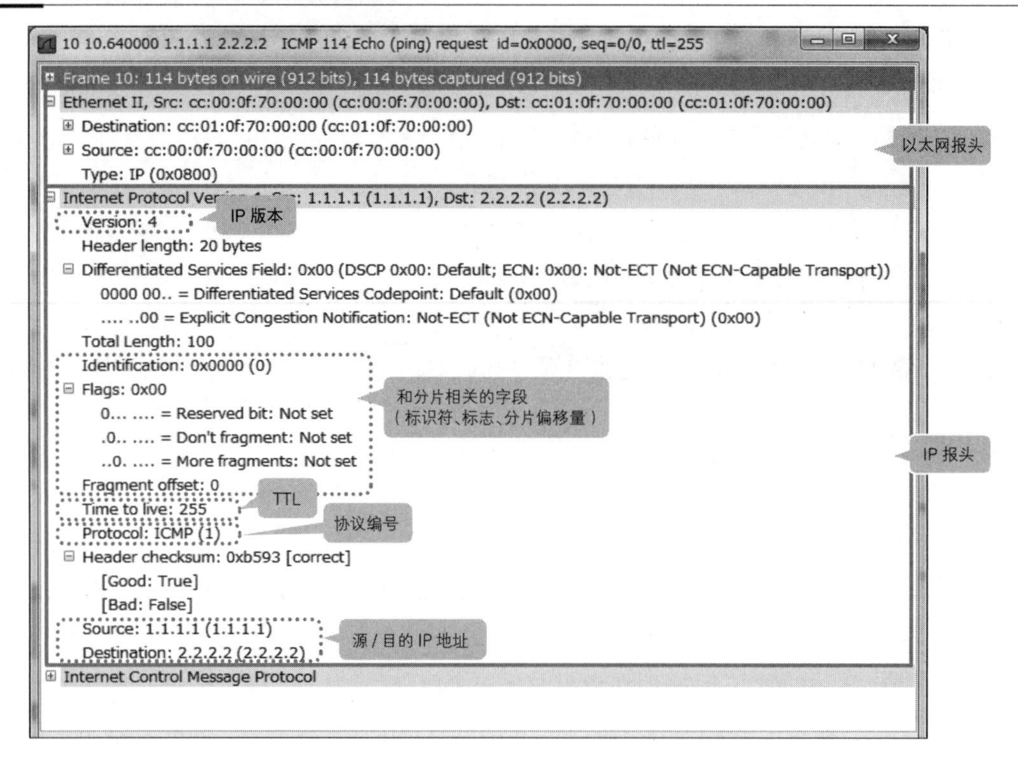

IP 版本分 IPv4 和 IPv6 两种

首先我们来看一下版本。版本是指 IP 的版本，IPv4 为第四版（用二进制写是 0100），IPv6 是第六版（用二进制写是 0110）。版本不同，后面的 IP 报头中的信息就不一样。图 2.2.2 和图 2.2.3 展示的是 IPv4 的 IP 报头。而 IPv6 的 IP 报头则如图 2.2.4 和图 2.2.5 所示，比 IPv4 更加简单。

图 2.2.4 IPv6 的报头格式更加简单

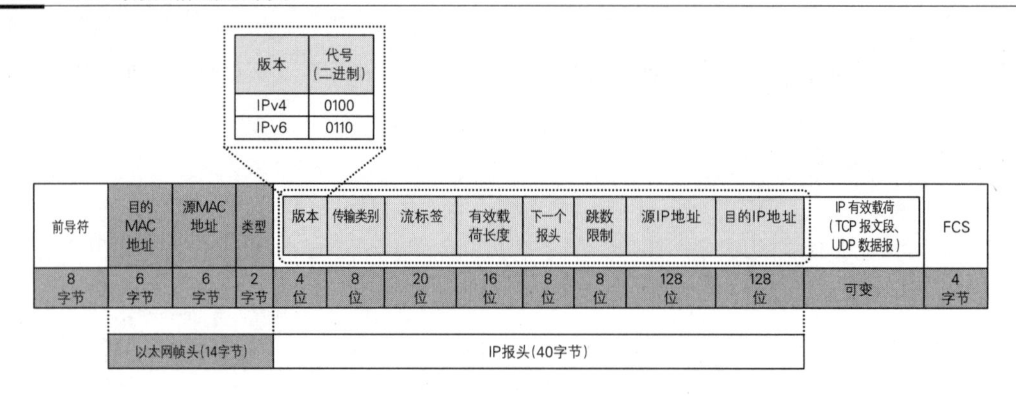

图 2.2.5 Wireshark 对 IPv6 报头进行分析的画面

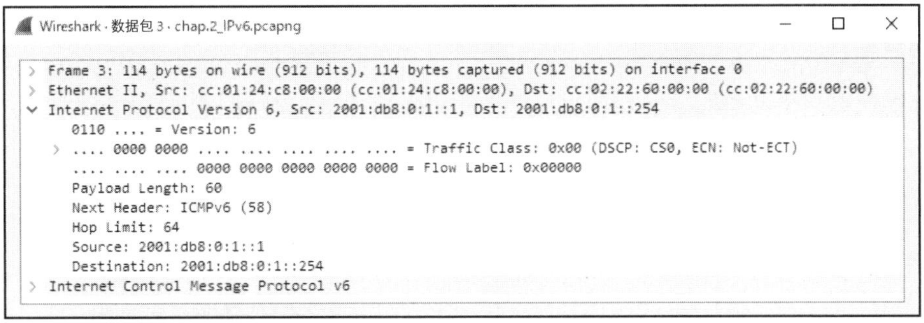

```
Wireshark · 数据包 3 · chap.2_IPv6.pcapng
> Frame 3: 114 bytes on wire (912 bits), 114 bytes captured (912 bits) on interface 0
> Ethernet II, Src: cc:01:24:c8:00:00 (cc:01:24:c8:00:00), Dst: cc:02:22:60:00:00 (cc:02:22:60:00:00)
v Internet Protocol Version 6, Src: 2001:db8:0:1::1, Dst: 2001:db8:0:1::254
    0110 .... = Version: 6
  > .... 0000 0000 .... .... .... .... .... = Traffic Class: 0x00 (DSCP: CS0, ECN: Not-ECT)
    .... .... .... 0000 0000 0000 0000 0000 = Flow Label: 0x00000
    Payload Length: 60
    Next Header: ICMPv6 (58)
    Hop Limit: 64
    Source: 2001:db8:0:1::1
    Destination: 2001:db8:0:1::254
> Internet Control Message Protocol v6
```

IPv6 是在 IPv4 地址资源日渐枯竭的背景下大张旗鼓地出现于网络界的。互联网中使用的 IPv4 地址（全球 IP 地址）是由 ICANN 分配和管理的。之前，人们认为 ICANN 可供分配的 IPv4 地址即将耗尽，过渡到 IPv6 已刻不容缓，许多杂志和协会都刊登特集报道了这一局面。然而从目前来看，实际情况并非那么急不可待，甚至可以说游刃有余。当然，背后人们也做了各种各样的努力，例如 ISP 多方收购富余的 IPv4 地址，通信运营商将 IPv6 地址和 IPv4 地址相互转换等，这些在用户级别是无从知晓的。今后如果连收购来的 IPv4 地址也被耗尽的话，IPv6 的时代就会到来。不过，我认为那是遥远的未来，短期内绝不会出现某一天 IPv4 地址突然被全面抛弃的情况，两者肯定是共存发展的。作为服务器端网络架构工程师，只要客户没有提出要求，我们就不需要考虑如何应对 IPv6。即使客户提出这样的要求，只要按照 IPv4 进行设计，就不会有大问题。IPv6 地址形式上复杂难记（当然这也是最让人头疼的地方……），其他方面与 IPv4 的差异并没有想象中的大。此外，网络设备和 OS 自很久之前就开始支持 IPv6 了。本书对 IPv6 的说明到此为止，后面将不再触及。

标识符、标志和分片偏移量用于分片

标识符、标志和分片偏移量这 3 个字段都和数据包的分片（报文分片）有关，分片是指将 IP 有效载荷分割成 MTU 可以容纳的长度。

标识符

标识符是生成数据包时被随机分配的数据包 ID，长度为 16 位。当 IP 数据包因总长度超过 MTU 而被分片时，目的主机会根据这个 ID 对数据包进行重组。

标志

标志的长度为 3 位。前 1 位不用；第 2 位叫作 DF 位（Don't fragment bit，禁止分片位），表示是否允许分片，0 代表允许，1 代表不允许；第 3 位叫作 MF 位（More fragment bit，后继分片位），表示分片之后的数据包是否仍有后续，0 代表没有，1 代表有。如果在 PPPoE 环境中将 MTU 设置错误数据包就会丢失，特定的网页就会消失，这种现象和标志字段有关，详情将在 3.1.1.3 节中解说。

分片偏移量

分片偏移量表示分片之后的数据包位于原始数据包的哪个位置（从原始数据包的开始处算起），以 8 字节为单位。分片之后的第一个数据包的值为 0，后面的数据包则会写入表示其位置的值。主机收到数据包后根据这些值去安排数据包的顺序。

图 2.2.6 根据 IP 报头信息可将被分片的数据包还原

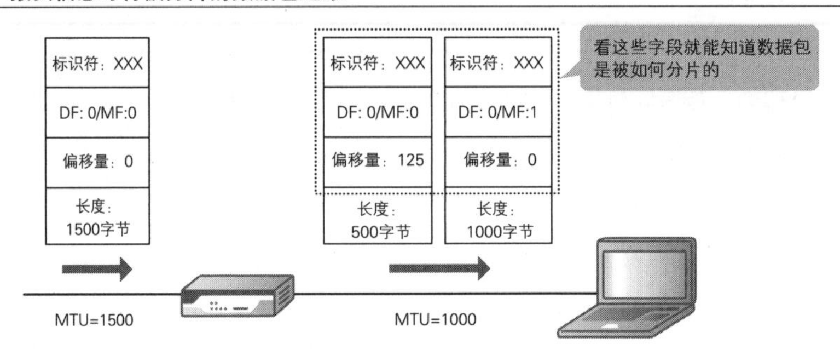

TTL 表示数据包的寿命

TTL（Time To Live，存活时间）表示的是数据包的寿命。在 IP 的世界里，人们用数据包经过的路由器个数表示数据包的寿命，经过的路由器个数[①] 叫作跳跃计数。每经过一个路由器，也就是每经过一个网段，TTL 的数值就要减一，当计数到零时该数据包就会被丢弃。丢弃数据包的路由器会返回一个 ICMP（Internet Control Message Protocol，互联网控制报文协议）数据包，该包显示了"Time-To-Live exceeded（类型 11/ 代号 0）"的消息，通知主机已将原数据包丢弃。关于 ICMP 的内容将在 2.2.5 节中详细说明。

图 2.2.7 TTL 每经过一个路由器，数字就会减一

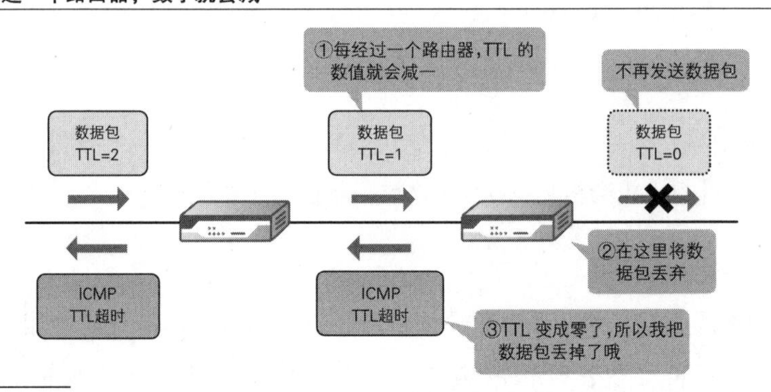

① 其实，数据包每经过一台运行于网络层或网络层之上的设备时数值也都要减一。例如，经过 L3 交换机或负载均衡器时 TTL 的数值也会减少。

TTL 的默认值因 OS 种类和版本而异。因此，通过查看数据包中的 TTL 值，就可以粗略地判断收发信息的节点的 OS 是 Windows 还是 UNIX。

表 2.2.1 TTL 的默认值因 OS 而异

生产商	OS 种类 / 版本	TTL 的默认值
微软	Windows 10	128
苹果	macOS 10.12.x	64
苹果	iOS 10.3	64
开源软件	Linux Ubuntu 16.04	64
谷歌	Android	64
思科	Cisco IOS	255

TTL 最重要的作用是防止路由循环。路由循环是指错误的路由设置导致 IP 数据包在同一个地方不断循环的现象。IP 数据包即使只是在同一个网段中不断循环，TTL 仍然会计数，导致数据包最后会被丢弃。不断循环的数据包并不会一直占用带宽。

协议编号表示数据遵循的是哪种协议

协议编号表示了 IP 有效载荷遵循的是哪一种协议。人们定义了很多种协议，我将工作现场中常见的协议整理成了下表。

表 2.2.2 现场中常见的协议编号

编号	协　议
1	ICMP（Internet Control Message Protocol，互联网控制报文协议）
2	IGMP（Internet Group Management Protocol，互联网组管理协议）
6	TCP（Transmission Control Protocol，传输控制协议）
17	UDP（User Datagram Protocol，用户数据报协议）
47	GRE（Generic Routing Encapsulation，通用路由封装）协议
50	ESP（Encapsulating Security Payload，封装安全负载）
88	EIGRP（Enhanced Interior Gateway Routing Protocol，加强型内部网关路由协议）
89	OSPF（Open Shortest Path First，开放最短通路优先）协议
112	VRRP（Virtual Router Redundancy Protocol，虚拟路由器冗余协议）

源 / 目的 IP 地址表示网络上的地址

IP 地址表示网络上的地址，长度为 32 位，一般会采用“×××.×××.×××.×××”这样的十进制形式来表示。

源 IP 地址表示发送方本机的网络地址。网络的世界都是双向沟通的，就像一方说“劳驾把这样的数据发给我吧”，另一方回“这就发给你哦”，然后这一方又说“谢谢啦”这样，互相来往并以此成立网络世界。对方看到源 IP 地址字段，就能知道应将信息返回何处。与源 IP 地址相对的是目的 IP 地址，发送方在发送信息的时候会用到这个地址。

网络层是因 IP 地址而存在的层，我们将在 2.2.1.2 节中详细说明。

图 2.2.8 网络的世界都是双向沟通的

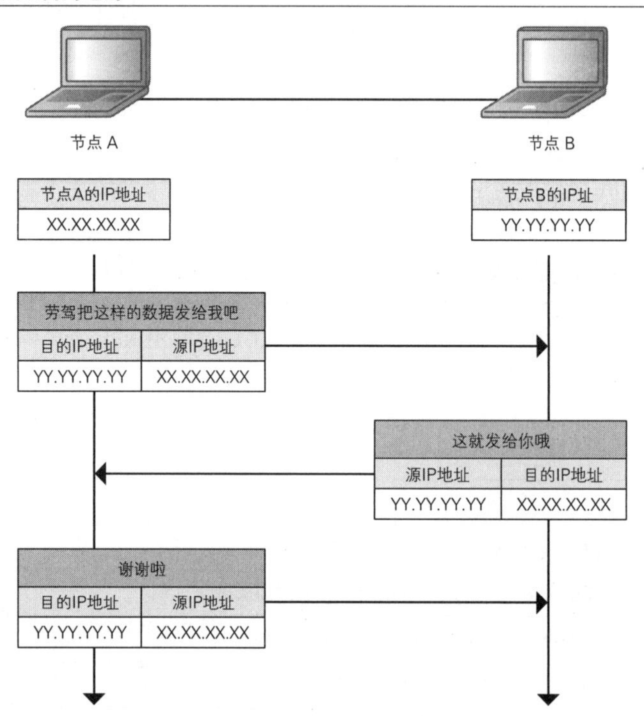

最后，我们再来把 IP 报头的字段整理成一张表，各位在需要快速查询时也可以参考这张表。

表 2.2.3 IP 报头中包含着诸多的信息

编　　号	长度	用　　途
版本	4 位	表示 IP 的版本。 IPv4：0100（二进制） IPv6：0110（二进制）

（续）

编　号	长度	用　途
报头长度	4 位	表示 IP 报头的长度，以 4 字节为单位
ToS（Type of Service，服务类型）	8 位	表示数据包的优先顺序，用于 QoS（Quality of Service，服务质量）
数据包长	16 位	表示整个数据包的长度，单位用字节表示
标识符	16 位	用于识别数据包 分片（报文分片）时根据这个字段识别它是哪个数据包的分片。标识符由源主机随机分配
标志	3 位	表示数据包是否允许分片 第 1 位：不用 第 2 位：表示是否可以分片 0：允许分片 1：不允许分片 第 3 位：表示分片之后的数据包是否仍有后续 0：没有后续 1：仍有后续
分片偏移量	13 位	表示分片之后的数据包位于原始数据包的哪个位置
TTL	8 位	表示数据包的寿命 具体来说，表示数据包经过了几台路由器。默认值为 64，每经过一台路由器就会减一，当路由器收到 TTL=1 的数据包时会将数据包丢弃并返回 ICMP 数据包
协议编号	8 位	表示上层协议 ICMP：1 TCP：6 UDP：17
报头校验和	16 位	用于检查 IP 报头字段是否有误的字段。由于每经过一台路由器 TTL 的数值就会改变，报头校验和值是以路由器为单位发生变化的
源 IP 地址	32 位	网络上的主机源地址。如果没有这个字段，对方就无法返回数据
目的 IP 地址	32 位	网络上的对方目的地址。IP 数据包将发送到这个地址
IP 有效载荷	可变	表示 IP 层的数据。比如使用 TCP 就是 TCP 报文段，使用 UDP 就是 UDP 数据报

2.2.1.2 IP 地址由 32 位构成

IP 地址是一种由 32 位构成的、独一无二的识别信息，是在网络内外都有效的地址。以 IP 地址 192.168.1.1 为例，它是将 32 位按每 8 位分成 4 组，然后换算成十进制并用小数点分隔开表示的。每个区间，即每个群集，叫作 8 位字节。从前面开始，分别叫作第一 8 位字节、第二 8 位字节……依次类推。

图 2.2.9 IPv4 地址被小数点分隔成四个区间

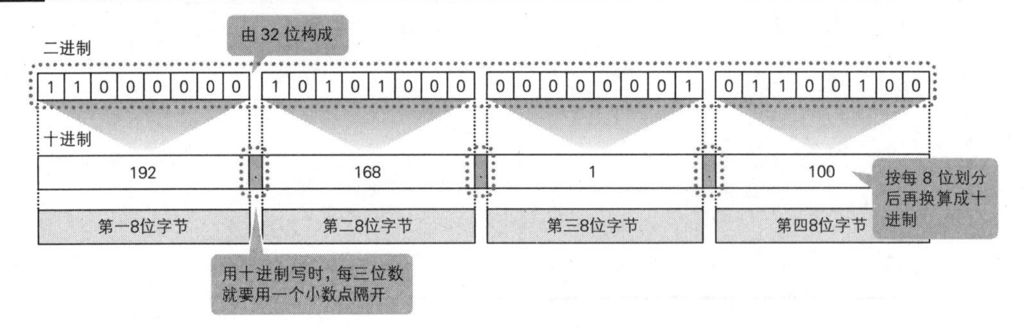

子网掩码是网络和主机的标记

IP 地址并非单独存在，而是与子网掩码相结合，共同发挥作用的。

图 2.2.10 IP 地址与子网掩码相结合网络部分和主机部分分隔开

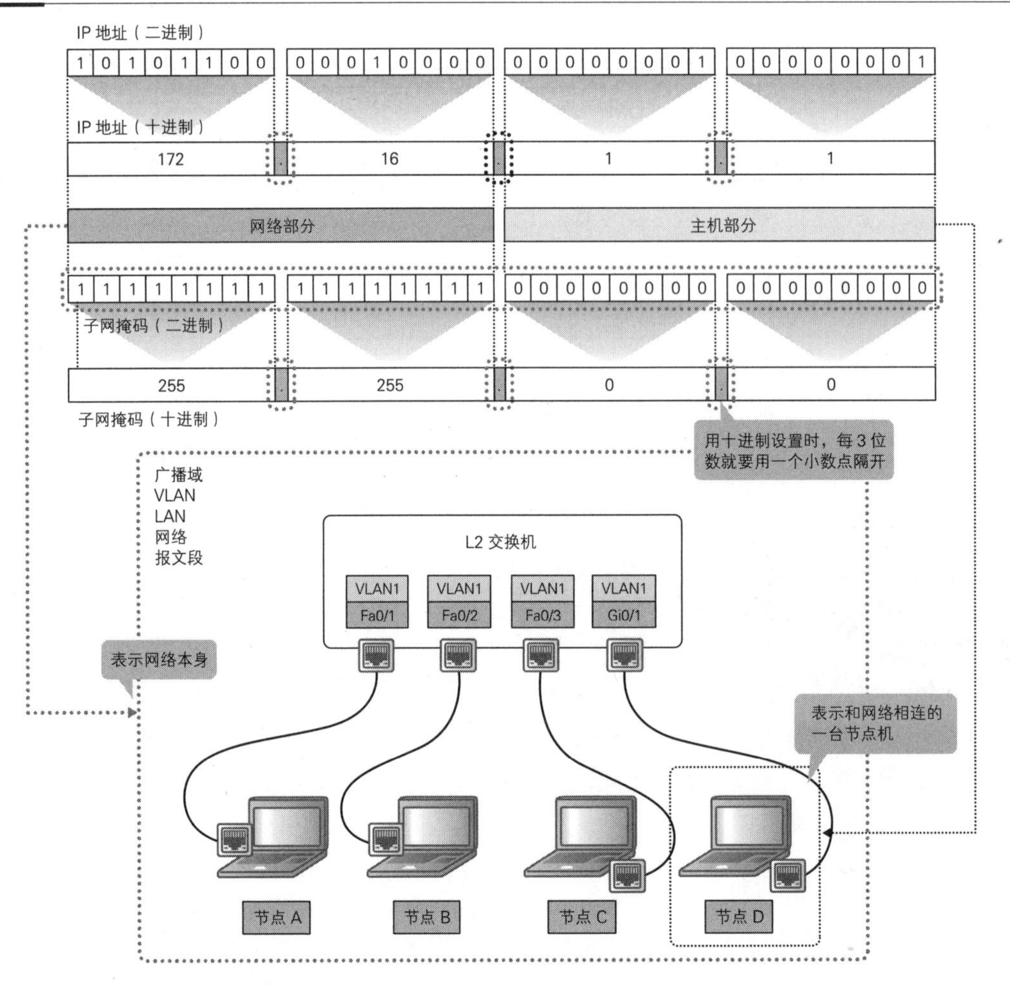

IP 地址可分为两个部分，一个是网络部分，另一个则是主机部分。网络部分表示网段本身，也就是说，它既是广播域也是 VLAN，同时还是报文段。主机部分则表示与该网段相连的节点。子网掩码就是将这两个部分分隔开的标记，子网掩码中的 1 代表网段地址，0 代表主机地址。和 IP 地址一样，设置子网掩码时每 3 位数（用二进制来表示的话是每 8 位数）就要用一个小数点隔开，最后分成 4 个部分并换算成十进制。举一个例子，假设针对 IP 地址 172.16.1.1 设置的子网掩码是 255.255.0.0，那么我们就能知道这是网络 176.16 的主机 1.1。

2.2.1.3　有些特殊的 IP 地址已被占用，因而无法使用

IP 地址的范围是 0.0.0.0～255.255.255.255，数量有 2 的 32 次方（大约 43 亿个）之多。那么，是不是网络中的所有 IP 地址都能够随心所欲地使用呢？并不一定。一个叫作 ICANN 的民间非营利性法人及其下属机构规定了如何使用 IP 地址。本书将按照“用途”“使用场所”“例外地址”3 种分类方式对 IP 地址的使用规则进行说明。

按用途分类

IP 地址按用途可以分为 A 类到 E 类的五大类。其中常用的是 A 类到 C 类，A 类到 C 类分配给网络中的节点，用于一对一的单播通信。粗略地说，这 3 类地址的区别在于网络规模不同。按照 A 类→ B 类→ C 类的顺序，网络规模依次变小。D 类和 E 类地址的用途很特殊，我们一般用不到。D 类用于向特定分组内的节点发送信息，即 IP 多播通信，E 类是着眼于未来预先保留的 IP 地址。

表 2.2.4　组织规模和所需 IP 地址数量决定了使用的 IP 地址种类

地址分类	用途	首位	起点地址	终点地址	网络部分	主机部分	最多可供分配的 IP 地址个数
A 类	单播（大规模）	0	0.0.0.0	127.255.255.255	8 位	24 位	16777214（$2^{24}-2$）
B 类	单播（中等规模）	10	128.0.0.0	191.255.255.255	16 位	16 位	65534（$2^{16}-2$）
C 类	单播（小规模）	110	192.0.0.0	223.255.255.255	24 位	8 位	254（$2^{8}-2$）
D 类	多播	1110	224.0.0.0	239.255.255.255	—	—	—
E 类	研究、系统占用	1111	240.0.0.0	255.255.255.255	—	—	—

以上 5 类 IP 地址仅靠前 4 位进行区分。正因如此，IP 地址的前 4 位决定了网络中可以使用的地址范围。例如，A 类地址的第一位是 0，剩余 31 位包括全 0 到全 1 之间的所有数字组合，因此 A 类 IP 地址的范围为 0.0.0.0～127.255.255.255。

图 2.2.11 地址分类由前 4 位决定

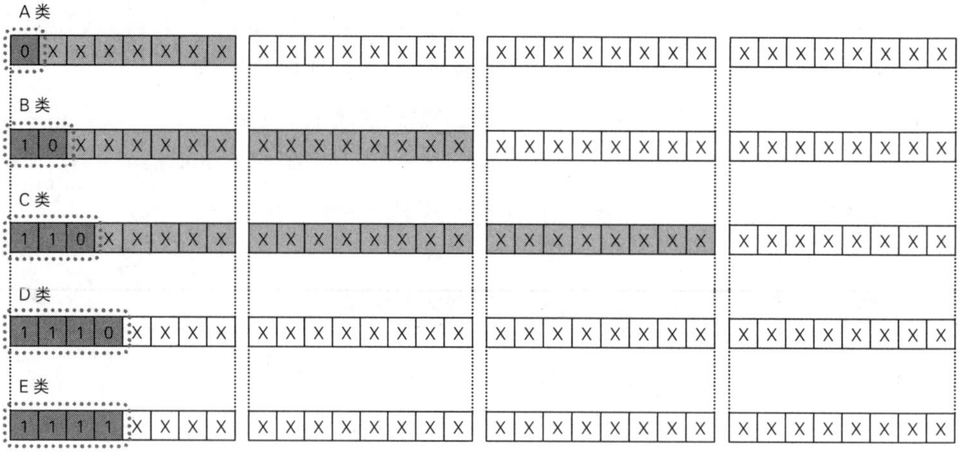

A类

0 X X X X X X X	X X X X X X X X	X X X X X X X X	X X X X X X X X

B类

1 0 X X X X X X	X X X X X X X X	X X X X X X X X	X X X X X X X X

C类

1 1 0 X X X X X	X X X X X X X X	X X X X X X X X	X X X X X X X X

D类

1 1 1 0 X X X X	X X X X X X X X	X X X X X X X X	X X X X X X X X

E类

1 1 1 1 X X X X	X X X X X X X X	X X X X X X X X	X X X X X X X X

分类地址简单易懂

按照地址分类分配和管理 IP 地址的方式叫作分类地址。分类地址以 IP 地址的每 8 位为单位（一个 8 位字节）设置子网掩码，其优点是简单易懂，方便使用。但另一方面，它的设置方式有些粗枝大叶，浪费较多。我们拿 A 类地址来做说明。A 类地址可以分配 1600 万余个 IP 地址。一家企业或组织真的需要这么多的 IP 地址吗？恐怕并不需要。分配完真正需要的 IP 地址之后，剩余的就只能闲置了，这是对资源的巨大浪费。为更加有效地使用数量有限的 IP 地址，人们提出了一个全新的概念叫作无分类地址。

无分类编址提高资源利用效率

不以 8 位字节为单位分配和管理 IP 地址的方式叫作无分类编址。无分类编址方式将分类地址分割成一种叫作子网的更小的地址单位，并以此去分配 IP 地址。无分类编址又称子网划分或 CIDR（Classless Inter-Domain Routing，无类别域间路由选择）。除了网络部分和主机部分之外，无分类编址中还有一个全新概念的子网部分，构成了新的网络部分。子网部分原是属于主机部分的，但现在人们利用它将地址分割成更小的单位。

下面我们以 192.168.1.0 为例，看看如何将原网络划分成若干个子网。192.168.1.1 是 C 等级地址，因此网络部分为 24 位，主机部分为 8 位。我们要在主机部分分出子网，给子网分配多少位取决于我们实际所需的 IP 地址数量和网络数量。假设需要 16 个子网，那么我们就应分配 4 位给子网以形成新的网络部分，这样才能分割出 16（2^4）个子网来。这样做的话，我们能得到 IP 地址为 192.168.1.0/28 ～ 192.168.1.240/28 范围内的 16 个子网，并且对每个子网都可以分配 14（2^4-2）个 IP 地址。

图 2.2.12　无分类编址将网络划分成若干个子网

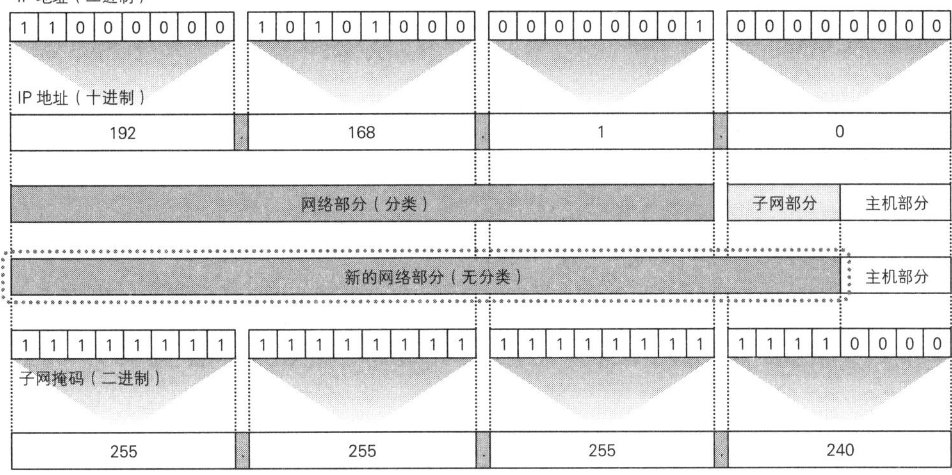

无分类编址能够有效利用数量有限的 IP 地址资源，是目前主流的地址分配方式。ICANN 采用的就是这种分配方式。但采用这种方式时，位计算很麻烦，容易算错、也容易忘记。尤其在设计网络时，由于子网掩码不止一个，算法会更加复杂。我设计时一般会整理出一张表用来随时参考。表 2.2.5 就是将 192.168.1.0/24 划分成 16 个子网时整理的示例。

表 2.2.5　将子网整理成表就一目了然了

<table>
<tr><th>十进制写法</th><th>255.255.255.0</th><th>255.255.255.128</th><th>255.255.255.192</th><th>255.255.255.224</th><th>255.255.255.240</th></tr>
<tr><th>斜线写法</th><td>/24</td><td>/25</td><td>/26</td><td>/27</td><td>/28</td></tr>
<tr><th>最大 IP 数</th><td>254（=256−2）</td><td>126（=128−2）</td><td>62（=64−2）</td><td>30（=32−2）</td><td>14（=16−2）</td></tr>
<tr><th rowspan="16">分配网络</th><td rowspan="16">192.168.1.0</td><td rowspan="8">192.168.1.0</td><td rowspan="4">192.168.1.0</td><td rowspan="2">192.168.1.0</td><td>192.168.1.0</td></tr>
<tr><td>192.168.1.16</td></tr>
<tr><td rowspan="2">192.168.1.32</td><td>192.168.1.32</td></tr>
<tr><td>192.168.1.48</td></tr>
<tr><td rowspan="4">192.168.1.64</td><td rowspan="2">192.168.1.64</td><td>192.168.1.64</td></tr>
<tr><td>192.168.1.80</td></tr>
<tr><td rowspan="2">192.168.1.96</td><td>192.168.1.96</td></tr>
<tr><td>192.168.1.112</td></tr>
<tr><td rowspan="8">192.168.1.128</td><td rowspan="4">192.168.1.128</td><td rowspan="2">192.168.1.128</td><td>192.168.1.128</td></tr>
<tr><td>192.168.1.144</td></tr>
<tr><td rowspan="2">192.168.1.160</td><td>192.168.1.160</td></tr>
<tr><td>192.168.1.176</td></tr>
<tr><td rowspan="4">192.168.1.192</td><td rowspan="2">192.168.1.192</td><td>192.168.1.192</td></tr>
<tr><td>192.168.1.208</td></tr>
<tr><td rowspan="2">192.168.1.224</td><td>192.168.1.224</td></tr>
<tr><td>192.168.1.240</td></tr>
</table>

按使用场所分类

接下来是按使用场所分类。这里说的使用场所不是物理空间上的概念，而是网络上的逻辑场所。因此，它们的区分并不是说室外使用这类 IP 地址，室内使用那类 IP 地址。按使用场所分类，可以将 IP 地址分为全球 IP 地址和私有 IP 地址。前者是互联网上独一无二的，后者则是企业或家庭等组织机构内部独一无二的。用电话来类比的话，全球 IP 地址相当于总机，而私有 IP 地址就相当于分机。

全球 IP 地址

全球 IP 地址由 ICANN 和其下属机构（RIR、NIR、LIR[①]）管理，不能随便使用。例如，日本的全球 IP 地址是由 JPNIC（Japan Network Information Center，日本网络信息中心）管理的。前面说的即将耗尽的 IP 地址就指的就是全球 IP 地址[②]。

图 2.2.13 ICANN 及其下属机构负责管理 IP 地址

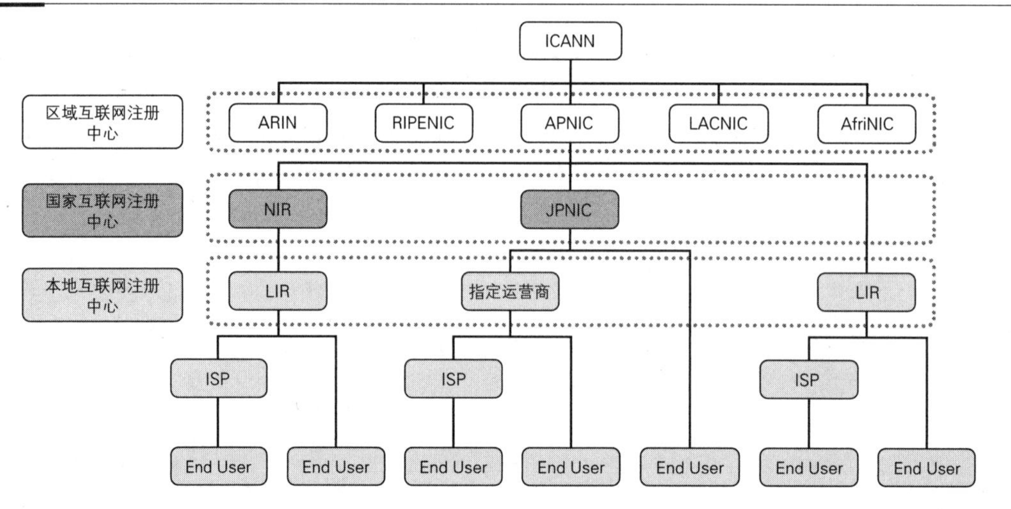

私有 IP 地址

私有 IP 地址可以在组织内部自由分配，其范围因地址分类而异[③]，具体如表 2.2.6 所示。如果你在家里使用宽带路由器，一般会将 IP 地址设置为 192.168.x.x。192.168.x.x 就是 C 类的私有

① RIR：区域互联网注册机构（Regional Internet Registry）。
NIR：国家互联网注册机构（National Internet Registry）。
LIR：地方互联网注册机构（Local Internet Registry）。

② 更具体地说是全球 IPv4 地址。

③ 2012 年 4 月，RFC 6589 标准将 100.64.0.0/10 定义为新的私有 IP 地址。100.64.0.0/10 是通信运营商进行大规模 NAT（Career-Grade NAT、CGNAT，运营商级 NAT）时分配给电信用户的专用私有 IP 地址。

IP 地址。私有 IP 地址仅在组织内部发挥作用，并不直接连接互联网。接入互联网时，需要将私有 IP 地址转换成全球 IP 地址，这种转换功能称作 NAT（Network Address Translation，网络地址转换）。如果你家里使用的是宽带路由器，它就能将源 IP 地址从私有 IP 地址转换成全球 IP 地址。关于 NAT 将在 2.2.3 节详细介绍。

表 2.2.6　每类地址都配备了私有 IP 地址

分类	起点 IP 地址	终点 IP 地址	子网掩码	可供分配的最大个数
A 类	10.0.0.0	10.255.255.255	255.0.0.0	16777214（$2^{24}-2$）
B 类	172.16.0.0	172.31.255.255	255.240.0.0	1048574（$2^{20}-2$）
C 类	192.168.0.0	192.168.255.255	255.255.0.0	65534（$2^{16}-2$）

图 2.2.14　组织内部分配的是私有 IP 地址

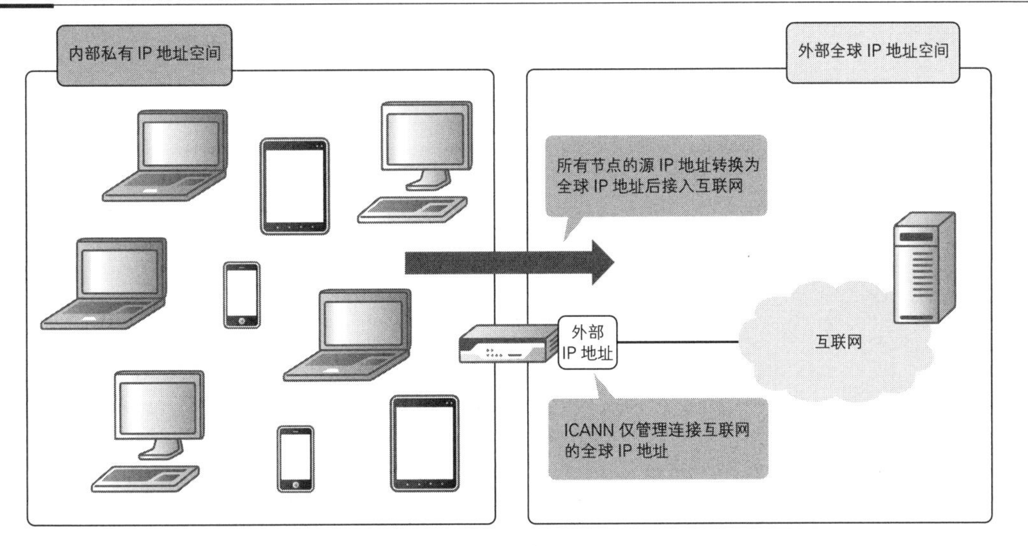

网络地址

网络地址是指主机部分的 IP 地址位都是 0 的 IP 地址，代表了网络本身。举一个例子，如果针对 IP 地址 192.168.100.1 设置的子网掩码是 255.255.255.0，那么 192.168.100.0 就是网络地址。

图 2.2.15 网络地址的主机部分都是 0

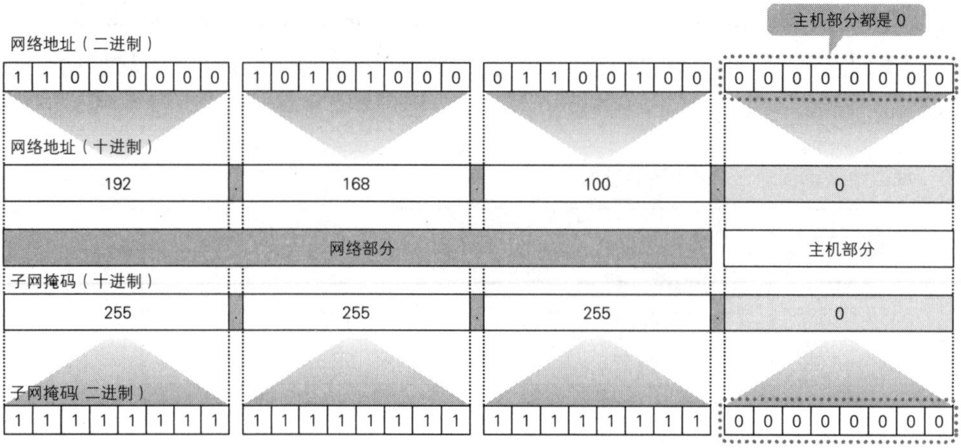

主机部分都是 0

网络地址（二进制）

1 1 0 0 0 0 0 0	1 0 1 0 1 0 0 0	0 1 1 0 0 1 0 0	0 0 0 0 0 0 0 0

网络地址（十进制）

192	168	100	0

网络部分			主机部分

子网掩码（十进制）

255	255	255	0

子网掩码（二进制）

1 1 1 1 1 1 1 1	1 1 1 1 1 1 1 1	1 1 1 1 1 1 1 1	0 0 0 0 0 0 0 0

顺便提一下，网络地址的最高形式是 IP 地址和子网掩码全由 0 构成，一般被叫作默认路由地址。默认路由地址代表所有的网络。

图 2.2.16 默认路由地址全部都是 0

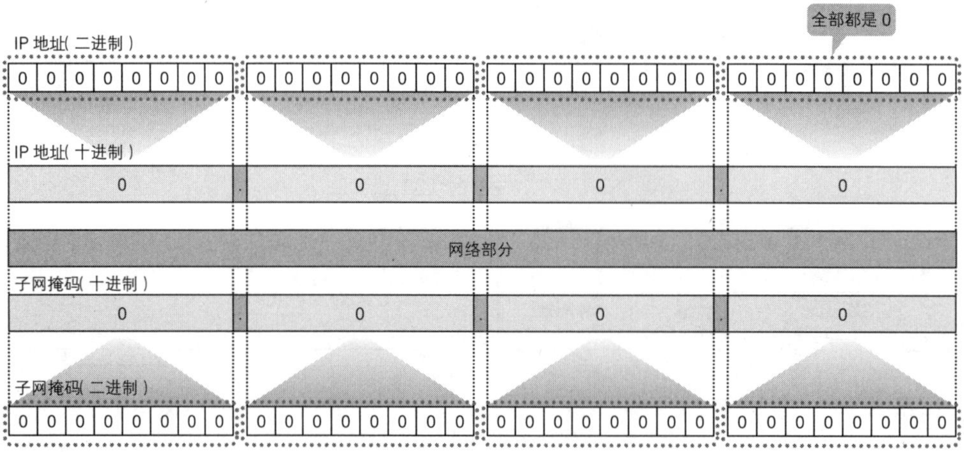

全部都是 0

IP 地址（二进制）

0 0 0 0 0 0 0 0	0 0 0 0 0 0 0 0	0 0 0 0 0 0 0 0	0 0 0 0 0 0 0 0

IP 地址（十进制）

0	0	0	0

网络部分

子网掩码（十进制）

0	0	0	0

子网掩码（二进制）

0 0 0 0 0 0 0 0	0 0 0 0 0 0 0 0	0 0 0 0 0 0 0 0	0 0 0 0 0 0 0 0

广播地址

广播地址是指主机部分的 IP 地址位都是 1 的 IP 地址，代表了同一网段中的所有节点。举一个例子，如果针对 IP 地址 192.168.1.1 设置的子网掩码是 255.255.255.0，那么 192.168.1.255 就是广播地址。

图 2.2.17 广播地址的主机部分都是 1

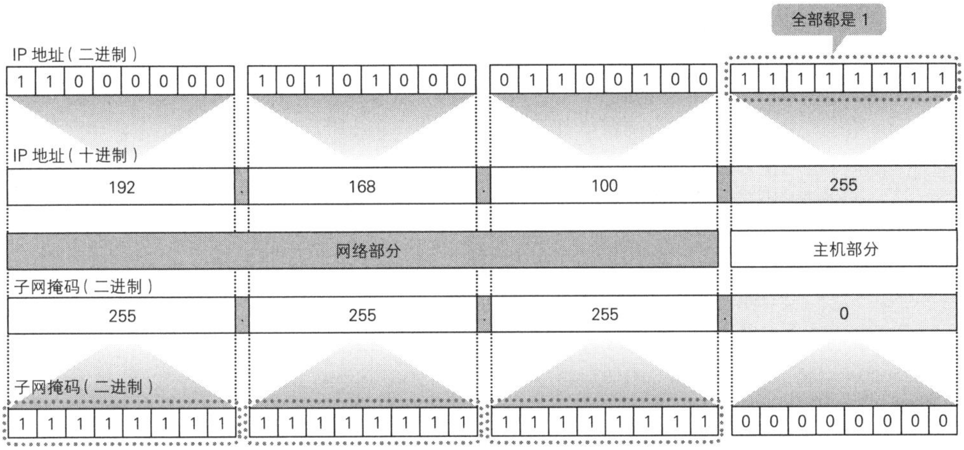

全部都是 1

IP 地址（二进制）

1 1 0 0 0 0 0 0 | 1 0 1 0 1 0 0 0 | 0 1 1 0 0 1 0 0 | 1 1 1 1 1 1 1 1

IP 地址（十进制）

192 . 168 . 100 . 255

网络部分 | 主机部分

子网掩码（二进制）

255 . 255 . 255 . 0

子网掩码（二进制）

1 1 1 1 1 1 1 1 | 1 1 1 1 1 1 1 1 | 1 1 1 1 1 1 1 1 | 0 0 0 0 0 0 0 0

广播地址有 3 种，分别为本地广播地址、直接广播地址和有限广播地址。

本地广播地址指本机所属网段的广播地址。由于 192.168.1.1/24 节点隶属于 192.168.1.0/24 网段，所以它的本地广播地址就是 192.168.1.255。向 192.168.1.255 发送报文时，同一网段中的所有节点都会收到该报文。

图 2.2.18 本地广播地址表示同一网段中的所有节点

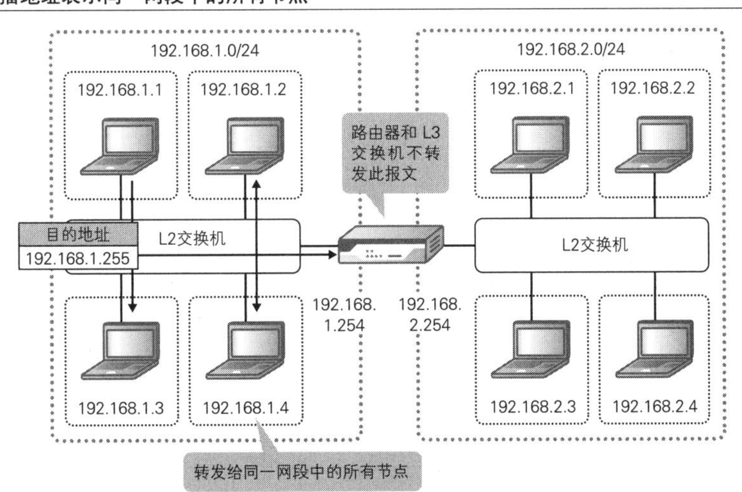

直接广播地址是指非本机所属网段的广播地址。由于 192.168.1.1/24 节点隶属于 192.168.1.0/24 网段，所以像 192.168.2.255、192.168.3.255 这样的地址就是非 192.168.1.255 的广播地址，也就是直接广播地址。直接广播用于远程开机，即 WoL（Wake-on-LAN，局域网唤醒）①。

① WoL 是一种通过网络远程启动 PC 或服务器的技术。它通过发送一个叫作 Magic Packet 的、由特定比特流构成的特殊报文实现开机。如果 PC 或服务器处于等待开机的状态，则无法知道它们的 IP 地址，所以要使用直接广播。

图 2.2.19 直接广播地址代表不同网段中的所有节点

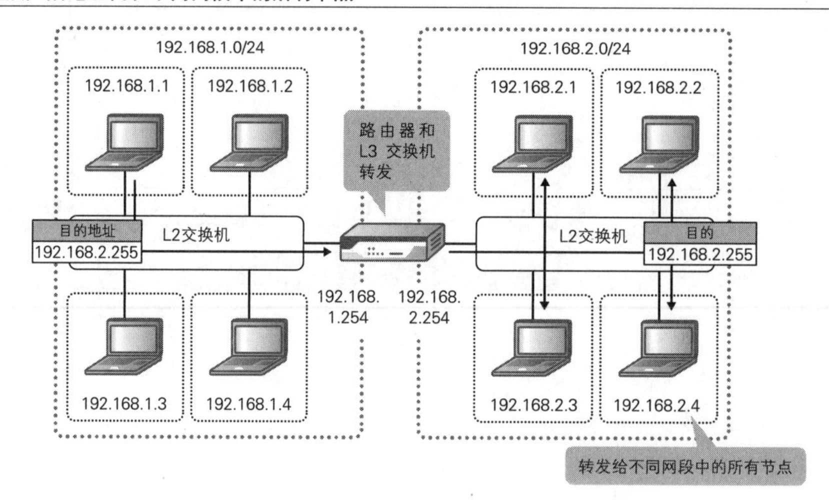

我们再来看看有限广播地址。有限广播地址只有一种，其 IP 地址为 255.255.255.255。向 255.255.255.255 发送报文时，同一网段中的所有节点都会收到该报文，这一点和本地广播地址一样。不过，有限广播地址用于不知道本机 IP 地址或网络的情况，也用于 DHCP 报文的发送。关于 DHCP 的内容将在 2.2.4 节中详细说明。

图 2.2.20 有限广播地址代表同一网段中的所有节点

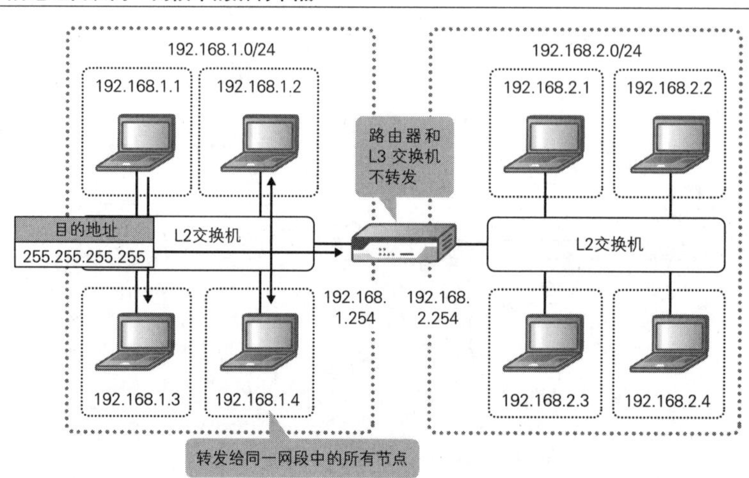

环回地址

环回地址表示设备本身的 IP 地址，它的第一 8 位字节是 127。只要第一 8 位字节是 127，后面无论是多少都没关系，但人们一般会使用 127.0.0.1/8。在 Windows 和 macOS 中，除了用户自己设置的之外，该 IP 地址都自动设为了 127.0.0.1/8。

图 2.2.21 环回地址代表设备本身的地址

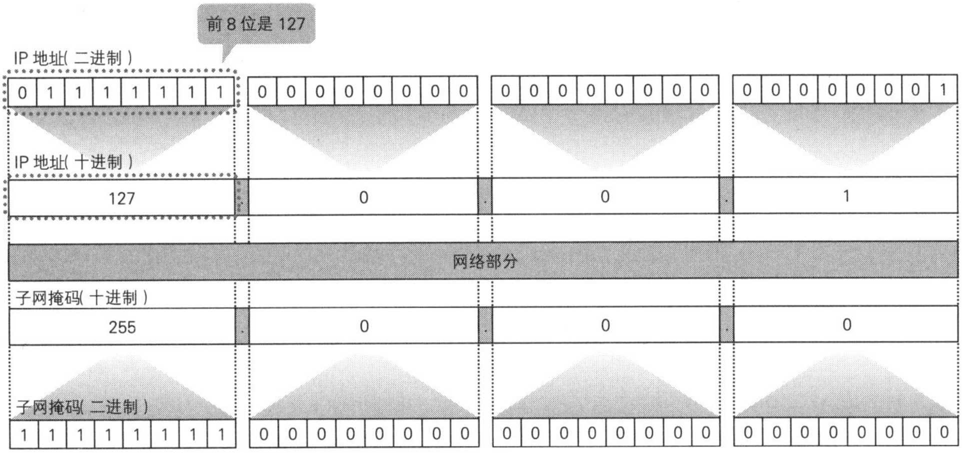

2.2.2 用路由器和 L3 交换机将网段连接起来

使用 IP 运作的设备有路由器和第三层交换机（下文统称为 L3 交换机）这两种。严格地说，两者是有区别的。但是在连接不同的以太网网段并传输 IP 报文这一点上，两者是完全相同的。如今，我们可以把 L3 交换机看作兼具 L2 交换机和路由器功能的设备。IP 报文通过多个路由器和 L3 交换机在世界各地的网站中“旅行”。服务器端常用的具有代表性的 L3 交换机是思科的 Catalyst 交换机（3850 系列、9300 系列）。此外，具有代表性的路由器是思科的 ISR 系列和雅马哈的 RTX 系列。

2.2.2.1 利用 IP 地址进行路由选择

L3 交换机和路由器通过查看“目的网段”字段（写入了目的 IP 地址）和“下一跳”字段 [写入了数据包转发目的地（相邻节点）的 IP 地址] 的信息切换 IP 数据包的转发目的地，提高通信效率。对数据包的转发目的地进行切换的过程叫作路由选择。管理“目的网段”和“下一跳”的数据表叫作路由表。路由选择是基于路由表进行的。

使用路由表进行路由选择

接下来，我们来看看路由器是如何进行路由选择的。假设节点 A（192.168.1.1/24）经过两台路由器，与节点 B（192.168.2.1/24）交换 IP 报文。这里为了单纯说明路由选择的过程，假设了一个前提，那就是所有设备已经事先知悉了相邻设备的 MAC 地址。

图 2.2.22 有助于说明路由选择的网络结构

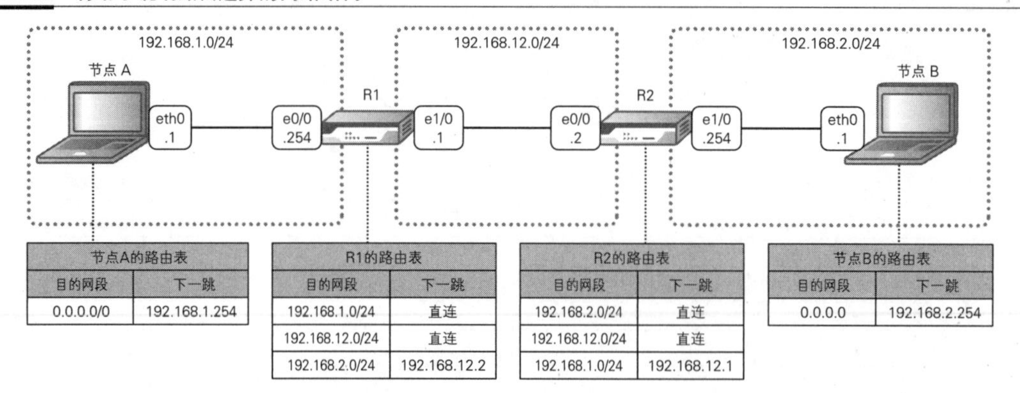

1 节点 A 生成 IP 数据包，封装成帧后传递给线缆，目的是发送给节点 B，这里还只是在进行单播发送。源 IP 地址是节点 A 的 IP 地址（192.168.1.1），目的 IP 地址是节点 B 的 IP 地址（192.168.2.1）。由于节点 A 无法和不同网段中的节点 B 直接通信，因此节点 A 会查看本机的路由表。

节点 A 通过查看路由表得知目的 IP 地址 192.168.2.1 与表示全部网络的默认路由地址 0.0.0.0/0 相匹配，于是将该数据包发给默认路由地址的下一跳 192.168.1.254。默认路由地址的下一跳又被称作默认网关。当一个节点想要访问世界各地不特定的多个网站时，首先会将 IP 数据包转发给默认网关。接下来，由默认网关查看本机的路由表进行路由选择。

图 2.2.23 首先将数据包发给默认网关

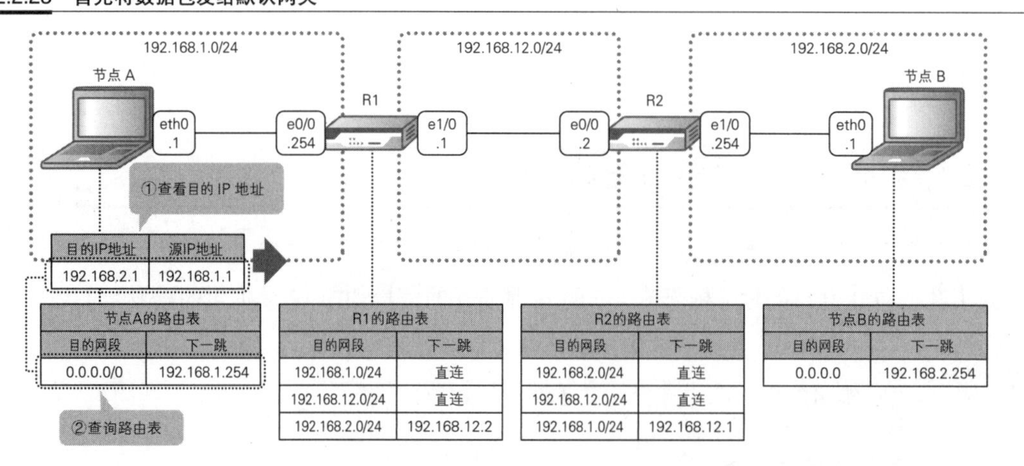

2 收到数据包后，R1 去查看其中的目的 IP 地址并在路由表中查找。收到的数据包的目的 IP 地址是 192.168.2.1，查找后发现路由表中有 192.168.2.0/24 项，它对应的下一跳是 192.168.12.2（R2 的 e0/0），于是数据包被发往 R2 的 e0/0。如果 R1 在路由表中找不到该目的网段，那么数据包就会被丢弃。

图 2.2.24 查看 R1 的路由表，找出应将数据包发往何处的信息

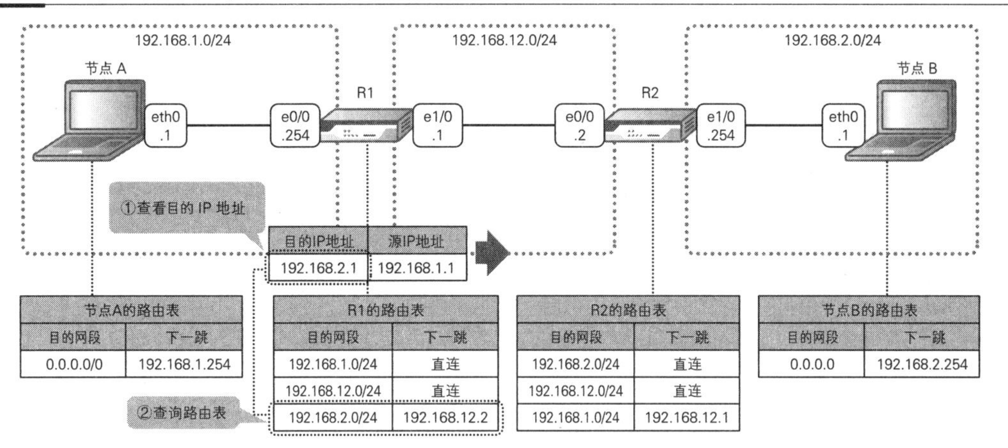

3 收到数据包后，R2 去查看其中的目的 IP 地址并在路由表中查找。收到的数据包的目的 IP 地址是 192.168.2.1，查找后发现路由表中有 192.168.2.0/24 项，它是直连的网络，也就是本机所属的网络，于是将数据包发给节点 B。

图 2.2.25 查看 R2 的路由表，找出应将数据包发往何处的信息

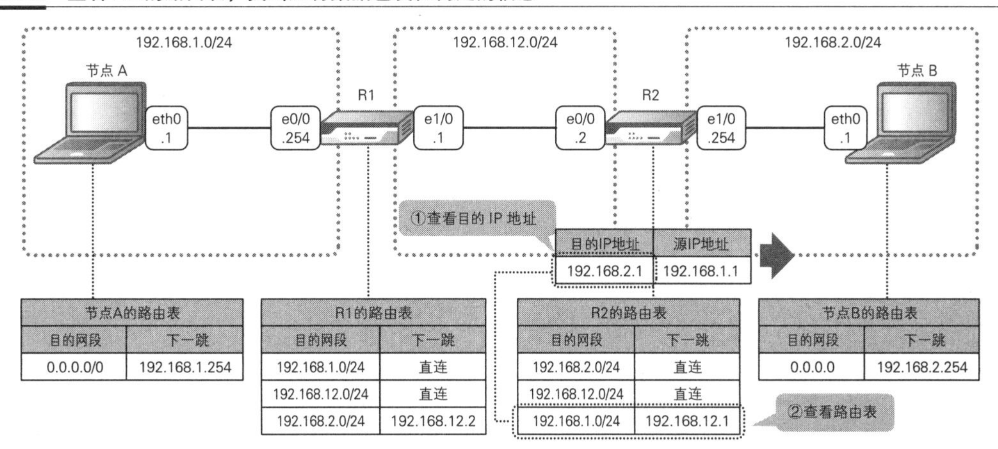

4 收到数据包后，节点 B 断定该数据包是发给自己的，于是生成一个回应数据包，封装成帧后传递给线缆，目的是发给节点 A。这时候，源 IP 地址是节点 B 的 IP 地址（192.168.2.1），目的 IP 地址是节点 A 的 IP 地址（192.168.1.1）。从节点 B 的角度来看节点 A 是不同网段中的节点，因此回应数据包将会被发给预先设置好的默认网关 R2 的 e1/0。

图 2.2.26 PC2 查看路由表，找出应将数据包发往何处的信息

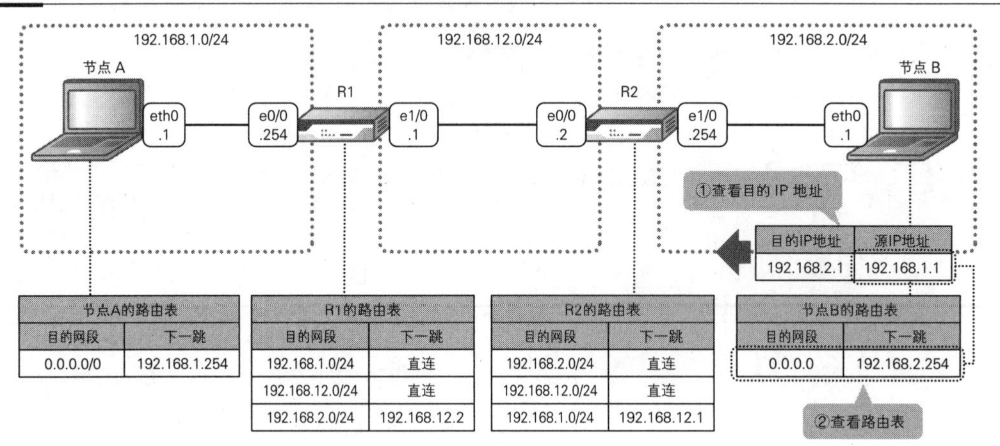

5 对于回应的数据包，R2 同样也会查看目的 IP 地址并在路由表中查找，然后转发给下一跳。在不断重复这些步骤的过程中最终将数据包发至节点 A，完成双向通信。

图 2.2.27 回应的数据包也会去查看路由表

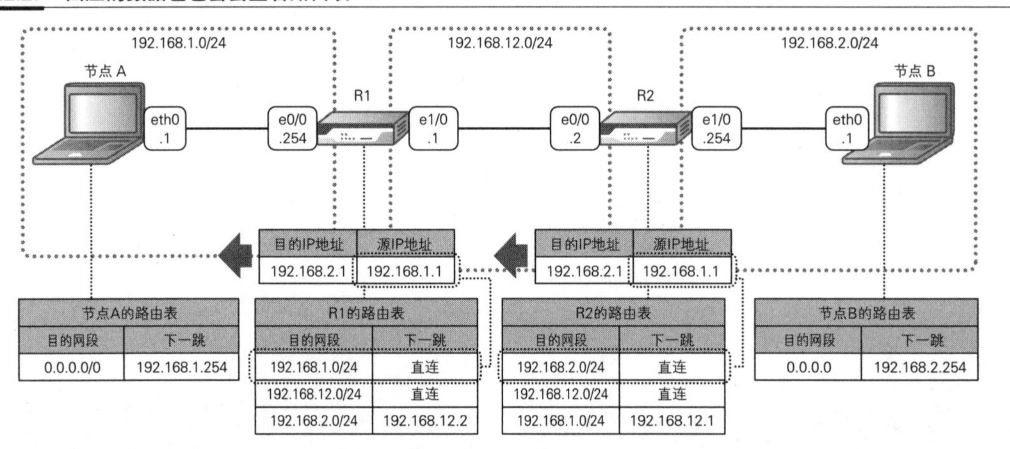

了解路由表的构造

下面，我们来看看节点 A（Windows OS）和 R1（思科路由器）的路由表。

图 2.2.28 方便了解路由表的通信结构示例

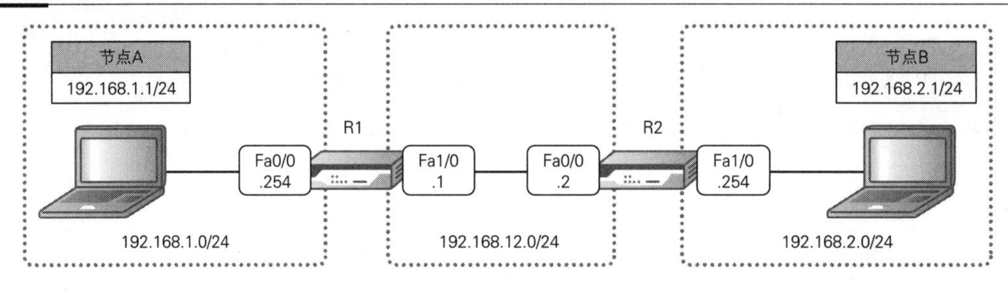

首先，我们来看看节点的路由表。Windows OS 可通过在命令提示符后输入 route print 命令并执行查询路由表（见图 2.2.29）。查询结果中各网络代表目的网段，网关就是下一跳。使用 route print 命令还可以确认广播地址和环回地址等系统占用的 IP 地址以及目的网段。

接下来，我们来看看 R1 的路由表。思科路由器可通过命令 show ip route 查询路由表（见图 2.2.30）。各网络代表目的网段，via 后面的 IP 地址就是下一跳的 IP 地址。

顺带也介绍一下其他几个要素。最前面的 1～2 个字母表示路由的学习方法，C 代表直连，O 代表已经通过动态路由选择 OSPF 学习过，110/20 分别代表 AD（Administrative Distance，管理距离）值和度量值，这几个将在 2.2.2.2 节中详细说明。最后还有一个接口 ID，它表示下一跳位于哪个接口。

图 2.2.29　节点的路由表

```
C:¥Windows¥system32>route print -4
===========================================================================
接口一览
  3...04 92 26 be a1 14 ......Intel(R) Ethernet Connection (2) I219-V
  5...00 ff 35 63 11 ca ......TAP-Windows Adapter V9 (for PixNSM)
  1...........................Software Loopback Interface 1
===========================================================================

IPv4 路由表
===========================================================================
活动路径：
    目的网段            子网掩码             网关            接口          度量值
        0.0.0.0            0.0.0.0    192.168.1.254    192.168.1.1       281
      127.0.0.0          255.0.0.0          on-link        127.0.0.1       331
      127.0.0.1    255.255.255.255          on-link        127.0.0.1       331
127.255.255.255    255.255.255.255          on-link        127.0.0.1       331
    192.168.1.0      255.255.255.0          on-link      192.168.1.1       281
    192.168.1.1    255.255.255.255          on-link      192.168.1.1       281
  192.168.1.255    255.255.255.255          on-link      192.168.1.1       281
      224.0.0.0          240.0.0.0          on-link        127.0.0.1       331
      224.0.0.0          240.0.0.0          on-link      192.168.1.1       281
255.255.255.255    255.255.255.255          on-link        127.0.0.1       331
255.255.255.255    255.255.255.255          on-link      192.168.1.1       281
===========================================================================

固定路径：
    目的网段            子网掩码             网关            度量值
        0.0.0.0            0.0.0.0    192.168.1.254          固定
===========================================================================
```

图 2.2.30　路由器的路由表

```
R1#show ip route
Codes: C - connected, S - static, R - RIP, M - mobile, B - BGP
       D - EIGRP, EX - EIGRP external, O - OSPF, IA - OSPF inter area
       N1 - OSPF NSSA external type 1, N2 - OSPF NSSA external type 2
       E1 - OSPF external type 1, E2 - OSPF external type 2
       i - IS-IS, su - IS-IS summary, L1 - IS-IS level-1, L2 - IS-IS level-2
       ia - IS-IS inter area, * - candidate default, U - per-user static route
       o - ODR, P - periodic downloaded static route

Gateway of last resort is not set

       1.0.0.0/24 is subnetted, 1 subnets
C         1.1.1.0 is directly connected, FastEthernet0/0
       2.0.0.0/24 is subnetted, 1 subnets
C         2.2.2.0 is directly connected, FastEthernet1/0
       3.0.0.0/24 is subnetted, 1 subnets
O         3.3.3.0 [110/2] via 2.2.2.2, 00:01:14, FastEthernet1/0
```

MAC 地址和 IP 地址是彼此协作、共同发挥作用的

MAC 地址和 IP 地址通过 ARP 彼此协作、共同发挥作用。MAC 地址是物理地址，仅在同一网段中有效，因此，每当需要跨越网段——也就是需要跨越路由器时——都必须更换 MAC 地址才行，ARP 能解决这个目的 MAC 地址的更换问题。与此相对，IP 地址是逻辑地址，能够跨网段使用，因此，从源节点到目的节点始终保持不变。

下图展示了这两个地址是如何彼此协作、共同发挥作用的。为了帮助大家理解，图中添加了目的 / 源 MAC 地址。

图 2.2.31 每跨一个网段 MAC 地址就要变换一次

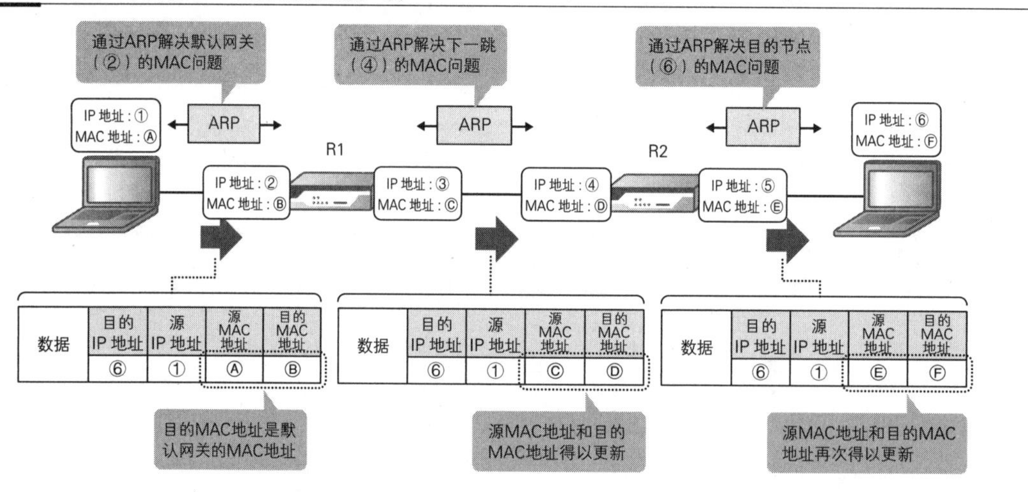

2.2.2.2 建立路由表

路由表决定着路由选择，而如何建立这个路由表就是网络层的关键所在。下面本书将为你介绍一些入门级别的内容。

路由表有两种建立方式，一种是静态路由选择，另一种是动态路由选择。

静态路由选择

静态路由选择是指手动建立路由表的方式，需要我们一个个地去设置目的网段和下一跳。这种方式容易理解也便于管理，所以比较适合小规模的网络环境，但由于需要逐一手动设置所有路由器的目的网段，所以并不适合大规模的网络环境。

以下图中的结构为例，在这种结构中，我们需要通过静态选路方式对 R1 和 R2 分别设置路由 192.168.2.0/24 和 192.168.1.0/24。如果使用的是思科路由器，用命令 ip route <network> <subnetmask> <next hop> 即可实现静态路由设置。

图 2.2.32 逐一手动设置路由

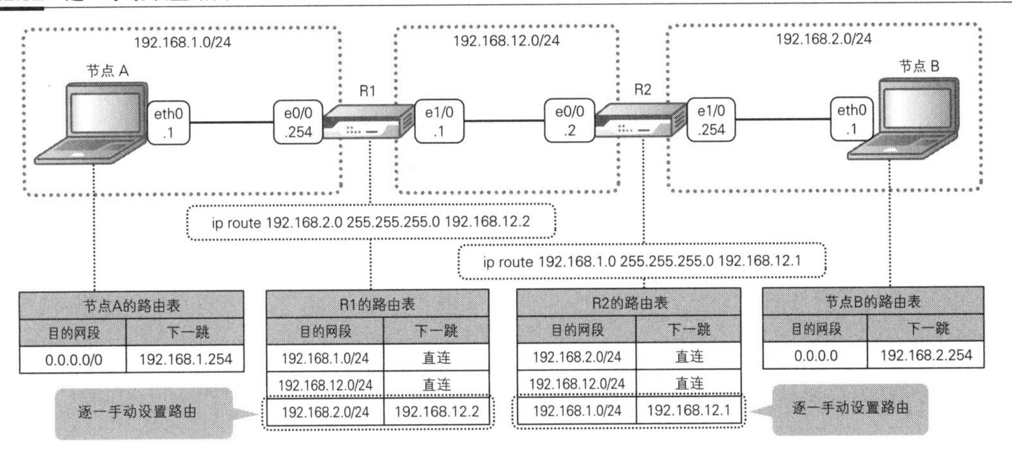

动态路由选择

动态路由选择是指相邻的路由器彼此交换路由信息，自动建立路由表的方式。交换路由信息的协议叫作路由协议。如果是网络环境规模较大或者环境结构容易发生变化的情况，使用动态路由选择比较合适。使用这种方式，即使在新增网段时也无须设置所有的路由器，管理起来非常轻松。而且，即使中途发生故障也能自动查找迂回路径，耐故障能力较强。

不过，动态路由选择并不是万能的。经验不足的管理人员在匆忙随意的设置中一旦出错，影响就会波及整个网络，造成不可收拾的后果。为了避免出现这样的局面，动手设置之前我们一定要认真仔细地做好设计。

下面，同样还是针对前面那个网络构造，我们来看看动态路由选择是如何运作的。如图 2.2.33 所示，R1 和 R2 彼此交换路由信息，将获得的信息添加到路由表中。

图 2.2.33 相邻设备彼此交换路由信息，自动建立路由表

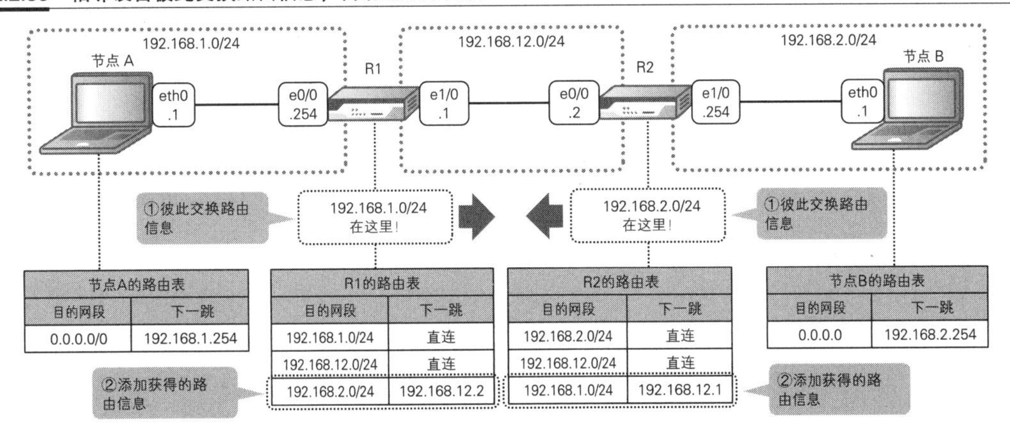

假设我们要在这个环境中增加新的网段。新的路由器一来，现有路由器就会和新路由器交换彼此的路由信息，路由表获得全面更新（自动完成）。采用动态路由选择方式时，路由器的设置将全部由路由协议代劳，我们无须逐一手动设置。网络上的路由器能够识别出所有路径的状态叫作收敛状态，为达到收敛状态所需的时间叫作收敛时间。

图 2.2.34 动态路由选择让网段的增加变得轻松简单

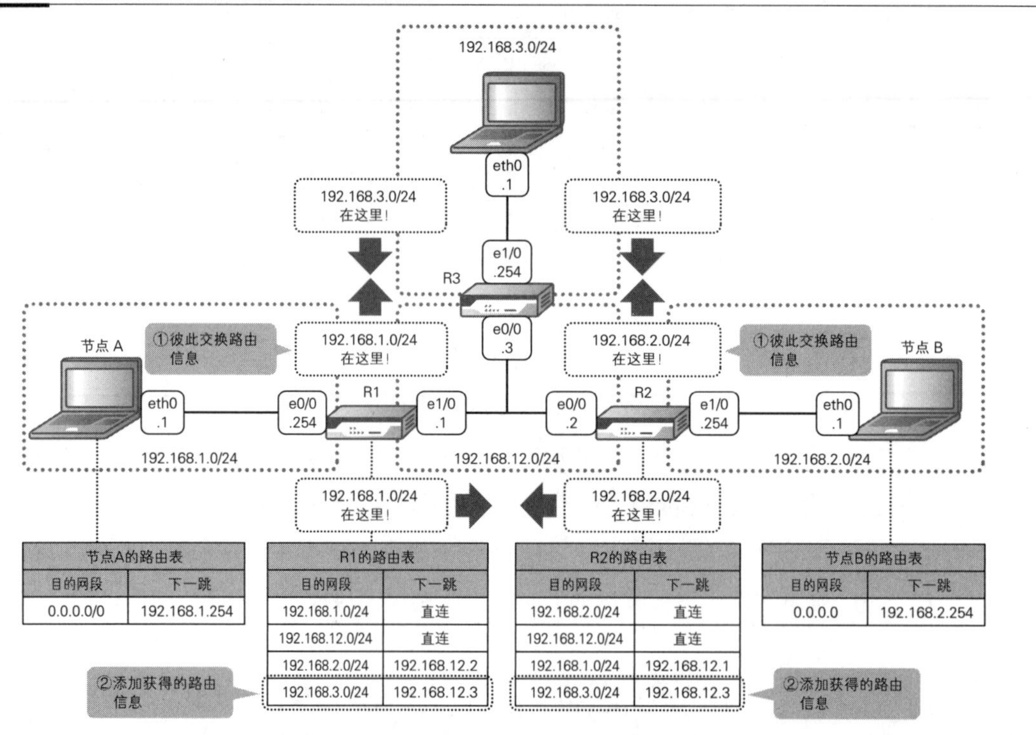

动态路由选择还有一个优点，那就是路由协议的耐故障能力较强。假设有多条路径可以抵达目的地址，其中某条路径发生了故障。这时候，动态路由选择能够自动更新路由表，让路由器互相通知路由表的更新情况，确保新的路径畅通无阻，这样我们就无须特意去设置迂回路径了。

图 2.2.35 正常情况下选用最佳路径

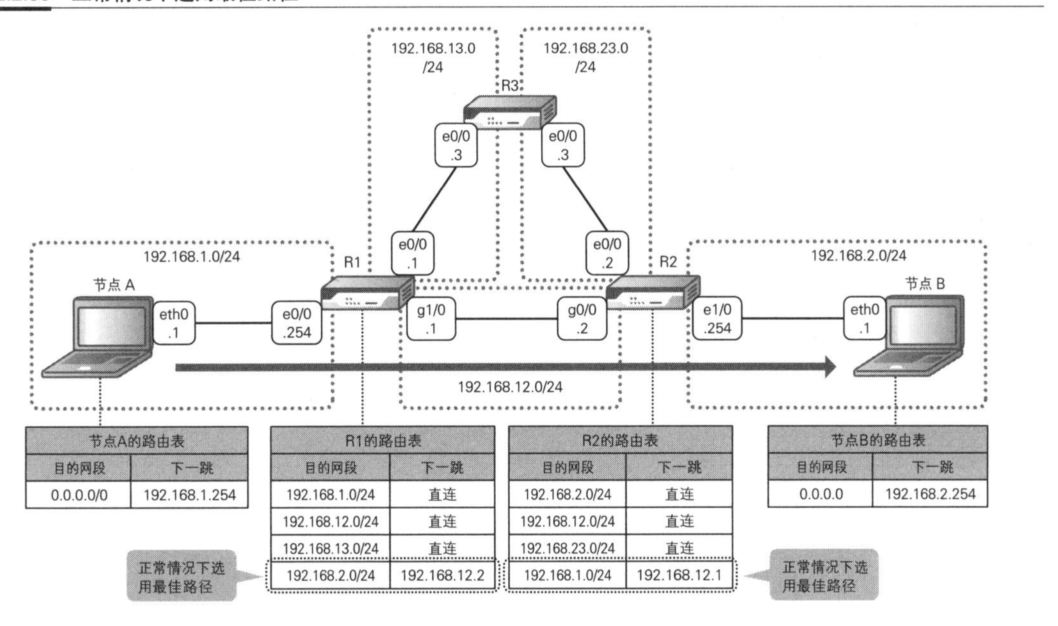

节点A的路由表	
目的网段	下一跳
0.0.0.0/0	192.168.1.254

R1的路由表	
目的网段	下一跳
192.168.1.0/24	直连
192.168.12.0/24	直连
192.168.13.0/24	直连
192.168.2.0/24	192.168.12.2

R2的路由表	
目的网段	下一跳
192.168.2.0/24	直连
192.168.12.0/24	直连
192.168.23.0/24	直连
192.168.1.0/24	192.168.12.1

节点B的路由表	
目的网段	下一跳
0.0.0.0	192.168.2.254

正常情况下选用最佳路径

正常情况下选用最佳路径

图 2.2.36 即使发生故障也能确保迂回路径畅通无阻

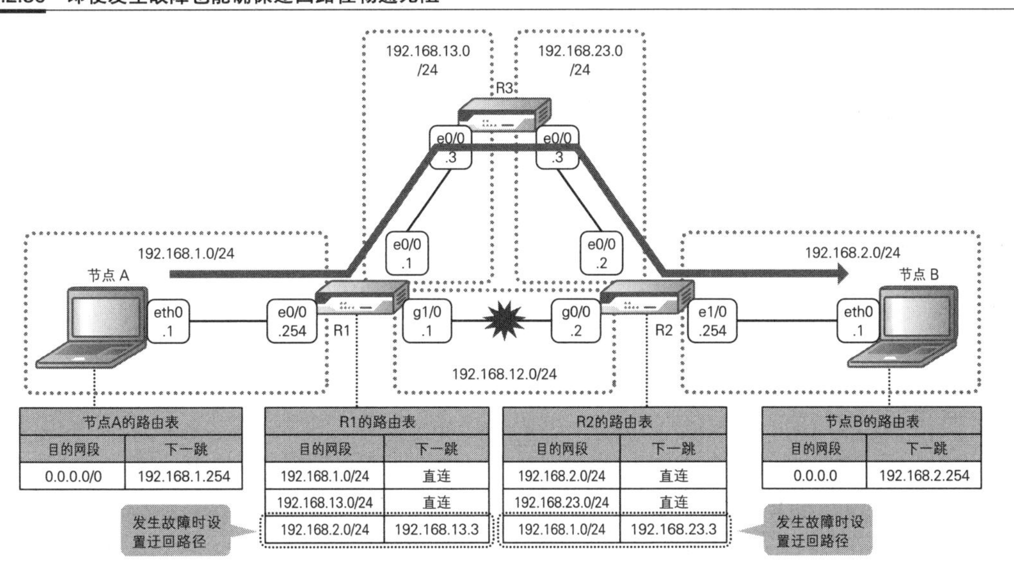

节点A的路由表	
目的网段	下一跳
0.0.0.0/0	192.168.1.254

R1的路由表	
目的网段	下一跳
192.168.1.0/24	直连
192.168.13.0/24	直连
192.168.2.0/24	192.168.13.3

R2的路由表	
目的网段	下一跳
192.168.2.0/24	直连
192.168.23.0/24	直连
192.168.1.0/24	192.168.23.3

节点B的路由表	
目的网段	下一跳
0.0.0.0	192.168.2.254

发生故障时设置迂回路径

发生故障时设置迂回路径

有两种路由协议

路由协议可根据控制范围分为 IGP（Interior Gateway Protocol，内部网关协议）和 EGP（Exterior Gateway Protocol，外部网关协议）两种。

将这两者区别开的概念叫作 AS（Autonomous System，自治系统），AS 是指在一个基本规则下管理的网络群组。听起来也许有点高深，但我们不必想得太复杂，将它理解为组织（ISP、企业、研究机构、网点）即可。IGP 是控制 AS 内部的路由协议，EGP 则是控制 AS 之间的路由协议。一般说来，IGP 使用 RIPv2（Routing Information Protocol version 2，路由信息协议第二版）、OSPF 和 EIGRP，EGP 则使用 BGP（Border Gateway Protocol，边界网关协议）。

图 2.2.37 根据控制范围可将路由协议分成两种

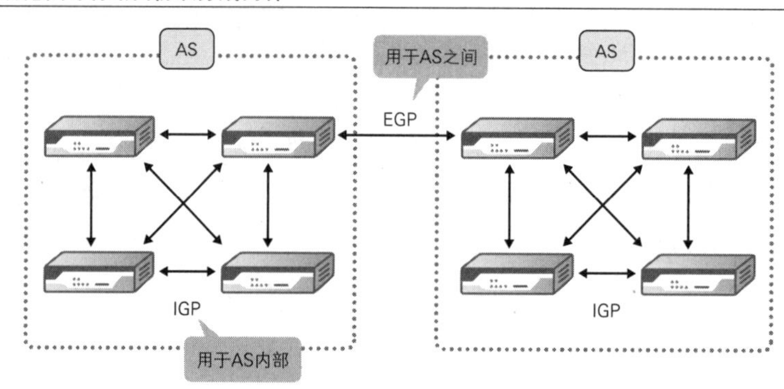

IGP 的两个要点是路由算法和度量值

IGP 是用于 AS 内部的路由协议，种类繁多，不过基本上我们可以认为当前网络环境中使用的协议是 RIPv2、OSPF 和 EIGRP 这三者当中的一个。在介绍它们时必须提到两个要点——路由算法和度量值。

路由算法

路由算法是表示如何建立路由表的一种规则。路由算法不同将直接影响到收敛时间和适用的网络规模。IGP 有两种路由算法，一种是距离向量型算法，另一种是链路状态型算法。

距离向量型算法根据距离和方向计算路由，这里所说的距离是指抵达目的网段所经过的路由器台数（跳跃计数），而方向是指输出接口。经过多少台路由器才能抵达目的网段就是最佳路径的判断标准。路由器彼此交换各自的路由表信息，以此来建立路由表。

链路状态型算法根据链路的状态计算最佳路径，路由器彼此交换各自的链路（接口）状态、带宽和 IP 地址等信息并建立起数据库，然后根据这些信息去建立路由表。

度量值

度量值表示到目的网段的距离，这里所说的距离并非物理距离，而是指逻辑距离。比如，我们和地球另一边进行通信时，度量值并不一定就很大。路由协议不同，逻辑距离的计算方法也就多种多样。

IGP 中的 RIPv2、OSPF 和 EIGRP 都要掌握

前面说过，当前网络环境中使用的路由协议无非是 RIPv2、OSPF、EIGRP 当中的某一个。我尚未听说除了这三者之外还有什么新的路由协议，可以说它们涵盖了 IGP 的全部。下面就结合路由算法和度量值分别说明这 3 个协议。

表 2.2.7 掌握好 RIPv2、OSPF 和 EIGRP，IGP 就没问题了

细分项目	RIPv2	OSPF	EIGRP
路由算法	距离向量型	链路状态型	距离向量型（混合型）
度量值	跳跃计数	开销	带宽 + 延时
更新周期	定期更新	有变化就更新	有变化就更新
更新时使用的多播地址	224.0.0.9	224.0.0.5（都是 OSPF 路由器） 224.0.0.6（都是 DR 路由器）	224.0.0.10
适用的网络规模	小规模	中到大规模	中到大规模

RIPv2

RIPv2 是距离向量型路由协议。这个协议最近已经很少见到了，但它依然存在于一些旧的环境，由它过渡到 OSPF 或 EIGRP 也是常有的事。不过，现在新建网络环境时选用 RIPv2 应该是不大可能的。RIPv2 通过彼此定期交换路由信息的方式建立路由表，原理很好理解。然而随着路由表条目的增多，这种方式会过度消耗带宽，收敛时间也较长，所以并不适合大规模的网络环境。

RIPv2 采用跳跃计数作为度量值，跳跃计数表示要经过多少台路由器才能抵达目的网段，经过的路由器越多，距离就越远。这个协议的原理也非常简单易懂，但是它的缺点很多，例如它会不顾带宽的实际情况来判断最佳路径。也就是说，即使有的路径带宽较小，该协议也会将跳跃计数最小的路径当成最佳路径。RIP 中当然也有更古老的 RIPv1，不过 RIP v1 只能用于分级地址，现在已经完全看不到了。

图 2.2.38　RIP 根据跳跃计数确定路径

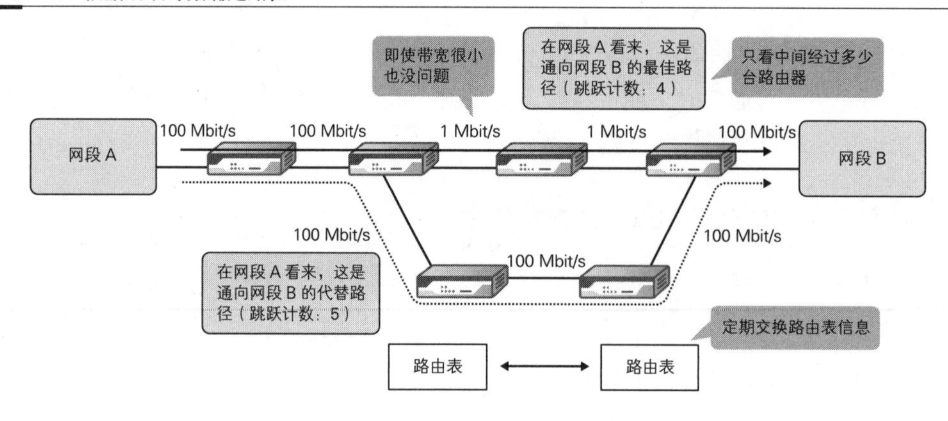

OSPF

OSPF 是链路状态型路由协议。它是一种经 RFC 标准化的路由协议，常常用于多厂商的网络环境。OSPF 下的路由器彼此交换各自的链路状态、带宽、IP 地址和网段等信息，建立链路状态数据库（LSDB）并通过相关数据计算最佳路由，然后建立起路由表。RIPv2 彼此定期交换路由表信息，而 OSPF 则只在发生变化时才去更新信息。除此之外，OSPF 在正常情况下只发送一个 Hello 小数据包，用来检查对方是否处于正常运作状态，因此不会过度占用带宽。OSPF 中有一个重要的概念叫作区域。为了防止汇集了各种信息的 LSDB 因信息过多而臃肿膨胀，网络被分成了好几个区域，只有同一区域中的路由器能够共享 LSDB。

图 2.2.39　OSPF 根据开销决定路径

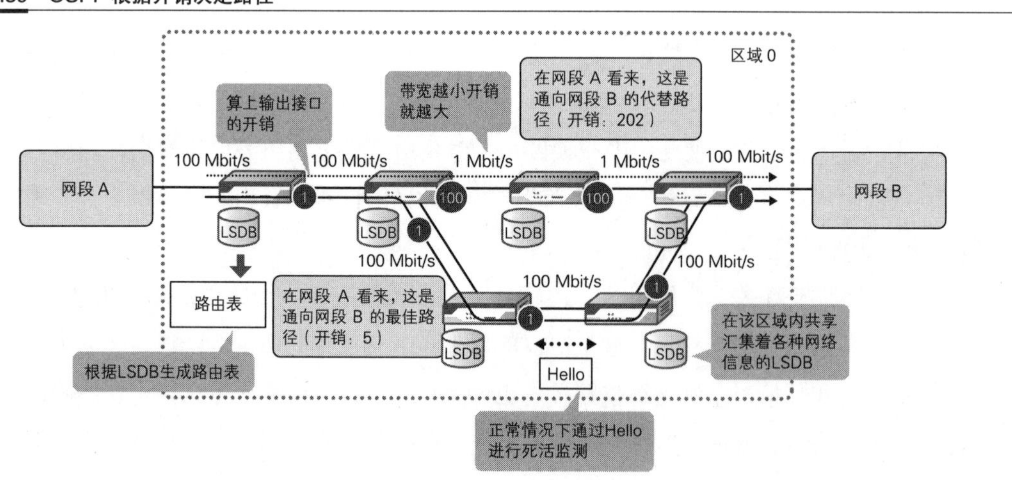

OSPF 采用开销作为度量值。开销在默认情况下使用“100/ 带宽（Mbit/s）①”的公式来计算。

① 开销最终只取整数值，这样会导致该数值在所有超过 100Mbit/s 的接口中完全相同。为避免发生此问题，最近人们通常将计算公式中的分子 100 修改为更大的数值。

计算结果取整数值。每跨一个路由器就会多算一个输出接口。因此，路由器的带宽越大就越容易成为最短路径。如果学习的路径开销完全相同，则选用开销相同的所有路径去传输数据包以分散负荷，这种情况叫作 ECMP（Equal Cost Multi-Path，等价多路径）。ECMP 不仅提高了网络的耐故障能力，还兼具扩展带宽的功能，因此它被用于很多的网络环境中。

EIGRP

EIGRP 是距离向量型路由协议的加强版，是思科公司特有的一个路由协议，只能在由思科路由器和 Catalyst 交换机构成的网络环境中使用。只要具备相应的环境，该协议就能发挥巨大作用。EIGRP 结合了 RIPv2 和 OSPF 各自的优点。它先是交换彼此的路由信息，各自建立拓扑表，然后从中抽取最佳路径的信息建立起路由表。这部分和 RIPv2 有点儿相似，不过 EIGRP 只在发生变化时才去更新路由表。此外，EIGRP 在正常情况下只会发送一个 Hello 小数据包，用来检查对方是否处于正常运作状态，这部分又和 OSPF 相似。

EIGRP 默认采用带宽和延时作为度量值。带宽用“10000/ 最小带宽（Mbit/s）”的公式计算，最小带宽为通往目的网段的路径中带宽的最小值。延时用“微秒 /10”的公式计算，每跨一个路由器就会多算一个输出接口。将这两个数字的和乘以 256 得出的数值就是 EIGRP 的度量值。EIGRP 的默认设置也是 EIGRP。如果几个路径的度量值完全相同，则选中所有这些路径去传输数据包，进行负载均衡。

图 2.2.40 EIGRP 根据带宽和延时决定路径

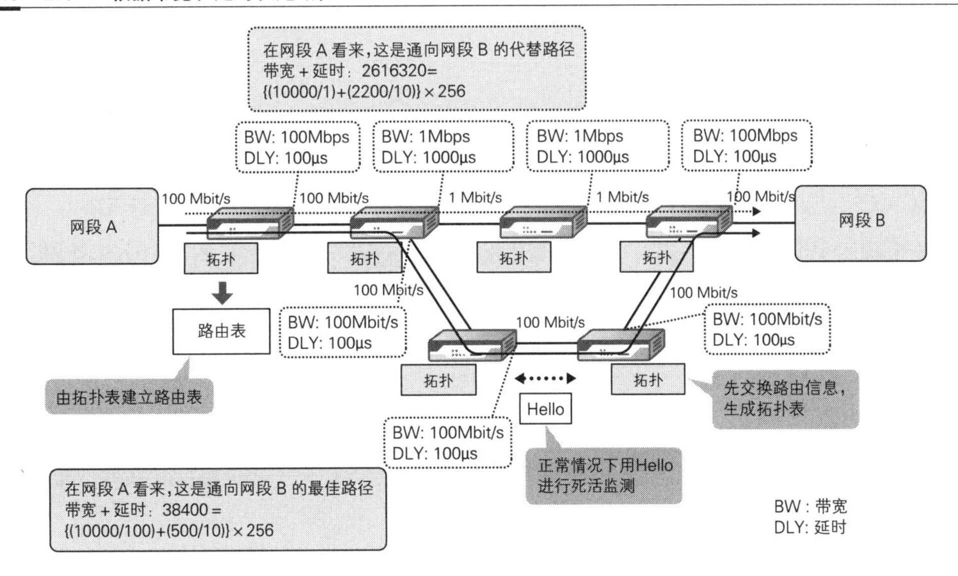

EGP 中只需掌握 BGP 即可

EGP 是用于 AS 之间的路由协议[①]。前面讲过 IGP 需要掌握 RIP、EIGRP 和 OSPF 这 3 种类型，EGP 却只有 BGP 这一种类型。现在使用的 BGP 是第四版，因此又被称作 BGP4 或 BGPv4，实际意思都是一样的。

BGP 的 3 个要点是 AS 号码、路由算法和最佳路由选择算法。

AS 号码

互联网是通过 BGP 对等体将全球的 AS 连接在一起的。互联网中的路由器通过 BGP 交换彼此的信息，并建立全球路由信息。这条全球路由信息叫作完全路由。互联网上的数据包则像完成接力赛一样，按照完全路由被转发至目的节点。

区分不同 AS 的号码叫作 AS 号码。AS 号码的范围是 0 ～ 65535，其中 0 和 65535 被系统占用无法使用。1 ～ 65534 可按用途区分使用。

表 2.2.8　AS 号码

AS 号码	用　途
0	系统占用号码
1～64511	全球 AS 号码
64512～65534	私有 AS 号码
65535	系统占用号码

全球 AS 号码在互联网中是独一无二的。它与全球 IP 地址一样，由 ICANN 和其下属机构（RIR、NIR、LIR）进行管理。全球 AS 号码通常被分配给 ISP、数据中心运营商或通信运营商使用。顺带说一句，日本的 AS 号码由 JPNIC 管理。

私有 AS 号码是可以在组织内部自由使用的号码。人们在架构服务器端网络时，通常使用私有 AS 号码。一般情况是 ISP 为服务器端分配一个 ISP 内部独一无二的私有 AS 号码，服务器端的 CE（Customer Edge，客户边缘）交换机和 PE（Provider Edge，供应商边缘）路由器构成 BGP 对等体。服务器端 BGP 将在 2.3.3.2 节中详细说明。

路由算法

BGP 是路径向量型协议，根据路径和方向计算路由。这里所说的路径表示抵达目的网段所经过的 AS 数，方向则表示 BGP 对等体。经过多少 AS 才能抵达目的网段是最佳路径的判断标准之一，BGP 对等体指的是和本机交换路径信息的对象。BGP 指定了对等体后，建立一对一的

① BGP 也可用于 AS 内部，用于 AS 内部的 BGP 叫作 iBGP，用于 AS 之间的 BGP 叫作 eBGP。

TCP 连接并在其中交换路径信息。和 BGP 对等体交换路由信息之后建立 BGP 表，根据一定的规则（最佳路由选择算法）选择最佳路径。接下来，只把最佳路径添加到路由表中去，同时传播给 BGP 对等体。BGP 和 OSPF、EIGRP 一样，仅在发生变化时才去更新路由表（通过 UPDATE 消息更新）。另外，它在正常情况下通过 KEEPALIVE 消息判断对方是否处于正常运作状态。

图 2.2.41 BGP 默认根据经过的 AS 数量决定路径

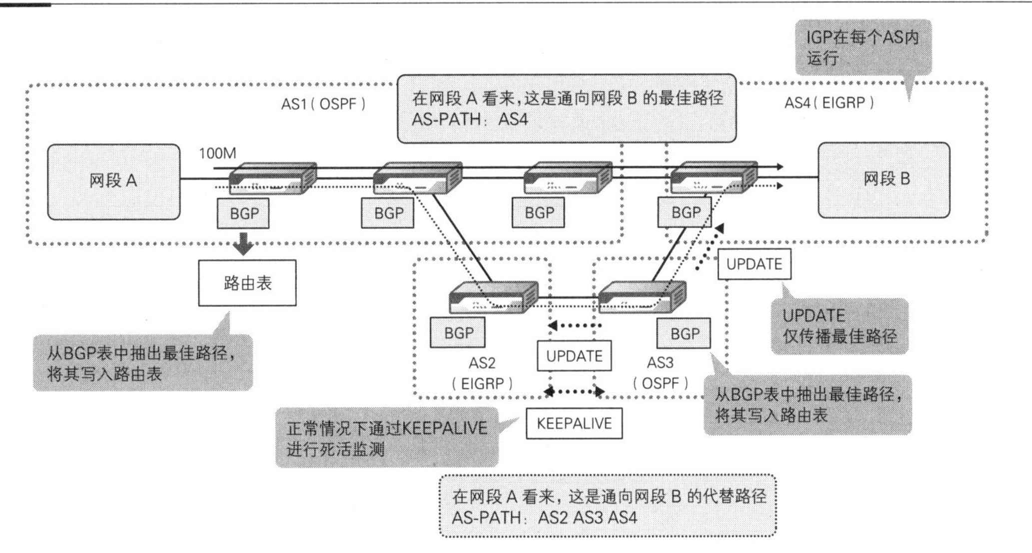

最佳路由选择算法

最佳路由选择算法是一种规则，用来判断哪条路径是最佳路径。互联网通过 BGP 将全世界所有的 AS 连接成网状，这样的范围必然会牵涉到国家、政治和金钱。为了灵活应对各种情况，BGP 中配置了多种路由控制功能。BGP 的路由控制是通过属性来实现的。UPDATE 消息中含有 NEXT_HOP、LOCAL_PREF 等各种属性，这些属性都会写入 BGP 表。然后，根据最佳路由选择算法选出最佳路径。如图 2.2.42 所示，按从上至下的顺序进行比较和淘汰，一旦出局就不再入选。最后，将选出的最佳路径添加到路由表中去，同时传播给 BGP 对等体。

图 2.2.42 根据最佳路由选择算法不断优胜劣汰

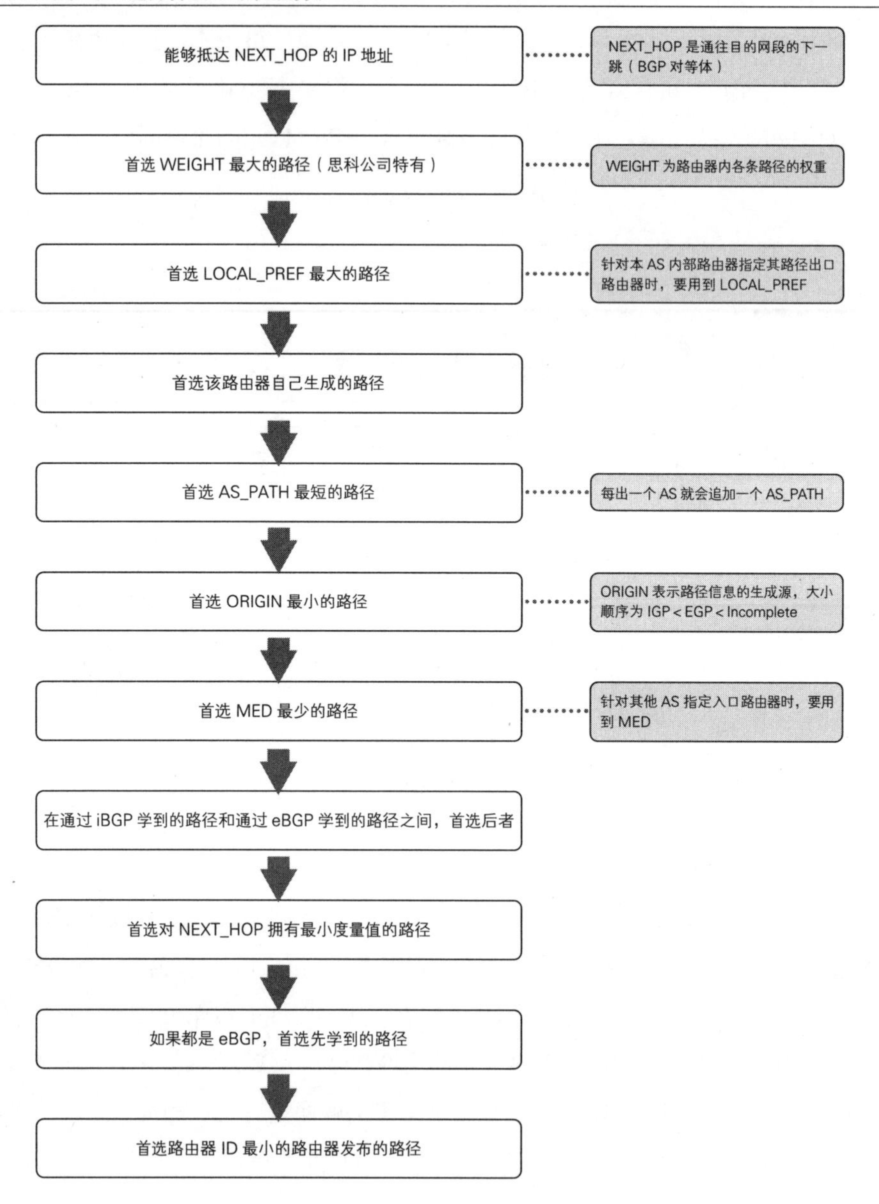

图 2.2.43 从 BGP 表中选择最佳路径

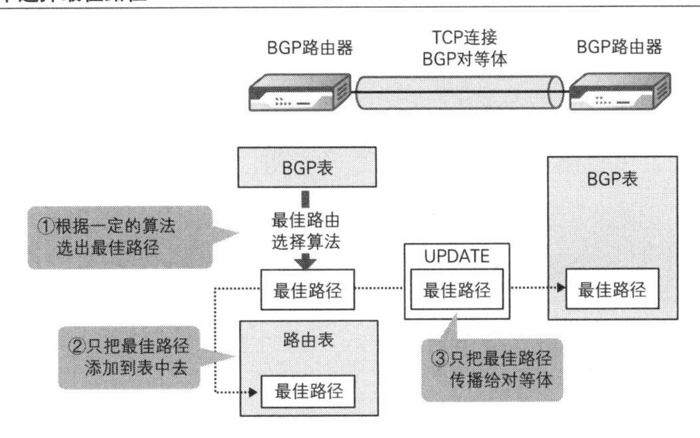

“再发布”让我们能够同时使用多种路由协议

前面对 RIPv2、OSPF、EIGRP 和 BGP 一一进行了说明。这 4 种协议各自使用不同的路由算法和度量值，处理过程也各不相同，不能互相兼容。那么，架构网络时使用一个统一的路由协议，整体上也比较清晰岂不是更好？然而现实却没有那么简单。公司可能会合并或分化，现有设备可能并不支持指定的路由协议，各种特殊情况夹杂交织，常常使我们不得不同时使用多种路由协议。这时候，我们需要将它们转换一下形式，使它们能够彼此协作。这个转换作业叫作再发布，也有人称之为重分发（redistribution），叫法和写法因人而异，但都是同一个意思。

图 2.2.44 再发布使多种路由协议能够同时使用

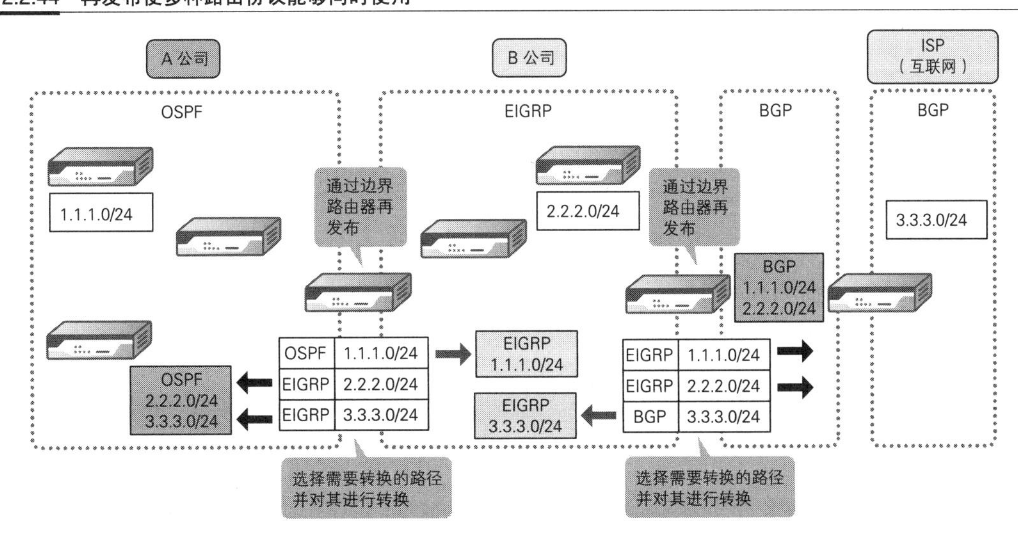

再发布需要在边界路由器中设置。边界路由器是连接不同路由协议的路由器，它会选出路由表中通过路由协议学到的、需要转换的路由条目，将其转换之后传播给对等体。

2.2.2.3 整理路由表

前面着重讲解了如何建立路由表，接下来我们看看如何使用建好之后的路由表。建好之后的路由表有3个要点，分别为最长匹配原则、路由汇总和AD值。

优先选择更加细长的路径（最长匹配原则）

最长匹配原则是关于路由表中路由匹配的一条规则，即当有多条能到达目的IP地址的路径时，它会选择子网掩码最长的那条路径。我们知道，路由器收到IP数据包之后会去查看数据包的目的IP地址。在最长匹配原则下，路由器对IP地址的查看会精确到路径条目中子网掩码的位，以此来选出最符合条件的路径，也就是子网掩码最长的那条路径，然后将数据包转发给下一跳。

图 2.2.45 路由器对子网掩码的查看精确到位，以此来选出最符合条件的路径

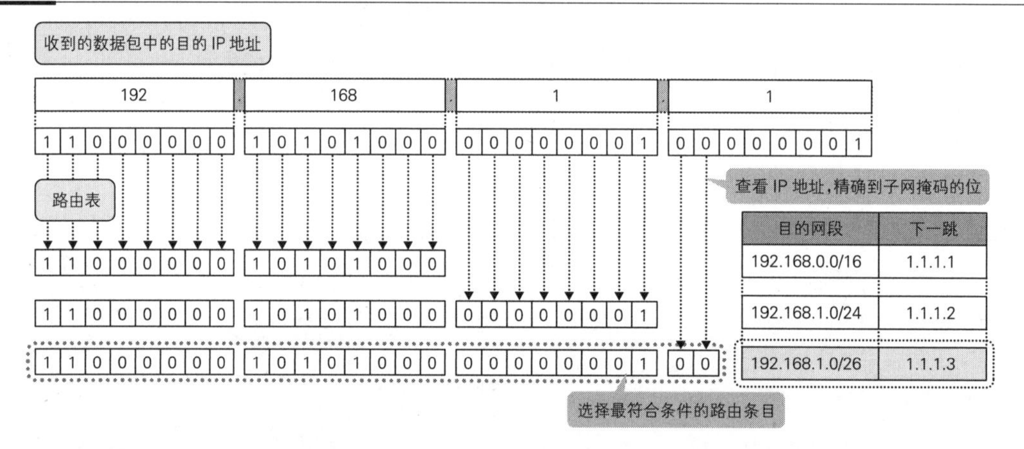

我们以实际的网络环境为例。假设某路由器拥有3条路径，分别是192.168.0.0/16、192.168.1.0/24和192.168.1.0/26，而这台路由器收到了一个目的IP地址为192.168.1.1的IP数据包，于是每条路径都符合192.168.1.1这个条件，这时候就可以用到最长匹配原则。路由器会选择子网掩码最长的路径192.168.1.0/26，将数据包转发给1.1.1.3。

图 2.2.46 选择子网掩码最长的条目

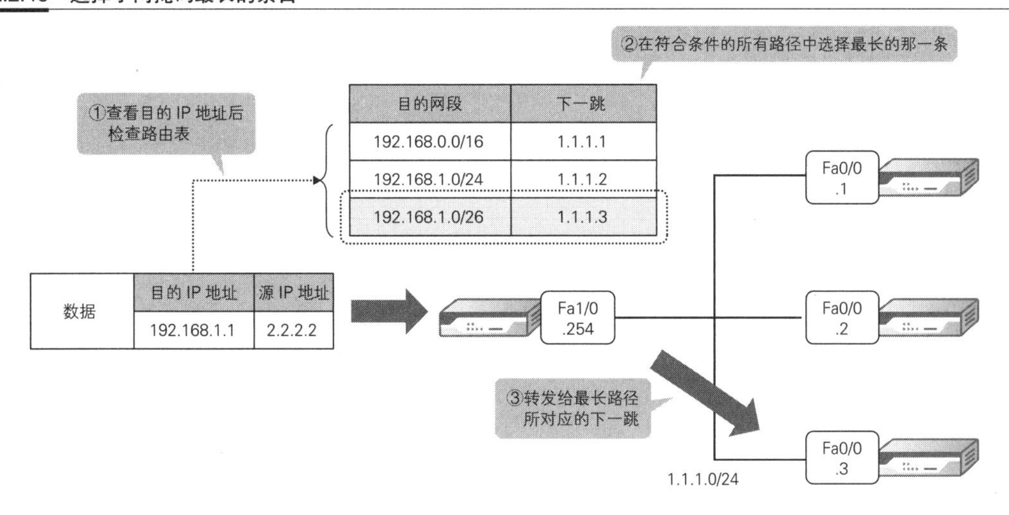

“路由汇总”将多条路径汇集起来

将多条路径汇集起来的做法叫作路由汇总。路由器收到 IP 数据包后会对路由表逐条查询，随着条目的增多，作业负荷会越来越大，这是一个足以“致命”的弱点。为了提高使用效率，现代网络大都采用通过无分类编址划分子网的结构，而子网划分又意味着作业负荷将会随着路径的增加而增加。路由汇总就是在这样的背景下出现的，它将下一跳相同的所有路径汇集起来以减少路径的数量，进而减少路由器的作业负荷。

路由汇总的方法非常简单。它将下一跳相同的所有路径的网络地址转换成位，再将共同的位转移到子网掩码中去。举一个例子，假设某台路由器拥有表 2.2.9 所示的几条路径，在这种状态（路由汇总前）下收到 IP 数据包的话，路由器至少要对路由表查询 4 次。

表 2.2.9 路由汇总之前的路径

目的网段	下一跳
192.168.0.0/24	1.1.1.1
192.168.1.0/24	1.1.1.1
192.168.2.0/24	1.1.1.1
192.168.3.0/24	1.1.1.1

我们来对表内的路径做一下路由汇总。表 2.2.9 所示的目的网段转换成位之后的结果如图 2.2.47 所示，前 22 位的位数组都是一样的，因此可以把它们汇总到 192.168.0.0/22 中去。这样，当路由器收到 IP 数据包时只需查询一次路由表就可以了。也许你会觉得不过是把 4 次降到了一次而已，没什么大不了的，但是积少成多、聚沙成塔，实际上有可能是几十万条路径都汇总成

一条，变化之大，令人咂舌。

图 2.2.47　通过共同的位实现路由汇总

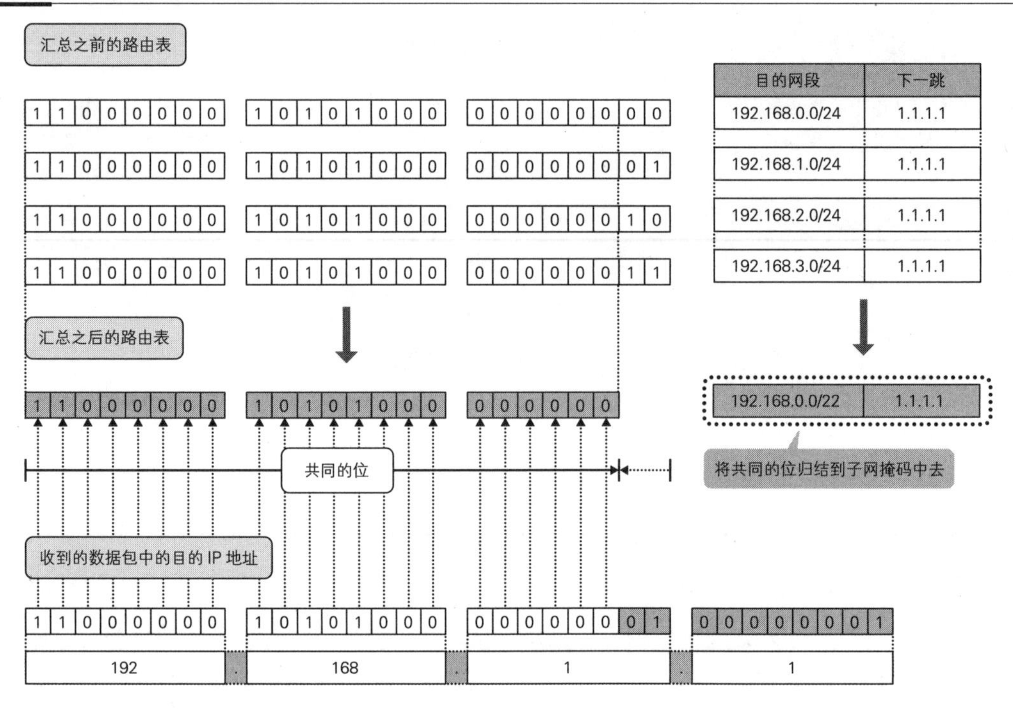

路由汇总的最高形式是默认路由。默认路由将所有路径汇总成一条，如果没有符合目的 IP 地址的条目，路由器就会将数据包发送给默认路由的下一跳，也就是默认网关。默认路由的路由条目比较特殊，是 0.0.0.0/0。

大家给 PC 设置 IP 地址时，应该也会顺便设置默认网关吧。当 PC 访问非本机所属的网段时会去查看本机中的路由表，由于无法在任何条目中查到目的 IP 地址，就会将数据包发送给默认网关。

如果目的网段相同，那就要看 AD 值的比较结果了！

AD 值类似于针对每个路由协议制定的优先等级，值越小优先等级就越高。

通过不同路由协议或静态路由选择学到的完全相同的路径，是无法用最长匹配原则去判断和选择的，遇到这种情况时我们就要用到 AD 值。路由器会比较这些路由协议的 AD 值，从中选出 AD 值更小的，也就是优先等级更高的路径并将其写入路由表，发送时也会优先采用该路径。

图 2.2.48　只有 AD 值更小的路径才会被写入路由表

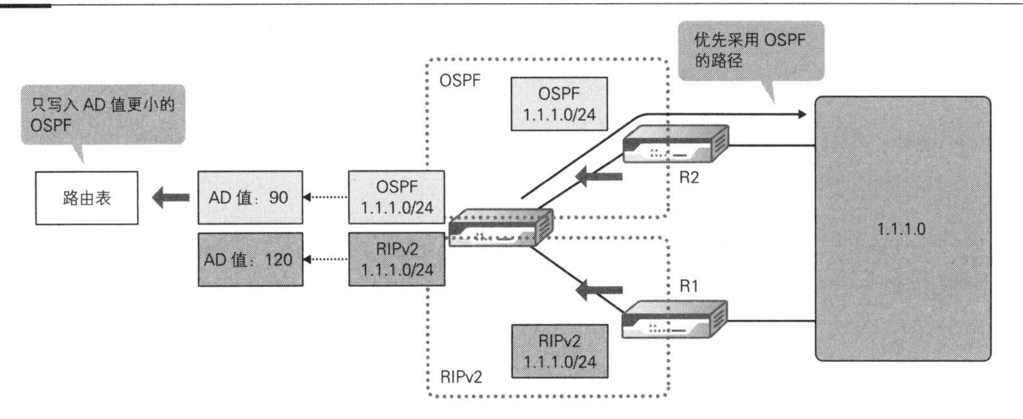

每台机器都拥有自己的 AD 值。思科的路由器和 L3 交换机的 AD 默认值如下表所示，除直连协议之外都是可以修改的。AD 值还可用于防止再发布时的路由循环和浮动静态路由①。

表 2.2.10　AD 值越小，该路径越能被优先选择

根据什么路由协议学到路径	AD 值（默认）	优先等级
直连	0	高
静态路由	1	↑
eBGP	20	
内部 EIGRP	90	
OSPF	110	
RIPv2	120	
外部 EIGRP	170	↓
iBGP	200	低

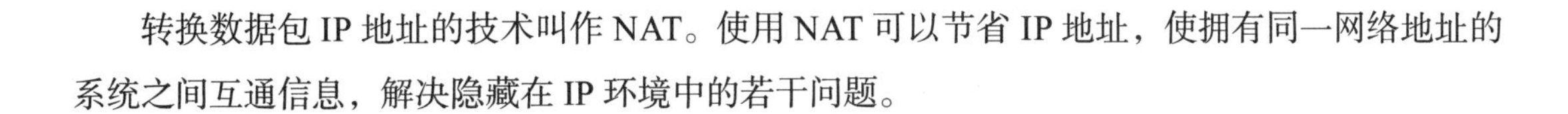

2.2.3　转换 IP 地址

转换数据包 IP 地址的技术叫作 NAT。使用 NAT 可以节省 IP 地址，使拥有同一网络地址的系统之间互通信息，解决隐藏在 IP 环境中的若干问题。

① 这是一种路由备份的办法，只有当无法通过路由协议学习路径信息时才会使用静态路由。设置时提高静态路由的 AD 值即可实现该方法。

转换 IP 地址

NAT 有广义和狭义之分。广义的 NAT 指转换 IP 地址的整套技术，所指范围太广，不太好理解。这里，我们只介绍 3 种服务器端常用的 NAT，它们分别是静态 NAT、NAPT（Network Address and Port Translation，网络地址和端口翻译）和 Twice NAT（双重 NAT）。

图 2.2.49 广义的 NAT 和狭义的 NAT

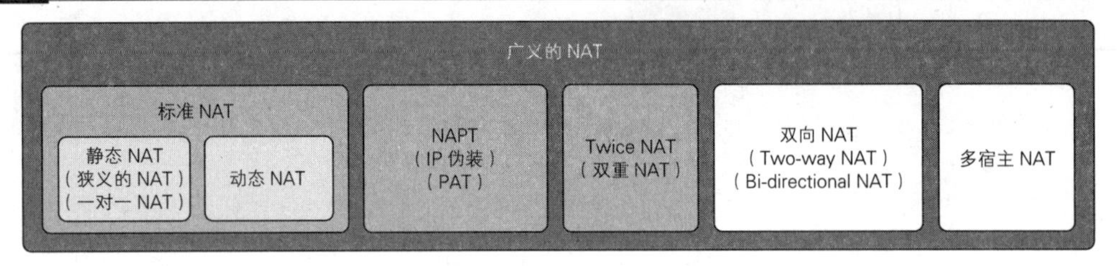

静态 NAT 可将 IP 地址一对一关联

静态 NAT 可以对内网和外网的 IP 地址进行一对一的映射和转换，又称一对一 NAT。狭义的 NAT 指的就是静态 NAT。

由内网访问外网时，静态 NAT 会转换源 IP 地址，此时是将源 IP 地址转换成相应的 IP 地

图 2.2.50 一对一地关联起来

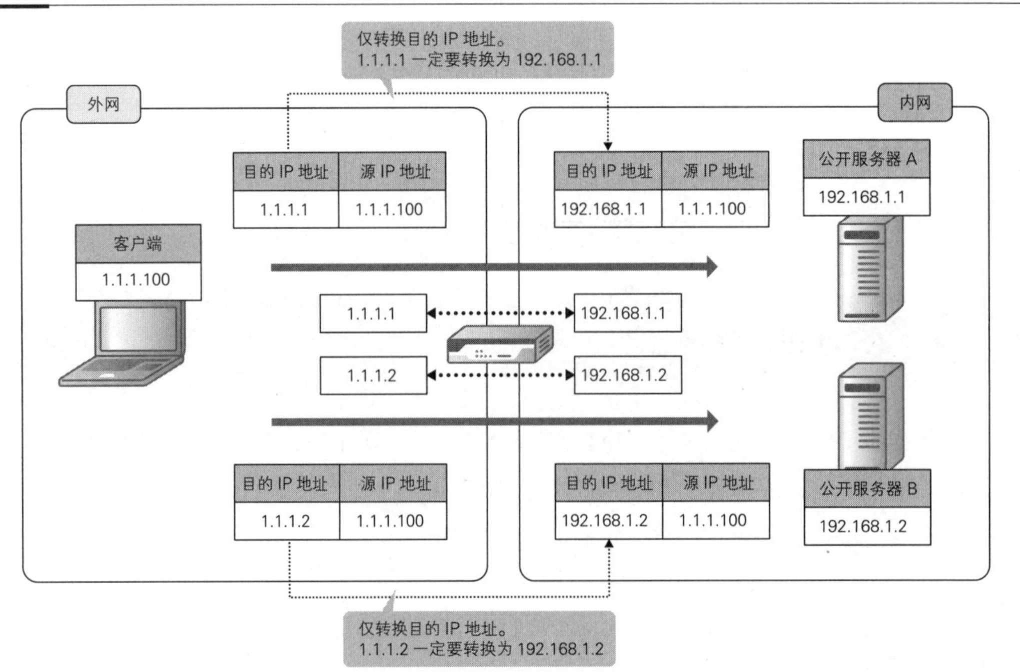

址。相反，由外网访问内网时，静态 NAT 会转换目的 IP 地址，此时是将目的 IP 地址转换成相应的 IP 地址。在服务器端我们有时候会遇到这样的情况，即某客户端一定要以某个指定的 IP 地址出现在互联网上，或者某台服务器一定要以某个指定的 IP 地址在互联网上公开，这时候我们就要用到静态 NAT 了。

NAPT 能够有效地利用 IP 地址

NAPT 可以对内网和外网的 IP 地址进行多对一的映射和转换，又称为 IP 伪装或 PAT（Port Address Translation，端口地址转换），叫法不同，但意思都一样。

由内网访问外网时，NAPT 会将源 IP 地址和源端口号一起转换。因为是根据客户端和端口号的对应关系（哪个客户端使用哪个端口号）来分配数据包的，所以能实现多对一的转换。

我们在家里经常使用的宽带路由就是通过 NAPT 将客户端和互联网连接到一起的。最近不仅仅是 PC，连智能手机、平板计算机和家电产品等也都开始拥有自己的 IP 地址了。如果要为这些设备一一分配具有全球唯一性的 IP 地址，地址资源很快就会告罄。所以我们要使用 NAPT，尽量节省全球 IP 地址资源。

在服务器端，由服务器（内网）访问互联网（外网）的出站通信大多都会使用 NAPT，例如同步时间或更新杀毒软件的病毒库文件。

图 2.2.51　通过多对一的连接形式节省 IP 地址资源

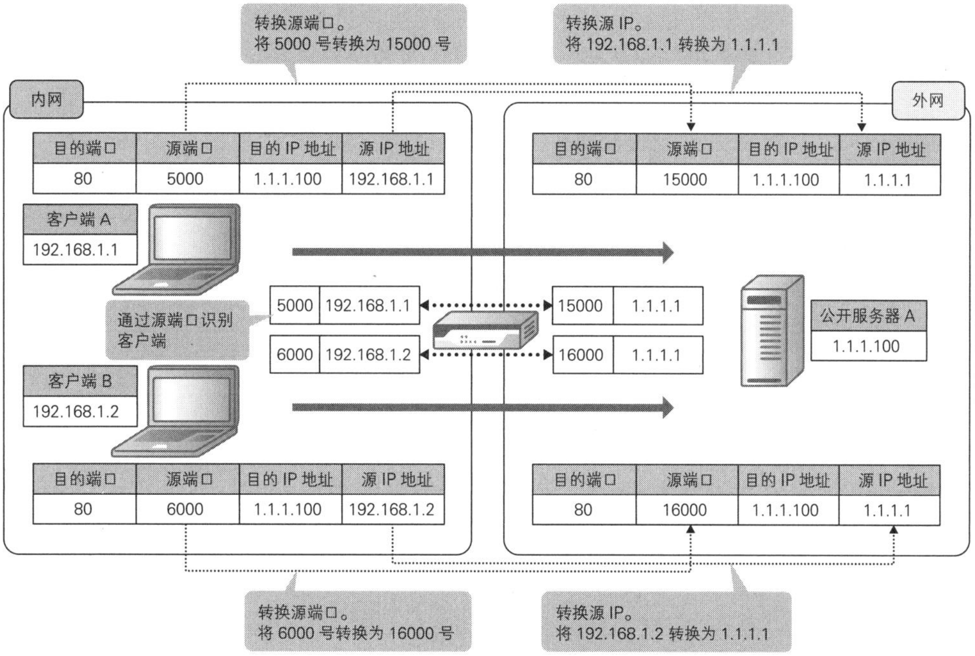

双重 NAT 使地址范围重复的网段之间能够通信

静态 NAT 和 NAPT 只是转换源或目的地址中的其中一个而已，双重 NAT 则是将源和目的地址一起转换。当我们需要连接某个网段，而该网段的地址范围和我们本身有重复情况的时候，例如公司合并或是己方公司要和其他公司系统联网时，就要用到双重 NAT。

这里，我们来看图说话、依次讲解。假设系统 A 中有一台服务器 A，系统 B 中有一台服务器 C，服务器 C 里有着和服务器 A 相同的地址范围，而服务器 A 想要访问服务器 C（见图 2.2.52）。

1. 服务器 A（192.168.1.1）要访问系统 A 路由器中所设的 IP 地址（192.168.1.3），该 IP 地址用于 NAT。
2. 系统 A 的路由器将源 IP 地址转换为 1.1.1.1，将目的 IP 地址转换为 1.1.1.3，然后将信息发至系统 B 的路由器。
3. 系统 B 的路由器将源 IP 地址转换为 192.168.1.1，将目的 IP 地址转换为 192.168.1.3，然后将信息发至服务器 C。

图 2.2.52　双重 NAT 使地址范围重复的网段之间能够通信

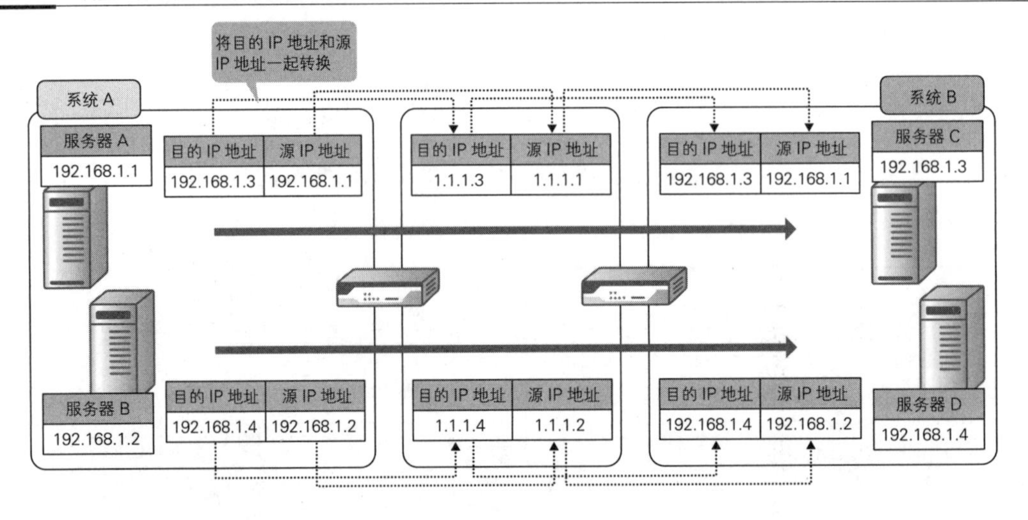

NAT 表和代理 ARP 是支持 NAT 的两大要素

前面介绍了各种类型的 NAT。支持 NAT 的两大要素是 NAT 表和代理 ARP，下面我们来分别了解一下。

我们先来看 NAT 表。NAT 表中记录着转换之前和转换之后的 IP 地址或端口号。它的原理十分简单，路由器收到需要进行转换处理的数据包后将数据包的 IP 地址或端口号转换一下，仅此而已。如果是 NAPT，那么 NAT 表中就还需要记录端口号信息。NAT 表中记录的信息会发生动态变化，因此，当表中的信息不再使用并到达一定的时限之后，NAPT 就会将其删掉。

图 2.2.53 NAT 表管理着映射信息

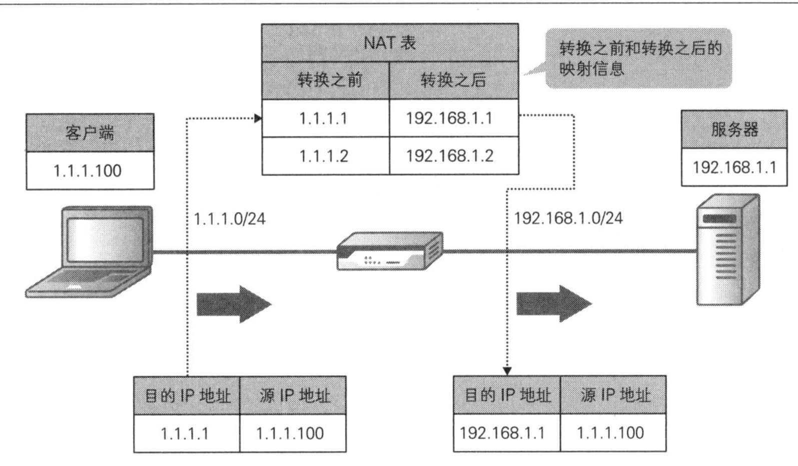

接下来我们来看代理 ARP。用于 NAT 的 IP 地址和路由器的接口 IP 地址是不一样的，因此，对于 NAT 发出的 ARP 请求，路由器必须作为代理给出回复。路由器以代理身份做出回复并接收 NAT 发来的 IP 数据包，然后根据 NAT 表中的映射信息进行转换处理。

图 2.2.54 用于 NAT 的 IP 地址发来 ARP 请求时，路由器会给出代理回复

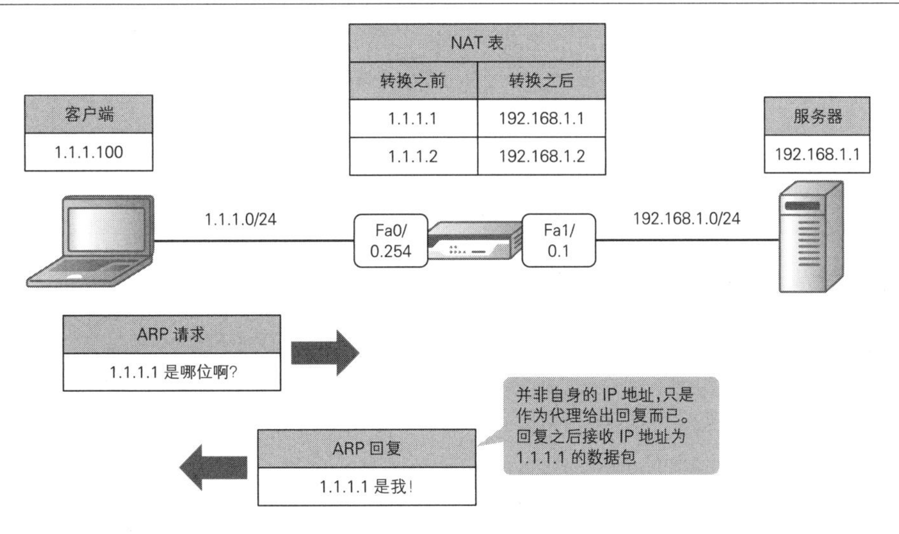

2.2.4 用 DHCP 自动设置 IP 地址

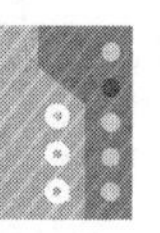

下面介绍几个和网络层相关的协议，首先我们来看 DHCP（Dynamic Host Configuration Protocol，动态主机配置协议）。DHCP 是将 IP 地址和默认网关等网络设置分配给节点的协议。该协议本来是在应用层发挥作用的，但是由于它涉及 IP 地址的设置，所以本书将它作为网络层的技术来讲解。DHCP 不仅能使 IP 地址的管理更加轻松，还能让资源已经非常紧缺的 IP 地址发挥出最大的效用。

2.2.4.1 DHCP 的消息部分中包含着诸多的信息

DHCP 在被 UDP 封装的 DHCP 消息部分中放入了大量的设置信息。这个消息部分的内容稍微有些复杂，其中重要的有 3 个因素，分别为“分配给客户端的 IP”“DHCP 服务器 IP”“选项”。

“分配给客户端的 IP”中写入了服务器端分配给终端的、有待设置的 IP 地址，“DHCP 服务器 IP”中写入了 DHCP 服务器的 IP 地址[①]，“选项”中写入了消息类型（如 Discover/Offer/Request/Ack）、子网掩码、默认网关、DNS 服务器的 IP 地址等和网络设置相关的各种信息。

图 2.2.55 DHCP 的报文格式

以太网报头	IP 报头	UDP 报头	DHCP 消息
14 字节	20 字节	8 字节	可变长度

操作代号	HW 地址类型	HW 地址长度	跳跃计数	事务 ID	经过时间	标志	当前客户端 IP	分配给客户端的 IP 地址	DHCP 服务器 IP 地址	中继代理 IP	客户端 MAC 地址	服务器名	启动文件名	选项
8 位	8 位	8 位	8 位	32 位	16 位	16 位	32 位	32 位	32 位	32 位	128 位	512 位	1024 位	可变长度

① 如果使用 DHCP 中继代理功能，则 DHCP 服务器的 IP 地址为 0.0.0.0，这时候 Relay Agent IP Address 部分中将写入 DHCP 中继代理组件的 IP 地址。关于 DHCP 中继代理将在 2.2.4.3 节中详细说明。

图 2.2.56 用 Wireshark 分析 DHCP 报文的画面

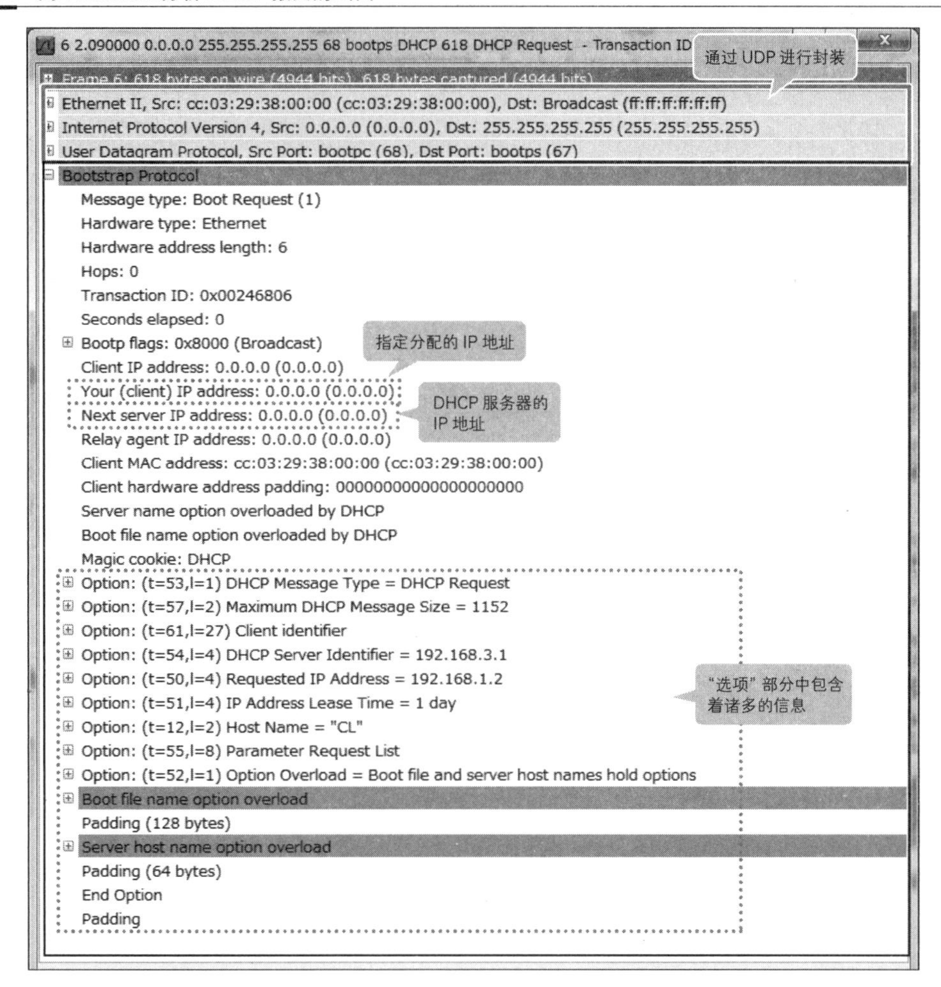

2.2.4.2 DHCP 的原理非常简单

DHCP 的原理非常简单，很好理解。请想象一下这个场景：你大声地（广播）要求“请分一个 IP 地址给我”，于是 DHCP 服务器回答“这个给你”。DHCP 就是这样一个过程。由于是在 IP 地址尚未设置的情况下通信，所以这里 DHCP 必须通过广播来交换信息。

1. DHCP 客户端通过广播发出一个叫作 DHCP Discover 的报文用来寻找 DHCP 服务器。
2. DHCP 服务器收到 DHCP Discover 之后，同样通过广播返回一个叫作 DHCP Offer 的报文用来提议分配哪个 IP 地址。最近有些 DHCP 服务器为了确认提议的 IP 地址尚未用在别处，会在返回 Offer 之前发出 ICMP 报文，这个部分因 DHCP 服务器规格不同而有所差异。

3. DHCP 客户端收到 DHCP Offer 之后再次通过广播返回一个叫作 DHCP Request 的报文，请求 DHCP 服务器"给我这个 IP 地址"。如果是从多台 DHCP 服务器收到多个 Offer，就会针对最早收到的那个返回 Request。
4. DHCP 服务器收到 DHCP Request 之后，再次通过广播返回一个叫作 DHCP Ack 的报文，将该 IP 地址交给 DHCP 客户端。
5. DHCP 客户端收到 DHCP Ack 之后，将之前收到的 DHCP Offer 中提议的 IP 地址设成自己的 IP 地址，并开始通过该地址通信。收到的 IP 地址中设有租约时间，一旦超过租约时间，DHCP 客户端就会发出一个叫作 DHCP Release 的报文，解除该 IP 地址并将其返还给 DHCP 服务器。

图 2.2.57 DHCP 通过广播来交换信息

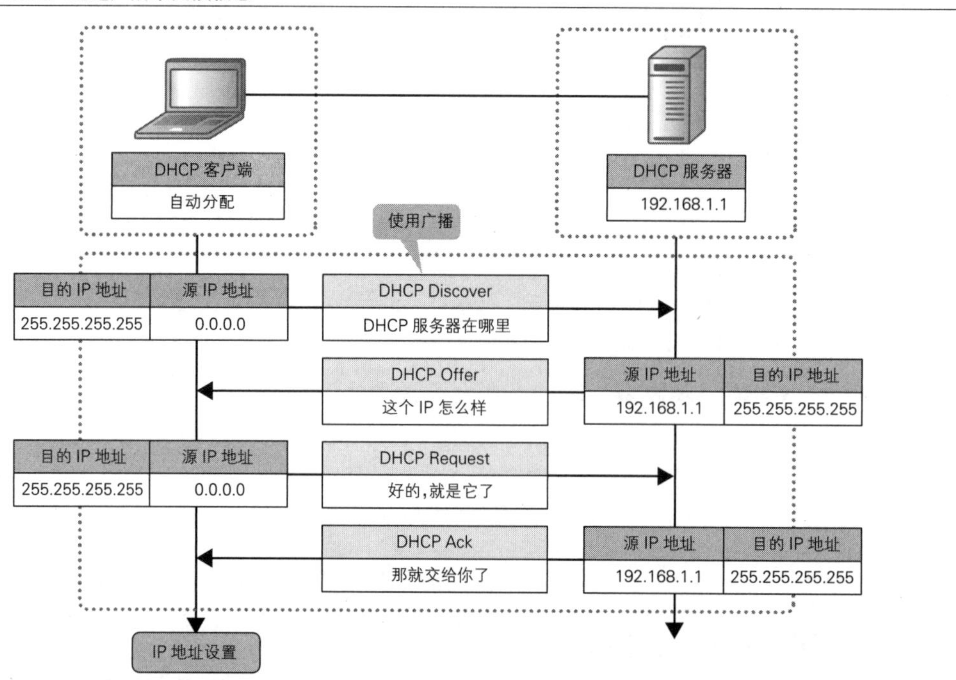

2.2.4.3 对 DHCP 报文进行中继处理

DHCP 通过广播交换信息，因此，原则上客户端和服务器必须在同一 VLAN 中才行。然而，在拥有大量 VLAN 的网络环境中为每个 VLAN 都安排服务器是不太可能的，这时候就要用到 DHCP 中继代理功能。DHCP 中继代理功能可以将通过广播收到的 DHCP 报文转换为单播的形式，广播变成单播之后，即使 DHCP 服务器在不同的 VLAN 中也能够对 IP 地址进行分配。而且，VLAN 再多也可以只通过一台 DHCP 服务器去分配 IP 地址。

我们应在 DHCP 客户端所在的第一跳（即默认网关的路由器）或 L3 交换机那里开启 DHCP 中继代理功能。路由器（L3 交换机）收到 DHCP 报文后，会将源 IP 地址转换为本机的 IP 地址，将目的 IP 地址转换为 DHCP 服务器的 IP 地址，并进行路由。

图 2.2.58　通过 DHCP 中继代理功能将 DHCP 报文发送到其他 VLAN 中去

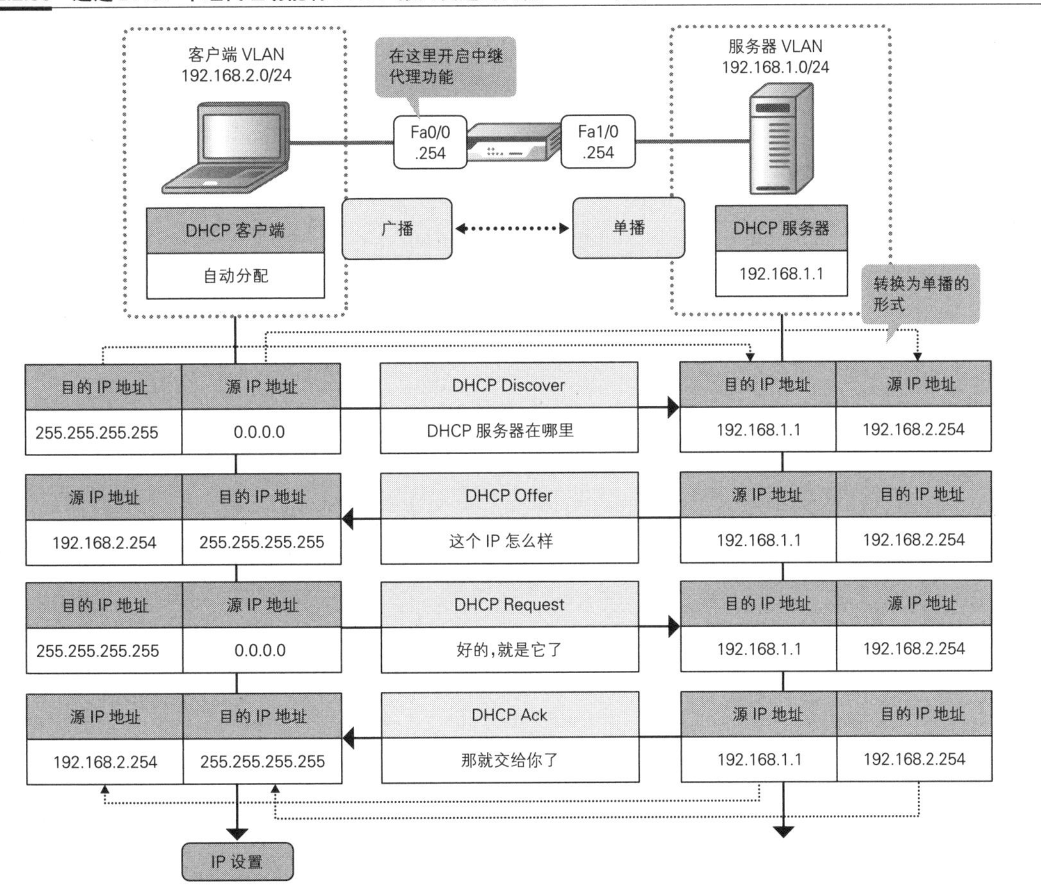

2.2.5　用 ICMP 排除故障

ICMP（互联网控制报文协议）是用于确认网络层通信状况的协议。当 IP 方面发生故障或是数据包未能正常送达目的网段时，ICMP 会将这些情况传达给信息发送方。从事基础架构工作的读者一定听说过“ping”，ping 指的就是为发送 ICMP 报文使用的一种网络诊断程序。

2.2.5.1　ICMP 的关键在于类型和代码

ICMP 既不是 TCP 也不是 UDP，只代表着 ICMP 本身。它是在 IP 报头中加上了 ICMP 数据的 IP 数据包，格式并不复杂，其中有两个关键的要素，分别是类型和代码。类型表示 ICMP 报文的类型，发送 ping（请求）和返回 ping（回复）时会使用不同的报文类型。代码分好几种类型，用于向源地址提供更为详尽的信息。例如，当返回 Destination unreachable（类型 3）时，就是通过代码告诉源地址为什么数据未能送达目的网段。

图 2.2.59　ICMP 的报文格式

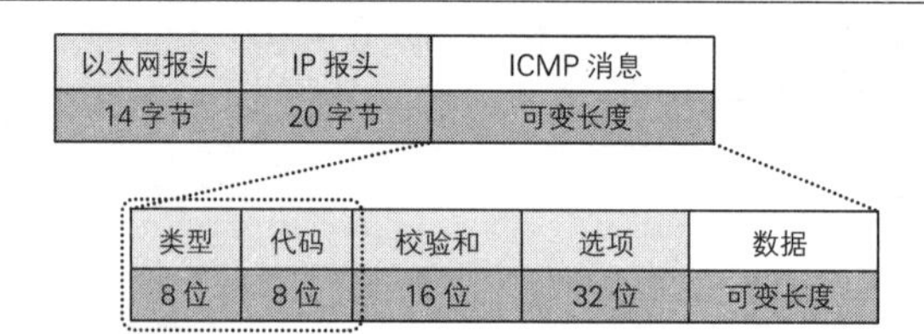

图 2.2.60　用 Wireshark 分析 ICMP 报文的画面

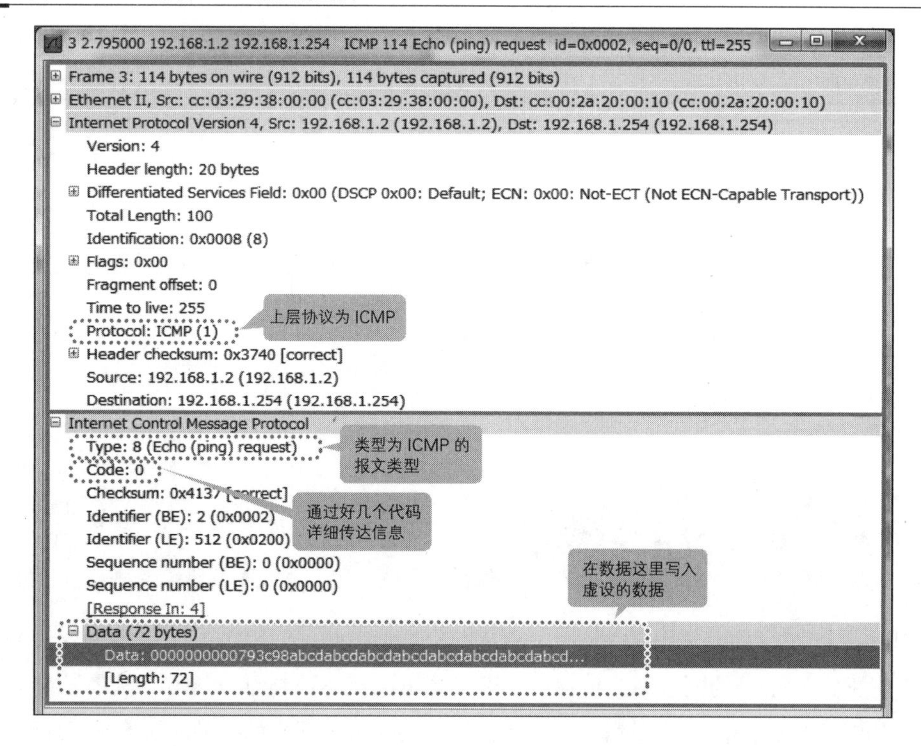

2.2.5.2 常见的类型和代码有 4 种组合

类型和代码控制着 ICMP，通过这两者的组合，我们可以大致了解 IP 层面发生了什么。二者的组合种类繁多，一一说明没有多大意义，本书仅介绍几种有代表性的组合，也就是典型的几种通信类型。

通信成功则显示“Reply from 目的 IP 地址”

我们来看看 IP 层面上通信成功的通信类型。首先，源节点向目的节点发送 ICMP，这时的 ICMP 类型为 Echo Request，类型 8/ 代码 0。无论在什么情况下，首次发送信息的 ICMP 类型都是 Echo Request，如果通信成功，则目的节点返回类型 0/ 代码 0 的 Echo Reply。收到 Echo Reply 后，源节点上会显示“Reply from 目的 IP 地址”的信息。

图 2.2.61 返回 Echo Reply 表示通信成功

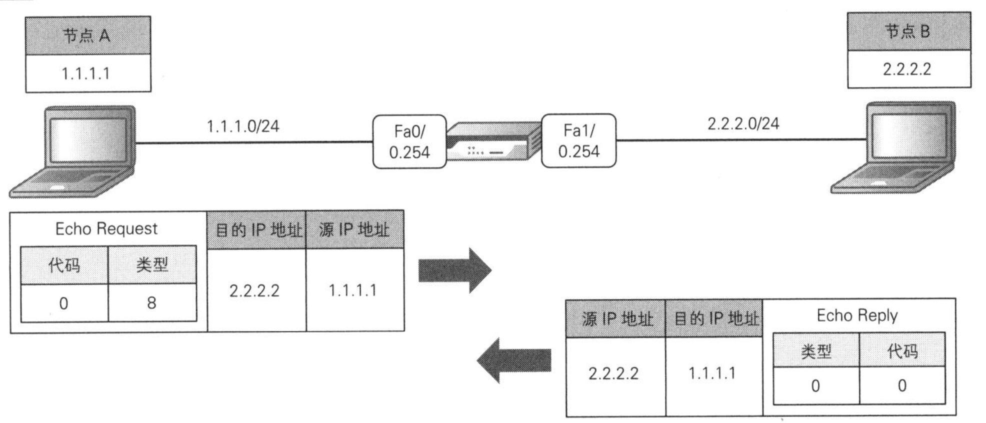

没有回复则显示“Request Timeout”

下面我们再来看看通信失败时的通信类型。首先，源节点向目的节点发送 Echo Request，这时的 ICMP 类型为 Echo Request。假如这个 Echo Request 未能送达目的节点会怎样呢？答案是不会返回 Echo Reply，而且不只是不会返回 Echo Reply，而是什么都不会返回。等超过时限之后，源节点会在终端上显示“Request Timeout”的信息。时限因 OS 而异，Windows 为 4 s，Linux 则根本没有时限的设置。

图 2.2.62 没有回复则显示 Request Timeout

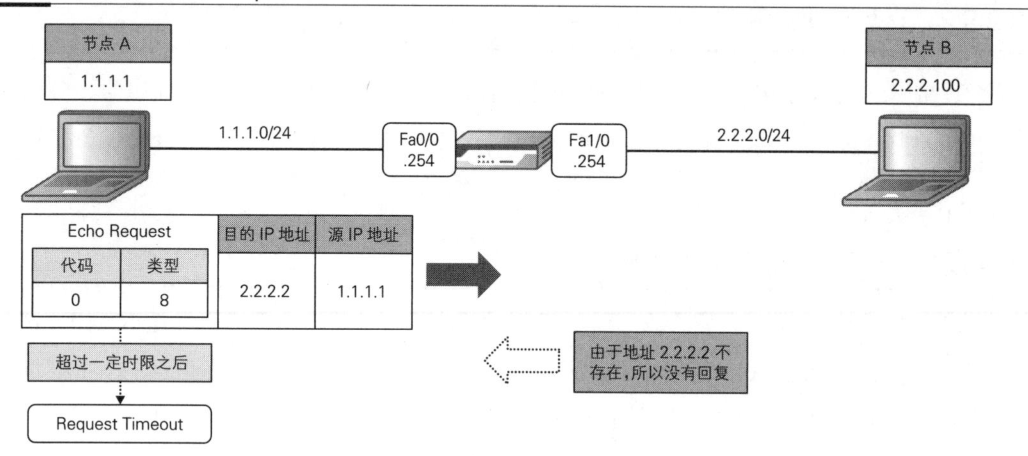

查询不到目的地址则显示 “Destination unreachable”

Destination unreachable 是类型为 3 的 ICMP 报文。代码中显示的值表示数据未能送达的原因。

Destination unreachable 也是一种表示通信失败的通信类型。首先，源节点向目的节点发送 Echo Request，位于通信途中的路由器会收到这个 Echo Request，假如该路由器的路由表中查询不到通往目的节点的路径，那么数据包就会被丢弃。这时路由器会返回一个 Destination unreachable（类型 3）/Host Unreachable（代码 1）的 ICMP 报文，表示查询不到通往该目的 IP 地址的路径。

类型 3 的代码部分可能会写入好几种值。源节点查看这部分代码就能大致明白为什么数据未能送达。

图 2.2.63 Destination unreachable（类型 3）表示路径不存在

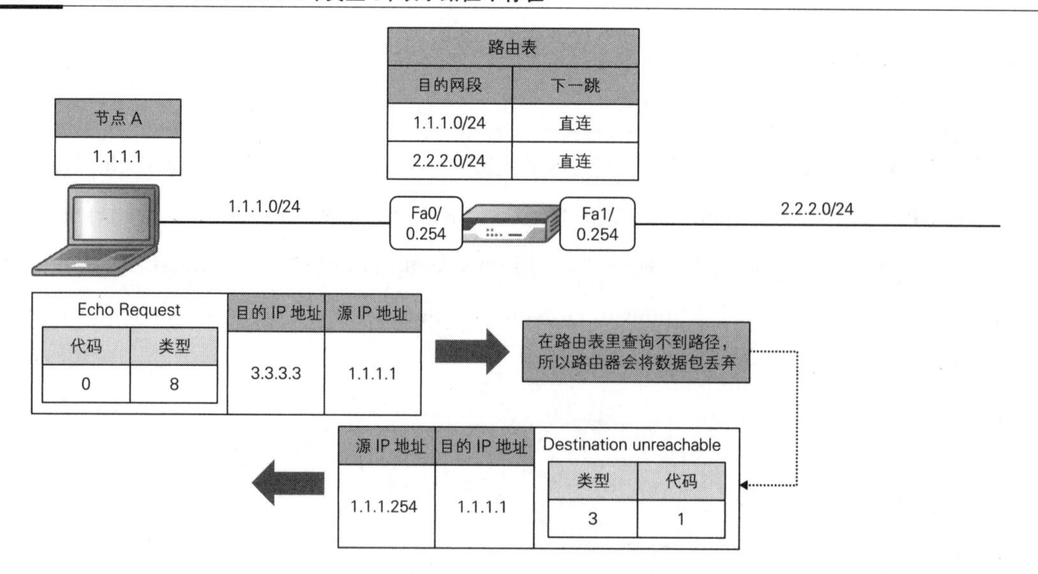

Redirect 将其他网关的 IP 地址告诉节点

Redirect 是类型为 5 的 ICMP 报文。如果在特定的网络环境中，同一 VLAN 中除了默认网关之外还有其他的网关（出口），那么路由器就会通过 Redirect 将该网关的 IP 地址告诉节点。

我们知道，当某个节点和另一个位于其他 VLAN 中的节点通信时，会将数据包临时性地发送给默认网关。默认网关的路由器收到数据包后会根据路由表选择路径。这时，如果同一 VLAN 中有另一台路由器拥有更合理的路径，就会发出一个 Redirect（类型 5）/Redirect Datagram for the Network（代码 0）的 ICMP 报文，告诉节点该网关的存在。节点收到 Redirect 报文后会在路由表中添加通往该网关的路径，下次就将数据包直接发往它的 IP 地址。

图 2.2.64 Redirect（类型 5）将最合理的网关告诉节点

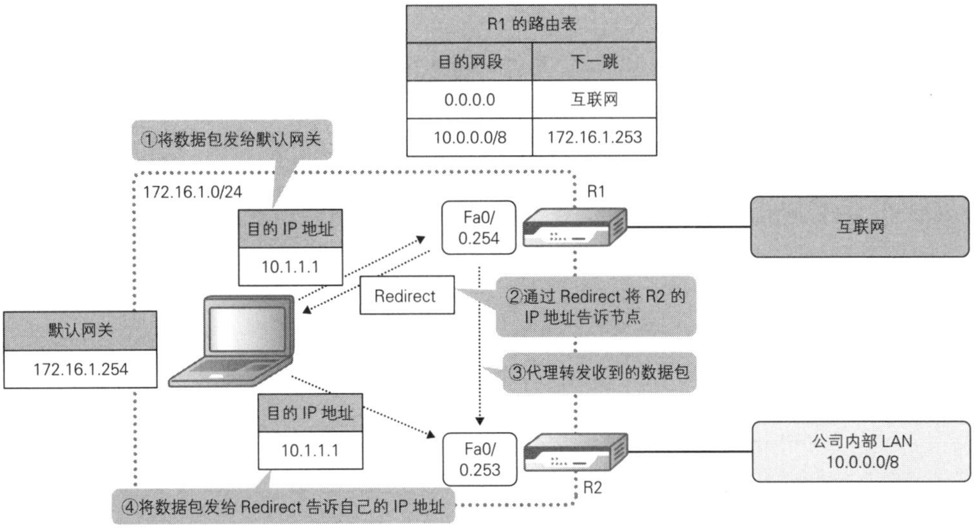

R1 的路由表	
目的网段	下一跳
0.0.0.0	互联网
10.0.0.0/8	172.16.1.253

通过 Redirect 可对同一 VLAN 中的路由信息进行一元化管理，非常方便。然而，并非所有设备都会返回 Redirect，有些防火墙的规格是不支持返回 Redirect 的。因此，我们在设计路由之前一定要了解相关设备的规格才行。

2.2.5.3 出现问题时先尝试用 ping 去排除故障

排除故障有好几种方法，需要紧急应对时，最常见的是先尝试用 ping 去排除故障。首先我们应通过 ping 确认网络层的连通情况，确认没有问题之后再依次往上层方向走，解决传输层、会话层和应用层的问题。如果连通情况不佳，就应该依次往下层方向走，解决网络层、数据链路层和物理层的问题。

图 2.2.65 排除故障时人们往往会从使用 ping 开始

L5 ~ L7	会话层 ~ 应用层	通过应用程序确认连通情况
L4	传输层	通过 Telnet 确认连通情况 确认连接表 确认序列号
L3	网络层	确认路由表 确认路由协议的状态 确认 NAT 表
L2	数据链路层	确认 ARP 表 确认 MAC 地址表
L1	物理层	确认接口状态 确认接口的报错数 确认线缆状态

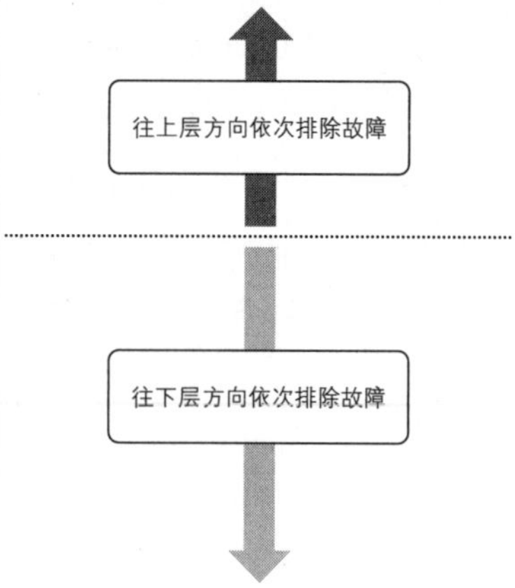

往上层方向依次排除故障

往下层方向依次排除故障

2.3 逻辑设计

前面我们学习了数据链路层和网络层的各种技术和规格（协议）。从本节开始，我们要从实用性的角度学习如何在服务器端使用这些技术，以及在设计和架构服务器端时需要注意哪些事项。

2.3.1 整理出所需的 VLAN

首先我们来看 VLAN 设计。VLAN 设计是指对 VLAN 的逻辑结构进行设计，即将 VLAN 配置到何处，具体又如何配置。有条不紊且注重效率的 VLAN 配置对今后服务器端的管理性和可扩展性起着极大的作用，因此，我们设计的时候一定要着眼于未来。

2.3.1.1 实际所需的 VLAN 会因为诸多因素而变化

VLAN 设计的第一步是整理出所需的 VLAN。实际所需的 VLAN 取决于人们使用的设备和设备功能、数据安全、运行管理等诸多因素，我们应从不同的角度辨别具体情况，整理出真正需要的 VLAN。

首先要弄清所需的设备和功能

首先，我们应站在设备和功能的角度去考虑 VLAN。下面我们从最简单的结构出发，先来看看上层（ISP 方面）是怎样的（见图 2.3.1）。

ISP 和 L3 交换机（CE 交换机）

与互联网相连的 L3 交换机和路由器是根据 ISP 的指定去分配 VLAN 的。CE 交换机因为位于 ISP 和客户的边界而得名，CE 路由器的名称由来也是一样。最近好像还出现了租借形式的 ISP，如果是租借，那么此处的 VLAN 分配就都取决于 ISP，不是我们能够决定的了。VLAN 有多种分配方式，不过一般情况下人们都会在 L3 交换机外侧各安排一个，在 L3 交换机之间安排一个，在内侧安排一个（见图 2.3.1）。作为设计和架构服务器端的工程师，我们只需注意其中一个就可以了，那就是内侧的 VLAN。L3 交换机内侧的 VLAN 用于将服务器端连接到 ISP 上去[①]。

L3 交换机（CE 交换机）和防火墙

防火墙外侧的 VLAN 是用来连接 L3 交换机的。一般人们会将 VLAN 划分为防火墙外侧和防火墙内侧两个部分。当然，有些设计比较特殊，同一个 VLAN（不划分 VLAN）也可以运作，我的确亲眼见过好几种这样的特殊结构。然而，最经典的处理办法还是将 VLAN 划分为内侧和外侧两个部分。此外，我们还需要拥有全球 IP 地址（即分配 IP 地址，由 ISP 分配）的 VLAN。分配 IP 地址的构造使其能够存在于防火墙内部，它可以转换为负载均衡器内部私网的 IP 地址。服务器端的 NAT 可能不太容易理解，因此我们还会在 2.3.4.2 节中详细解说。如果我们对防火墙做了冗余配置，那么防火墙之间可能也会需要 VLAN，通过该 VLAN 去同步机器的设置信息和状态信息。是否需要 VLAN 要看具体使用的设备，例如，思科公司的 ASA 系列和 F5 公司的 BIG-IP AFM 是需要 VLAN 的，而防特公司的 FortiGate 系列和瞻博公司的 SSG 系列则不需要，它们之间的连接一般使用 HA 端口或者设置 HA 区段，我们在设计时务必要仔细确认好设备规格。

防火墙和负载均衡器

防火墙内侧的 VLAN 有多种结构，这里我们来看一下和负载均衡器连接的结构。我们可以认为负载均衡器的 VLAN 结构和防火墙的是一样的，人们一般也是将它划分为外侧和内侧两个部分。而且，这里也需要一个能将分配 IP 地址转换为私网 IP 地址的 VLAN，该 VLAN 的形式使其能够存在于负载均衡器内部，VLAN 中会建起一个用于分散负荷的虚拟服务器。虚拟服务器的 IP 地址叫作 VIP（Virtual IP 地址，虚拟 IP 地址）。如果我们对负载均衡器做了冗余配置，那么负载均衡器之间可能也会需要 VLAN，通过该 VLAN 去同步机器的设置信息和状态信息。我们应根据实际需要适当追加。

负载均衡器

最后我们来看一下负载均衡器的内侧，这是分配给服务器的 VLAN。需要划分服务器的 VLAN 时应该连接 L3 交换机，将连接负载均衡器的 VLAN 和服务器 VLAN 分隔开；而不需要划分时则应该连接 L2 交换机。

---

① 这里举的是比较常见的 VLAN 分配例子。一般来说，ISP 除了提供服务之外还会给出如何架构和设置的实例。请遵照该实例进行操作。

图 2.3.1 站在设备和功能的角度整理出所需的 VLAN

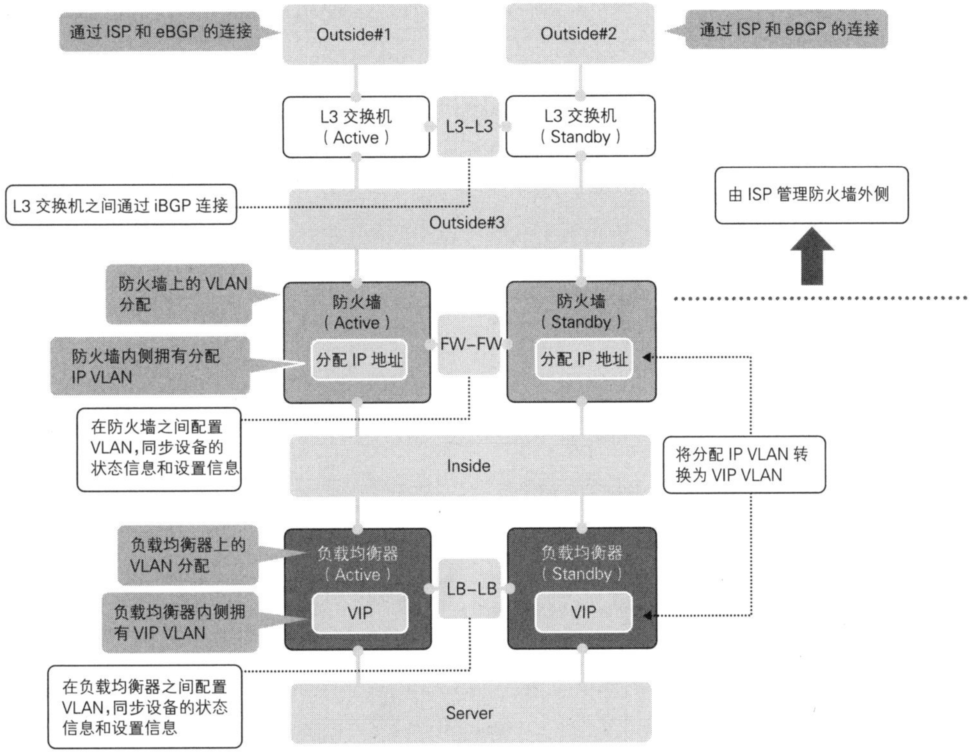

从数据安全的角度整理出所需的 VLAN

下面我们从数据安全的角度来看 VLAN 分配。较为常见的结构是分成 Untrust（非信任区）、DMZ（DeMilitarized Zone，非军事区）和 Trust（信任区）这 3 个区段。区段指的是拥有同样数据安全等级的 VLAN 的群集，人们通过防火墙将不同的数据安全等级划分开来（见图 2.3.2）。

DMZ 区段的安全等级比 Trust 的稍低，在互联网上公开的服务器应配置到 DMZ 中。这样，当服务器遇到劫持时，受害程度可降至最低。安全等级由低到高依次为 Untrust、DMZ 和 Trust。有些人有着根深蒂固的观念，认为 DMZ 只能有一个，但实际上并没有必要拘泥于一个，我们完全可以建立多个不同安全等级（微调即可）的 DMZ。整理好需要的区段之后，接下来就要为它们分配 VLAN 了。

图 2.3.2 划分数据安全区段

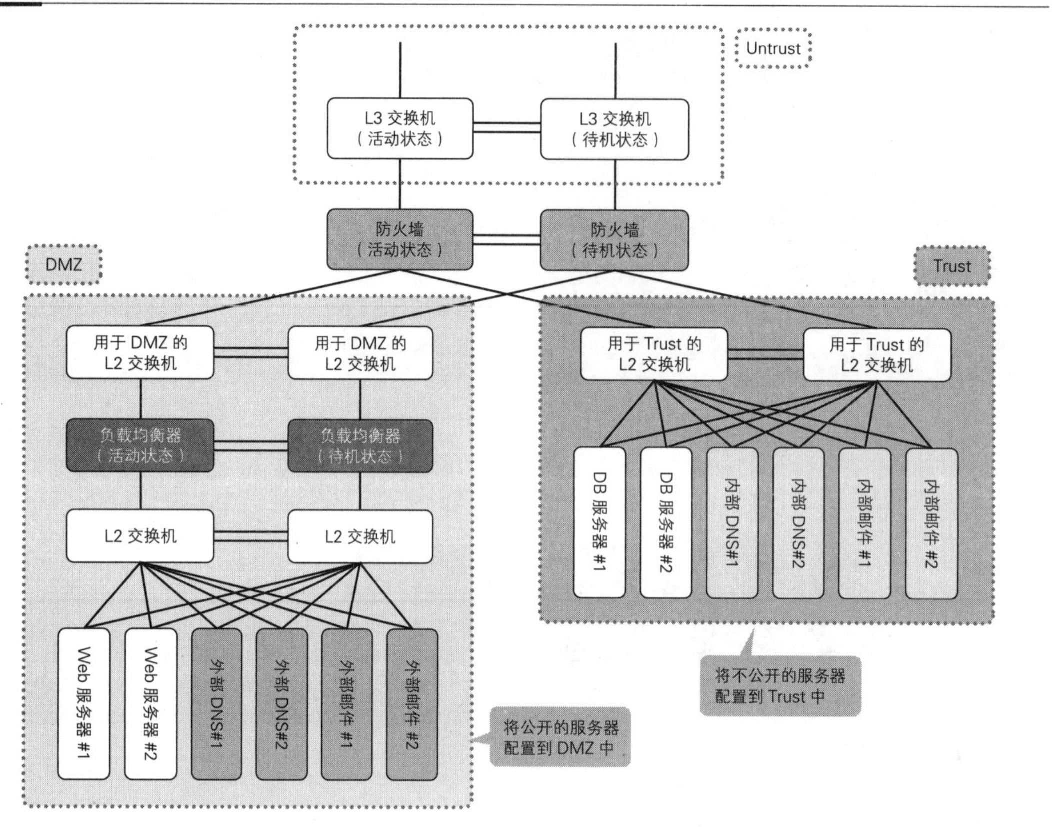

虚拟环境中需要大量的网卡和 VLAN

为了使 VLAN 设计更加简单易懂，我们一直是以裸机服务器（非虚拟化的服务器）为例讲解的。接下来我们更进一步，看看引入虚拟化技术后 VLAN 该如何设计。现如今，VMware 公司的 vSphere、微软公司的 Hyper-V 以及开源软件 KVM 等虚拟化平台相继问世，人们在架构场内服务的服务器端时也都会考虑虚拟化的应用。可以说这些虚拟化技术已经在服务器端生根发芽，成为不可或缺的存在。有些虚拟化技术特有的功能只有在网络中才能发挥作用，这就要求我们在设计 VLAN 时要充分考虑这些功能。其中最重要的一项就是实时迁移功能，它能在虚拟机不停机的前提下将其迁移到其他物理设备上。实时迁移能将虚拟机的内存信息迅速地迁移到另外一台物理服务器中。用于迁移的网卡和 VLAN 和提供服务的网卡和 VLAN 最好分开，这样能将迁移的通信流量对服务产生的影响控制在最小范围之内。

图 2.3.3 实时迁移的通信流量流入后端的 VLAN

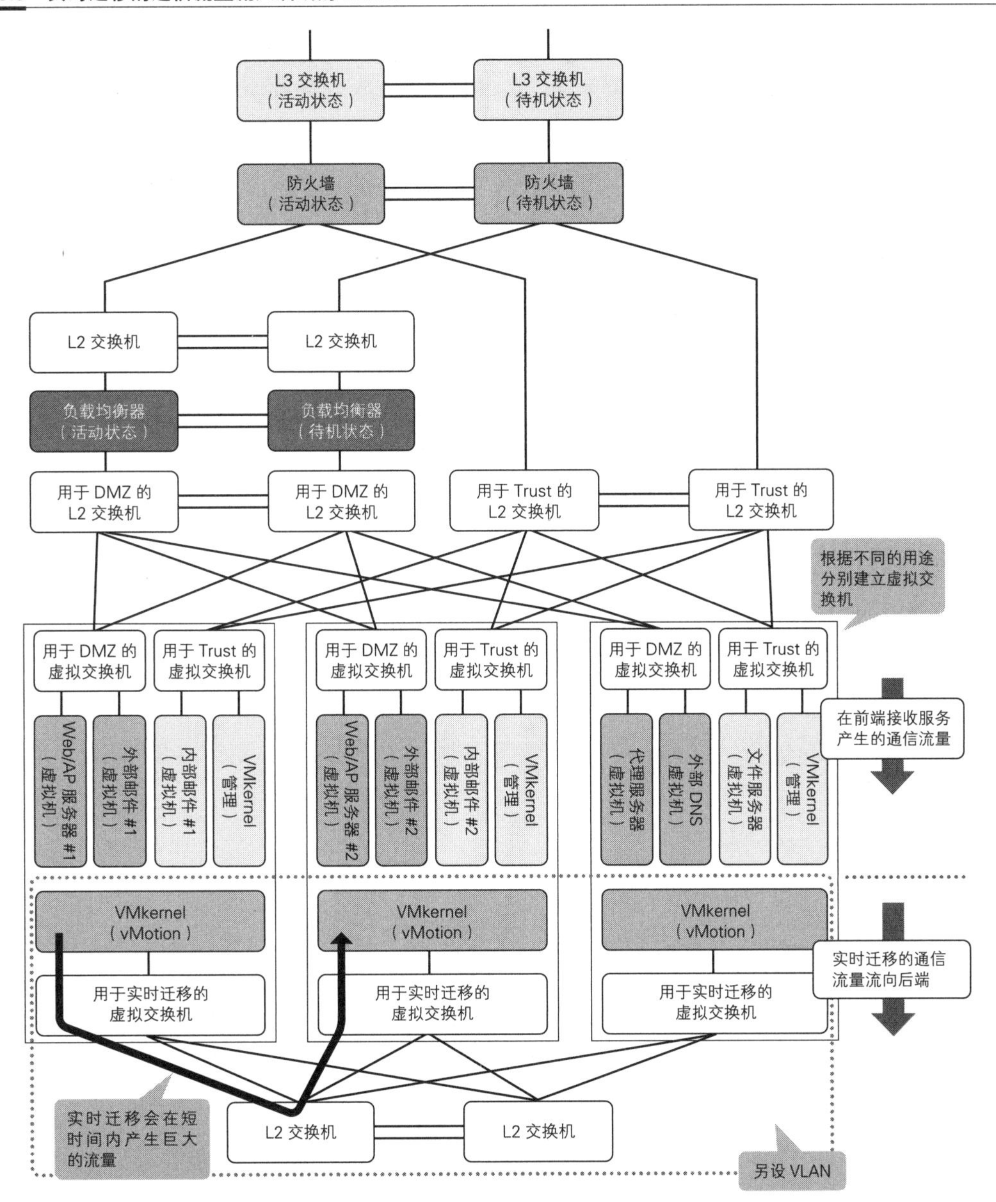

※ 因版面关系，部分服务器在图中省略未画。

在虚拟环境中，分属于 LAN 和 DMZ 等不同区段、不同 VLAN 的虚拟机共存于同一台物理服务器上。我们应在充分考虑通信流量类型和管理性的基础上，去配置虚拟交换机和虚拟机。我们也可以用一台虚拟交换机去连接所有 VLAN 的虚拟机，然而那样的话，虚拟交换机与虚拟机的连接关系以及它们和网卡之间的映射关系容易变得混乱。而且，一个 VLAN 的突发流量就会对所有 VLAN 的流量都产生影响。因此，我们应按不同的职能将虚拟交换机分开以提高管理性。

虚拟环境让我们能够轻松地添置服务器，这样容易造成各种 VLAN 的虚拟机蜂拥而上的局面，因此考虑到系统今后的可扩展性，我们应该对网卡和 VLAN 的估算数量预留出一定的余地。

另设一个用于数据备份的 VLAN

最近，经网络转发备份数据的处理越来越多了，这种处理一般是在夜间通过批处理功能进行转发的，对正常时间段的服务没有太大影响。然而就其本质来说，它依然是在短时间之内转发巨大的流量，所以比较明智的做法是另外设计一套 VLAN 和网卡来应对这种处理，将影响控制在最小范围之内。

之前讲解过的实时迁移和备份都具有相同的特点，那就是它们都会在短时间内产生巨大的通信流量并进行转发。对此我们应另设一套专门应对突发流量的 VLAN 和网卡，将突发流量对服务产生的影响控制在最小范围之内。

图 2.3.4　备份的通信流量流入后端的 VLAN

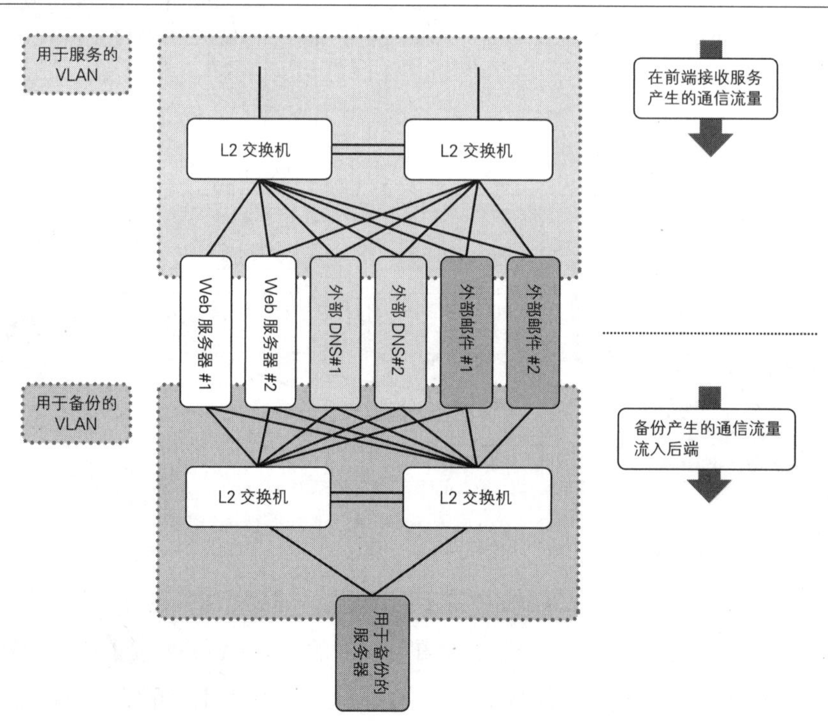

从运行管理的角度整理出所需的 VLAN

出于对运行管理的考虑，网络的规模越大，我们就越应该另外设计一个用于运行管理的 VLAN。通过将服务和运行管理完全分离来简化管理过程，将运行流量对服务流量产生的影响控制在最小范围之内。这时候，用于监控设备故障和工作状态的 Syslog、SNMP 和 NTP（Network Time Protocol，网络时间协议）产生的通信流量将会经过另设的 VLAN 转发出去。Syslog、SNMP 和 NTP 将分别在 5.1.3 节、5.1.2 节和 5.1.1 节中详细说明。

最近，大多设备既配有通常使用的服务端口，也配有另外专用的管理端口，我们可将管理端口设为运行管理 VLAN。如果没有专用的管理端口，我们也可以将服务端口中的某一个端口设为运行管理 VLAN，将其作为管理端口使用。

估算 VLAN 的数量时应留有余地

由于组织内的部门合并或服务器的增设等情况时有发生，分配给用户和服务器的 VLAN 数量是会变化的。当前需要 5 个 VLAN，并不意味着今后也一直只需要 5 个。我们应为今后的可扩展性考虑，在设计阶段留出一定的富余，将数量估算得比现状需要的多一些才行。

根据 VLAN 的位数考虑留出多少富余是比较容易汇总的办法。假设我们当前需要 5 个 27 位的 VLAN，估算时可不能随随便便，拍一下脑袋就凭空决定暂时多报一个而得出共需要 6 个的结论。网络是逻辑的世界，决定什么事的时候一定要有充分、合理的逻辑才行。回到例子，经过思考我们会发现多留 3 个是合理的，最后能够汇总到 24 位，让结构得以简化。

表 2.3.1 估算 VLAN 的数量时应留有余地

十进制写法	255.255.255.0	255.255.255.128	255.255.255.192	255.255.255.224	用途
斜线写法	/24	/25	/26	/27	
最大 IP 数量	254（256－2）	126（128－2）	62（64－2）	30（32－2）	
分配网段	192.168.1.0	192.168.1.0	192.168.1.0	192.168.1.0	用户 VLAN ①
				192.168.1.32	用户 VLAN ②
			192.168.1.64	192.168.1.64	用户 VLAN ③
				192.168.1.96	用户 VLAN ④
		192.168.1.128	192.168.1.128	192.168.1.128	用户 VLAN ⑤
				192.168.1.160	留待日后扩展
			192.168.1.192	192.168.1.192	留待日后扩展
				192.168.1.224	留待日后扩展

2.3.1.2 规定 VLAN 的 ID

人们是通过 VLAN ID 来识别 VLAN 的，将交换机内部设置的 VLANID 分配给不同的端口，以区分不同的 VLAN。我们知道，只要不用打标 VLAN，VLAN 就仅在一台交换机内有效。因此，即使是同一 VLAN，我们也可以基于交换机为它们设置不同的 VLAN ID，并且能够保证通信正常。如下图所示，我们看到右边的交换机已经将 VLAN 设成了 VLAN2，于是决定在左边的交换机中将 VLAN 设成 VLAN1，这样做也不是不行的。然而，站在运行管理的角度去看，就会发现这种设置会带来极大的麻烦，那就是我们还得花点时间在脑子里给它们一一对上号才行，既费力又耗时。因此，对于同一 VLAN，我们应该统一设置相同的 ID，在设计阶段就将 VLAN ID 的基本规则明确下来。

图 2.3.5 VLAN ID 不统一的话很容易混淆

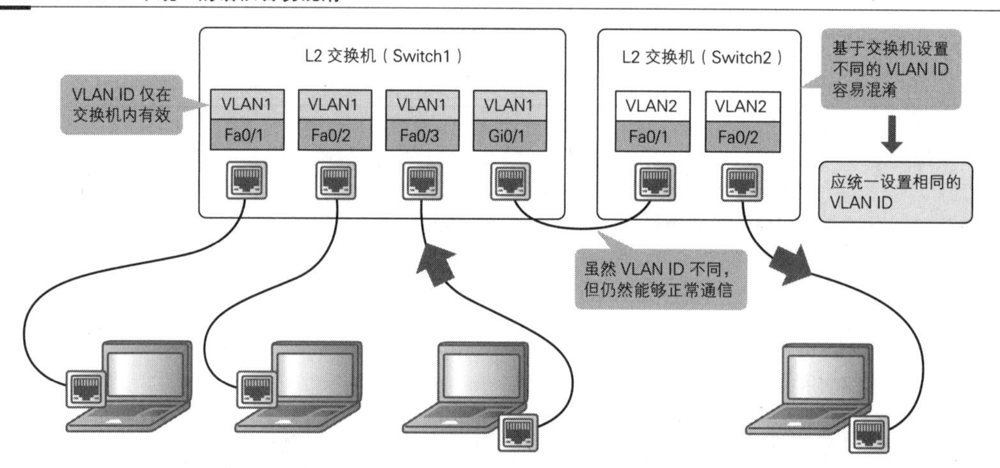

使用打标 VLAN 时，则务必要保持 VLAN ID 一致，本征 VLAN 也是如此。默认的本征 VLAN 是 VLAN1，所以我们也可以直接使用它。不过，使用默认值时存在数据安全风险。有一种网络攻击叫作“VLAN 跳跃”[①]，它是利用 VLAN 的标签规格进行恶意攻击的，如果使用默认值就会成为被攻击的对象。所以我们最好不使用默认的 VLAN1，而是对其稍做修改，这样才更加安全。

① 此种攻击会发送一个打上了 VLAN 标签的报文，跨越访问控制进行 DoS（Denial of Service，拒绝服务）攻击。

图 2.3.6 使用打标 VLAN 时要保持本征 VLAN 一致

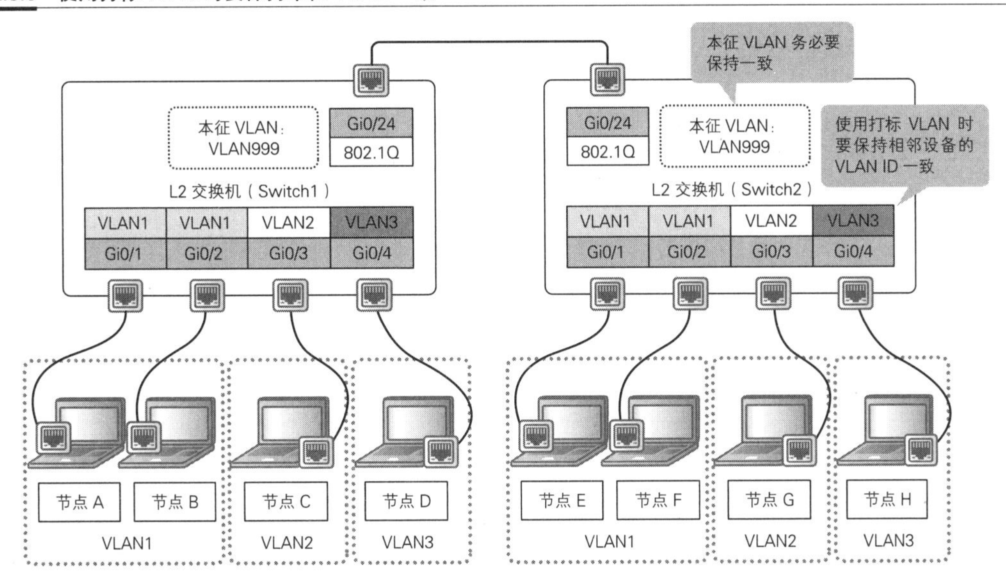

我们也可以为 VLAN 命名。起一个无论是谁都能看明白的名字对今后的运行管理有着重大的意义。管理人员不可能一直固守同一岗位，无论谁来接手管理工作，都能快速理解其中的规则已然成为判断网络结构好坏的标准之一。因此我们应制定一个简单易行的命名基本规则，确保其他人员接手工作时能够很快理解名字的含义。

2.3.2 在考虑数量增减的基础上分配 IP 地址

下面我们来看 IP 地址设计。IP 地址设计指的是给配置好的 VLAN 分配怎样的网络地址。有条不紊且注重效率的 IP 地址分配对今后的管理性和可扩展性起着极大的作用，因此，我们设计的时候一定要着眼于未来。

2.3.2.1 IP 地址的估算数量应高于当前所需数量

IP 地址设计的第一步是弄清所需 IP 地址的数量。实际所需的 IP 地址取决于人们使用的设备和设备功能、服务器数量、客户端数量等诸多因素，我们应从不同的角度辨别具体情况，整理出架构环境时真正需要的 IP 地址。

估算时应留有余地

如果是在 IP 地址绝对不会增加或减少的 VLAN，例如防火墙之间或负载均衡器之间的 VLAN 等，我们只要数清楚 IP 地址的数量就好了。

然而事实并没那么简单，对分配给用户和服务器的 IP 地址我们必须多估算一些才能应对频繁的变化。如果考虑得过于简单，比如单纯地认为“需要 10 个 IP 地址嘛，那我用 28 位去分配就好了”，那么今后需要更多 IP 地址的时候，我们就不得不重新分配 VLAN，非常麻烦。新增 VLAN 相当于新设路由器，是一件十分耗时费力的事情，所以我们应合理预估今后 IP 地址的增加情况，尽可能多估算一些数量。

图 2.3.7　估算数量应高于当前所需数量

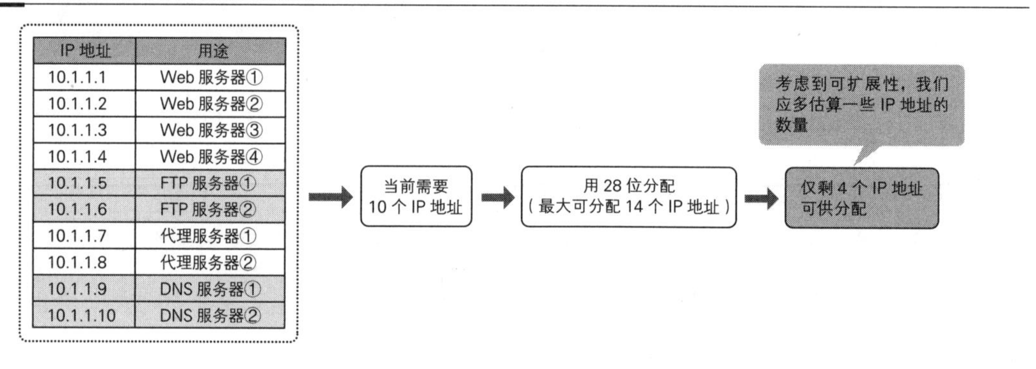

估算时不要忘了用于特殊用途的 IP 地址

如果我们给服务器和网络设备做了冗余配置，那么除了物理 IP 地址之外它们一般还需要一个共享 IP 地址。总的来说就是，在考虑 IP 地址的数量时，不要忘记我们需要的有活动机的 IP 地址、备用机的 IP 地址和二者共享的 IP 地址①。此外，用于设备管理的 IP 地址和用于服务器远程管理的适配器（例如 HP 服务器的 iLO、Dell 服务器的 iDRAC 或 IBM 服务器的 IMM）的 IP 地址往往容易被人遗忘，我们也需要特别注意。如果设计工作基本完成后才发现遗漏了特殊用途的 IP 地址，就会非常麻烦。我们一定要提前考虑周全。

① 有些设备没有共享 IP 地址，而是直接使用活动机的物理 IP 地址，这取决于我们选用的机器规格。因此在设计时请一定要好好确认这一点。

图 2.3.8 特殊用途的 IP 地址容易被遗忘

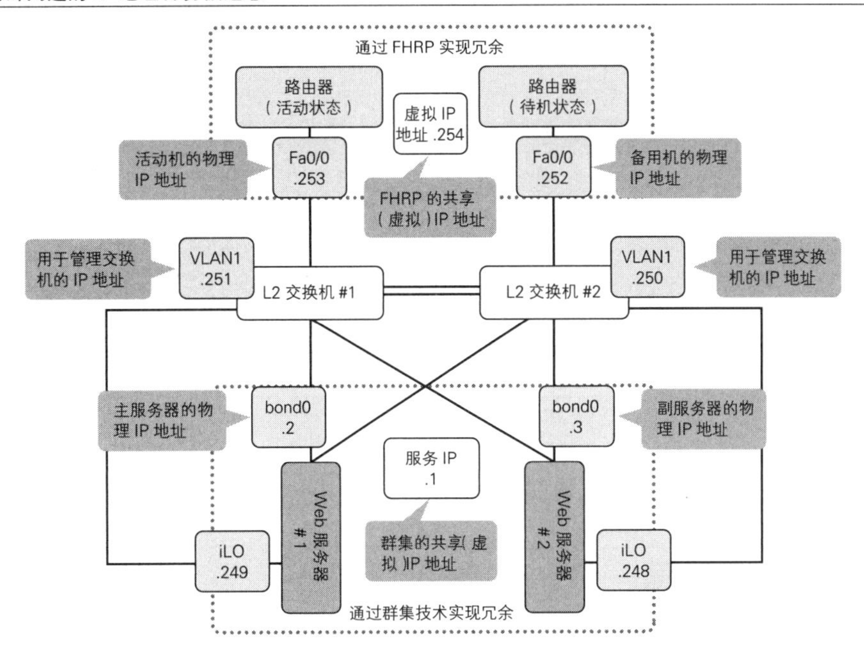

VLAN 是要做大还是做小

网络是要做大还是做小，这对运行管理有着重大的影响。

以往人们一直推崇按 IP 地址所需个数将网络尽量做小的思路，然而，现在这样做已经未必是最好的选择了。实际上，将配置在 LAN 内的用户 VLAN 用 21 位分隔开，在 1 个 VLAN 中囊括数千台终端的事例也不是没有。当然，那样的话同一 VLAN 中的终端都会收到本身并不需要的广播，不过最近的 OS 已经不像过去那样频繁地使用广播了，接口的速度也比以前快了很多，所以网络即使做得很大也完全可以顺畅地运行。网络越大 VLAN 就越少，设置和运行管理也就越轻松。

将网络做大时有一点必须注意，那就是桥接环路。网络越大，死循环的影响范围就越大，一旦发生桥接环路，那么所有隶属于该 VLAN 的终端就会无法通信。不仅如此，有些路由点上的所有终端也可能会无法通信。因此，我们在设计时，务必要用 STP（Spanning Tree Protocol，生成树协议）防止死循环的发生。桥接环路和 STP 将在 4.1.2.1 节中详细说明。

图 2.3.9 VLAN 是要做大还是做小

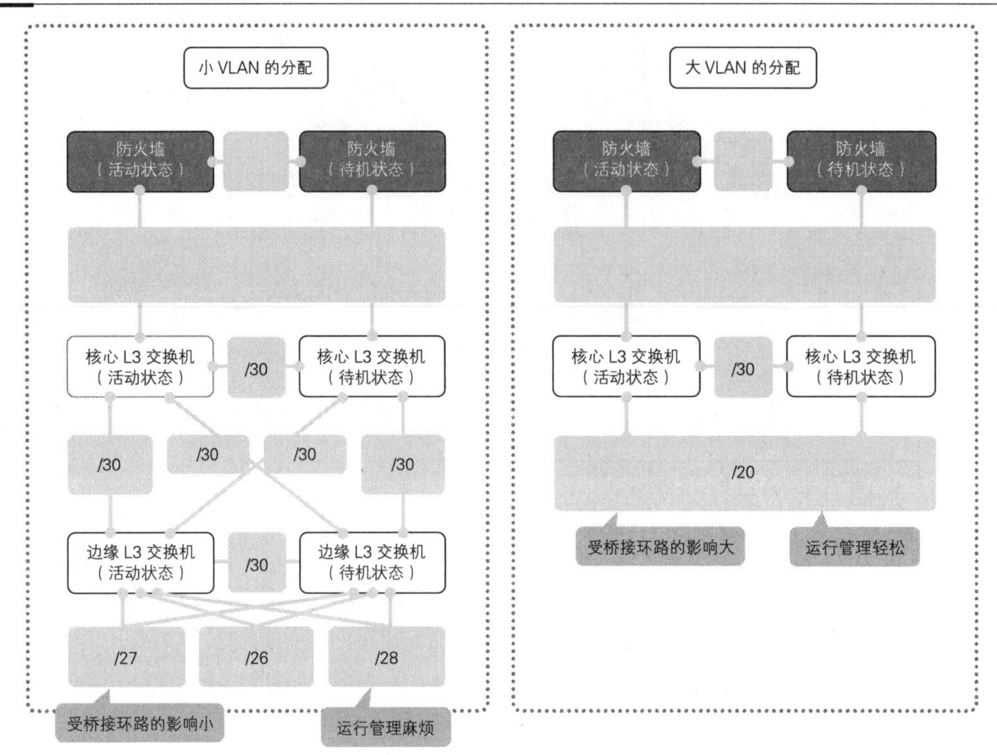

关于网络的设计我还要提一点，那就是无论需要多少个 IP 地址都用“/24”去统一分隔的手法。用 24 位去划分比较容易理解，也便于管理。网络要做到多大取决于客户的需求，我们应看准和认清需求之后再考虑网络的具体设计。

2.3.2.2 按顺序排列网段，使之更容易汇总

注重效率的子网划分对路由汇总起着良好的作用，有利于简化路径。我们在设计的时候应按一定的顺序排列网段，使它们更加容易汇总，也更加简约明朗。预先定义好在哪里汇总、用多少位去汇总，也有助于提高系统今后的可扩展性。

图 2.3.10 将网段按顺序排列

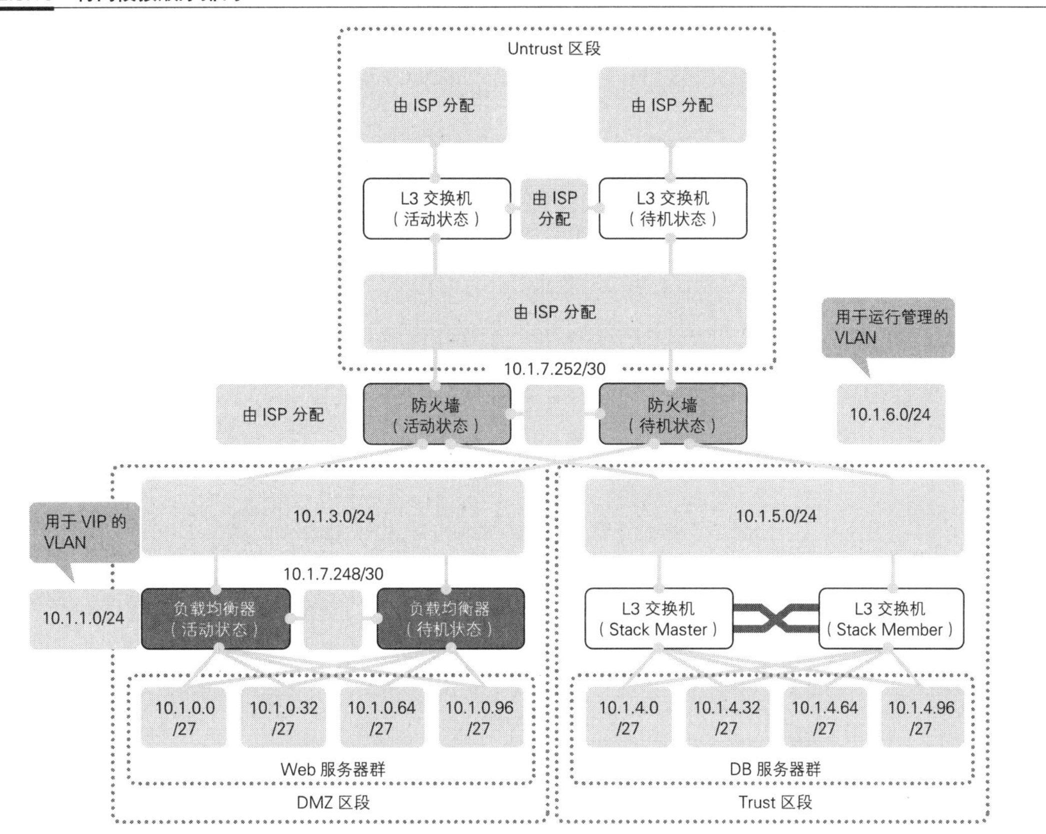

我一般会将网段整理成一张表格（见表 2.3.2）以便随时查询。整理出一张这样的表格后，网段的汇总和管理都会更加轻松。下面这张表是对网段分配的整理结果，在将网段分配给服务器的过程中，最终要达到能够用 24 位对网段进行划分和汇总。做这种 IP 地址设计就像玩俄罗斯方块一样，充满了乐趣。

表 2.3.2 将网段整理成表

<table>
<tr><th>十进制写法</th><th>255.255.255.0</th><th>255.255.255.128</th><th>255.255.255.192</th><th>255.255.255.224</th><th>255.255.255.240</th><th>255.255.255.248</th><th>255.255.255.250</th><th rowspan="3">用途</th></tr>
<tr><th>斜线写法</th><th>/24</th><th>/25</th><th>/26</th><th>/27</th><th>/28</th><th>/29</th><th>/30</th></tr>
<tr><th>最大 IP 数量</th><th>254（256−2）</th><th>126（128−2）</th><th>62（64−2）</th><th>30（32−2）</th><th>14（16−2）</th><th>6（8−2）</th><th>2（4−2）</th></tr>
<tr><td rowspan="28">分配网段</td><td rowspan="8">10.1.0.0</td><td rowspan="4">10.1.0.0</td><td rowspan="2">10.1.0.0</td><td colspan="4">10.1.0.0</td><td>Web ①</td></tr>
<tr><td colspan="4">10.1.0.32</td><td>Web ②</td></tr>
<tr><td rowspan="2">10.1.0.64</td><td colspan="4">10.1.0.64</td><td>Web ③</td></tr>
<tr><td colspan="4">10.1.0.96</td><td>Web ④</td></tr>
<tr><td rowspan="4">10.1.0.128</td><td rowspan="2">10.1.0.128</td><td colspan="4">10.1.0.128</td><td>留待日后扩展</td></tr>
<tr><td colspan="4">10.1.0.160</td><td>留待日后扩展</td></tr>
<tr><td rowspan="2">10.1.0.192</td><td colspan="4">10.1.0.192</td><td>留待日后扩展</td></tr>
<tr><td colspan="4">10.1.0.224</td><td>留待日后扩展</td></tr>
<tr><td colspan="7">10.1.1.0</td><td>VIP</td></tr>
<tr><td colspan="7">10.1.2.0</td><td>留待 VIP 日后扩展</td></tr>
<tr><td colspan="7">10.1.3.0</td><td>FW-LB 之间</td></tr>
<tr><td rowspan="8">10.1.4.0</td><td rowspan="4">10.1.4.0</td><td rowspan="2">10.1.4.0</td><td colspan="4">10.1.4.0</td><td>DB ①</td></tr>
<tr><td colspan="4">10.1.4.32</td><td>DB ②</td></tr>
<tr><td rowspan="2">10.1.4.64</td><td colspan="4">10.1.4.64</td><td>DB ③</td></tr>
<tr><td colspan="4">10.1.4.96</td><td>DB ④</td></tr>
<tr><td rowspan="4">10.1.4.128</td><td rowspan="2">10.1.4.128</td><td colspan="4">10.1.4.128</td><td>留待日后扩展</td></tr>
<tr><td colspan="4">10.1.4.160</td><td>留待日后扩展</td></tr>
<tr><td rowspan="2">10.1.4.192</td><td colspan="4">10.1.4.192</td><td>留待日后扩展</td></tr>
<tr><td colspan="4">10.1.4.224</td><td>留待日后扩展</td></tr>
<tr><td colspan="7">10.1.5.0</td><td>FW-L3 之间</td></tr>
<tr><td colspan="7">10.1.6.0</td><td>运行管理</td></tr>
<tr><td rowspan="7">10.1.7.0</td><td colspan="6">10.1.7.0</td><td>空置</td></tr>
<tr><td rowspan="6">10.1.7.128</td><td colspan="5">10.1.7.128</td><td>空置</td></tr>
<tr><td rowspan="5">10.1.7.192</td><td colspan="4">10.1.7.192</td><td>空置</td></tr>
<tr><td rowspan="4">10.1.7.224</td><td colspan="3">10.1.7.224</td><td>空置</td></tr>
<tr><td rowspan="3">10.1.7.240</td><td colspan="2">10.1.7.240</td><td>空置</td></tr>
<tr><td rowspan="2">10.1.7.248</td><td>10.1.7.248</td><td>LB-LB 之间</td></tr>
<tr><td>10.1.7.252</td><td>FW-FW 之间</td></tr>
</table>

2.3.2.3 必须统一规定从何处开始分配 IP 地址

网段分好之后，接下来我们应该在其中的何处开始分配 IP 地址，具体又该如何分配呢？对于这些问题也要做出统一规定。例如，我们可以做出这样的分配规定：数量容易发生变化的服务器和用户终端的 IP 地址从数字最小的编号用起，几乎不变的网络设备的 IP 地址则从数字最大的编号用起。这样，IP 地址的分配和使用就有了统一性，后面的管理也就方便多了。此外，我们在设计类似的结构时也可以照葫芦画瓢地采用同样的基本规则，那样也会轻松很多。只要没有现成的基本规则，对于类似的结构，我总是会制定一模一样的基本规则以提高作业效率、减少作业失误。

图 2.3.11 统一分配 IP 地址的基本规则

IP 地址	用途
10.1.1.0/24	网络地址
10.1.1.1	Web 服务器①
10.1.1.2	Web 服务器②
10.1.1.3	Web 服务器③
10.1.1.4	Web 服务器④
10.1.1.5	留待 Web 服务器日后扩展
10.1.1.6	留待 Web 服务器日后扩展
10.1.1.7	留待 Web 服务器日后扩展
10.1.1.8	文件服务器①
10.1.1.9	文件服务器②
10.1.1.10	文件服务器③
10.1.1.11	留待文件服务器日后扩展
……	
10.1.1.252	L3 交换机物理 IP 地址（备用机）
10.1.1.253	L3 交换机物理 IP 地址（活动机）
10.1.1.254	L3 交换机共享 IP 地址
10.1.1.255	广播地址

服务器的 IP 地址从数字最小的编号开始分配

网络设备的 IP 地址从数字最大的编号开始分配

2.3.3 路由选择以简为上

下面，我们来看路由设计。路由设计是指将路由设计在什么地方以及如何对分配好的网络地址进行路由选择。在哪里、如何进行路由选择对今后的管理性和可扩展性起着极大的作用，因此我们在设计的时候一定要着眼于未来。

2.3.3.1 考虑在路由选择中使用哪些协议

首先，我们要确定在路由选择中使用哪些协议。以往，人们将 Apple Talk、SNA（System

Network Architecture，系统网络架构）、FNA（Fujitsu Network Architecture，富士通网络架构）和IPX（Internetwork Packet Exchange，互联网分组交换）等多种协议混合在一起使用，每一种协议都得进行路由选择。不过，现在大多数环境都只有 IP，和以往相比简单了不少。大多数情况下，人们仅将 IP 数据包视为路由选择的对象。

2.3.3.2 考虑采用哪种路由选择方法

然后，我们应该确定采用哪种路由选择方法。路由选择有两种方法，分别是静态路由选择和动态路由选择。

用于互联网的通信采用默认路由

当我们的通信对象在互联网上时，其 IP 地址是不固定的。因此，对于在网络中扮演着通往互联网的出口这一角色的设备，比如防火墙和负载均衡器等，我们应将它们的 IP 地址设为默认网关。如果我们对这些设备做了冗余配置，那么其共享 IP 地址就是默认网关。

图 2.3.12 默认网关为共享 IP 地址

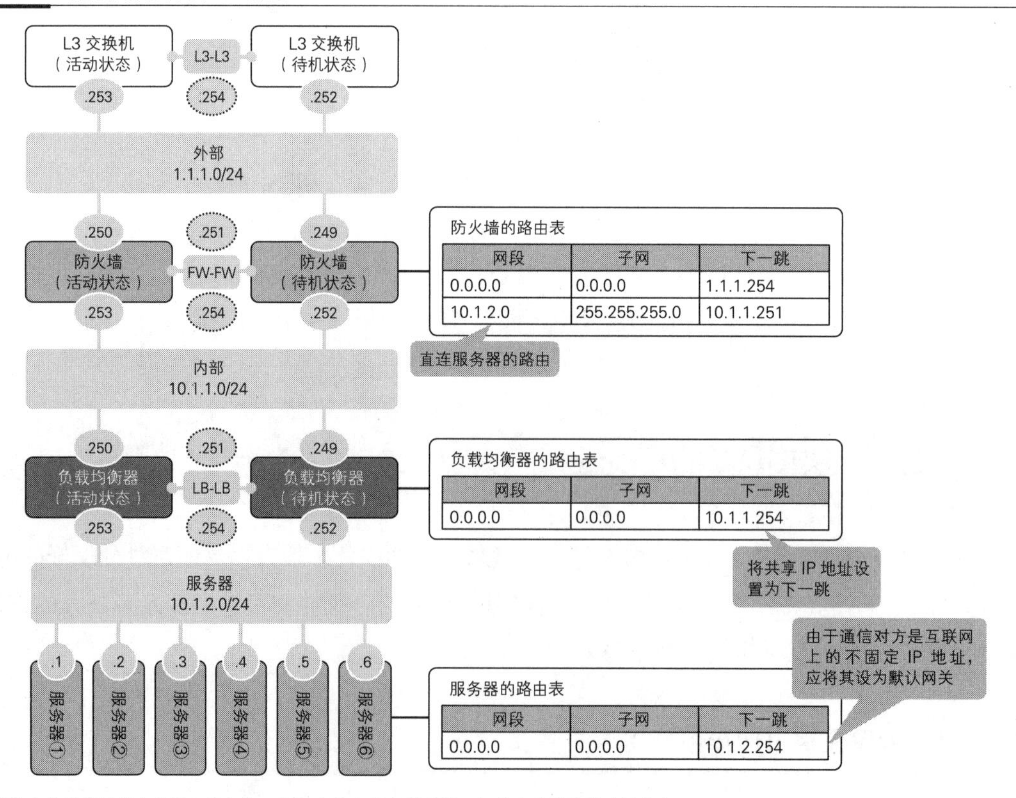

防火墙的路由表

网段	子网	下一跳
0.0.0.0	0.0.0.0	1.1.1.254
10.1.2.0	255.255.255.0	10.1.1.251

负载均衡器的路由表

网段	子网	下一跳
0.0.0.0	0.0.0.0	10.1.1.254

服务器的路由表

网段	子网	下一跳
0.0.0.0	0.0.0.0	10.1.2.254

※ 实际上直连的网段也会写入路由表。这里为了方便大家理解，仅画出了设置的路径信息。

如果公开服务器的后端有配置了 DB 服务器和 AP 服务器的 VLAN，我们就要对公开服务器设置能够抵达该 VLAN 的静态路由。偶尔可能会出现后端也设置了默认网关，结果导致一个服务器拥有好几个默认网关的情况，但这是错误的做法，服务器的默认网关只能有一个。如果通往特定 VLAN 的路径有别的下一跳，我们也应设置能够抵达该 VLAN 的静态路由。以图 2.3.13 为例，图中是 Web 服务器隶属于前端和后端两个 VLAN 的网络结构。按照前面的说明，我们应该在隶属前端的网卡上设置前端的 IP 地址、子网掩码和默认网关，在隶属后端的网卡上仅设置 IP 地址和子网掩码。同时，设置一条能够抵达 DB 服务器（10.1.3.0/24）的静态路由。顺便提一句，Windows OS 和 Linux OS 都是用 route add 命令设置静态路由的。

图 2.3.13 默认网关只能有一个

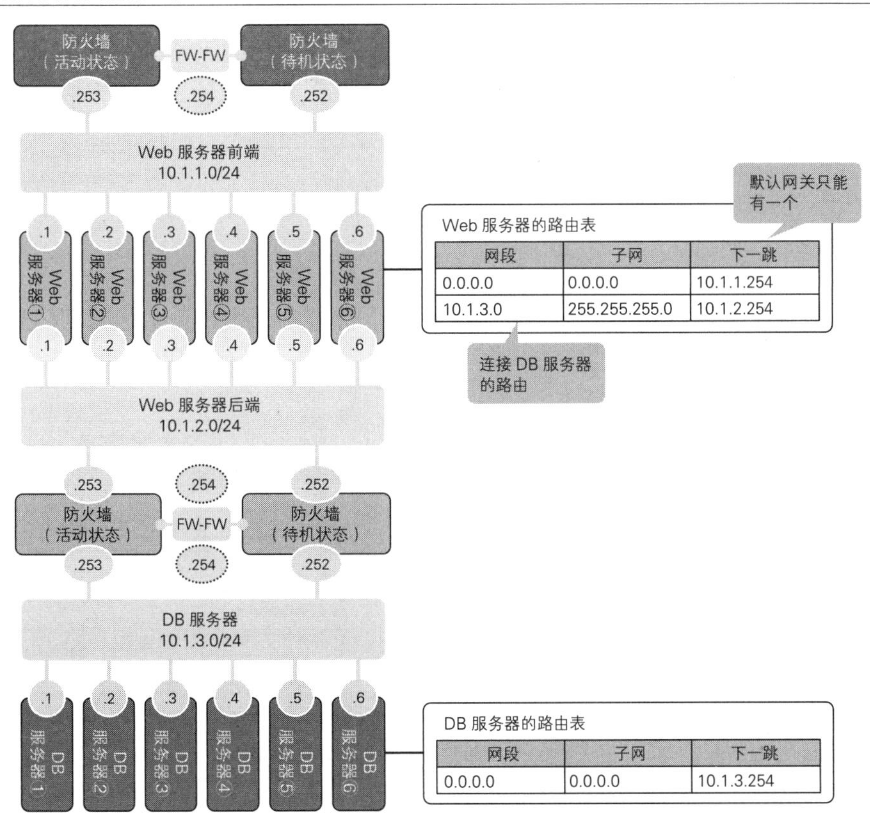

和 ISP 的连接点上运行着 BGP

ISP 上运行着 BGP，通过 BGP 构成大规模的 AS。公开在互联网上的服务器端相当于隶属于该大规模 AS 的私有 AS。

位于系统最上层的 L3 交换机（CE 交换机）在 ISP 的 PE 路由器和 eBGP 对等体之间以及并列配置的另一台 L3 交换机之间安排 iBGP 对等体，以此来确保从互联网通服务器端全球 IP 地址的路径。而且，这个时候会通过 BGP 属性控制使用的线路，确保路径的冗余性[①]。

我们从 PE 路由器的视角来看看 BGP 是如何控制线路的。PE 路由器通过 BGP 将默认路由（0.0.0.0/0）交给 L3 交换机（CE 交换机）[②③]。此时，通过 BGP 属性的差异（如果是备用 PE 路由器发送的路由，属性中多一个虚设的 AS_PATH 信息），控制出站通信仅通过这一台 PE 路由器。同时，PE 路由器还通过 BGP 接收 L3 交换机分配的全球 IP 地址（网络地址），与之前一样通过 BGP 属性差异（如果收到的是备用 CE 交换机发送的路由，属性中多一个虚设的 AS_PATH 信息），控制入站通信仅通过这一台 PE 路由器。

图 2.3.14　ISP 是通过 BGP 接入的

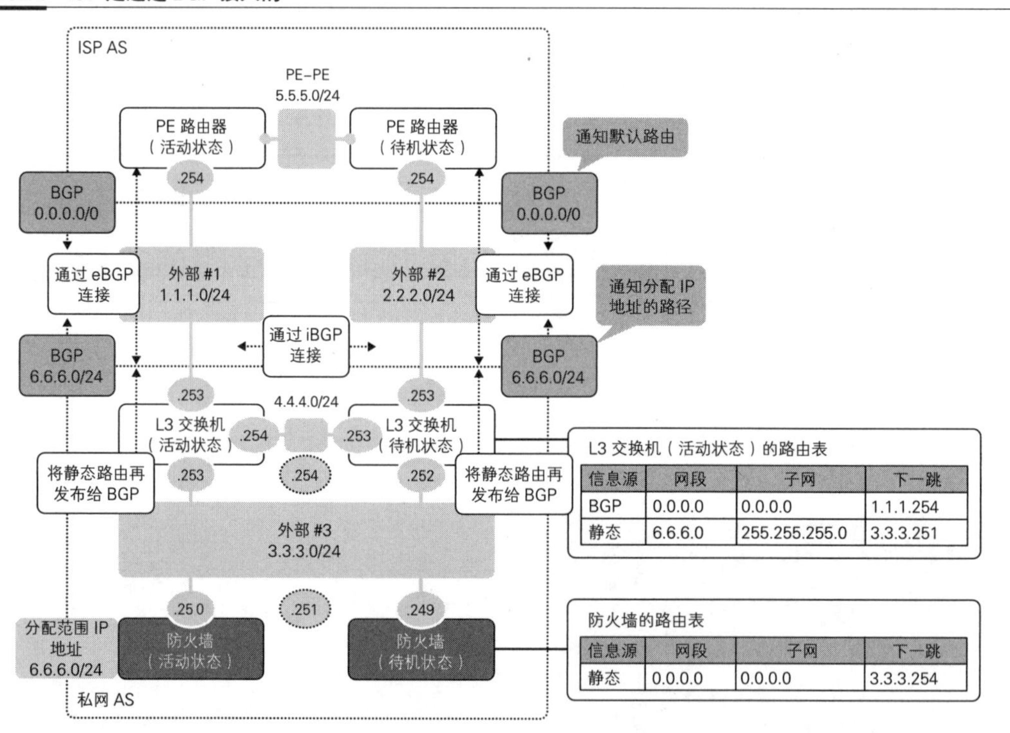

L3 交换机（活动状态）的路由表

信息源	网段	子网	下一跳
BGP	0.0.0.0	0.0.0.0	1.1.1.254
静态	6.6.6.0	255.255.255.0	3.3.3.251

防火墙的路由表

信息源	网段	子网	下一跳
静态	0.0.0.0	0.0.0.0	3.3.3.254

※ FW-FW 之间的 VLAN 因和 ISP 接入无关，所以图中省略未画。

① 不同的 ISP 和服务会有不同的上层 BGP 结构。本书中讲解的 BGP 结构均以单一 ISP 双线接入（冗余配置）为前提。

② 实际上是通过将静态路由和 IGP 再发布给 BGP，或是仅将特定的路径写入 BGP 表来确保路径。

③ L3 交换机只接收默认路由。因此，我们不需要为了保证顺畅地处理互联网全路由（截至 2019 年，大约有 75 万条路由）而准备昂贵的 L3 交换机。

统一路由协议

在 LAN 内运行路由协议时，将各种路由协议统一成一个比较合理。当然，我们也可以通过再发布让几个不同的路由协议同时运行，事实上也的确存在非这样处理不可的情况。但是，考虑到今后的运行管理，还是将它们迁移到一个路由协议上的做法更加合适。

路由选择方式分核心路由选择和边缘路由选择两种

路由选择方式也是设计 LAN 内路由选择的一个关键。将路由选择点（让数据包选择路径的点）落实到网络结构的哪个阶层，决定了路由选择方式是核心路由选择还是边缘路由选择。

核心路由选择是由位于网络中心的核心交换机为所有路由数据包选择路径的方式，这种方式下要给核心交换机配置 L3 交换机、给边缘交换机配置 L2 交换机。路由选择点因为只有核心交换机这一处，所以该方式操作方便，故障也容易排除。不过，如果一个 VLAN 内发生了桥接环路，影响就会波及整个 VLAN，所以我们务必认真对待 STP 设计。此外，由于所有的路由数据包都会经过核心交换机，我们还要注意核心交换机的处理负荷。

图 2.3.15 核心路由选择方式仅靠核心交换机来选择路径

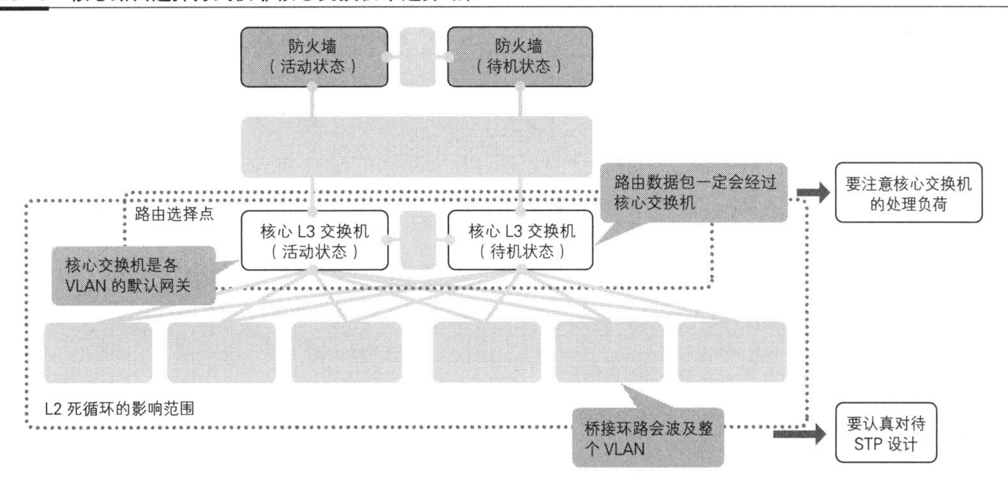

边缘路由选择是由位于网络边缘的边缘交换机选择路径的方式，这种方式下要给核心交换机和边缘交换机都配置 L3 交换机。核心交换机和边缘交换机之间通过路由协议同步 LAN 内路径，因此边缘交换机也能够进行路由选择。同属一台边缘交换机的 VLAN 之间的路由数据包只需经该边缘交换机处理即可，因此负荷得以分散，而且即使发生桥接环路，其影响也不至于扩散到整个 VLAN。不过这种方式也有缺点，比如路由选择点较多、构造稍嫌复杂、运行管理也会更难一些。

图 2.3.16 在边缘路由选择方式中，边缘交换机也能够选择路径

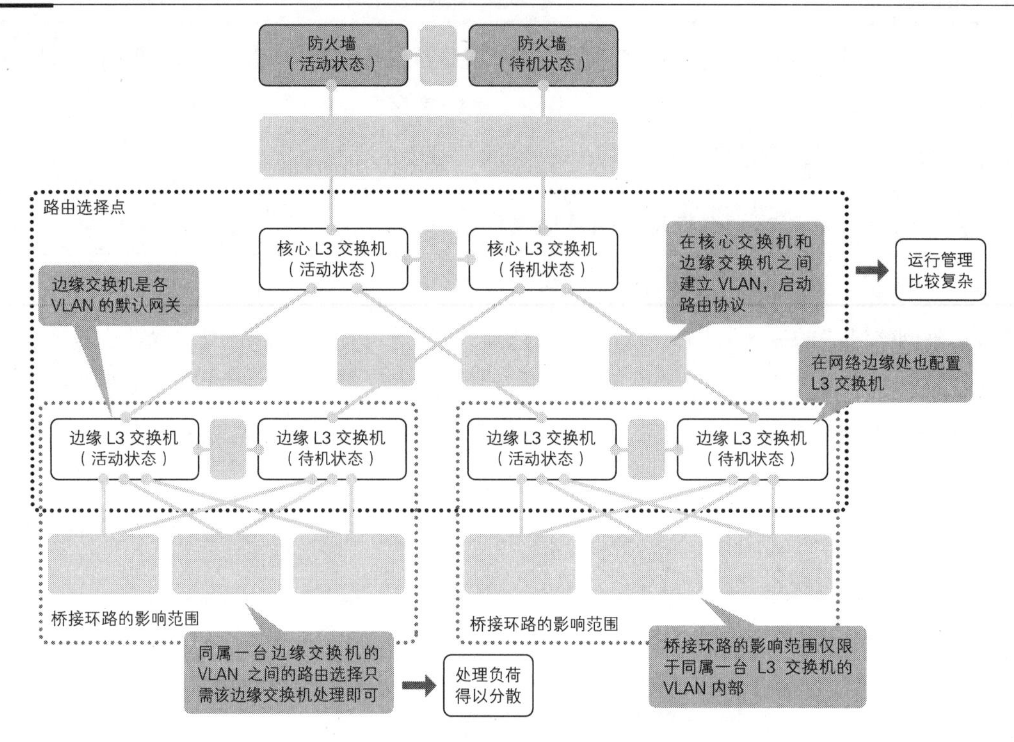

过去人们比较倾向于将 VLAN 尽量做小且采用边缘路由选择的方式，然而现在的主流已经变成将 VLAN 尽量做大且采用核心路由选择的方式，这是因为后者能将运行管理方面的优势最大化。两种路由选择方式都有各自的优点和缺点，选择哪一种取决于客户的需求。我们应认清需求之后再开始设计。

表 2.3.3 核心路由选择和边缘路由选择都有各自的优点和缺点

路由选择方式	核心路由选择	边缘路由选择
路由选择点	核心交换机	核心交换机 ～ 边缘交换机
各 VLAN 的默认网关	核心交换机	边缘交换机
逻辑结构	简单	稍嫌复杂
运行管理	简单	稍嫌复杂
路由数据包的处理负荷	全部集中在核心交换机上	也会分散到边缘交换机上
L2 死循环的影响范围	大	小

让路由器和 L3 交换机处理路由协议

防火墙、负载均衡器和服务器也是可以启动路由协议的，不过我并不推荐这样做。我们偶尔会遇到态度强硬的管理人员翻出不知是从哪里找来的使用手册，说既然有这项功能那就要用用看，这种想法是不对的。网络世界有一个特点，那就是人们觉得正常运行是理所当然的事，一旦发生故障就会遭受各种批评和议论。因此，“有这项功能”和“用这项功能”是完全不同的两码事，尤其在路由协议方面，我们还是交给专用设备去处理比较合适。因为即使通过防火墙、负载均衡器或服务器启动了路由协议，我们并不能保证路由协议今后也能够长期、稳定地运作。所以，路由协议还是交给 L3 交换机和路由器去处理吧。

图 2.3.17　要使用路由协议就应该准备 L3 交换机和路由器

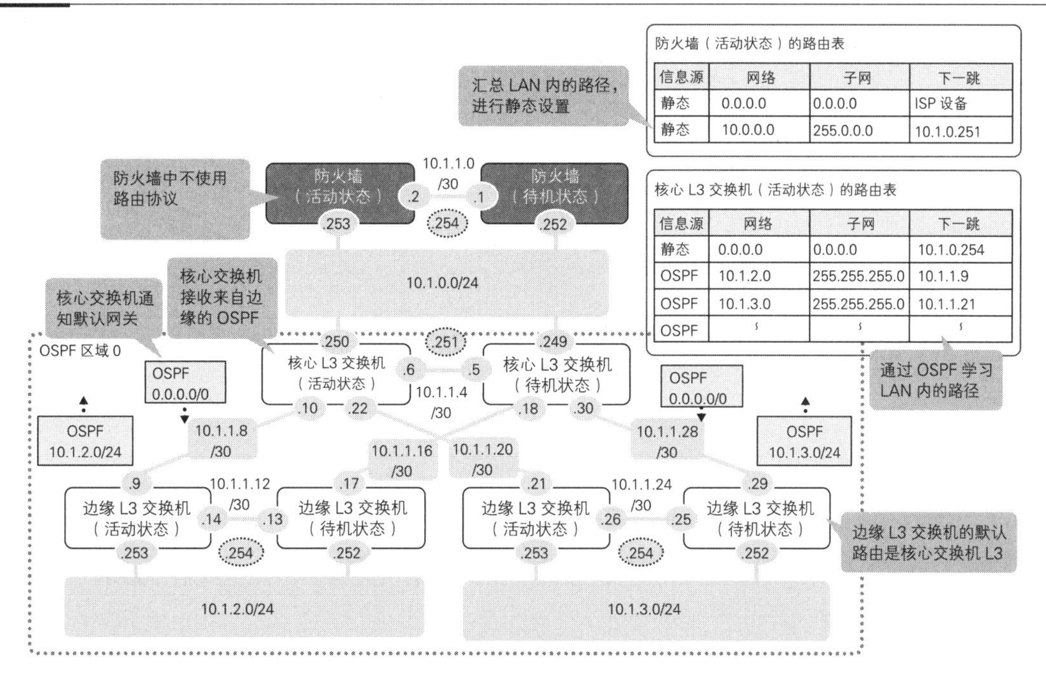

2.3.3.3　将路径汇总以减少路径数量

我们应该确定在什么地方、将多少条路径汇总起来。任凭路径发展的话，其数量只会有增无减，也会越来越乱，还有可能引发设置失误。所以我们要按顺序分配网络地址，合理高效地汇总路径。

图 2.3.18 所示的是一个利用防火墙将各区段的路由由 /27 汇总到 /24 中，减少路径数量的示例。

图 2.3.18 通过汇总来简化路径

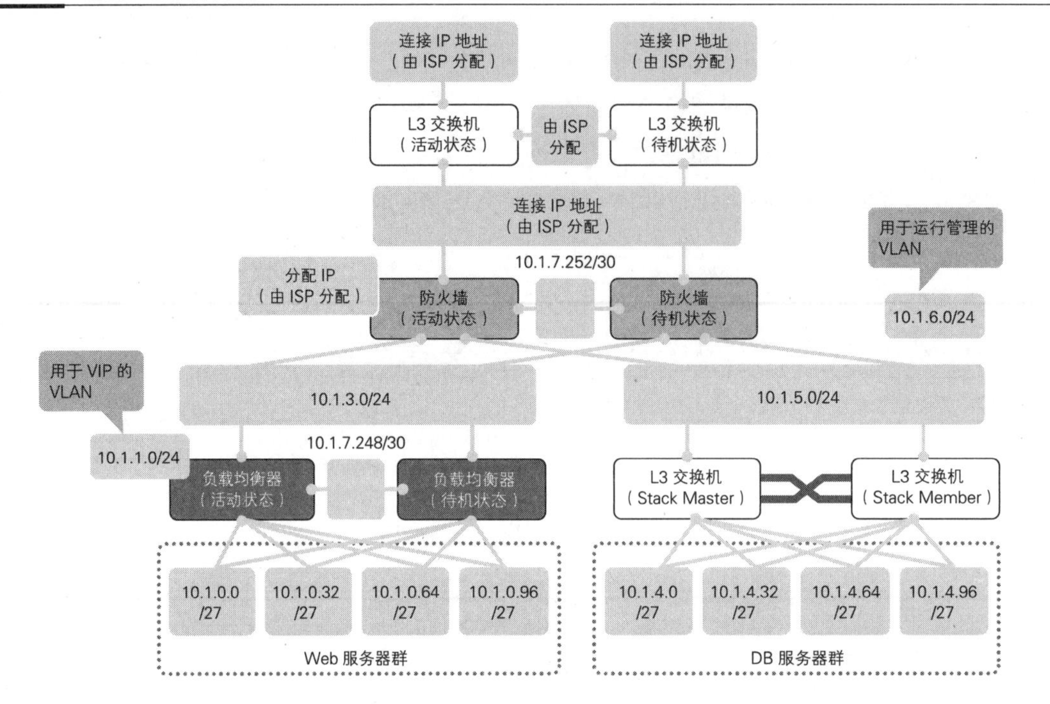

2.3.4 NAT 要按入站和出站分别考虑

不了解 NAT 的人会觉得它很复杂，不知不觉就对它敬而远之。然而，当我们规定好在哪里转换地址之后，再考虑起点和终点应该分别安排在何处，又应该如何进行地址转换的话，事情就没那么复杂了。本书将按入站（由互联网通向服务器端）通信和出站（由服务器端通向互联网）通信来讲解 NAT①。

2.3.4.1 NAT 是在系统边界进行的

和路由选择一样，NAT 的设计也是以简为上的。如果在一个系统的很多地方都进行了地址转换，我们就会渐渐地理不出头绪来，所以最好还是尽量避免重复的地址转换，采用单纯、明朗的设计。

NAT 是在系统的边界进行的。对服务器端来说，它和互联网的边界是防火墙，因此 NAT 多在防火墙中进行，即在防火墙中将全球 IP 地址转换为私网 IP 地址。

① 其实负载均衡也是一种利用地址转换的技术，只是放在这里一起介绍容易混淆，所以将其放在第 3 章中详细说明。

图 2.3.19 NAT 多在防火墙中进行

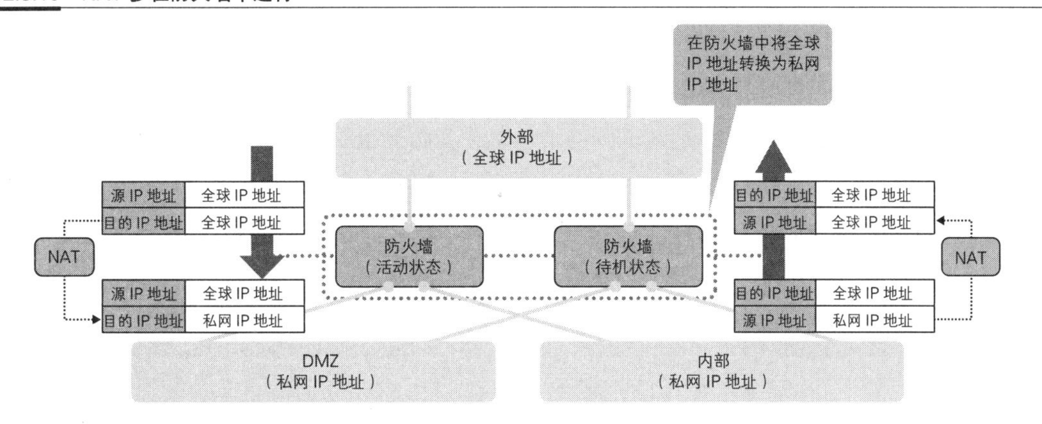

2.3.4.2 通过入站通信转换地址

入站（由外部进入内部的）通信是互联网上的用户访问公开服务器的通信，需要转换目的 IP 地址。其原理是，先找出需要在互联网上公开的服务器，然后对该服务器的 IP 地址进行转换。

服务器端的 NAT 比较特殊，不太容易弄懂，下面我们来整理一下。

图 2.3.20 入站通信的 NAT 为一对一的形式

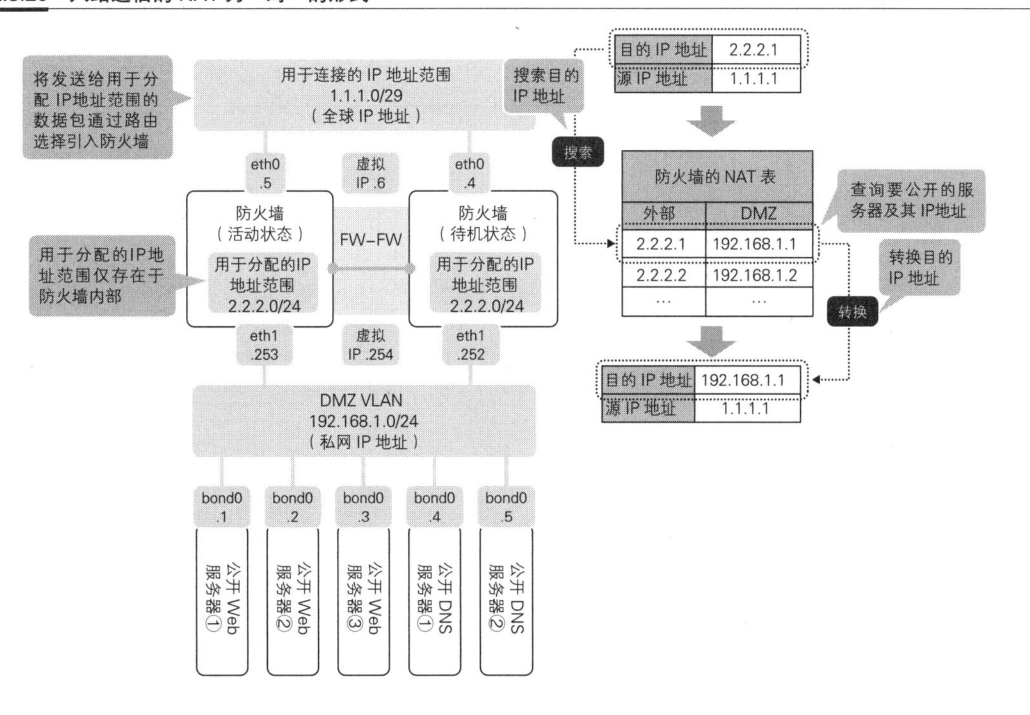

ISP 和全球 IP 地址签约之后会提供两个全球 IP 地址范围，一个用于连接，另一个则用于分配[①]。用于连接的 IP 地址范围是指用于连接 ISP 的多个 VLAN，在防火墙的 Untrust 区段中设置；用于分配的 IP 地址范围则是指用于公开服务器和出站 NAPT 的 IP 地址的 VLAN，仅存在于防火墙内部。ISP 将用于分配的 IP 地址范围的下一跳设为防火墙的连接 IP 地址[②]，这样，发送给用于分配的 IP 地址范围的数据包就会进入防火墙而不是代理 ARP，防火墙在 NAT 表中查询到该数据包的目的 IP 地址后将其转换为私网 IP 地址，然后将数据包发送给公开服务器。

2.3.4.3　通过出站通信转换地址

出站（由内部去往外部的）通信是服务器或用户访问互联网的通信，需要转换源 IP 地址。针对互联网的通信大多是通过 NAPT 将多个私网 IP 地址转换为一个全球 IP 地址。其原理是，先找出应从哪个 VLAN 将信息发到互联网上，然后将该网络地址作为源 IP 地址进行转换。

将 NAT 定义为一对一形式的公开服务器，其出站通信的定义步骤和入站通信的刚好相反。

图 2.3.21　出站通信通过 NAPT 进行地址转换

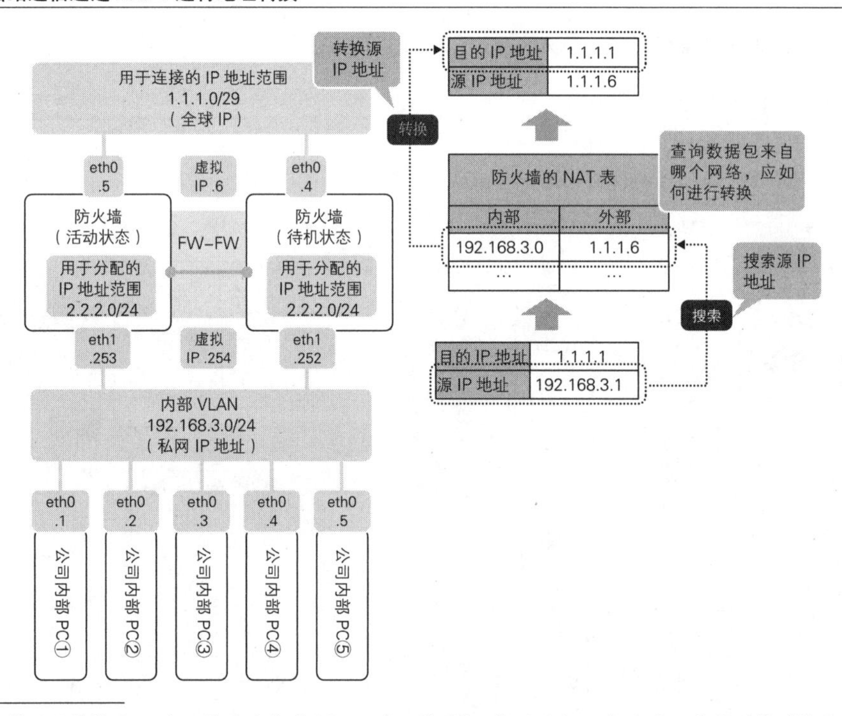

① 有些 ISP 将用于连接的 IP 地址范围叫作“区间 IP 地址范围”，将用于分配的 IP 地址范围叫作“范围 IP 地址”，叫法并不统一。最近也有 ISP 将私有 IP 地址范围当作连接 IP 地址范围使用。

② 如果我们做了冗余配置，则应将下一跳设为共享 IP 地址。

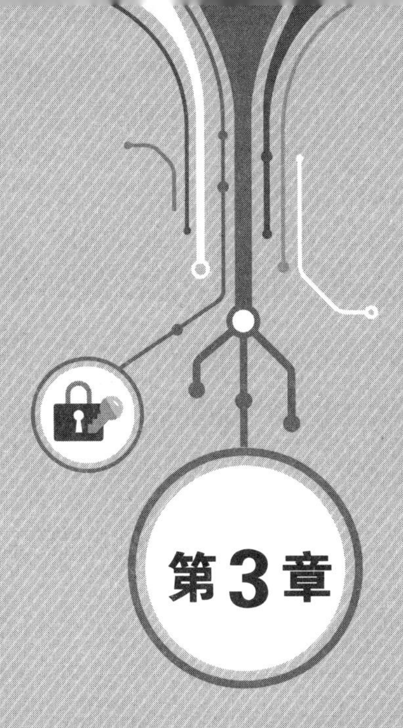

第3章 安全设计与负载均衡设计

本章概要

本章将说明服务器端从传输层到应用层的技术以及使用这些技术进行设计时的要点。

我们使用或开发的几乎所有应用程序都能够在网络中“流通”，因此信息流量也在持续地迅猛增加。对于这些激增的信息流量，服务器能够提供多大程度的安全保障，又能够完成多大数量的处理，这两点可以说是服务器端的关键所在。只有扎实地掌握技术规范，并且设计出最佳的信息安全环境和负载均衡环境，我们才能灵活应对越来越多的信息流量和日益复杂的应用程序要求。

3.1 传输层的技术

传输层位于网络层之上，用于高效地传输应用数据。网络层只负责将应用层的数据传输到目的节点，并不关心传输的是什么样的应用数据，也不关心该应用数据有什么样的通信控制要求。传输层更接近应用程序，恰恰能够弥补网络层的这些缺点。它是网络层和应用层之间的“润滑剂”，能够确保通信的灵活性。

3.1.1 控制和识别应用程序的通信

传输层是控制和识别应用数据通信的层。2.2 节介绍过，网络层将不同的以太网拼接起来，是确保不相邻的节点（不在同一个网段中的节点）也能够相互连接的层。传输层除了能确保这种连接性以外，还能够添加传输报头，并且通过报头中的控制信息甄别数据来自哪一个应用程序，达到按应用程序要求控制通信的目的。传输层使用的协议有两种，分别是 UDP 和 TCP。UDP 的传输报头叫作 UDP 报头，添加该报头后的数据叫作 UDP 数据报。TCP 的传输报头叫作 TCP 报头，添加该报头后的数据叫作 TCP 报文段。针对这两种协议，传输层上定义了各种不同的分段方式。

传输层是 OSI 参考模型中自下向上数的第四层。如果是发送数据，首先要接收来自会话层的应用数据，然后添加 UDP 报头或 TCP 报头并交给网络层；如果是接收数据，首先要接收来自网络层的数据包，执行和发送数据时恰好相反的操作后再交给会话层。下面就详细解说一下这两个操作过程。

我们先来看发送数据的过程。来自会话层的应用数据中仅包含用户输入的信息，并没有应用程序的相关信息。这样是无法知道该应用程序需要什么样的通信控制以及使用了哪项服务的。因此，为了解决这个问题，人们在传输层使用 TCP 或 UDP 来表示数据需要什么样的通信控制，为数据添加 UDP 报头或 TCP 报头后再交给网络层。同时，使用报头中标识端口号的数字来表示数据使用了哪项服务。

我们再来看接收数据的过程。来自网络层的 IP 数据包的 IP 报头包含一个名为协议编号的字段，该字段表示 IP 有效载荷使用的协议。传输层先是查看该字段，判断接收的数据是 UDP 数据报还是 TCP 报文段。接下来在传输层去掉 UDP/TCP 报头使其还原为应用数据，最后交给会话层。该操作过程和发送数据时的是恰好相反的。

图 3.1.1 在传输层为数据添加传输报头

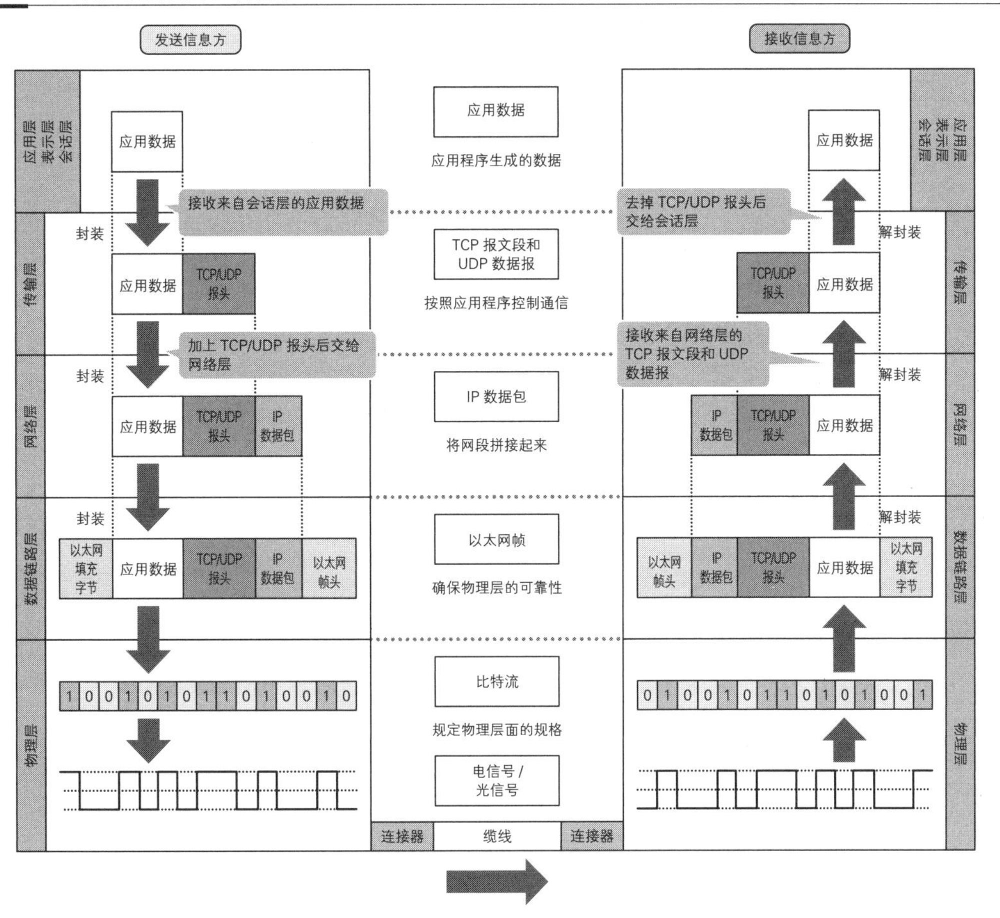

3.1.1.1 传输层使用 TCP 和 UDP 两种协议

传输层是网络和应用程序之间的"润滑剂"。应用程序对网络的要求是多种多样的，传输层将这些要求分为即时性（实时性）和可靠性两大类，分别通过不同的协议来实现。要求实时性的应用程序使用 UDP，要求可靠性的应用程序使用 TCP，使用哪一类协议在 IP 报头中的协议编号字段中定义。下面就详细讲解这两种协议。

表 3.1.1 根据应用程序对可靠性的要求分别使用 UDP 或 TCP

细分项目	UDP	TCP
协议编号	17	6
可靠性	低	高
处理负荷	小	大
即时性（实时性）	强	弱

用 UDP 进行快速传送

UDP 用于互联网电话（VoIP，Voice over IP）、时间同步、名称解析、DHCP 等追求即时性的应用程序。它专注于传送本身，不具备可靠性，可省去烦琐的步骤，即时性非常高，其报文格式如图 3.1.2 所示。

图 3.1.2 UDP 的报文格式

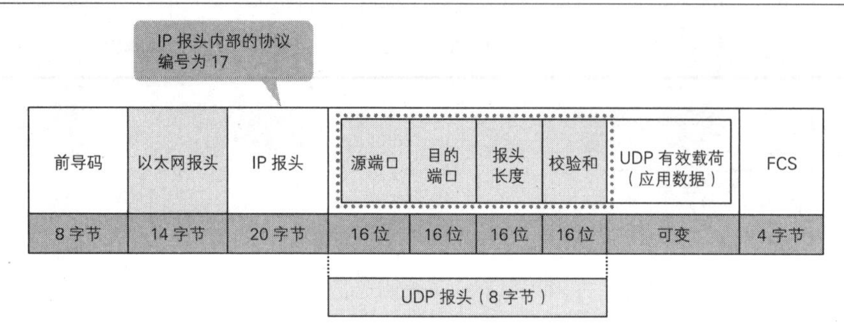

由于 UDP 追求即时性，封包格式也较为简单，只有 8 字节（64 位）。客户端用 UDP 封装 UDP 数据报然后源源不断地传送，并不管服务器方面如何。服务器收到数据后利用 UDP 报头中所含的报头长度和校验和去检查数据是否正确，检验合格后才真正接收数据（见图 3.1.3）。

图 3.1.3 UDP 会源源不断地传送数据

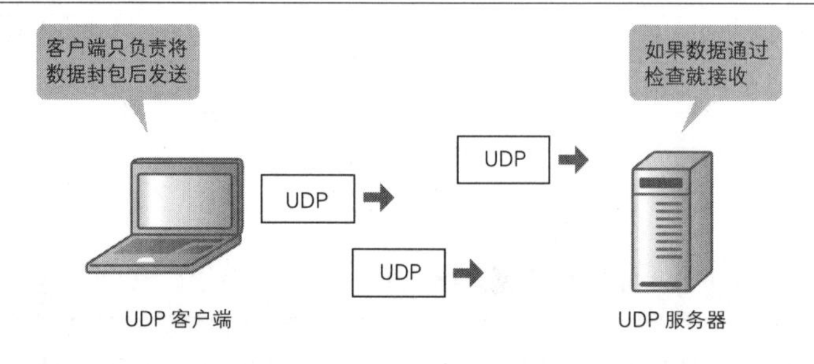

用 TCP 进行可靠传送

TCP 用于邮件、文件的发送以及 Web 浏览器等追求可靠性的应用程序，其报文格式如图 3.1.4 所示。传送数据之前会先建立一个虚拟的连接通路，在其中进行数据交换。这个连接通路叫作“TCP 连通”。通过 TCP 进行数据交换的过程比较复杂，在 3.1.1.2 节中会详细说明。粗略地讲，就是每次传送数据时都要进行一个“我要发送了哦”“我收到了哦”的双向确认。由于每次都是一边确认一边传送，可靠性非常高。最近，随着谷歌开发的 QUIC（Quick UDP Internet Connection，低时延 UDP 互联网连接）的兴起，TCP 未来的发展难以预测。但是截至 2019 年，互联网上 90% 以上的吞吐量都是由 TCP 封装的数据构成的。

图 3.1.4　TCP 的报文格式

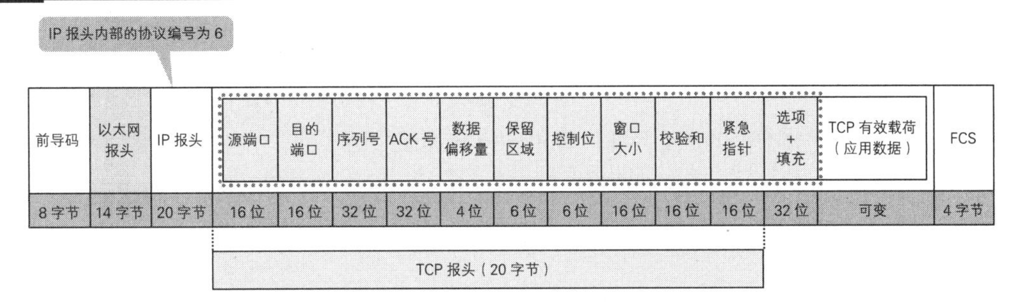

图 3.1.5　TCP 报头中包含着诸多信息

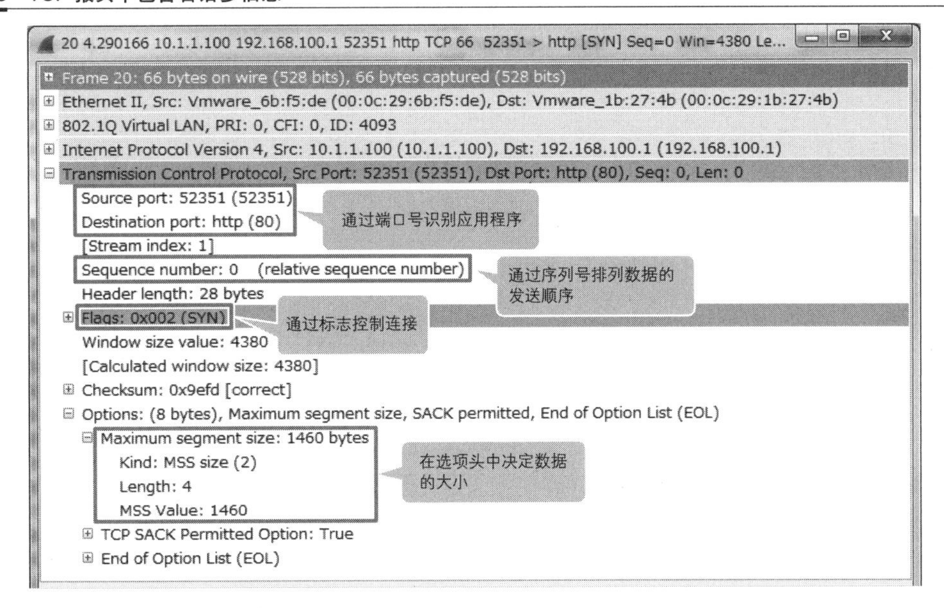

由于 TCP 追求可靠性，封包格式相对复杂，长达 20 字节（160 位）。而且它使用了大量报头对“我要发送了哦”和“我收到了哦”进行匹配确认，并高效地收发数据（见图 3.1.6）。

图 3.1.6　用 TCP 进行可靠传送

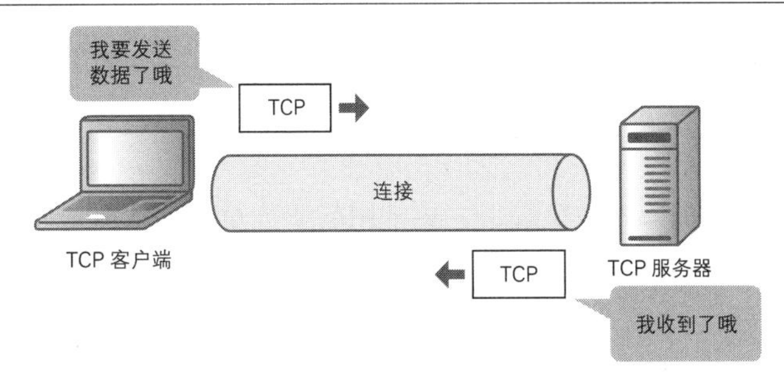

通过端口号识别应用程序

传输层还有一个很大的作用，那就是识别应用程序（服务进程）[①]。前文提过，只要有网络层，数据就能够传送到目标节点。然而，接收数据的节点其实并不清楚应怎样处理该数据，这时就要用到传输层。传输层可以通过端口号识别出数据属于哪一个应用程序。端口号和应用程序有对应关系，传输层认出目的端口号之后就能知道它属于哪一个应用程序。因此，OS 能够根据对应的信息判断出应将数据交给哪一个应用程序。

图 3.1.7 利用目的端口号识别数据所属的应用程序

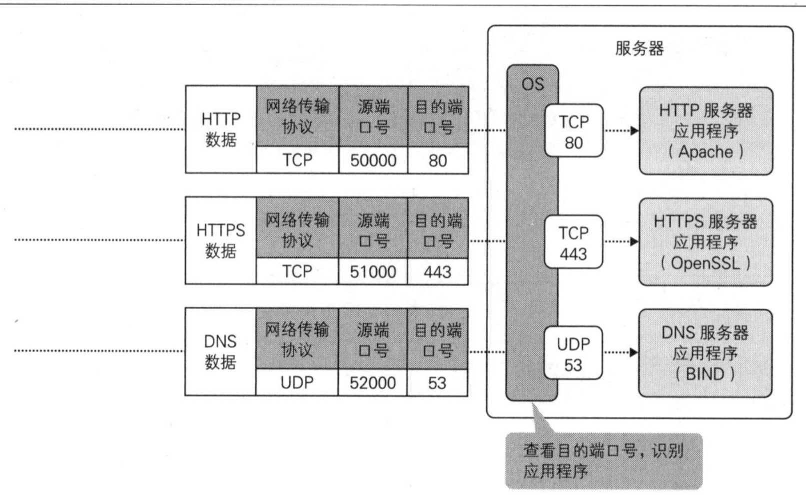

端口号的范围为 0～65535（16 位）。根据进一步细分的范围和使用用途，人们将端口分为系统端口、用户端口、动态 / 私有端口这 3 种类型。

表 3.1.2 端口分为 3 种

端口号范围	种　类	说　明
0～1023	系统端口（公认端口）	用于普通的应用程序
1024～49151	用户端口	用于生产商特有的应用程序
49152～65535	动态 / 私有端口	在客户端随机分配

系统端口

端口号为 0～1023 的端口是系统端口，更常用的叫法是“公认端口”。系统端口由 ICANN 中的 IANA（Internet Assigned Numbers Authority，互联网编号分配机构）部门管理，一般说来系

① 严格地说并不是识别应用程序本身，而是识别使用该应用程序的服务进程。为了浅显易懂，本章将“应用程序”和“服务进程”视为同一事物。

统端口和服务器应用程序具有一一对应的关系。例如，端口号 123 对应的是使用 NTP 的服务器应用程序，包括用于时间同步的 ntpd 或 xngpd 等。TCP 端口号 80 对应的是 Web 服务器上使用 HTTP 的程序，包括 Apache、IIS（Internet Information Services，互联网信息服务）、nginx 等。典型的系统端口如表 3.1.3 所示。

表 3.1.3　系统端口用于普通的服务器应用程序

端口号	TCP	UDP
20	FTP（数据）	—
21	FTP（控制）	—
22	SSH	—
23	Telnet	—
25	SMTP	—
53	DNS（区域传送）	DNS（名称解析）
67	—	DHCP（服务器）
68	—	DHCP（客户端）
69	—	TFTP
80	HTTP	—
110	POP3	—
123	—	NTP
137	NetBIOS 名称服务	NetBIOS 名称服务
138	—	NetBIOS 数据报服务
139	NetBIOS 会话服务	—
161	—	SNMP 轮询
162	—	SNMP Trap
443	HTTPS	—
445	直接宿主	—
514	Syslog	Syslog
587	提交端口	—

用户端口

端口号为 1024～49151 的端口是用户端口。用户端口与系统端口一样由 IANA 管理，与生产商开发的特有服务器应用程序具有一一对应的关系。例如，端口号 3389 用于微软 Windows 的远程桌面，端口号 3306 用于 MySQL 的数据库连接。典型的用户端口如表 3.1.4 所示。

表 3.1.4 用户端口用于特有的应用程序

端口号	TCP	UDP
1433	Microsoft SQL Server	—
1521	Oracle SQL Net Listener	—
1985	—	Cisci HSRP
3306	MySQL Database System	—
3389	Microsoft Remote Desktop Protocol	—
8080	Apache Tomcat	—
10050	Zabbix-Agent	Zabbix-Agent
10051	Zabbix-Trapper	Zabbix-Trapper

动态 / 私有端口

端口号为 49152～65535 的端口是动态 / 私有端口，不受 IANA 管理，客户端在生成报文段时会随机生成源端口号。将上述范围内的端口号随机分配给源端口，客户端就能知道应将数据返回给哪一个应用程序。随机分配的端口号因 OS 而异，例如，Windows 是 49152～65535，Linux 则默认为 32768～61000。Linux 使用的随机端口号范围在 IANA 指定的动态 / 私有端口的范围之外。

图 3.1.8 源端口号是由客户端随机分配的

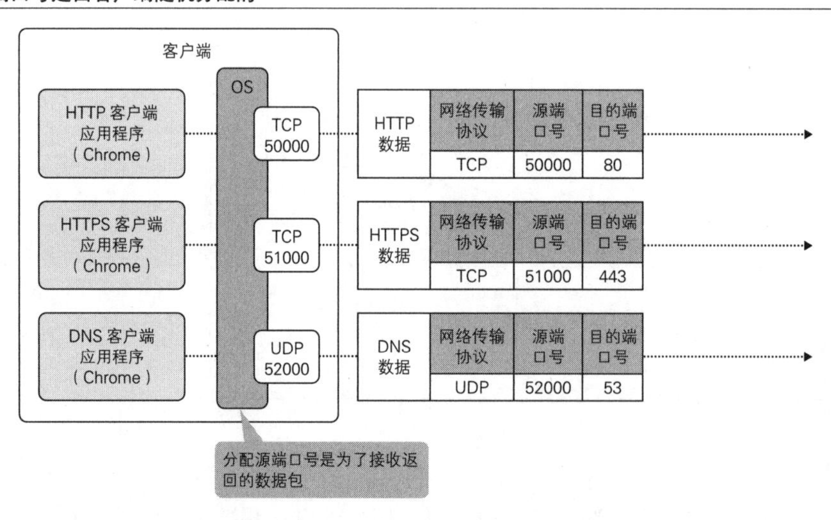

下图显示了接收和发送数据时端口号与应用程序的对应关系。

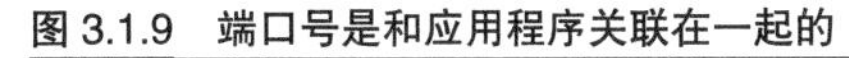

图 3.1.9 端口号是和应用程序关联在一起的

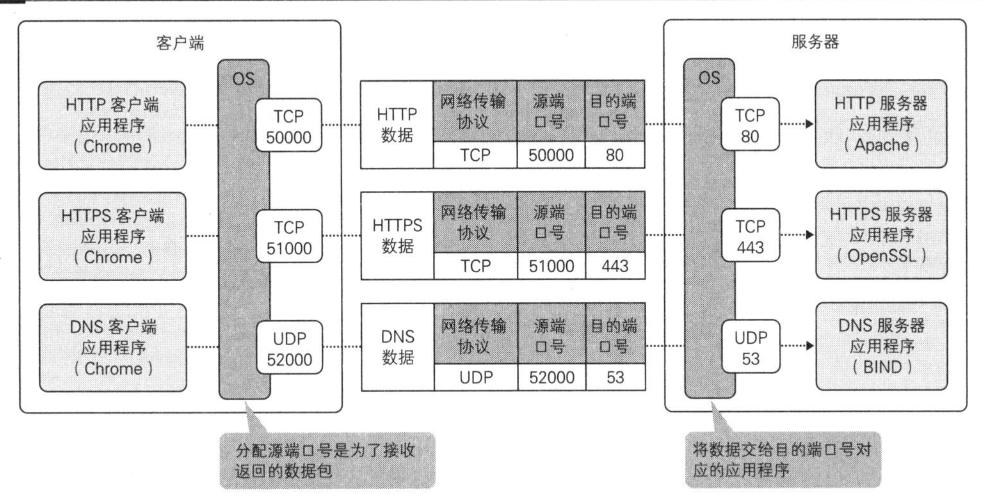

通过标志互相传达连接的状态

TCP 通过“控制位”管理连接的状态。控制位由长度为 6 位的标志构成，如表 3.1.5 所示，每个位都代表一定的含义。

关于这些控制位的用法将在后文详细说明。

表 3.1.5 控制位由长度为 6 位的标志构成

控制位	标志名	简称	意　义
第 1 位	URGENT	URG	表示紧急的标志
第 2 位	ACKNOWLEDGE	ACK	表示确认响应的标志
第 3 位	PUSH	PSH	将数据交给应用程序的标志
第 4 位	RESET	RST	强制断开连接的标志
第 5 位	SYNCHRONIZE	SYN	释放连接的标志
第 6 位	FINISH	FIN	结束连接的标志

3.1.1.2 TCP 的工作原理比较复杂

为了保证连接的可靠性，TCP 执行的处理大多数都比较复杂。本书将 TCP 的处理分成“建立连接时”“连接时”“结束连接时”3 个阶段，并分别进行讲解。

TCP 始于三次握手

首先我们来看建立连接时。TCP 连接必须从三次握手开始，我们可以把三次握手理解为建立 TCP 连接之前的打招呼。客户端和服务器通过三次握手，互相介绍各自支持的功能，打开用于连接的端口，完成前期的准备工作。主动开始建立 TCP 连接的一方（客户端）执行的操作叫作主动打开，接受 TCP 连接的一方（服务器）执行的操作叫作被动打开。建立 TCP 连接有 3 个要点，分别是标志、序列号和选项头。接下来我们分别进行说明。

标志

三次握手的标志必须按照 SYN、SYN/ACK、ACK 的前后顺序依次变化。这一系列作业完成之后，客户端和服务器变为 ESTABLISHED（已建立）状态，生成一个叫作 TCP 连接的虚拟通信路径。上文提过，三次握手在 TCP 中只相当于打招呼，所以实际上它并不执行应用数据的交换。

序列号

正如其名，序列号是表示数据顺序的编号，网络中的节点按照这些编号去排列数据。

初始序列号用于发送应用数据，它是在三次握手中决定的。开始连接的节点随机选择一个序列号（x）并发送 SYN 包，对方节点收到 SYN 包后同样随机选择一个序列号（y）并回应 SYN/ACK 包。接下来最初的节点在序列号中写入 x+1，在 ACK 号中写入 y+1，最后发送 ACK 包。x+1 和 y+1 就是这两个节点各自的初始序列号。

三次握手中的序列号和 ACK 号只是为了确定初始序列号而存在的，它们和交换应用数据时要用到的序列号和 ACK 号有着微妙的不同。

选项头

选项头的作用是通知对方自身支持的与 TCP 有关的扩展功能，它的格式通常是包含多个选项的选项列表。具有代表性的 TCP 选项如下表所示。

表 3.1.6 具有代表性的 TCP 选项

类别	选　项	RFC	意　义
0	End Of Option List	RFC793	表示选项列表的结束
1	No-Operation（NOP）	RFC793	无意义，是选项中的分隔符
2	Maximum Segment Size（MSS）	RFC793	通知对方应用数据的最大长度
3	Window Scale	RFC1323	扩展窗口容量（最大 65 535 字节）
4	Selective ACK（SACK）Permitted	RFC2018	允许 Selective ACK（选择确认）
5	Selective ACK（SACK）	RFC2018	如果允许 Selective ACK，通知对方已经接收的序列号
8	Timestamps	RFC1323	用于测量数据包往返延迟时间（RTT）的时间戳

其中最重要的选项是 MSS（Maximum Segment Size，最大报文段长度）。应用数据太大是无

法一次性发送的，必须切分成一定的大小分别发送才行。切分区域的最大长度叫作 MSS，三次握手将 MSS 植入选项头，告诉对方自己可以接收的 MSS。

图 3.1.10 通过三次握手将 MSS 植入选项头后进行数据交换

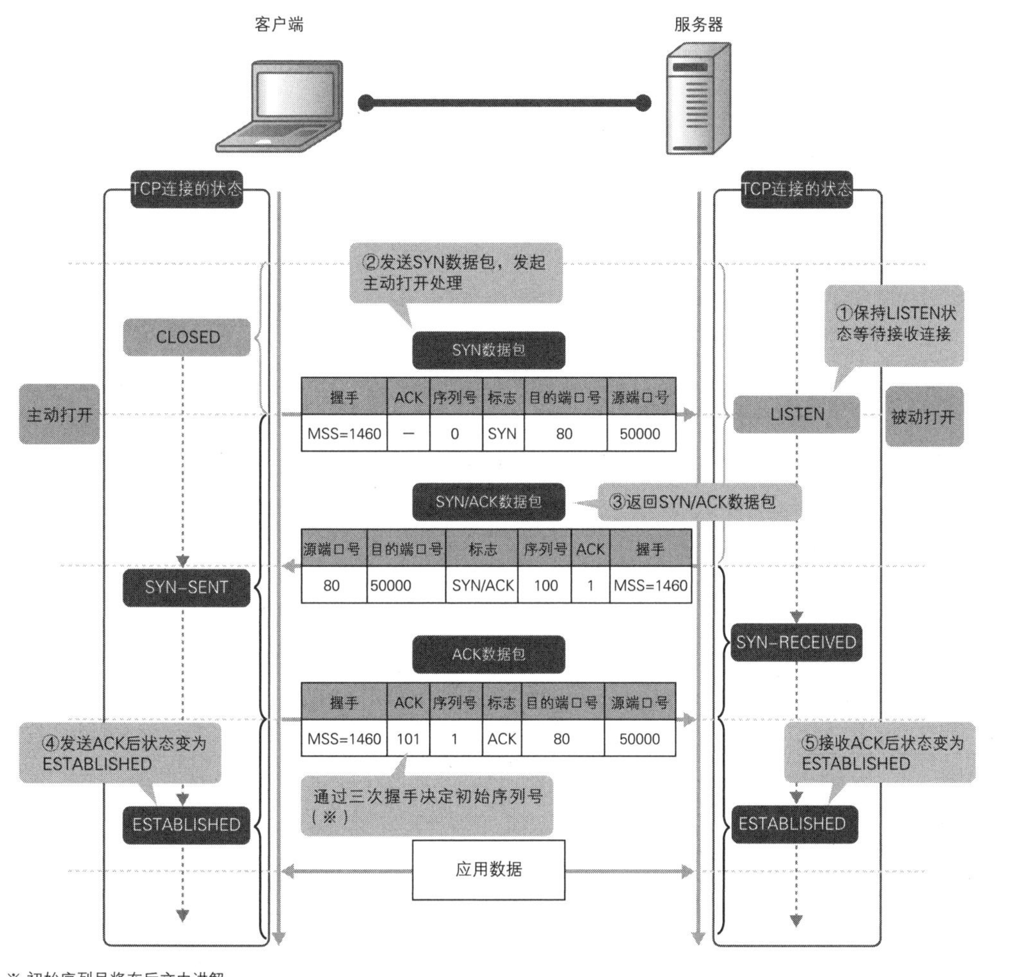

※ 初始序列号将在后文中讲解。

兼顾可靠性和传输速度

通过三次握手建立起连接之后，就可以发送应用数据了。为了能既保持数据的可靠性又追求数据发送的速度，TCP 中有着很多的传输控制机制，本书将介绍其中的 3 个核心部分，分别为确认机制、超时重传机制和流量控制机制。

确认机制

TCP 通过序列号和 ACK 号相互配合运作来保证数据的可靠性，这项机制叫作确认机制。

前面提到，序列号是用于正确地排列 TCP 报文段顺序的编号。源节点收到应用程序的数据后，依次为数据中的每个字节分配编号，这些编号是从初始序列号（Initial Sequence Number，ISN）开始的连续数字。目的节点收到 TCP 报文段后，确认其中的序列号，按照编号顺序重组数据后将其交给应用程序。

图 3.1.11 序列号表示数据的顺序

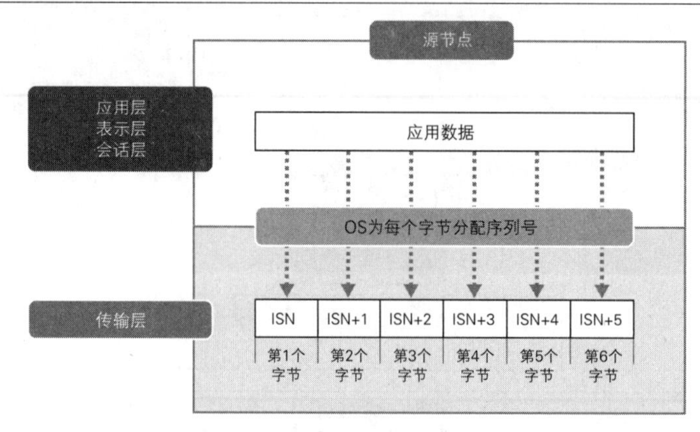

初始序列号是在建立 TCP 连接的三次握手阶段随机分配的，每发送一次 TCP 报文段，它的值就变化一次（当前序列号 + 本次发送的字节数）。当数值超过 32 位（232=4GB）时，序列号将会归 0，然后重新开始叠加。

图 3.1.12 每发送一次 TCP 报文段，序列号的值就加一次发送的字节数

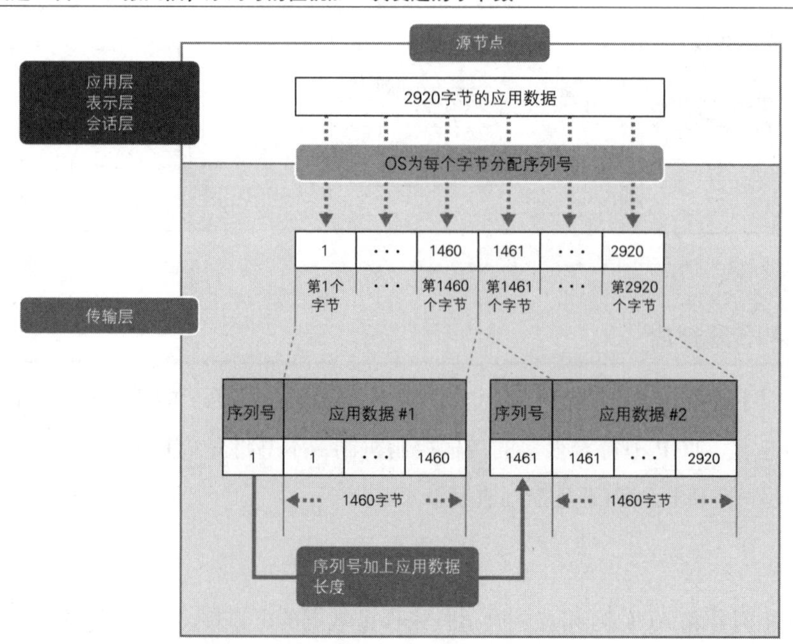

ACK 号用于告诉对方“接下来给我从这个编号开始的数据”，该字段只有在 ACK 控制位是 1 时才能发挥作用。目的节点会在该字段中写入“接收数据的序列号（最后一个字节的序列号）+1”，也就是“初始序列号 + 应用数据长度（字节数）”的值。这里不用想得过于复杂，为了便于理解可以看作客户端告诉服务器“下次把这个编号之后的数据发给我”。

图 3.1.13 ACK 号告诉我们当前接收节点已经接收了多少数据

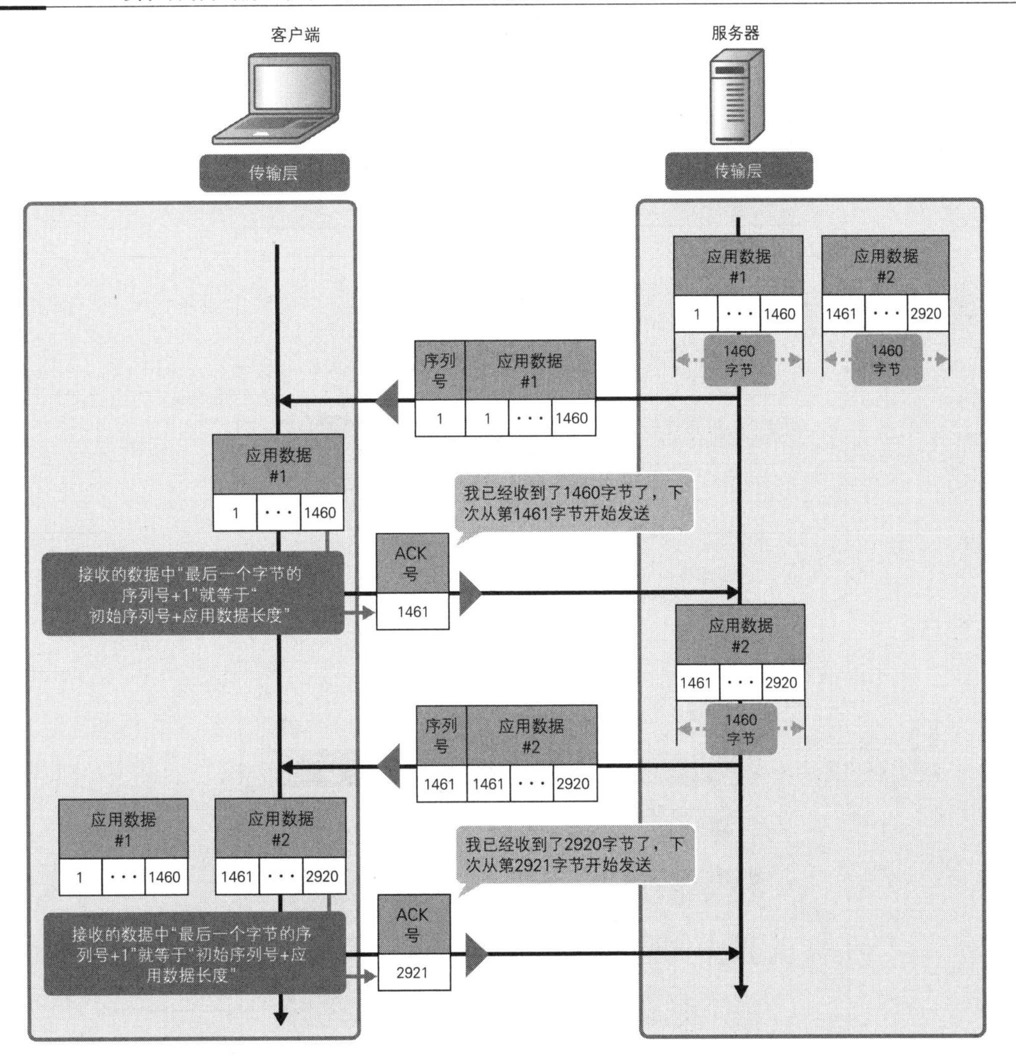

超时重传机制

确认机制让数据能够按照顺序排列，但是，数据并不总是能够按照顺序收发或排列的。比如，当设备发生故障时，报文段可能会意外地消失；作为优先级控制 QoS 的结果，报文段也可能会被刻意丢弃。这时我们就要用到 TCP 中请求重新传送丢失数据的功能，这项功能就叫作超时重传。

TCP 通过序列号和 ACK 号检测数据包是否丢失，一旦丢失就启动重传机制。触发数据重传的时机有两个，一个是目的节点的高速重传（Fast Retransmit），另外一个是源节点的 RTO（Retransmission Time Out，重传超时）。

我们先来看高速重传。目的节点一旦发现 TCP 报文段的序列号不连续，就会认为数据包发生丢失，进而连续返回多个内容相同的 ACK 确认包。这些 ACK 确认包叫作重复 ACK（Duplicate ACK）。源节点接收一定次数的重复 ACK 后，就会重新传送丢失的 TCP 报文段。由重复 ACK 触发的重传叫作高速重传。源节点收到多少次重复 ACK 确认包会引发数据重传呢？这个次数因 OS 的种类和版本而异。例如，Linux OS（Ubuntu 16.04）接收重复 ACK 确认包达到 3 次时就会触发高速重传。

图 3.1.14 由重复 ACK 触发的高速重传

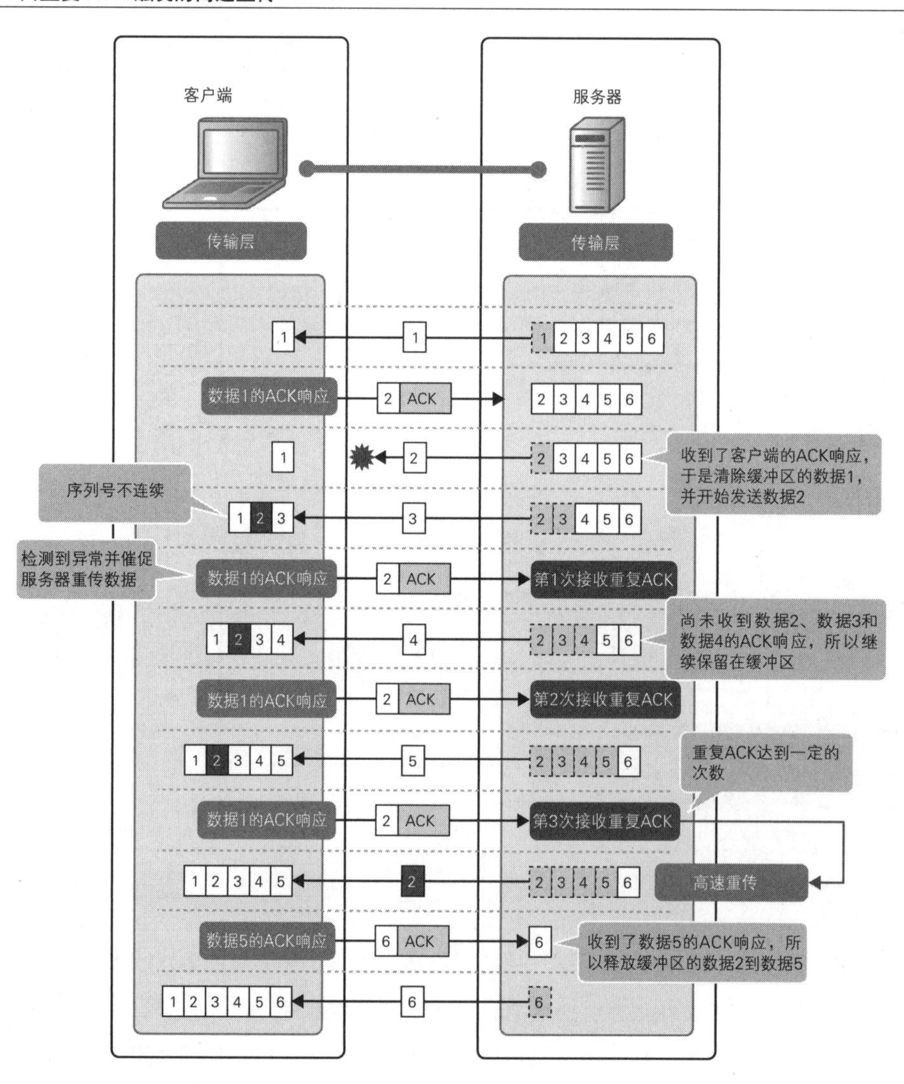

接着我们来看 RTO。源节点的重传计时器（retransmission timer）会记录 TCP 报文段发出后，收到对方 ACK 包所需的时间。重传计时器的时限就叫作 RTO。重传计时器的时限是根据 RTT（Round Trip Time，往返延迟时间）和特定的数学逻辑运算得出的。它既不能过短，也不能过长，因其基于 RTT 计算，我们可以简单地理解为 RTT 越短，重传计时器的时限也就越短。源节点收到对方返回的 ACK 响应后，会重置重传计时器。如果源节点接收的重复 ACK 次数不足以触发高速重传，就要等待 RTO。一旦 RTO 超时，源节点就会重新传送丢失的 TCP 报文段。顺便提一句，午休时间浏览网页，有时我们会发现网速突然变慢，这时候大概率是处于 RTO 状态了。

图 3.1.15　RTO

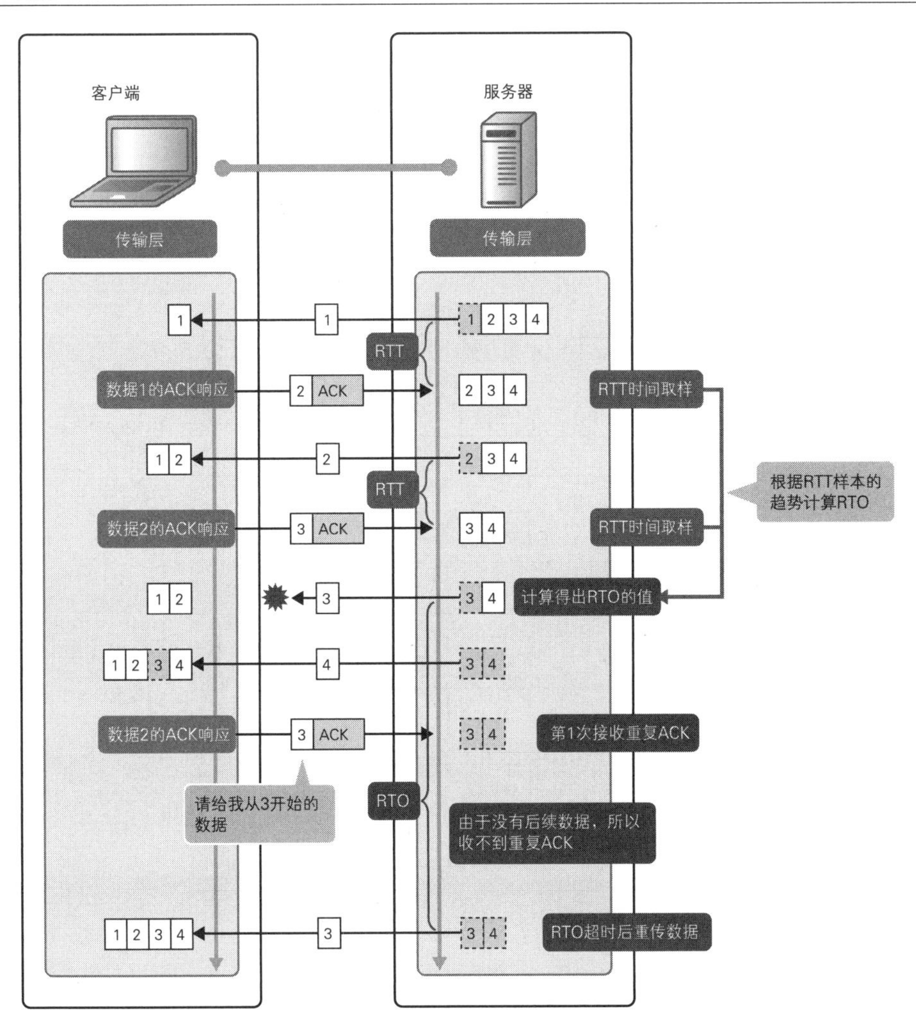

流量控制机制

确认机制和超时重传机制都属于提高通信可靠性的机制，不过在通信中，可靠性固然重要，速度也同等重要。因此 TCP 中还配备了流量控制功能，它能够在确保可靠性的同时提高传输效率。

流量控制是一种用于在连接上发送大量报文段的功能。如果每收到一个 TCP 报文段就要返回一个确认响应，传输效率是无法提高的，所以流量控制批量接收报文段，收到后仅返回一个 ACK 响应包，传输效率因此而提高。在流量控制中起着重要作用的是“窗口大小”这个概念。收到的应用数据先是被暂时存入接收缓冲区，然后才被交给应用程序。目的节点在返回 ACK 包的时候，将接收缓冲区的空余容量以“窗口大小”的概念通知对方，防止发来的数据太大而发生溢出。源节点得知缓冲区的空余容量之后，就会在窗口大小的范围内一次性发送更多的 TCP 报文段。

图 3.1.16　流量控制能提高传输效率

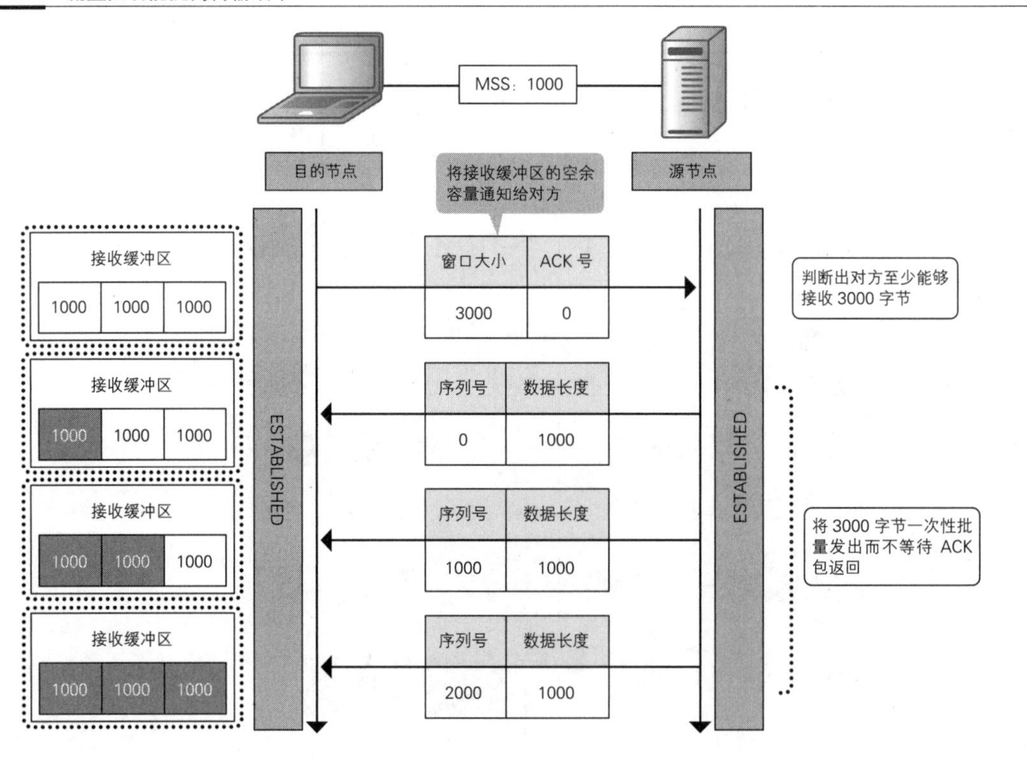

TCP 连接终于四次挥手

应用数据发送完毕之后应该关闭 TCP 连接。如果未能完全关闭，导致节点之间存在残余连接，将会占用宝贵的资源。因此，关闭连接要比打开连接更加慎重小心才行。

TCP 连接始于三次握手，终于四次挥手。四次挥手是指关闭 TCP 连接时的处理步骤。客户端和服务器在四次挥手的过程中交换 FIN 数据包（FIN 标志位为 1 的 TCP 报文段），完成关闭连接的善后工作。

前面 3.3.1.1 节中提到，打开 TCP 连接必须从客户端发送 SYN 数据包开始。与此相对，关闭连接时，并没有明确规定是从客户端还是从服务器发送 FIN 数据包。尽管客户端和服务器的功能并不相同，但只要应用程序要求关闭连接，两端都可以发起关闭处理。一方先发送 FIN 数据包主动关闭 TCP 连接的，叫作主动关闭；另一方受理对方发起的关闭请求，叫作被动关闭。

关闭连接时有两个关键要素，分别是 FIN 标志和 TIME-WAIT。

FIN 标志

结束 TCP 连接的时候要用到 FIN 标志。FIN 标志表示“我再也没有要发送的数据了”的意思，由上层应用程序提供。FIN 可能由发送方和接收方的任何一方节点发出，发出之后，接下来的标志依次分别为 FIN/ACK、ACK、FIN/ACK 和 ACK。相当于两次挥手的动作重复执行两遍，第一遍是主动关闭，第二遍是被动关闭。

TIME-WAIT

前面讲过，建立连接的时候，依次经过 SYN、SYN/ACK、ACK 这几个标志之后连接就建立了。然而，关闭连接的时候，两端的节点却不是马上就关掉的。主动关闭的节点还会等待一段 TIME-WAIT 的时间，超过该时间之后才关闭。这是为了等待可能抵达的数据包，相当于上了一道保险。

在 RFC 标准中，TIME-WAIT 的推荐时长为最大报文段寿命（Maximum Segment Lifetime，MSL）的两倍。MSL 是 120 s，因此 TIME-WAIT 的推荐时长为 240 s。然而在实际环境中 240 s 稍微长了一点，可能会导致本地端口资源的枯竭，所以人们在设置时常常会刻意将其缩短一点。顺便提一句，TIME-WAIT 的默认时长因 OS 的种类和版本而异，Windows Server 2012/2016 为 120 s，Linux OS 则为 60 s。

图 3.1.17 通过四次挥手关闭连接

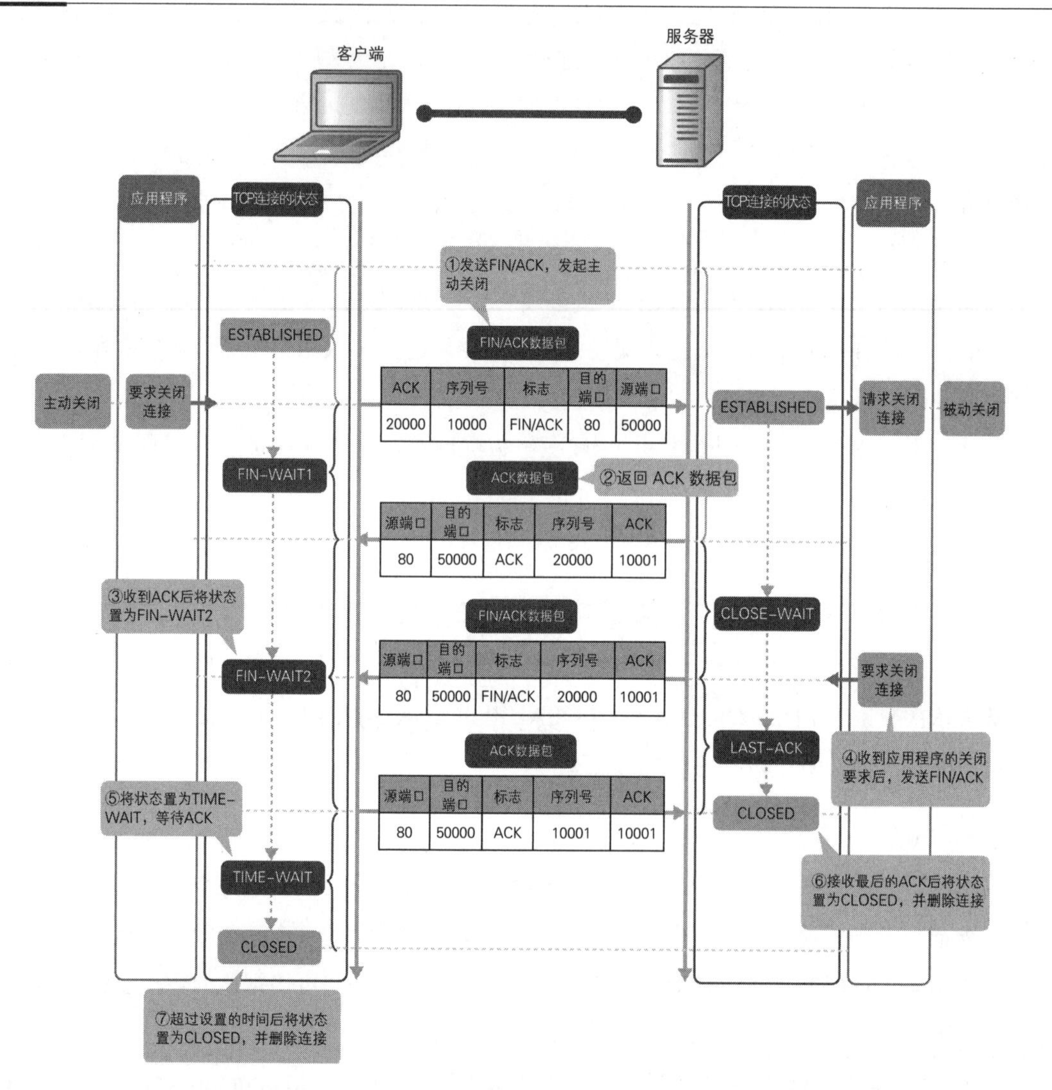

3.1.1.3 MTU 和 MSS 的差异在于对象层不同

MTU 和 MSS 是两个支撑网络的重要元素，然而关于它们的介绍非常少，问题也很容易在它们这里滋生，下面我们就来理一理这部分的头绪。MTU 和 MSS 都是表示数据大小的用语，不过它们所指的对象层并不一样。

MTU 指的是网络层中的数据大小。利用网络发送应用数据的时候，我们不能将太大的数据一次性地发出去，而应该对数据进行切分之后一点点地发出去。这时候用到的数据大小就是 MTU。不同的传输媒介有着不同的 MTU 值，以太网默认的 MTU 为 1500 字节。

与 MTU 相对，MSS 指的是应用程序方面（由会话层到应用层）的数据大小。如果不对 MSS 进行特别的设置或者不使用客户端 VPN 软件，MSS 的值就是根据“MTU－40 字节（TCP/IP 报头）”这个公式算出来的。例如，以太网的 MTU 值为 1500 字节，那么它的 MSS 值就是 1460 字节。

图 3.1.18　MSS ＝ MTU － TCP/IP 报头（40 字节）

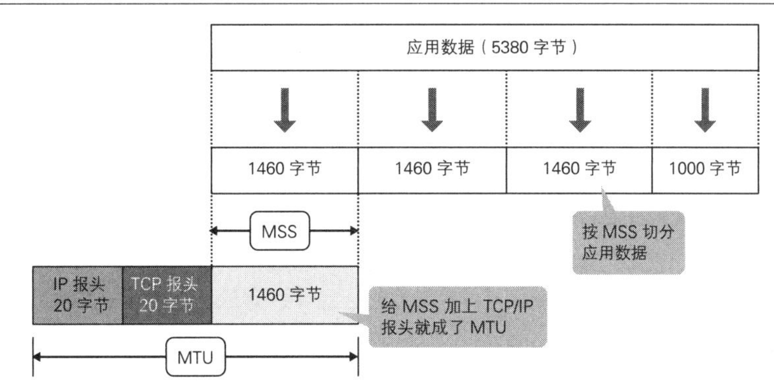

有些环境中的某些路段 MTU 值偏小，在这样的环境中，MTU 和 MSS 很容易滋生问题[①]。我们知道网络无法发送大于 MTU 的数据包，于是，遇到某些路段 MTU 值偏小的环境时，为了让数据大小不超出 MTU 值的范围，我们必须在路由器或防火墙施加一定的处理才行。IP 报头的标志字段中 DF 位的值不同，处理方法也会有所不同。下面分别介绍一下 DF 为 0 和 DF 为 1 时的情况。

图 3.1.19　网络无法发送大于 MTU 的数据包

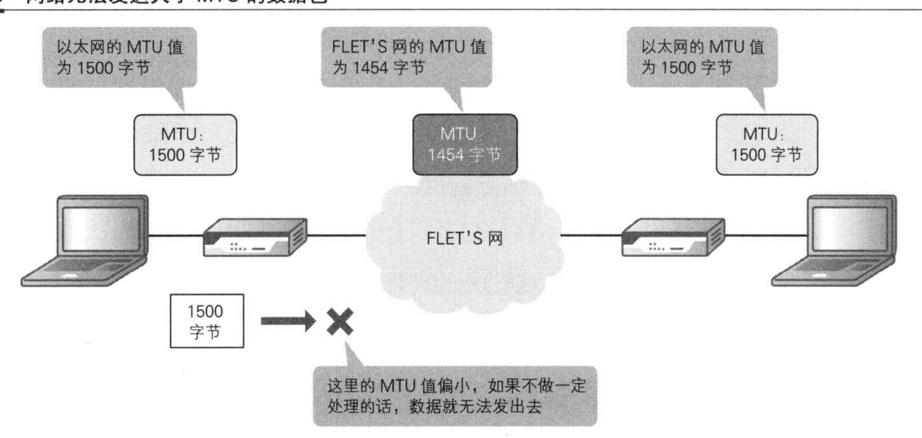

① 当我们使用 NTT 东日本 / 西日本提供的“B FLET'S”或“FLET'S ADSL”通信服务时，PPP 之间、ISP 之间连接的系统开销会使 MTU 值变成 1454 字节。较之以太网的 MTU 值，FLET'S 部分的 MTU 值更小，这句话里面的“环境”就是指类似这种情况的环境。

DF 为 0（允许分片）的数据包将被切分

DF 为 0 表示该数据包可以分片。既然可以分片，那我们就分片好了。这样，即使某个路段的 MTU 值比较小，也就不存在问题了，只要将数据包分片后发出去即可。如果一定要说有什么问题的话，只有一个，那就是分片处理的负荷问题。不过，最近路由器和防火墙的规格都相当高，执行分片处理绰绰有余，所以我们完全不必担心。

图 3.1.20 若 DF 为 0 则直接进行分片处理

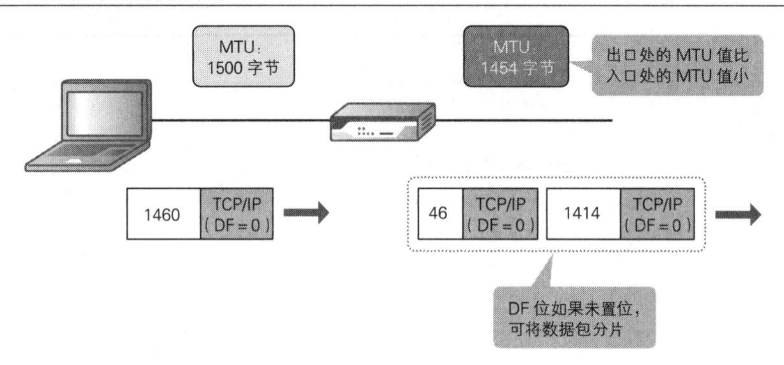

DF 为 1（不允许分片）的数据包可有 3 种办法解决问题

DF 为 1 表示该数据包不可分片。既然不可分片，那我们就要想办法让数据包不分片也能够传送，或者执行一个使数据包能够分片的处理。这种情况下，有 3 种办法可供选择。

通过 ICMP 获悉 MTU 的值

ICMP 是一个不仅能用于通信确认，还在很多方面都默默无闻地做着贡献的协议，MTU 也会用到它。这部分按顺序解释可能会比较容易理解，我们来看下面的步骤，ICMP 是按照这些步骤调整 MTU 的。

1. 源节点将 MTU 值设为 1500 字节并发出数据包。
2. 路由器将数据包入口处和出口处的 MTU 值进行比较，如果出口处的值较小，就通过 ICMP 将该值报告给源节点。顺便提一句，这时使用的 ICMP 类型为 3（Destination unreachable，目的地无法到达），代码为 4（Fragmentation needed，需要分片）。
3. 源节点收到 ICMP 后，用获悉的 MTU 值重新生成数据包并再次发送。

图 3.1.21 ICMP 将下一跳的 MTU 值报告给源节点

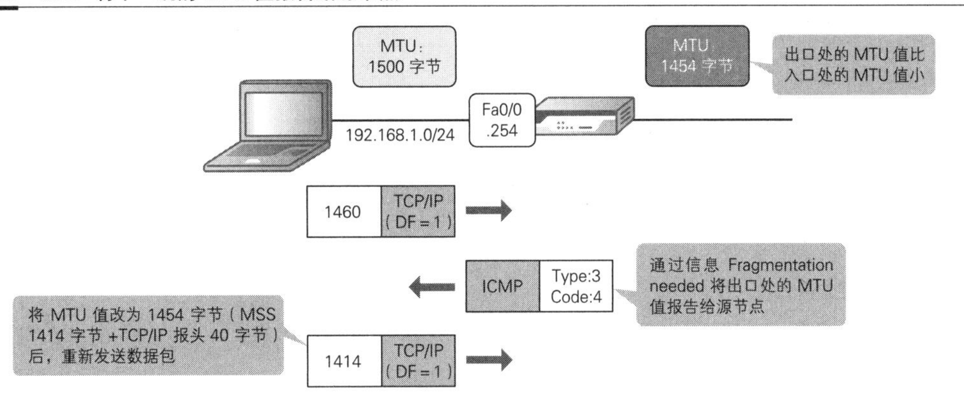

图 3.1.22 通过信息 Fragmentation needed 将下一跳的 MTU 值报告给源节点

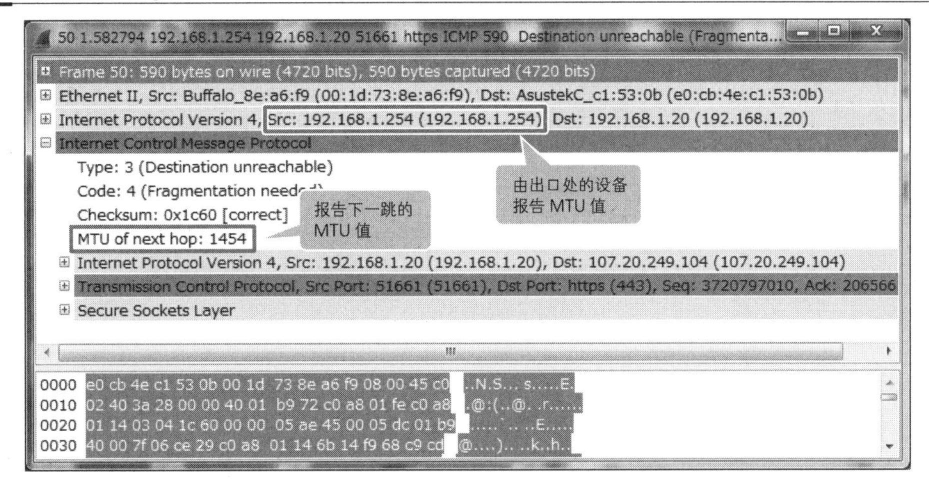

通过 ICMP 解决分片问题虽然简单易懂，但是如果路段的某处拒绝 ICMP，就无法发挥作用了，我们务必要注意这一点。

改写 DF 位

接下来介绍改写（清零）DF 位的处理办法。既然无法分片，那么我们想办法让它能分片。是否允许分片由 DF 位决定，所以我们可以将 DF 位清零使其允许分片，然后将数据包分片并发送出去。

图 3.1.23 将 DF 位清零然后执行分片处理

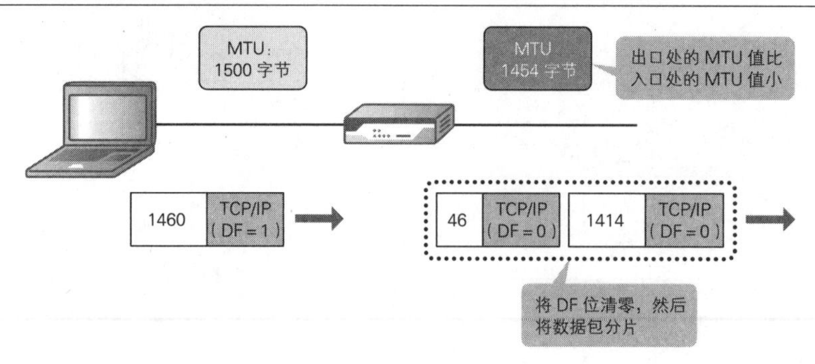

在三次握手中将 MSS 值改小

最后介绍调整 MSS 值的方法，这种方法也是较为常用的。我们知道 MTU = MSS + 40 字节，所以，为了让报文段的长度不至于超过 MTU 值，我们也可以将 MSS 的值改小，这样就连分片都不用了。MSS 由三次握手的 TCP 选项头决定，将该选项头中所含的 MSS 值改写成较小的数字，就能让报文段的长度保持在出口处接口的 MTU 值范围之内了。

图 3.1.24 改写 MSS 的值

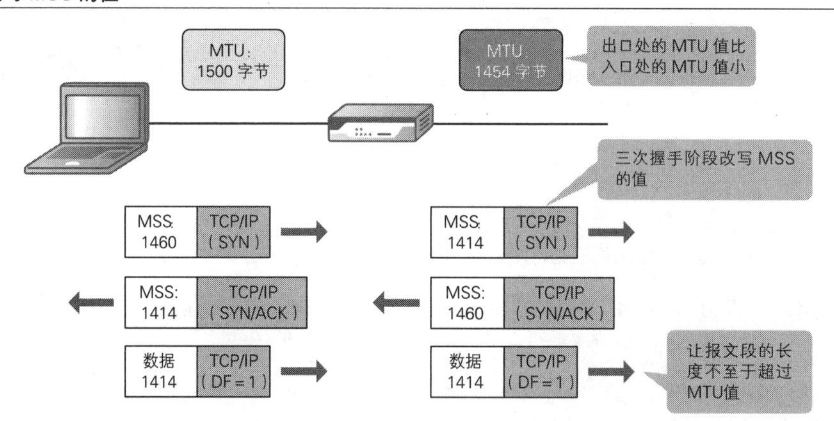

3.1.2 用防火墙守卫系统

在传输层运作的主要设备是防火墙。防火墙是一种基于 IP 地址、协议和端口号来控制通信的设备，它遵照预先制定的规则对通信进行甄别，最终决定是放行还是拒绝通过，以此来守卫系统，使其免于遭受各种安全威胁。防火墙的通信控制功能叫作状态检测。状态检测是通过过滤规则（规定了允许还是拒绝通信）和连接表（用于管理通信）来控制通信的。

3.1.2.1 在过滤规则中制定允许或拒绝通信的规则

过滤规则用于规定哪些通信可以放行、哪些通信不能通过。有的生产商将这些规定称作方针或 ACL（Access Control List，访问控制列表），实际上都是相同的意思。过滤规则由“源 IP 地址”“目的 IP 地址”“协议”“源端口号”“目的端口号”和“操作（通信控制）”等信息构成。例如，某公司内部 LAN 的网段是 192.168.1.0/24，其中一台 PC 想要通过 Web 访问互联网。若要允许该请求，则应设置如下表所示的过滤规则。

表 3.1.7 过滤规则示例

源 IP 地址	目的 IP 地址	协　议	源端口号	目的端口号	操　作
192.168.1.0/24	ANY	TCP	ANY	80	允许
192.168.1.0/24	ANY	TCP	ANY	443	允许
192.168.1.0/24	ANY	UDP	ANY	443	允许
192.168.1.0/24	ANY	UDP	ANY	53	允许

上述例子是通过 Web 访问互联网，可能会有读者认为只要允许 HTTP 通信（TCP 端口号 80）就可以了。实际上并非如此，PC 想要通过 Web 访问互联网，只将 80 号端口设置为“允许”是远远不够的，还要将使用 SSL（Secure Socket Layer，安全套接字面）加密后的 HTTPS（TCP 端口号 443）以及将域名转换为 IP 地址（域名解析）的 DNS（UDP 端口号 53）设置为“允许”。

过滤规则中无法准确获悉的信息都设置为 ANY。上述例子中，目的 IP 地址是客户端即将访问的 Web 服务器的 IP 地址。由于 Web 服务器在互联网上，我们没有办法获取这个地址，因此将其设置为 ANY。此外，源端口号是由 OS 按一定范围随机分配的，同样因无法获取具体数值而将其设置为 ANY。

3.1.2.2 用连接表管理连接

状态检测功能根据连接信息实时改写前面提到的过滤规则，以此提高通信时的安全级别。防火墙将通过其中的连接信息保存在内存的一张表中，这张表叫作连接表。

连接表的条目由“源 IP 地址”“目的 IP 地址”“协议”“源端口号”“目的端口号”和“连接状态”等多个信息构成，每张表包含多行条目。连接表是状态检测的重中之重，也是理解防火墙的关键所在。

UDP 的运作很简单

我们通过具体的运作过程来看看状态检测是如何使用连接表以及如何改写过滤规则的。我们都知道，UDP 只负责发送数据，并不保证数据正确无误地抵达目的地；而 TCP 要求通信对象接收数据后做出确认回应。状态检测在这两种协议下的运作稍有不同。本书按照先 UDP 后 TCP 的顺序依次讲解它们的运作过程。

我们先来看看基于 UDP 的状态检测是如何运作的。UDP 通信无须在意连接状态，因此它的状态检测很简单。这里以下图的网络结构为例，假设客户端采用 UDP 访问服务器。

图 3.1.25 方便理解防火墙通信控制机制的网络结构

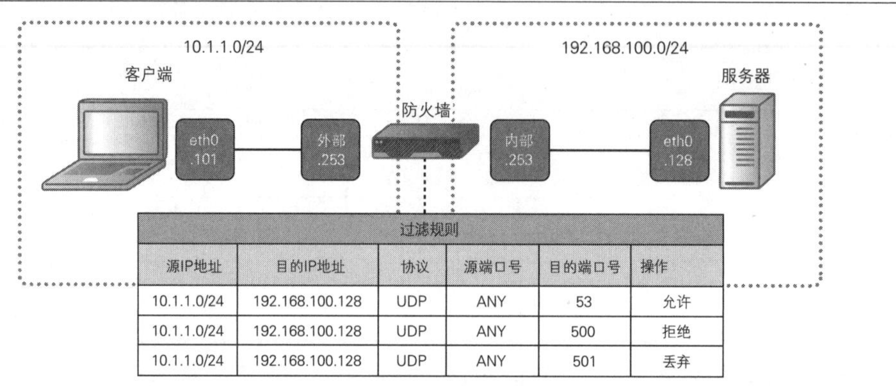

源IP地址	目的IP地址	协议	源端口号	目的端口号	操作
10.1.1.0/24	192.168.100.128	UDP	ANY	53	允许
10.1.1.0/24	192.168.100.128	UDP	ANY	500	拒绝
10.1.1.0/24	192.168.100.128	UDP	ANY	501	丢弃

1 防火墙通过客户端的外部接口收到 UDP 数据报后，将其和自身的过滤规则进行对照。

图 3.1.26 对照过滤规则

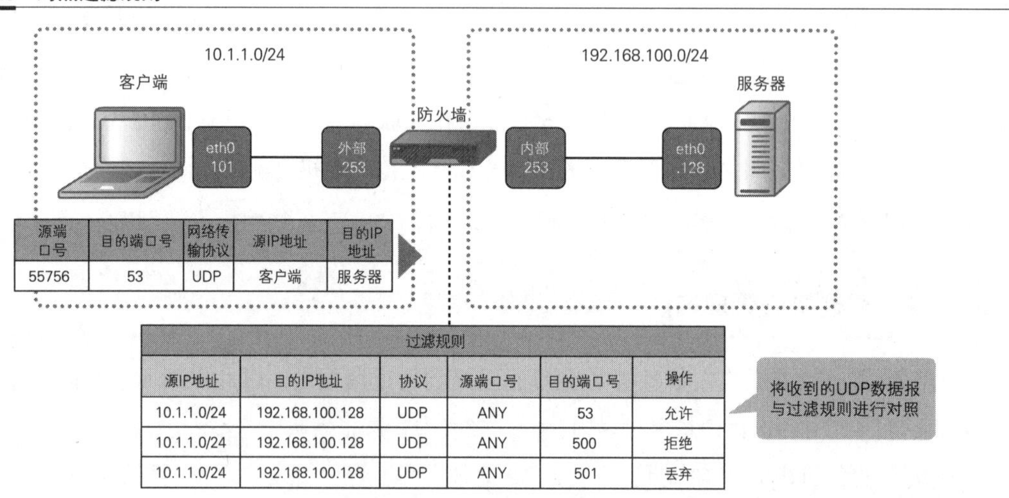

源端口号	目的端口号	网络传输协议	源IP地址	目的IP地址
55756	53	UDP	客户端	服务器

源IP地址	目的IP地址	协议	源端口号	目的端口号	操作
10.1.1.0/24	192.168.100.128	UDP	ANY	53	允许
10.1.1.0/24	192.168.100.128	UDP	ANY	500	拒绝
10.1.1.0/24	192.168.100.128	UDP	ANY	501	丢弃

2 根据对照结果，如果与过滤规则中操作为“允许”的条目相匹配，防火墙就在连接表里添加一条新的条目。与此同时，它还会动态地添加一条过滤规则，允许该连接返回通信。允许返回通信的过滤规则中，源地址和目的地址与添加的连接条目恰好相反。完成这些步骤后，防火墙将接收的 UDP 数据报交给服务器。

如果与“拒绝”的条目相匹配，防火墙不会在连接表里添加新的条目。它会向客户端返回一个类型为 3（Destination unreachable）的 ICMP 数据包。

如果与“丢弃”的条目相匹配，防火墙既不会在连接表里添加新的条目，也不回复客户端。它仅执行丢弃数据包的处理。

图 3.1.27　过滤规则允许通信时，防火墙添加连接条目和过滤规则后将 UDP 数据报交给服务器

10.1.1.0/24
客户端
eth0 .101
外部 .253
防火墙
192.168.100.0/24
服务器
内部 .253
eth0 .128

源端口号	目的端口号	网络传输协议	源IP地址	目的IP地址
55756	53	UDP	客户端	服务器

源端口号	目的端口号	网络传输协议	源IP地址	目的IP地址
55756	53	UDP	客户端	服务器

与过滤规则中允许通信的条目一致时，就添加新的连接条目

过滤规则

源IP地址	目的IP地址	协议	源端口号	目的端口号	操作
10.1.1.0/24	192.168.100.128	UDP	ANY	53	允许
10.1.1.0/24	192.168.100.128	UDP	ANY	500	拒绝
10.1.1.0/24	192.168.100.128	UDP	ANY	501	丢弃
192.168.100.128	10.1.1.101	UDP	53	55756	允许

允许通信时，添加连接条目和过滤规则后将数据交给服务器

连接表

源IP地址	目的IP地址	协议	源端口号	目的端口号	空闲时间
10.1.1.101	192.168.100.128	UDP	55756	53	0 s

根据连接条目添加一条允许返回通信的规则

图 3.1.28　过滤规则拒绝通信时，防火墙向客户端返回 Destination unreachable 信息

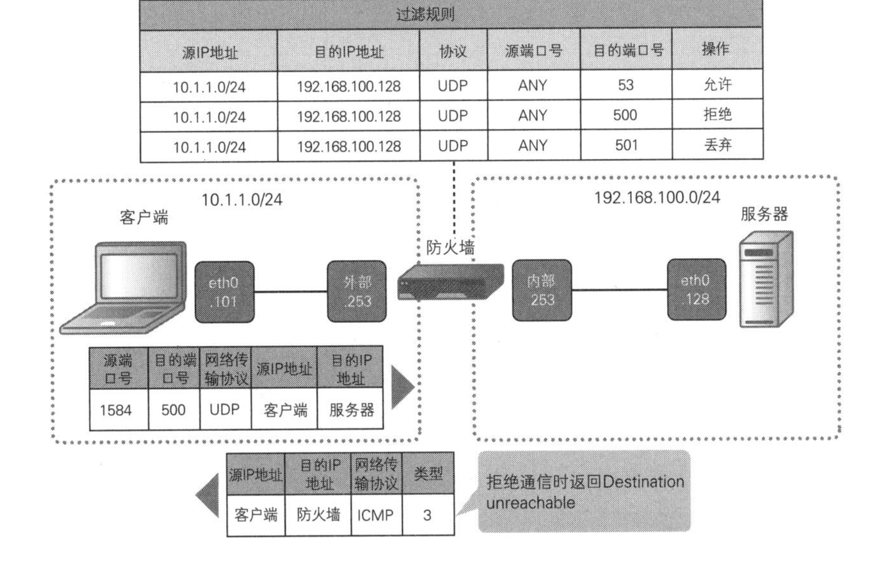

源IP地址	目的IP地址	协议	源端口号	目的端口号	操作
10.1.1.0/24	192.168.100.128	UDP	ANY	53	允许
10.1.1.0/24	192.168.100.128	UDP	ANY	500	拒绝
10.1.1.0/24	192.168.100.128	UDP	ANY	501	丢弃

源端口号	目的端口号	网络传输协议	源IP地址	目的IP地址
1584	500	UDP	客户端	服务器

源IP地址	目的IP地址	网络传输协议	类型
客户端	防火墙	ICMP	3

图 3.1.29 过滤规则为丢弃时，防火墙不回复客户端

过滤规则					
源IP地址	目的IP地址	协议	源端口号	目的端口号	操作
10.1.1.0/24	192.168.100.128	UDP	ANY	53	允许
10.1.1.0/24	192.168.100.128	UDP	ANY	500	拒绝
10.1.1.0/24	192.168.100.128	UDP	ANY	501	丢弃

10.1.1.0/24

客户端

eth0 .101

外部 .253

防火墙

内部 .253

eth0 .128

192.168.100.0/24

服务器

源端口号	目的端口号	网络传输协议	源IP地址	目的IP地址
2661	501	UDP	客户端	服务器

丢弃数据时，不执行其他操作

3 防火墙允许通信时，服务器会进行返回通信。服务器的返回通信是指将源地址和目的地址互换后的通信。防火墙收到服务器的返回通信后，对照第二步中添加的过滤规则，允许该通信通过其中并转发给客户端。同时，它还在连接条目的空闲时间（无通信时间）列写入 0。

图 3.1.30 控制返回通信

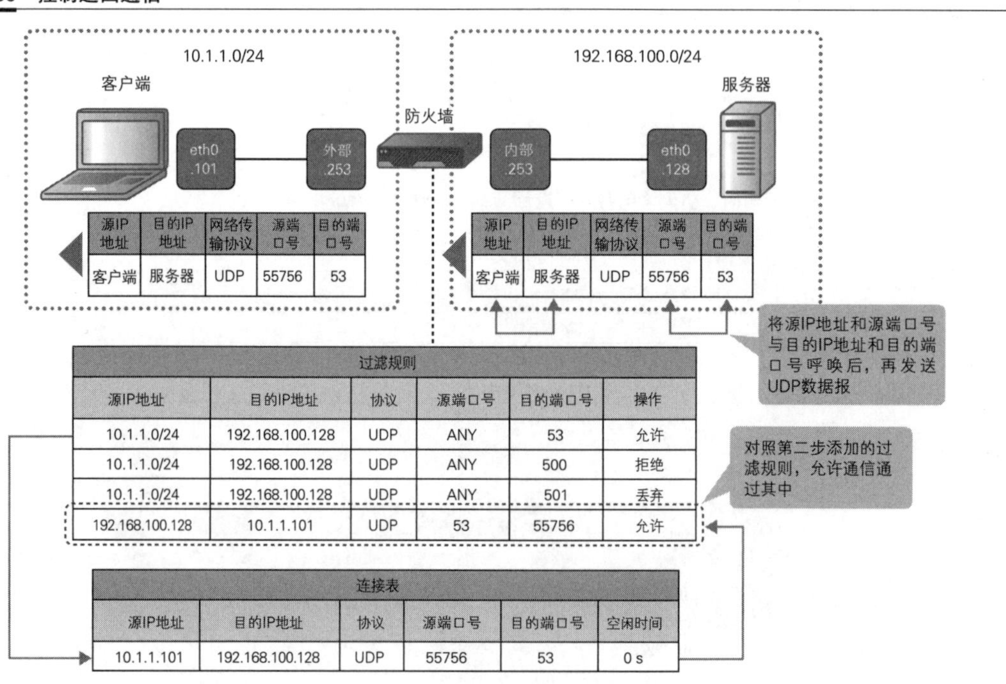

源IP地址	目的IP地址	网络传输协议	源端口号	目的端口号
客户端	服务器	UDP	55756	53

源IP地址	目的IP地址	网络传输协议	源端口号	目的端口号
客户端	服务器	UDP	55756	53

过滤规则					
源IP地址	目的IP地址	协议	源端口号	目的端口号	操作
10.1.1.0/24	192.168.100.128	UDP	ANY	53	允许
10.1.1.0/24	192.168.100.128	UDP	ANY	500	拒绝
10.1.1.0/24	192.168.100.128	UDP	ANY	501	丢弃
192.168.100.128	10.1.1.101	UDP	53	55756	允许

连接表					
源IP地址	目的IP地址	协议	源端口号	目的端口号	空闲时间
10.1.1.101	192.168.100.128	UDP	55756	53	0 s

4 通信结束后，防火墙计算该连接条目的总空闲时间。如果总空闲时间超时（超过空闲时间

的最大值），防火墙就会删除连接条目和与之相对应的过滤规则。

图 3.1.31　空闲时间超时后删除连接条目和与之相对应的过滤规则

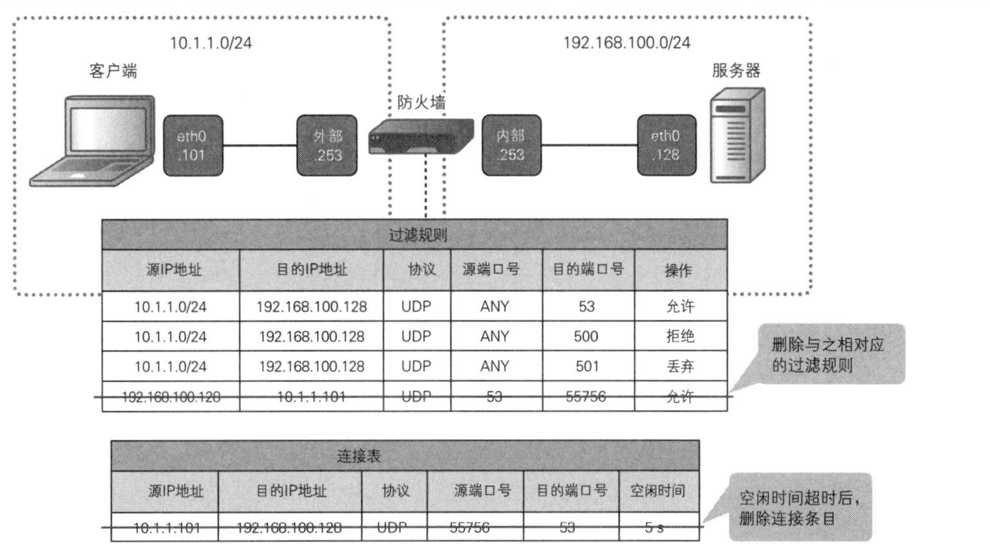

过滤规则					
源IP地址	目的IP地址	协议	源端口号	目的端口号	操作
10.1.1.0/24	192.168.100.128	UDP	ANY	53	允许
10.1.1.0/24	192.168.100.128	UDP	ANY	500	拒绝
10.1.1.0/24	192.168.100.128	UDP	ANY	501	丢弃
~~192.168.100.128~~	~~10.1.1.101~~	~~UDP~~	~~53~~	~~55756~~	~~允许~~

连接表					
源IP地址	目的IP地址	协议	源端口号	目的端口号	空闲时间
~~10.1.1.101~~	~~192.168.100.128~~	~~UDP~~	~~55756~~	~~53~~	~~5 s~~

TCP 需要关注连接的状态

我们接着来看基于 TCP 的状态检测是如何运作的。与只专注数据发送的 UDP 相比，TCP 必须关注连接的状态。因此，我们要更加深入地理解它的运作过程。防火墙在执行 TCP 的相关处理时，会在连接表中添加新的一列用来表示该连接的状态，然后动态地管理包含状态信息的连接条目。这里以下图的网络结构为例，假设客户端采用 TCP 访问服务器。

图 3.1.32　方便理解防火墙通信控制机制的网络结构

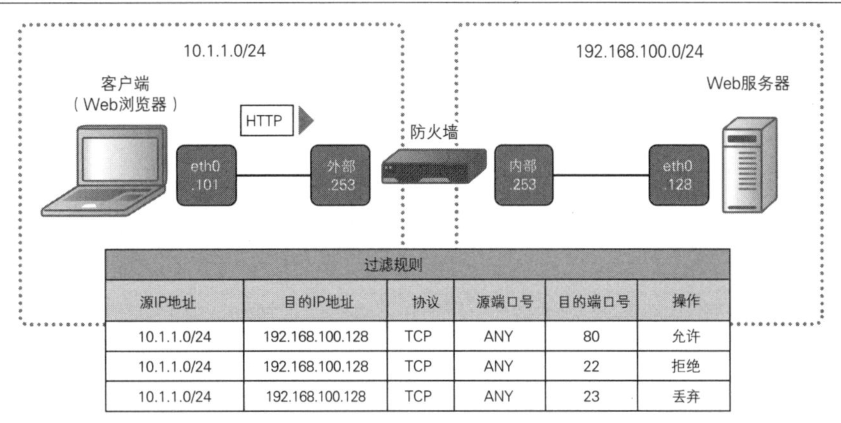

过滤规则					
源IP地址	目的IP地址	协议	源端口号	目的端口号	操作
10.1.1.0/24	192.168.100.128	TCP	ANY	80	允许
10.1.1.0/24	192.168.100.128	TCP	ANY	22	拒绝
10.1.1.0/24	192.168.100.128	TCP	ANY	23	丢弃

1 防火墙通过客户端的外部接口收到 SYN 数据包后，将其和自身的过滤规则进行对照。

图 3.1.33 对照过滤规则

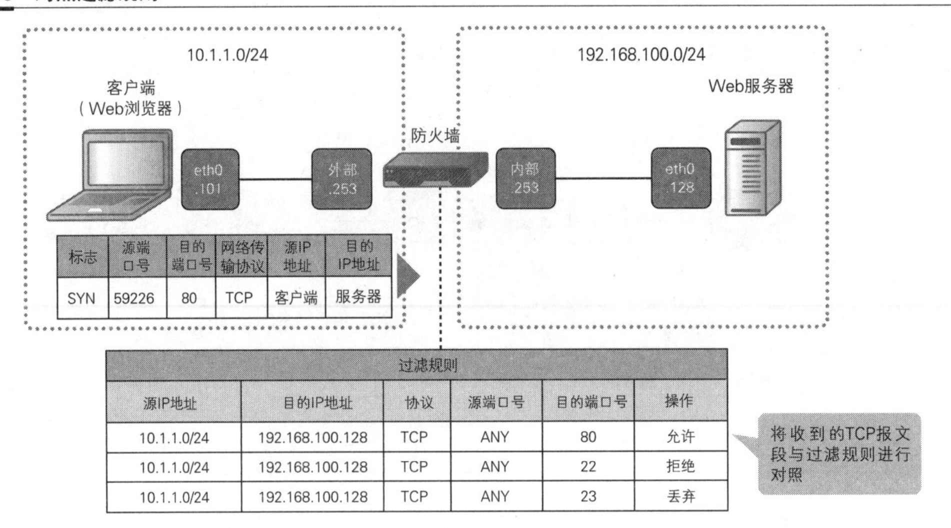

2 根据对照结果，如果与滤规则中操作为“允许”的条目相匹配，防火墙就在连接表里添加一条新的条目。与此同时，它还会动态地添加一条过滤规则，允许该连接的返回通信。允许返回通信的过滤规则中，源地址和目的地址与添加的连接条目恰好相反。完成这些步骤后，防火墙将接收的 TCP 报文段交给服务器。

图 3.1.34 过滤规则允许通信时，防火墙添加连接条目后将 TCP 报文段交给服务器

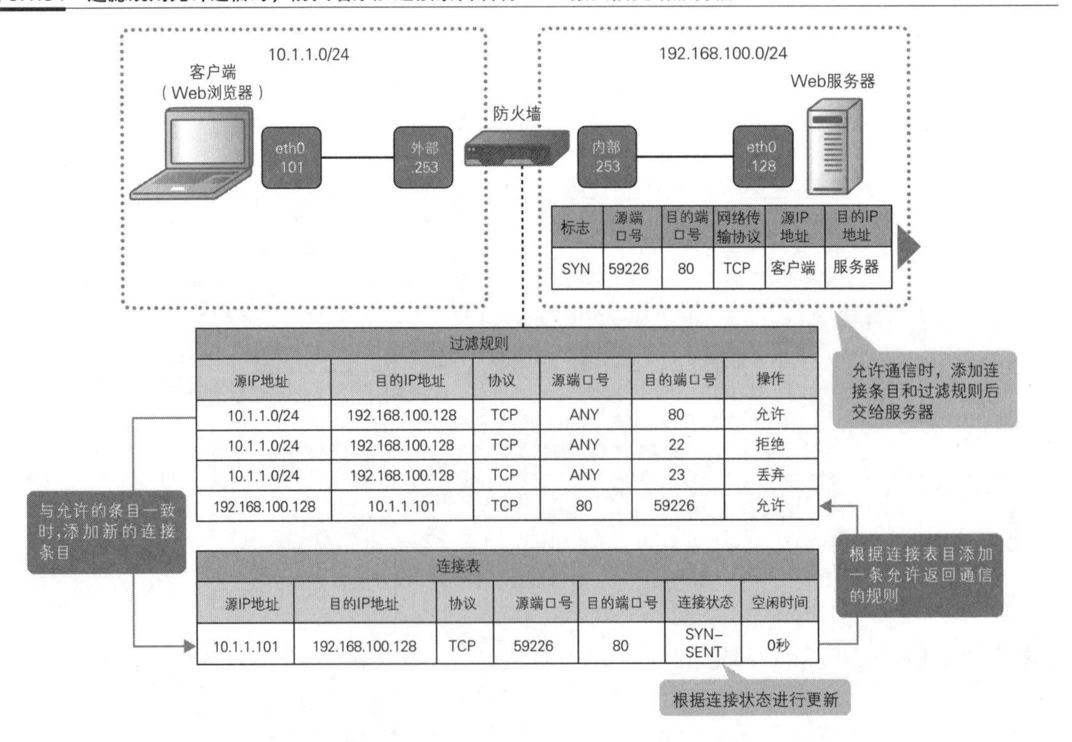

如果与“拒绝”的条目相匹配，防火墙不会在连接表里添加新的条目。它会向客户端返回RST数据包（RST标志位为1的TCP报文段）。

如果与“丢弃”的条目相匹配，则与UDP相同，防火墙既不会在连接表里添加新的条目，也不回复客户端。它仅执行丢弃数据包的处理。

图3.1.35 过滤规则拒绝通信时，防火墙向客户端返回RST数据包

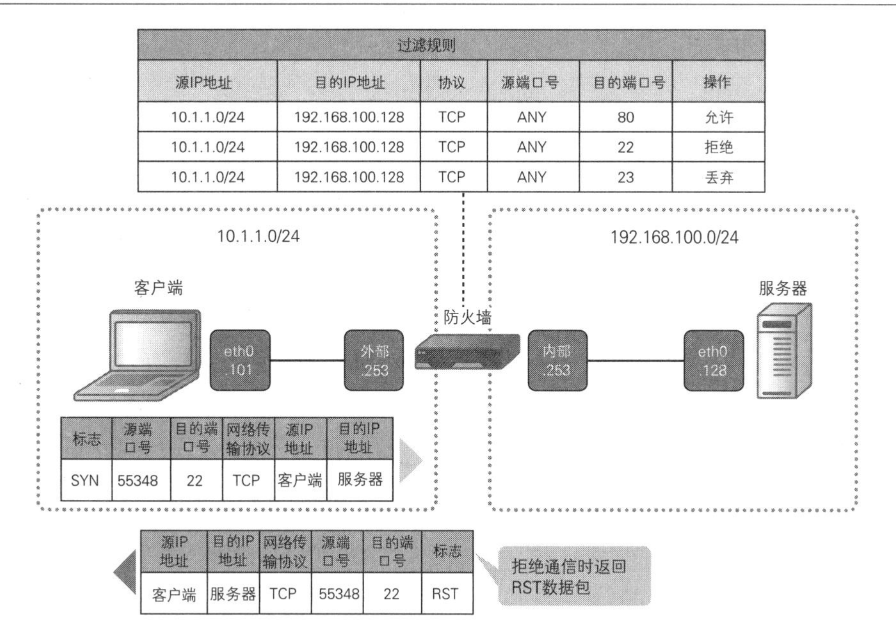

图3.1.36 过滤规则为丢弃时，防火墙不回复客户端

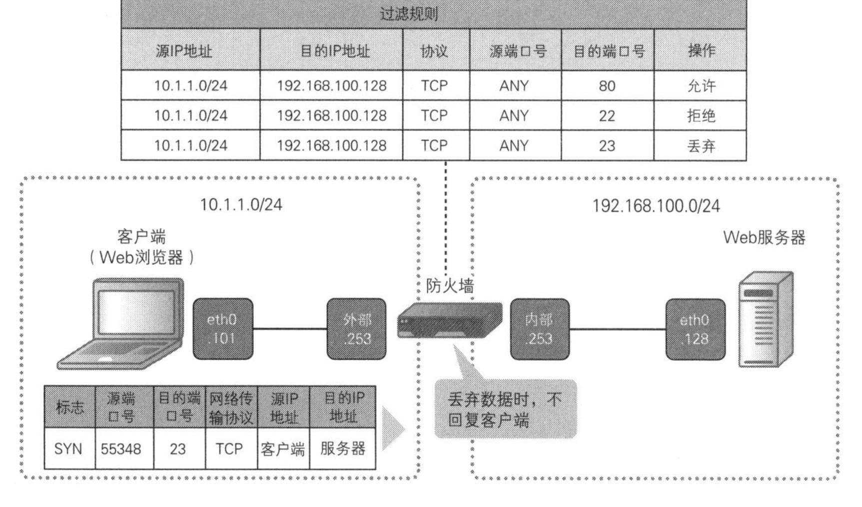

3 防火墙允许通信时，服务器返回SYN/ACK数据包。返回通信是将源地址和目的地址互换

后进行的。防火墙收到服务器的返回通信后，对照第二步中添加的过滤规则，允许该通信通过其中并交给客户端。同时，它还根据连接状态，将连接条目的状态列从 SYN-SENT 更新为 ESTABLISHED，并将空闲时间（无通信时间）改写为 0 s。

图 3.1.37 控制返回通信

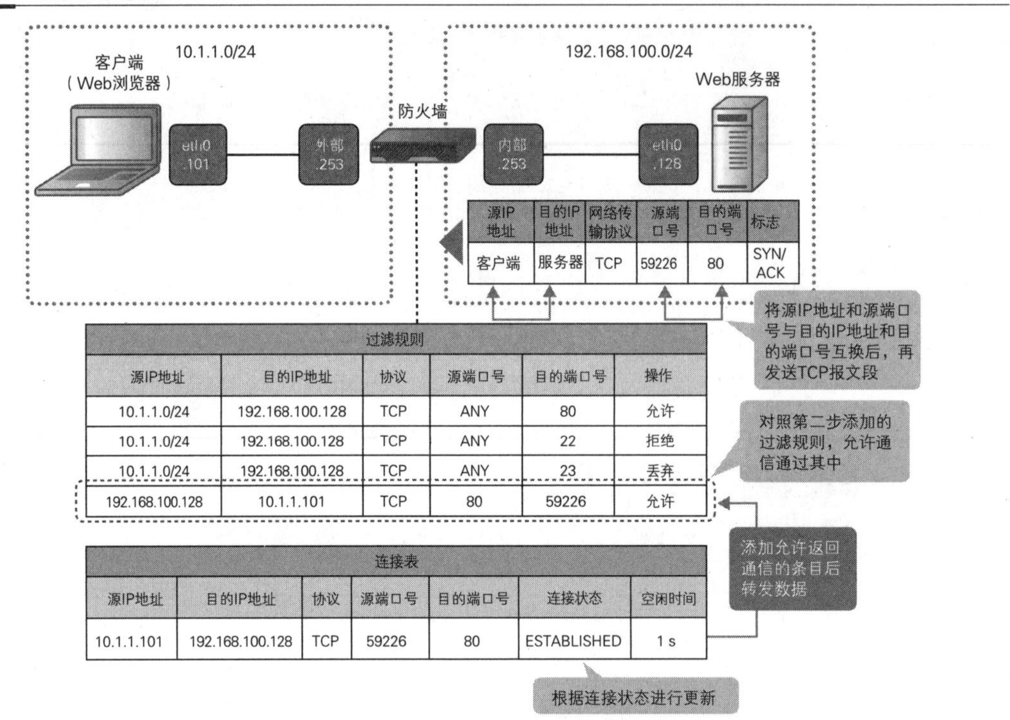

4 通信双方完成应用数据的发送后，将执行四次挥手关闭连接。防火墙确认客户端和 Web 服务器双方按照 FIN/ACK → ACK → FIN/ACK → ACK 的顺序依次交换数据包后，就会删除该连接条目和与之对应的返回通信规则。

需要注意一点，如果应用程序在发送数据的过程中遇到节点关闭或者通信路径中某路段无法通过的情况，就会导致建立起来的连接无法正确关闭。这时候防火墙无法执行第 4 步的处理，内存中会残留不再使用的连接条目和过滤规则。为了解决这一问题，TCP 也配备了空闲时间超时机制。一旦空闲时间超时，防火墙就会删除连接条目和返回通信规则，释放内存空间。

图 3.1.38 关闭处理执行完后删除连接条目和与之对应的过滤规则

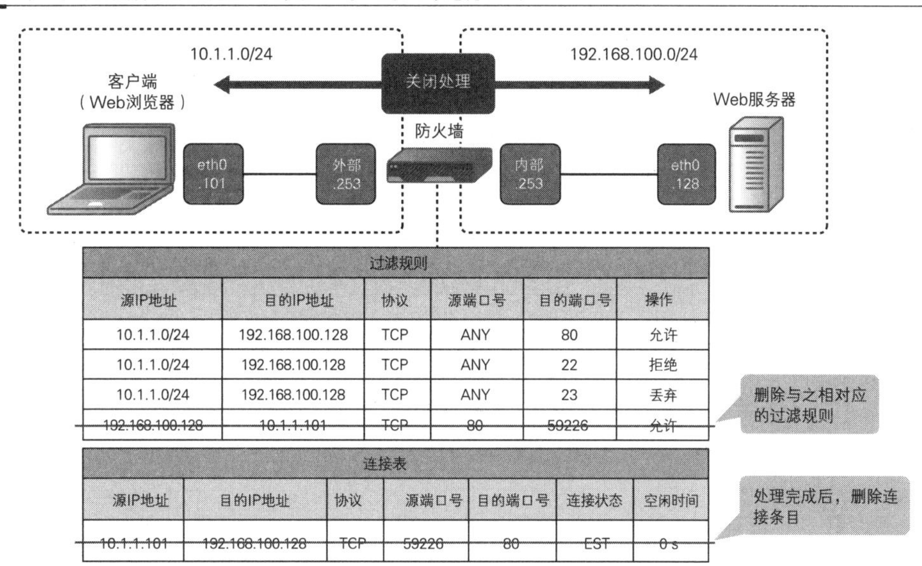

过滤规则					
源IP地址	目的IP地址	协议	源端口号	目的端口号	操作
10.1.1.0/24	192.168.100.128	TCP	ANY	80	允许
10.1.1.0/24	192.168.100.128	TCP	ANY	22	拒绝
10.1.1.0/24	192.168.100.128	TCP	ANY	23	丢弃
~~192.168.100.128~~	~~10.1.1.101~~	~~TCP~~	~~80~~	~~59226~~	~~允许~~

连接表						
源IP地址	目的IP地址	协议	源端口号	目的端口号	连接状态	空闲时间
~~10.1.1.101~~	~~192.168.100.128~~	~~TCP~~	~~59226~~	~~80~~	~~EST~~	~~0 s~~

3.1.2.3 状态检测和包过滤之间的区别

网络设备拥有的通信控制功能大致可以分为两种，一种是防火墙具备的状态检测功能，另一种则是路由器和 L3 交换机具备的包过滤功能。二者常常被混为一谈，但实际上它们还是有区别的，防火墙的通信控制功能不可能完全被路由器或 L3 交换机所替代。二者之间的最大差异在于是基于连接还是基于数据包。

前面已经介绍过，状态检测将通信视为一种连接并对其进行灵活的控制。实际上，除此之外它还会监控连接状态是否前后呼应，如果出现自相矛盾的情况就会断开连接。举个例子，如果没有收到 SYN 包就不应该有 ACK 包发过来，万一发过来了就表示出现了问题。状态检测对类似的非正常通信状态起着监控作用，一旦发现问题就会立刻将其阻断。

图 3.1.39 防火墙会检查连接状态是否前后呼应

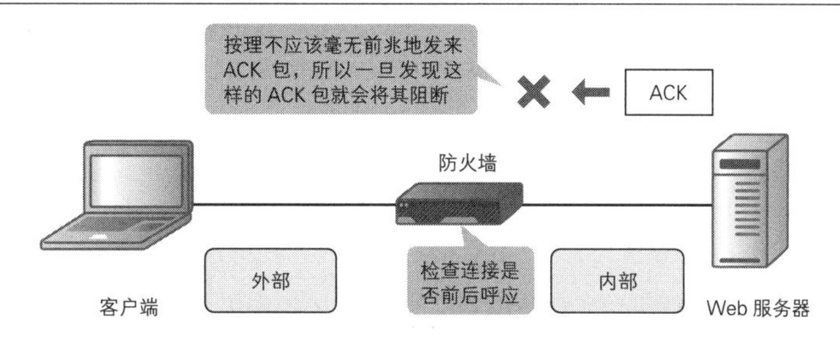

包过滤则将通信视为一种数据包。每次收到数据包后，该功能都会将其和过滤规则进行对

照，然后决定是允许还是拒绝该通信。到这里为止，包过滤的机制都是和状态检测一样的，它们的不同之处在于如何对待返回通信。状态检测对返回通信采取的是动态等候的机制，包过滤则没有那么灵活，它需要将返回通信作为一个单独的返回通信，另外给出许可才行。

图 3.1.40 对于返回通信，包过滤必须另外给出许可

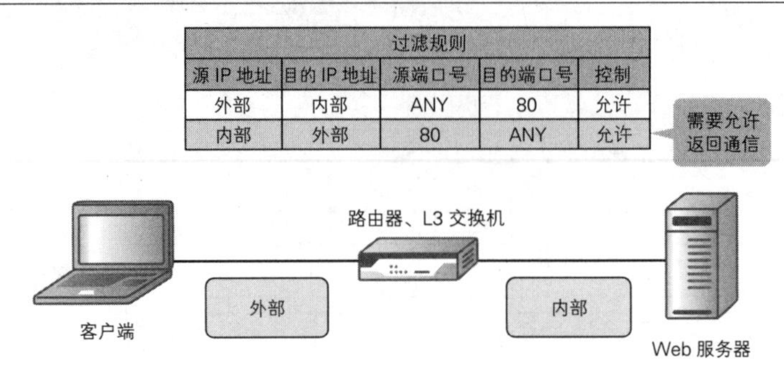

假设现在我们想要允许从某个客户端通往 Web 服务器的 HTTP 通信。使用状态检测时，只要有“允许从该客户端通往 Web 服务器的 HTTP”这一个规则，就能自动允许返回通信；而使用包过滤时，除了允许从该客户端通往 Web 服务器的 HTTP 之外，还必须允许从 Web 服务器通往客户端的返回通信才行。而且，允许返回通信的规则还具有“致命”的易受攻击性，因为在从 Web 服务器通往客户端的通信中，源端口为 TCP/80，目的端口为 OS 随机选出的 TCP/1024～65535，这使得包过滤必须对大范围的目的端口号都给出许可。这在数据安全上存在着重大的问题，万一服务器被劫持，后果将不堪设想。

图 3.1.41 返回通信本身非常容易受到恶意攻击

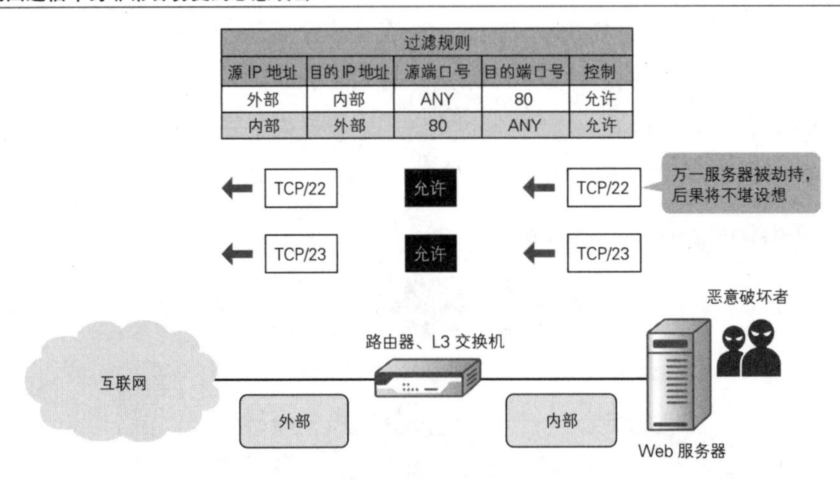

有些设备可能会有一个 ESTABLISHED 的可选项，允许人们将带有 ACK 或 FIN 标志的包视为返回通信发放许可。但是恶意破坏者只要想办法操纵了标志，就能钻过滤规则的空子，所

以这个可选项在数据安全上同样存在着问题。

图 3.1.42 即便使用 ESTABLISHED 可选项，也无法完全控制通信

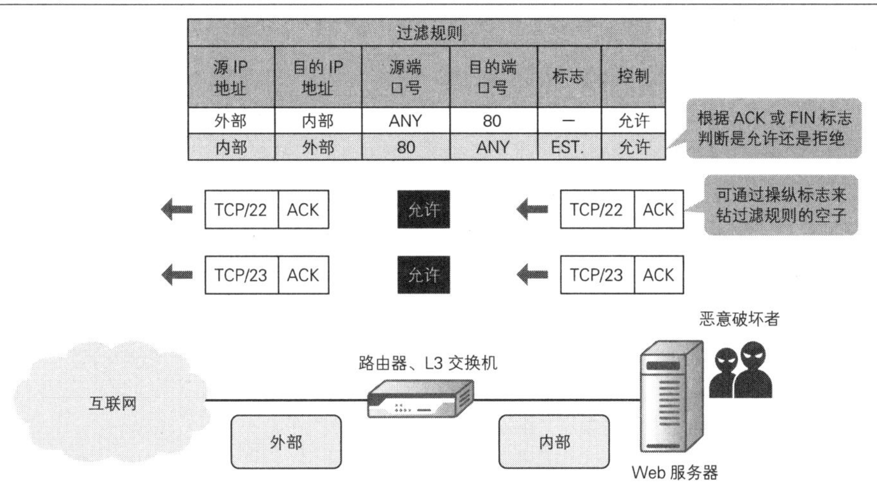

当然，出于对成本的考虑或者设备自身的原因，有时候我们也不得不使用包过滤功能，这时候一定要清醒地认识到在数据安全上它极易受到恶意攻击这一点。

3.1.2.4 选择符合安全要求的防火墙

目前的防火墙大致可以分为 4 类，分别是使用 IP 地址和端口号控制通信的传统防火墙（也就是我们常说的防火墙）、集多种安全功能于一体的 UTM（Unified Threat Management，统一威胁管理）、针对应用程序进行通信控制的新一代防火墙和针对 Web 应用程序进行通信控制的 WAF（Web Application Firewall，Web 应用程序防火墙）。本书在讲解各种防火墙的同时，还会讲解什么情况下应该选择哪种防火墙。

数据安全要求不高时选择传统防火墙

传统防火墙就是前面介绍的通过状态检测发挥作用的防火墙。它通过 IP 地址和端口号的组合保证了基本的数据安全。传统防火墙作为提供数据安全功能的首选方式，曾经辉煌一时。如今，它已完成自己的使命，将主角宝座让位于 UTM 和新一代防火墙。目前商用环境或正式环境中已经看不到传统防火墙产品的身影了。下面介绍的 UTM 和新一代防火墙都是在传统防火墙的基础上添加了许多其他安全功能。

UTM 简化安全管理

简单地说，UTM 就是一种万能的设备。一台 UTM 除了通信控制之外，VPN（Virtual Private

Network，虚拟专用网络）、IDS（Intrusion Detection System，入侵检测系统）/IPS（Intrusion Prevention System，入侵防御系统）、反病毒、反垃圾邮件和内容过滤等功能一应俱全。以往人们必须借助专用设备才能实现各种不同的防御功能，现在却只要一台 UTM 就足够了，因此设备成本和管理成本大大降低。UTM 的鼻祖当属防特公司的 FortiGate 系列产品。戴尔公司和瞻博公司等也紧随其后，分别推出了 SonicWall 系列产品和 SSG 系列产品。

图 3.1.43　UTM 集多种功能于一身

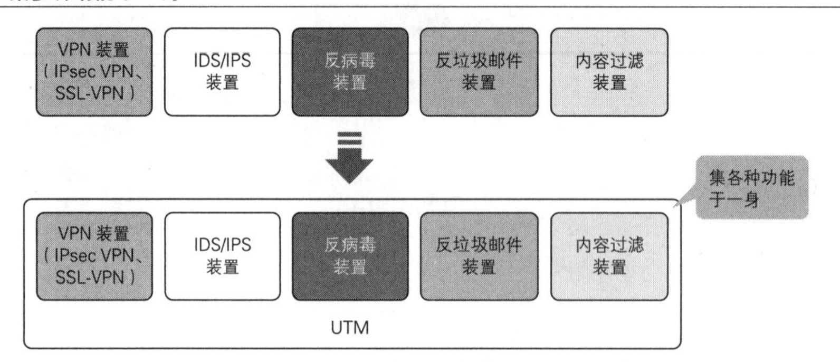

那么，在这里我们就对 UTM 中的各种数据安全功能做一个大致的说明，只是扼要地介绍而已，具体使用的协议以及功能详情请参考相应的使用说明书。

VPN

VPN 是能够在互联网上建立加密的虚拟专线，连接诸多站点和用户的功能。它大致可分成两类，一类是点对点 VPN，另一类则是远程访问 VPN。

点对点 VPN 是将诸多站点连接起来的一种 VPN。以往人们是用一对一的专用布线去连接站点的，这种方法的确比较安全也容易理解。然而随着距离的增加，支出的费用也要增加，而且费用还极其高，这个不利因素太大了，于是点对点 VPN 应运而生。点对点 VPN 在互联网上建立虚拟的专用线路，能像实体专线一样将站点连接起来，人们却只需要承担普通的互联网上网费而已，因此大大降低了成本。

图 3.1.44　点对点 VPN 将站点连接起来

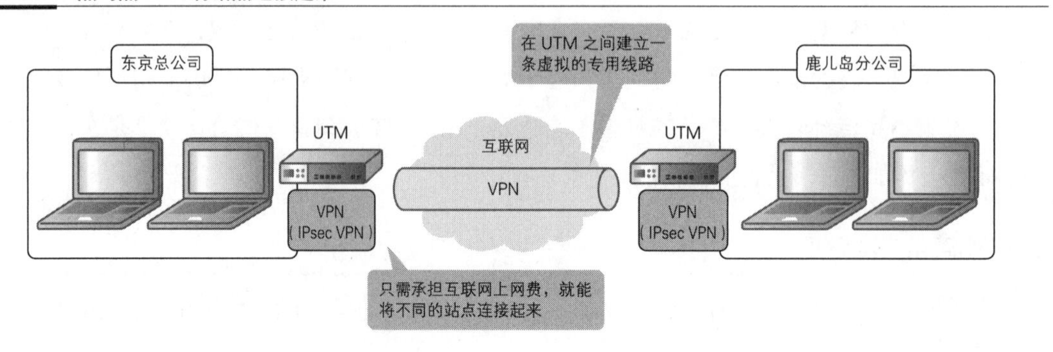

远程访问 VPN 用于移动用户的远程访问。随着时代的进步，人们的工作方式也发生了变化。想象一下，员工因公外出时，在结束工作之后特意返回公司继续干活有意义吗？效率只会更低吧？这时候如果使用远程访问 VPN，通过 VPN 软件连接到公司网络，员工就能像自己在公司里一样正常工作了。远程访问 VPN 大致可分为 IPsec VPN 和 SSL-VPN 两种。以往 IPsec VPN 是主流，但由于和 NAPT 环境之间存在一定冲突而且无法用于有代理服务器的环境，现在已经在逐步被 SSL-VPN 所取代。

图 3.1.45　远程访问 VPN 可以在自己家里或者咖啡馆连接到公司网络

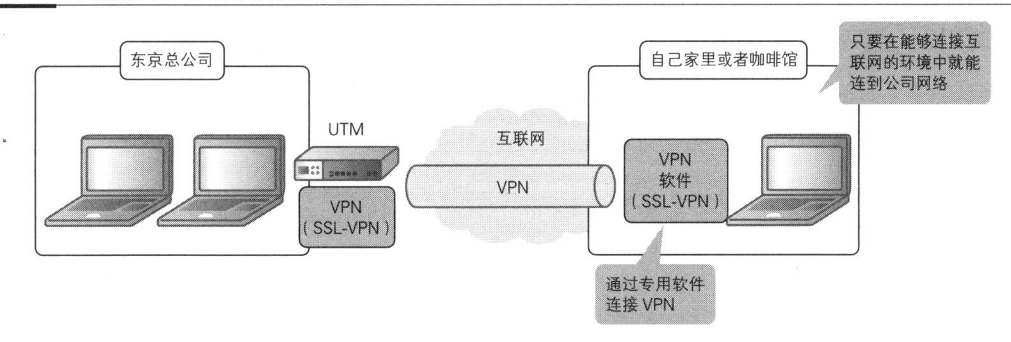

IDS/IPS

IDS/IPS 是通过观察通信情况检测是否有入侵或攻击行为，或是对入侵和攻击进行防御的一种功能。IDS 只能检测，IPS 则兼具检测和防御的双重功能。

IDS/IPS 以一种叫作签名的形式保存着所有可疑的通信类型，签名相当于防病毒软件中的病毒码文件，通过自动或手动更新。IDS/IPS 将实际的通信和签名进行对照以检测和防御入侵。最近，网络攻击的手段越来越复杂，很难机械地判断对象是否真的在企图入侵。日本大多是先用 IDS 检测一遍，然后视具体情况交给 IPS 去阻断攻击。IDS/IPS 的运行管理极其重要，我们不能实施之后就高枕无忧，而一定要根据实际环境情况对设置进行定制处理。

图 3.1.46　IPS 能阻断攻击

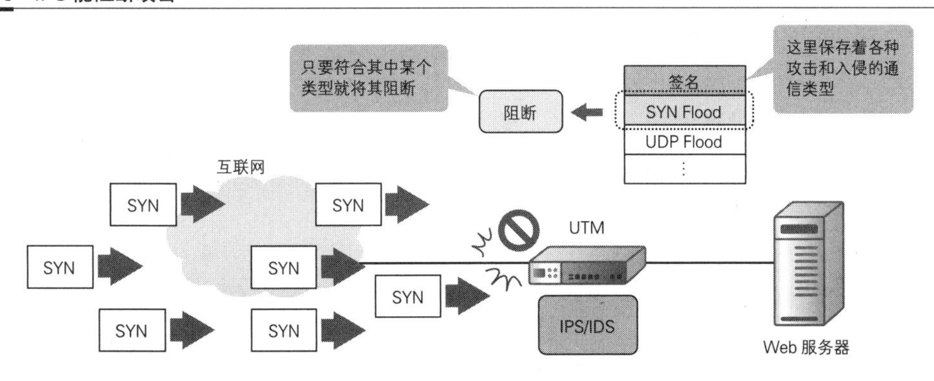

反病毒

反病毒是一种对抗病毒的功能，和 IDS/IPS 同样是基于签名运作的。它将收到的通信在 UTM 内部和签名进行对照并处理。签名可能是自动更新，也可能是手动更新。

在实施 UTM 时常常有管理人员问："有了这个我们就不需要防病毒软件了吧？"回答是否定的，因为 UTM 仅对经过它的通信进行监控。举一个例子，当我们在自己家里或公用无线 LAN 环境中将已受到病毒感染的 PC 连到公司内部 LAN 的时候，UTM 是起不了任何作用的。数据安全必须采取多层防御的方式，这是一个基本原则，所以我们万万不可掉以轻心，要对接踵而至的网络威胁严阵以待才行。

图 3.1.47 反病毒功能基于签名阻断病毒

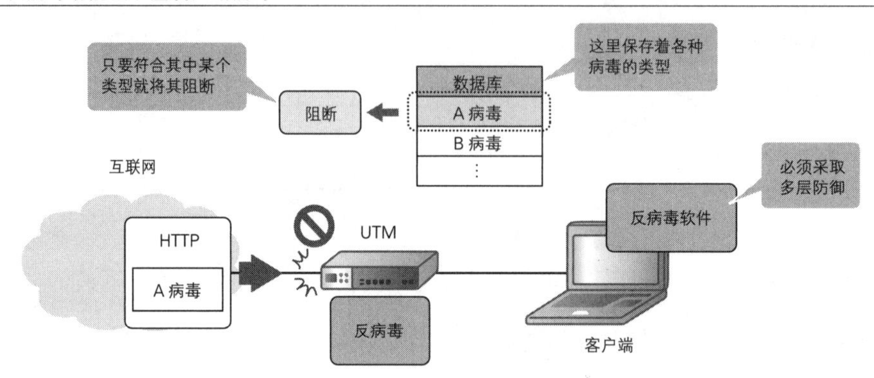

反垃圾邮件

反垃圾邮件是一种对抗垃圾邮件的功能，是基于签名和信誉运作的。签名和反病毒、IDS/IPS 一样，是一个相当于病毒码文件的资料库。反垃圾邮件功能会根据邮件中所含的网址、图像、用语等各种要素去判断该邮件是否为垃圾邮件。信誉指的是根据邮件源 IP 地址去判断该邮件是否为垃圾邮件的一种技术，该技术会将发送垃圾邮件的邮件服务器的源 IP 地址保存到特定的数据库里，一有需要就对照该数据库来判断对象是否为垃圾邮件。

对反垃圾邮件功能来说，运行管理也是非常关键的。同样的邮件未必对所有人来说都是垃圾邮件，在某些人看来它也许是有用的，但在另一些人看来它也可能只是垃圾。考虑到这样的情况，我们应根据不同的环境进行适度的调整。

内容过滤

内容过滤是一种限定可浏览网站的功能。UTM 将各种网站的网址分门别类（如分为违法性、犯罪性较高的网站，成人色情网站，等等），并将这些网址保存在特定的数据库中。过滤时，将用户浏览的网址和数据库进行对照，然后决定对该网站是允许还是拒绝。

对内容过滤来说，运行管理同样也至关重要。同样的网站未必对所有企业来说都是无用的，反过来，也未必都是有用的。因此，实施这项功能之后我们还应根据不同的环境做一些定制处理。

图 3.1.48 反垃圾邮件功能基于签名和信誉判断对象是否为垃圾邮件

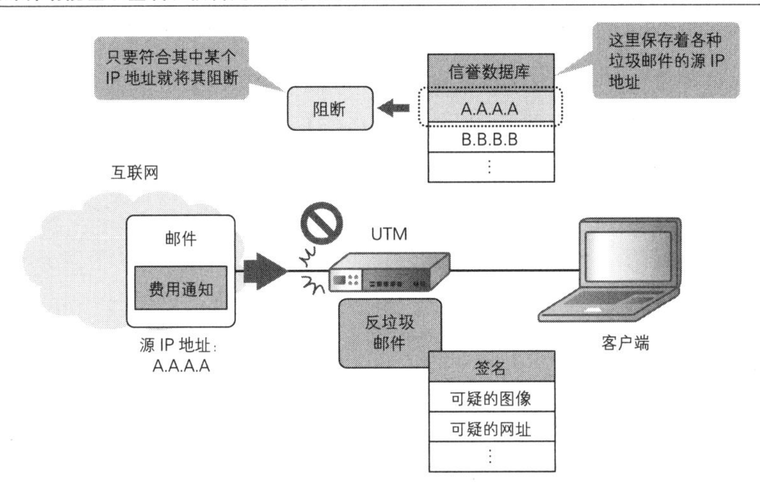

图 3.1.49 使用内容过滤功能限定可以浏览的网站

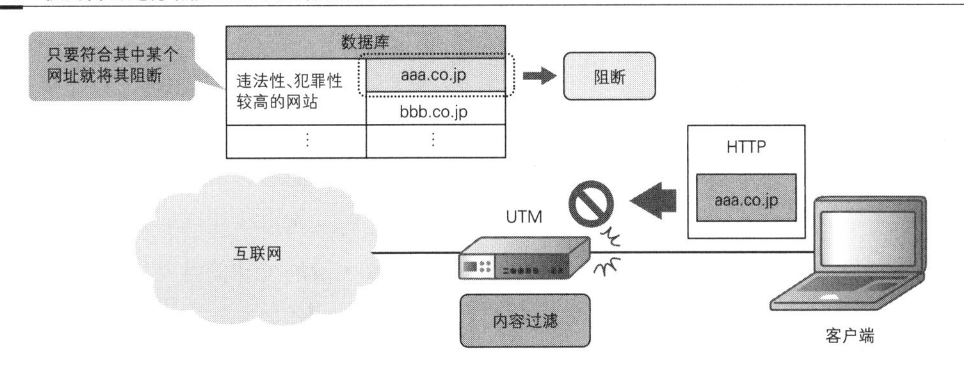

新一代防火墙能更精准地灵活控制用户通信量

新一代防火墙具备应用程序控制和可视化等功能，是比 UTM 更先进的一种防火墙。它将用户访问互联网的通信量进行更为详细的划分，利用这些分类来控制应用程序的通信。新一代防火墙除了对照 IP 地址和端口号之外，还会查看各种通信类型以识别应用程序并对其进行通信控制。此外，它还用图表或表格等可视化的形式统计和管理通信量。新一代防火墙的鼻祖当属派拓公司的 PA 系列产品。其他公司也紧随其后发布了各自的新产品。

接下来我们分别来看看这两种功能。

控制应用程序

新一代防火墙不是将端口号当作应用程序进行识别，而是根据多个要素去识别应用程序并控制通信的。应用程序正在变得越来越复杂。以 HTTP 为例，如今，HTTP 早已不局限于网站浏览，而是在收发文件和实时交换信息等方面也发挥着作用。于是人们不再只单纯地将 TCP/80 当作 HTTP 去分门别类，而是根据网址、内容信息、文件扩展名等多种信息对应用程序进行更加深层的细分。举个例子，以往只要允许 HTTP，我们就能够浏览 Facebook、Twitter 这些网站了。然而在新一代防火墙中，即便是同一个 HTTP 通信，我们也可以根据实际需要允许 Facebook 但拒绝 Twitter，像这样基于应用程序对它们分别进行控制。

图 3.1.50 新一代防火墙能够更加深入地识别应用程序

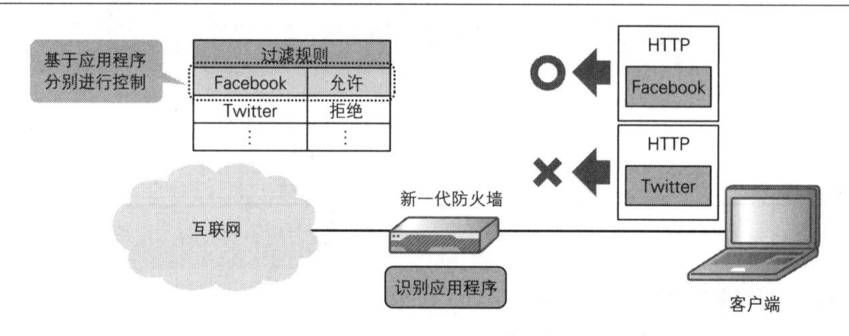

可视化

新一代防火墙的另一个特点是通信的可视化。对管理人员来说，谁在使用什么应用程序、使用的频率有多高，这些都是非常重要的信息。新一代防火墙能够将识别出来的通信制成图表并显示出来，看起来一目了然。也许有的人会想，可视化就这么点作用啊？可别小看它，实际上这点作用能帮上我们的大忙。作为一项管理作业，获取大量的统计信息并将它们整理成电子表格其实比我们想象的要麻烦许多，而且手动去做的话往往只能得到并不完美的图表，利用可视化功能则能够为我们省去这些日常性的管理工作，物有所值。

前面我们学习了 UTM 和新一代防火墙。以往人们对两者进行了严格的区分，集各种安全功能于一身的防火墙叫作 UTM，具备应用程序控制和可视化功能的防火墙叫作新一代防火墙。但是，最近也有生产商为 UTM 配备应用程序识别和可视化功能，并将其作为新一代防火墙出售。因此，两者的区分变得不那么严格了。单纯从词语的角度来看，UTM 的叫法深奥难懂，而新一代防火墙这一名称则走在了时代前沿，为人们所接受。现如今人们只在产品营销上区分这两种称呼。我们在选择设备时，要认真考查各种设备的功能和实际所需的功能，不要被营销中的产品名称所迷惑。

WAF 守卫公开 Web 网站

WAF 是专门用于防御 Web 网站攻击的防火墙，这些 Web 网站通常公开在互联网上。传统防火墙的保护范围是网络层（IP 地址）到传输层（端口号），可以通过制定仅允许 HTTP 通信的规则来防御攻击。然而，恶意破坏者一旦针对 Web 服务器上运行的 Web 网站发起精准攻击，传统防火墙则毫无招架之力。新一代防火墙或 UTM 虽然可以在应用程序层面控制发往互联网的数据（出站通信），但是无法在应用程序层面控制来自互联网的数据（入站通信）。而 WAF 可以在应用程序层面检查入站 HTTP 通信，控制通往 Web 网站的数据。有名的 WAF 产品有 F5 网络公司的 BIG-IP ASM 和 Imperva 公司的 SecureSphere WAF。

表 3.1.8　WAF 在应用程序层面检查入站通信

防火墙的种类	源 / 目的 IP 地址	源 / 目的编口号（传输层）	应用程序控制
传统防火墙	○	○	—
UTM	○	○	仅限出站通信
新一代防火墙	○	○	仅限出站通信
Web 应用防火墙（WAF）	—	—	仅限入站通信

常见的 Web 网站攻击方式有 3 种，分别是利用 SQL 指令（用于读写 DB 服务器的指令）的 SQL 注入攻击、利用 Web 浏览器显示处理的 XSS 攻击（Cross Site Script Attack，跨站脚本攻击）和伪造网站发送恶意 HTTP 请求的 CSRF（Cross site request forgery，跨站请求伪造）攻击。无论哪种攻击方式都能窃取重要信息或篡改他人信息，造成巨大的经济损失和信用缺失。

表 3.1.9　常见的 Web 网站攻击方式

攻击名称	概　要
SQL 注入	针对 Web 应用程序与 DB 服务器连接部分的弱点发起的攻击。可以篡改数据库信息或者非法获取信息
XSS	针对 Web 应用程序的弱点，在普通用户的 Web 浏览器上显示和执行恶意破坏者事先准备好的 HTML 标签和 JavaScript 脚本。攻击的形式多种多样，例如在 Web 浏览器上显示伪造页面以诱导用户输入信用卡卡号、劫持普通用户与服务器之间的连接等
CSRF	向登录网站的用户显示伪造页面，诱导用户执行恶意破坏者事先准备好的请求向 Web 应用程序发起攻击。例如非用户本人操作的 SNS 发帖、诱导用户通过购物网站购物等

为了应对各种形式的攻击，WAF 以签名的形式保存了各种攻击。WAF 收到 Web 网站的 HTTP 请求后，将 HTTP 请求中的所有数据（HTTP 报头和 HTML 数据等）与签名进行对照。如果数据与签名匹配，WAF 就输出日志信息或者直接将数据丢弃。签名可以手动更新，也可以在指定的时间自动更新。要使 WAF 发挥作用，首先要让 WAF 学习实际有哪些通信会通过其中。因此，实施 WAF 时，一开始我们不能阻断任何通信，要让 WAF 经过一段时间的学习后，再设置允许或拒绝的通信类型。

图 3.1.51 WAF 防御对 Web 网站发起的攻击

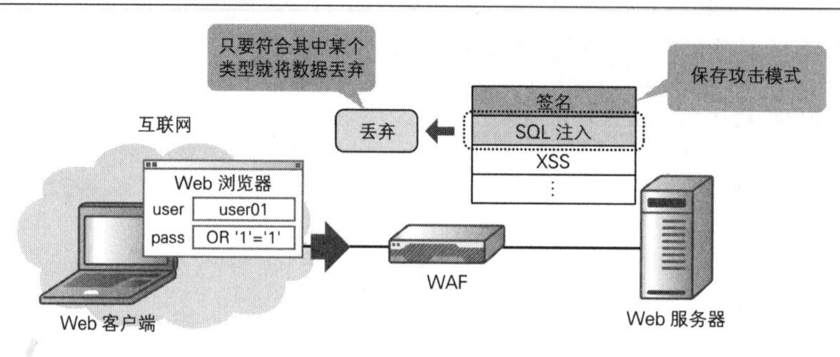

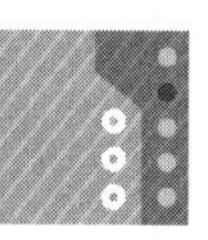

3.1.3 通过负载均衡器分散服务器的负荷

下面介绍在传输层运作的另一种设备——负载均衡器。负载均衡器是一种利用网络层（IP 地址）和传输层（端口号）的信息为多台服务器分配连接的设备。负载均衡器上设有虚拟服务器，虚拟服务器收到连接后按照预先制定的规则将连接分配给各台服务器，以此来分散服务器的处理负荷。负载均衡器的首选产品是 F5 网络的 BIG-IP LTM。其次是思杰公司的 NetScaler 和 A10 网络公司的 Thunder。

3.1.3.1 目的 NAT 是服务器负载均衡技术的基础

目的 NAT 是服务器负载均衡技术的基础。首先，我们就来看看目的 NAT 是如何实现的。

目的 NAT 是根据连接表中的信息执行的，这个连接表和用于防火墙的连接表在要素上有些不太一样。用于负载均衡器的连接表由“源 IP 地址：端口号”“虚拟 IP 地址（转换之前的 IP 地址）：端口号”“实际 IP 地址（转换之后的 IP 地址）：端口号”和“协议”等信息构成，查询该表就能知道什么样的通信会被分散到哪台服务器上去。

接下来，我们来看看负载均衡技术是如何使用连接表发挥作用的。我们先来梳理下网络环境和前提条件，假设环境如图 3.1.52 所示，客户端通过 HTTP 访问虚拟服务器，负载均衡器将通信负荷分散到 3 台 Web 服务器中去。

图 3.1.52 有助于我们了解服务器负载均衡技术的结构实例

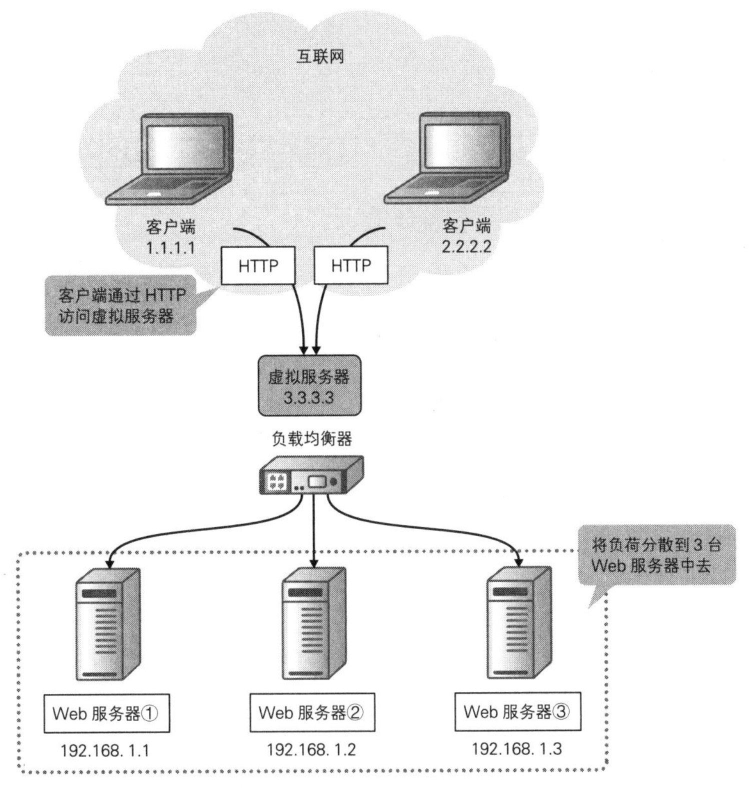

1 负载均衡器通过虚拟服务器收到客户端的连接。这时候目的 IP 地址是虚拟服务器的 IP 地址，也就是虚拟的 IP 地址。收到的这个连接在连接表中进行管理。

图 3.1.53 客户端访问虚拟服务器

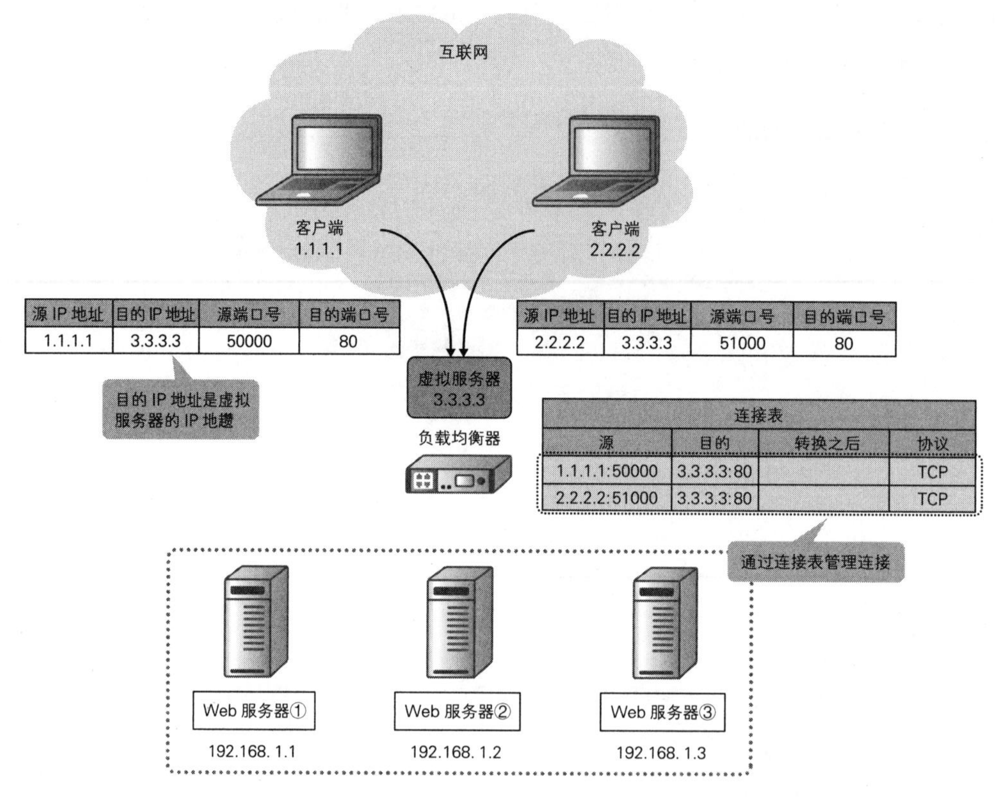

2 负载均衡器将目的 IP 地址（虚拟 IP 地址）转换为与之对应的负载均衡服务器的实际 IP 地址。转换的实际 IP 地址能够基于服务器状态、连接状态等各种因素动态地改变，因此连接得以分散到各处。转换之后的实际 IP 地址也会被写入连接表，在连接表中接受管理。

图 3.1.54 负载均衡器将虚拟的目的 IP 转换为实际的 IP 地址

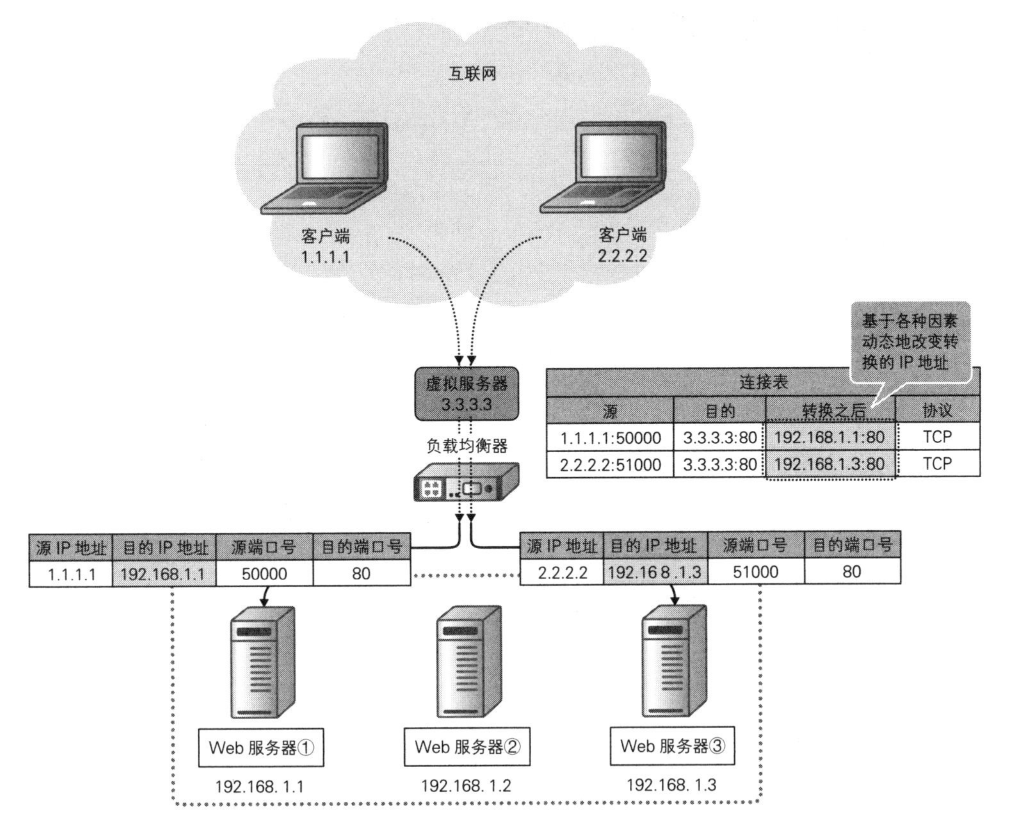

3 接下来我们再看返回的通信。服务器收到连接后对其进行应用处理，然后会将处理结果返回给已成为默认网关的负载均衡器。这里负载均衡器要做一个和发送时恰好相反的转换处理，也就是要对源 IP 地址（前面是针对目的地址）执行 NAT 处理。负载均衡器在连接表中管理发送通信的信息，并根据该信息向客户端返回通信。

图 3.1.55 返回给负载均衡器

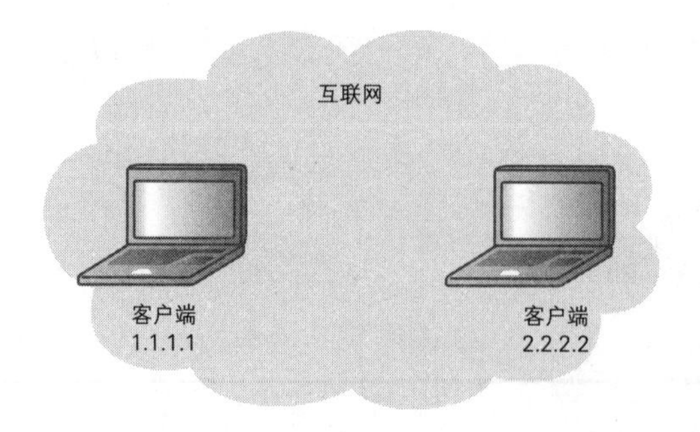

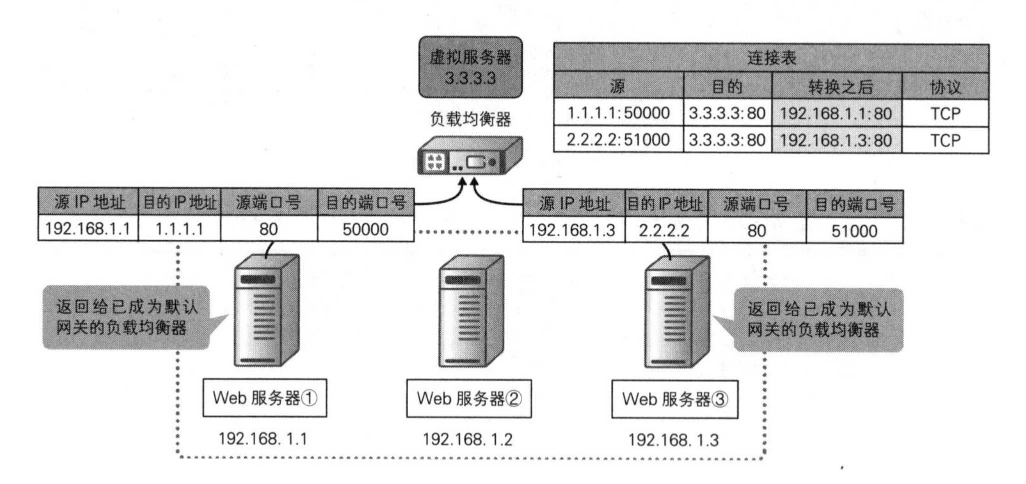

图 3.1.56 参照连接表转换源 IP 地址

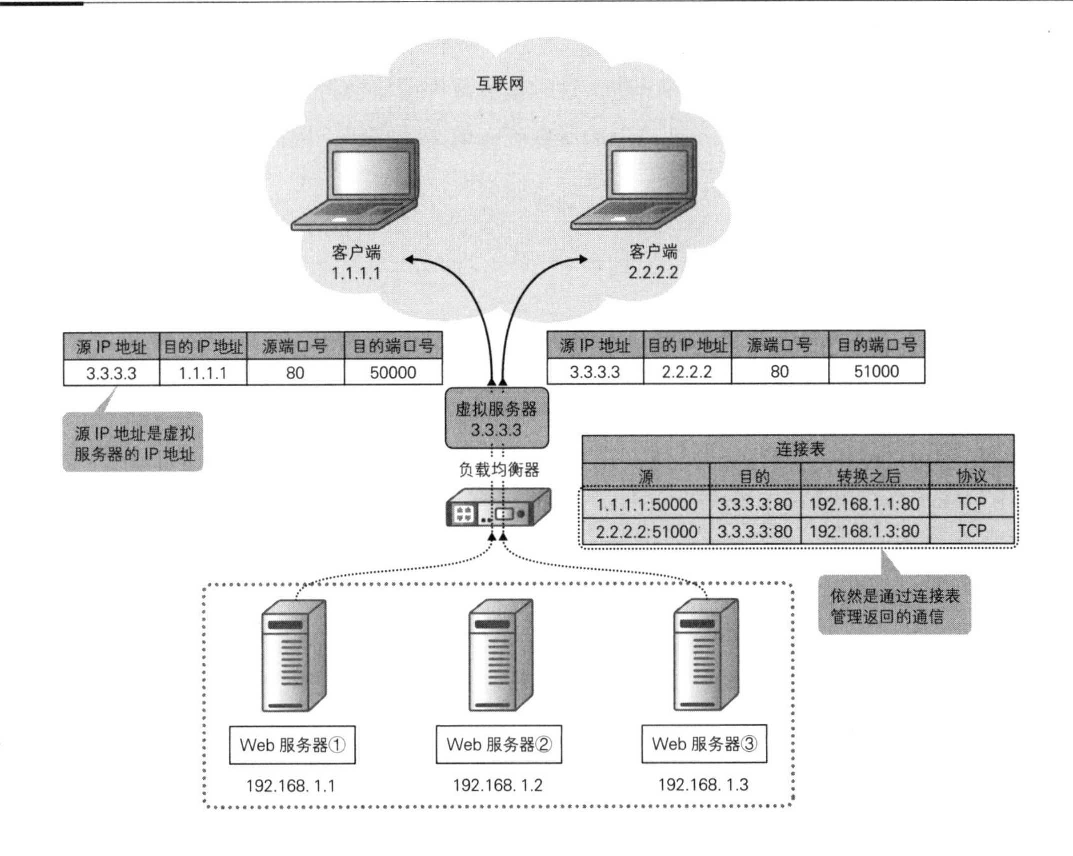

3.1.3.2 通过健康检查监控服务器的状态

转换的实际 IP 地址取决于两个因素，一个是健康检查，另一个是负载均衡方式。我们就是要利用这两个因素，来决定将虚拟 IP 地址转换成哪个真实的 IP 地址。

通过 3 种健康检查监控服务器

健康检查用来监控负载均衡服务器的状态。我们知道，将连接分配给已经宕机的服务器是没有意义的，它不会给出任何响应。为了避免出现这种毫无意义的局面，负载均衡器会通过监控报文定期检查服务器是否正常运作，一旦测出宕机，就会将该服务器排除到负载均衡对象之外。有些生产商称之为“健康监控”或“(服务器)探测”什么的，都是指同一种功能。健康检查大致可分为 L3 检查、L4 检查和 L7 检查这 3 种，分别是针对不同的层实施检查。

L3 检查

L3 检查通过 ICMP 来检查 IP 地址是否正常。假设未做冗余配置的 NIC 出现了故障或者线缆发生断裂，服务器就无法返回 ICMP 包，这时候负载均衡器会将该服务器隔离到负载均衡对象之外。如果 L3 检查未能过关，L4 以上的所有服务就无法提供，因此，L4 检查和 L7 检查也将无法过关。

图 3.1.57　L3 检查是针对 IP 地址的检查

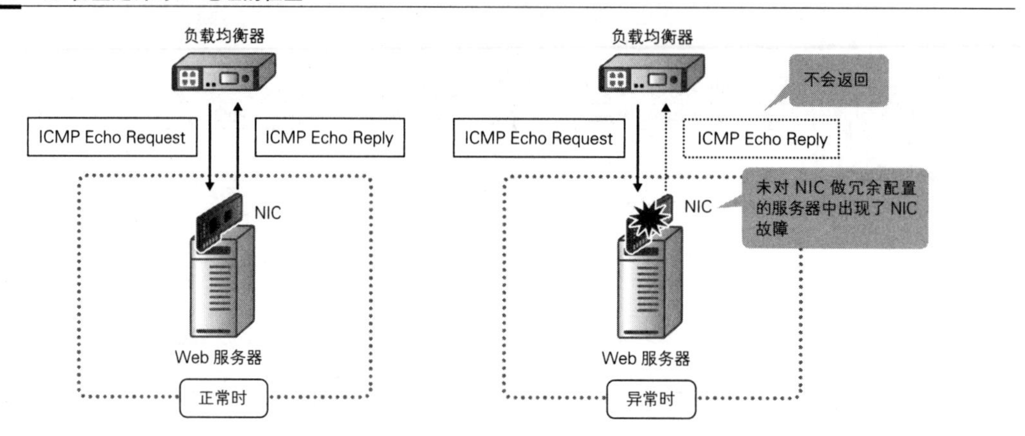

L4 检查

L4 检查通过三次握手来检查端口号是否正常。假设在 Web 服务器中默认使用的是 TCP/80 端口，负载均衡器会对该端口定期执行三次握手以确认响应的情况。如果 IIS 或 Apache 的进程中断，TCP/80 的响应就会中断，这时负载均衡器会将该服务器隔离到负载均衡对象之外。应用程序是在服务器进程上工作的，因此，如果 L4 检查未能过关，那么 L7 检查也将无法过关。

图 3.1.58　L4 检查是针对端口号的检查

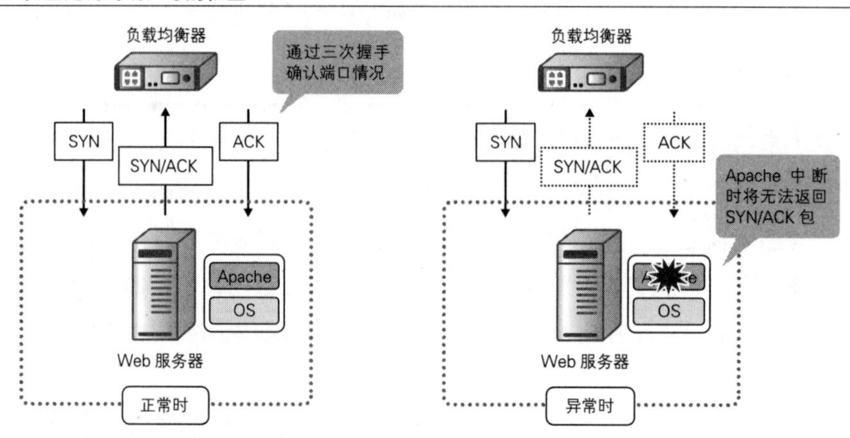

L7 检查

L7 检查中的 L7 指的是第七层，也就是应用层。L7 检查通过真实的应用通信来检查应用程序是否正常。例如，网络应用程序的状态是以状态码的形式返回的，负载均衡器监控的就是这个状态码。网络应用程序如果出现故障，就会返回一个表示异常情况的状态码，这时负载均衡器就会将该服务器隔离到负载均衡对象之外。

图 3.1.59　L7 检查是针对应用程序的检查

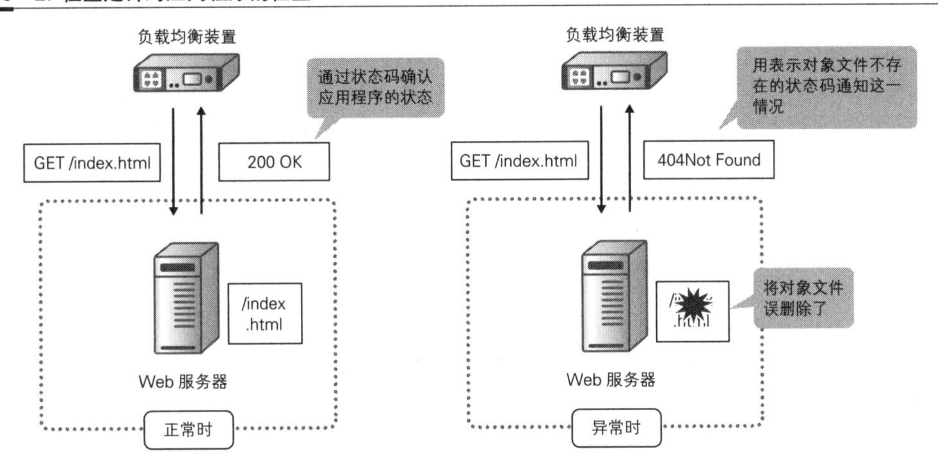

要根据应用程序和服务器规格变换负载均衡方式

负载均衡方式指的是“参考什么信息，将负荷分散到哪些服务器上去”。负载均衡方式不同，通过目的 NAT 的目的 IP 地址也就不同。

负载均衡方式大致可以分为静态和动态两种。静态负载均衡方式根据预先的设置来决定将负荷分散到哪些服务器上去，并不关心服务器的实际状况如何；动态负载均衡方式则根据服务器的实际状况决定将负荷分散到哪些服务器上去。实际上，负载均衡方式有更多更细的分类，适用于各种不同的设备，不过本书仅介绍它们当中具有代表性的两个细化分类。

表 3.1.10　负载均衡方式分为静态和动态两种

分类	负载均衡方式	说　明
静态	轮询	按照顺序分配连接
	加权和比例	根据加权和比例分配连接
动态	最少连接数	将连接分配给连接数最少的服务器
	最短响应时间	将连接分配给响应速度最快的服务器

轮询

轮询方式将收到的请求按照顺序分配给负载均衡服务器，属于静态负载均衡方式。具体说来就是依次分配给服务器①、服务器②、服务器③……原理非常简单，所以人们容易预测到下一个连接，管理起来也很方便。当负载均衡服务器的规格都一样并且每次处理的时间都较短时，轮询方式是极有用武之地的。然而如果不是这样的环境，比如服务器的规格参差不齐，或者该环境需要能够保持会话（会话保持功能），那我们就不能不假思索地分配连接了，否则负载均衡的效率会非常糟糕，这一点一定要注意。

图 3.1.60　轮询方式是按照顺序分配

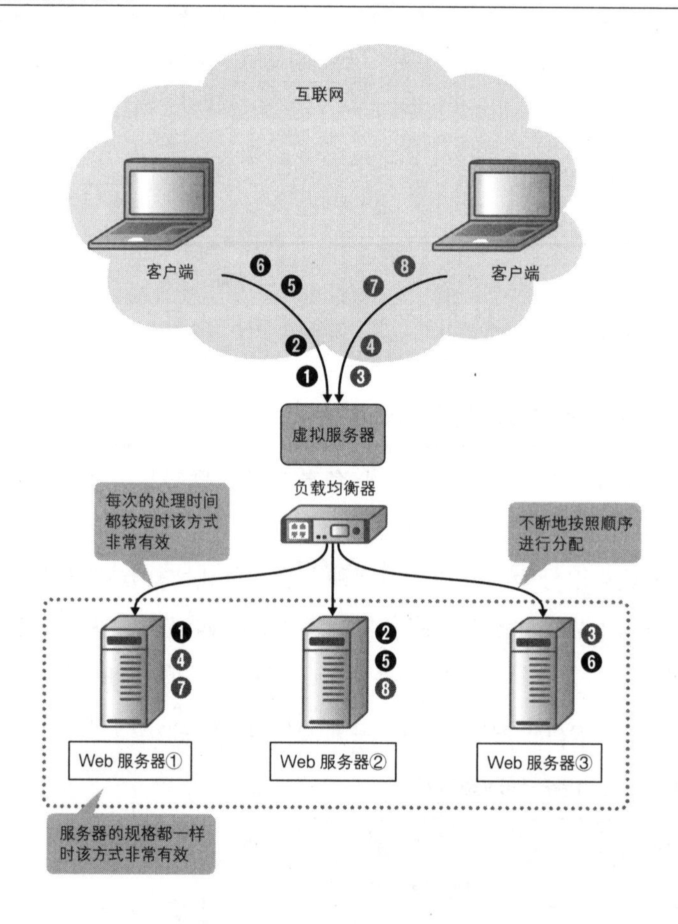

加权和比例

加权和比例方式预先给每台服务器设置好比例，然后根据整体的比例情况分配连接，属于静态负载均衡方式。采用轮询方式时，服务器即使规格较低也能够分到连接。而加权和比例方式则是将规格较高的服务器设置为高比例，将规格较低的服务器设置为低比例，其结果是比例较高的服务器能够优先获得连接分配。在负载均衡服务器规格参差不齐的环境里，这种方式能够发挥较大的作用。

加权和比例方式常常作为各种负载均衡方式的一个可选项出现，当环境中的服务器规格参差不齐时，人们往往将它和其他负载均衡方式一起使用以达到最佳效果。

图 3.1.61 根据比例分配

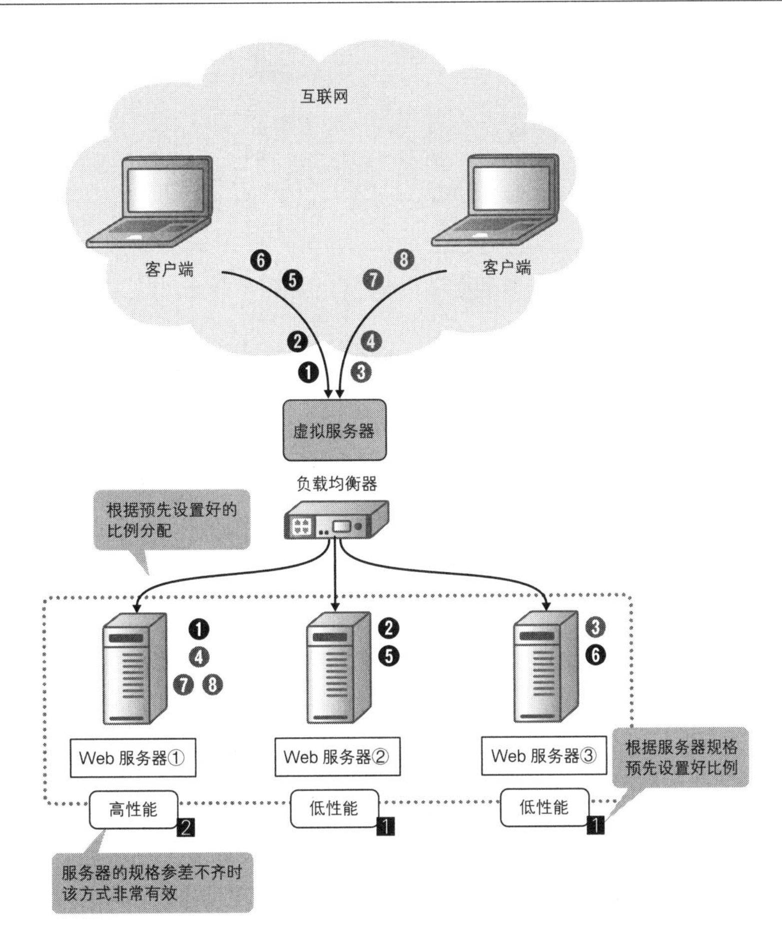

最少连接数

最少连接数方式将连接分配给当前联机数量最少的服务器，属于动态负载均衡方式。采用这种方式时，负载均衡器会检测负载均衡服务器的联机数量，选择收到连接时联机数量最少的，也就是处理负荷最小的那台服务器，然后将连接分配给它。

在下面这两种环境中进行负载均衡时，采用这种方式非常有效：应用程序为需要长时间联机的 HTTP/1.1 或 FTP 等；要保持会话（使用会话保持功能）以保证在一定时间内一直向同一台服务器传送信息。

图 3.1.62 分配时考虑连接数是否均衡，使各台服务器的连接数趋向一致

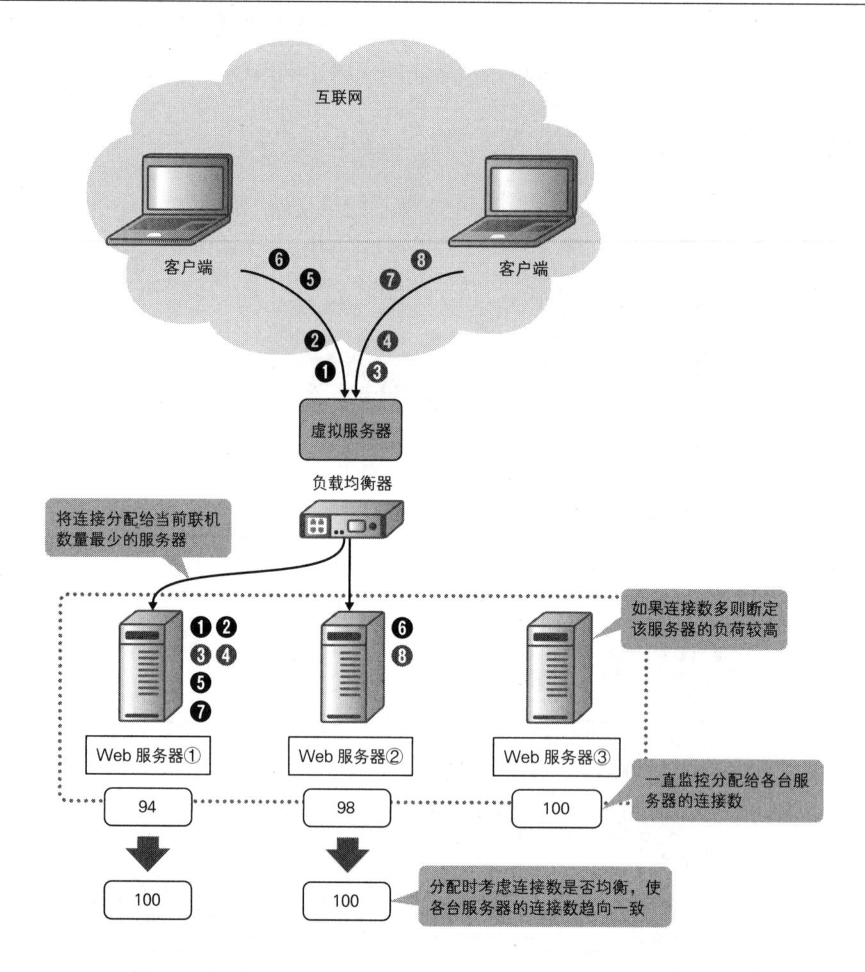

最短响应时间

最短响应时间方式将连接分配给响应最快的服务器，属于动态负载均衡方式。无论是什么服务器，一旦无法处理全量信息，反应就会变得迟钝，最短响应时间方式利用的就是这个原理。采用这种方式时，负载均衡器会根据客户端的请求和服务器的回复去检查服务器的响应时间，选择收到连接时响应最快的那台服务器，然后将连接分配给它。由于这种方式能够根据服务器的处理负荷进行合理的负载均衡，所以在服务器规格参差不齐的环境中非常有效。

图 3.1.63 将连接分配给响应速度最快的服务器

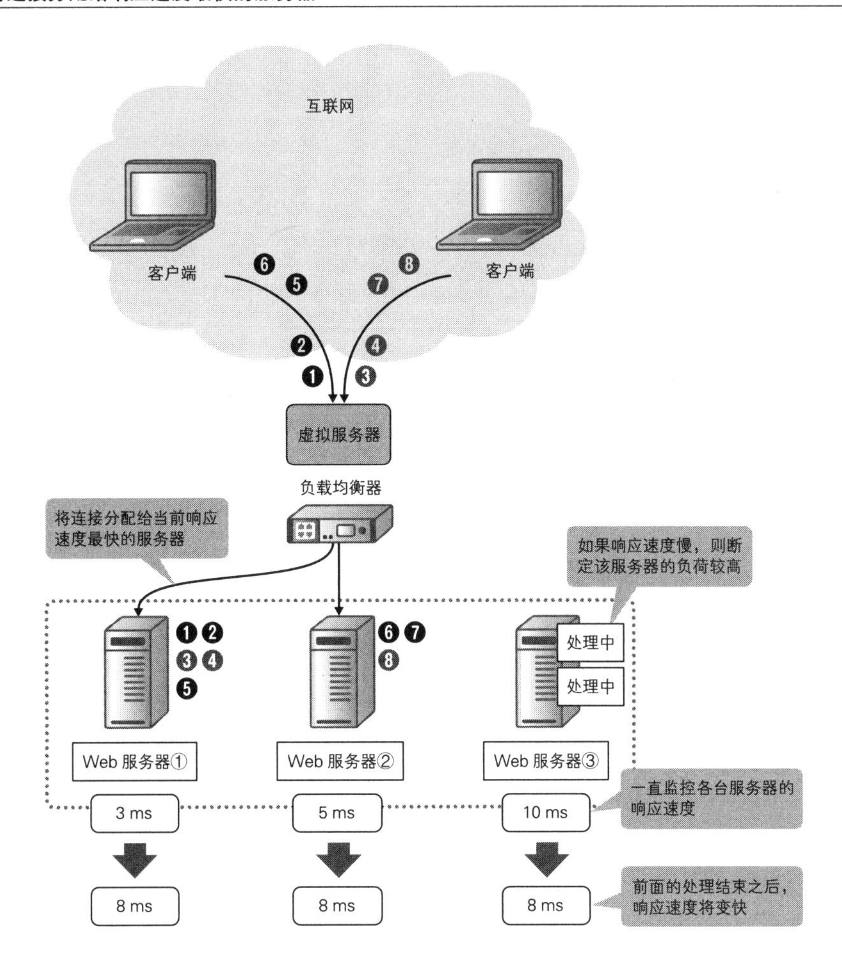

通过会话保持将会话持续分配给同一台服务器

会话保持功能将应用程序的同一会话持续分配给同一台服务器。也许你会想，既然是一种负载均衡技术，那为什么会持续分配给同一台服务器呢？这不矛盾吗？事实上，从全局出发来看，这种方式的确能够起到均衡负载的作用。

对某些应用程序来说，如果不将一系列的处理都放在同一台服务器中进行，就无法保证该处理能够前后呼应，购物网站就是一个很好的例子。在购物网站，“放入购物车”“付款”这一系列的处理必须在同一台服务器上进行，不可能在服务器①中将商品放入购物车却在服务器②中付款。如果“放入购物车”是在服务器①中处理的，那么“付款”也必须仍在服务器①中处理。这时候就要求我们使用会话保持功能，它能根据特定的信息将会话持续分配给同一台服务器，使“放入购物车”和“付款”这一系列的处理都能在同一台服务器中完成。

支持会话保持功能的后台是会话保持表[①]。会话保持表记录着连接中的特定信息以及分配的服务器，使得后续的连接能够依然分配给同一台服务器。会话保持表中记录的信息多种多样，具体记录什么信息则取决于记录方式。下面，本书就介绍两种比较常用的会话保持功能。

图 3.1.64　通过会话保持将会话持续分配给同一台服务器

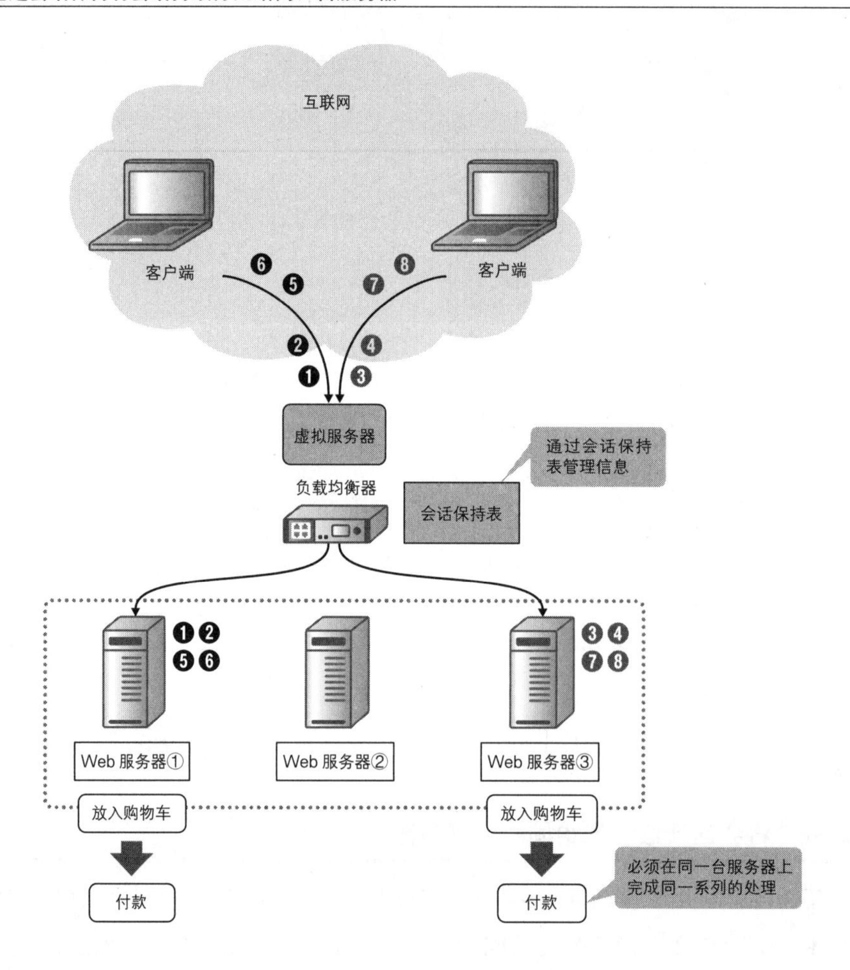

源 IP 地址会话保持

正如其名，源 IP 地址会话保持是一种基于源 IP 地址将会话持续分配给同一台服务器的会话保持。这个应该很容易理解，例如，当源 IP 地址是 1.1.1.1 时将会话持续分配给服务器①，当源 IP 地址是 2.2.2.2 时将会话持续分配给服务器②。如果对方是在互联网上公开的虚拟服务器，那么，由于连接的源 IP 地址是全世界的全球 IP 地址，所以从全局上看它的确能够起到分散负荷的作用。我们设置分配持续时间时应考虑应用程序的时效，一般来说，设置得比应用程序的

① 有些设备并不是通过会话保持表去处理 Cookie 会话保持（Insert 模式）的，请仔细确认设备的设计规格。

时效稍微长一点就能保证处理能够前后呼应、协调一致。

图 3.1.65 如果源 IP 地址相同，就将会话分配给相同的服务器

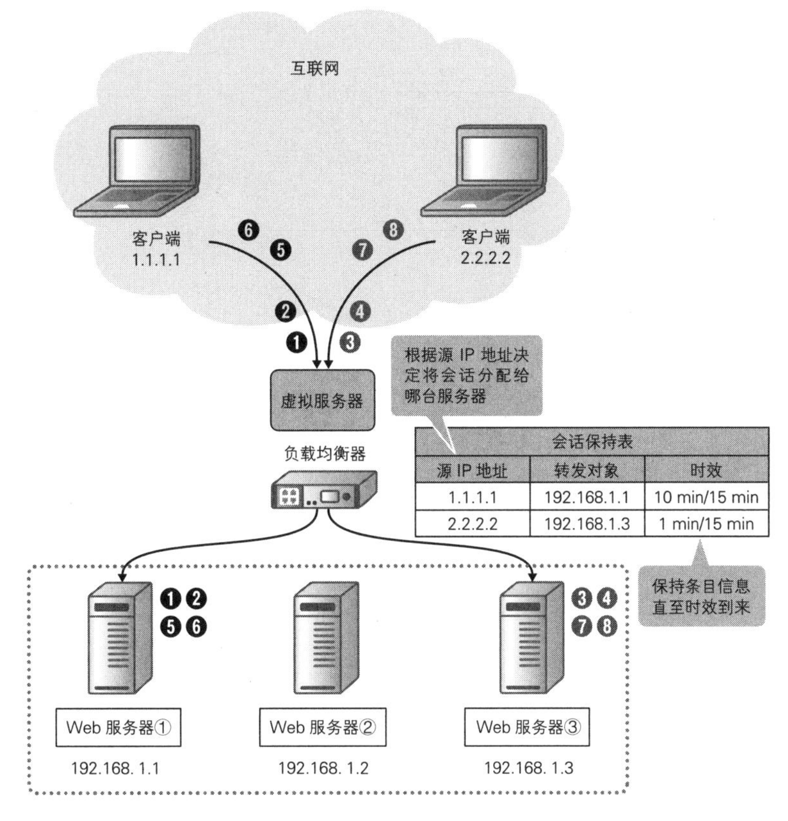

会话保持表		
源 IP 地址	转发对象	时效
1.1.1.1	192.168.1.1	10 min/15 min
2.2.2.2	192.168.1.3	1 min/15 min

源 IP 地址会话保持非常容易理解，管理起来也十分方便。然而，它有一个足以“致命”的弱点，那就是在多个客户端共用一个源 IP 地址的环境（如 NAPT 环境或代理环境等）中无法分散负荷。假设某个 NAPT 环境拥有 1000 台客户端，那么这 1000 台客户端的负荷都会被分配给同一台服务器，这样负载均衡根本无从谈起。源 IP 地址会话保持对环境是非常挑剔的，因此我们一定要仔细确认连接环境之后再决定是否使用。

Cookie 会话保持

Cookie 会话保持（Insert 模式）是基于 Cookie 的信息将负荷持续分配给同一台服务器的会话保持，仅在使用 HTTP 或 SSL 卸载的 HTTPS 环境中有效。

Cookie 指的是通过与 HTTP 服务器之间的通信，将特定信息暂时保存到浏览器中的一种机制，同时也指保存这些信息的文件。每个 FQDN（Fully Qualified Domain Name，全限定域名）都拥有相应的 Cookie。最开始的 HTTP 回复决定了将负荷分配给哪台服务器，这些信息就包含在 Cookie 之中，由负载均衡器交给客户端①。由于后续的 HTTP 请求中都带有 Cookie，所以负载均衡器查看这些 Cookie 信息就能将负荷持续分配给同一台服务器。

图 3.1.66 最开始的请求和往常一样被分散出去

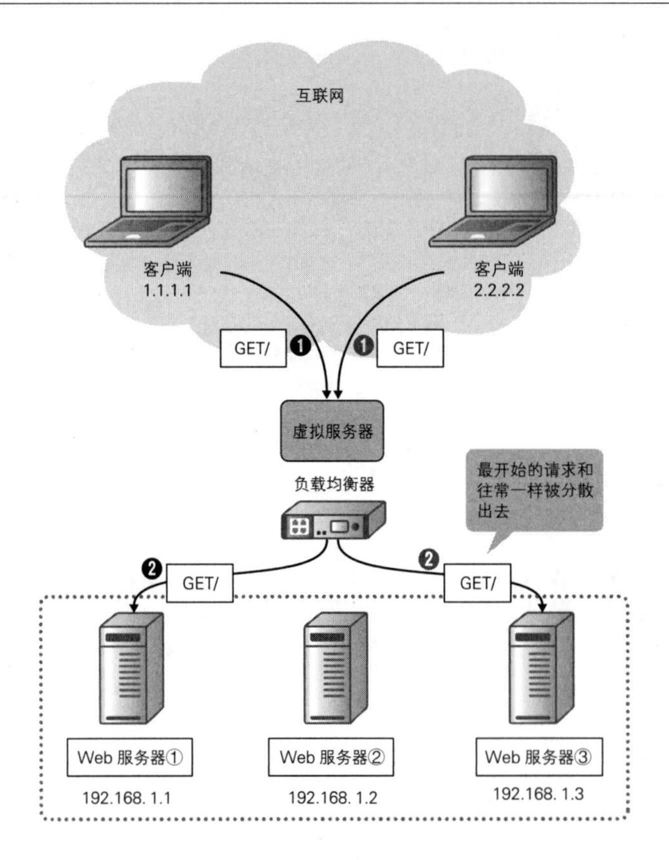

① 实际上是将这些信息作为 HTTP 报头插入。

图 3.1.67 在最开始的回复中装入 Cookie

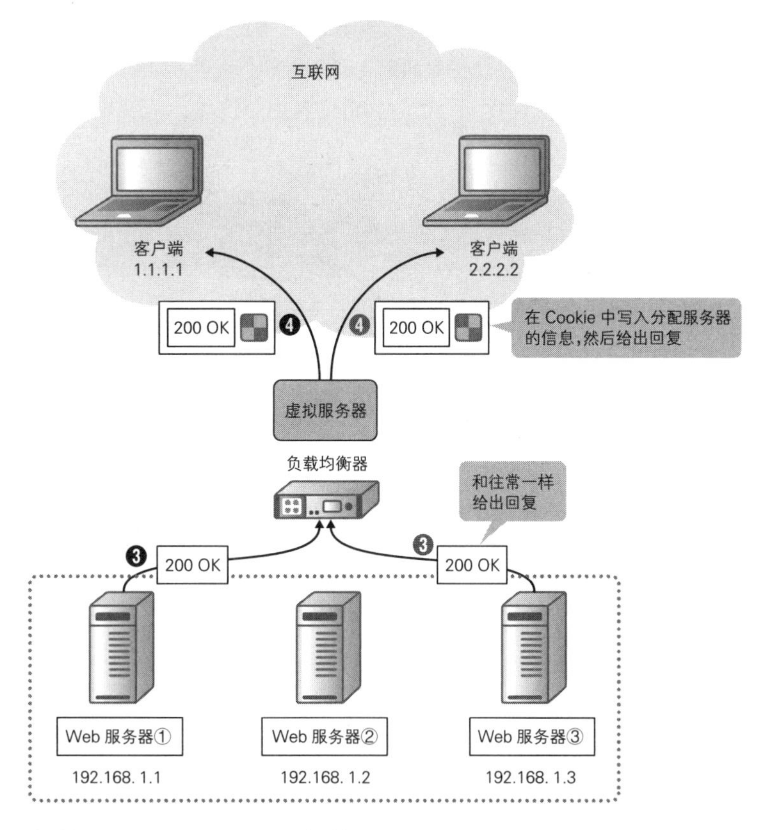

Cookie 会话保持远比源 IP 地址会话保持灵活，然而它也有不足之处。首先浏览器必须能够接受 Cookie，其次还需要在应用程序的层面执行一个添加 Cookie 的处理，而这些也会生成一定的处理负荷。

所以，无论采用哪种会话保持都是优缺点并存的。我们在选择的时候应从应用程序的设计、浏览器环境和客户端连接环境等多个角度去考察具体情况，再做出判断。

图 3.1.68 后续的请求中都带有 Cookie

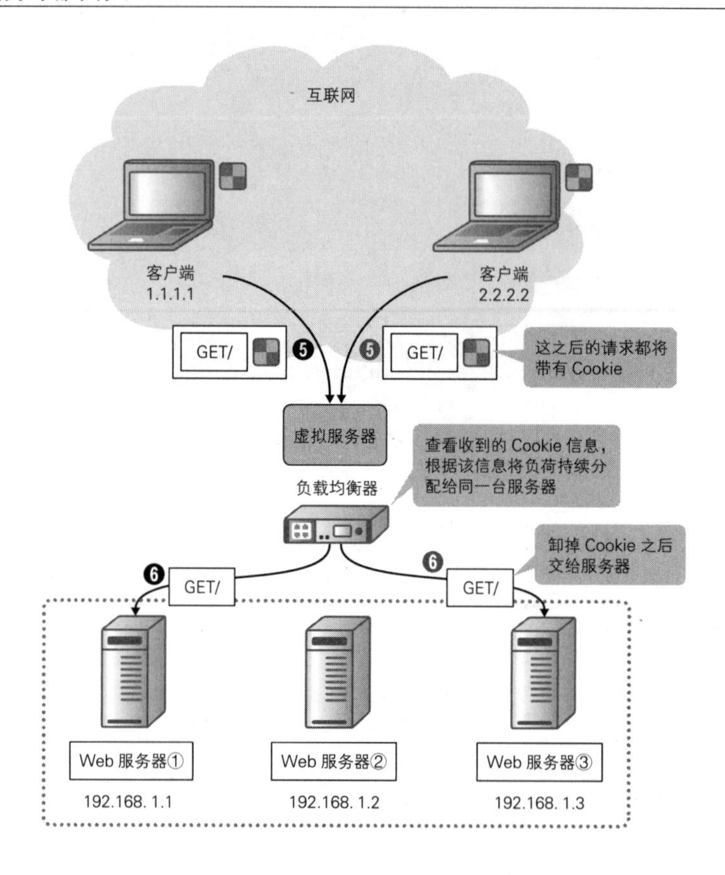

3.1.3.3 熟练掌握可选功能

最近，负载均衡器的使用范围逐渐延伸到了应用层，其本身也作为应用交付控制器（ADC）获得了人们的广泛认可。在它背后起着支撑作用的并不是负载均衡技术本身，而是丰富多彩的可选功能，本书将从中选出 3 项来进行说明，分别是 SSL 卸载功能、应用交换功能和连接汇集功能。

SSL 卸载功能可代为执行 SSL 处理

SSL 卸载是一种帮助服务器分散 SSL 处理负荷的功能。SSL 是一种实现加密和解密的技术，能防止通信被篡改或者被窃听。

为了给通信加密或解密，SSL 中进行着大量的处理[①]，这些也都会成为服务器的负荷，于是

① 关于 SSL 的内容将在 3.2.2 节中详细解说。

人们想到了让负载均衡器去直接执行这些处理的办法。客户端只需像往常一样通过 HTTPS（HTTP Secure，超文本传输安全协议）发出请求即可[①]。负载均衡器收到请求之后在前端执行 SSL 处理，将信息作为 HTTP 交给位于后端的负载均衡服务器。这样服务器就不再需要执行 SSL 处理了，负荷得以大大减轻，于是在全局上实现了负载均衡。

图 3.1.69 SSL 卸载功能可代为执行 SSL 处理

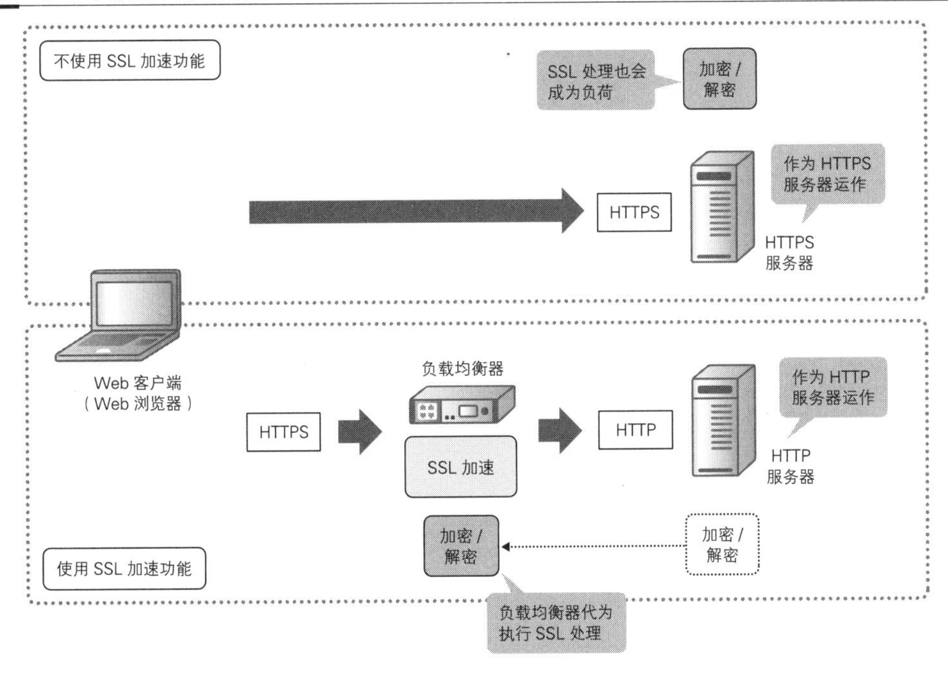

通过应用交换功能更加深入地分散负荷

前面介绍的负载均衡功能是负载均衡器通过健康检查和负载均衡方式，将来自客户端的数据包分配给不同的服务器，这样的功能比较简单。而应用交换功能除了执行这样简单的负载均衡外，还能够根据请求 URI（详细内容参照 3.2.1.2 节）和 Web 浏览器的种类等应用数据中的信息，更为深入且更加广泛地分散通信负荷。使用应用交换功能可以实现各种各样的负载均衡，例如可以将图像文件分配给特定的服务器，或者将智能手机的负荷分配给智能手机专用的 Web 服务器等。例如，F5 网络公司的 BIG-IP LTM 使用 iRule 脚本就可以实施该功能。

① HTTPS 指的是经过 SSL 加密的 HTTP。

图 3.1.70 应用交换功能可以分散各种各样的负荷

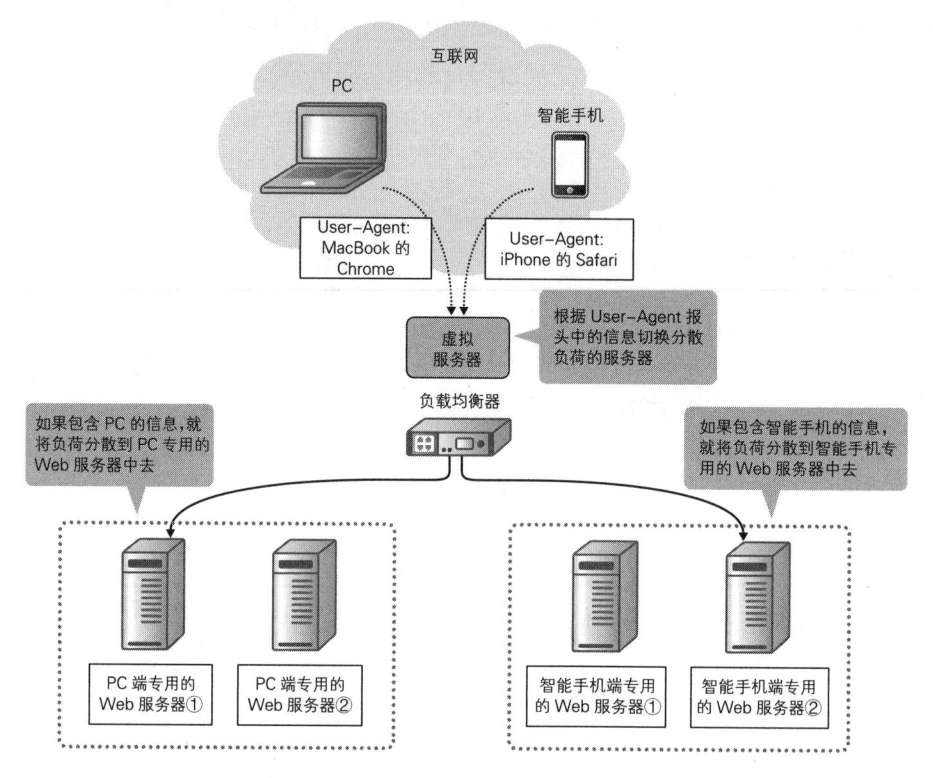

※User-Agent报头是表示用户环境信息的HTTP报头。真实的报头中包含非常详细的字符串，为方便说明，图中对其做了简化处理。详细内容参照3.2.1.2节。

通过连接汇集功能减轻服务器的负荷

连接汇集功能是通过负载均衡器将连接汇集起来的一项功能，连接处理的负荷就其单体来说是非常小的，然而在大规模网站中它们会积少成多，使连接处理本身成为巨大的负荷。于是，人们利用负载均衡器在前端对客户端连接进行终结处理。这时候，负载均衡器还会另建一个不同于服务器的连接，通过该连接发送请求。这样，服务器只需要保持与负载均衡器之间的连接即可，负荷得以大大减轻。

图 3.1.71 通过连接汇集功能减轻连接处理的负荷

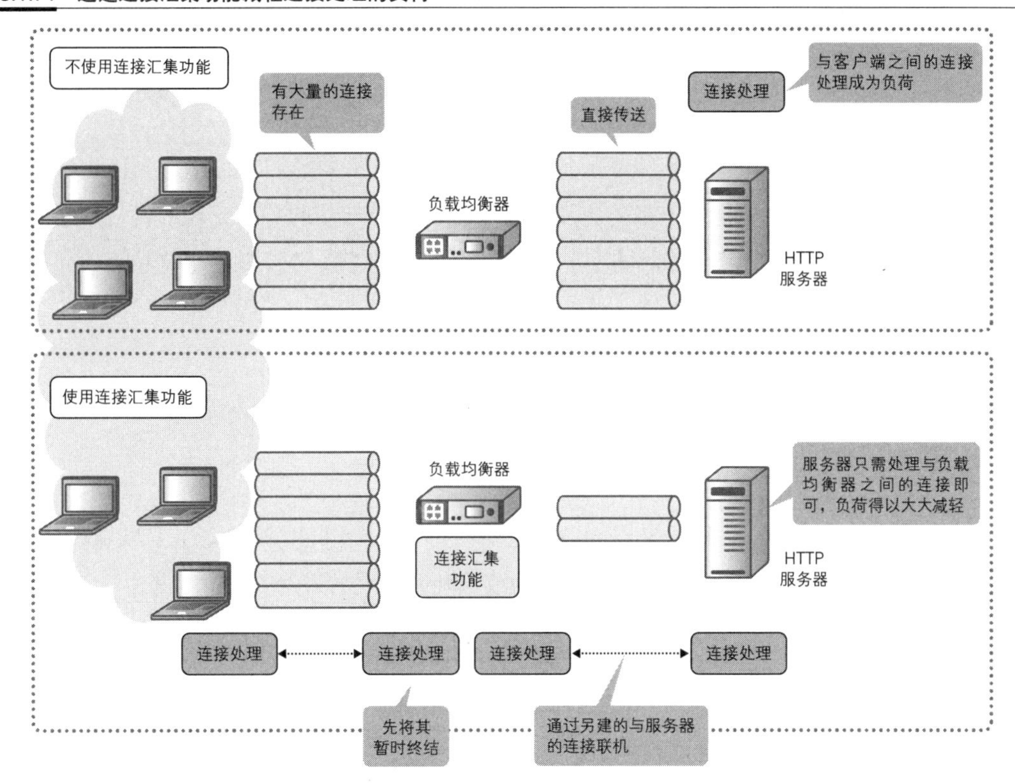

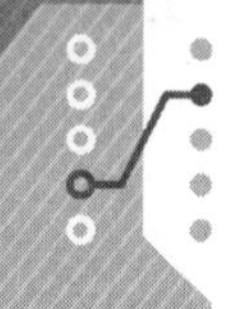

3.2 从会话层到应用层的技术

前面我们已经学习了物理层到传输层各层的知识，接下来要学习从会话层到应用层的技术了。这些层和从应用程序中衍生出来的应用层协议有着休戚与共的关系，本书将从网络这个角度逐一讲解比较常用的应用层协议。此外，本节并不涉及用于运行管理的协议和用于冗余配置的协议，这两种协议将在第 4 章和第 5 章中详细说明。

3.2.1 HTTP 支撑着互联网

在诸多应用协议当中，人们最熟悉的应该就是 HTTP。离开这个协议，互联网就无从谈起，可以这么说，是 HTTP 让互联网获得了爆发性的成长和席卷性的普及。

HTTP 原本是一种用于传输文本数据的协议，然而如今它早已突破最初的定义范畴，在收发文件和实时交换消息等方面也发挥着巨大的作用。

3.2.1.1 不同 HTTP 版本的 TCP 连接用法大相径庭

从网络这个角度来看，HTTP 最关键的地方在于它的版本。

HTTP 自 1991 年问世以来经历了 3 次版本升级，具体的版本分别是 HTTP/0.9、HTTP/1.0、HTTP/1.1 和 HTTP/2。使用哪一个版本取决于我们对 Web 浏览器和 Web 服务器的设置。浏览器和服务器的版本互不相同时，采用两者中较低的版本进行连接。

图 3.2.1　HTTP 的版本变迁

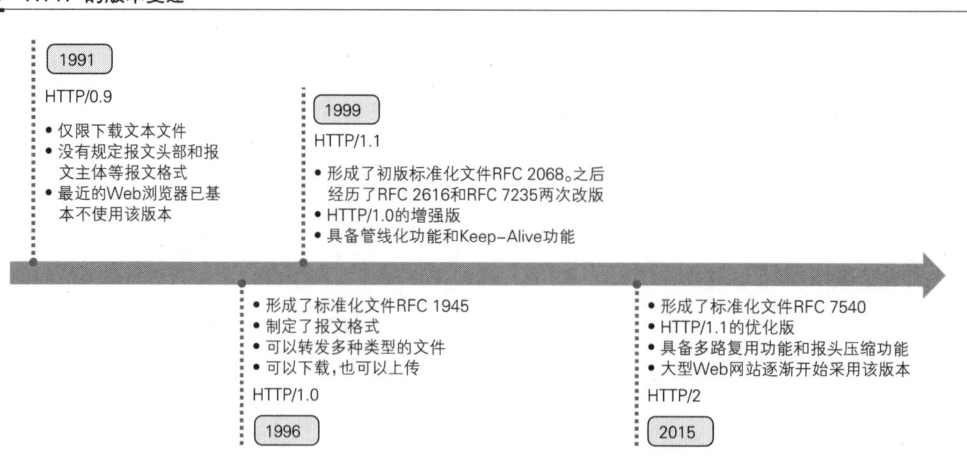

HTTP/0.9

HTTP/0.9 非常简洁，仅适用于从服务器端下载 HTML（超文本标记语言）格式的文本文件，现在已经没有人愿意使用了。然而，正是由于简洁、快速的特点，它曾经得到了广泛的应用。

图 3.2.2　HTTP/0.9 仅限下载文本文件

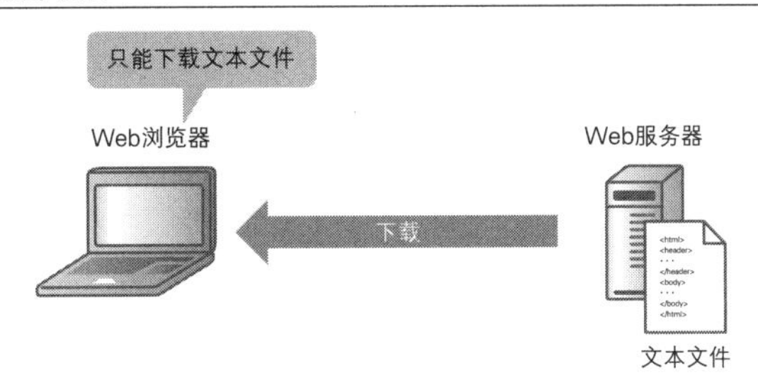

HTTP/1.0

HTTP/1.0 是 1996 年通过 RFC 1945“超文本传送协议——HTTP/1.0”形成的标准。HTTP/1.0 除了处理文本文件以外，还能够处理其他格式的文件，不仅可以上传文件，还可以删除文件，协议涵盖的范围更广。这个版本还规定了报文（数据）的格式以及请求和响应的基本规格，这些都是 HTTP 延续至今的基础。

图 3.2.3　HTTP/1.0 能够上传和删除文件

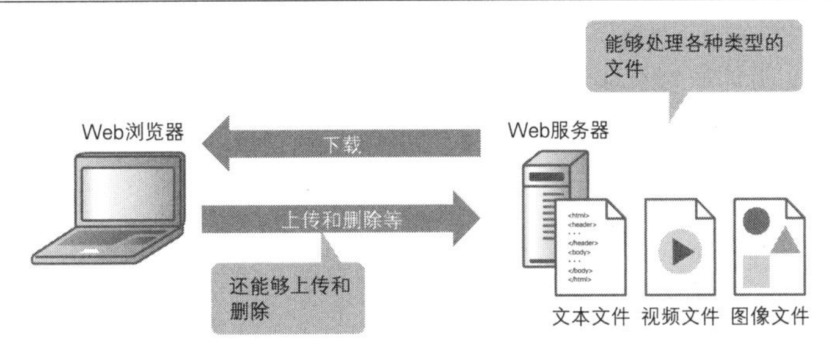

HTTP/1.1

HTTP/1.1 是 1997 年通过 RFC 2068“超文本传送协议——HTTP/1.1”形成的标准 ,1999 年的 RFC 2616“超文本传送协议——HTTP/1.1”对其进行了更新。

HTTP/1.1 中多了一些优化和提升 TCP 性能的功能，这些功能包括在前一次请求的响应返回之前发送下一次请求的管线化功能，以及保持 TCP 连接不中断，使用同一连接多次发送请求的 Keep-Alive（持久连接）功能。截至 2019 年，HTTP/1.1 已经成为 HTTP 的标准版本，Chrome、Firefox、Internet Explorer 等 Web 浏览器和 Apache、IIS 和 nginx 等 Web 服务器的默认设置都是采用 HTTP/1.1。

图 3.2.4　HTTP/1.1 对 TCP 性能进行优化

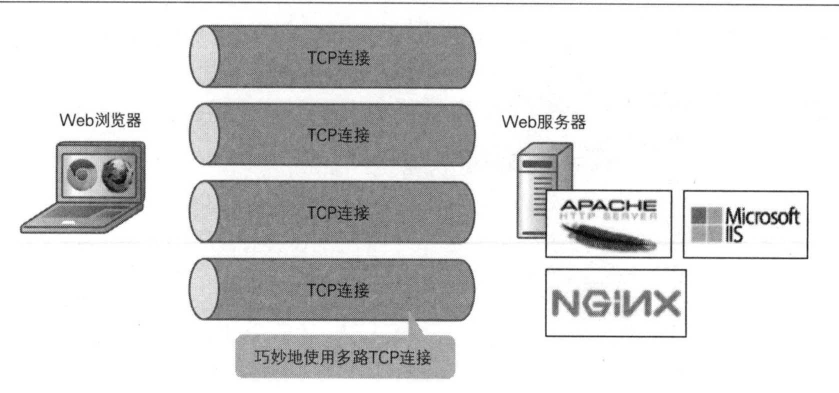

HTTP/2

HTTP/2 是 2015 年通过 RFC 7540“超文本传送协议——HTTP/2”形成的标准，不仅能够提升 TCP 性能，还能够提升应用程序的性能。它具有在一路 TCP 连接中同时处理请求和响应的多路复用功能，以及收到下一次请求前返回所需内容的服务器推送功能。

HTTP/2 的资历尚浅，却受到了 Yahoo！、Google、Twitter 和 Facebook 等各大 Web 网站的青睐。访问这些网站时，只要你的 Web 浏览器支持，后台应该就是使用 HTTP/2 连接的。

图 3.2.5　HTTP/2 还能够提升应用程序的性能

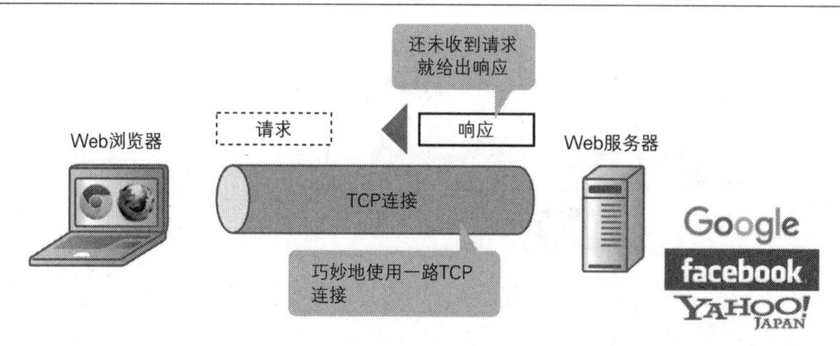

Web 浏览器（客户端软件）和服务器软件的各个版本有的支持 HTTP/2, 有的并不支持 HTTP/2。截至 2019 年 6 月，HTTP/2 的支持情况如下表所示。

表 3.2.1 HTTP/2 的支持情况（截至 2019 年 6 月）

客户端	
Web 浏览器	**版本**
Chrome	40~
Firefox	35~（从该版本开始默认设置为 HTTP/2 有效）
Internet Explorer	11~（必须是 Windows 10）
Safari	9~

服务器端	
Web 服务器软件	**版本**
Apache	2.4.17~
IIS	Windows 10、Windows Server 2016
nginx	1.9.5~
BIG-IP	11.6~

Chrome、Firefox、Internet Explorer 等主流的 Web 浏览器使用 HTTP/2 时，必须采用加密通信（HTTPS 通信）。不加密的通信是不能使用 HTTP/2 的。架构 HTTP/2 服务器时，我们需要特别注意获取或设置加密通信所需的数字证书。

最近，有些位于 Web 服务器前端的负载均衡器也具备了卸载（代为执行）HTTP/2 处理和 SSL 处理的功能。如果不想改变服务器原来的设置信息或者不打算架构新的 HTTP/2 服务器，那么这些负载均衡器为我们提供了另外一种选择。

图 3.2.6 负载均衡器代为执行 HTTP/2 和 SSL 处理

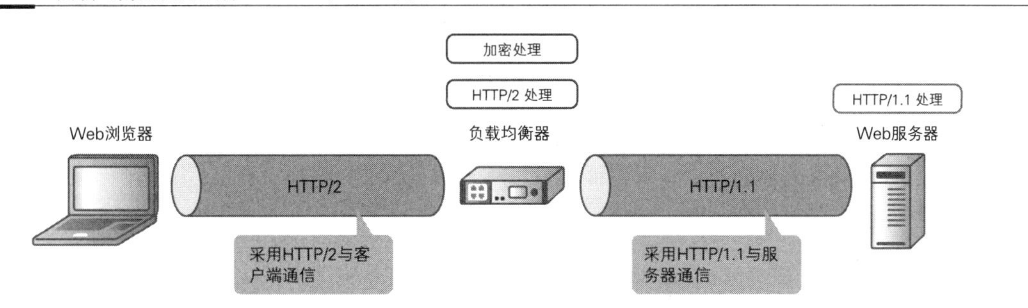

顺便提一下，在 Chrome 或者 Firefox 浏览器上安装名为“HTTP/2 and SPDY indicator”的扩展功能（插件）后，就可以通过地址栏确认与 Web 网站的连接是否使用了 HTTP/2。

图 3.2.7 通过扩展功能确认 HTTP/2 连接（Firefox）

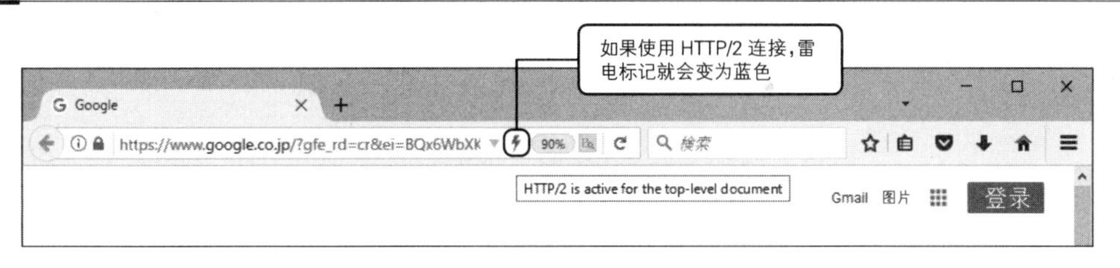

3.2.1.2 HTTP 因请求和响应而得以成立

HTTP 是一种客户端和服务器之间的交互协议，因为有了客户端（Web 浏览器）的 HTTP 请求和服务器的 HTTP 响应，HTTP 才得以成立。客户端向服务器发出 HTTP 请求，例如要求对方将某文件发送过来或者通知对方自己要将某文件发送过去等，服务器收到请求后会进行一定的处理，并将处理结果用 HTTP 响应返回给客户端。

图 3.2.8 HTTP 是一种客户端和服务器之间的交互协议

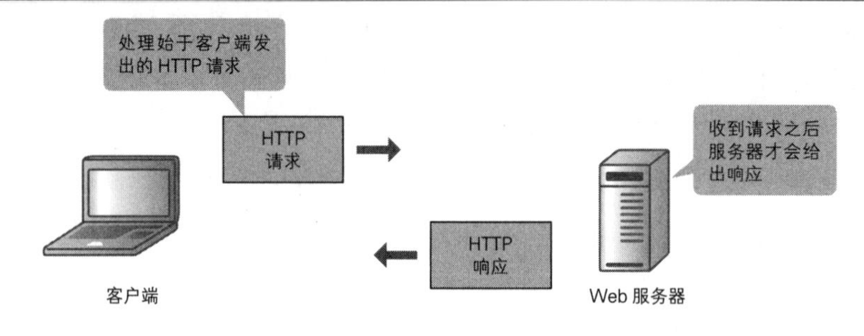

HTTP 消息由 3 部分构成

HTTP 因版本升级功能越来越多，但是 HTTP 消息的格式自 HTTP/1.0 以来并未发生大的改变。可以说，正是这样简洁的格式才让 HTTP 踏着现在进行时的节奏取得了较大的进步。

采用 HTTP 交换的信息叫作 HTTP 消息。HTTP 消息有两种，一种是 Web 浏览器请求服务器执行处理的请求消息，另一种是服务器将处理结果返回 Web 浏览器的响应消息。无论哪种消息都由 3 部分构成，分别是表示 HTTP 消息类型的开始行、分多行描述控制信息的消息头和表示应用数据正文（HTTP 有效载荷）的消息体。此外，还有一个表示空行的换行符（\r\n）将消息头和消息体分隔开。

图 3.2.9 HTTP 消息由消息头和消息体构成

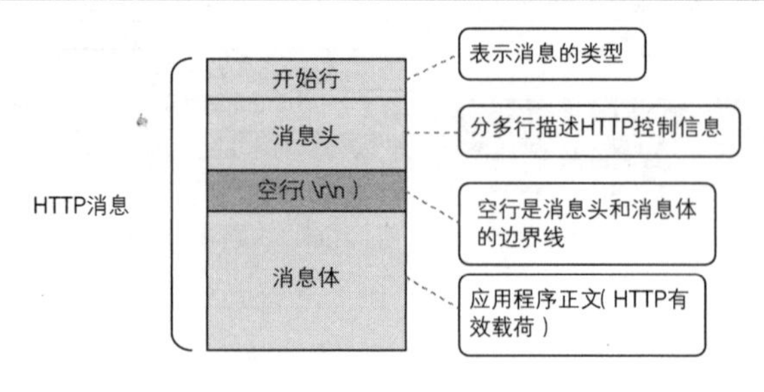

图 3.2.10 用 Wireshark 分析 HTTP 消息的画面

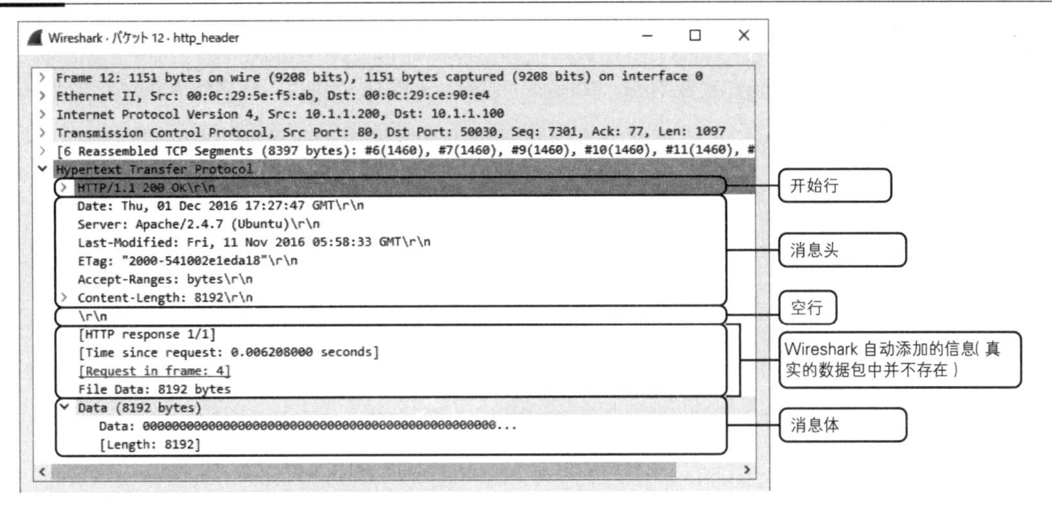

在这二者当中，对网络来说重要的是消息头。消息头中包含着 HTTP 交互的相关控制信息，这些信息以 HTTP 报头的形式分成几行来记录。客户端和服务器各自根据这些信息去进行压缩处理、持久连接或者识别文件种类。下面，本书就介绍几种常见的 HTTP 报头。

Connection 头和 Keep-Alive 头

Connection 头和 Keep-Alive 头都是用来控制持久连接的 HTTP 报头。Web 浏览器在 Connection 头中写入 Keep-Alive，通知服务器“我支持持久连接哦”。对此服务器同样会在 Connection 头中写入 Keep-Alive 返回一个回复，同时还会通过 Keep-Alive 头告诉对方持久连接的相关信息，这些信息包括后续不再发送请求时的超时时间（timeout 命令）、TCP 连接中残留的请求数（max 命令）等。如果 Connection 头中写入了 close，就需要关闭 TCP 连接。

负载均衡器就是利用这两个头将 TCP 连接汇总起来的。

图 3.2.11 通过 Connection 头管理持久连接

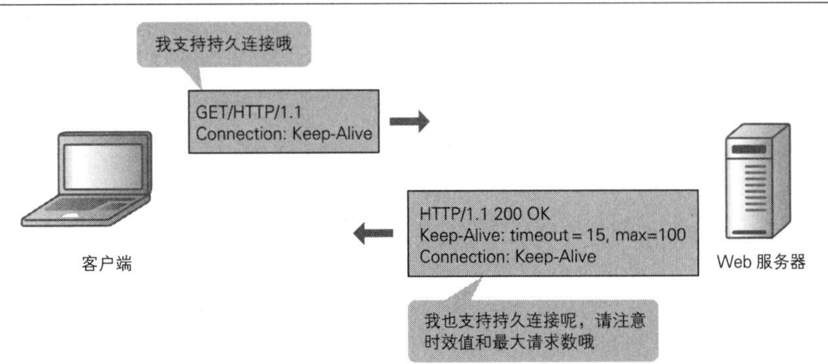

Accept-Encoding 头和 Content-Encoding 头

Accept-Encoding 头和 Content-Encoding 头是用来管理 HTTP 压缩的 HTTP 报头。Web 浏览器通过 Accept-Encoding 头通知服务器“我支持这种方式的压缩哦”，对此服务器会在压缩消息体之后，通过 Content-Encoding 头返回一个“我已经用某方式压缩好了哦”的回复。

负载均衡器利用这两种头以及表示文件种类的 Content-type 头对 HTTP 施以高效的压缩。

图 3.2.12 通过 Accept-Encoding 和 Content-Encoding 头管理 HTTP 压缩

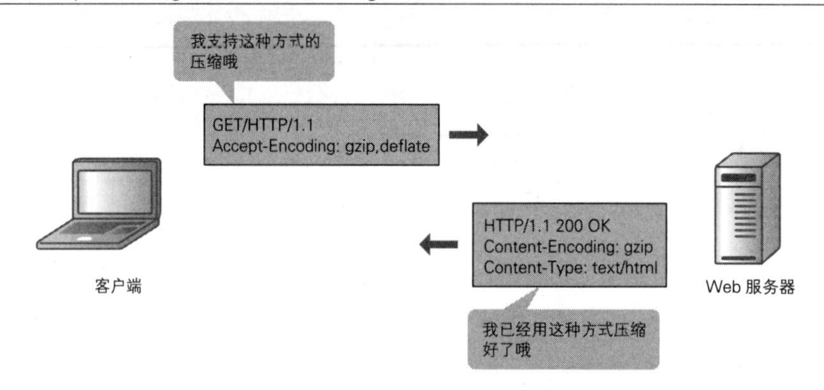

User-Agent 头

User-Agent 头是表示 Web 浏览器和 OS 等用户环境信息的 HTTP 报头。对于 Web 网站的管理人员来说，用户使用的 Web 浏览器种类和版本以及 OS 种类和版本是分析网络连接问题时不可或缺的信息。管理人员需要根据这些信息重新设计或优化 Web 网站的内容，使其与用户的访问环境相匹配。

图 3.2.13 User-Agent 头表示 Web 浏览器和 OS 等用户环境信息

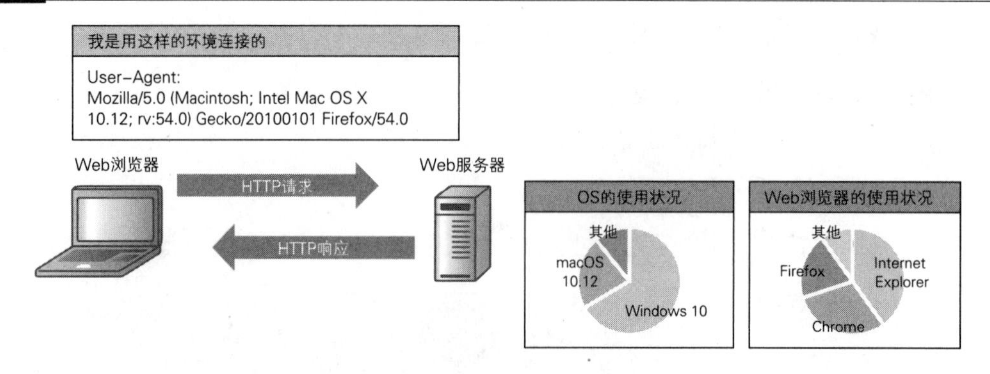

User-Agent 头并没有统一的格式，其内容因 Web 浏览器而异。特别是最近经常会看到 Microsoft Edge 浏览器中写入的信息是 Chrome 或 Safari 等，而 Chrome 浏览器中写入的信息是 Safari 等，看起来十分混乱。因此，想要识别用户真正使用的 OS 和浏览器，就要查看报头的全部信息。举一个例子，使用 Windows 10 的 Firefox 时，User-Agent 头是由以下信息构成的。

图 3.2.14 User-Agent 头的格式（以 Windows 10 的 Firefox 为例）

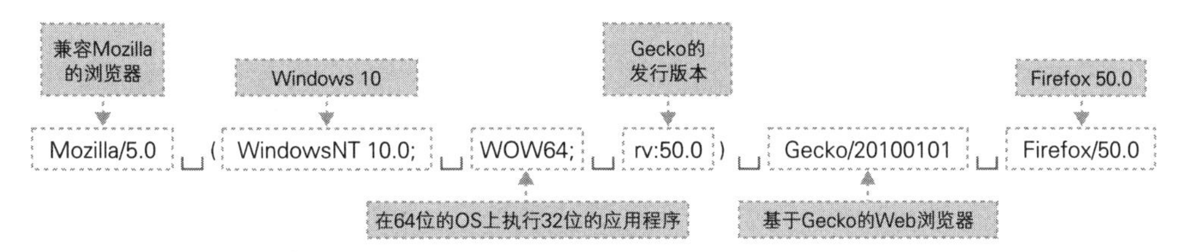

利用 User-Agent 头可以毫不费力地获取用户的访问环境信息，非常方便。然而，由于 Fiddler 工具或者 User-Agent Switcher 之类的 Web 浏览器扩展功能（插件）能够轻而易举地改写 User-Agent 头的内容，所以盲目信任这些数据也是十分危险的。将这些数据仅作为参考信息来看待才是明智的做法。

Cookie 头

Cookie 指的是通过与 HTTP 服务器之间的通信，将特定信息暂时保存到浏览器中的一种机制，同时也指保存这些信息的文件，在 Web 浏览器上的每个 FQDN 都拥有相应的 Cookie。大家一定有过下面这样的经历吧，虽然并没有输入自己的用户名和密码，却能够登录购物网站或社交网站，这就是 Cookie 立下的功劳。我们首次输入用户名和密码并在客户端登录成功之后，服务器会发行一个会话 ID 并通过 Set-Cookie 头给出响应。由于后续发出请求时都会在 Cookie 头中加入会话 ID，于是自动登录就得以实现了。

图 3.2.15 服务器会发行一个会话 ID 并通过 Cookie 去交付

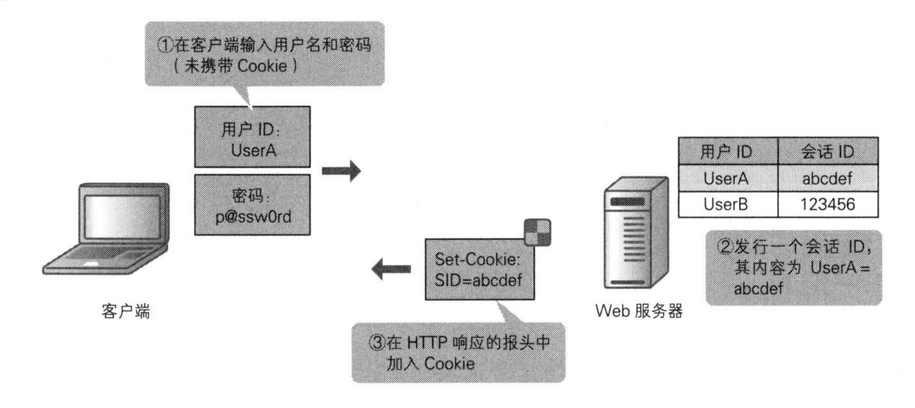

图 3.2.16 在 Cookie 头中加入会话 ID 后发出请求

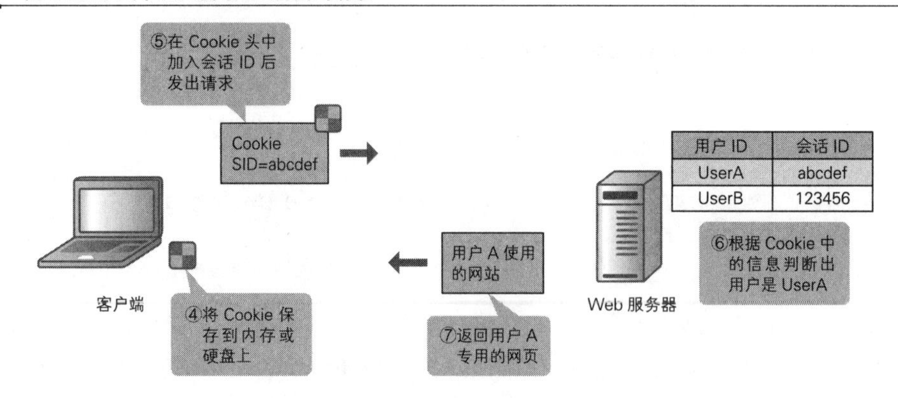

负载均衡器的 Cookie 会话保持（Insert 模式）利用的就是这种机制。负载均衡器将首次响应时获得的、含服务器信息在内的 Cookie 通过 Set-Cookie 头发送出去，由于后续发出的请求均含有 Cookie 头，信息就能持续不断地发往同一台服务器。

可通过多种方法发出 HTTP 请求

客户端用请求消息头中最前面开始行中记述的请求行传达 HTTP 请求的内容。请求行由 3 个要素构成，分别是表示请求类型的方法、识别资源的标识符请求 URI（Uniform Resource Identifier，统一资源标识符）和 HTTP 版本。无论使用哪个 HTTP 版本，Web 浏览器都会通过方法对请求 URI 中指定的 Web 服务器上的资源（文件）执行相应的处理。

图 3.2.17 请求行

图 3.2.18 通过请求行传达 HTTP 请求的内容

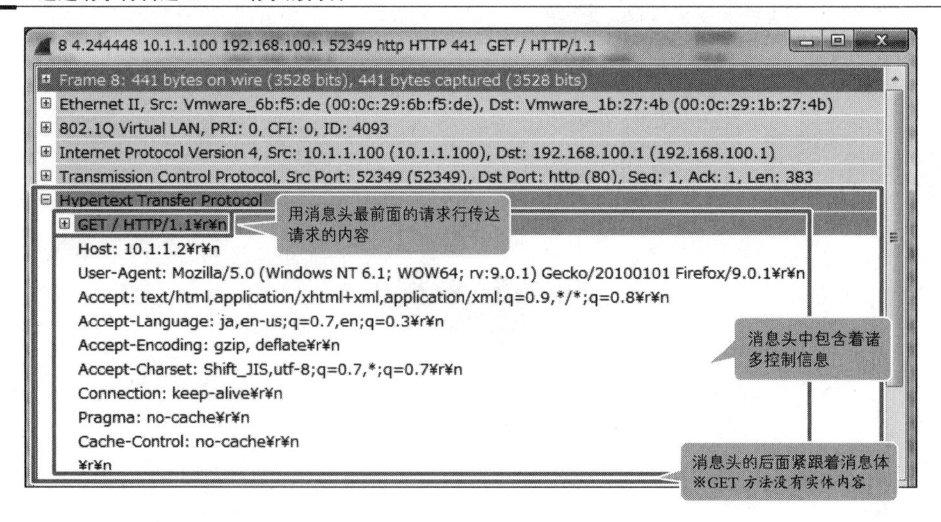

这 3 个要素中最重要的是方法。用于请求行的方法只有寥寥几种，非常简单。下表中列举了一些常用的方法以供大家参考。

表 3.2.2 方法表示请求的种类

方法	内 容	支持版本
OPTIONS	由服务器查询支持的方法和选项	HTTP/1.1 ～
GET	从服务器获取数据	HTTP/0.9 ～
HEAD	仅获取消息头	HTTP/1.0 ～
POST	将数据传送给服务器	HTTP/1.0 ～
PUT	将本地文件传送给服务器	HTTP/1.1 ～
DELETE	删除文件	HTTP/1.1 ～
TRACE	确认通往服务器的路径	HTTP/1.1 ～
CONNECT	向代理服务器要求隧道穿越	HTTP/1.1 ～

用状态码传达状态

服务器收到 HTTP 请求之后，用响应消息头中最前面开始行中记述的状态行返回处理结果。状态行由 3 个要素构成，分别是 HTTP 版本、用 3 位数字表示处理结果的状态码和对状态码进行解释的原因短语。

图 3.2.19 状态行

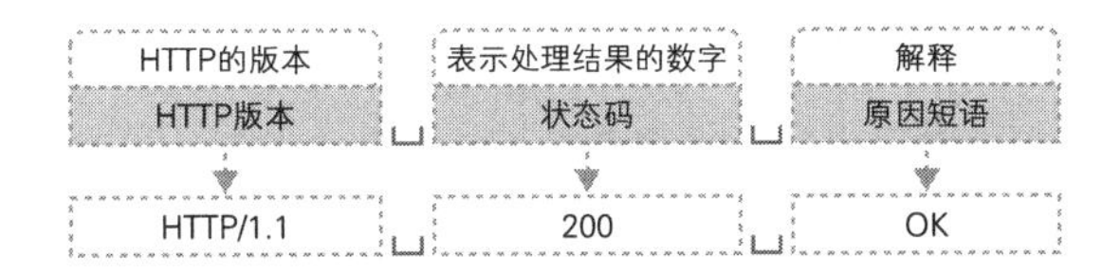

这 3 个要素中最重要的是状态码。状态码是一个 3 位数的编号，表示处理结果如何。每个状态码都有着不同的含义，例如，Web 服务器运行正常时会返回“200 OK”，请求内容并不存在时会返回“404 Not Found”。

图 3.2.20 通过状态行返回处理结果

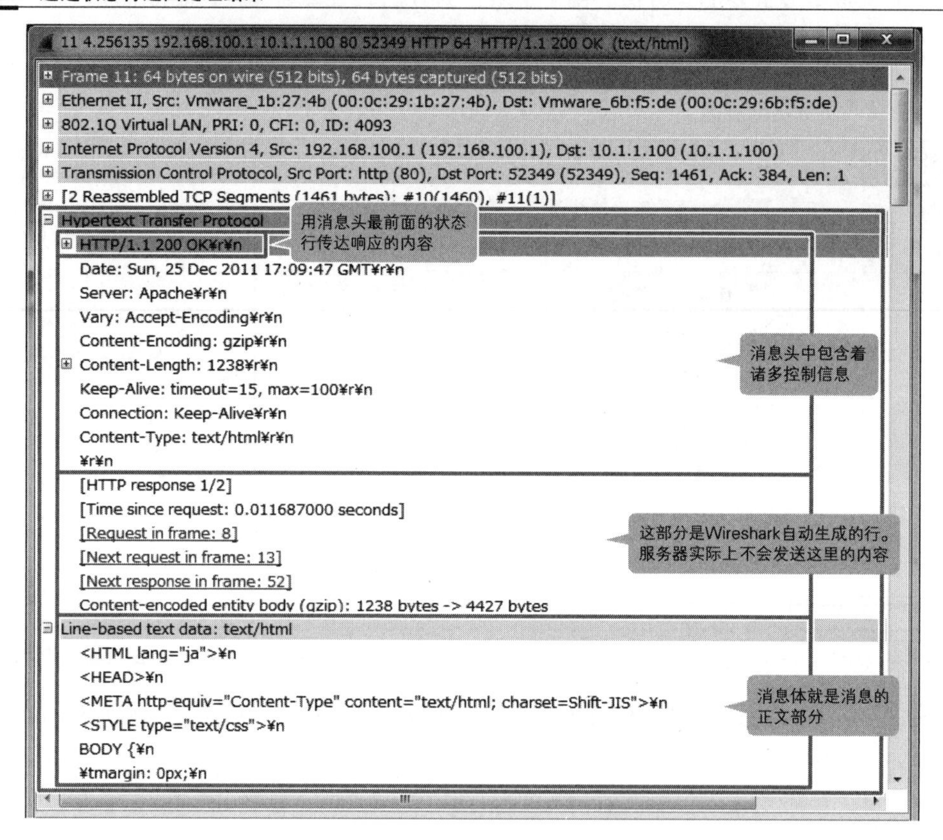

表 3.2.3 用状态码和原因短语传达服务器的状态

类型		状态码	原因短语	说明
1xx	Informational（信息）	100	Continue	客户端可以继续发送请求
		101	Switching Protocols	通过 Upgrade 头修改协议或者版本
2xx	Successful（成功）	200	OK	正常完成处理
3xx	Redirection（重定向）	301	Moved Permanently	通过 Location 头重定向（转发）至其他的 URI。长久对策
		302	Found	通过 Location 头重定向（转发）至其他的 URI。临时对策
		304	Not Modified	资源尚未更新

（续）

类　型		状态码	原因短语	说　明
4xx	Client Error（客户端错误）	400	Bad Request	请求消息语法错误
		401	Unauthorized	认证失败
		403	Forbidden	指定的资源拒绝访问
		404	Not Found	指定的资源不存在
		406	Not Acceptable	指定类型的文件不存在
		412	Precondition Failed	不满足前置条件
5xx	Server Error（服务器错误）	503	Service Unavailable	Web 服务器应用程序发生故障
		504	Gateway Timeout	Web 服务器无应答

3.2.2 用 SSL/TLS 保护数据

SSL/TLS（Transport Layer Security，传输层安全）是一种给应用数据加密的协议。现如今互联网已经成为人们日常生活的一部分，然而我们在享受互联网带来的便利的同时，也不能忽略无时无刻潜伏在身边的安全威胁。互联网在逻辑上将全世界的所有人和物连接在一起，我们不知道什么人何时会窥探或篡改网络上流通的数据。采用 SSL/TLS① 协议能够为数据加密或为通信对象颁发证书，从而保护重要的数据。

图 3.2.21　人们在网络上交换各种各样的信息

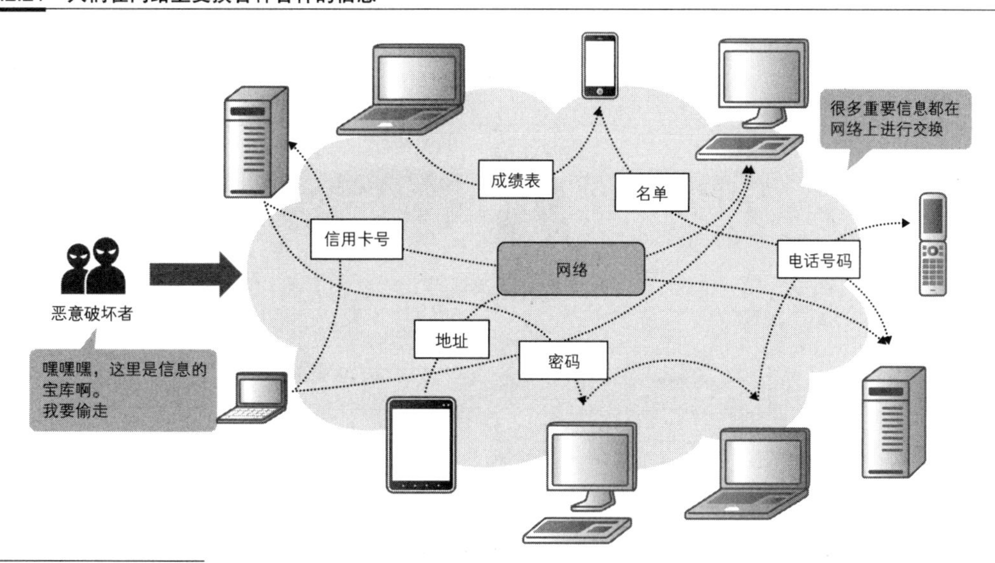

① TLS 是 SSL 的升级版。为方便阅读，下文均用 SSL 表示 SSL/TLS。本文中的 SSL 也包含 TLS。

大家在上网时都可以看到，Web 浏览器的网址显示为“https:// ～”的形式，后面有一把上锁的标记。这表示该网页已被 SSL 加密，数据是非常安全的，几乎不会外泄。HTTPS 是指通过 SSL 对 HTTP 做了加密处理。

图 3.2.22 可通过 Web 浏览器的显示内容判断 HTTP 是否已加密

顺带提一句，我们访问各位熟悉的 Google 或 Yahoo! 等大型 Web 网站时，即使发送了 HTTP 请求，这些网站也会将其强制重定向（转发）到 HTTPS 站点。如今，网络上 70% ～ 80%的通信都采用 HTTPS，互联网正逐渐迈入所有通信都经 SSL 加密的“SSL 常态化时代”。

3.2.2.1 防止窃听、篡改和冒充

互联网让我们能够搜索到自己需要的信息，能够快速地购买商品，非常方便。然而与此同时，互联网也充满了危险，其中的三大危害就是窃听、篡改和冒充。SSL 能够保护数据免受侵害，下面我们就来看一看，它分别都运用了哪些技术去抵御这些侵害。

用加密技术防止窃听

加密是指按照预先制定的规则转换数据的一种技术，通过加密能够防止他人窃听数据。人们总是好奇地想看看网络上没有加密的重要数据具体是什么内容，这是人类的本性。而 SSL 将通信数据加密，这样，即使外人窃听到这些信息，也无从获悉其中的具体内容。

图 3.2.23 用加密技术防止窃听

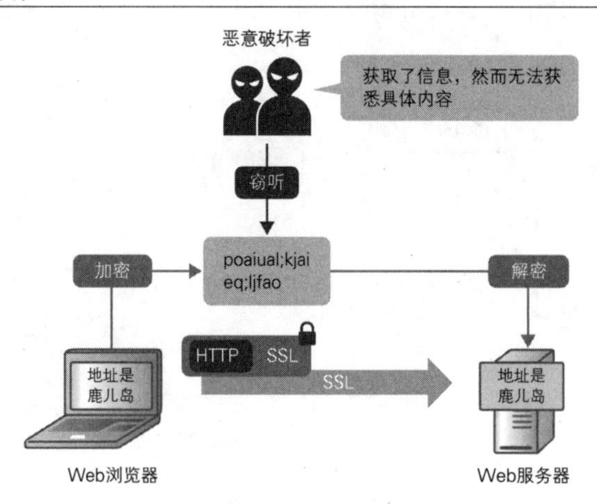

用哈希算法防止篡改数据

哈希算法是按照规定的计算方式（哈希函数）从应用数据中取出固定长度的一部分（哈希值）。应用数据发生改变，哈希值会随之发生变化。人们正是利用这个原理来检测数据是否被外人篡改过。SSL 将哈希值和数据本身一起发送，以此来检查数据是否被篡改过。节点收到它们之后，将根据数据计算出的哈希值摘要和添加的哈希值进行比较，看二者是否一致。由于是对同一数据进行同样的计算，如果哈希值一样就说明数据并未被篡改。

图 3.2.24 用哈希值检测数据是否被篡改过

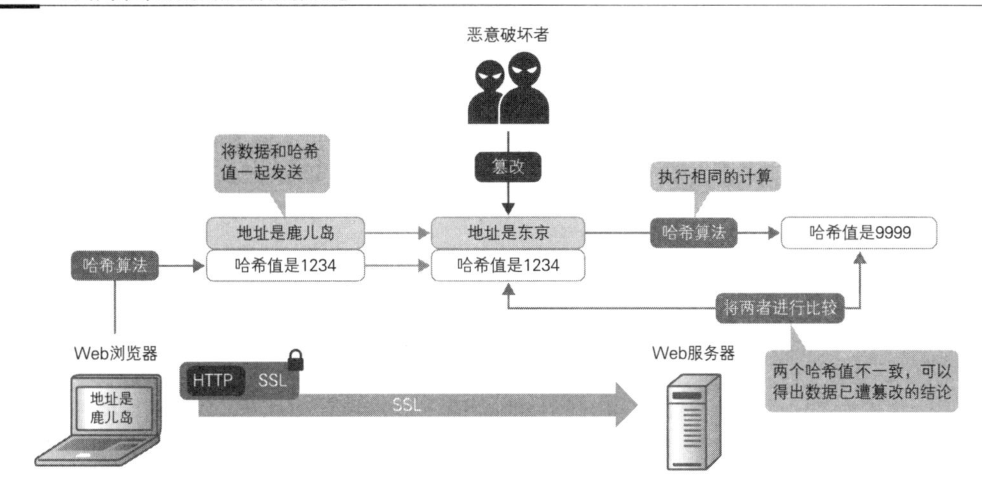

用数字证书技术识破冒充

数字证书是证明真正通信对象的文件。根据数字证书判断通信对象是否冒充，以此防止冒充攻击。SSL 在发送数据之前要求对方提供自身的信息，然后根据对方发过来的数字证书验明正身。

图 3.2.25 用数字证书技术识破冒充

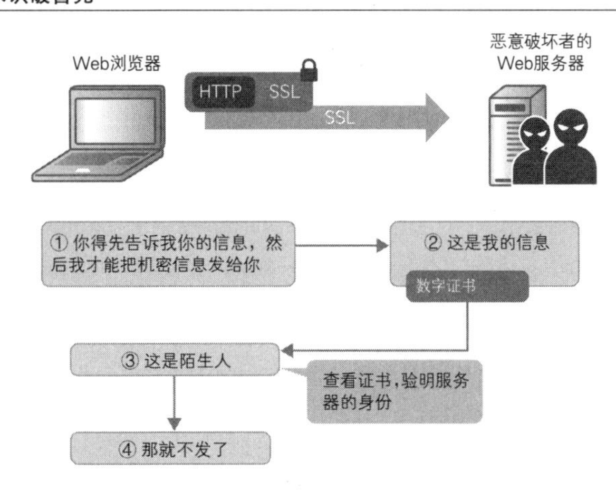

顺带提一句，数字证书的真伪是根据 CA（Certificate Authority，认证中心）机构赋予的数字签名来识别的，数字签名具有权威性。数字证书只有从赛门铁克或者 SECOM Trust Systems 等 CA 机构获取这样的数字签名后才能得到信任。

3.2.2.2 通过 SSL 可以给各种各样的应用程序协议加密

常常有人误以为 SSL 是 HTTP 专用的加密协议，其实并非如此，只不过碰巧 HTTPS 是网络上最为常用的协议，所以容易让人们产生这样的误解而已。SSL 在传输层运作，和应用协议是各自独立工作的。由于 SSL 要用到 TCP，所以它应该是在 TCP 之上、应用程序之下，给人感觉是在第 4.5 层中运作。SSL 将 TCP 应用协议视为加密对象，因此，用于文件传输的 FTP 和用于邮件收发的 SMTP 也可以用 SSL 进行加密处理。这时候，这些协议的称呼也会变成“○○ over SSL”的形式，FTP 变成 FTP over SSL，SMTP 则变成 SMTP over SSL。

图 3.2.26 可通过 SSL 给各种各样的 TCP 应用程序加密

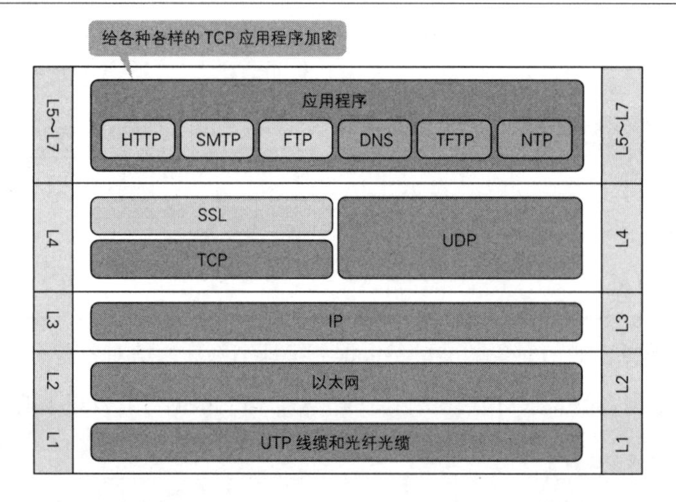

3.2.2.3 SSL 使用混合加密方式进行加密

加密技术由加密和解密构成。

发信方将需要发送的原文和用于加密的钥匙“加密密钥”装入一个叫作加密算法的数学计算步骤中，然后上锁，将原文转换为加密文（加密处理）。收信方将收到的加密文和用于解密的钥匙“解密密钥”装入一个叫作解密算法的数学计算步骤中，然后开锁，由此取出原文（解密处理）。根据加密密钥和解密密钥的使用方法，网络中的加密技术大致分为共享密钥加密和公开密钥加密两种方式，下面来分别说明。

图 3.2.27 加密技术由加密和解密构成

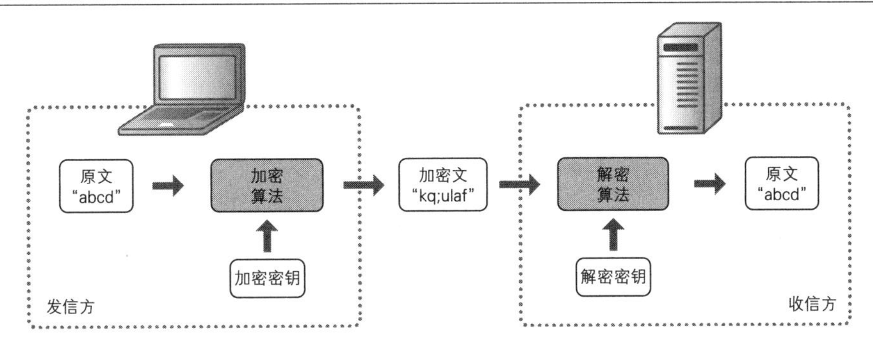

用共享密钥加密方式可进行高速处理

在共享密钥加密方式中，加密密钥和解密密钥是相同的。由于发信方和收信方对称地使用相同的密钥，所以这种方式又被称作对称密钥加密方式。发信方和收信方预先共享同一把密钥，用加密密钥将数据加密，然后用和加密密钥完全一致的解密密钥为数据解密。3DES（Triple Data Encryption Standard，三重数据加密标准）、AES（Advanced Encryption Standard，高级加密标准）和 Camellia 都属于这一类加密方式。

共享密钥加密方式的优点在于它的处理速度快，由于结构简单，加密处理和解密处理都能够高速地完成。缺点则是密钥的传送问题，由于加密密钥和解密密钥相同，万一密钥被恶意破坏者截取，就无法保证数据安全了。所以，我们必须另外考虑如何将通信双方之间共享的密钥安全地传送给对方。

图 3.2.28 共享密钥加密方式中的加密密钥和解密密钥是相同的

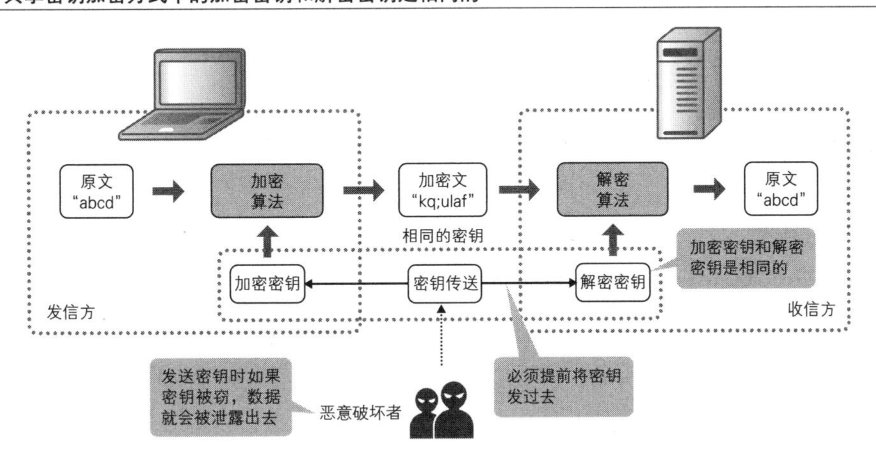

用公开密钥加密方式能解决密钥传送问题

公开密钥（公钥）加密方式是加密和解密分别使用不同密钥的加密方式。由于发信方和收信方不对称地使用不同的密钥，所以这种方式又被称为非对称密钥加密方式。RSA、DH/DHE（Diffie-Hellman 密钥）和 ECDH/ECDHE（椭圆曲线 Diffie-Hellman 密钥）属于这一类加密方式。

在公钥加密方式背后起着支撑作用的是公钥和私钥。它们各如其名，公钥指可以公开的密钥，私钥则指秘密保管的密钥，这两个密钥是成对使用的，所以被称为密钥对。密钥对之间存在着某种数学关系，不能用其中一个计算出另外一个。而且，用公钥加密的加密文必须用对应的私钥才能解密。

那么，密钥对在公开密钥加密方式中是如何运作的呢？我们来看一下它的处理顺序。

1. 收信方生成公钥和私钥（密钥对）。
2. 收信方将公钥对外发布，同时保管私钥。
3. 发信方将原文用公钥加密后发给收信方。
4. 收信方用私钥给加密文解密。

图 3.2.29 公钥加密方式使用公钥和私钥

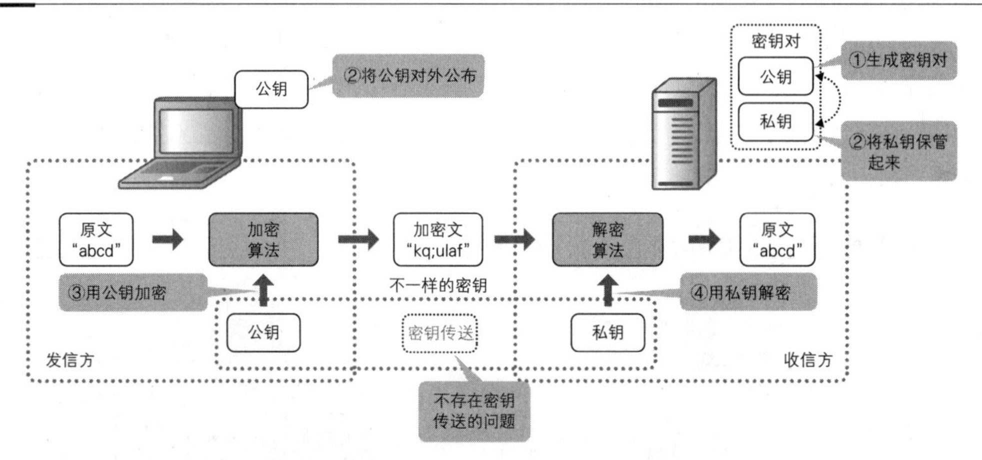

公钥加密方式的优点在于密钥传送。用于加密的公钥是对外公开的密钥，只有和私钥在一起才能发挥作用，而且谁也无法由公钥计算出私钥，因此我们不必担心密钥传送是否安全这个问题。缺点则是处理速度较慢，公钥加密方式的处理比较复杂，加密和解密都需要耗费较长的时间。

混合加密方式能采众家之长

在公钥加密方式和共享密钥加密方式中，一方的优点恰好是另一方的缺点。在这样的背景下，混合加密方式应运而生。SSL 采用的就是混合加密方式，它既能像共享密钥加密方式那样进行高速处理，又能像公钥加密方式那样解决密钥传送的问题，是一种采众家之长的加密方式。

表 3.2.4　在共享密钥加密方式和公钥加密方式中，一方的优点恰好是另一方的缺点

加密方式	共享密钥加密方式	公钥加密方式
具有代表性的加密类型	3DES、AES、Camellia	RSA、DH/DHE、ECDH/ECDHE
密钥的管理	每个通信对象都需要管理	只需管理私钥即可
处理速度	快	慢
处理负荷	小	大
密钥的传送问题	存在	不存在

在混合加密方式中，消息是通过共享密钥加密方式加密的，使用共享密钥加密方式可实现高速处理。与此同时，共享密钥加密方式中使用的密钥是通过公钥加密方式加密的，这样又能够解决密钥传送的问题。

下面我们来看一下实际的工作流程。**1**～**4**为公钥加密方式，**5**～**6**为共享密钥加密方式。

1 收信方生成公钥和私钥。

2 收信方将公钥对外发布，同时保管私钥。

3 发信方用公钥将共享密钥（在共享密钥加密方式中使用的密钥）加密后发给收信方。

4 收信方用私钥解密后取出共享密钥，从这一刻开始，双方共同拥有给消息加密和解密的密钥。

5 发信方用共享密钥给消息加密后发给收信方。

6 收信方用共享密钥将收到的消息解密。

图 3.2.30　混合密钥加密方式采众家之长

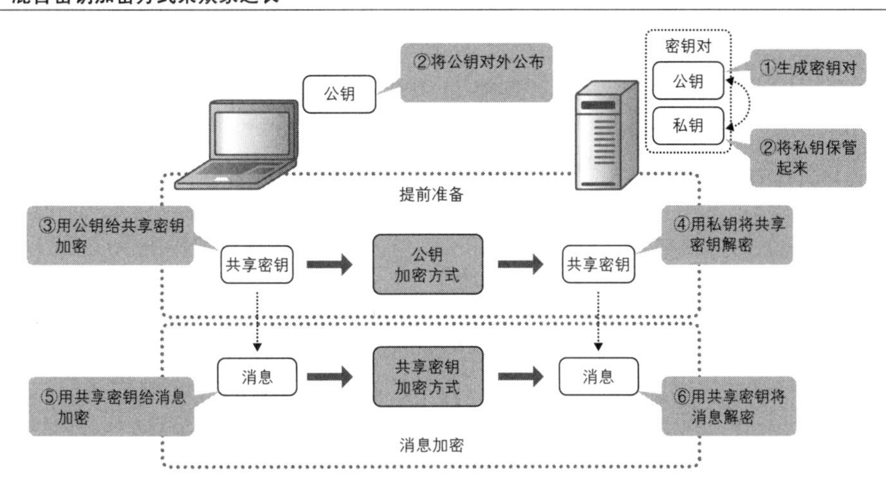

3.2.2.4 比较哈希值

哈希（hash）[1]算法，像做炸土豆饼（hashed potato，谐音为哈希土豆）一样，是将应用数据“切碎”再加工成长度固定的数据；也像提取消息的摘要一样，摘要的提取犹如采集数据的“指纹”，所以它又被称作（数字）指纹。

比较哈希值效率更高

当我们需要查看两个数据是否一致时、是否被篡改过（完整性、真实性）时，利用工具直接将二者进行比较是最简单也最直截了当的办法之一。当然，如果数据比较小，用这种办法效率很高。但是，如果数据很大就不能这么做了，贸然地直接比较会耗费较长时间，也会产生较大的处理负荷。于是人们想到了用哈希算法来解决这个问题。

哈希算法利用特殊的运算方式“单向哈希函数”将数据“切碎”并压缩后，放入固定长度的哈希值中。具体来说，单向哈希函数和哈希值具有以下特点。

数据不同，则哈希值也不同

单向哈希函数本质上就是一种运算方式。与乘法运算中 1 乘以 5 的结果必然是 5 一样，数据中只要有一位不同，计算出的哈希值将完全不同。人们利用哈希值的这个特点就能够检测数据是否被篡改过。

图 3.2.31 数据中只要有一位不同，则哈希值完全不同

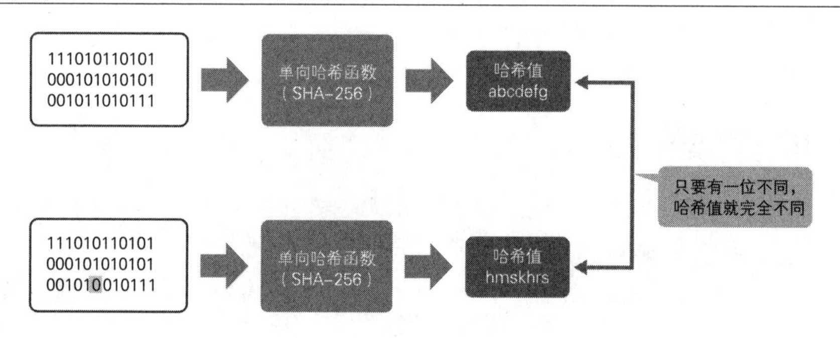

数据相同，则哈希值必然相同

粗略地说，原理与前项介绍的内容恰好相反。可能有人认为，既然两者的原理是相反的，就没必要特意再讲解一次了吧。然而，试着考虑这种情况：如果单向哈希函数的计算公式中包含日期或时间等会变化的要素，即使数据相同算出的哈希值也未必相同。单向哈希函数正是排

① Hash 此处采用了音译，也可译为“散列”。——译者注

除了类似的变动要素，才使得相同数据的哈希值也必然相同。人们利用这个特点就能够随时比较两个数据。

图 3.2.32 数据相同，则哈希值必然相同

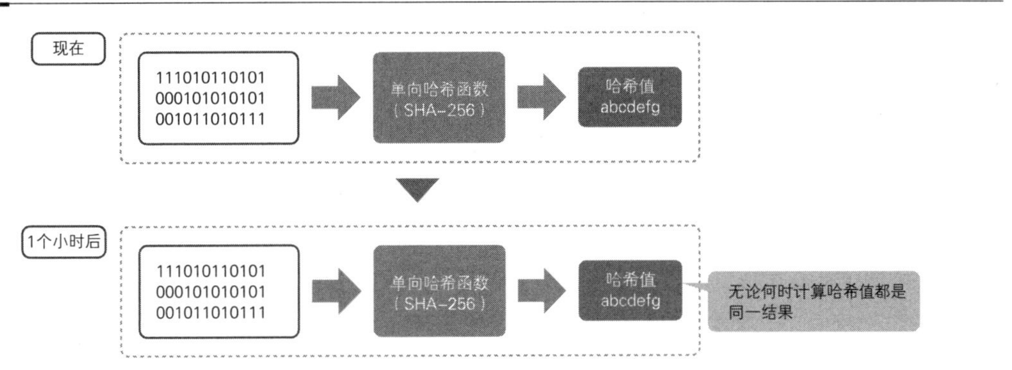

用哈希值无法复原原始数据

哈希值的本质是数据的摘要。就像我们读书时只读摘要部分，未必能理解全文内容一样，利用哈希值也无法复原出完整的原始数据。也就是说，原始数据到哈希值的转换是单方向且不可逆转的。因此，即使数据不幸被窃取，从数据安全角度上说也没有任何问题。

图 3.2.33 哈希函数的处理是不可逆的

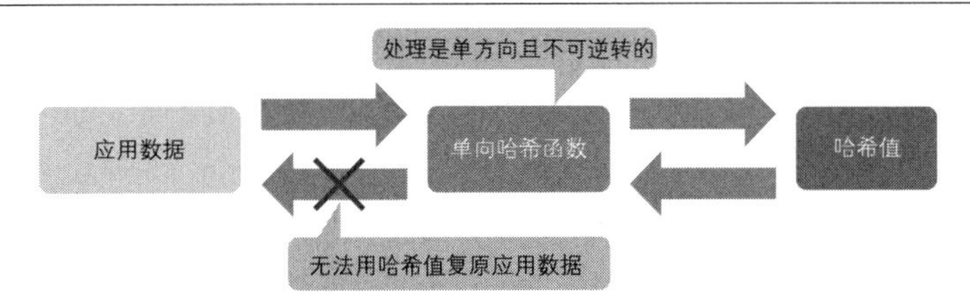

哈希值的长度不随数据长度变化

无论原始数据的长度是 1 位、1 兆字节还是 1 千兆字节，用单向哈希函数计算出的哈希值都有相同的长度。例如，不管原始数据的长度是多少，最近常用的 SHA-256 函数计算出的哈希值一定是 256 位。人们利用哈希值的这个特点可以仅对指定的范围进行比较，以此提高处理速度，同时减少处理负荷。

SSL 使用上述的哈希算法进行应用数据验证和数字证书验证。下面我们分别进行讲解。

图 3.2.34　哈希值的长度是固定的

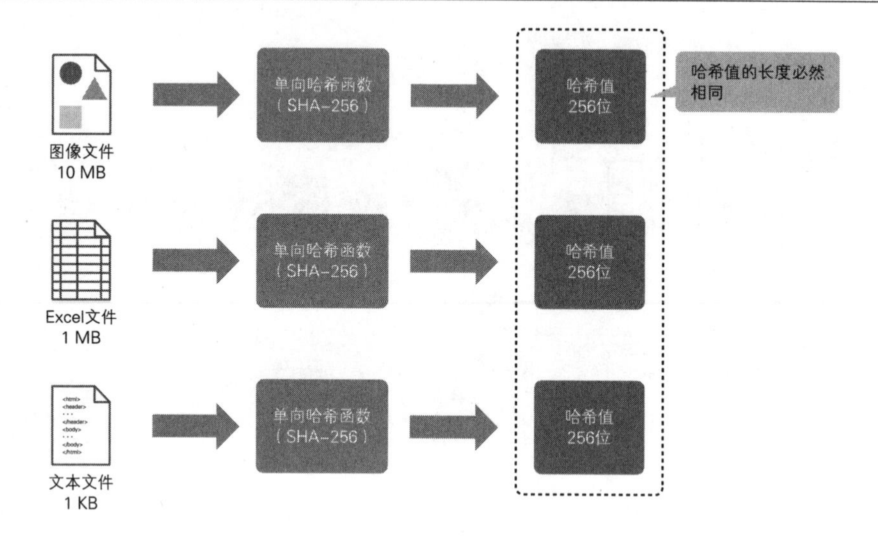

应用数据验证

这是哈希算法较为传统的用途。发信方同时发送应用数据和哈希值。收信方收到应用数据后重新计算哈希值，然后比较发信方发送的哈希值和自己算出的哈希值。如果两者一致，就认为数据未被篡改，否则就认为数据已被篡改。

除此之外，SSL 还添加了一个叫作消息鉴别码（Message Authentication Code，MAC）的安全要素。消息鉴别码是计算 MAC 值时，将应用数据和 MAC 密钥（共享密钥）同时作为输入的一种技术。通过在单向哈希函数中添加共享密钥，不仅可以检测数据是否被篡改，还可以验证通信对象的身份。

图 3.2.35　消息鉴别码

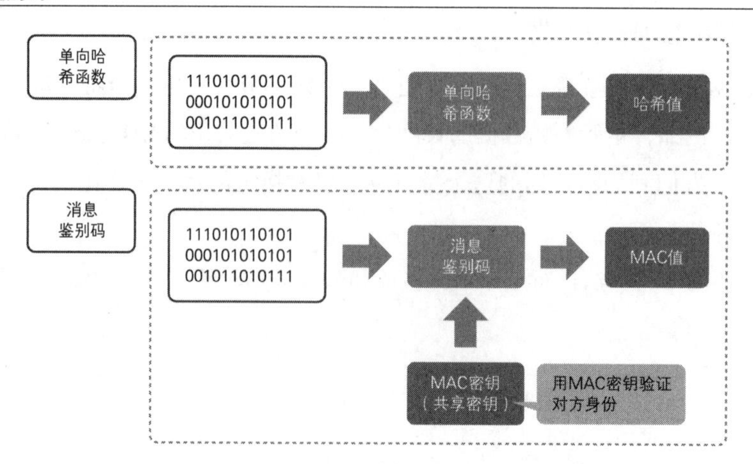

图 3.2.36 用消息鉴别码验证应用数据

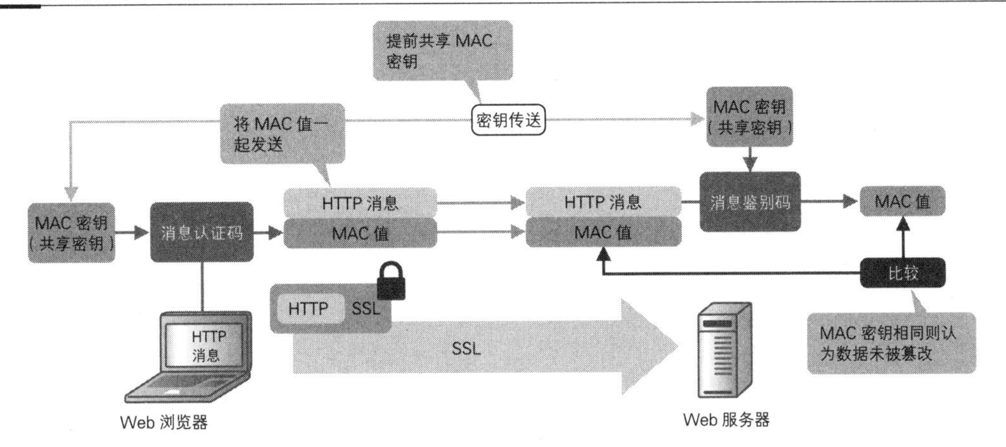

既然用到共享密钥，就不能忽略密钥传送时存在的问题。SSL 在消息认证中使用的共享密钥是通过公钥加密方式获取的公钥生成的。

数字证书验证

在 SSL 中，哈希算法还用于验证数字证书。无论做了多么周全的加密处理，如果发送数据的对象是陌生人，那么通信就没有任何意义。在 SSL 中，发信方和收信方利用数字证书来证明自己和对方的身份。这样的话，有一点就非常重要了，那就是即使某一方大声呼喊“我是 A 哦！”也不足以令人信服。口说无凭，这个人到底是不是 A 我们无从知道，也许只是某个人 B 在大叫“我是 A 哦！”而已。因此在通信中，SSL 是采用第三方认证来解决这个问题的。具体说来，是让可以信任的第三方——CA 机构以数字签名的形式对“A 是 A”这个事实给予认可。然后在该数字签名中使用哈希算法。

图 3.2.37 CA 机构进行第三方认证

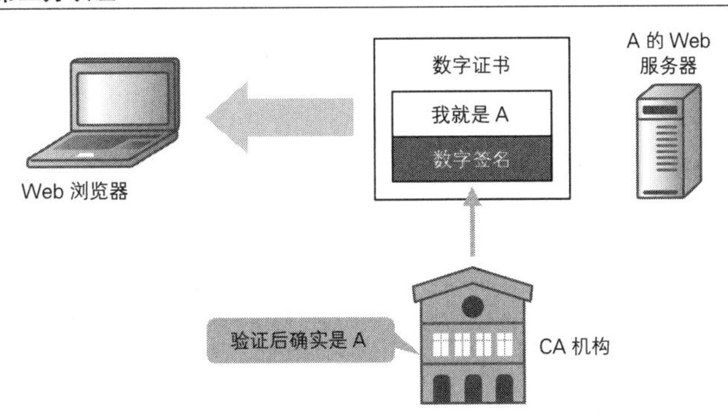

数字证书由签名前证书、数字签名算法和数字签名这 3 个部分构成[①]。签名前证书是服务器和服务器持有人的信息，表示服务器网址的公用名称（common name）、证书的有效期限和公钥也包含在其中。数字签名算法中包含使用的哈希函数的名称。用数字签名算法中指定的单向哈希函数对签名前证书进行哈希处理并用 CA 机构的私钥进行加密，就得到了数字签名。

图 3.2.38 数字证书的构成要素

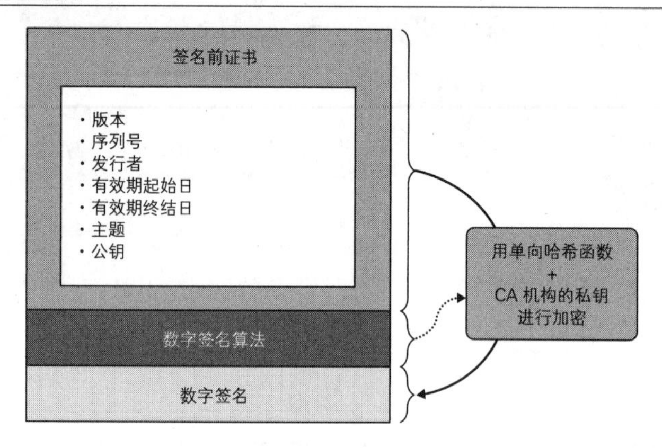

收信方收到数字证书之后，用 CA 机构的公钥（CA 证书）将数字签名解密，然后将其和签名前证书对比。如果二者一致就说明证书未被篡改，也就是说发来信息的服务器的确不是由恶意破坏者建立的。否则，就说明服务器是由恶意破坏者建立的，返回一条警告消息将该信息告诉客户端。

图 3.2.39 数字签名和哈希值的关系

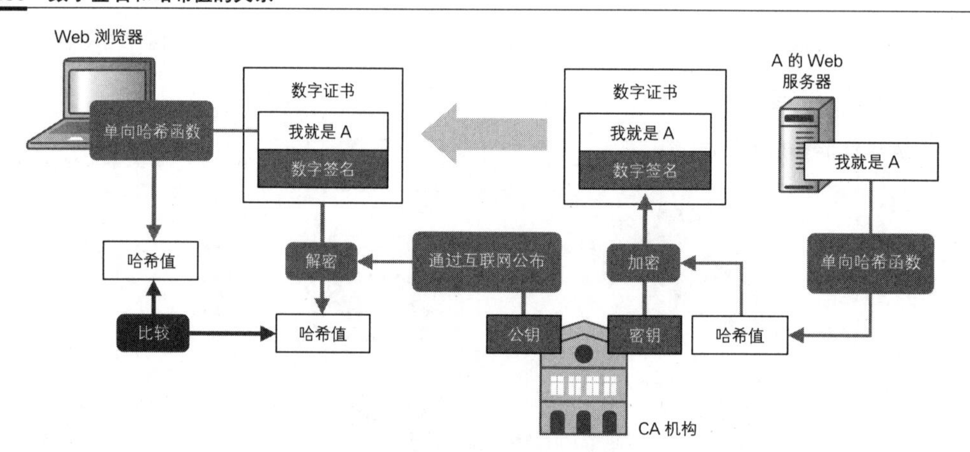

① 数字签名算法属于签名前证书的一部分。本书为了便于理解，将其单独说明。

3.2.2.5 总结 SSL 中使用的技术

前面我们学习了 SSL 中使用的加密方式和哈希处理方式。这些处理涵盖的技术非常多，想必各位读者早已目不暇接了。这里我们把前面介绍过的技术汇总到下表中，供大家回顾内容时参考。

表 3.2.5 SSL 中使用的技术汇总

阶 段	技 术	作 用	最近常用的算法
前期准备	公钥加密方式	传送共享密钥的要素	RSA、DH/DHE、ECDH/ECDHE
	数字签名	让第三方认证	RSA、DSA、ECDSA、DSS
加密数据通信	共享加密方式	加密应用数据	3DES、AES、AES-GCM、Camellia
	消息鉴别码	在应用数据中添加共享密钥后进行哈希处理	SHA-256、SHA-384

补充一下，如果数字证书验证失败，则会跳出警告提示。

3.2.2.6 SSL 中执行着大量的处理

SSL 中包含着诸多技术组合，是一种综合性的加密协议。为了让这些技术彼此组合并相辅相成，最终实现成功连网，需要执行大量的处理。下面，我们以某台 SSL 服务器要在互联网上公开为前提，逐一梳理各项处理的具体内容。

准备服务器证书并将其安装到服务器上

在互联网上公开 SSL 服务器，并不意味着只需要准备好一台已启动 SSL 服务的服务器就足够了。将一台服务器作为 SSL 服务器公开之前我们需要做一些准备工作，例如准备好证书、向 CA 机构提交申请等，大致说来可分为以下 4 个步骤。

1. 通过 SSL 服务器[①]生成私钥。私钥是不可以对外公开的密钥，一定要细心保管，避免遗失。
2. 用步骤 1 中生成的私钥生成 CSR（Certificate Signing Request，证书签名请求），将其发给 CA 机构。CSR 是一种为获得服务器证书而提交给 CA 机构的随机字符串，由签名前证书的信息构成，生成时会将相关的信息一一写入。生成 CSR 时需要用到的信息统称为区别名称，表 3.2.6 列出了其中所包含的内容。

① 如果是通过负载均衡器进行 SSL 加速，则也由负载均衡器生成密钥对。

表 3.2.6 写入区别名称，生成 CSR

所需信息	内　容	例
公用名称	Web 服务器的网址（FQDN）	www.local.com
组织名称	该网站运营组织的正式英语名称	Local Japan K.K
部门名称	该网站的运营部门及其下属的名称	Information Security Section
城镇名称	该网站运营组织的地址	Kirishima
省、直辖市名称	该网站运营组织的地址	Kagoshima
国家代码	国家代码	JP

不同的 CA 机构会要求不同的申请提交信息和公钥长度，我们一定要在相关网站预先确认好。

3 按照 CA 机构规定的各种流程进行审核，审核内容包括查看各种信贷数据、拨通在第三方机构数据库中记载的电话号码直接确认等。审核通过之后对 CSR 进行哈希处理，用 CA 机构的私钥加密后将其作为数字签名添加到服务器证书中，接下来 CA 机构会发行服务器证书并交给请求方。服务器证书也是随机字符串。

4 将从 CA 机构获得的服务器证书安装到 SSL 服务器上，有些 CA 机构会要求将中间证书也一起安装进去。中间证书指的是中间 CA 机构发行的一种证书。CA 机构为阶层性机构，管理着各色各样的证书，位于顶层的是根 CA 机构。中间 CA 机构是被 CA 机构（根 CA 机构）认可的下属 CA 机构。

图 3.2.40 证书安装完毕之后，准备工作才算结束

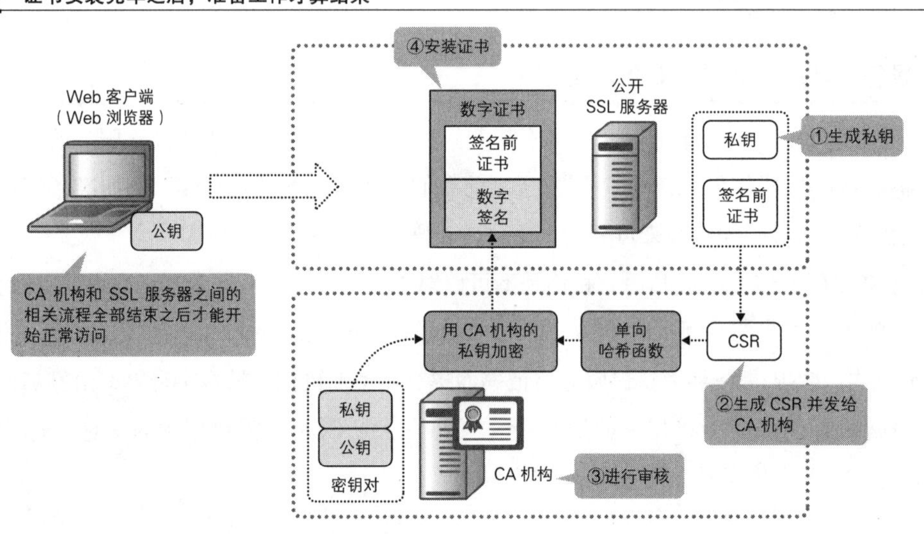

大量处理结束之后，加密才得以进行

证书安装结束之后，接下来就要受理来自客户端的连接了。SSL 并不是马上给消息加密然

后就发送出去的，在消息加密之前还有一个 SSL 握手阶段，用来决定给哪个信息加密。这里所说的握手和 TCP 的三次握手（依次为 SYN、SYN/ACK 和 ACK）是完全不同的概念。SSL 在 TCP 的三次握手结束之后再进行 SSL 握手处理，然后根据在该处理中决定的信息给消息加密。SSL 握手有 4 个步骤，分别是出示支持的算法、证明通信对象的身份、交换共享密钥以及最终确认。

图 3.2.41 在 SSL 握手中交换共享密钥

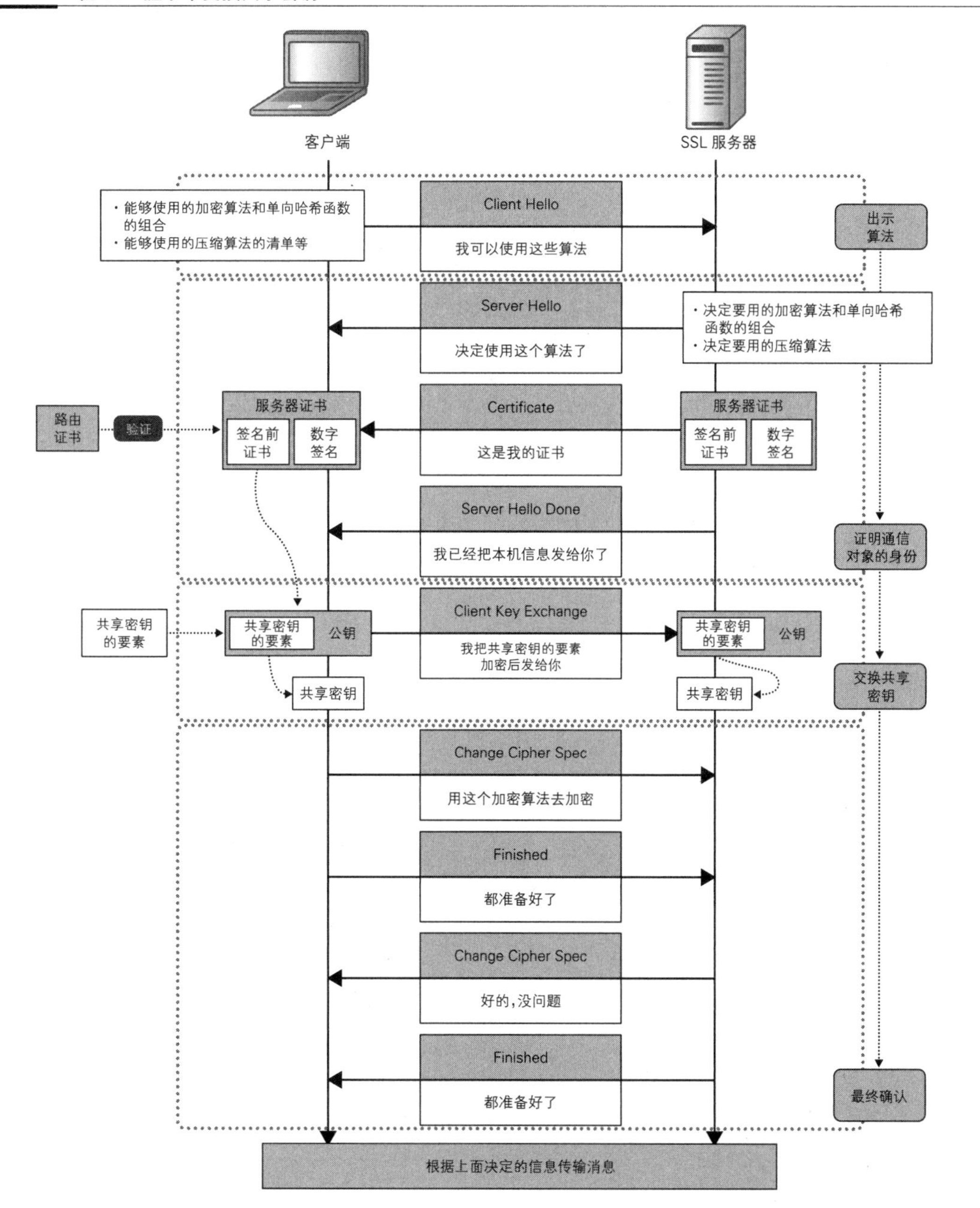

接下来，我们按照 SSL 握手的顺序进行说明。

1 出示支持的算法

在这个步骤中，由客户端出示自己能够使用的加密算法和单向哈希函数。用于加密和哈希处理的技术（算法）非常之多，所以必须通过 Client Hello 告知对方本机能够使用哪些加密算法和单向哈希函

图 3.2.42　向服务器出示能够在本机中使用的参数

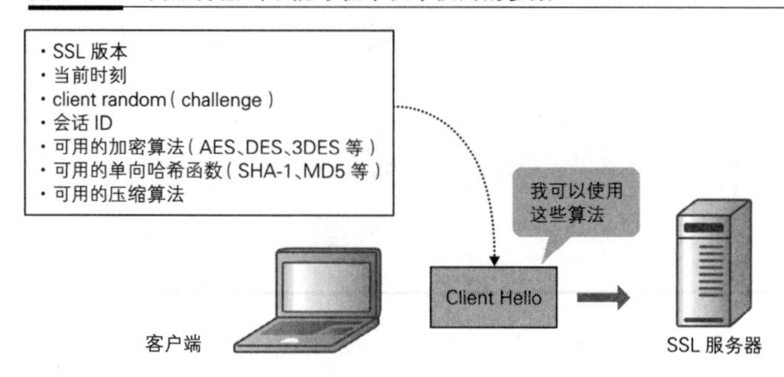

图 3.2.43　通过 Client Hello 向服务器出示支持的算法清单

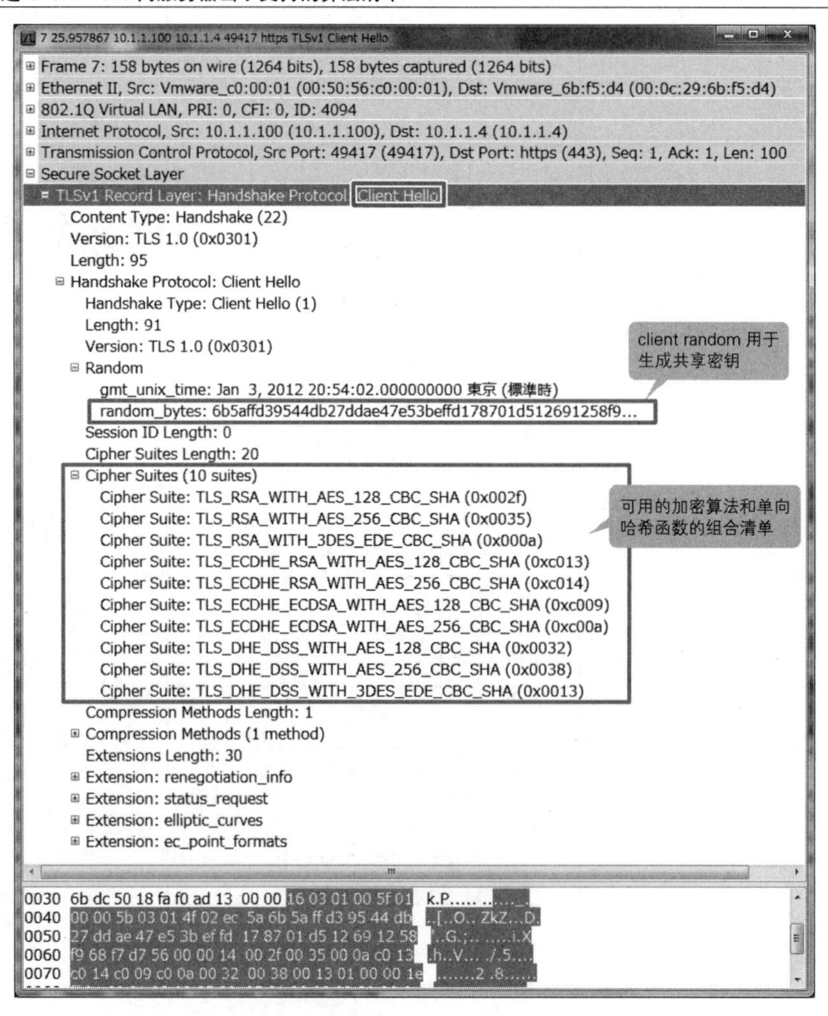

数。加密算法和单向哈希函数的组合叫作加密套件（cipher suite）。Client Hello 清单中出示哪种加密套件取决于 OS 和 Web 浏览器的版本与设置信息。

此外，在这个步骤中还要发送其他一些必须和服务器保持一致的参数，如 SSL 版本、用于生成共享密钥的 client random 和会话 ID 等。

2 证明通信对象的身份

在这个步骤中，通过确认服务器证书来查明客户端是否在和真正的服务器通信，这个步骤由 3 个进程构成，分别是 Server Hello、Certificate、Sever Hello Done。

首先，服务器会对照收到的 Client Hello 中的加密套件与本机的加密套件是否一致，如果一致则从中选择优先级别最高的套件（清单最上方）。除了选出的加密套件外，服务器返回的 Server Hello 消息中还包括 SSL 版本、用于生成共享密钥的 server random、会话 ID 等必须和客户端保持一致的参数。接下来用 Certificate 发送本机的服务器证书，通知对方自己的身份。最后发出 Server Hello Done 的消息，告知对方所有信息都已发送完毕。客户端收到服务器证书后对其进行验证（用根证书解密，然后比较双方的 MD 值），考察服务器的真伪。

图 3.2.44　通过证书考察对方的身份

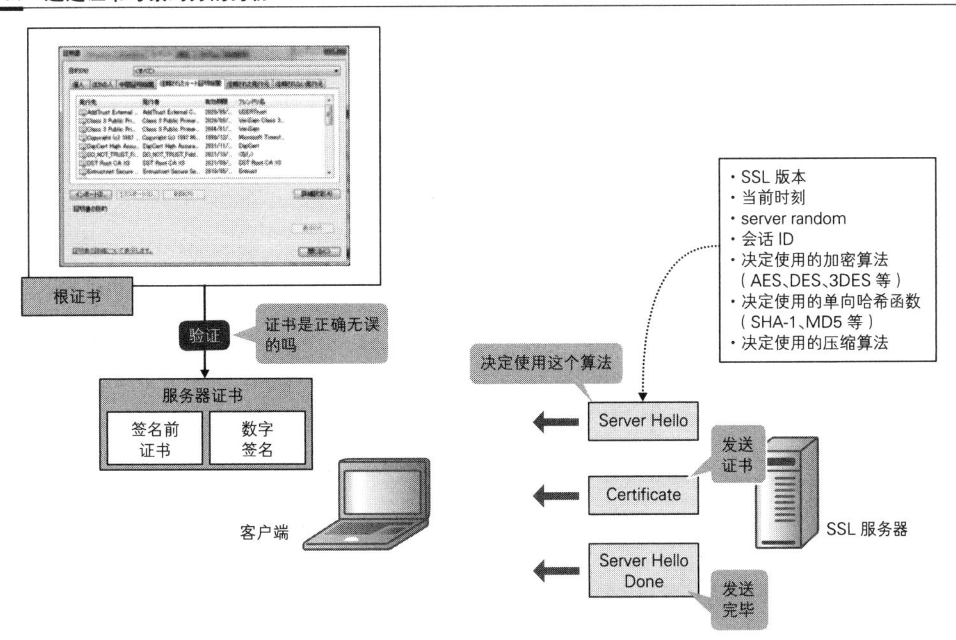

图 3.2.45 通过 3 个进程宣称自己的身份

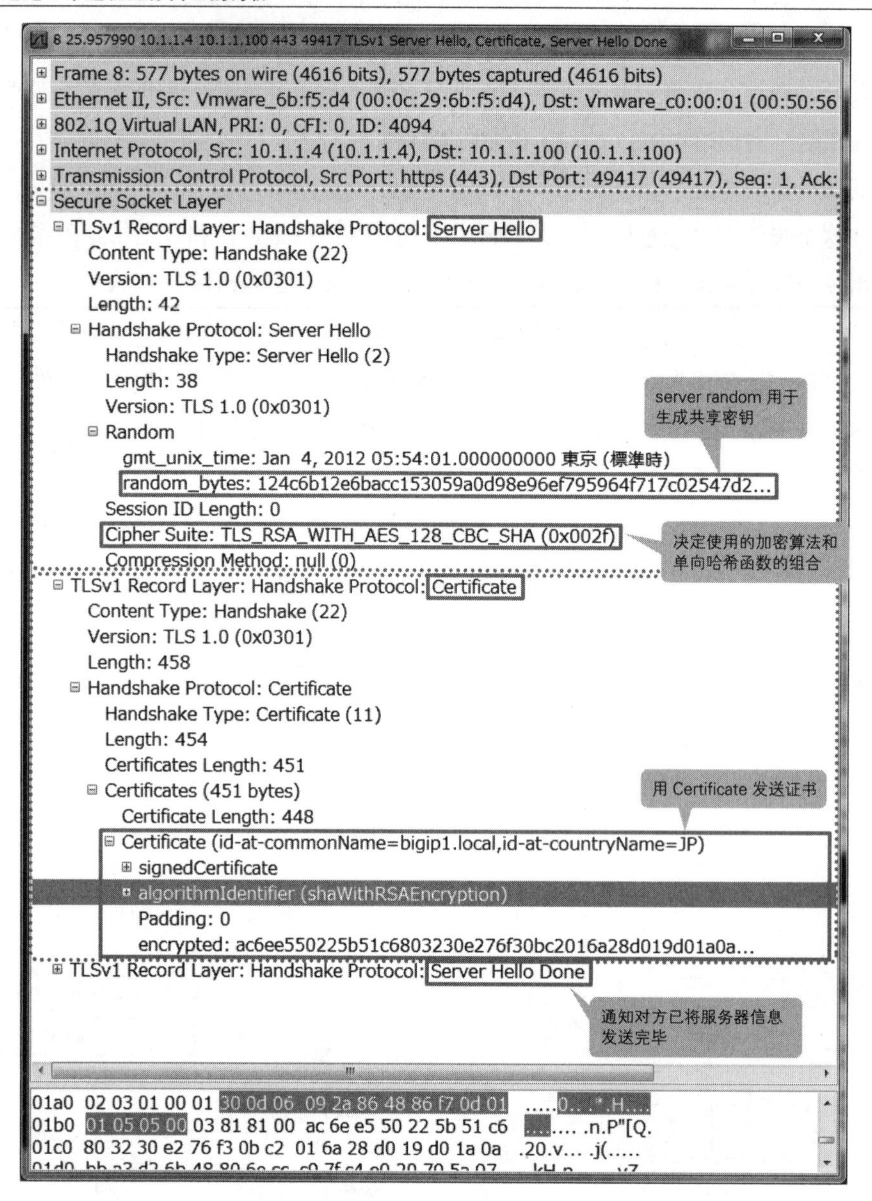

3 交换共享密钥

在这个步骤中，双方交换用于加密应用数据和执行哈希处理的共享密钥。Web 浏览器确认服务器正确无误之后，会生成一个叫作预主密钥的共享密钥要素，并通过 Client Key Exchange 将其发送给服务器。这个要素并非共享密钥，而只是组成共享密钥的素材，Web 浏览器和 HTTPS 服务器使用的主密钥是由预主密钥、通过 Client Hello 获得的 client random

以及通过 Server Hello 获得的 server random 混合而成的。client random 和 server random 由于在一开始的步骤 1 和步骤 2 中就彼此交互，有着双方共同的部分，所以将密钥素材发送过去之后，就能够生成同样的主密钥。服务器通过这个主密钥最终得到用于加密应用数据的共享密钥——会话密钥和用于执行哈希处理的共享密钥——MAC 密钥。

图 3.2.46 客户端将共享密钥的要素加密之后发给服务器

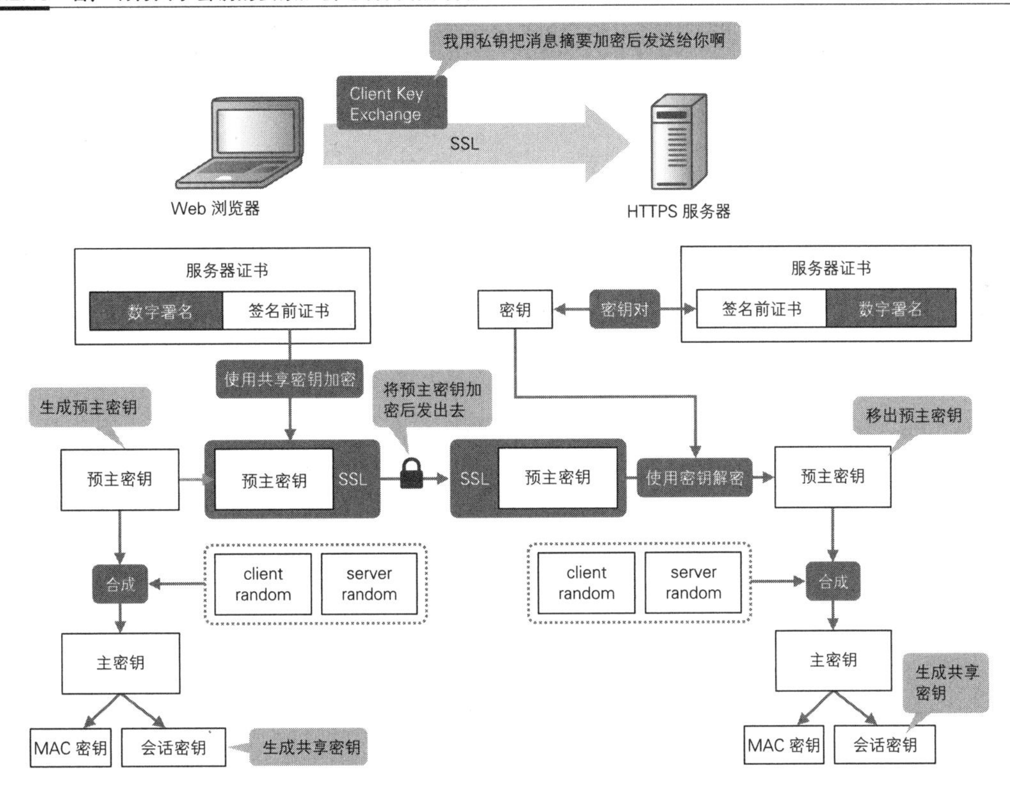

图 3.2.47 通过 Client Key Exchange 发送共享密钥的要素

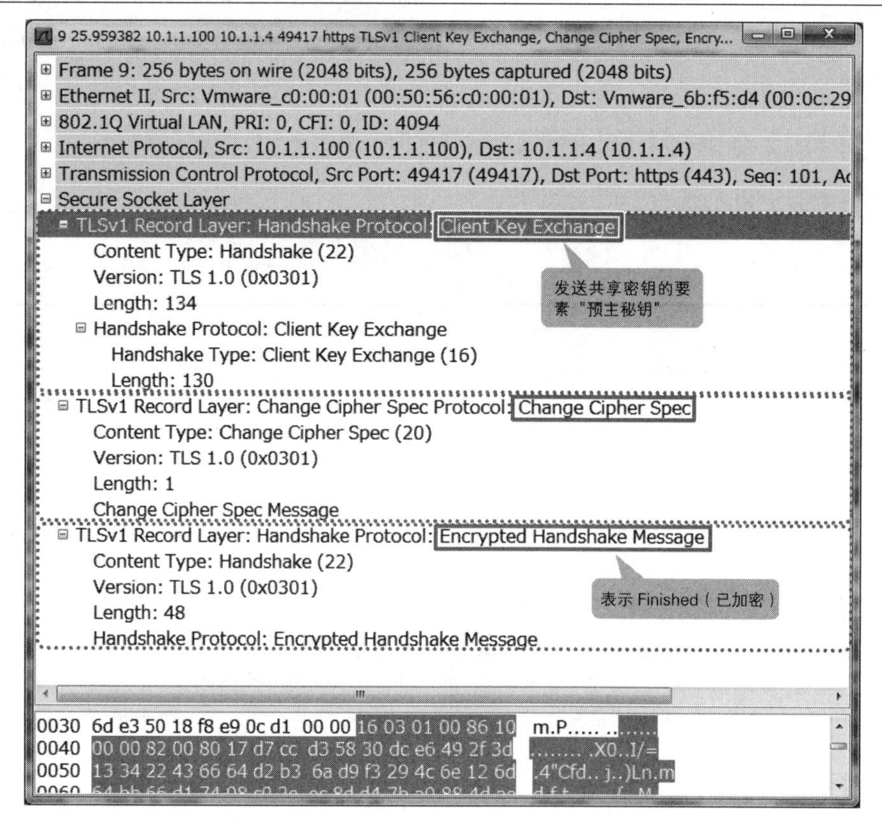

4 最终确认

这个步骤是最后的确认作业。双方交换 Change Cipher Spec 并宣称使用哪一种加密算法给消息加密。这一步的交互结束之后，才终于步入传输加密消息的阶段。

图 3.2.48 最后彼此进行确认

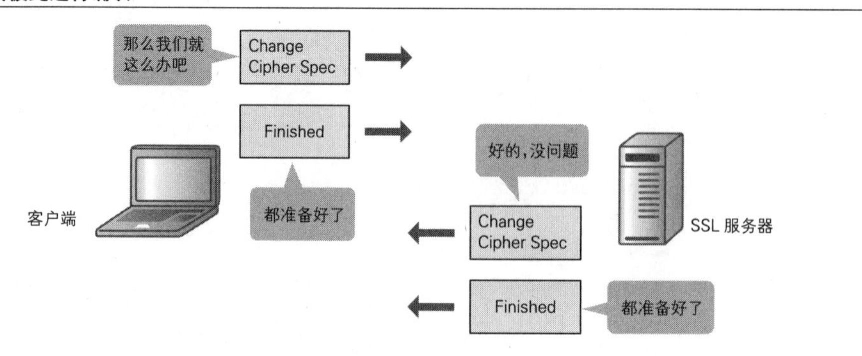

图 3.2.49 大量处理结束之后，加密才得以进行

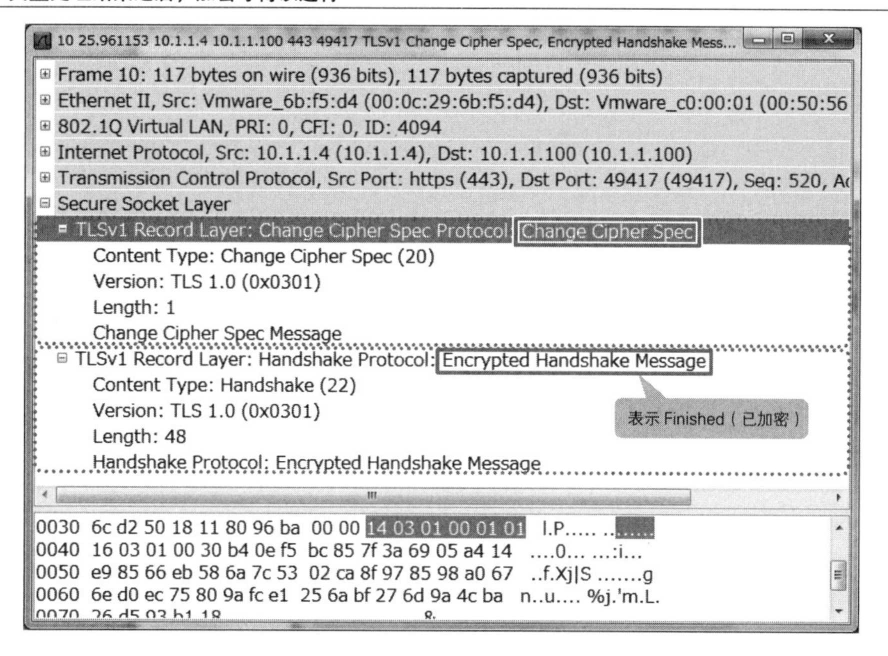

3.2.2.7 加密通信

SSL 握手处理结束后，就可以开始传输加密过的应用数据了。具体步骤是先使用 MAC 密钥计算应用数据的哈希值，然后使用会话密钥加密，最后传输加密数据。

图 3.2.50 计算应用数据的哈希值，将数据加密后再传输

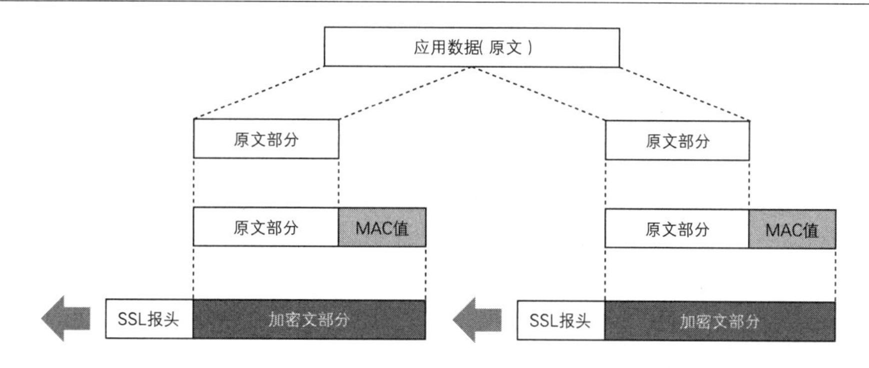

图 3.2.51 应用数据

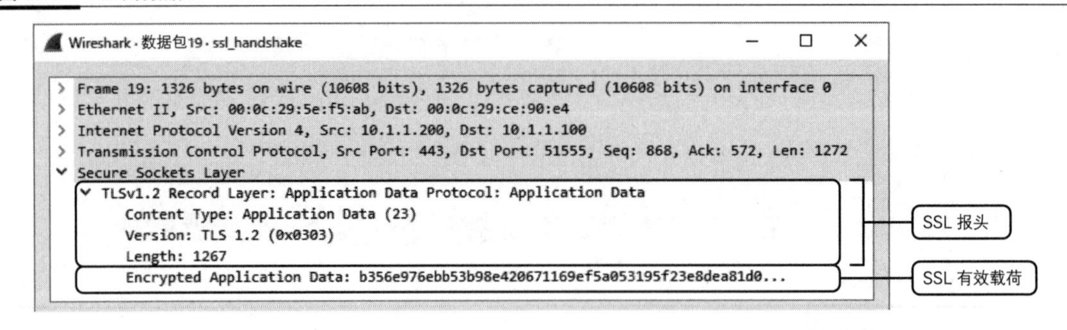

3.2.2.8 SSL 会话复用

SSL 握手阶段需要交换数字证书和共享密钥，整个处理十分耗时。于是，SSL 提供了会话复用机制用于缩短握手处理的时间。该机制是将 SSL 握手阶段建立的会话信息存放到高速缓存中，之后都使用同一会话进行通信。启用 SSL 会话复用时，由于 Certificate 或 Client Key Exchange 等获取共享密钥所需的处理会省略，所以能够大幅缩短 SSL 握手所耗费的时间，同时还可以减轻处理负荷。

图 3.2.52 SSL 会话复用

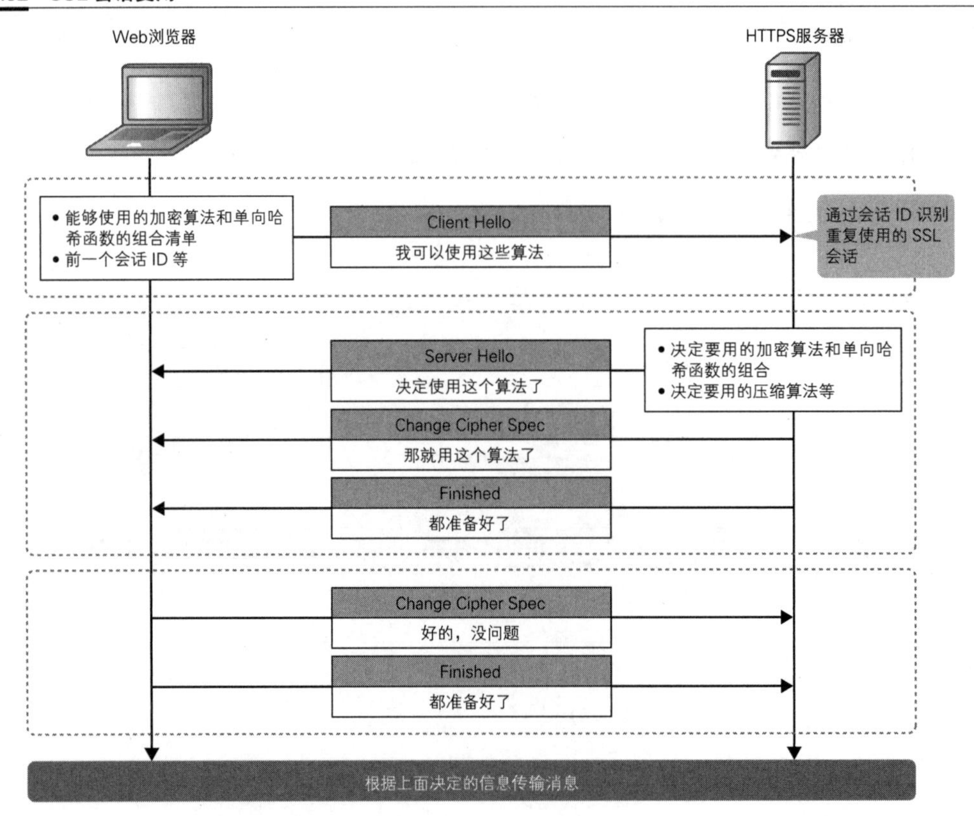

3.2.2.9 关闭 SSL 会话

最后，我们需要关闭 SSL 握手阶段建立起来的 SSL 会话。发起关闭的一方可以是 Web 浏览器，也可以是服务器，发送 close_notify 之后 TCP 就会通过四次挥手关闭 TCP 连接。

图 3.2.53 通过 close_notify 关闭 SSL 会话

图 3.2.54 close_notify 消息

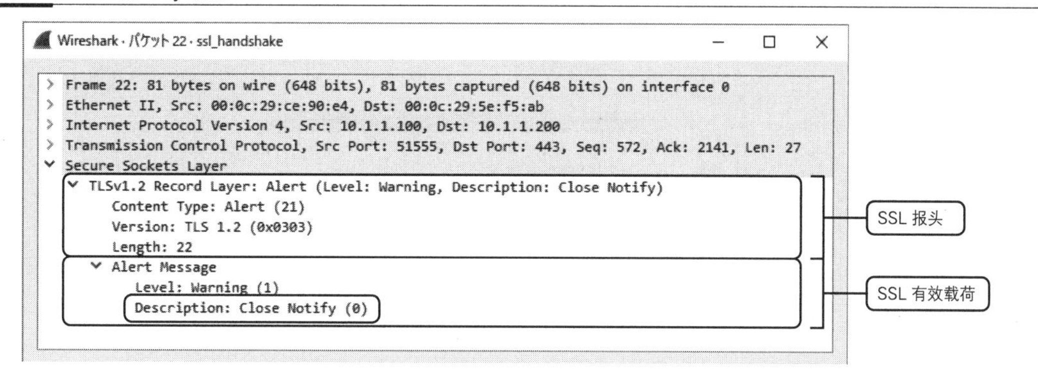

3.2.2.10 用客户端证书对客户端进行认证

SSL 通信中包括两个认证机制，一个是服务器认证，另一个是客户端认证。服务器认证要用到服务器证书，客户端认证要用到客户端证书。

现在我们来着重看一下客户端认证。一般来说，客户端有两种认证方法，分别是密码认证和客户端认证。密码认证在 SNS 网站和在线购物网站中会用到，大家应该都很熟悉。用户只要输入用户 ID 和密码，就会出现相应的网页。输入用户 ID 和密码的认证方法非常容易理解，而且无论身在何处，只要能够上网就可使用。若论方便，无出其右者。然而与此同时，这种方法也十分容易受到恶意攻击，一旦用户 ID 和密码泄露，谁都可以利用它们去冒充真正的用户。

客户端认证就是为了解决这个易受攻击的问题而出现的。该方法根据安装到客户端的客户端证书来识别对方是否为真正的用户，结论是肯定的才给予认证，也就是用证书取代了用户 ID

和密码。在 SSL 连接处理中，SSL 服务器会要求客户端提供客户端证书。客户端返回代表本机身份的客户端证书之后，服务器会根据该证书的内容对客户端进行认证，通过之后才允许连接。双方互相发送己方的证书，彼此进行身份认证，安全性就能获得更高的保障。

图 3.2.55 两种客户端认证方法

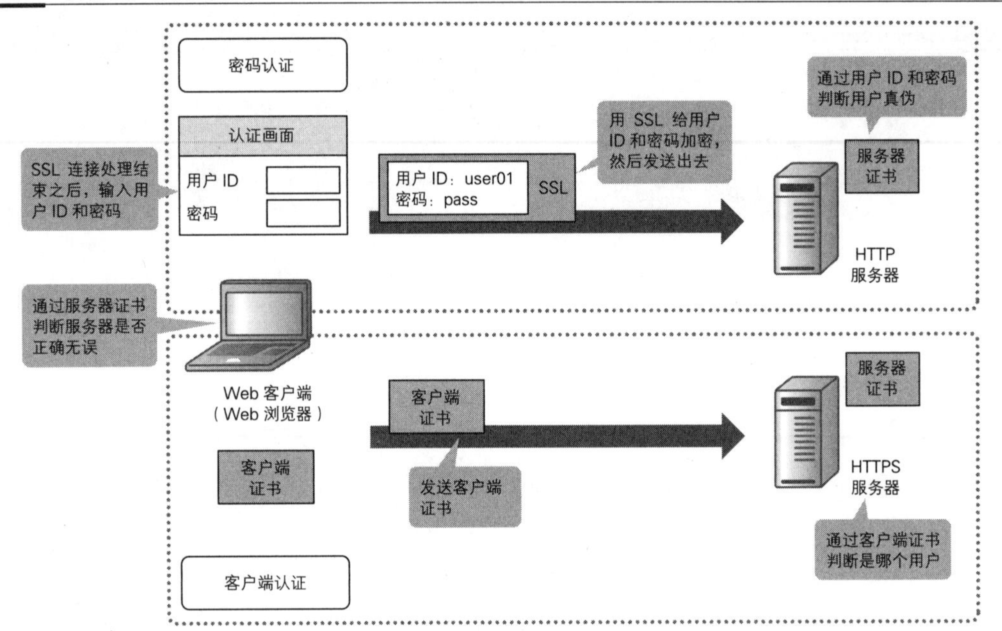

客户端认证的连接处理包括服务器认证及其他相关处理

除了前面讲述的服务器认证的握手处理之外，客户端认证的 SSL 握手处理还包括请求客户端证书和对客户端进行认证这两个进程。

图 3.2.56 除握手处理之外还要对客户端进行认证的交互处理

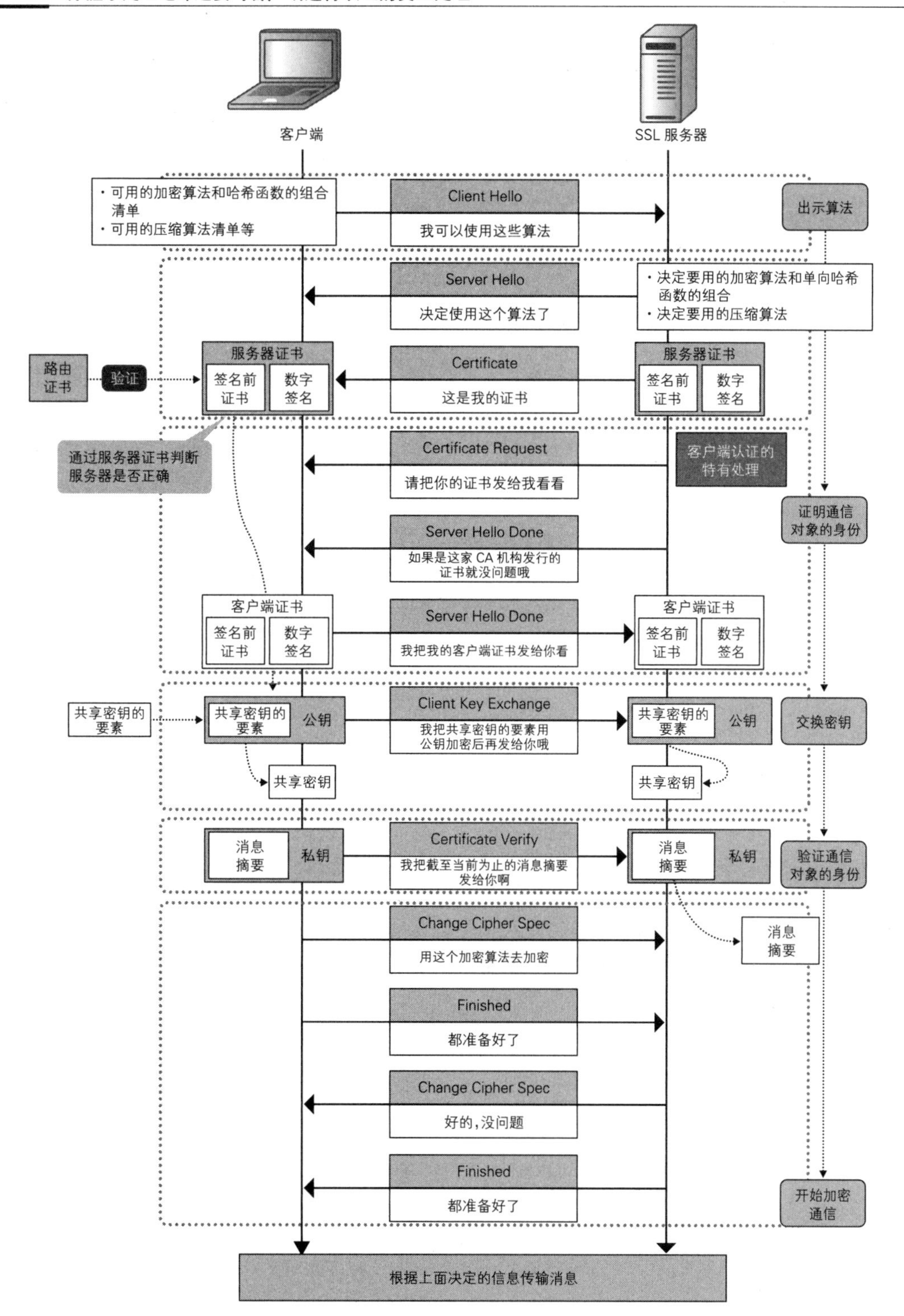

1 请求客户端证书

首先要说明的是，从一开始到发送服务器证书的 Certificate 步骤为止，全都和服务器认证的步骤一样。但接下来，服务器将本机的服务器证书发给客户端之后，会通过 Certificate Request 要求客户端也将客户端证书发送过来，而且会通过 Server Hello Done 告诉客户端本机信息已经发送完毕。

图 3.2.57 要求发送客户端证书

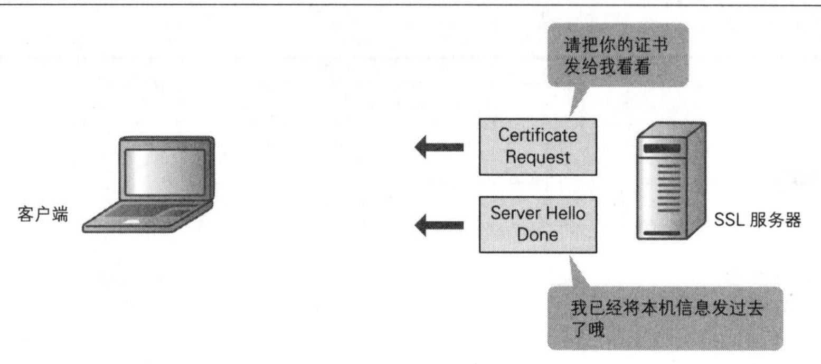

2 发送客户端证书

作为回应，客户端会通过 Client Certificate 将已安装到本机上的客户端证书发送给服务器。如果没有符合服务器要求的客户端证书，则返回 no_certificate，然后服务器就会断开连接；如果有多个符合要求的客户端证书，则选择其中一个发送。

图 3.2.58 发送客户端证书

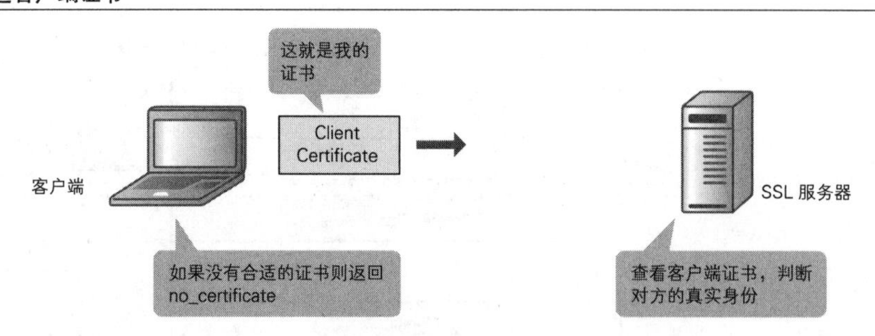

3 验证通信对象的身份

接下来，客户端在 Client Key Exchange 中将预主密钥发给服务器，这和通常的处理是一样的。然后，再通过 Certificate Verify 算出从 Client Hello 到 Client Key Exchange 为止交互的消息摘要，用私钥加密之后发给服务器。服务器收到 Certificate Verify 之后，用通过 Client Certificate 收到的客户端证书中所含的公钥将其解密，然后将收到的消息摘要和自己计算出来的消息摘要进行对比，查看数据是否被篡改过，随后的处理都和通常处理一模一样。最后，将消息加密并发送出去。

图 3.2.59 将截至当前的两个消息摘要进行对比

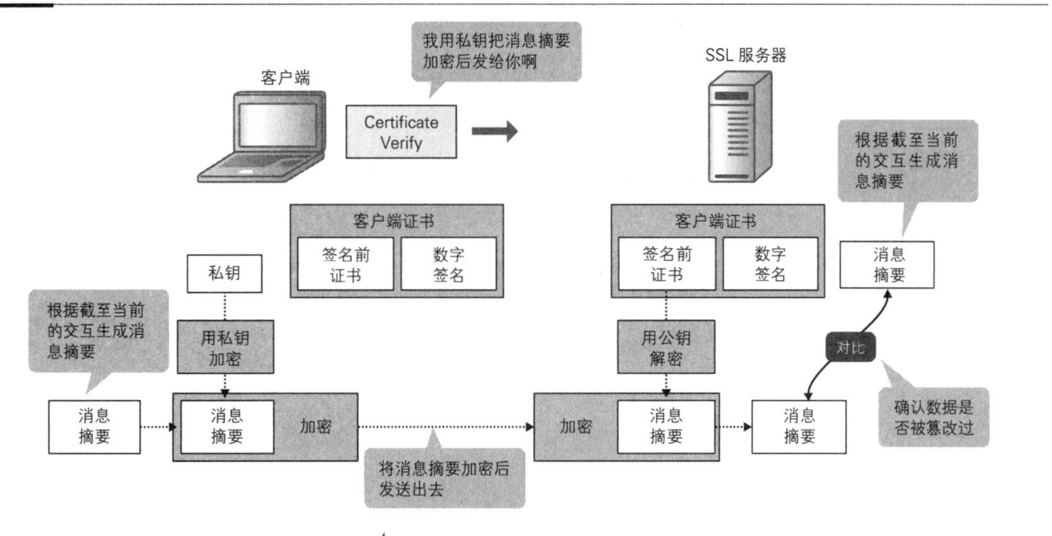

3.2.3 用 FTP 传输文件

正如其名，FTP 是一种用于传输文件的协议。尽管它本身并不具备加密功能而无法保证数据安全，但是至今仍在很多地方广为使用。

图 3.2.60 FTP 本身并不具备加密功能

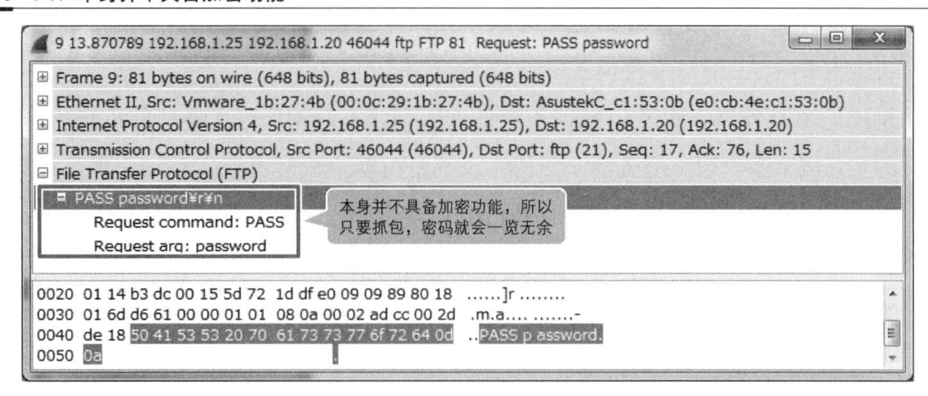

完整的 FTP 传输是将两种连接组合起来使用的，一种叫作控制连接，另一种叫作数据连接。控制连接用于控制应用程序，人们用它发送命令或返回结果；数据连接则用于实现真正的数据传输。每一条用控制连接发出的命令都会生成相应的数据连接，在数据连接上收发数据。

图 3.2.61 FTP 将两种连接组合起来使用

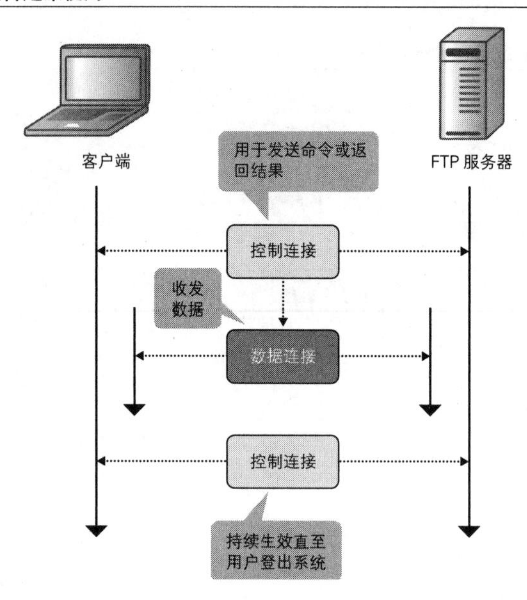

说到 FTP，必须要提一个叫作传输模式的重要概念。FTP 中有两种传输模式，一个是主动模式，另一个是被动模式，二者生成数据连接的方式有些不太一样。下面，本书将着重结合所用端口号和连接请求（SYN）方向这两个要素来介绍数据连接。

3.2.3.1 主动模式使用特定的端口

FTP 的主动模式是指在控制连接中使用 TCP/21、在数据连接中使用 TCP/20 的模式。大多数 FTP 客户端软件的默认设置都是主动模式，在命令提示符中使用的、Windows OS 标准的 FTP 客户端功能中甚至只有这一种模式。

主动模式是由服务器方面发出数据连接的连接请求（SYN）的，是一种特殊的传输模式。几乎所有的主从式（客户端 - 服务器）架构协议都是由客户端发出连接请求，然后由服务器给出回复。然而在主动模式的数据连接中，执行方向恰恰相反，先是由服务器发出连接请求，然后由客户端给出回复。那么，我们就假设客户端需要从 FTP 服务器获取某个文件（RETR）[①]，来看看实际的连接步骤是怎样的。

① RETR 相当于 HTTP 中的 GET 方法，下载文件时要用到它。

图 3.2.62　主动模式从服务器一方开始建立数据连接

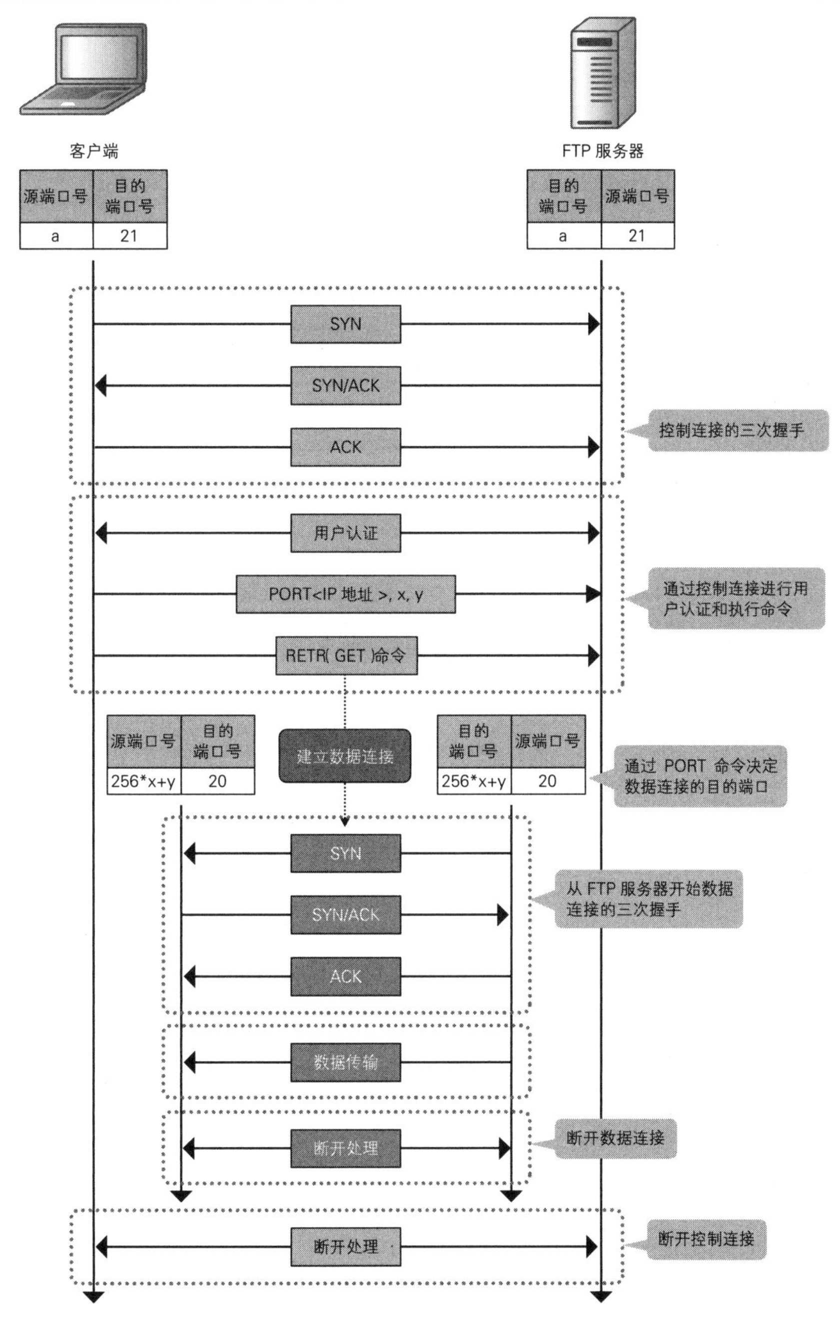

1 客户端向服务器提出用 TCP/21 连接的请求，三次握手结束。到这里还只是建立了控制连接。

2 在控制连接上交换用户名和密码之后，客户端通过 PORT 命令生成用于数据连接的端口号要素值，该值以“PORT<IP 地址 >,x,y”的形式由客户端发送给服务器。这里重要的并不是 IP 地址而是 x 和 y 的值，用公式“256*x + y”算出来的值就是数据连接的目的端口号，将会在步骤 4 中使用。

为了帮助大家理解，这里举一个例子解释一下。假设客户端已通过 PORT 命令发送了 x = 150、y = 218 这两个值（见下图），那么，即将建立的数据连接的目的端口号就是 150 × 256 + 218 = 38618。

图 3.2.63 通过 PORT 命令发送数据连接的端口号要素值

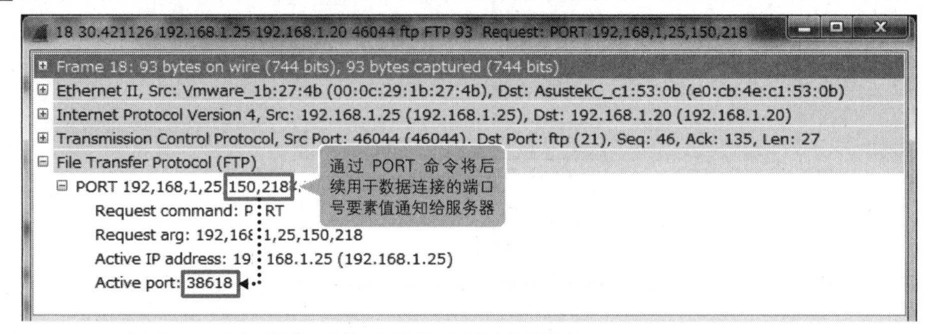

※ 图中的 Active port 值是由 Wireshark 自动计算出来的，这个值不会发送给服务器。

3. 服务器返回 PORT Command Successful 消息，通知客户端决定的端口号。
4. 端口号决定后，客户端通过控制连接向服务器发送 RETR 命令。
5. 服务器收到 RETR 命令之后，在源端口号中写入 TCP/20，在目的端口号中写入通过 PORT 命令算出的值（256*x + y）并请求连接。这里的连接请求是关键所在，它是由服务器一方提出来的。TCP/20 的三次握手结束之后，就能将应用数据发送出去了。
6. 应用数据一经发送就执行 TCP 断开处理，关闭数据连接，但控制连接仍继续生效。
7. 最后在用户登出系统的同时执行 TCP/21 断开处理，关闭控制连接。至此，所有的处理才宣告结束。

3.2.3.2 被动模式改变使用的端口

FTP 的被动模式是指在控制连接中使用 TCP/21、在数据连接中使用不特定端口的一种模式。最近人们出于在数据安全方面的一些考虑，使用这种模式的例子逐渐多了起来。

被动模式仅当客户端通知服务器它处于被动模式（PASV 命令）时才会启用。数据连接的连接请求（SYN）是从客户端发出的，从这一点来说，几乎所有的主从式（客户端 – 服务器）架构协议都是如此。被动模式的关键在于它的端口号，主动模式一定会用 TCP/20，被动模式则会选择不特定的端口来使用。那么，我们就假设客户端需要从 FTP 服务器获取某个文件（RETR 命令），来看看实际的连接步骤是怎样的。

1 客户端向服务器提出用 TCP/21 连接的请求，三次握手结束。到这里还只是建立了控制连接。

2 在控制连接上交换用户名和密码之后，客户端通过 PASV 命令提出使用被动模式的请求。

针对该请求，服务器会返回一个 Entering Passive mode 的提示，同时发送用于数据连接的端口号要素值，该值以“Entering passive mode<IP 地址 >,x,y”的形式发送。这里重要的并不是 IP 地址而是 x 和 y 的值，用公式“256*x + y”算出来的值就是数据连接的目的端口号，将会在步骤 3 中使用。

为了帮助大家理解，这里举一个例子解释一下。假设客户端已通过 Entering passive mode 命令发送了 x = 212、y = 174 这两个值（见下图），那么，即将建立的数据连接的目的端口号就是 212 × 256 + 174 = 54446。

图 3.2.64　通过 Entering passive mode 命令发送数据连接的端口号要素值

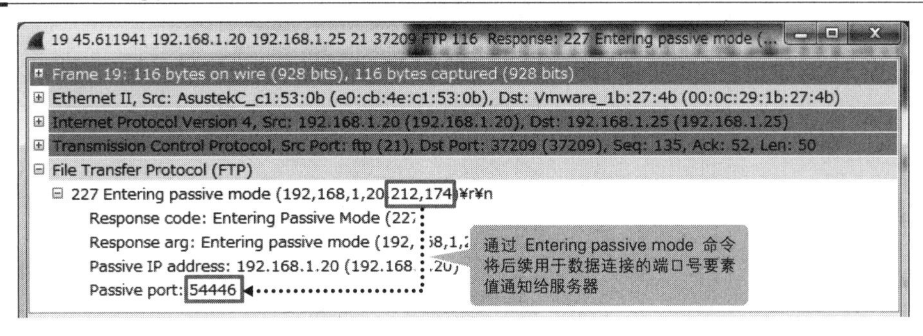

* 图中的 Passive port 值是由 Wireshark 自动计算出来的，这个值不会发送给服务器。

3 客户端使用控制连接向服务器发送 RETR 命令。然后在目的端口号中写入前面通过 Entering passive mode 命令计算出来的端口号，提出连接请求并生成数据连接。顺便提一句，这个时候的源端口号是随机的。三次握手结束之后数据连接得以建立，这样就能在数据连接上发送应用数据了。

4 应用数据一经发送就执行 TCP 断开处理，关闭数据连接，但控制连接仍继续生效。

5 最后在用户登出系统的同时执行 TCP/21 断开处理，关闭控制连接。至此，所有的处理才宣告结束。

图 3.2.65　被动模式从客户端开始建立数据连接

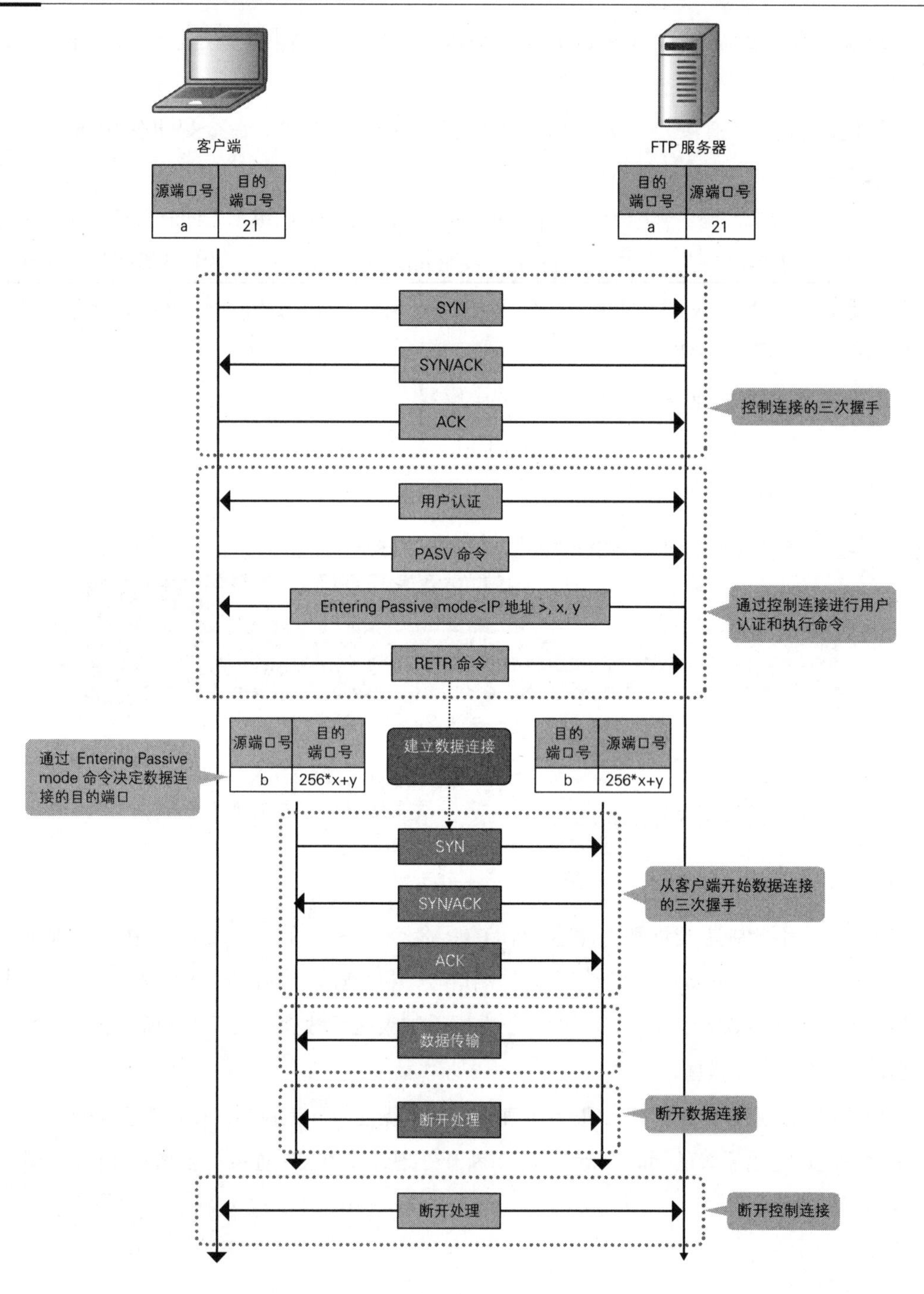

3.2.3.3 FTP 就应该当作 FTP 去处理

FTP 是一种比较特殊的应用协议，要用到多个端口号的各种组合。因此，如果我们在防火墙或负载均衡器中只是把它单纯地当作 TCP 连接去处理（TCP/21、TCP/20），很可能会产生前后无法呼应的现象。FTP 就应该当作 FTP 去处理，而且一定要在应用程序的层面上处理才行。

图 3.2.66 如果将 FTP 当作 TCP 去处理，很可能会产生前后无法呼应的现象

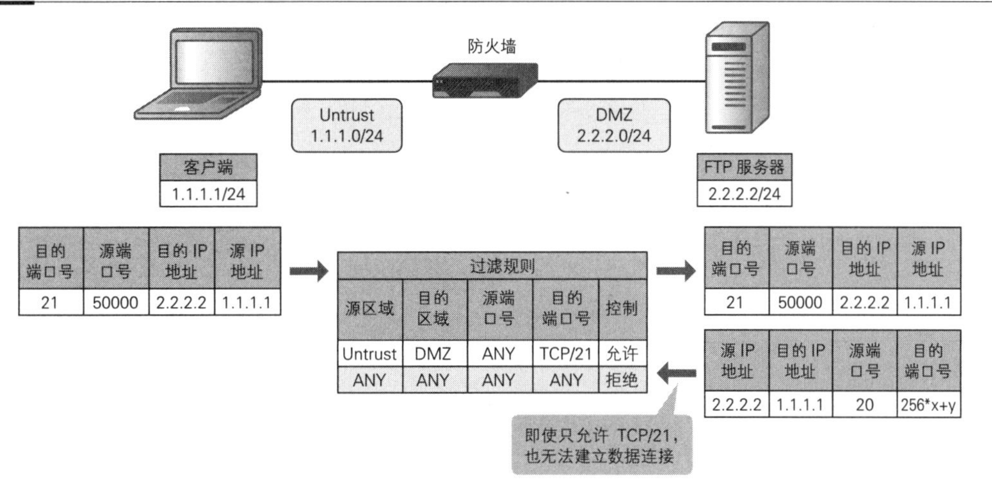

“FTP 就应该当作 FTP 去处理，而且一定要在应用程序的层面上处理”这句话听起来似乎有些高深，但其实工作原理并没有那么复杂。这里所说的“应用程序的层面”可以理解为 FTP 命令。防火墙和负载均衡器监控着通过 PORT、PASV 和 Entering passive mode 命令交互的端口号信息，同时也一直在动态地等待着后续需要处理的数据连接。只要收到数据连接的 SYN 包，它们就会马上用等待端口去进行处理。

“将 FTP 当作 FTP 处理”还涉及一个功能，那就是保持控制连接的功能。我们通过数据连接传输数据的时候，控制连接是用不上的。然而，如果传输的数据很大导致耗时较长，那么控制连接可能会因为连接空闲时间超过一定限度而断掉。为了避免出现这种情况，人们想办法做了一些处理，让控制连接的连接空闲时间在传输数据的过程中绝不会超过时间限制。

谈到防火墙或负载均衡器中的设置，其实几乎所有的设备中都定义了用于识别 FTP 的信息（配置文件）。而且，有些设备只要收到来自 TCP/21 的连接就会将其当作 FTP 处理。如果我们让这些设置都生效，设备就会主动去查看命令内容并执行各种处理。

图 3.2.67 对 FTP 施以它作为 FTP 本应承受的处理（图为防火墙的示例）

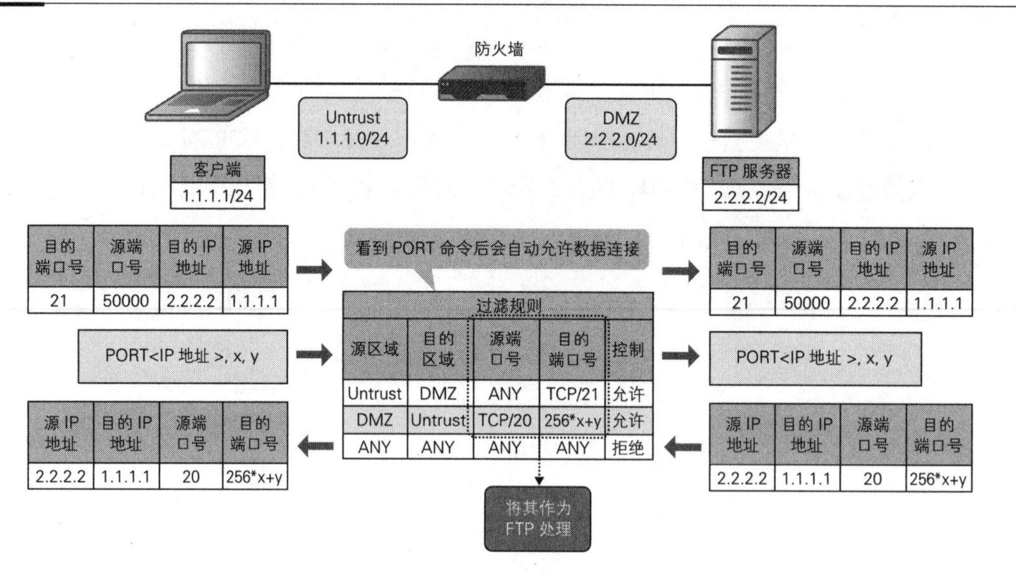

图 3.2.68 让控制连接的连接空闲时间不会超时

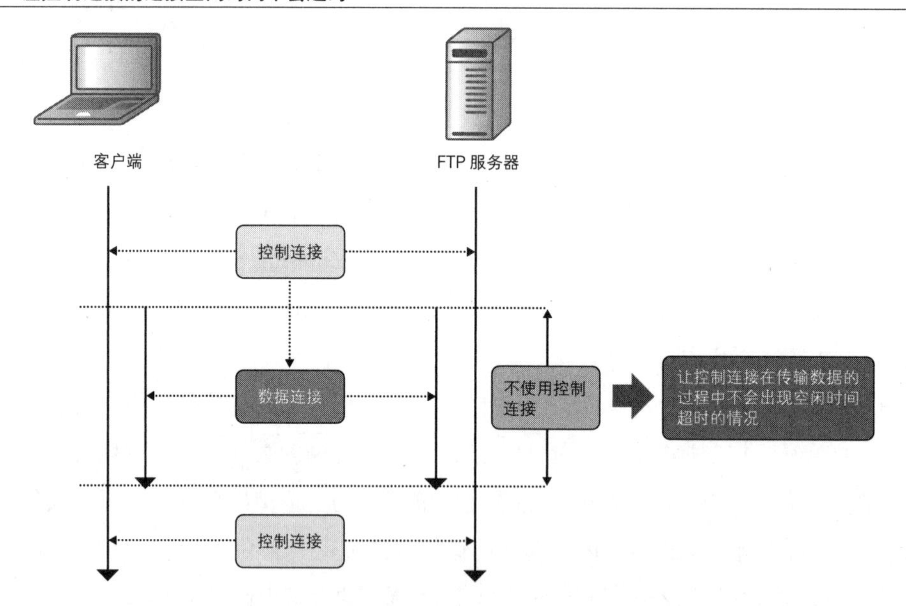

3.2.3.4 ALG 协议就应该当作 ALG 去处理

前面我们介绍的都是 FTP 中采用普通的方式无法应对的处理，实际上并非只有 FTP 需要特殊处理。像 FTP 这样需要查看应用数据内容才能执行相应处理的协议统称为 ALG 协议。ALG 协议中的 ALG 是 Application Layer Gateway（应用层网关）的缩写，表示的是一种查看应用层数据内容的功能。

对设备进行特殊的设置，定义识别 ALG 协议的信息（配置文件）后方可使用 ALG 协议。大部分设备可能都会支持 FTP 这样大众常用的协议，但支持一些冷门小众协议的可能性不大。因此，我们在使用 ALG 协议之前一定要仔细确认设备的支持情况。

具有代表性的 ALG 协议如下表所示。

表 3.2.7 具有代表性的 ALG 协议

ALG 协议	开始时的端口号	用途和其他信息
SIP（Session Initiation Protocol，会话起始协议）	TCP/5060、UDP/5060	控制 IP 电话呼叫的协议。仅仅控制呼叫，语音传送使用其他协议，如 RTP（Real-time Transport Protocol，实时传输协议）
TFTP（Trivial File Transfer Protocol，简易文件传送协议）	UDP/69	通过 UDP 传输文件的协议。升级思科设备的 OS 时，常用到该协议
RTSP（Real-Time Streaming Protocol，实时流协议）	TCP/554	用于建立音频流或视频流的协议。该协议比较老旧，最近已经基本不会用到
PPTP（Point-to-Point Tunneling Protocol，点到点隧道协议）	TCP/554	用于远程访问 VPN 的协议。数据传输使用的是 GRE（Generic Routing Encapsulation，通用路由封装）协议。由于数据不加密，最近逐渐被 IPsec 所取代。已停止了对 macOS 的支持

3.2.4 用 DNS 解析名称

DNS（Domain Name System，域名系统）是一种用于解析名称的协议。互联网上分布着众多 IP 地址，但是我们不可能为了浏览网站而去一一记住 IP 地址的那些长串数字。DNS 就是为了解决这个问题应运而生的，它为每个 IP 地址都取了域名，这样人们记忆起来就容易多了。关于 DNS 的构造以及应该如何设置服务器这些深层次的内容，我建议各位读者去查阅专业书籍，本书仅从网络这个角度对 DNS 做一些简单的介绍。

DNS 会根据不同的用途选择使用 UDP 或 TCP。二者都属于普通常见的连接，下面我们来看看它们分别用于什么场合。

3.2.4.1 用 UDP 进行名称解析

名称解析一般会先于网络、邮件等应用通信进行，因此速度是否够快非常重要。UDP 的实时性很高，人们在追求速度时往往会选择它[①]。其实，我们在浏览器上查看网站内容时，并不是通过该网站的 HTTP 直接进行访问的。另外，我们在发送邮件的时候，也不是直接把邮件发送给邮件服务器的。这两种情况都必须先经过一个叫作名称解析的步骤。

图 3.2.69　名称解析通过 UDP 追求实时性

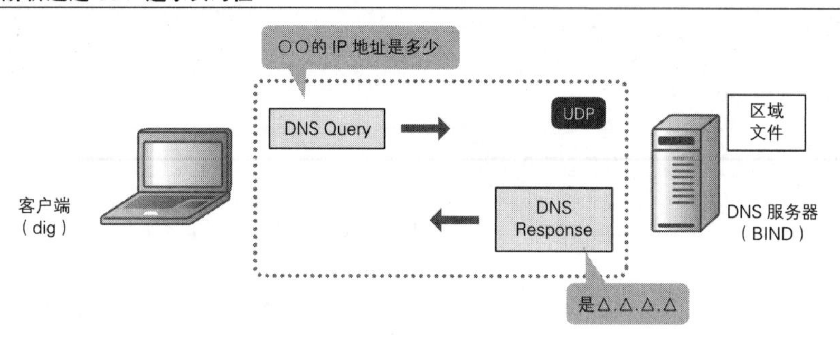

1 客户端通过 UDP 的 DNS 包向 DNS 服务器查询域名。

图 3.2.70　通过 UDP 请求解析名称

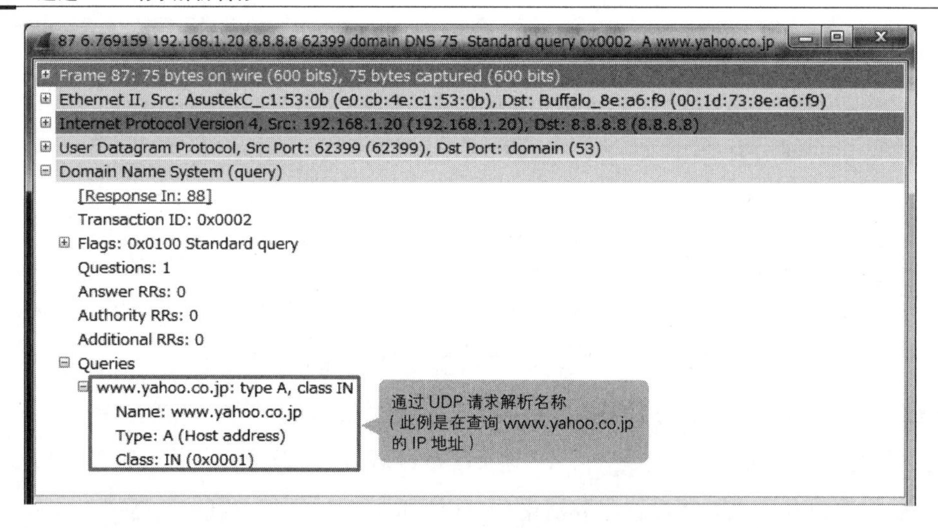

2 DNS 服务器中有区域文件，IP 地址和域名信息就以区域文件的形式保存在其中。收到查询请求后，DNS 服务器从该文件中找到相应的 IP 地址并将其返回给客户端。

---

① 回复的数据较长或 UDP 无法正确解析名称等情况下，人们也会选择 TCP 进行名称解析。由于本书介绍的都是入门知识，所以在这里假设所有的名称解析都使用 UDP。

图 3.2.71　通过 UDP 返回 IP 地址

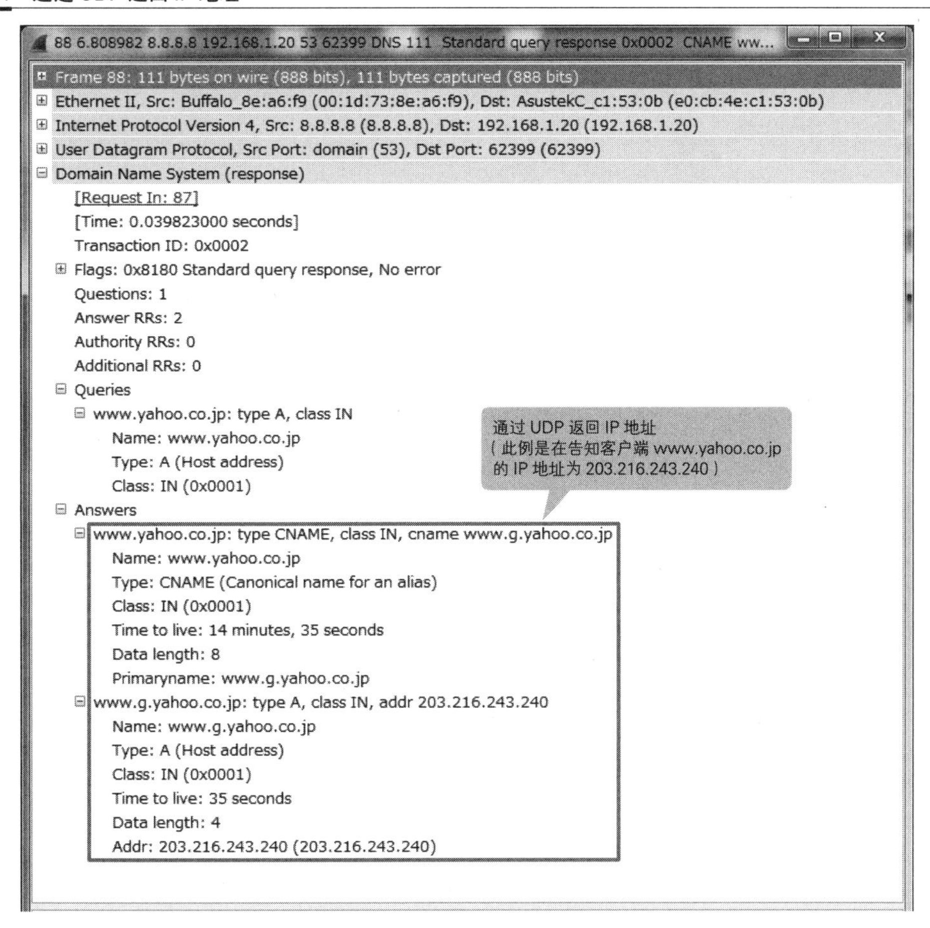

3 客户端通过 HTTP 访问该 IP 地址或者发送邮件。

3.2.4.2　用 TCP 进行区域传输

DNS 是很多应用程序的“幕后英雄”，是非常重要的应用协议，在这里发生问题就无法进入后续的应用通信阶段，所以人们一般会对 DNS 服务器进行冗余配置以保证稳定地提供名称解析服务。区域传输就是用于 DNS 服务器冗余配置的一项功能。DNS 服务器以区域文件的形式保存着 IP 地址和域名信息，区域传输就是用来同步此文件的功能。通过区域传输功能在主服务器和从属服务器之间同步区域文件，以此来保证冗余效果。主服务器如果宕机，就通过从属服务器的区域文件给出回复。区域传输并不需要实时进行，对它来说可靠性才是最重要的，因此人们一般选择使用 TCP 来实现这个功能，具体步骤如下图所示。请注意，这里画的只是 DNS 服务器的事实标准——BIND 软件的工作机制。

图 3.2.72 用 TCP 进行区域传输

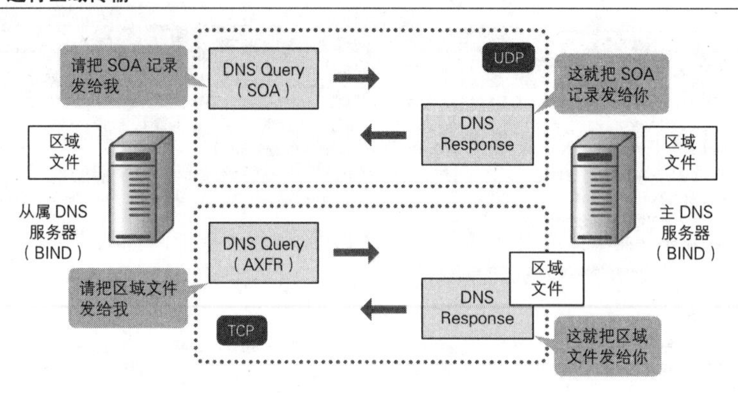

1 当区域文件的有效期已过或是收到 notify 消息时，从属 DNS 服务器会通过 UDP/53 请求主 DNS 服务器发送 SOA 记录。SOA 记录中包含 DNS 服务器的管理信息。

图 3.2.73 先是通过 UDP 请求发送 SOA 记录

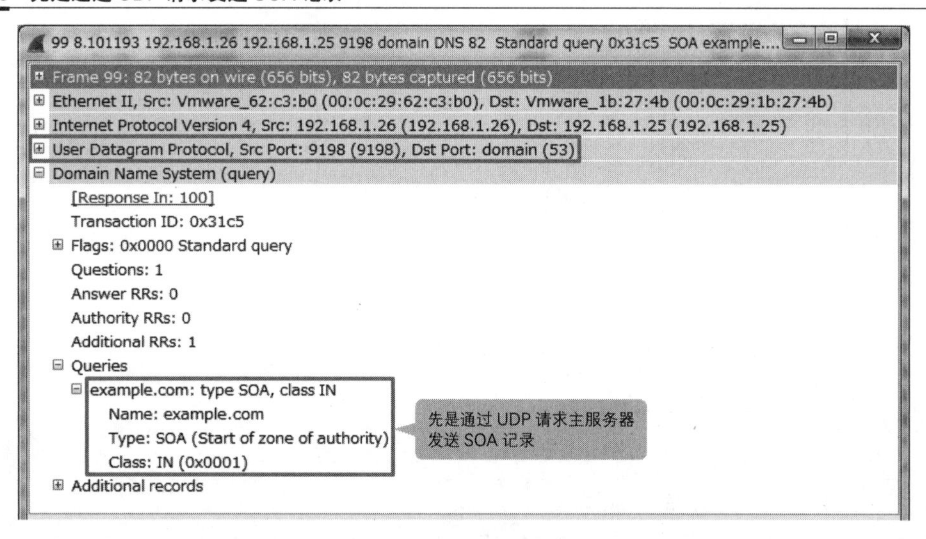

2 主 DNS 服务器通过 UDP/53 将区域文件中的 SOA 记录返回给从属 DNS 服务器。

图 3.2.74 通过 UDP 返回 SOA 记录

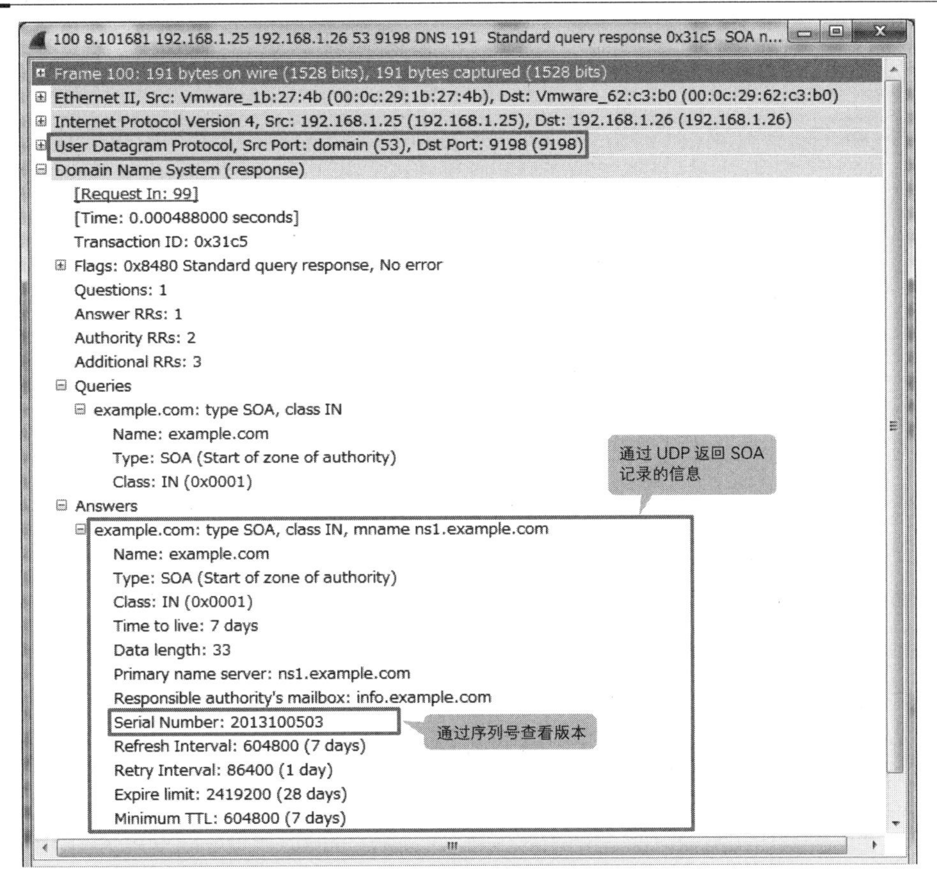

3. 从属 DNS 服务器收到 SOA 记录之后会查看其中的序列号。序列号代表区域文件的版本编号，从属 DNS 服务器如果发现有新的区域文件（有高于自身版本的区域文件）存在，就会通过 TCP/53 请求主 DNS 服务器进行区域传输。

4. 主 DNS 服务器通过 TCP/53 返回区域信息，区域传输到此结束。

图 3.2.75 请求主 DNS 服务器进行区域传输

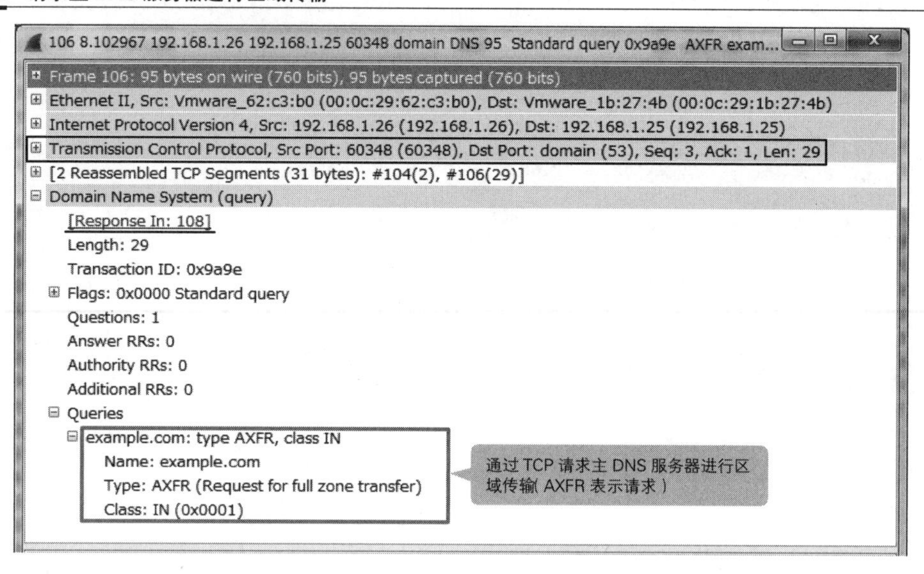

图 3.2.76 通过 TCP 返回区域信息

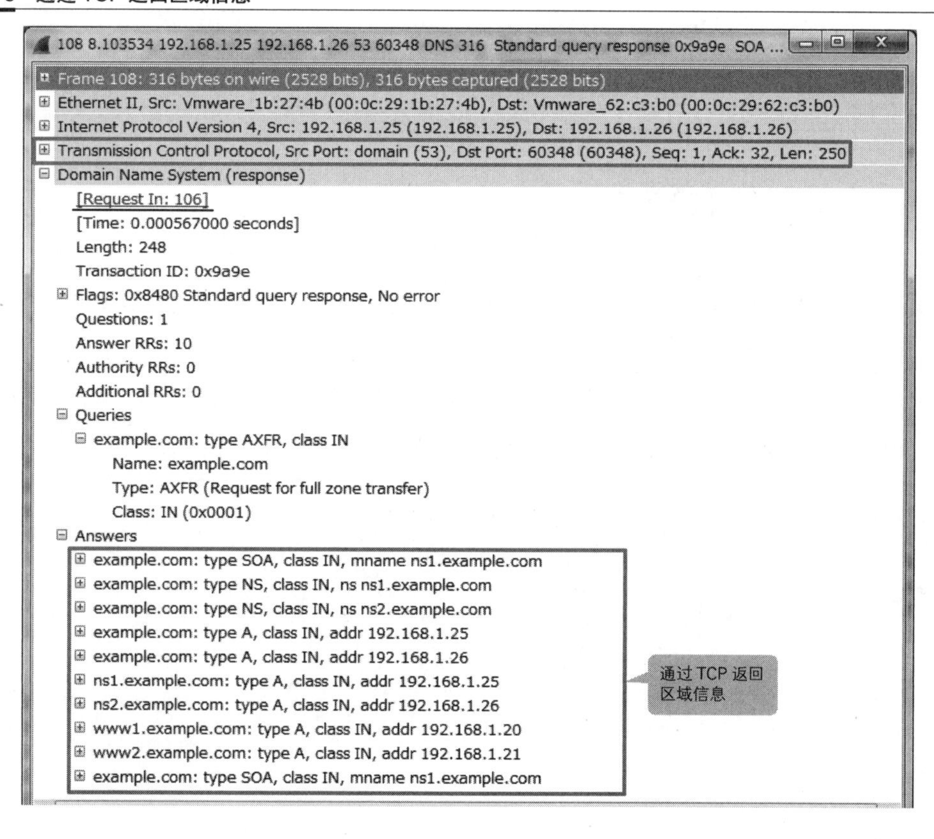

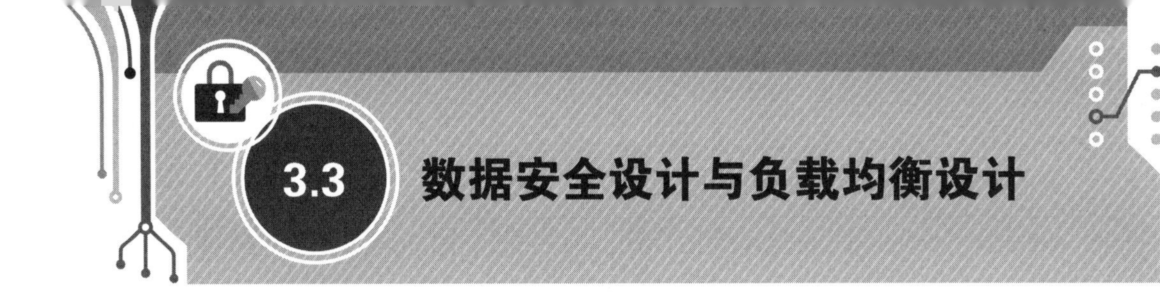

3.3 数据安全设计与负载均衡设计

到此为止，我们已经学习了从传输层到应用层的各种技术和设计规格（协议）。接下来，本书将从实用性的角度讲解如何在服务器端使用这些技术，以及我们在设计和架构网站时必须注意的一些事项。

3.3.1 数据安全设计

首先我们来看数据安全设计。在这里，我们要考虑的是如何配置安全区域以及如何确保数据安全。用户和系统管理人员追求的数据安全是在不断变化的，因此我们应该制定出一套容易理解、简明扼要的安全策略，使之无论何时、无论遇到怎样的要求都能够应付自如。

3.3.1.1 整理出真正的通信需求

数据安全设计中最关键的一点是厘清通信需求。这里所说的通信需求是指要从哪里（源）向哪里（目的）进行怎样的通信（协议）。我们应整理出这项需求的具体内容，并将它们落实到防火墙的安全策略中去。不同的网站有着不同的通信需求，如果通信需求的数量偏少，不妨参考表 3.3.1 中的形式进行统一管理，方便日后查询。

定义安全区域

安全区域指处于同一数据安全水平的 VLAN 群。实际上这个区域要用到一些彼此之间稍有差异的安全策略，所以并不是完全统一的，但将它们粗略地划分一下会让人更容易理解。我们应根据前面厘清的通信需求进一步整理出几个不同的数据安全水平，然后将它们分别定义成不同的区域。设计时将各区域明确定义好，将来就不必做大量的设置修改，管理起来会轻松很多。人们一般将数据安全水平分成 3 个区域来管理，分别是 Untrust 区域、DMZ 和 Trust 区域，下面就针对这 3 个区域逐一进行讲解。

Untrust 区域

Untrust 区域位于防火墙外侧，是非信任区。3 个区域中数它的数据安全水平最低，不适合配置各种服务器，事实上也绝不能将服务器配置到这里。如果网站需要设置一台在互联网上公

表 3.3.1 将通信需求整理成表格，方便日后查询

细分项目		目的：互联网	目的：公开服务器 • 公开 Web 服务器 • 外部 DNS 服务器 • 外部邮件服务器 • 外部代理服务器 • NTP 服务器	目的：公司内部服务器 VLAN • 公司内部 Web 服务器 • AD 服务器 • 内部代理服务器 • 内部邮件服务器	目的：公司内部用户 VLAN ①	目的：公司内部用户 VLAN ②
源	互联网	–	HTTP（TCP/80） HTTPS（TCP/443） DNS（UDP/53） SMTP（TCP/25）	×	×	×
源	公开服务器 VLAN	HTTP（TCP/80） HTTPS（TCP/443） DNS（UDP/53） SMTP（TCP/25） NTP（UDP/123）	–	SMTP（TCP/25）	×	×
源	公司内部服务器 VLAN	×	Proxy（TCP/8080） DNS（UDP/53） SMTP（TCP/25） NTP（UDP/123）	–	×	×
源	公司内部用户 VLAN ①	×	×	Proxy（TCP/8080） SMTP（UDP/25） POP（TCP/110） AD 相关（TCP/UDP）	–	ANY
源	公司内部用户 VLAN ②	×	×	Proxy（TCP/8080） SMTP（UDP/25） POP（TCP/110） AD 相关（TCP/UDP）	ANY	–

※ 考虑到排版问题，表中内容略有简化。

开的服务器，那么我们可以认为 Untrust 区域和互联网就是一回事。防火墙是为了防止系统受到来自 Untrust 区域的网络攻击而存在的。

DMZ

DMZ 相当于 Untrust 区域和 Trust 区域之间的一个缓冲层。它的数据安全水平比 Untrust 区域的高，比 Trust 区域的低，恰好位于中间。人们在 DMZ 配置与 Untrust 区域直接进行交互的公开服务器，如公开 Web 服务器、外部 DNS 服务器、代理服务器等。由于不特定的大量用户会访问这些服务器，所以从数据安全的角度来说，公开服务器是非常危险的，有可能受到形形色色的恶意攻击甚至遭到劫持。“不怕一万，就怕万一”，为了将不良影响降到最低程度，我们要控制它和 Trust 区域之间的通信。

Trust 区域

Trust 区域位于防火墙内侧，是信任区。3 个区域中数它的数据安全水平最高，我们应不惜一切代价去保护它。非公开服务器和公司内部用户都配置在这个区域里。

图 3.3.1 定义安全区域

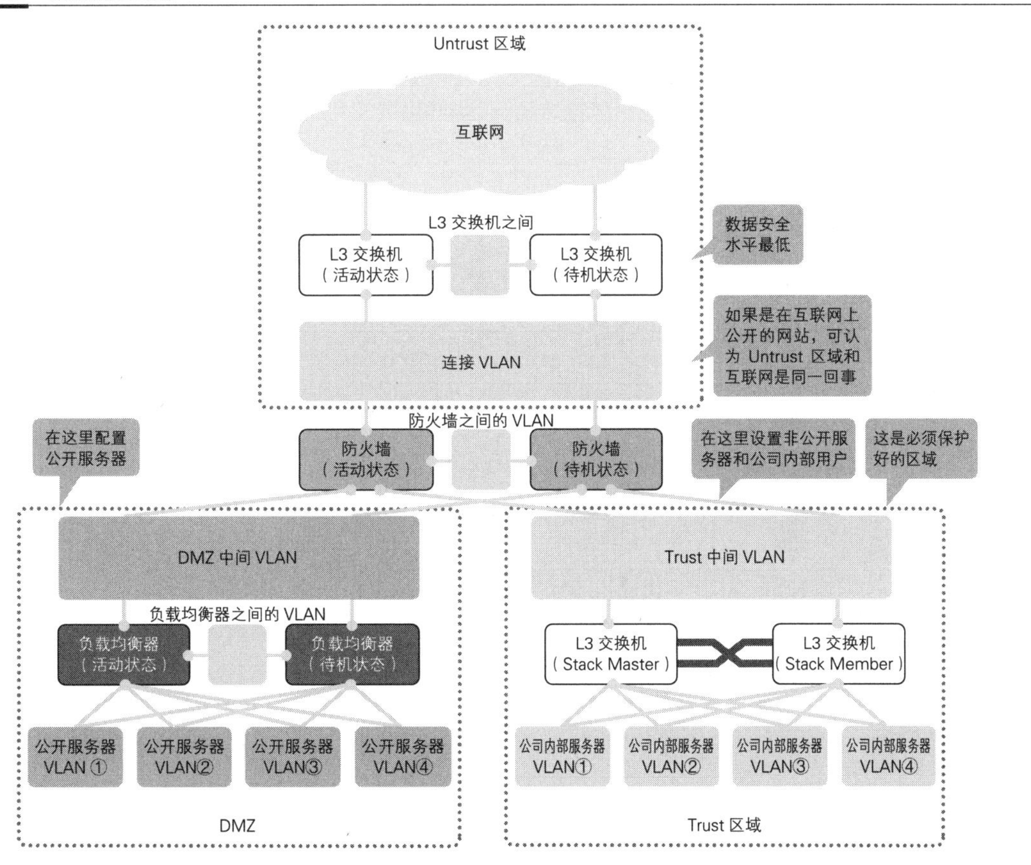

将通信要素分组管理

理清通信需求之后，我们应该提取出其中的要素（IP 地址、网络、协议等），并对这些要素进行分组管理。乍一看这项工作没有任何意义，但实际上它对今后的运行管理起着非常重要的作用。

提取要素并进行分组管理，这听起来也许有些复杂。为了帮助大家理解这一步骤，下面举一个网络设计中十分常见的例子来说明。假设 Trust 区域中有 5 个公司内部用户 VLAN，而我们需要允许它们通往互联网（Untrust 区域）的所有通信。这时候，一般人都会想到这个办法：先将这 5 个公司内部用户 VLAN 定义成网络对象，然后制定 5 个访问控制的策略。但是这个办法有一个缺点，那就是每增加一个用户 VLAN，就要相应地增加一个访问控制策略，这会导致运行管理效率低下。我们不妨换一个思路，将 5 个公司内部用户 VLAN 定义成一个组，然后允许该用户 VLAN 组通往互联网的所有通信。这样，即使用户 VLAN 不断增加，我们也只需在该组中添加新的网络对象即可，不必一个个地去制定访问控制策略。访问控制策略越少就越容易管理，因此，我们应该充分利用分组这个办法来实现高效的运行管理。

图 3.3.2 通过分组管理简化规则

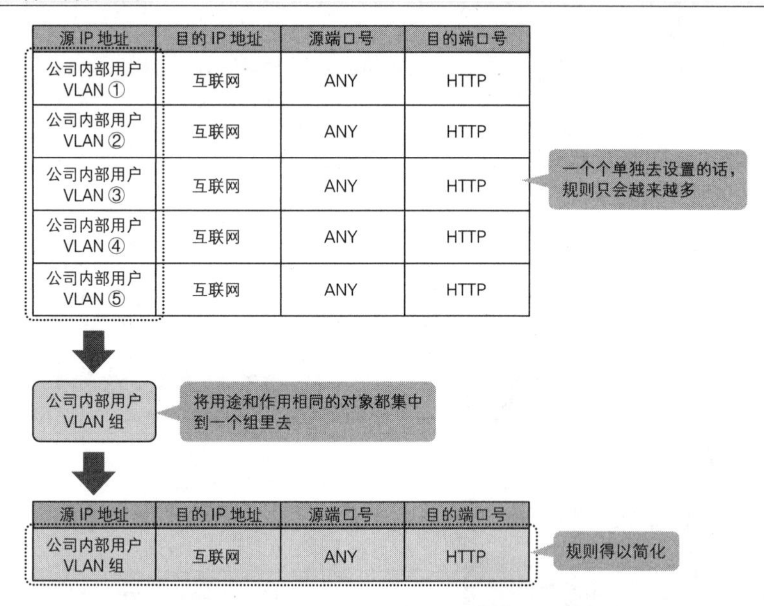

分组管理中有两个容易被忽视的重要环节，那就是设置时要用到的对象名称和组名。我们应预先设计好简单易懂的命名规则，这对今后的管理大有裨益，也能帮助未来接替管理工作的人员迅速掌握情况。

选择合适的防火墙策略

理清通信需求并分好组之后，我们就要确定合适的访问控制策略了，具体说来就是要决定允许哪些通信、拒绝哪些通信以及允许的话要允许多少、拒绝的话要拒绝多少。如果只允许最低限度的必需通信当然会很安全，但这种情况的管理会非常麻烦。数据安全水平和运行管理的作业时间基本上是成正比的，前者越高，后者就越长。因此我们需要综合考虑多方因素，选择整体上比较均衡的策略。

一般说来，如果通信的方向是从数据安全水平较低的区域到较高的区域（例如从 Untrust 区域到 DMZ 或从 DMZ 到 Trust 区域），我们只能允许最低限度的必需通信通过；如果是相反方向的通信，则可以适当地放宽限制。

图 3.3.3 如果通信的方向是从数据安全水平较低的区域到较高的区域，只能允许最低限度的必需通信通过

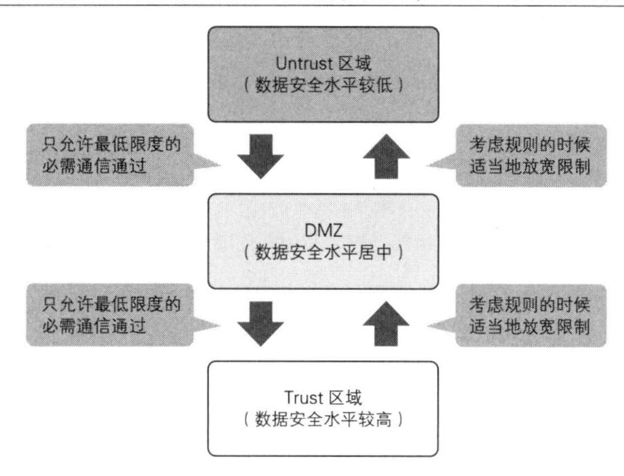

考虑使用何种阻断操作

前面 3.1.2.2 节中我们学习了防火墙的阻断方式有拒绝和丢弃两种。服务器端大多选择丢弃方式。

假设服务器端受到了某种形式的 DoS 攻击，我们来看看选择丢弃方式的好处。如果防火墙的阻断方式是拒绝，在受到攻击后就会返回 RST 或 Unreachable，这就相当于告诉恶意破坏者这里的确有攻击目标，反而会助长他们的攻击行为。此外，返回 RST 或 Unreachable 本身也会产生处理负荷，从而影响与服务相关的通信量。而将防火墙的阻断方式设置为丢弃时，由于不会返回消息，恶意破坏者甚至不知道攻击目标是否真正存在，而且也不会产生通信负荷。

当然具体如何设计还要看客户的要求，并不是说必须设置成丢弃。但是我们可以按照原则上丢弃，必要时拒绝的思路去设计。

图 3.3.4 拒绝和丢弃两者中原则上选择丢弃

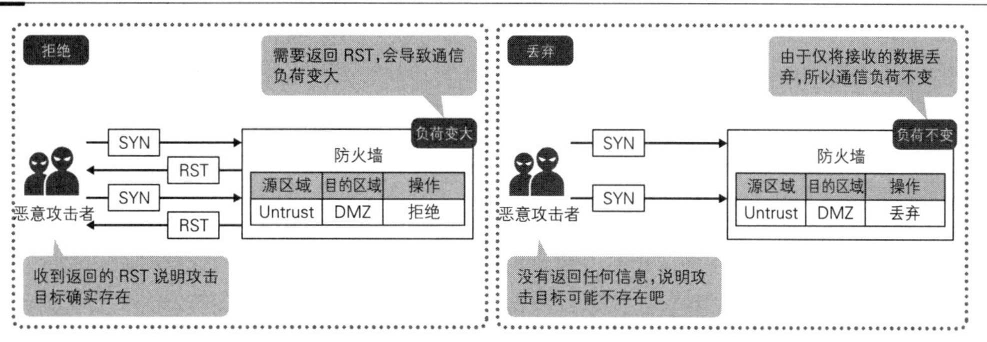

收集的防火墙日志应控制在最小范围内

防火墙日志是指允许或阻断通信时发送的日志文件。通过确认防火墙日志，我们可以了解到防火墙接收了怎样的通信，也可以识别出哪些 IP 地址对防火墙发起过攻击。然而，收集防火墙日志时需要特别注意一点，那就是既不能收集得过多，也不能收集得过少，要控制在刚刚好的程度。我曾经遇到过一个客户，气势汹汹地要求收集允许和拒绝通信时所有的防火墙日志。结果发送日志的处理产生了大量的通信负荷，对服务本身的通信量造成了很大的影响。一般这种客户还会反过来质问："为什么事先不说这样收集会产生大量的通信负荷呢！"（当然事先肯定是说明过的。）在实际的运行管理中，最大限度地收集日志文件，导致日志数量过多根本看不过来的情况也屡见不鲜。因此，我们一定要注意将收集的日志控制在最小范围内。在服务器端，我们一般只要收集入站通信拒绝策略的日志即可，当然最终还要根据客户的需求进行设计。我们要与客户确认好日志需求，如果客户需要，也要收集允许通信时的日志。

图 3.3.5 收集日志时需要注意处理负荷和收集范围

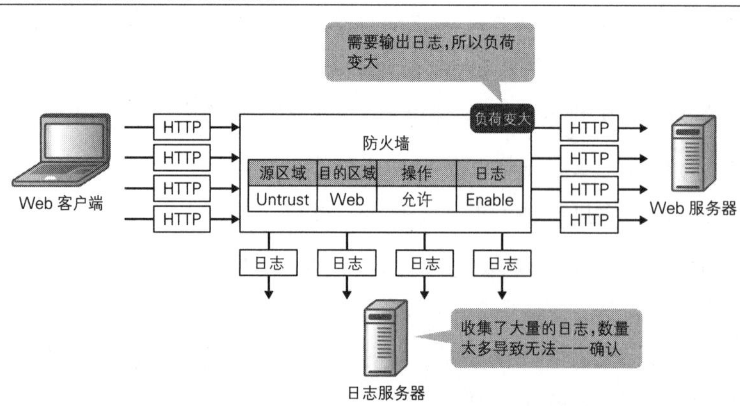

关于防火墙日志，还有一个重要的设计要素，那就是日志的格式。有些设备可以设置日志中包含的信息。设置的项目越多，能够获取的信息也越多，与此同时设备的处理负荷也就越大。我们应该清醒地认识到网络中最重要的是与服务相关的通信量，而不是日志，为获取日志而牺牲服务就得不偿失了。因此，我们要将获取的要素控制在最小范围内，尽可能降低设备的负荷。

定义超时时限

超时时限直接关系到设备的资源消耗。如果时限太长，连接表中会持续残留不再使用的连接条目，最终积少成多，占用宝贵的设备资源。如果时限太短，连接条目会在应答返回之前被删除，造成无法完成通信的后果。举一个例子，DNS 一般会在 1 s 以内给出应答，如果将 DNS

空闲时的超时时限设置为 10 min，那么之后的 9 min 59 s 内不再使用的连接条目将持续存在，这是对内存资源的极大浪费。反过来，如果将时限设置为 1 s，不预留任何富余时间，就有可能收不到返回的应答。总而言之，超时时限一定要合适，既不能过长，也不能过短，还要保留一点富余。

图 3.3.6 超时时限不能过长或过短

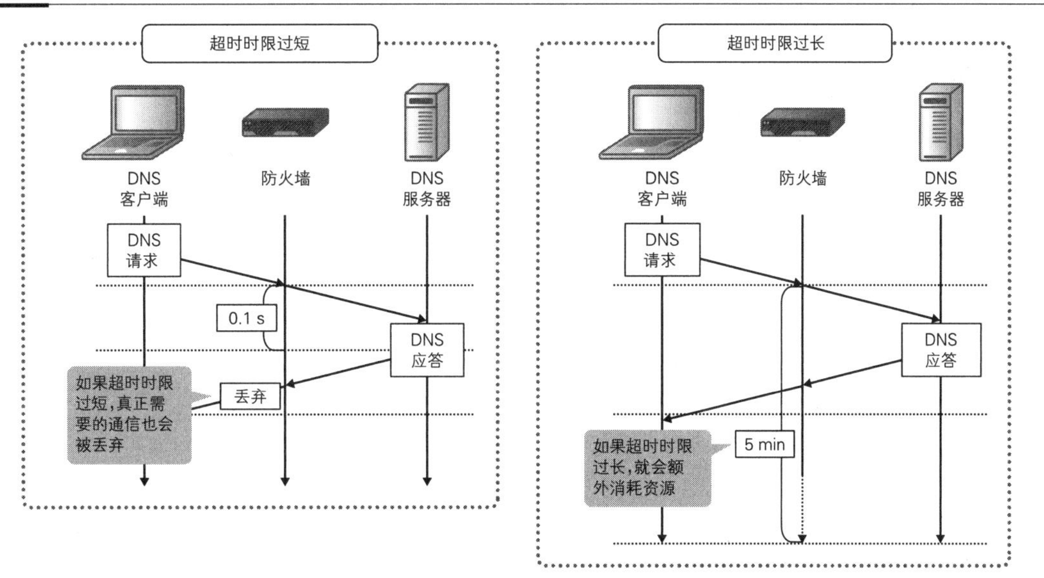

我们可以设置每个协议或每个端口号的超时时限，具体设置方式因设备生产商而异。因此，开始设计之前，我们要提前确认设备支持的设置方式，再来推算所需的时限。有些设备不仅可以设置空闲时的超时时限，还可以设置 TCP 关闭处理中的 FIN_WAIT1、FIN_WAIT2 和 TIME_WAIT。时限设置需要详细到何种程度取决于客户的需求，我们的设计一定要符合要求。

3.3.1.2 通过多级防御提高安全系数

最近的防火墙新增了不少功能，如果光是翻看使用手册，简直会让人以为防火墙是无所不能的。不过，防火墙的监控对象毕竟仅限于那些要经过防火墙的通信，人们也不可能将所有的功能都集中在防火墙身上，所以我们应该做的是将防火墙和专用的设备、专用软件搭配使用以形成多级防御，保护系统不受侵害。多级防御是数据安全的根本原则，在这方面我们绝不能马虎行事、掉以轻心。

仔细斟酌需要使用哪些功能

前面已经提到过，最近出现了 UTM 形式的新型防火墙以及新一代防火墙，它们兼具多种功能。然而这两种防火墙是一把双刃剑，功能太多以至于性能极其低下。在某些场合，和只做通信控制时的吞吐量相比，这两种防火墙在所有功能都被激活时的吞吐量仅为前者的十分之一。无论是什么设备都有自己的强项和弱项，我们不能将所有的功能都交给 UTM 防火墙或新一代防火墙去实现，而应该找出最适合它去执行的功能，不足之处则让专用的设备和专用软件去弥补，将它们混搭使用以达到博采众家之长的目的。

另外，在选择功能的时候还应该考虑该功能以往的实际使用情况如何。如果不加调查就启用新增的功能，很可能会遇到重大缺陷，最终导致宕机。对于系统来说稳定性是最重要的，所以我们必须谨慎启用新功能，务必在弄清它们的实际使用情况是否值得信任之后再决定，以免沦为无畏的牺牲品。

图 3.3.7　将不同的功能混搭使用

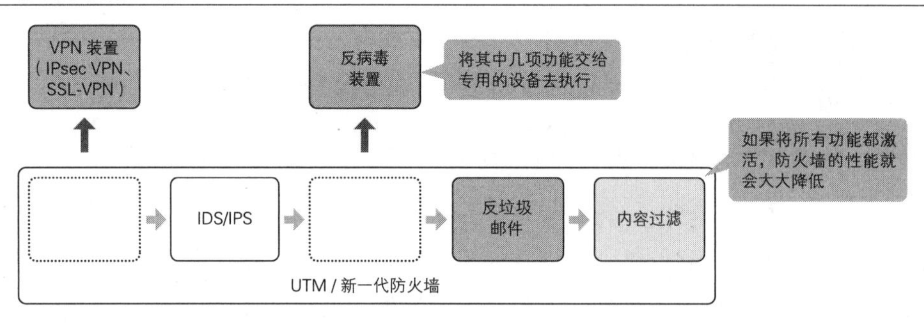

3.3.1.3　默认启动的服务应控制在最小范围内

网络设备的默认设置会启动很多服务，这可能会导致设备容易受到恶意攻击。例如，在思科公司的交换机和路由器中，管理方面的一些服务是默认开启的，包括 HTTP 服务和 Telnet 服务等，因此 HTTP 访问和 Telnet 访问都不会受到阻碍，然而这也导致了这些设备易受攻击的一面。为了规避这类风险，我们应将启动的服务控制在所需的最小范围内，保护设备不受恶意攻击。当然，从管理的角度上看，有些服务是不可关闭的，遇到那样的情况，我们应该对能够访问的网络进行限制，将可能产生的不良影响控制在最小范围之内。

图 3.3.8 默认启动的服务应控制在最小范围内

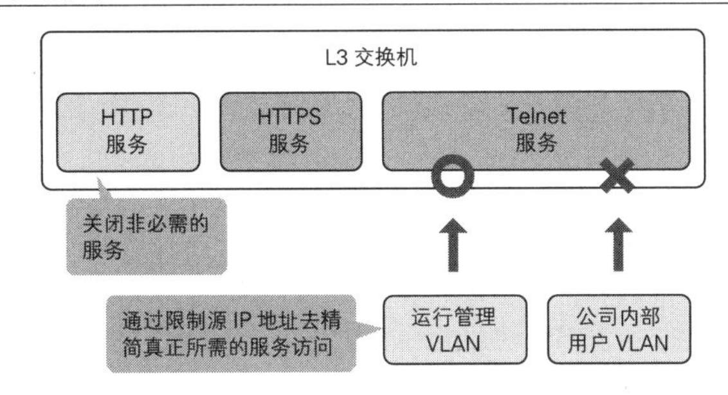

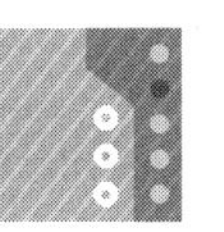

3.3.2 负载均衡设计

下面我们来看负载均衡设计。在这里，我们要考虑的是如何均衡分配应用程序的信息流量负荷，以及在哪个层面上进行分配。最近人们开发出来的绝大多数应用程序都能够在网络上流通使用，这使得网络信息流量持续猛增。与此同时，通信本身也在变得更为多元化。如何合理地分配日益增多的信息流量、使负荷能够均衡分配，对系统来说是一个非常重要的问题。

3.3.2.1 要高效地均衡负载

负载均衡设计中最关键的一点是理清应用程序层面的通信需求。对于在数据安全设计中整理出来的“从哪里向哪里进行怎样的通信”的具体内容，我们应在负载均衡设计中将它们落实到应用程序的层面上去。

整理出真正需要均衡负载的通信

并不是所有的通信都需要进行负载均衡。首先，我们应该从前面整理好的通信中挑选出真正需要进行负载均衡的对象。如果是在互联网上公开的网站，那么一般要对配置在 DMZ 的公开服务器进行负载均衡，通过负载均衡器对互联网上由大量的不特定用户带来的信息流量进行均衡分配。

整理出应用程序层面的通信类型

最近的负载均衡器多为应用交付控制器的形式，应用程序层面的控制比以往更加灵活，应用程序开发人员的要求也变得更加多元化了。下面我们来逐一看下具体的要求。

这里最关键的一点在于是否需要会话保持。负载均衡器的工作原理是将连接分散到多个服务器上，以此来均衡负荷，但是这种分散处理很可能会引起应用程序前后无法呼应的不良后果。所以，我们一定要仔细斟酌是否真的需要会话保持。如果回答是肯定的，那么接下来就要确定使用哪种会话保持以及采用什么时效值。

会话保持的种类

常用的会话保持有两种，分别是源 IP 地址会话保持和 Cookie 会话保持（Insert 模式），这在 3.1.3.2 节中已经介绍过了。源 IP 地址会话保持属于网络层的处理，无须考虑应用程序。Cookie 会话保持则需要执行一个应用程序层面的处理，即 HTTP 报头插入处理，如果选择它来实施会话保持，我们还需要做一些测试以确保该处理对应用程序没有影响。

超时时限

会话超时时限要比应用程序超时时限稍长才行。太短的话，应用程序在超时之前就被分配到别的服务器上去了，这会导致应用程序前后无法呼应；太长的话，保持记录不仅毫无意义，还会导致后续连接持续分配到同一台服务器上。所以在时效值这方面，我们也必须仔细确认超时的话设备会有怎样的反应。如果只做几个简单的测试就收场，看到负载均衡和会话保持成功就以为万事大吉，那么到后面很有可能就会吃大苦头。

图 3.3.9 根据应用程序超时时限设置会话超时

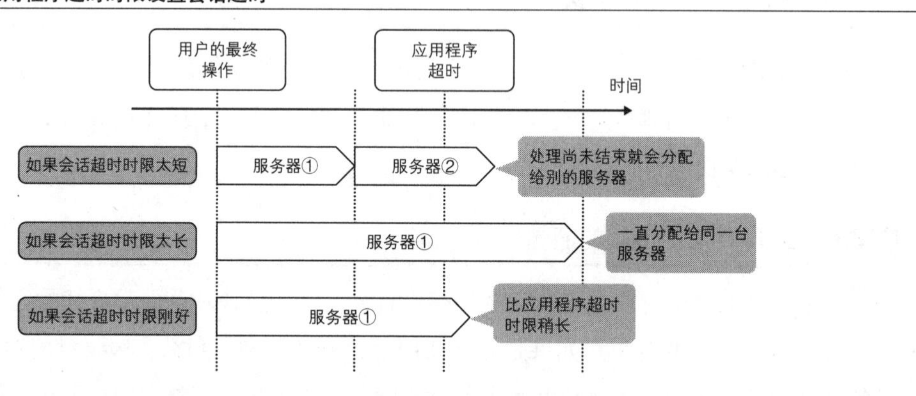

确定将健康检查做到哪个层次

最近的服务器负载均衡环境中有两种不同层次的健康检查，能够帮助我们将不同类别的故障轻松地划分开。例如，HTTP 服务器的健康检查是这样的：通过 L3 检查来检查 IP 地址是否正常，通过 L4 检查或 L7 检查来检查服务或应用程序是否正常。

图 3.3.10　执行两种不同层次的健康检查

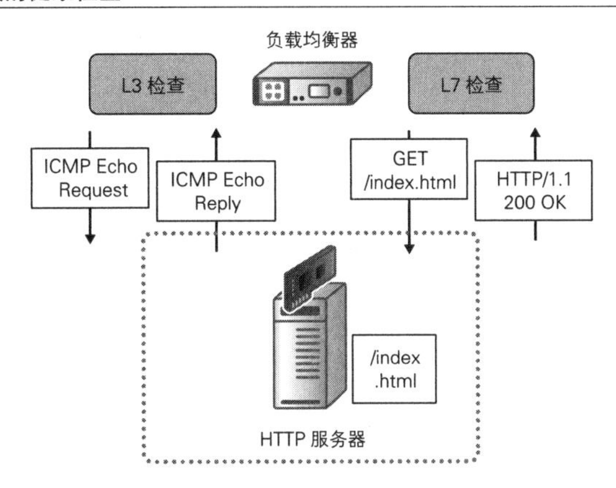

这里需要注意的是，务必对健康检查和服务器负荷进行全面、综合的考量，把握它们之间的平衡。下面我们从间隔和层次这两个角度来具体看一下。

健康检查的间隔

健康检查的间隔越短，检测出故障的速度就越快。但是频率越高，服务器承载的负荷也就越大。我们设计的时候必须要考虑到这一点，让健康检查的间隔不会影响到服务。

图 3.3.11　健康检查的间隔不能太短

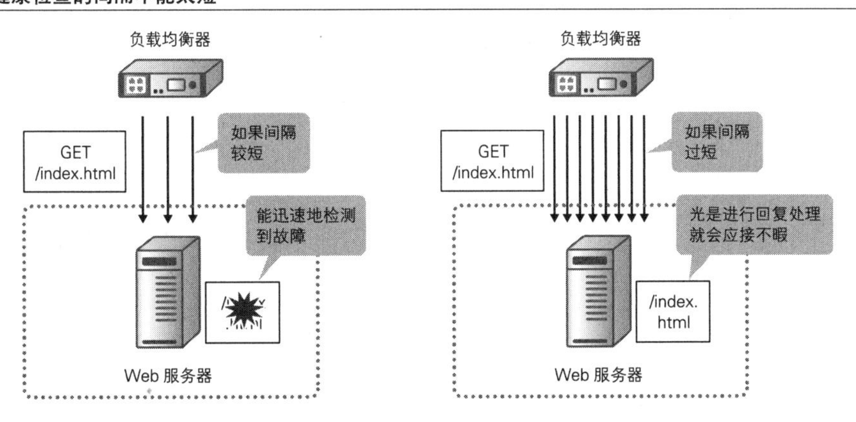

健康检查的层次

L3 检查只是一种 ICMP 的交互，我们不必将它视为服务器的负荷去考虑。问题在于另一个健康检查——L7 检查。执行 L7 检查能够检测到应用程序层面的故障，但是与此同时，该检查也会增加服务器的负荷。对 HTTPS 的健康检查就是一个很好的例子。HTTPS 需要不断重复执行负荷较大的 SSL 握手处理，很容易成为服务器的一道沉重负荷，如果再加上 L7 检查的负荷，服务器多半会不堪其苦。遇到这种情况，我们可将健康检查的层次降到 L4，尽量减少其对服务的影响。

图 3.3.12 选择不会给服务器带来沉重负荷的健康检查

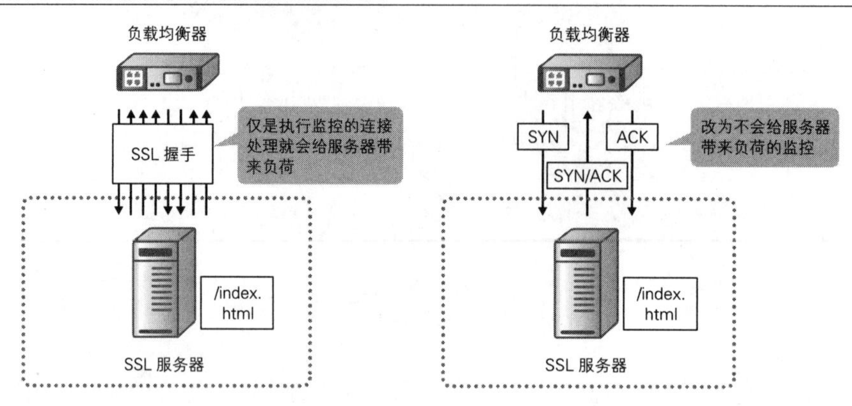

由服务器规格和通信类型决定负载均衡方式

负载均衡方式也是非常重要的设计要素之一。负载均衡方式有很多种，各有各的优点和缺点，而且到底哪一种最合适会受到真实服务器环境的影响，所以我们应在综合考虑之后再做选择。不同设备能够使用的负载均衡方式也不同，比较常用的有 3 种，分别是轮询、加权和比例以及最少连接数。下表中列出了它们各自的优缺点，以供各位读者参考。

表 3.3.2 要在理解各方式优缺点的基础上选择负载均衡方式

方　式	优　点	缺　点
轮询 （按照顺序分配）	• 分配过程容易理解 • 如果每个请求的处理时间都一样，就能发挥巨大的作用	• 分配时并不考虑每台负载均衡服务器的规格如何（规格低的服务器可能会不堪重负。因此必须与权重和比例方式同时使用） • 对于需要会话保持的应用程序无法均等地分配负荷 • 如果每个请求的处理时间参差不齐，就无法均等地分配负荷
加权和比例 （根据权重分配）	可根据负载均衡服务器的规格进行分配	如果每个请求的处理时间参差不齐，就无法均等地分配负荷
最少连接数 （根据连接数分配）	• 可根据负载均衡服务器的规格进行分配 • 对于需要会话保持的应用程序也能均等地分配负荷 • 即使每个请求的处理时间参差不齐也能均等地分配负荷	如果没有完全理解应用程序的运行过程，就很难明白负载均衡的分配过程

3.3.2.2 启用哪些可选功能

负载均衡器还有不少可选功能，包括 SSL 卸载功能、应用交换功能和连接汇集功能等。在我们的设计中，启用哪些可选功能也是一项非常重要的。

准备证书

SSL 卸载功能应该是可选功能中最常用的一种功能。启用该功能时，负载均衡器本身即拥有私钥和数字证书（公钥）。

对于新建的网站，我们应通过负载均衡器生成 CSR，并将其发送给 CA 机构，然后将已被赋予数字签名的数字证书安装到服务器中去。生成 CSR 时要注意密钥的长度，以往密钥长度大多为 1024 位，但出于安全方面的考虑，现在正逐渐向 2048 位转变。不同的 CA 机构会要求不同的密钥长度，所以我们预先要向 CA 机构确认清楚。此外，使用 2048 位时负载均衡器能够处理的 TPS（每秒能够处理的 SSL 握手次数）会下降到原来的五分之一左右，因此务必确认好设备的规格。

如果环境中已有 SSL 服务器存在，那我们就得将安装到 SSL 服务器中的私钥和数字证书全部转移到负载均衡器中去。

图 3.3.13　负载均衡器拥有密钥对

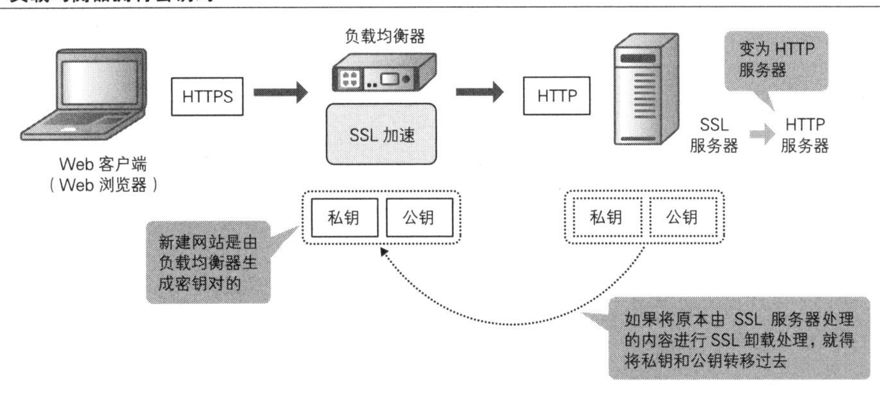

启用 SSL 卸载功能时，服务器端采用哪种加密套件也是很重要的设计要素。使用的加密套件越复杂，生成的清单安全系数越高。但与此同时，设备的负荷也会越大，甚至有些老旧的 Web 浏览器根本不支持过于复杂的加密套件。所以，协调加密套件复杂度与其他要素之间的平衡关系就变得十分重要。当然，我们需要提供数据安全保护，但是一味追求安全级别，不管不顾地设置复杂的加密套件，回过头来发现无法联网，那就毫无意义。因此，我们要根据 Web 浏览器的支持情况以及设备的规格等选择和配置加密套件，生成兼顾各方特点的清单。

应用交换功能因应用程序而存在

应用交换将设计的范围延伸到了应用程序领域。因此，它的设计不可避免地要与应用程序工程师反复磋商。我们要在听取应用程序工程师对负载均衡处理的期望后，确认其提出的需求能否实现。如果答案是肯定的，接下来我们就要进一步细化相关需求，整理出满足这些需求的前提条件。通过应用交换可以实现各种各样的功能，正因如此，与之相关的需求大多零零散散地分布在网络中的各处。如果不提前讲明条件，应用程序工程师可能时不时地增加新的要求，届时我们的工作内容就会越来越多，工作工时会像滚雪球般地增加。此外，如果启用应用交换功能，还需要执行更加细致的运行测试。为了避免入不敷出，我们一定要谨小慎微地对待它。

启用连接汇集功能之前必须谨慎测试

连接汇集功能能够大大减少服务器的 TCP 处理负荷，是一种非常不错的功能。但是它会执行一道比较复杂的应用程序处理，即将来自客户端的应用程序信息流量在负载均衡器内展开还原，然后交给服务器。因此，当服务器几乎同时收到来自多个用户的应用程序信息流量时，可能会在应用程序上做出一些反常的动作，例如删除报头、修改 IP 地址等。考虑到这个负面影响，我们在启用该功能之前必须非常谨慎地进行测试才行。

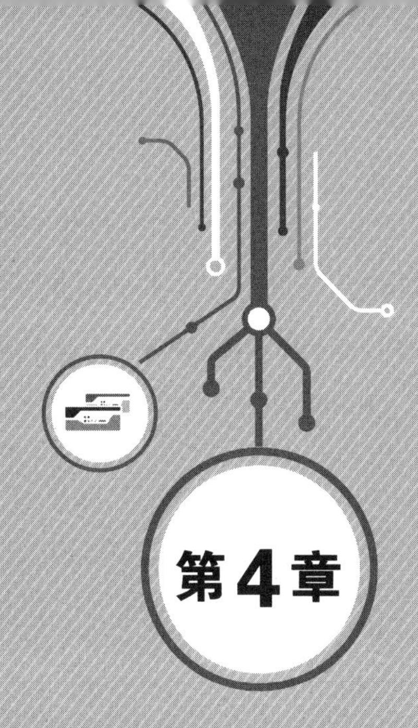

第4章

高可用架构设计

本章概要

本章将介绍对于提高服务器端可用性来说所必需的冗余技术和使用该技术时的要点，以及各种类型结构中的通信流。

可用性指的是系统少出和不出故障的程度，冗余配置指的是为了保证高可用性而对系统进行多重备份。目前，可以说所有的关键任务系统都处于网络之中。在这样的环境中，即使是一分、一秒的系统宕机都是足以“致命”的。从无到有地建立信任关系需要耗费大量的时间，失去它却只需一眨眼的工夫。所以，我们必须设计出合理并且充分的冗余结构以实现高可用性，这样才能避免失去客户的信任。

4.1 冗余技术

从物理层到应用层之中存在着多种多样的冗余技术。在服务器系统中，所有层的所有关键设备都需要无一遗漏地进行冗余配置，本书将从中选出与网络相关的冗余技术以及设计时必须注意的事项，逐一分层解说。

4.1.1 物理层的冗余技术

物理层的冗余技术是通过将多个物理要素集结成一个逻辑要素的形式来实现的。该技术听起来似乎很高深，但大家不用想得太复杂。这句话的意思就是，不管物理要素有多少，我们只需把它们当成一个整体去看待就好了。

这些要素中，本书将着重介绍链路、网卡和设备这 3 种物理要素，中间会穿插一些其他相关的内容。

4.1.1.1 将多条物理链路集结成一条逻辑链路

将多条物理链路集结成一条逻辑链路，这叫作链路聚合。用思科公司的术语来说叫作“以太通道”，用惠普公司和 F5 公司的术语来说叫作“端口汇聚”（trunk），实际上都是同一个意思。链路聚合是一种让链路的带宽扩展和链路本身的备份能够同时实现的技术。

图 4.1.1 将多条物理链路集结成一条逻辑链路

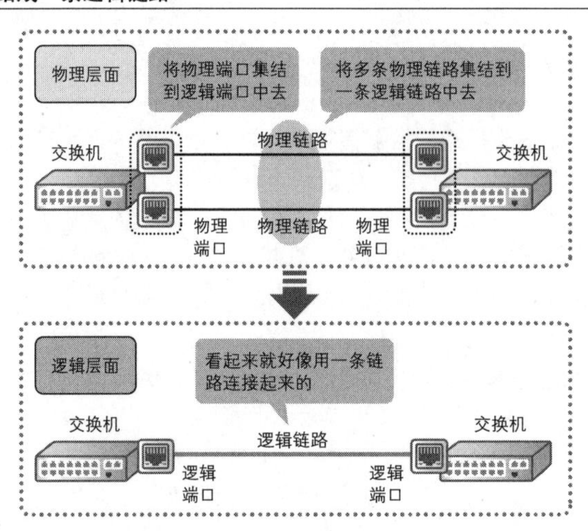

链路聚合将交换机的多个物理端口捆绑在一起形成一个逻辑端口，让这个端口和另一台交换机的逻辑端口连接，以此生成逻辑链路。正常情况下，聚合起来的多条物理链路就好像一条链路那样工作，能够确保所有物理链路所需的带宽。当链路发生故障时，故障链路会被断开，切换至冗余链路以应对故障。因故障引起的宕机时间从 ping 的层面上看只有短短的 1 s，因此，对应用程序层面几乎是没有任何影响的。

图 4.1.2 通过链路聚合同时实现带宽扩展和链路备份

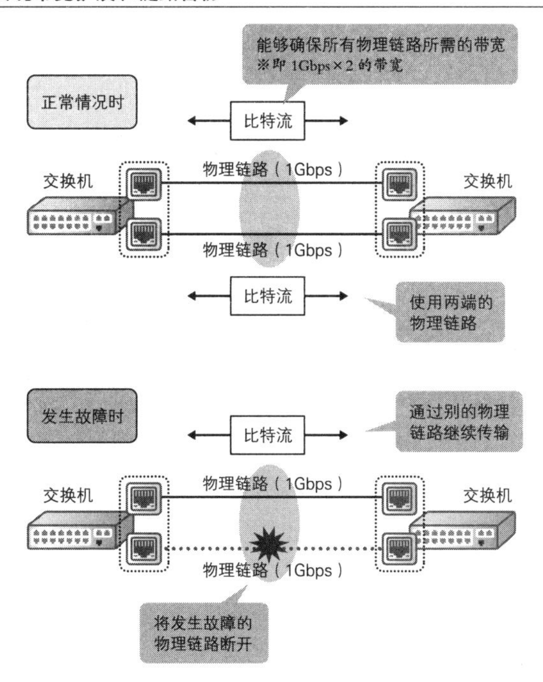

模式大致可分为 3 种

链路聚合大致可分为 3 种模式，分别是静态、PAgP（Port Aggregation Protocol，端口聚合协议）和 LACP（Link Aggregation Control Protocol，链路聚合控制协议）模式，它们彼此之间互不兼容，设计时我们只能选择其中一种使用。

静态

静态模式是将链路无条件地集结到链路聚合中，从而形成一条逻辑链路的模式。它不需要用到太多的协议，在 3 种模式中是最简单易懂的。如果选择静态模式，那么两端的设备必须都设置成静态模式才行。

图 4.1.3 选择静态时必须将两端的设备都设置成静态模式

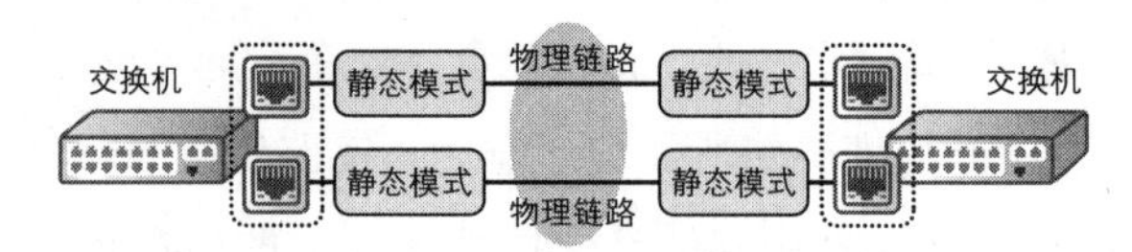

PAgP

PAgP 是一种用来自动生成链路聚合的协议。它是思科公司专有的协议，如果服务器环境全部采用思科公司的设备，那么最好选择它。PAgP 向对方发出征询的试探包之后，逻辑链路就会自动生成。

PAgP 有两种工作模式，一种是协商（desirable）模式，另一种则是自动（auto）模式。打个形象的比方来说，协商模式相当于肉食动物，自动模式则相当于草食动物。协商模式主动向对方发送 PAgP 包，积极地要求建立逻辑链路；自动模式则是被动地接收对方发来的 PAgP 包，然后才建立逻辑链路。

在进行普通的网络设计时，为了统一设置，人们往往会将两端设备都设置成协商模式。

图 4.1.4 选择 PAgP 时一般会设置成协商模式

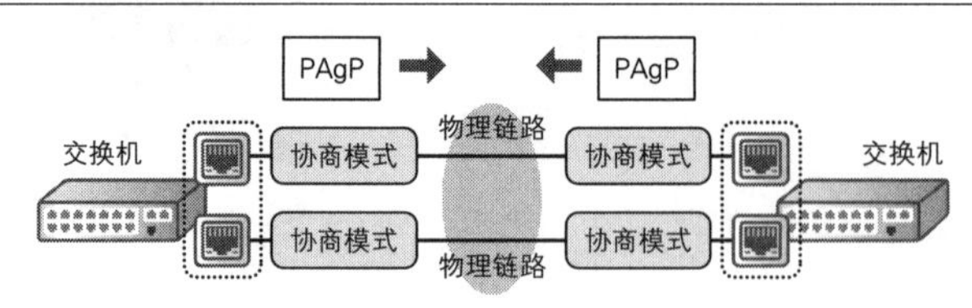

LACP

LACP 也是一种用来自动生成链路聚合的协议，不过它是基于 IEEE 802.1ad 进行标准化的，能够用在由多家供应商提供的不同品牌的设备组成的网络环境中。LACP 向对方发出征询的试探包之后，逻辑链路就会自动生成。

LACP 有两种工作模式，一种是主动（active）模式，另一种则是被动（passive）模式，它们分别相当于 PAgP 的协商模式和自动模式。主动模式主动向对方发送 LACP 包，积极地要求建立逻辑链路；被动模式则是被动地接收对方发来的 LACP 包，然后才建立逻辑链路。

在进行普通网络的设计时，为了统一设置，人们往往会将两端设备都设置成主动模式。

图 4.1.5 选择 LACP 时一般会设置成主动模式

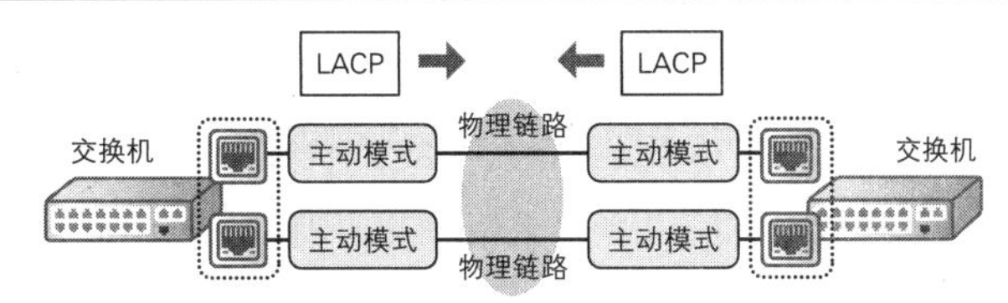

以我的经验来看，上述 3 种模式中用得最多的是 LACP 的主动模式。LACP 是 RFC 规定的标准协议，能够将不同生产商提供的不同品牌的设备正确地连接起来。当然，这只是我的经验之谈，并不是说在任何环境中都要设置成这种模式。我们在设计时，需要关注的是与对象设备的设置保持一致，而不是本机选择哪种模式。

负载均衡方式非常重要

说到链路聚合中的扩展带宽，其原理不过是将负荷分散到各条物理链路中去而已。这样，在实际传输帧的时候，每一条物理链路都会承担一部分负荷，于是从全局来看就实现了带宽扩展。这里的关键在于采用什么负载均衡方式，如果错误地选择了不合适的负载均衡算法，物理链路的负荷就会有所偏重，从而达不到均衡分配的效果。

图 4.1.6 通过负载均衡在全局上实现带宽扩展

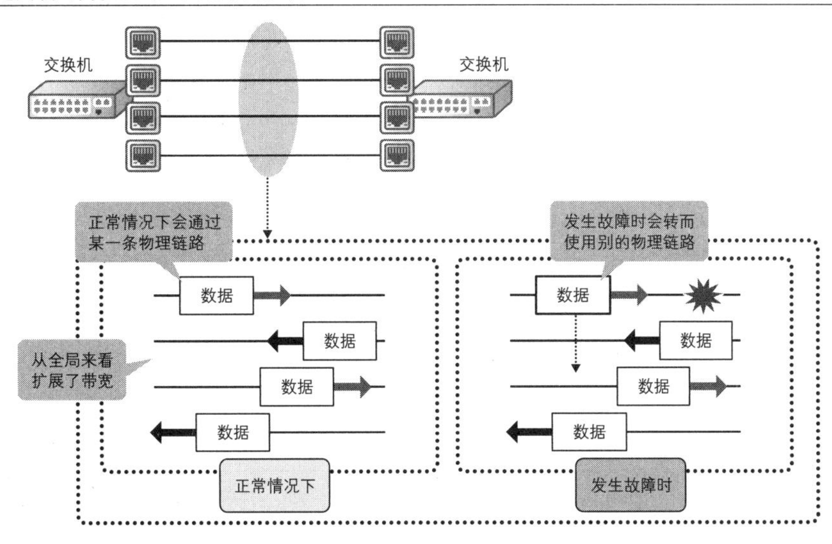

我们来看一个具体的例子吧。思科公司的 Catalyst 2960/3750 系列设备默认的负载均衡方式是使用源 MAC 地址。如果我们基于源 MAC 地址去分散负荷，那么来自不同 VLAN 的通信就会大量集中到一条物理链路上。为什么会这样呢？因为来自不同 VLAN 的通信的源 MAC 地址一定是默认网关的 MAC 地址，所以只会用到一条物理链路，导致通信效率低下。

我们在选择负载均衡方式时，要想办法使物理链路能够均衡地承担负荷。具体地说，就是要基于更多的上层要素来分配负荷。举个例子，Catalyst 3850 系列设备支持的负载均衡方式如表 4.1.1 所示。其中，最均衡的负荷分散方式是将传输层和网络层的要素结合起来的"源 IP 地址 + 目的 IP 地址 + 源端口号 + 目的端口号"。我们在设计时，要尽可能选择这样的方式。

表 4.1.1 Catalyst 3850 系列设备支持的负载均衡方式

层	设 置	负载均衡的关键信息
第二层（数据链路层）	src-mac	源 MAC 地址（默认设置）
	dst-mac	目的 MAC 地址
	src-dst-mac	源 MAC 地址 + 目的 MAC 地址
第三层（网络层）	src-ip	源 IP 地址
	dst-ip	目的 IP 地址
	src-dst-ip	源 IP 地址 + 目的 IP 地址
	l3-proto	L3 协议
第四层（传输层）	src-port	源端口号
	dst-port	目的端口号
	src-dst-port	源端口号 + 目的端口号
混合	src-mixed-ip-port	源 IP 地址 + 源端口号
	dst-mixed-ip-port	目的 IP 地址 + 目的端口号
	dst-mixed-ip-port	源 IP 地址 + 目的 IP 地址 + 源端口号 + 目的端口号（推荐）

顺便提一句，通信两端的设备并不一定要使用相同的负载均衡方式，双方使用不同的负载均衡方式也是完全可以的。而且，分别使用不同的物理链路发送和返回比特流也不会对通信造成任何影响。因此，我们在设计时的注意点只有一个，那就是选择能够更加均衡地分配通信负荷的方式。

图 4.1.7 基于源 MAC 地址分散负荷会使通信有所偏重，导致负载无法均衡分配

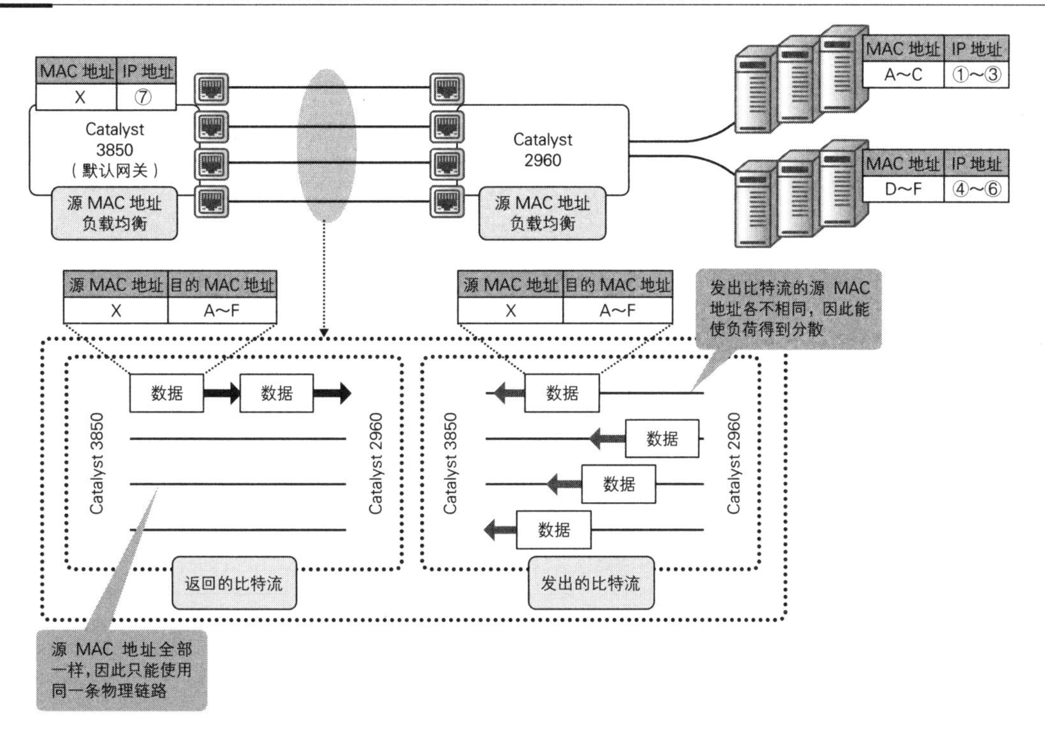

图 4.1.8 改变负载均衡方式以扩展带宽

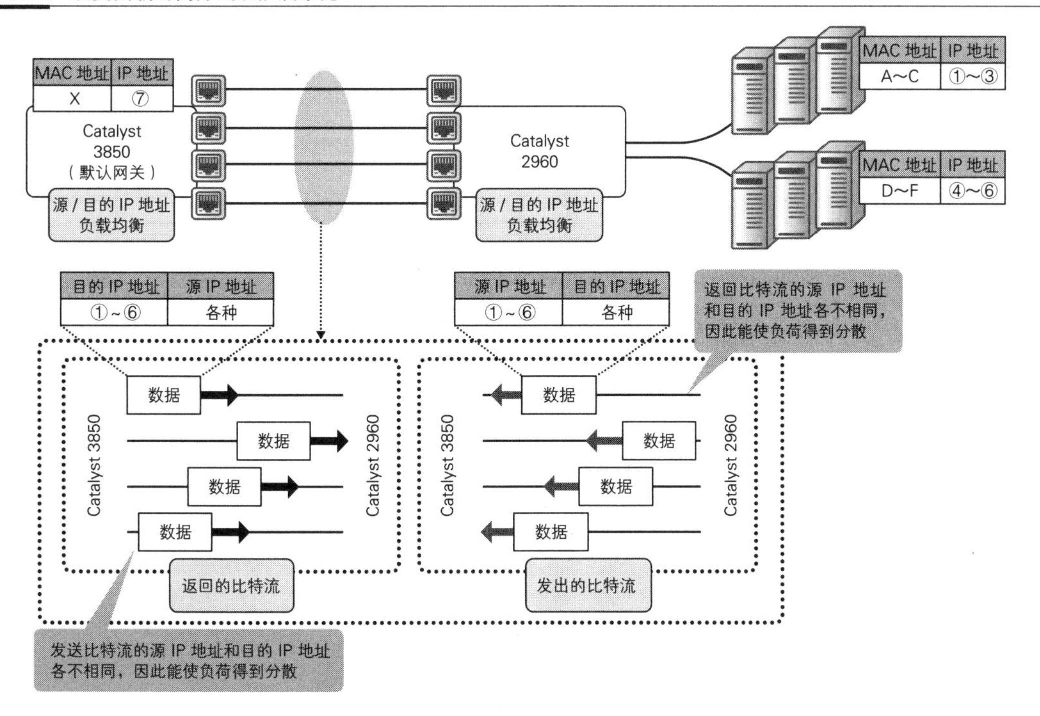

4.1.1.2 将多个物理网卡组合成一个逻辑网卡

将多个物理网卡组合成一个逻辑网卡，这叫作网卡组合，用 Linux 的术语来说叫作网卡绑定，我们可以认为二者是同一个意思。网卡组合是一种让带宽扩展和网卡备份能够同时实现的技术，由于它是对服务器网卡进行设置的，乍一看和网络似乎没有什么关系，但实际上它和网络的冗余设计息息相关，适当了解一下是有利无弊的。本书将按物理环境和虚拟环境分别介绍几种比较常用的网卡组合方式。

图 4.1.9 将多个物理网卡集结成一个逻辑网卡

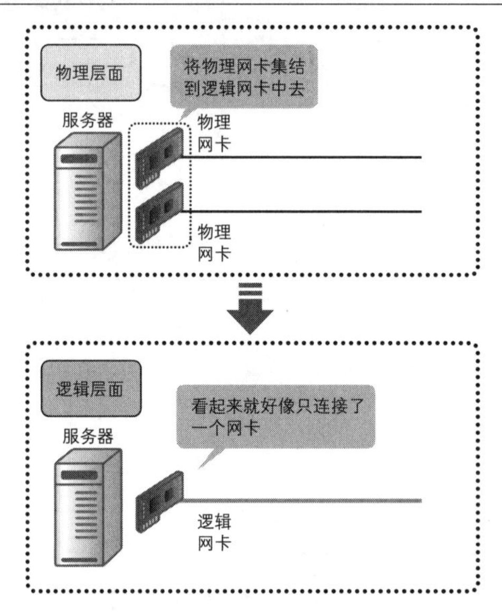

掌握物理环境的 3 种网卡组合方式

物理环境中的网卡组合是通过 OS 的标准功能设置出来的。网卡组合设置好以后，一个新的逻辑网卡就建成了，我们就可以在这个新的逻辑网卡上进行下一步的动作。另外，组合网卡的时候我们必须指定使用哪一种组合方式。

在物理环境中可以使用的网卡组合方式有很多种，其中比较常用的有 3 种，分别为容错、负载均衡和链路聚合。

表 4.1.2 3 种网卡组合方式

方式	说明	Windows Server	Linux OS
容错	活动 / 备用结构	交换机独立——备用适配器	active-backup
负载均衡	活动 / 备用结构	交换机独立——动态 / 地址的高速缓存	balance-tlb
		交换机独立——地址的高速缓存	balance-alb
链路聚合	链路聚合结构	静态成组 LACP	balance-rr
			balance-xor
			802.3ad

容错方式

容错方式是对物理网卡进行冗余配置的一种方式。它在服务器上装配两个网卡，一个是活动网卡，另一个是待机网卡。正常情况下仅使用活动网卡，当活动网卡发生故障时执行故障转移，由待机网卡顶替活动网卡工作。由于一般情况下容错方式仅使用活动网卡，所以两个物理网卡的通信量是完全分离开的，一旦活动网卡的处理量达到最大极限，就无法再进行更多的通信。不过容错方式即使发生故障也容易排除，加上运行管理简便易行，因此容易获得系统管理人员的青睐。

图 4.1.10 容错方式由活动网卡和待机网卡构成

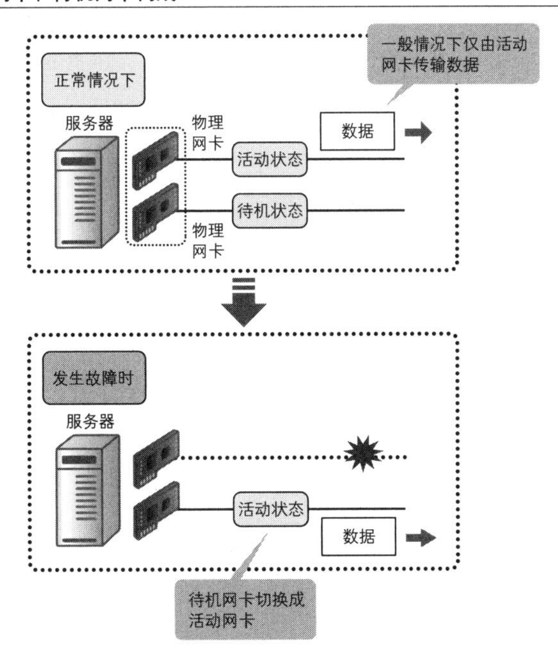

负载均衡方式

负载均衡方式是让物理网卡的冗余配置和带宽扩展同时实现的一种方式。它同样是在服务器上装配两个网卡，一个是活动网卡，另一个是待机网卡[①]，不过一般情况下两个网卡都会用到。如果其中一个网卡发生故障，就通过另一个网卡维持通信。负载均衡方式在一般情况下使用两个网卡，所以通信效率要比容错方式高。然而它有一个设计上的缺点——由于两个网卡都必须连接到同一台交换机上才行，所以一旦连接的那台交换机发生故障，通信就会中断[②]。

图 4.1.11　负载均衡方式也由活动网卡和待机网卡构成

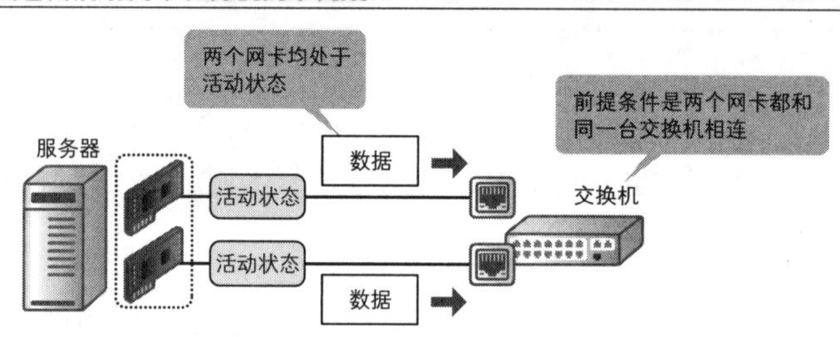

链路聚合方式

前面我们介绍过物理链路的链路聚合，这里的链路聚合可以理解为网卡版本的链路聚合，它能让带宽扩展和物理网卡备份同时实现。一般情况下，该方式会根据一定的方式去选择通信的物理网卡并扩展带宽。如果同组中的某个网卡发生故障，就会立刻切换成另一个网卡，确保通信正常进行。链路聚合在一般情况下就使用所有物理网卡，因此通信效率较高。然而它有一个缺点，那就是连接的交换机一旦发生故障就无法通信了。另外，由于交换机也需要设置链路聚合，所以服务器负责人员和网络负责人员应就采用哪种协议和负载均衡方式进行充分的讨论和商议。

图 4.1.12 交换机也需要设置链路聚合

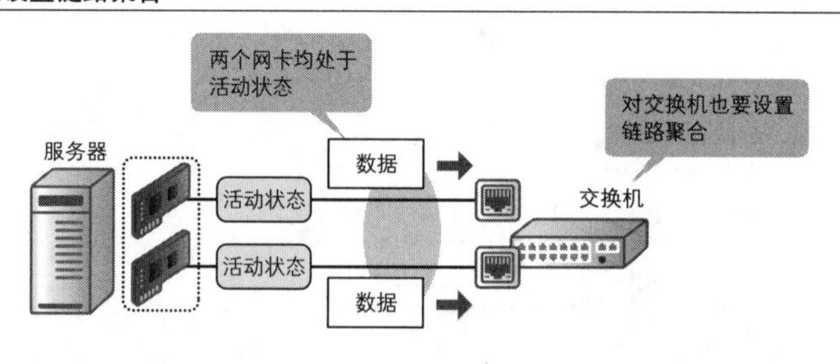

① 实际上并非所有通信都会交给活动网卡 / 待机网卡去处理。使用的模式不同，交给活动网卡 / 待机网卡处理的通信也不同。具体信息需要确认网卡的使用手册。

② 对于这种情况，我们需要利用 StackWise 技术或 VSS 将超过 2 台的物理交换机架构成一台逻辑交换机，并将连接的物理交换机分开。关于 StackWise 技术和 VSS 将 4.1.1.3 节中详细说明。

在 3 种网卡组合方式中，服务器端用得最多的是容错方式。原因在于容错方式的运作简单易懂，今后的管理也更加轻松。当然，这只是我的经验之谈，基本设计的具体内容还要取决于客户的实际需求。如果客户希望使用网卡时带宽达到最大极限，就不能选择容错方式。我们在设计时，首先要向客户说明各种方式的利弊，在掌握客户的需求后再去选择最合适的方式。

在虚拟交换机中设置虚拟环境的网卡组合

虚拟环境中的网卡组合是在虚拟软件超级管理程序上的虚拟交换机中设置的。虚拟机通过虚拟交换机和物理环境连接，将物理网卡关联到虚拟交换机上，然后通过该物理网卡建立网卡组合。虚拟环境的网卡组合有两个要点，分别是故障检测和负载均衡方式。

故障检测

故障检测指的是根据什么信息来检测故障。例如，VMware 的 vSphere 中有两种故障检测机制，一种叫作链路状态检测，另一种叫作信标检测，二者之间的差异在于它们作用的层不同。

链路状态检测是在物理层对链路状态（连接还是断开）进行检测，信标检测则是在数据链路层周期性地发送特殊的帧并确认其丢失情况，以此来进行检测。二者之间，我推荐采用前者。这是因为采用信标检测时，信标帧可能会被其他设备误判为非法帧，而且有时该机制检测不出正在发生的故障，这一点需要多加注意。

图 4.1.13 根据链路状态检测是否发生故障

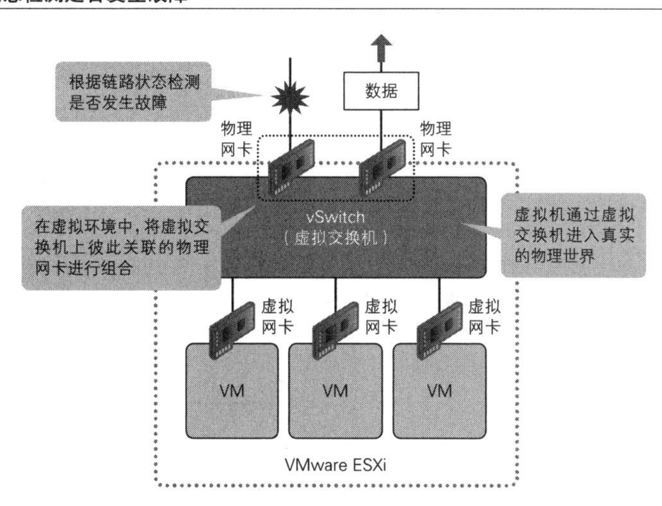

负载均衡方式

虚拟环境中的网卡组合同样是一种通过将通信分散到各个物理网卡上，使带宽扩展和网卡备份能够同时实现的技术。负载均衡方式指的是采用哪些物理网卡。VMware 中有 4 种负载均衡方式，分别为明确的故障转移、基于端口 ID 的负载均衡、基于源 MAC 地址哈希的负载均衡和基于 IP 地址哈希的负载均衡。其中最为常用的是明确的故障转移和基于端口 ID 的负载均衡方式。

图 4.1.14 基于虚拟端口的端口 ID 选择使用的物理网卡

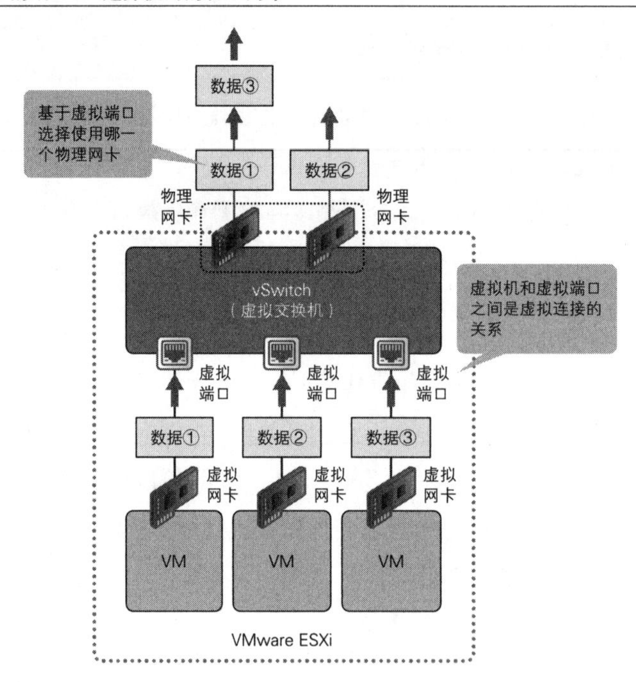

明确的故障转移是指在服务器上装配两个网卡，一个是活动网卡，另一个是待机网卡。正常情况下仅使用活动网卡，当活动网卡发生故障时执行故障转移，由待机网卡顶替活动网卡工作。

基于端口 ID 的负载均衡则是一种以端口为单位切换使用网卡的负载均衡方式。这里所说的端口不是 TCP 或 UDP 的端口号，而是虚拟机所连接的虚拟交换机的虚拟端口。为每个虚拟端口号（端口 ID）选择与之对应的物理网卡，就能够实现全局意义上的负载均衡。

将不同种类的物理网卡组合使用

我们在组合网卡时还需要充分考虑物理网卡的配置问题。用于服务器的物理网卡大致可分为两类，一类是安装在主板上的板载网卡，另一类则是添加在扩展插槽中（PCI Express 插槽）的扩展网卡。我们应尽量将这两类网卡组合使用以提高冗余效果。假如我们只选择四端口的扩展网卡绑定成组，那么扩展插槽一旦坏掉，通信就会中断。所以，为了尽量减少因物理构成要素发生故障而造成的影响，我们应将扩展网卡和板载网卡组合使用。

图 4.1.15 将不同种类的网卡组合使用

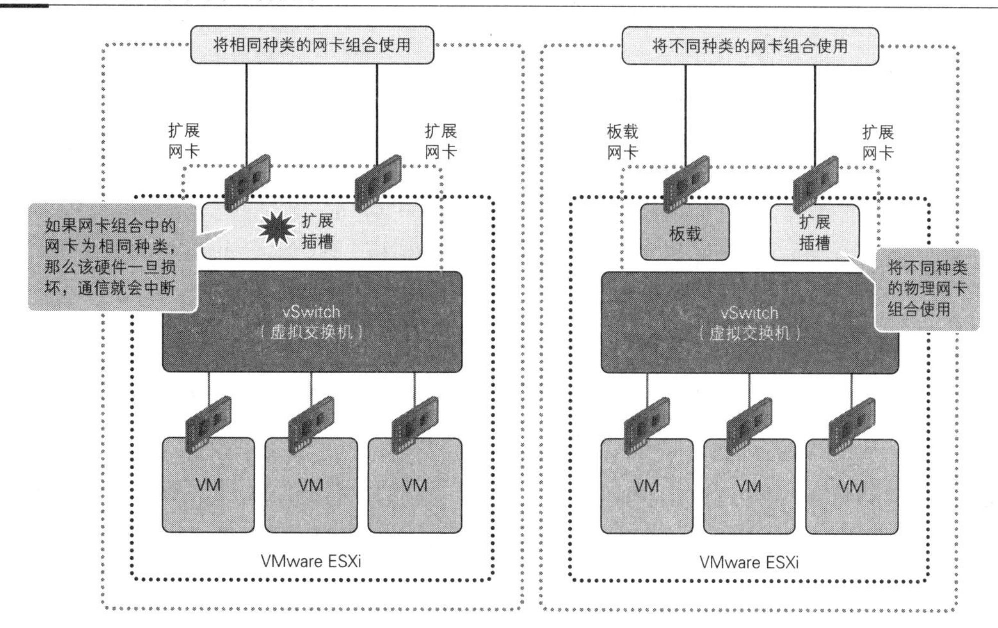

务必将连接的对象分开

我们在组合网卡时还需要考虑物理网卡的连接对象。如果将物理网卡都连接到同一台物理交换机上，那么该交换机一旦损坏我们就“无力回天”了。所以，应将两个物理网卡分别连接到两台不同的物理交换机上，这样才能够保证其中一台物理交换机发生故障时，另一台仍然可用。

图 4.1.16 分别连接不同的物理交换机

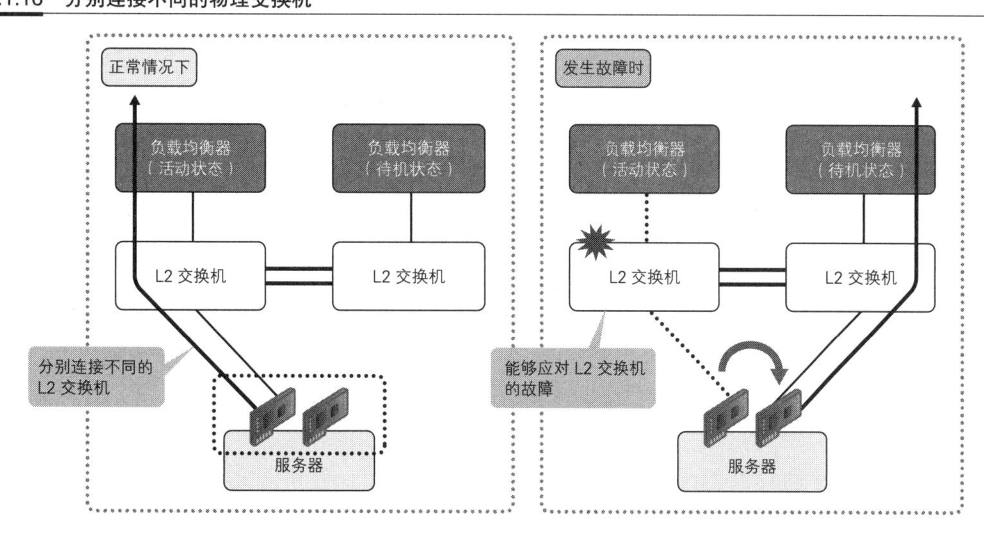

刀片服务器让物理结构得以简化

刀片服务器是将名为“刀片”的薄型服务器插入名为“刀片机箱”的外壳中使用的一种服务器[①]。一般来说，服务器数量较多时布线作业就会非常麻烦，刀片服务器则能够大大地简化布线作业并提高机架集中率，从而使设备物理层面的运行管理工作变得轻松。如今，刀片服务器在服务器端广为使用。

然而，最近刀片服务器的风头颇有被超融合基础架构（Hyper Converged Infrastructure，HCI）压制之势。目前，使用 HCI 的设备主要有路坦力公司的 NX 系列和 HPE 公司的 Simplivity 系列等。HCI 的网络设计非常简洁，只要理解了刀片服务器网络设计中的虚拟化部分，就能立刻明白 HCI 是怎么一回事。正是基于这一原因，本书并没有以 HCI 为例，而是以刀片服务器为例进行讲解的。

当我们将刀片从刀片机箱的正面插入时，装在刀片机箱背面的扩展模块就会自动完成内部的连接布线。那些连接结构我们是看不到的，因此，刀片服务器刚刚问世时人们常常半信半疑，担心它是否真的完成了连接布线，不过事实证明那些担心都是多余的。

图 4.1.17　刀片服务器内部会自动连接布线

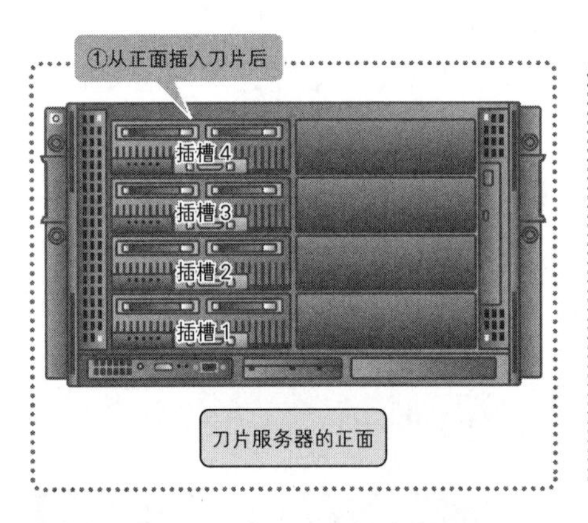

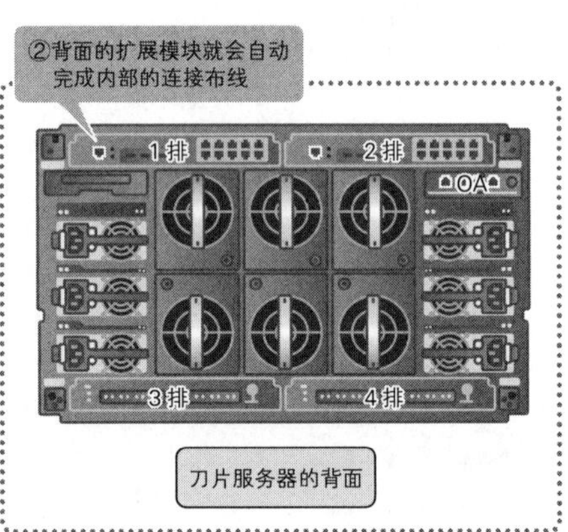

扩展模块有很多种类。种类不同，网络结构就不同，负责维护的工程师也就不同。下面，本书将选择网络工程师负责范围内的、比较常用的交换机模块来进行介绍。

交换机模块

交换机模块是怎么一回事呢？想象一下刀片机箱中藏着一台交换机，你就能心领神会了。前面已经讲过，我们将刀片插入刀片机箱后，机箱内部会自动完成连接布线的工作。刀片的

① 有些生产商可能会使用不同的称呼，本书选择使用比较常用的称呼来进行讲解。

插入位置（插槽）和安装在刀片中的夹层卡[①]决定了接线的位置。举例来说，如果将刀片插入插槽 1，它就会连接到各个交换机模块的 1 号端口；将刀片插入插槽 2，它就会连接到各个交换机模块的 2 号端口。原本露在外面的线缆全部在机箱内部彼此相接，因此也不再需要进行与服务器之间的布线工作。需要布线的地方仅剩一处，那就是通过外部端口与外部交换机连接的那个部分。

图 4.1.18 连接端口取决于刀片插入的插槽

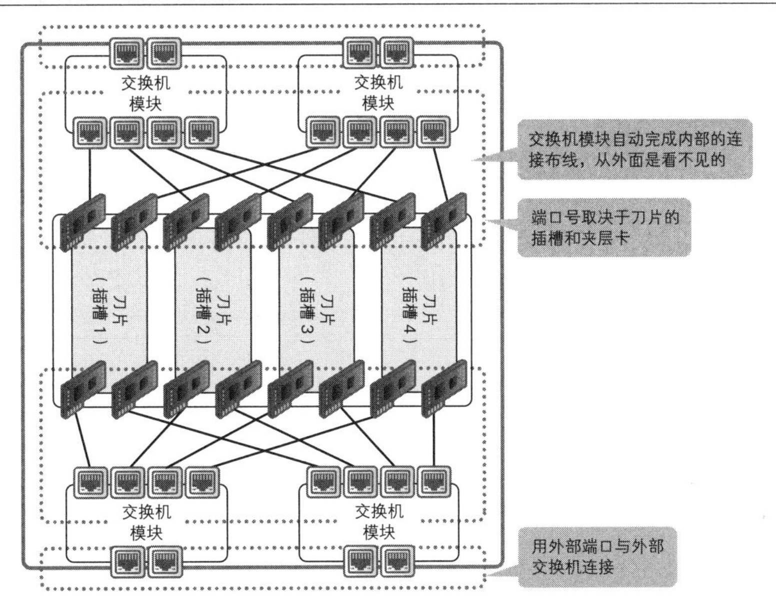

我们在使用交换机模块的时候，必须注意它和管理模块之间的关系。刀片服务器的整体管理是通过一个叫作管理模块的模块实现的，它在联想公司的 Flex System 中被称为 CMM（Chassis Management Module，机箱管理模块），在 HPE 公司的 BladeSystem 系统中则被称为 OA（Onboard Administrator，板载管理器）。交换机本身也受管理模块的管理，在默认状态下其 IP 地址和主机名都是由管理模块设置的。此外，对交换机的管理访问也必须经过管理模块才行，有些设计还规定了它必须使用不同于服务器的 VLAN。这些规格上的细节我们都必须仔细确认。当然，我们也可以将交换机模块设置成不受管理模块管理的形式，如果架构工作全部由网络工程师来完成，那么我们应将它排除到管理模块的管理范围之外。

① 指插入刀片的主板使用的扩展卡。

4.1.1.3 将多台物理设备集结成一台逻辑设备

将多台物理设备集结成一台逻辑设备的技术叫作堆叠技术。这项技术能够一举解决网络中存在的多个问题，包括冗余配置、增强传输能力、无环回、简化结构等。目前，它已在高可用架构设计中占据了无可替代的一席之地。

这种类型的冗余技术分为好几种，针对不同的设备应采用不同的技术。下面，本书将介绍可以用于思科公司 Catalyst 3750/3850 系列和 Catalyst 9300 系列的 StackWise 技术[①]以及可以用于 Catalyst 6500/6800 系列和 Catalyst 4500-X 系列的 VSS 的设计要点。

表 4.1.3 用于堆叠交换机的技术

生产商	设备型号	使用的堆叠技术
思科	Catalyst 3750/3850/9300 系列	StackWise 技术
	Catalyst 4500-X/6500/6800 系列	VSS
	Catalyst 4500-X/6500/6800 系列	vPC（virtual Port Channel，虚拟端口通道）
HPE	OfficeConnect 1950 系列交换机 5510/5130/5980/5950/5940/5900/5700 系列	IRF（Intelligent Resilient Framework，智能弹性架构）
	Aruba 5400R/2930F 系列交换机	VSF（Virtual Switching Framework，虚拟交换框架）
	Aruba 3810/2930M 系列交换机	堆叠功能（Stacking）
瞻博	EX 系列	VC（Virtual Chassis，虚拟机箱）
安奈特	SBx8100/SBx908 系列 x930/x900/x610/x600/x510/x510DP/x510L/ SH510/x310 系列	VCS（Virtual Chassis Stack，虚拟机箱堆叠）

StackWise 技术

StackWise 技术是一项可以用于 Catalyst 3750/3850 和 Catalyst 9300 系列的冗余技术。它使用特殊的堆叠线，能够连接的交换机多达 8 台（Catalyst 9300 系列）或 9 台（Catalyst 3750/3850 系列），进而将这些交换机集结成一台巨大的逻辑交换机。从物理层面来看存在着多台交换机，然而从逻辑层面来看就像只有一台交换机在工作。因此，系统管理人员需要管理的 IP 地址和各种设置信息等设计要点也都只有一个。

① 这里提及的 StackWise 技术包括 StackWise Plus、StackWise-480。

图 4.1.19 将多台物理交换机集结成一台逻辑交换机

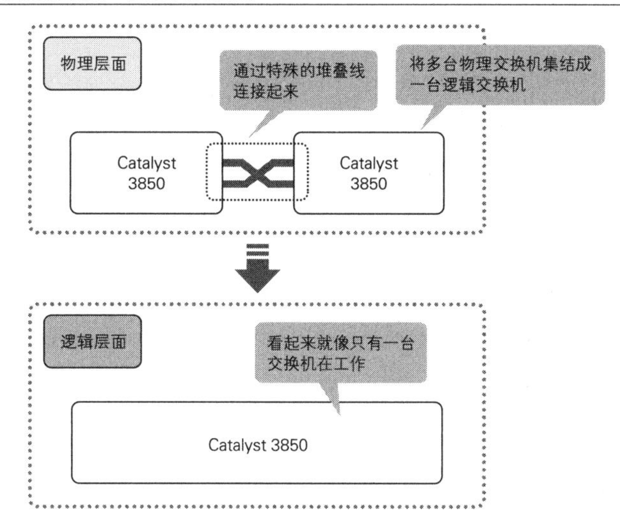

选出主交换机

形成堆叠的交换机由一台负责全局管控的主交换机和几台分交换机构成。主交换机负责处理单播和多播的路由选择，以及复制各分交换机的设置信息和传输信息（FIB 表①）等工作，在堆叠中扮演着最重要的角色。StackWise 技术让主交换机集中执行一些复杂的处理（路由选择协议处理等），让分交换机分别执行一些简单的处理（传输处理等），进而使所有的交换机各司其职、各施其长。

主交换机可以根据几个条件筛选出来。不过，我们一般需要预先设置好优先值，以保证能够筛选出特定的交换机。优先值默认为 1，最大为 15，拥有最高优先值的交换机将当选为主交换机。在设置好主交换机的优先值之后，我们不妨进一步设置好将成为主交换机的候补对象的优先值，这样发生故障的时候就不至于手忙脚乱了。

关于主交换机我们还必须了解一点：原本拥有最高优先值的主交换机发生故障又恢复正常之后，并不会自动升级为主交换机。如果需要将其恢复为主交换机，我们必须通过重启当前的主交换机等操作以再次执行筛选进程。

① FIB（Forwarding Information Base，转发信息库）表是从路由表中提取出来的表，其中仅包含传输数据包所需的信息。

图 4.1.20 主交换机负责全局管控

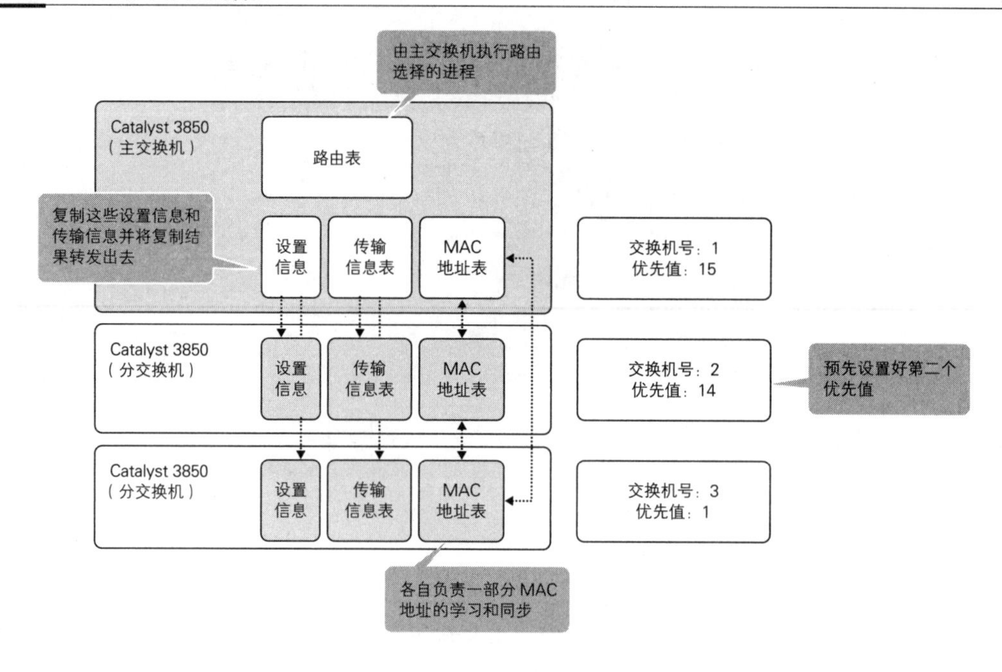

MAC 地址

我们在使用 StackWise 技术的时候还需要注意 MAC 地址。形成堆叠结构时，堆叠的 MAC 地址（堆叠 MAC 地址）默认为主交换机的 MAC 地址，这在正常情况下没有问题。然而主交换机一旦宕机，问题就随之出现了——在特定的环境（LACP 和 STP 并用的环境）下，为了应对宕机现象而进行的 MAC 地址切换处理会导致通信中断。考虑到这种情况，无论是在怎样的环境下，我们都应提前使用命令 stack-mac persist timer 0。这样，即使主交换机宕机，它的 MAC 地址也能够在新的主交换机中继续使用，就不会发生不必要的通信中断了。

图 4.1.21 通过 stack-mac persist 0 命令使 MAC 地址能够继续使用

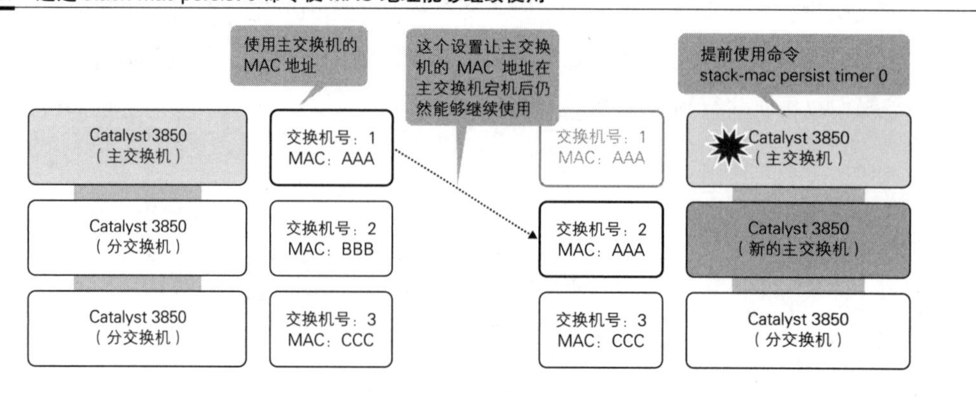

堆叠线的连接

StackWise 技术采用特殊的堆叠线连接位于各交换机背面的堆叠端口，以此来实现智能堆叠功能。这里最关键的地方在于连接结构，堆叠线必须设计为环状结构才行。假设我们要构成 3 台交换机的堆叠，那么就应该设计成如下图所示的环状结构。

图 4.1.22 堆叠线应连接成环状

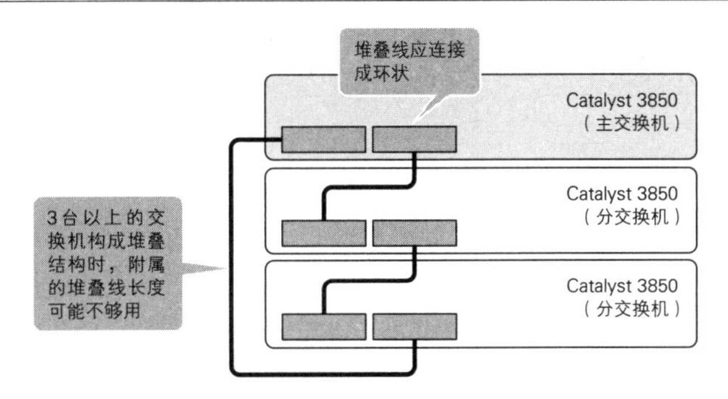

我们还需要在物理层面管理好堆叠线。交换机的数量一多，附属堆叠线的长度就会不够用。所以，如果交换机超过 3 台，最好事先就另买几条较长的堆叠线备用。另外，还得注意跨机架布线的情况，堆叠线因其自身的特性，并不适合跨机架布线，建议尽量在同一机架中完成布线作业。

VSS

VSS 是一项可以用于 Catalyst 6500/6800 系列和 Catalyst 4500-X 系列的冗余技术。它用多条 10 Gbit/s 或者 40 Gbit/s 链路连接两台交换机，将它们集结成一台逻辑交换机。从物理层面来看有两台交换机存在，但是从网络的角度来看就像只有一台交换机在工作，只需进行一种设置，管理对象也只有一个。

图 4.1.23 将两台物理交换机组合成一台逻辑交换机

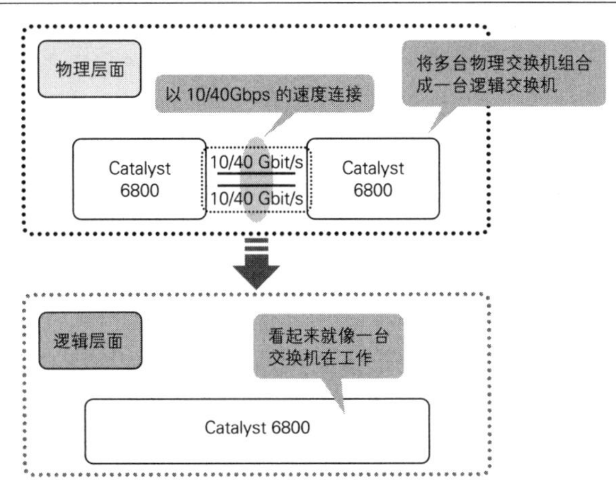

虚拟域 ID

虚拟域 ID 是一个在逻辑层面上管理 VSS 对的 ID。在构建 VSS 的物理交换机之间设置相同的域 ID，就会生成 VSS 域。虚拟域 ID 用于 PAgP 或 LACP 的控制比特流，在网络内部必须设计成独一无二的才行。因此，连接不同 VSS 对的时候要多加注意，勿使域 ID 发生冲突。

图 4.1.24 域 ID 在网络内部必须是独一无二的

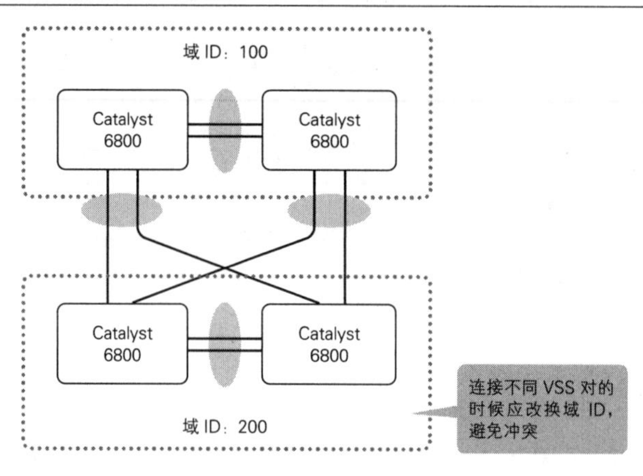

VSL

VSS 冗余技术的关键所在，就是连接两台交换机的 VSL（Virtual Switch Link，虚拟交换链路）。这个连接一般通过链路聚合将 10 Gbit/s 或者 40 Gbit/s 链路集结起来完成的。构建 VSS 需要交换特定的控制信息和同步信息，VSL 不仅肩负着交换这些信息的重任，在发生故障时，它还会成为数据的传输路径，其重要性不言而喻。

这部分的要点在于如何配置构成链路聚合的物理链路。我们应将一条链路用在管理引擎上，另一条链路用在其他线卡上，以此来应对线卡发生故障的情况。

图 4.1.25 注意物理链路的配置

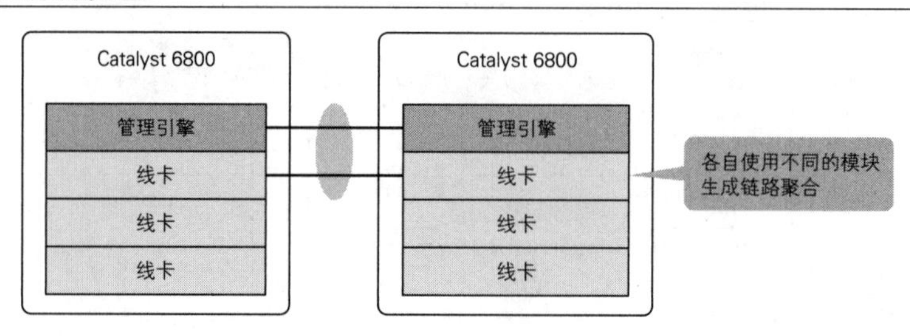

传输处理由活动交换机和备用交换机共同完成

VSS 身兼双职，根据不同的处理转换角色，既能实现冗余备份，又能增强传输能力。

路由协议控制和管理控制等由软件完成的、比较复杂的处理是由活动交换机和备用交换机共同完成的。一般情况下由活动交换机执行处理并将数据同步到备用交换机中去。活动交换机一旦发生故障，备用交换机就会升级为活动交换机，迅速完成接替，保证冗余效果。

而像比特流传输等在硬件上进行的简单处理则是由两台活动交换机完成的。两台物理交换机共同分担处理任务，以此来保证最强的传输能力。当其中一台物理交换机宕机时，另一台物理交换机就会立刻接手并继续处理任务。

图 4.1.26 确保冗余备份和传输扩展

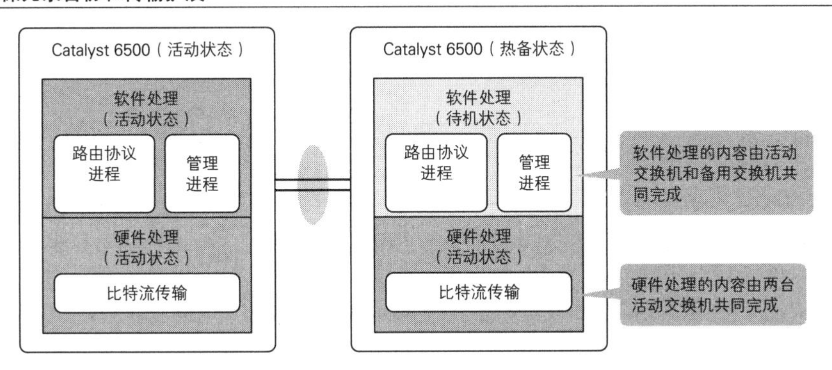

避免双活状态

前面提到，VSS 通过将网络控制层的处理交给活动交换机和热备交换机、将数据传输层的处理交给两台活动交换机，使每台交换机各司其职，各施其长。VSL 则是管理交换机各种职责分工的重要链路。VSL 一旦中断，VSS 结构中的两台交换机就会出现网络控制层同时为活动状态的情况（即双活状态），在这样的状态下通信质量很不稳定。为了维持稳定的通信，避免交换机进入双活状态，VSS 中还引入了下表中的 3 种协议。

表 4.1.4 检测双活状态的协议

检测协议	特　点
ePAgP	通过 TLV 扩展 PAgP 后的增强版。 一般情况下只有活动交换机发送 ePAgP，相邻交换机仅做转发；而双活状态下两台交换机都会发送 ePAgP。该协议正是基于上述原理来检测交换机是否处于双活状态的。 需要注意一点，那就是为构成 LAG 结构，相邻设备也要采用 ePAgP。所以相邻设备必须支持该协议
VSLP Fast Hello	需要准备专门用于传输 Fast Hello 的端到端链路。 通过特殊的 Hello 消息（包括交换机 ID、优先值和对端的状态等信息）检测交换机是否处于双活状态
BFD	需要准备专门用于 BFD 的端到端链路。 需要准备专门用于 BFD 的 VLAN。 只有在双活状态下才能发挥作用。 双活状态下建立 BFD 会话，使原活动交换机进入 Recovery 模式。 检测速度比 ePAgP 和 Fast Hello 的慢

以上 3 种协议中最常用的是 VSLP Fast Hello。VSLP Fast Hello 通过特殊的 Hello 消息互相交换包括交换机 ID、优先值和对端的状态等在内的信息，以此检测通信双方设备是否处于双活状态。VSLP Fast Hello 不使用 VSL，它需要一条端到端的直连链路，因此我们需要准备好专用的物理链路。

图 4.1.27 另外建立 Fast Hello 的传输链路

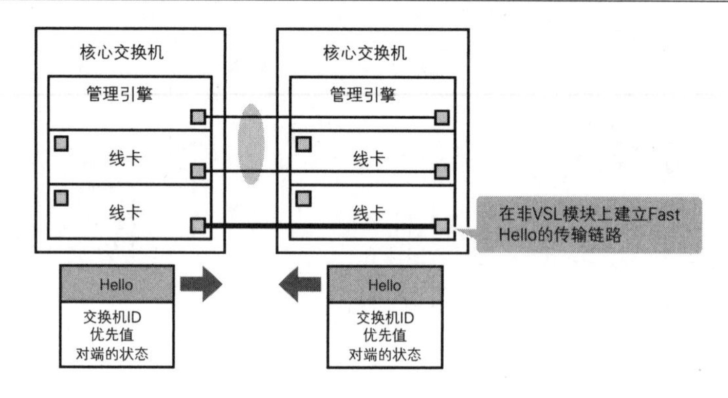

MAC 地址

对任何冗余结构，我们都需要考虑到 MAC 地址这个细节。VSS 默认使用各台物理交换机自身的 MAC 地址，因此，假如我们重启两台物理交换机使活动交换机发生了切换和交接等状态的改变，那么，只要相邻设备的 ARP 切换尚未结束，通信就会一直处于中断状态，这可是足以“致命”的大问题。为了避免出现这样的局面，我们在构建 VSS 的时候，应将默认设置改为使用虚拟 MAC 地址。这样，VSS 的 IP 地址和 MAC 地址就能保持不变，就不会受到来自相邻设备的 ARP 的任何影响了。总之，我们应尽量避免不必要的状态变更。

注意链路聚合中物理链路的配置

将多台物理设备组合成一台逻辑设备这种类型的冗余技术大多是和链路聚合一起设计的。这时候有一点我们必须注意，那就是构成链路聚合的物理链路的配置问题。一定要从不同的物理交换机获取链路才行。以 VSS 结构为例，在同一台物理交换机上获取所有物理链路是毫无意义的，因为一旦该物理交换机宕机，通信就会断掉。因此，务必要从不同的物理交换机获取链路，以应对物理交换机发生故障的情况。

对于类似 Catalyst 6500 系列的机箱式交换机，我们还必须注意同一台物理交换机内的物理链路配置问题。如果同一个线卡占用了所有的物理链路，那么一旦该线卡出问题，通信就会断掉。因此，我们务必让每一个线卡各自取用一条物理链路，以备线卡发生故障的不时之需。

图 4.1.28 注意物理链路的配置问题

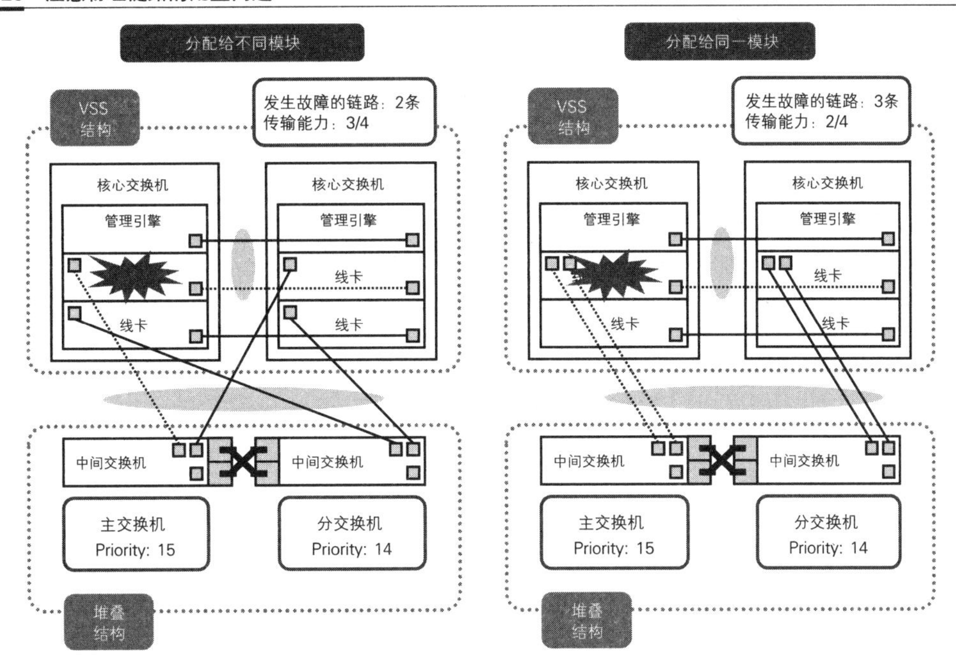

StackWise 技术和 VSS 的优点

StackWise 技术和 VSS 之所以会成为高可用架构设计的主角，是因为它们除了可进行冗余备份之外还具有别的优点。以往高可用架构设计的主角是 STP[①]，然而 STP 在实现冗余备份的同时还不得不面临一些进退两难的窘境，因此长期以来一直令工程师们难于取舍。StackWise 技术和 VSS 则能够一举解决这些进退两难的问题，如今，它们早已成为网络技术中不可或缺的部分。

本书将会介绍它们所具有的增强传输能力、简化结构和便于运行管理这 3 个优点，并和使用 STP 时的情况分别进行比较，孰优孰劣，一目了然。

增强传输能力

STP 是一种协议，它阻塞形成环回拓扑的某处端口，并按照逻辑树状结构去构造网络拓扑。由于它会阻塞某处端口导致数据无法传输，因而不能百分之百地发挥交换机原本具备的传输能力。与此相对，采用 StackWise 技术或 VSS 的网络结构中根本就没有阻塞端口存在，所有端口都能用到。

① 关于 STP 的内容将在 4.1.2 节中详细讲解。

图 4.1.29 物理链路全部都能用上

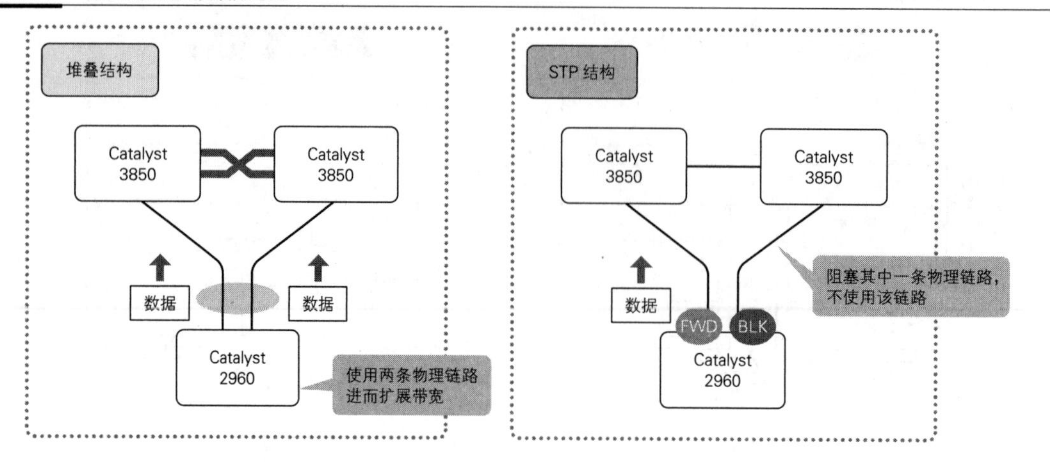

简化结构

STP 与交换机的连接是呈环状的，随着网络规模的扩大，结构会变得越来越复杂。而且我们还得注意阻塞端口位于何处，这越发使得结构难于厘清。与此相对，采用 StackWise 技术或 VSS 时，由于多台物理交换机集结成一台逻辑交换机，从逻辑上来说我们只需连接一台交换机即可，这能够大大简化结构。

图 4.1.30 结构简单明了

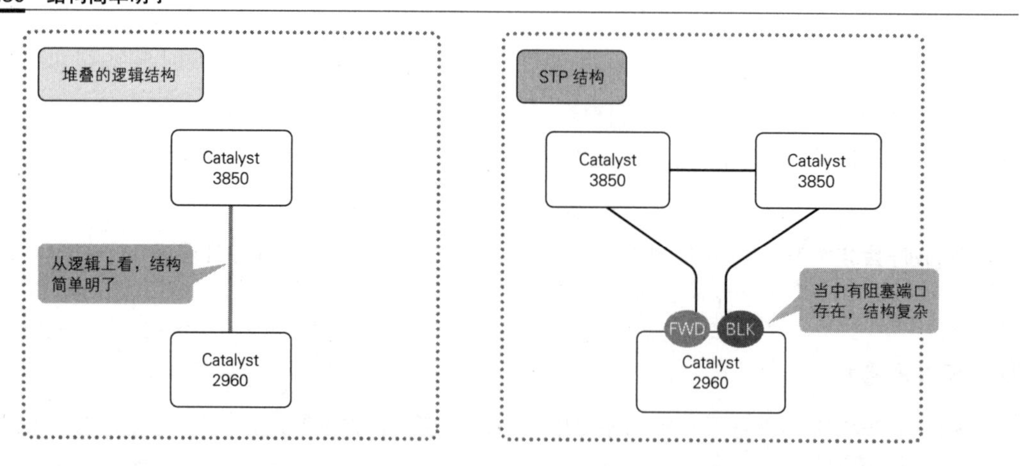

便于运行管理

对网络管理人员来说，管理对象的增加仅仅意味着更加繁重的工作。如果我们采用 STP，那么各台交换机都是独立工作的，有多少台交换机就会有多少个管理对象。例如，新增 4 台物理交换机就等于新增了 4 个管理对象。与此相对，采用 StackWise 技术或 VSS 时，我们只有堆叠组或 VSS 域这一个管理对象。即使新增 4 台物理交换机并将它们堆叠起来，从逻辑上说仍然只有一台交换机，所以只新增了一个管理对象而已。和采用 STP 的情况相比，运行管理要轻松很多。

图 4.1.31 管理对象少

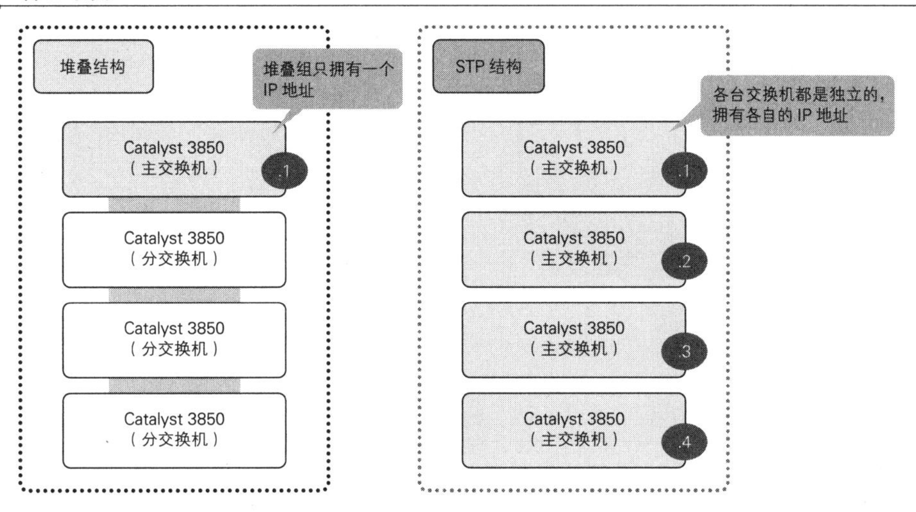

4.1.1.4 当上行链路中断时，让下行链路也随之中断

下面介绍一项性质比较特殊的物理层冗余技术，它叫作链路聚合故障转移，有些生产商称之为链路状态追踪或者 UFD（Uplink Failure Detection，上行链路故障检测），实际上都是同一个意思。链路聚合故障转移是指当上行链路（针对上层交换机的链路）中断时，让下行链路（针对服务器的链路）也随之中断。

网卡组合并不是万能的

正是因为大量的设备彼此融合、共同存在，网络的世界才得以建立。因此，我们设计时应始终参考相邻设备之间的连接结构。在仅靠网卡组合无法排除故障的特定环境中，链路聚合故障转移能够发挥巨大的作用。

我们来考虑一下图 4.1.32 所示的情况。这应该是一种非常常见的结构。在这种结构中，当交换机的上行链路中断时，通往上层的路径消失，导致通信无法进行。这里的网卡虽然绑定成了网卡组合的形式，但由于上行链路的中断和服务器并没有直接的关系，因而无法进行故障转移，服务器仍然会试图通过同一个物理网卡发送信息。

图 4.1.32 网卡组合无法检测到上行链接的故障已发生

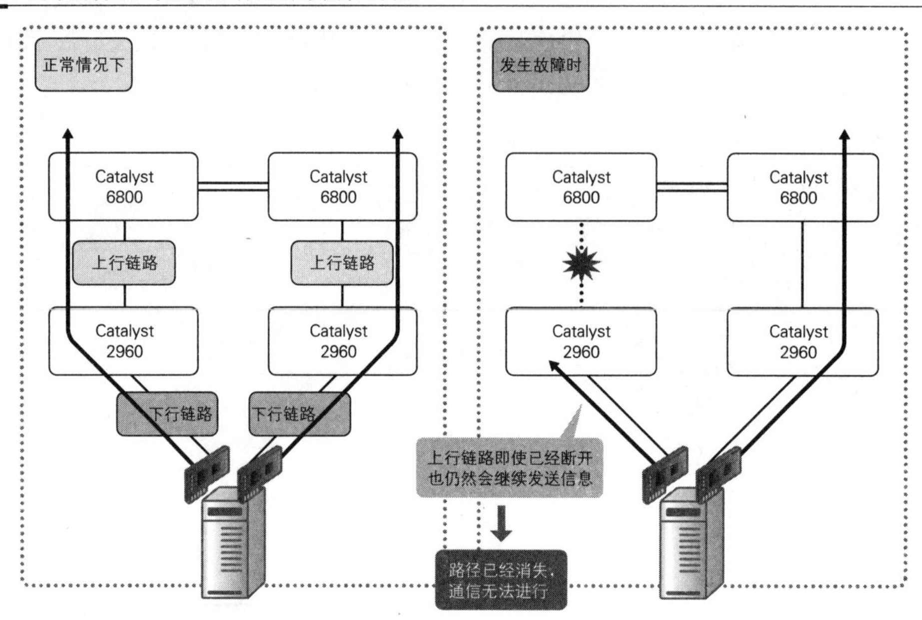

利用链路聚合故障转移激发网卡组合的故障转移

想解决上述问题，就要利用链路聚合故障转移技术。链路聚合故障转移能够监控上行链路的物理链路状态并根据该状态控制下行链路。它的工作机制非常简单，那就是一旦发现上行链路中断，就让下行链路也随之中断。

图 4.1.33 利用链路聚合故障转移强行确保通往上层的路径

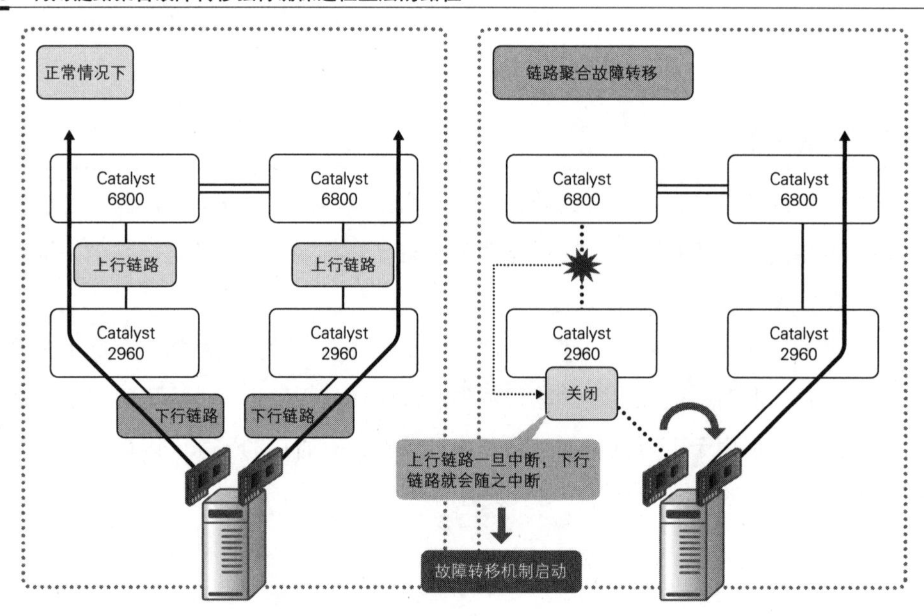

那么，我们就来看看将链路聚合故障转移用在前面提到过的结构中会怎么样。上行链路一中断，链路聚合故障转移功能就会启动，强制性地关闭下行链路。于是整条链路中断，网卡组合启动故障转移机制，最终确保了通往上层的路径。

4.1.2 数据链路层的冗余技术

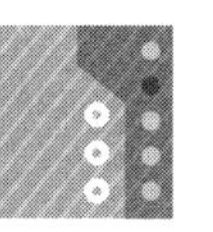

关于数据链路层的冗余技术，我们只需掌握 STP 就足够了。事实上，作为一项冗余技术，STP 早已是明日黄花，不过它毕竟在过去的很长一段时期内都是网络高可用性的技术后盾，今后很可能还会继续存在下去，我们了解一下总归是有利无弊的。

4.1.2.1 STP 的关键在于根网桥和阻塞端口

STP 是一种协议，它阻塞形成环回拓扑的某处端口，并按照逻辑树状结构去构造网络拓扑，用于链路冗余和防止桥接环回 。这里我们要理解一个叫作 BPDU（Bridge Protocol Data Unit，网桥协议数据单元）的概念，BPDU 是相邻交换机之间传递的一种特殊管理帧，用于在网桥之间进行信息交换。STP 通过 BPDU 选择根网桥和阻塞端口，而 STP 的关键就在于根网桥和阻塞端口。

图 4.1.34 通过 BPDU 选择根网桥和阻塞端口

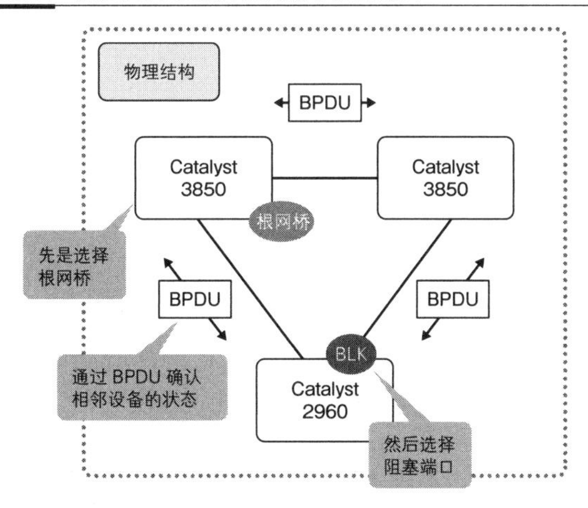

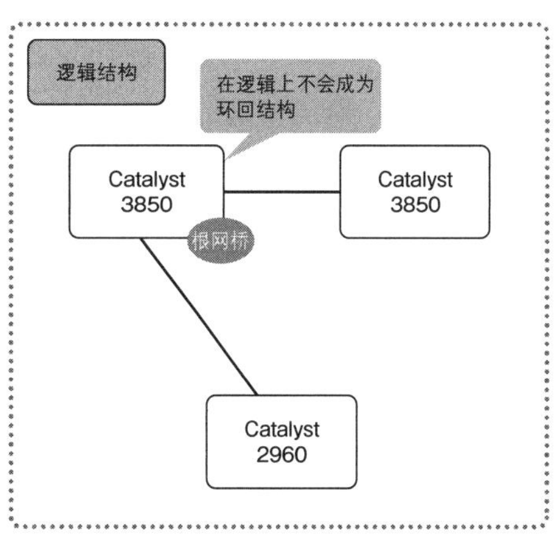

图 4.1.35 通过交换 BPDU 来选择根网桥和阻塞端口

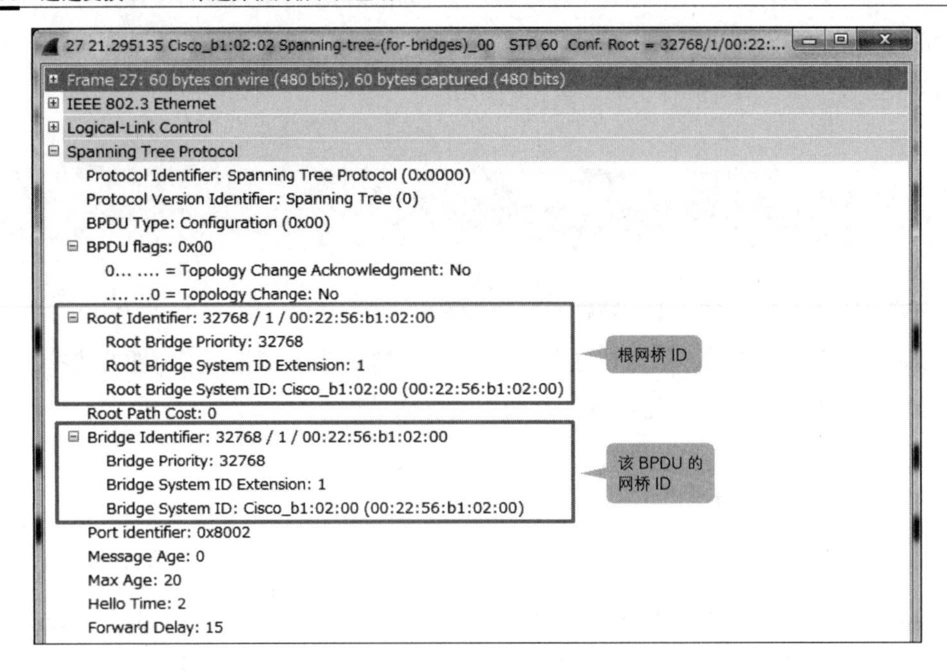

根网桥取决于网桥优先级

根网桥是指由 STP 形成的、相当于逻辑树状结构根部（root）的交换机。离开了根网桥，STP 就无从谈起。根网桥是根据网桥 ID 选择出来的，而网桥 ID 则是由网桥优先级和 MAC 地址组成的。

图 4.1.36 根据网桥 ID 选出根网桥

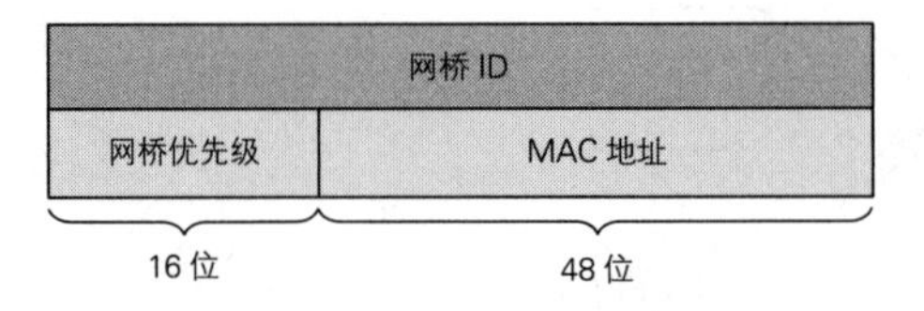

STP 处于激活状态的交换机一经连接，就会交换 BPDU 并比较网桥 ID。比较并不是将网桥优先级和 MAC 地址作为一个整体进行的，而是有一定的先后顺序。首先是比较网桥优先级，网桥优先级最低的交换机将“当选”为根网桥，第二低的交换机则“当选”为第二根网桥。当根网桥发生故障时，第二根网桥就会顶替上去成为新的根网桥，因此第二根网桥相当于一道为根网桥上的保险。如果网桥优先级都相同，那么就得比较 MAC 地址了，MAC 地址最小的交换机将“当选”为根网桥。

在真实的网络环境中，人们通常将网桥优先级设置成静态的，根据网桥优先级去选择根网桥，而不让 MAC 地址起决定性的作用。因此，对于根网桥和第二根网桥，我们应将它们的网桥优先级设置得比其他网桥低才行。

图 4.1.37 根网桥取决于网桥优先级

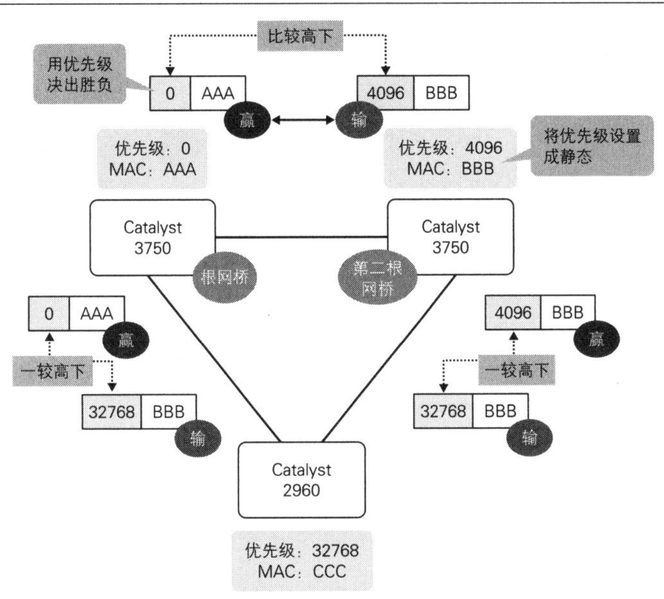

阻塞端口取决于路径开销

阻塞端口是端口的一种，其重要作用是让环回结构成为树状结构。和根网桥在逻辑上相距最远的端口就是阻塞端口。计算端口和根网桥之间的距离时要用到一个叫作路径开销的值，这个值是有具体规定的，不同的链路带宽有着不同的路径开销值，具体情况如下表所示。

表 4.1.5 路径开销的值取决于带宽

带　宽	路径开销
10 Mbit/s	100
100 Mbit/s	19
1000 Mbit/s（1Gbit/s）	4
10 Gbit/s	2
25/40/100 Gbit/s	1

我们根据 BPDU 中包含的路径开销算出各个端口到根网桥的距离，然后进行比较，数值最大的那个端口将成为阻塞端口。如果到根网桥的距离都相同，那就要比较网桥 ID 了，网桥 ID 最大的端口将成为阻塞端口。正常情况下阻塞端口并不传输数据，它是被完全排除在拓扑范围之外的。

图 4.1.38 决定阻塞端口

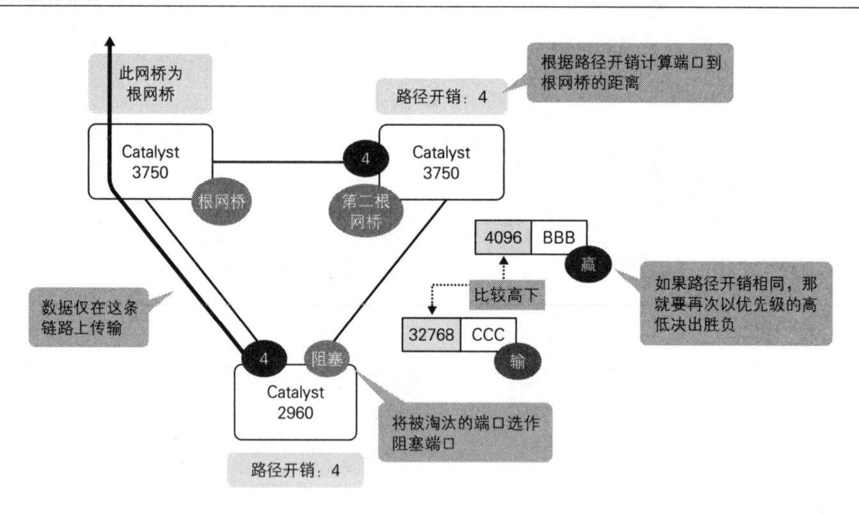

固定逻辑链路的路径开销

通过链路聚合连接交换机的时候，我们应注意逻辑链路的路径开销。如果通过 Catalyst 交换机的千兆端口形成链路聚合时，逻辑链路的路径开销会由 4 变为 3。此时，如果构成逻辑链路的物理链路发生中断，路径开销就会恢复为 4，于是会重新进行 STP 计算，而这个重新计算的结果可能会导致阻塞端口发生变化。

图 4.1.39 设置逻辑链路的路径开销

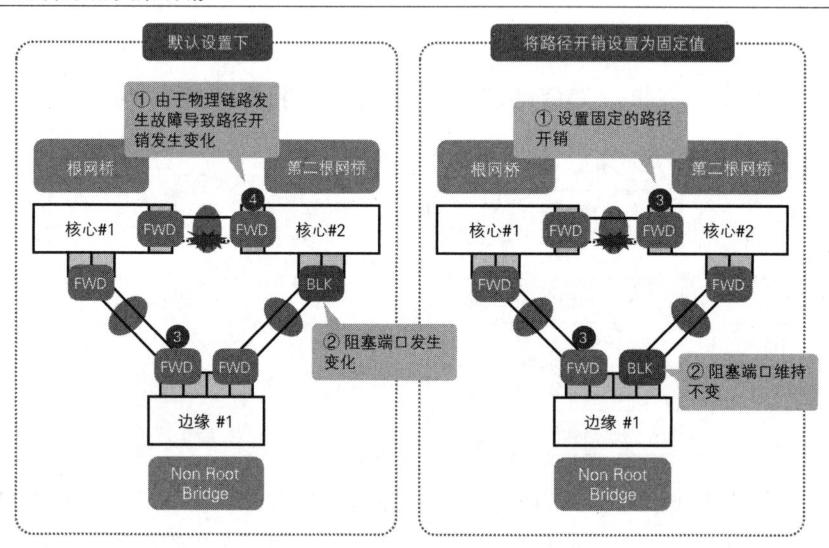

为了避免多余的重新计算，逻辑链路的路径开销对逻辑链路应设置成静态的才行。比方说，

如果使用的是 Catalyst 交换机，通过设置链路聚合会产生一个叫作 Port-Channel 接口的逻辑端口，我们应该在该逻辑端口中设置路径开销。这虽然只是一个细节问题，但非常重要。

以 VLAN 为单位进行负载均衡

BPDU 是以 VLAN 为单位生成的管理帧，因此，根网桥和阻塞端口也是以 VLAN 为单位决定的。STP 在通信的处理和带宽的负载均衡中很好地利用了这种设计。

通信处理的负载均衡

在拥有众多 VLAN 的环境中，如果我们把所有的根网桥都汇集到一台交换机上，是绝对无法进行高效处理的。根网桥掌握着 STP 的一切，可以说是首领一样的交换机。把所有 VLAN 中的 STP 处理都交给一台根网桥交换机的话，处理负荷会过于集中。所以，我们务必为每个 VLAN 都选择不同的根网桥，尽量让负载得到均衡分配。

图 4.1.40 为每个 VLAN 都选择不同的根网桥，让负载得到均衡分配

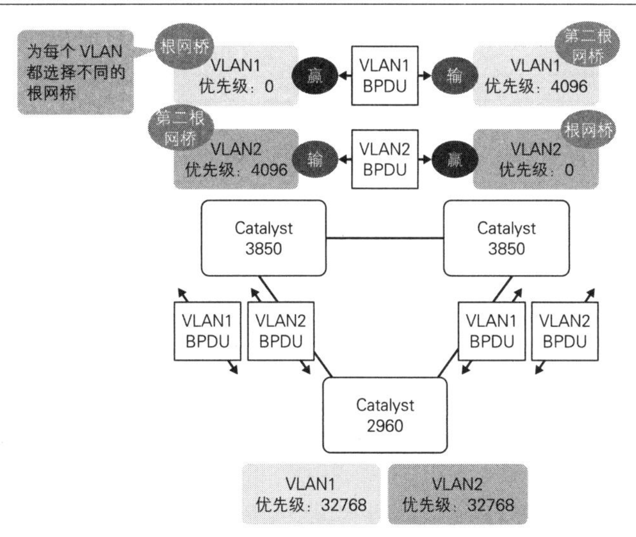

带宽的负载均衡

前面已经讲过，根网桥也决定着阻塞端口。因此，如果将所有的根网桥都集中到一台交换机上，那么所有 VLAN 的阻塞端口就会落到同一处，这会使通信流量过于集中在某条特定的链路上。因此，我们必须为每个 VLAN 都选择不同的根网桥和阻塞端口。改变根网桥能让 VLAN 的通信流量走另外的链路，最终达到带宽负载均衡分配的效果。

图 4.1.41 为每个 VLAN 都选择不同的路径，让带宽负载得到均衡的分配

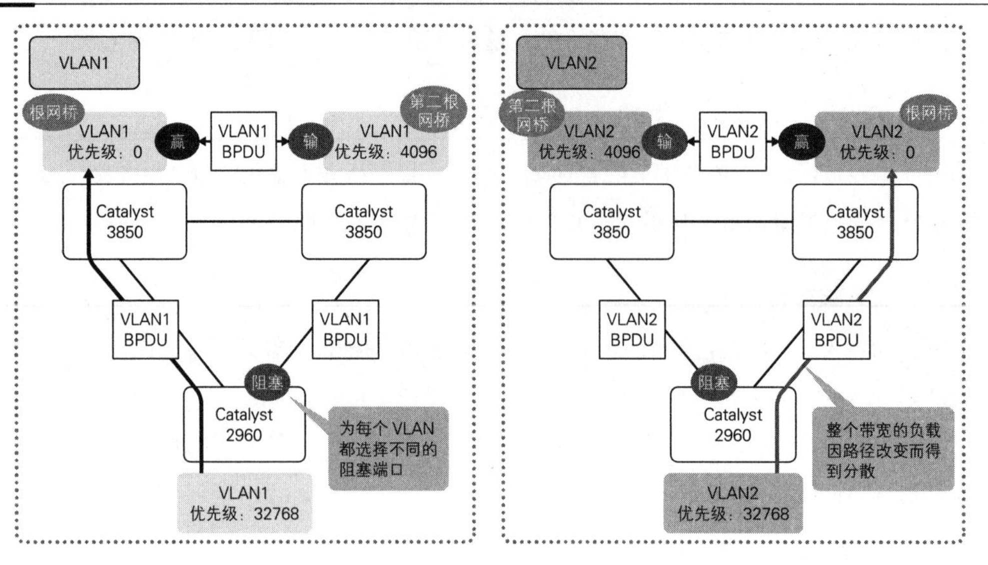

应将阻塞端口安排到这里

在服务器端通过 STP 实现链路冗余时，其标准的物理结构以及相应的设计基本上是约定俗成的。标准的物理结构有三角形结构和四边形结构两种，下面就详细讲解在这两种结构中，分别需要将阻塞端口安排到何处。

三角形结构

三角形结构是由根网桥、第二根网桥和非根网桥构成的，呈三角形状，是最容易理解也最为常见的一种结构。在这种结构中，非根网桥连接第二根网桥的端口会被阻塞。

图 4.1.42 在三角形结构中只需决定根网桥和第二根网桥即可

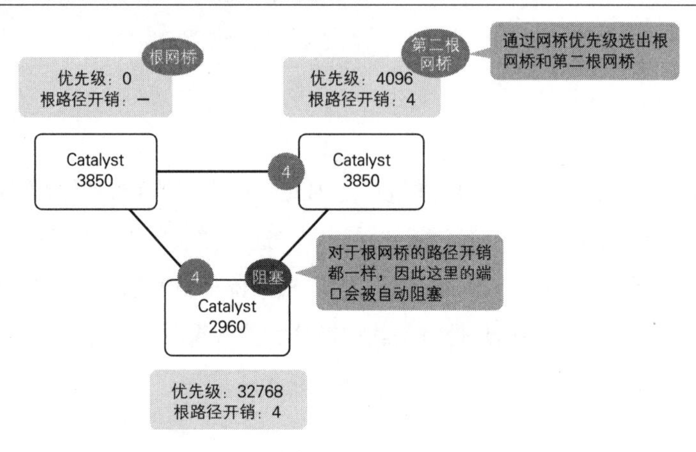

在三角形结构中，所有交换机的根路径开销（到根网桥的路径开销合计值）都是一样的。因此，只要通过网桥优先级选出根网桥和第二根网桥，我们的目标端口就会被自动阻塞。这里的关键在于根网桥和第二根网桥的位置。

四边形结构

四边形结构是由根网桥、第二根网桥和两台非根网桥构成的，呈四边形，极为少见。在这种结构中，连接不同非根网桥的设备之间的通信并不经过上层，因此，被阻塞的是位于根网桥对角处的非根网桥中连接第二根网桥的端口。

在四边形结构中，根网桥和位于根网桥对角处的交换机之间的路径有两条，它们的根路径开销是一样的。为了让连接第二根网桥的端口成为阻塞端口，我们必须对根路径开销进行操作。具体方法如下：在经过第二根网桥的路径某处加上路径开销，或者是在经过并排非根网桥的路径某处减去路径开销。在四边形结构中，我们不仅要注意根网桥和第二根网桥的位置，还必须考虑根路径开销。

图 4.1.43 在四边形结构中要对路径开销进行操作

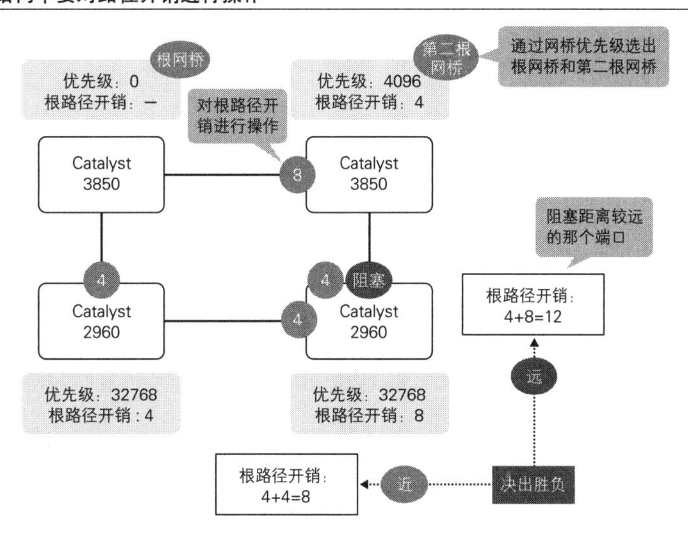

4.1.2.2 STP 有 3 种

STP 有 3 种，分别是 PVST（Per VLAN Spanning Tree，每 VLAN 生成树）、RSTP（Rapid Spanning Tree，快速生成树协议）和 MST（Multiple Spanning Tree，多生成树）。其中，PVST 是最早出现的，后来为了填补 PVST 的缺陷又相继出现了 RSTP 和 MST。它们的工作机制各不相同，但设计重点都在于收敛时间。收敛时间是指端口状态从切换之后到稳定下来所需的时间。

表 4.1.6 STP 包括 PVST、RSTP 和 MST

STP 的种类	PVST	RSTP	MST
规格	思科公司独有	IEEE 802.1w	IEEE 802.1s
收敛时间	长	短	短
收敛方式	基于定时器	基于事件	基于事件
BPDU 的单位	VLAN	VLAN	MST 区域
根网桥的单位	VLAN	VLAN	实例
阻塞端口的单位	VLAN	VLAN	实例
负载均衡的单位	VLAN	VLAN	实例

人们一般使用 PVST

PVST 是 STP 中最常用的一种，其基本原理在前面已经介绍过了。各交换机先是交换 BPDU 并选出根网桥，然后选出阻塞端口，等这些处理都稳定下来之后就通过互相发送 BPDU 定期监控彼此的状态，如果有一方在一定时间之内没有收到 BPDU，或是收到了来自根网桥的、表示拓扑变更的 BPDU（TCN BPDU），系统就会认为发生了故障，并执行几道重新计算之后将阻塞端口释放。

作为一种协议，PVST 曾经是初期 STP 环境的坚强后盾。然而它有一个足以“致命”的缺点，那就是收敛时间太长。PVST 基于“Hello 定时器”（2 s）、“最大失效定时器”（20 s）和“转发延迟定时器”（15 s）这 3 个定时器执行收敛处理，它们都会直接影响收敛时间的长短。

图 4.1.44 PVST 基于定时器执行收敛处理

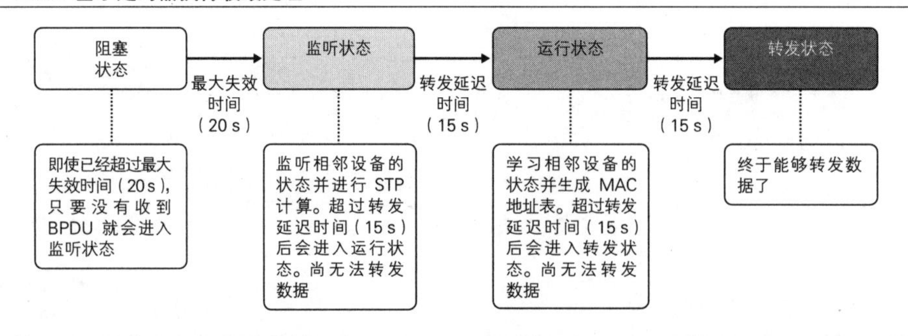

如果处理必须按照一定的顺序执行，前一个处理结束之后才能进入下一个处理，那么收敛时间肯定是会比较长的。PVST 的所有端口都是按照阻塞、监听、运行、转发这个顺序进行计算的，到释放阻塞端口为止，需要 50 s 的时间（20 s + 15 s × 2），而 50 s 对于关键任务环境来说太长了，RSTP 和 MST 就是为了弥补这个缺点而出现的。

RSTP 能够快速完成收敛工作

RSTP 是为了弥补 PVST 收敛时间较长这个缺点而出现的，它由 IEEE 802.1w 定义。RSTP 通过发送 BPDU 执行两个分别叫作提案和同意的握手处理，由此迅速掌握对方的状态。

图 4.1.45　通过提案和同意处理来掌握对方的状态

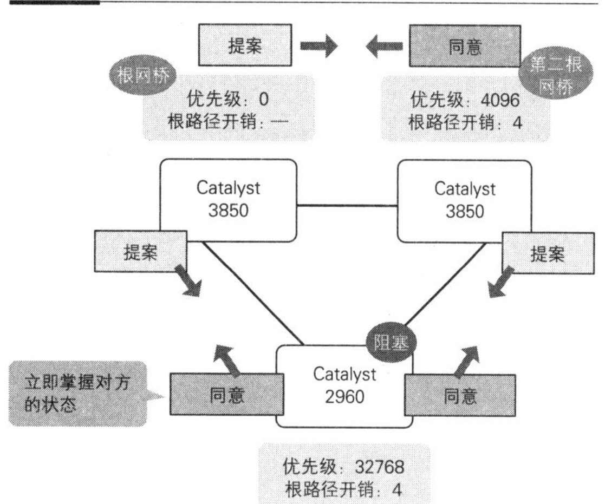

经过改良，RSTP 处理故障的速度也比 PVST 提高了很多。如果是拥有阻塞端口的交换机发生了直接性的链路故障，RSTP 会立即释放阻塞端口。如果是没有阻塞端口的交换机发生了链路故障，则由发生故障的交换机对经过 TC（Topology Change，拓扑变更）置位的 BPDU 进行泛洪处理，向整个网络通知拓扑结构的变化。接下来，通过提案和同意再次执行握手处理，然后立即释放阻塞端口。RSTP 不像 PVST 那样基于定好的定时器顺序去逐一处理，所以不必等前一个的处理结束之后才开始下一个。它是受事件触发而启动的，仅需短短 1 s 的时间便能完成收敛工作。除非是极度敏感的应用程序，否则都不会觉察觉到有过这样一瞬而过的通信中断。

图 4.1.46　RSTP 能够迅速进行切换

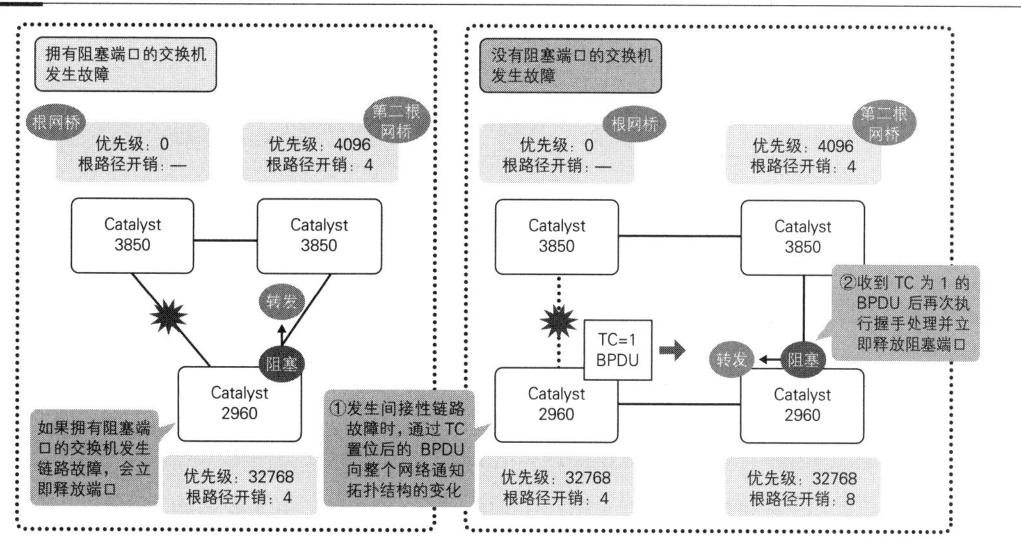

MST 能够同时兼顾快速和高效

MST 和 RSTP 一样，也是为了弥补 PVST 收敛时间较长这个缺点而出现的一种协议。它由 IEEE 802.1s 定义，基本机制也和 RSTP 一样，通过提案和同意去掌握对方的状态，受事件触发而启动，目的是缩短收敛时间。不过相比 RSTP，MST 还多出了一个新的概念，那就是用来提高处理效率的“实例”。粗略地讲，实例就是由多个 VLAN 构成的群组。PVST 和 RSTP 都是以 VLAN 为单位运作的协议，因此，当环境中有大量 VLAN 存在时，我们就需要一个个地去处理和管理。而 MST 是在每个 MST 区域[①] 中生成 BPDU 并以实例为单位运作，这样，我们就能以实例为单位去执行处理和管理了，不光处理本身，整个运行管理的效率都能获得提高。

图 4.1.47 MST 以实例为单位进行处理

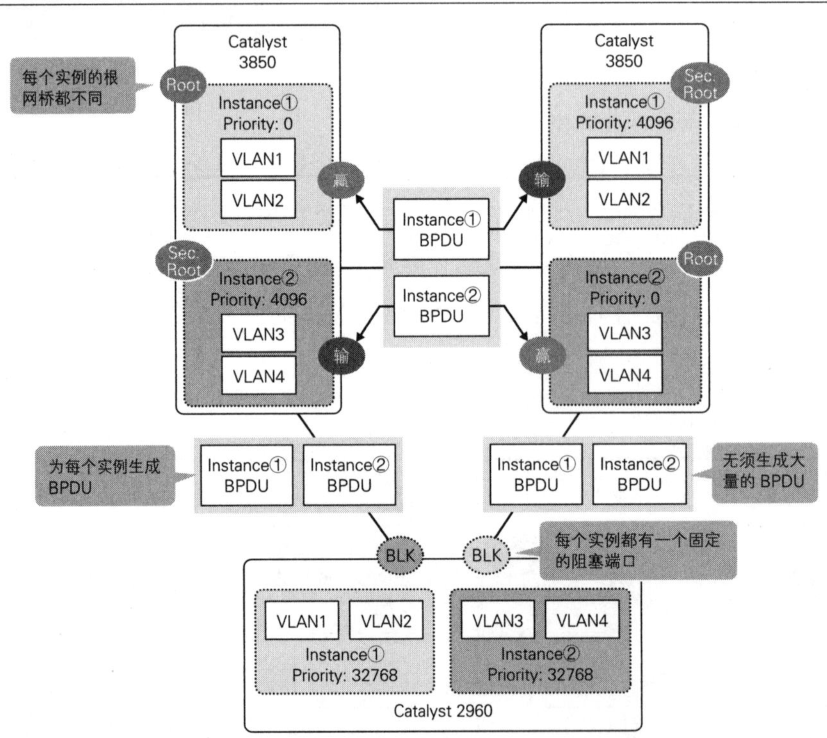

4.1.2.3 同时启用多项可选功能

STP 并不是“单枪匹马”地发挥作用的，有很多备选功能可供使用，我们应根据实际的网络环境选择合适的可选功能。下面就介绍一下最近在网络环境中非常常见的 PortFast 和 BPDU

① MST 区域是指拥有相同的 MST 设置且彼此连接的交换机的群集。

守护这两种可选功能。

PortFast 功能

将 STP 激活之后，所有的端口都会按照阻塞、监听、运行、转发这个顺序去进行计算。这些计算结束之后比特流才能被转发出去，大约需要 50 s 的等待时间。然而，对于连接服务器和 PC 的端口这种发生环回的可能性非常低的端口来说，这些计算是毫无必要的。于是人们为 STP 开发出了 PortFast 功能，它能让端口连接成功之后马上就进入转发状态。只要我们激活 PortFast 功能，端口就能迅速进入转发状态，因此连接一成功就可以马上转发比特流了。

图 4.1.48 对于连接终端和服务器的端口应激活它们的 PortFast 功能

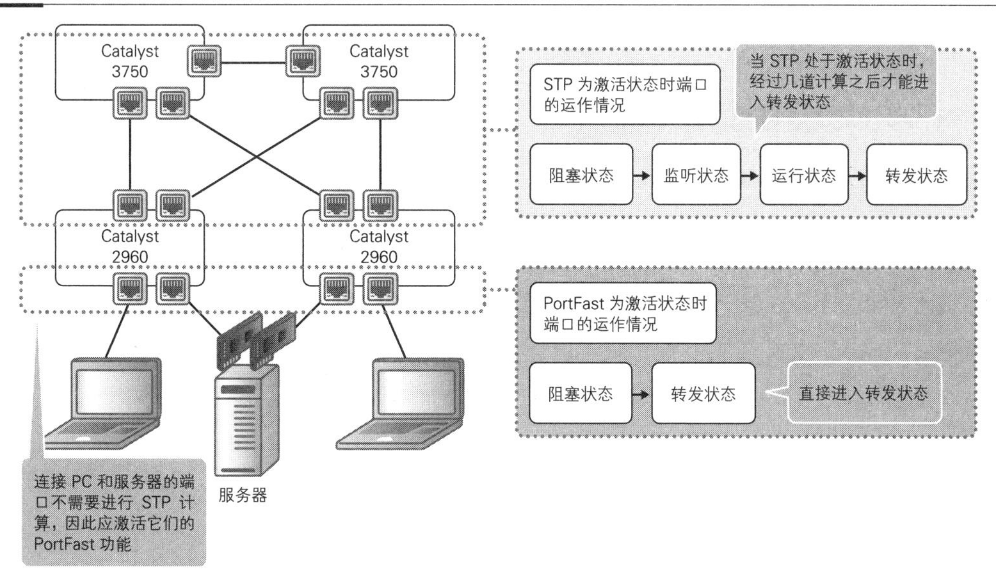

有些服务器的使用手册中可能写有“请勿激活 STP 功能”这样的语句，但却没有给出详细的解释。明明是需要通过 STP 去实现高可用性的环境，却又不允许激活 STP 功能，这是不可能的。如果看到这样的使用手册，我们可以认为这是在要求我们在连接的端口中设置 PortFast 功能。

BPDU 守护功能

BPDU 守护是指设定了 PortFast 功能的端口一旦收到 BPDU 就会强制关闭该端口的功能。前面已经提到过，PortFast 功能是针对那些不太可能发生环回的、连接 PC 和服务器的端口而设置的。然而，事实上我们谁也无法保证环回一定不会发生。例如，我们在运行管理中偶尔会听到这样的事：用户将原本用于连接 PC 的端口擅自接到了集线器上，结果导致了环回的发生。为了避免出现这种情况，我们应开启 BPDU 守护功能。

图 4.1.49 端口收到 BPDU 时就会被强制关闭

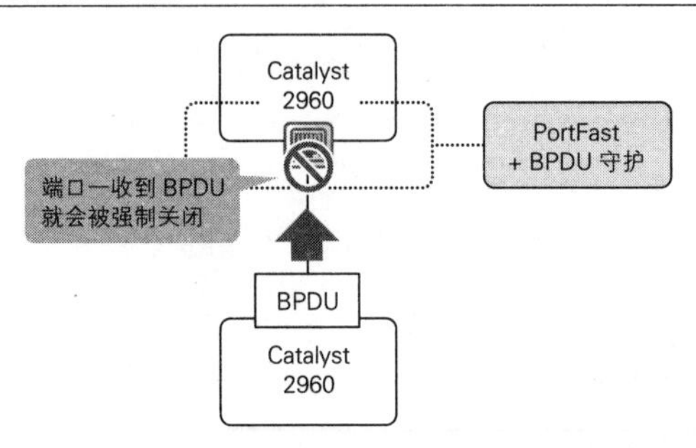

4.1.2.4 利用 BPDU 切断桥接环路

如今，STP 在冗余技术中早已风光不再，但这并不意味着它即将销声匿迹，因为它有一个看家本领，那就是能够避免桥接环路的产生。今后，STP 很可能会凭借这一特色继续存在下去。

桥接环路是足以“致命”的

首先，我们来看看什么是桥接环路。桥接环路是一种以太网帧在路径上环回不止的现象，它是由物理层和逻辑层的环回结构造成的。交换机会对广播进行泛洪处理，于是，当有环路存在的时候，广播被转发出去之后遇到泛洪处理，就会被无休止地重复转发，最终导致通信中断。

图 4.1.50 广播环回不止

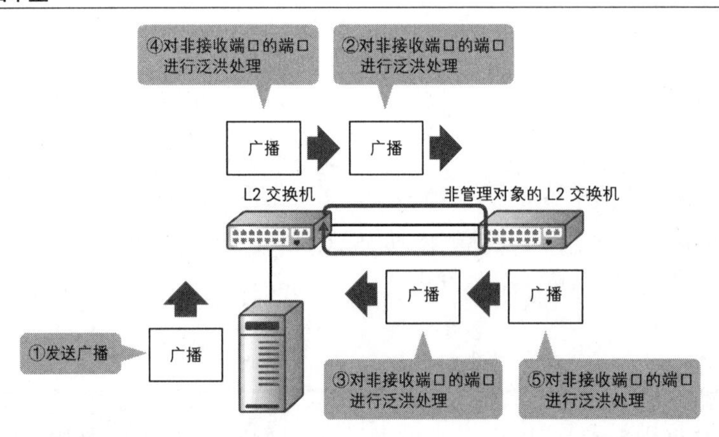

以前，我负责的某位客户曾经捅过这样一个娄子——他对一个来路不明的集线器做了环回连接，结果导致桥接环路的产生，出了事故。用他的描述就是“集线器机房打雷了”，这句话给我留下了深刻的印象，简直就是我心目中不可磨灭的“名言”。想来“打雷”应该是所有交换机端口的 LED 灯一起闪烁了的缘故，那还真是“电闪雷鸣”的场面啊。当时，由于整栋楼的核心交换机起着核心路由选择的作用，整栋楼的 7000 个端口同时断掉，通信在眨眼之间就全面陷入了瘫痪，实在是太可怕了……所以，我们绝不能让桥接环路发生。尤其是近年，考虑到运行管理的便利性，人们往往会采用“利用核心路由选择将 VLAN 尽量做大”的设计理念，然而在这样的环境中一旦发生桥接环路，其影响之大、后果之严重将不堪设想。对此，我们一定要备有万全之策。

利用 BPDU 守护功能切断环路

以太网中没有 TTL 的概念，因此只要使用以太网，就不能忽视桥接环路的问题。它们的关系就像运动员与自身的伤病一样，只能采取预防措施，与其和平共处。预防桥接环路的措施之一就是利用 BPDU 守护功能。桥接环路是很少发生在网络管理人员的管理范围内的，而是大多发生在服务器和用户端口这些管理人员管理范围之外的地方。的确，从人的天性来说，看到闲置的端口就会想要使之派上用场吧。

对于连接服务器和用户终端的端口，我们应激活它们的 PortFast 功能，同时设置 BPDU 守护功能。BPDU 守护功能的机制是，当激活了 PortFast 功能的端口收到 BPDU 时会被强制关闭。如果有环路存在，计划之外的 BPDU 就会被发送到 PortFast 功能已被激活的端口中去，BPDU 守护功能会马上截住这些 BPDU 并关闭端口，这样，环路就被切断了。

前面已经讲过，作为一项冗余技术，STP 早已被 StackWise 技术和 VSS 取代，不会再有大的作为了，然而它能够避免桥接环路这个特色还是会继续发扬下去的。

图 4.1.51　利用 BPDU 守护功能切断环路

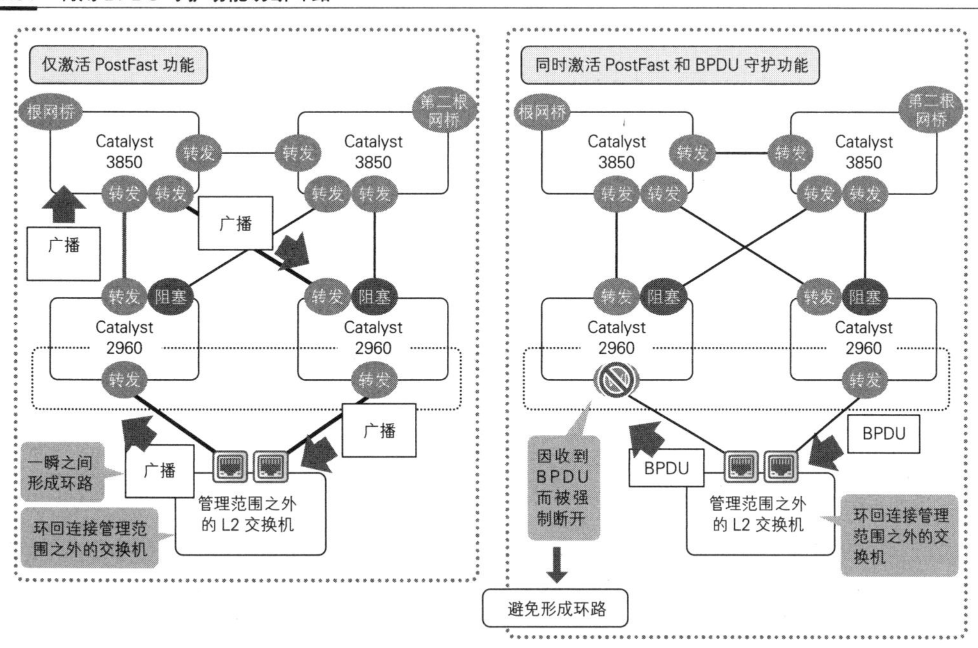

不过，BPDU守护功能并不是万能的。假设存在一台收到BPDU后将其丢弃的交换机，而有人又擅自环回连接上了该交换机，那么还是会导致通信中断，在一瞬间形成环路的。因此，我们应该提前做好预防工作，关闭不用的端口或者启用其他的功能。除了BPDU守护功能之外，下表还列举了其他的L2环路预防功能供大家参考。

表4.1.7 L2环路预防功能

L2环路预防功能	各功能的概要
风暴控制	流经某一接口的数据量超过阈值时，将超出部分的数据丢弃
UDLD（单向链路检测）	这是一个L2协议，用于判断通信链路的状态（正常或者中断）。一旦检测到某个端口只能发送帧，但无法接收帧（即单向链路故障），UDLD就会立即关闭该端口
环路守护	通过STP实现冗余备份的网络结构中，如果交换机的阻塞端口无法接收BPDU，则将该交换机变为不一致阻塞状态，而非转发状态

4.1.3 网络层的冗余技术

关于网络层的冗余技术，我们只需掌握FHRP（First Hop Redundancy Protocol，第一跳冗余协议）和路由协议就足够了。这两个协议在服务器端互相合作，共同实现冗余备份。下面就分别讲解一下这两个协议。

4.1.3.1 FHRP

FHRP是一种用于实现服务器和PC的第一跳，也就是默认网关冗余备份的协议。它在很早之前就被广为使用了，可以说是冗余备份的基础要素。目前，LAN中的FHRP虽然正在被StackWise技术和VSS逐渐取代，但依然占有一席之地。此外，FHRP在防火墙和负载均衡器的基础冗余技术中也有着用武之地，好好掌握它是有利无弊的。

两种常用的FHRP

FHRP使多个默认网关就像一个虚拟的默认网关那样运作，以此来实现冗余备份。它将两台设备共享的IP地址设为虚拟IP地址，然后将该虚拟IP地址当作默认网关使用。

可用于路由器和L3交换机的FHRP共有3种，分别是HSRP（Hot Standby Routing Protocol，热备份路由协议）、VRRP（Virtual Router Redundancy Protocol，虚拟路由器冗余协议）和GLBP（Gateway Load Balancing Protocol，网关负载均衡协议）。至少到目前为止，我还没有

看到过使用 GLBP 的设备。因此，下面就仅详细介绍 HSRP 和 VRRP 这两种协议。

表 4.1.8 关于 FHRP 只需掌握 HSRP 和 VRRP 即可

FHRP 的种类	HSRP	VRRP
组名	HSRP 组	VRRP 组
最大组数	255	255
构成组的路由器	活动路由器 备用路由器	主路由器 备份路由器
用于 Hello 数据包的多播地址	224.0.0.2	224.0.0.18
Hello 间隔（发送 Hello 数据包的间隔）	3 s	1 s
Hold 时间（判断出故障的时间）	10 s	3 s
虚拟 IP 地址	设成不同于真实 IP 地址的 IP 地址	可设成和真实 IP 地址相同的 IP 地址
虚拟 MAC 地址	00-00-0C-07-AC-XX （XX 为组 ID）	00-00-5E-00-01-XX （XX 为虚拟路由器的 ID）
Preempt 功能（自动恢复）	默认为休眠状态	默认为激活状态
认证	可以	可以

HSRP

HSRP 是思科公司独有的 FHRP，如果网络环境采用的全是思科设备，那么考虑使用 HSRP 是绝对没错的。

HSRP 通过 Hello 数据包中的组 ID 相互识别，然后比较优先级（优先的程度），将优先级最高的那台路由器设置为活动路由器，其他的设置为备用路由器。对于希望其成为活动路由器的设备，我们应将它的优先级设置得比备用路由器的更高。

Hello 数据包实际上就是一种 UDP 多播。在源 IP 地址中写入各台路由器的真实 IP 地址，在目的 IP 地址中写入 224.0.0.2，在源 / 目的端口号中写入 UDP/1985，然后对构成 HSRP 所必需的这些信息进行封包处理。

图 4.1.52 通过 Hello 数据包的组 ID 相互识别

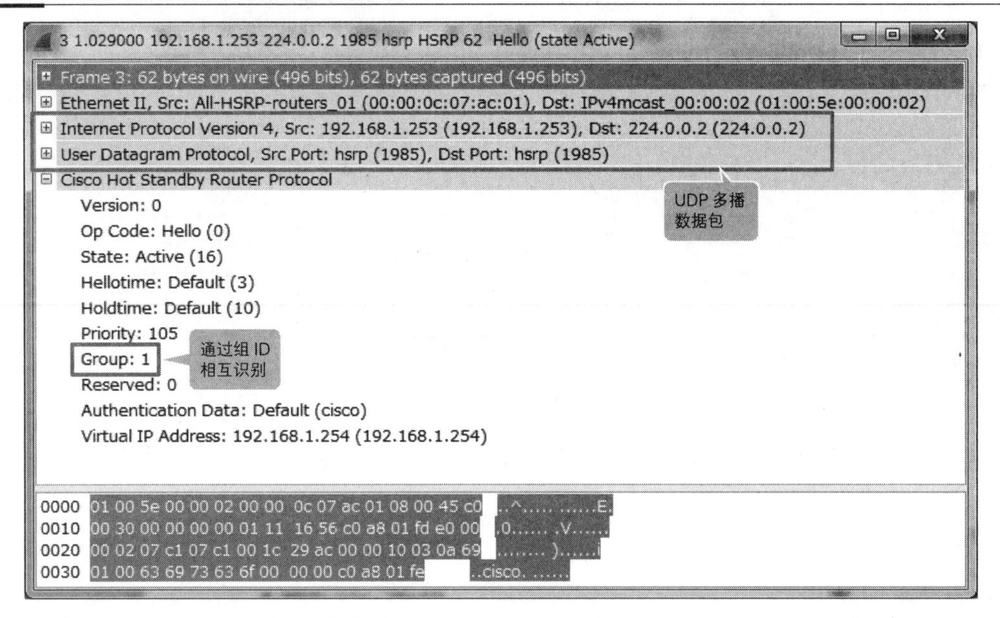

一般来说，只有活动路由器才会接收用户的通信流量并基于路由表的信息去转发数据包。双方每隔 3 s 会互相发送 Hello 数据包，如果其中一方超过 10 s 未能收到 Hello 数据包，或是收到了优先级较低的 Hello 数据包，那么备用路由器就会接替原来的活动路由器工作，原理就是这么简单。

图 4.1.53 通过 Hello 数据包了解对方的状态

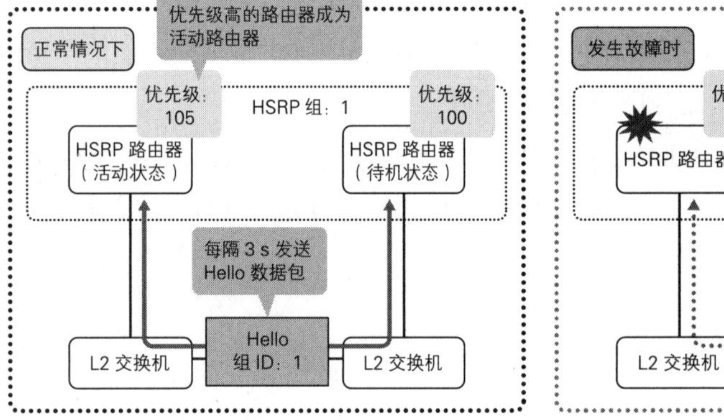

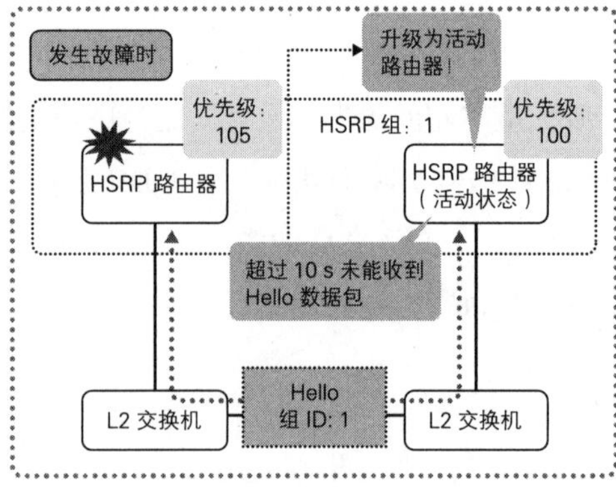

VRRP

VRRP 是由 RFC 定义的 FHRP，一般用在由多家供应商提供的不同品牌设备所组成的环境中。我们可以认为 VRRP 的工作原理和 HSRP 的基本上是一样的，二者只是在名称和设计上有一些微妙的区别而已，我们只要弄清楚这些区别就可以了。

VRRP 通过 Advertisement 数据包中的虚拟路由器 ID 相互识别，然后比较优先级，将优先级最高的那台路由器设置为主路由器，其他的设置为备份路由器。对于希望其成为主路由器的设备，我们应将它的优先级设置得比备份路由器的更高。

Advertisement 数据包实际上就是一种多播。在源 IP 地址中写入各台路由器的真实 IP 地址，在目的 IP 地址中写入 224.0.0.18，然后对构成 VRRP 所必需的这些信息进行封包处理。

图 4.1.54　通过 Advertisement 数据包的虚拟路由器 ID 相互识别

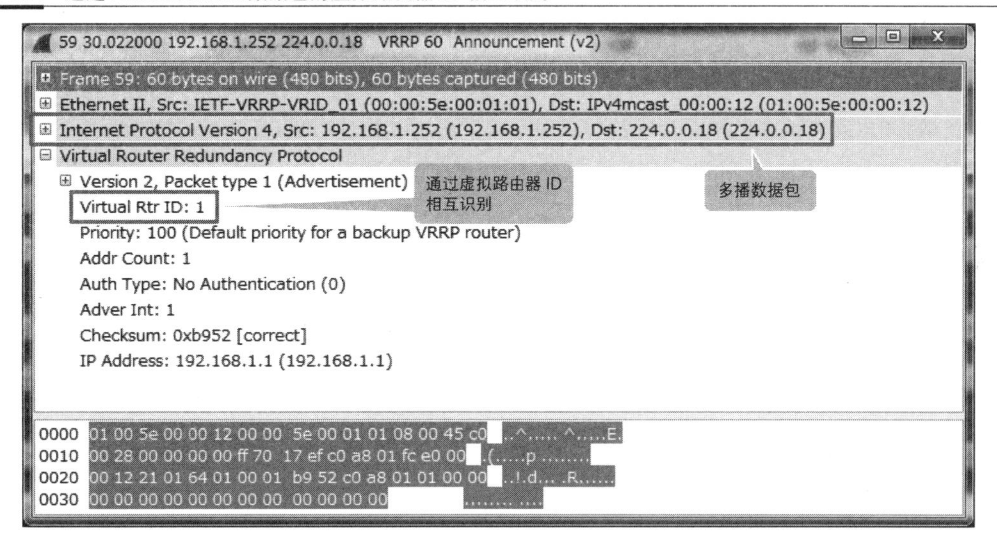

一般来说，只有主路由器才会接收用户的通信流量并基于路由表的信息转发数据包。双方每隔 1 s 会互相发送 Advertisement 数据包，如果其中一方超过 3 s 未能收到 Advertisement 数据包，或是收到了优先级较低的 Advertisement 数据包，备份路由器就会接替原来的主路由器工作，原理和 HSRP 的一样非常简单。

图 4.1.55　通过 Advertisement 数据包了解对方的状态

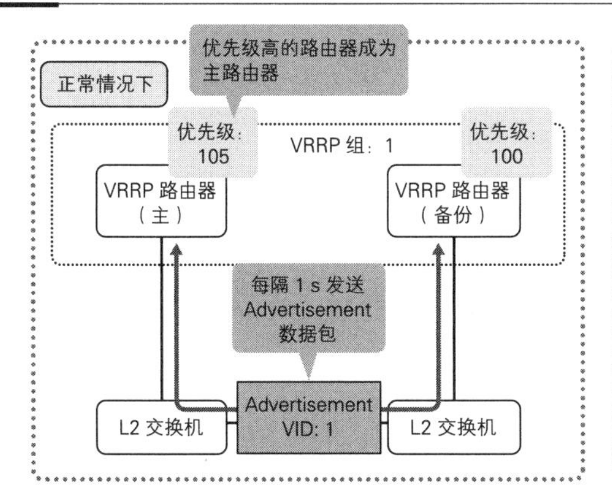

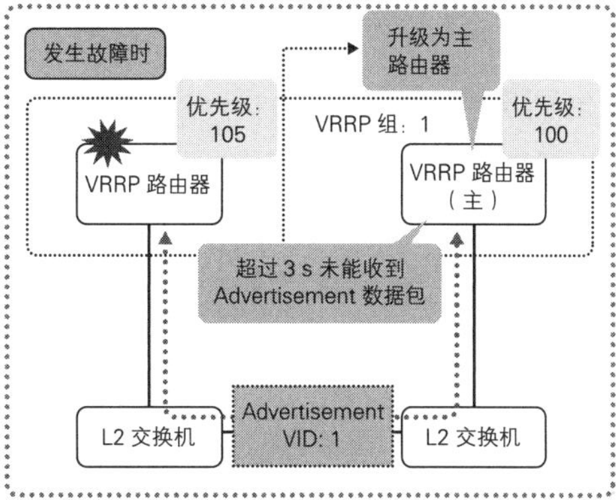

基于 Hello 报文的接收情况执行故障转移

当备用路由器在 Hold 时间内未能收到 Hello 报文，或是收到了优先级较低的 Hello 报文时，FHRP 就会执行故障转移。下面我们来分别了解一下这两种情况。

Hold 时间超时

备用路由器收不到 Hello 报文的情况也许比较容易想象。当活动路由器发生故障，或是发送 Hello 报文的接口有问题的时候，Hello 报文就会发不出去。于是备用路由器收不到来自活动路由器的 Hello 报文，FHRP 执行故障转移。

图 4.1.56　活动路由器或接口的故障导致 Hold 时间超时

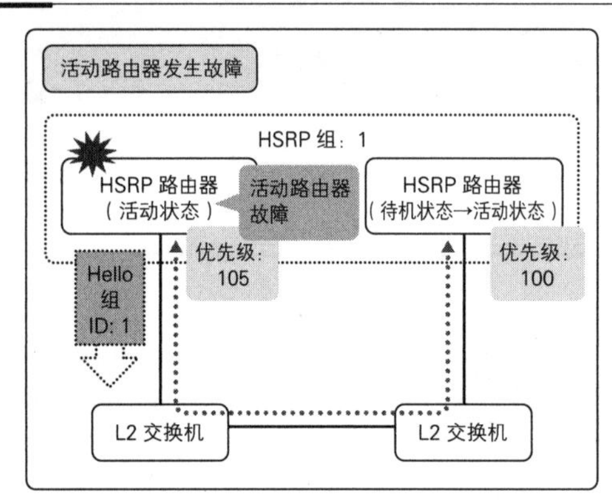

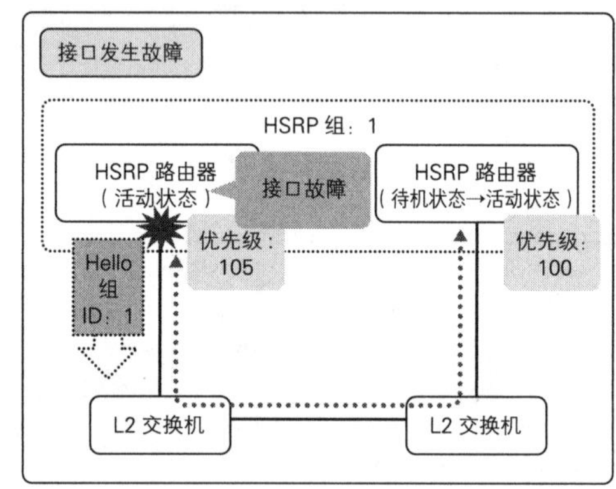

收到优先级较低的 Hello 报文

活动路由器和备用路由器是由 Hello 报文中的优先级决定的。FHRP 会对特定对象的状态（接口、疏通情况等）进行监控，一旦发现故障，就通过一个叫作追踪的功能将当前活动路由器的优先级降低。这样，当监控对象发生故障时，FHRP 就会发出一个优先级已降低的 Hello 报文，促使故障转移启动。

我们以下图所示的结构为例来具体看一下。在这个不进行追踪处理的结构中，即使 WAN 接口发生故障，FHRP 也不会执行故障转移，结果导致通信路径失谐。

下面我们加入追踪处理后再来看看。FHRP 在对 WAN 接口状态的监控中发现了故障，于是发出一个优先级已降低的 Hello 报文。备用路由器收到该 Hello 报文之后，顺利升级为新的活动路由器。

图 4.1.57 不进行追踪处理，通信路径就会失谐

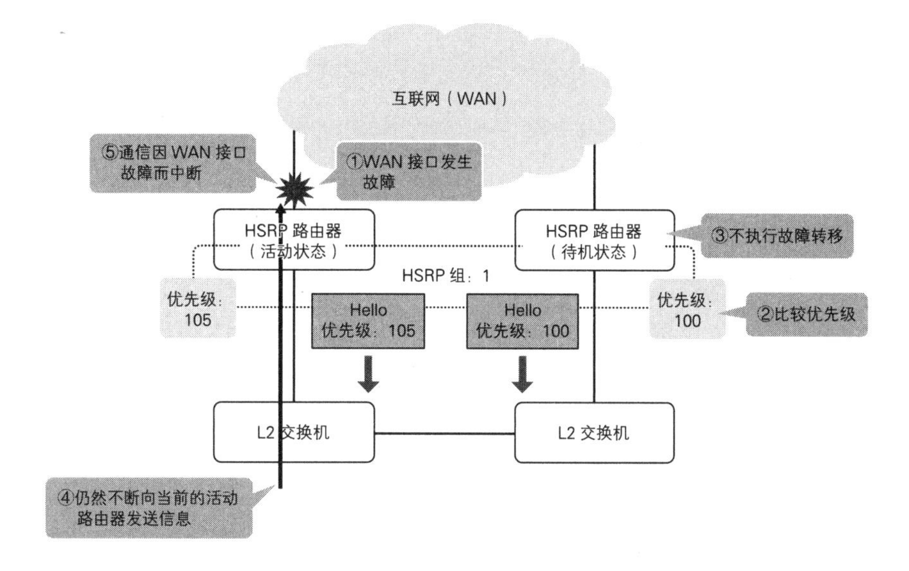

图 4.1.58 通过追踪处理强制启动故障转移

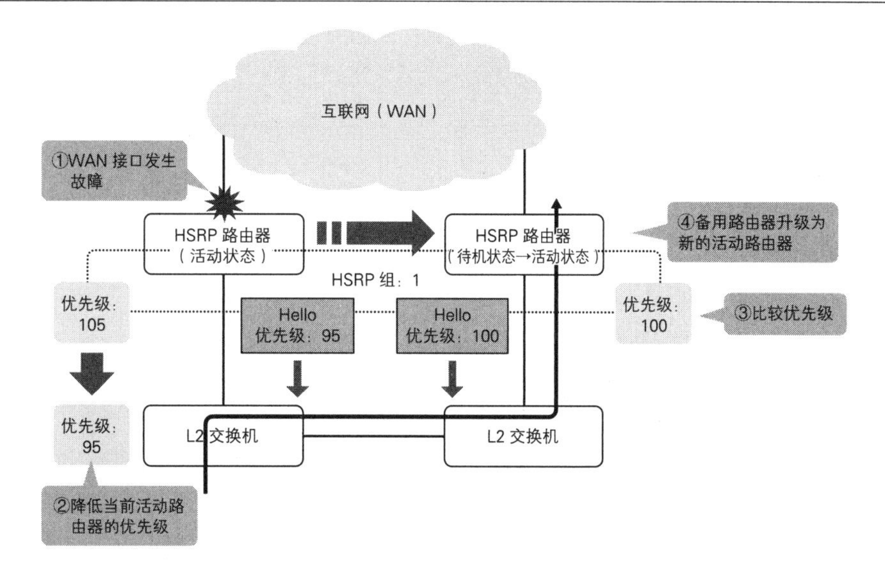

FHRP 的运作流程

接下来我们来看看 FHRP 是怎样实现活动 / 备用路由器的冗余结构的。这部分是 FHRP 的基本原理，HSRP 也好，VRRP 也罢，运作流程都是一样的。而且，防火墙和负载均衡器的冗余备份采用的也是同样的机制，所以我们应该牢牢掌握这个部分。

ARP 是 FHRP 的基础技术和坚强后盾。人们通过对 ARP 的控制让通信流量集中到活动路由器（主路由器）上。在 FHRP 的结构中，活动 / 备用路由器各自拥有不同的物理 MAC/IP 地址，但与此同时，双方还拥有共享的虚拟 MAC/IP 地址。这个虚拟 MAC/IP 地址由服务器和 PC 的默认网关来设置。

正常情况下的运作流程

首先我们来看看正常情况下的运作流程。

1. 针对发送给默认网关 IP 地址（即虚拟 IP 地址）的 ARP 请求，活动路由器会返回一个答复。回复的 MAC 地址即虚拟 MAC 地址。虚拟 MAC 地址因 FHRP 而异，HSRP 的虚拟 MAC 地址为 00-00-0C-07-AC-XX（这里的 XX 为组 ID），VRRP 的虚拟 MAC 地址则为 00-00-5E-00-01-XX（这里的 XX 为虚拟路由器 ID）。
2. 在客户端的 ARP 条目中写入虚拟 MAC 地址和虚拟 IP 地址。
3. 数据包被转发给活动路由器。
4. 活动路由器根据本机中的路由表信息转发数据包。

图 4.1.59　正常情况下只有活动路由器会答复虚拟 IP 地址的 ARP 请求

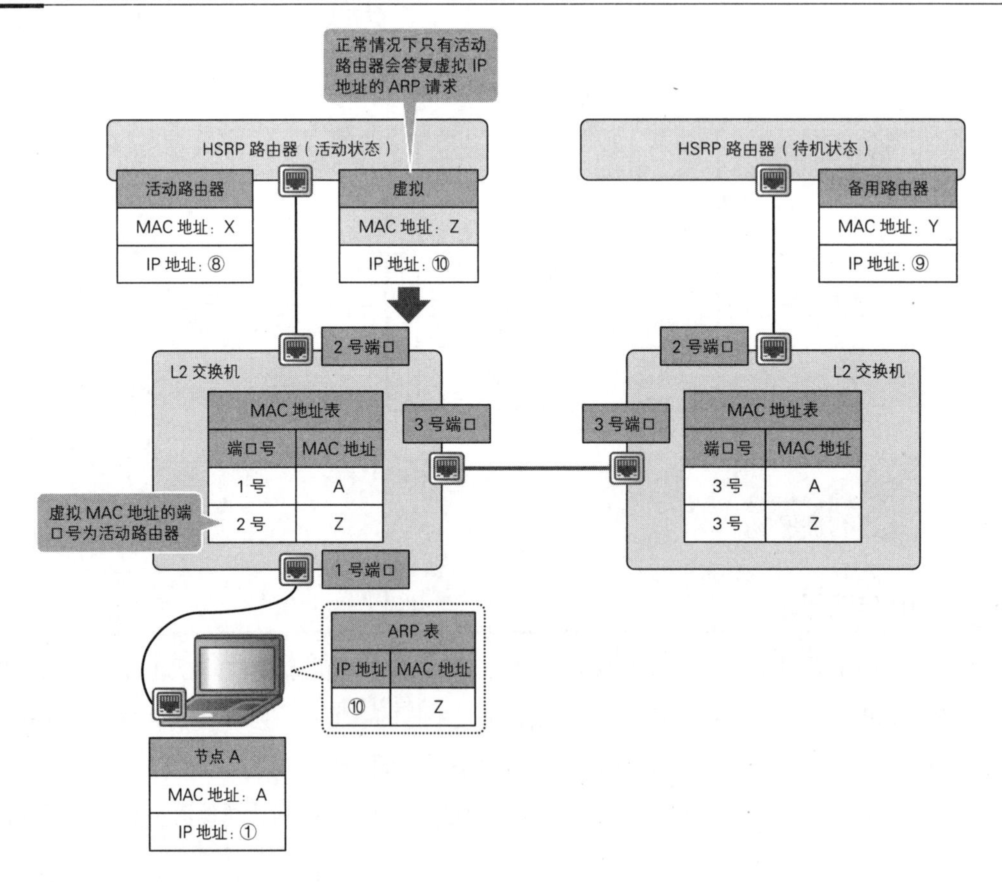

发生故障时的运作流程

下面我们再来看看执行故障转移时的运作流程。

1. 活动路由器发生故障。
2. 备用路由器未能收到来自活动路由器的 Hello 报文，或是收到了优先级较低的 Hello 报文，于是升级为新的活动路由器，同时发出 GARP 声明。
3. GARP 更新 L2 交换机的 MAC 地址表，将通往虚拟 IP 地址的路径引向新的活动路由器。此时客户端的 ARP 条目并不更新，虚拟 IP 地址的 MAC 地址仍然保持虚拟 MAC 地址的原样不变。
4. 数据包被转发给新的活动路由器。
5. 新的活动路由器根据本机中的路由表信息转发数据包。

图 4.1.60　执行故障转移时新的活动交换机会发出 GARP

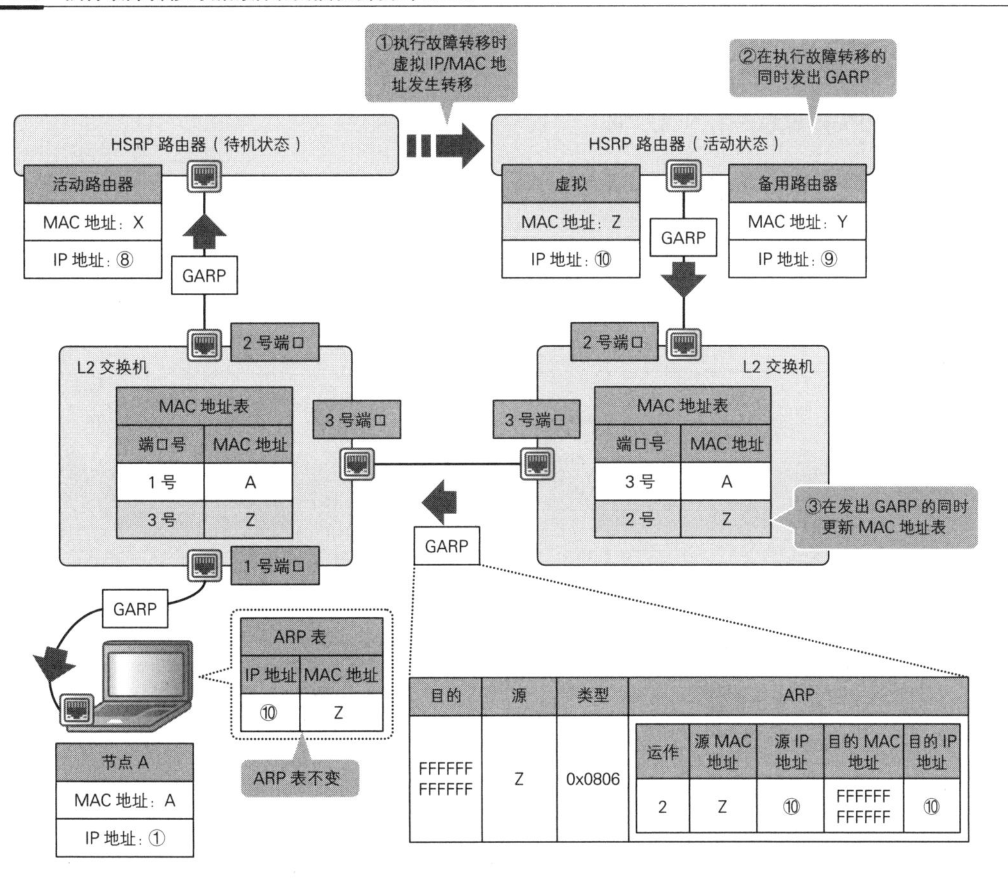

注意 ID 冲突

使用 FHRP 时，我们最应该注意的一点就是要避免 ID 发生冲突。FHRP 是仅凭 Hello 报文中的组 ID[①] 去识别 FHRP 组中的路由器的。因此，如果 FHRP 组外的路由器使用了和组内路由器相同的 ID，FHRP 就会无法正常运作。

在连接构成 FHRP 的设备时，我们要做 3 道确认工作。首先，要看上层设备是否是用了 FHRP。如果回答是肯定的，要继续看使用的是哪些 FHRP。如果使用的是相同的 FHRP，就还要进一步确认它们分别使用的是什么 ID。当上层设备为数据中心的设施时，使用什么 ID 往往是有具体规定的，因此遇到这种情况，我们就要使用指定好的 ID。

让根网桥和活动路由器彼此对准位置

数据链路层通过 STP 实现冗余备份，网络层则通过 FHRP 实现冗余备份——这在不久之前还曾是绝对的业界标准，但是最近，这对冗余技术已经逐渐被 StackWise 技术和 VSS 所取代，今后人们在新建冗余备份时可能就不会再用到它们了。不过，既然它们仍将继续存在，那我们掌握好它们的相关知识总是有利无弊的。

图 4.1.61 让根网桥和活动路由器彼此对准位置

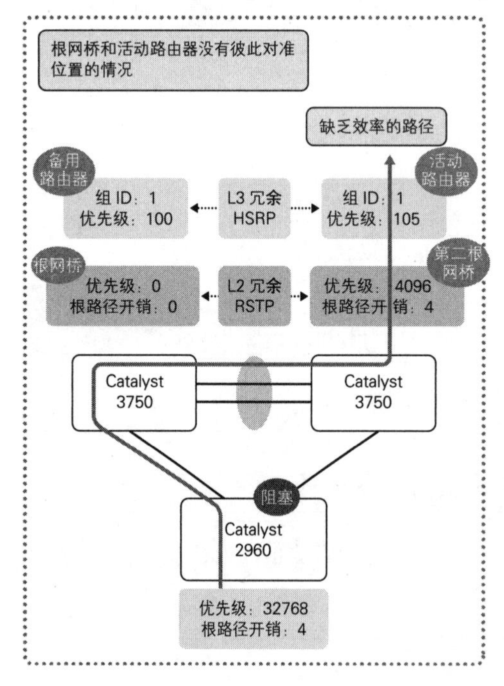

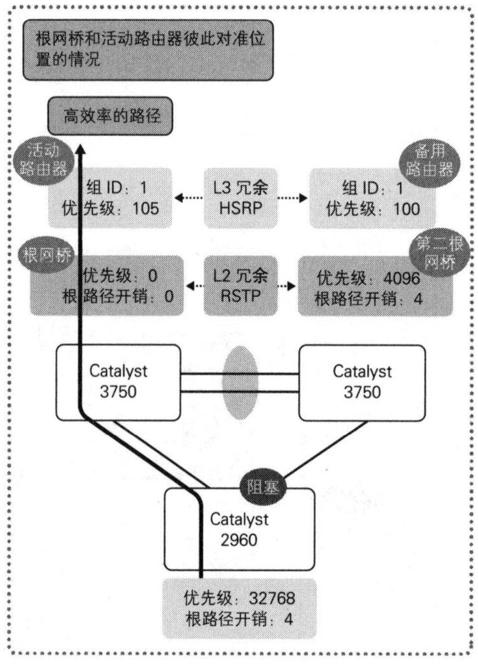

① 如果是 VRRP，则是依靠 Advertisement 报文中的虚拟路由器 ID 去识别 VRRP 组中的路由器的。

通过 STP 和 FHRP 实现冗余备份的时候，我们必须让根网桥和活动路由器彼此对准位置。如果根网桥对准的是备用路由器，那么通信要到达上层设备就不得不绕远。绕远就会造成延迟，既耽误时间，也影响效率，还会给运行管理带来一些不必要的麻烦。因此，我们一定要遵守让 STP 的根网桥和 FHRP 的活动路由器彼此对准位置这条原则。

通过多个组 ID 来实现活动 / 活动冗余结构

FHRP 在每个组中采用的都是活动 / 备用冗余结构。我们不妨这样认为：因为每个组都有一个虚拟 IP 地址，所以每个虚拟 IP 地址都对应着一个活动 / 备用冗余结构。而 FHRP 也可以利用这种机制，架构出活动 / 活动冗余结构。具体来说，就是以虚拟 IP 地址为单位去切换活动机，这样，从整体的角度来看就实现了活动 / 活动冗余结构。毋庸置疑，在这种架构中，我们必须想办法让下属客户端的默认网关能够得到合理的分散，否则活动 / 活动冗余结构也是无法工作的。

图 4.1.62 以虚拟 IP 地址为单位对活动机进行切换

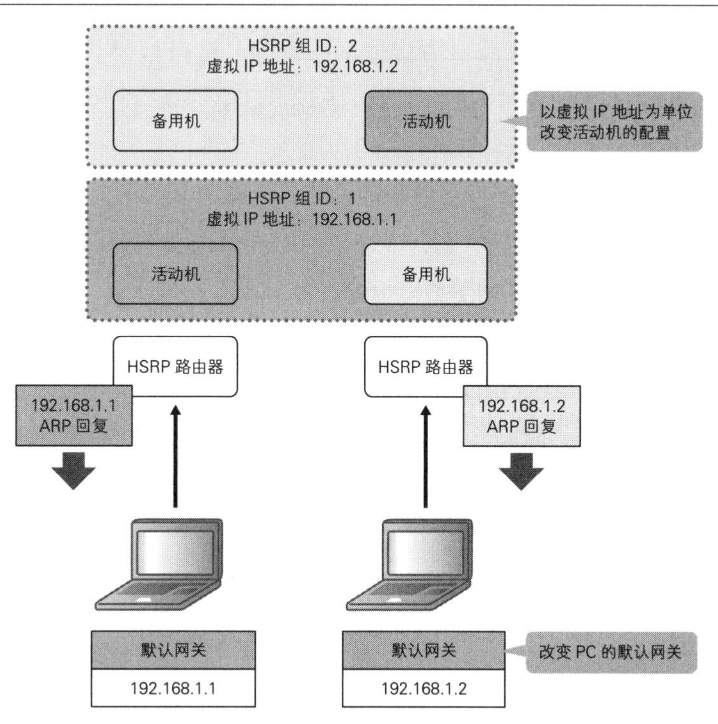

最近几年，随着通信流量的激增，活动 / 备用冗余结构和“n + 1”结构似有卷土重来之势。这大概是因为很多设备管理人员认为，既然备用机大部分时间都在休眠，那么何不让它们发挥作用，去分散一部分通信流量呢？那样的话处理效率一定会更高……然而，我们必须清楚地认识到，基于 FHRP 的活动机 / 备用机冗余结构在其优点的背后有着一个很大的缺点，那就是运行管理非常麻烦。如果你的确有与之相当的技术水平，非常善于管理，又相信自己能够完美地驾驭这种冗余结构，那么当然没有任何问题。不过，如果一发生问题你还是得求助于工程师的话，那么我还是劝你不要使用这种冗余结构了。

4.1.3.2 利用路由协议确保通往上层设备的路径

路由协议不仅负责学习路径信息，还肩负着实现冗余备份的重任。路由器和 L3 交换机将路径信息暂时保存在非路由表的表中，在真正的路由表中只写入度量值最小的那条最佳路径。路径学习告一段落之后，路由协议会敦促路由器发出 BFD（后面会有介绍）、Hello 报文或 KEEPALIVE 消息以了解对方的状态，发生故障时也是利用这些数据包去检测故障，确保迂回路径。

所有的系统管理员都希望达到一种理想状态，那就是能够更快地检测故障，并且更快地确保迂回路径。然而，现实中可悲的是，人们无法大幅缩短路由协议中规定的死活监控数据包的发送间隔，因此很难消除设备故障对通信带来的影响。这时就要用到 BFD（Bidirectional Forwarding Detection，双向转发检测）协议了。通过 BFD，系统管理员们就能解决现实中的问题，从而实现理想的状态。

BFD 协议是一个专门用于检测设备故障的协议，能够与众多的路由协议相互配合发挥作用。其机制是监控相邻设备的死活状态，根据监控结果判断设备是否发生故障。我们知道，路由协议中死活监控数据包的发送间隔最短也要以秒为单位进行设置；而且由于监控处理本身是由软件通过 CPU 执行的，如果我们将监控数据包的发送间隔设置得过短，就会额外增加 CPU 的处理负荷。但是采用 BFD 协议就不一样了，BFD 是以毫秒为单位发送死活监控数据包的，能够大幅缩短检测故障的时间。除此之外，它的监控处理比较简单且是交给硬件来完成的，因此并不会增加多少处理负荷。接下来，我们以 BGP 和 BFD 的联动为例来看看具体的运作流程。

正常情况下的运作流程

1. 通过 BGP 消息建立 BGP 对等体。
2. BGP 进程发送消息给 BFD 进程，请求建立 BFD 会话。
3. 双方交换 BFD 数据包，建立 BFD 邻居关系。
4. 按照设置的发送间隔向 BFD 邻居发送 BFD 数据包。

图 4.1.63 BGP 和 BFD 的联动（正常情况下）

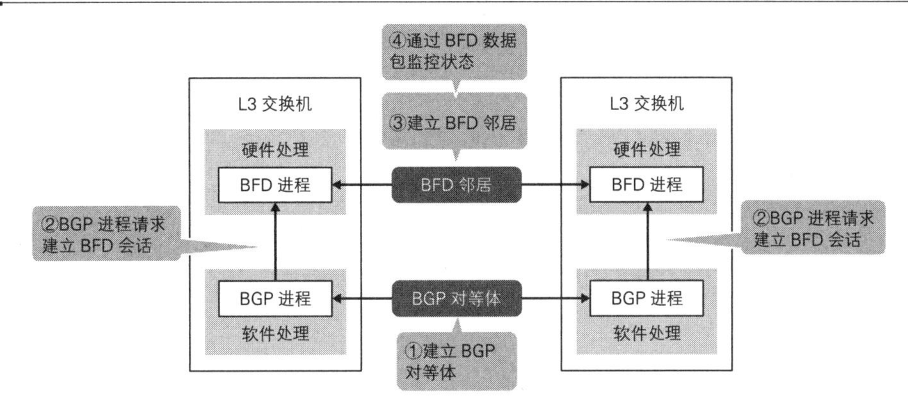

发生故障时的运作流程

1. 由于没有收到来自 BFD 邻居的 BFD 数据包，就判断其发生了故障。
2. 中断 BFD 邻居关系。
3. 通知 BGP 进程 BFD 邻居已中断。
4. 中断 BGP 对等体，通过迂回路径发送数据包。

图 4.1.64 BGP 和 BFD 的联动（发生故障时）

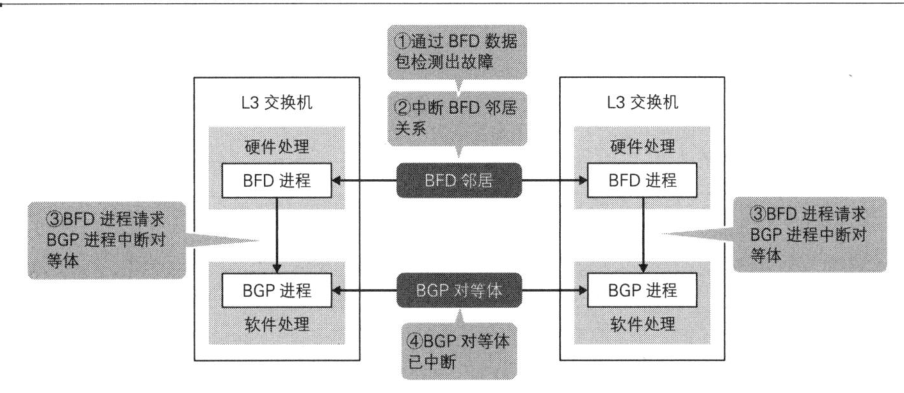

通过 BFD 检测通往 ISP 的路径上的故障，并通过 BGP 实现路径冗余

服务器端是通过 BGP 确保通往 ISP 的路径冗余的。BGP 在建立对等体并学习完路径之后会采用 BFD 以毫秒为单位来定期监控彼此的状态。

ISP 对于 BFD 的发送间隔和 Hold 时间（断定已有故障发生前的丢包次数）都会提示推荐时长，我们应按照这些提示去完成设置。另外，内部是通过 FHRP 实现活动 / 备用冗余结构的。因此，我们应将冗余结构下直属设备（在图 4.1.65 所示的结构中为防火墙）的默认网关设置为 FHRP 的虚拟 IP 地址。

如果在 Hold 时间内未能收到 BFD 数据包，BGP 就会断定已有故障发生，在历经多段路程之后另外开通出一条通往 ISP 的路径并确保其畅通无阻。由于 BGP 是通过 BFD 判断出故障的，所以即使通往 L3 交换机和 PE 路由器的途中某处断掉也能够马上发现问题。另外，ISP 的路径即使被切换掉，FHRP 也不会执行故障转移，毕竟切换的只是上层路由信息而已。

图 4.1.65 通过 BFD 监控路径状态

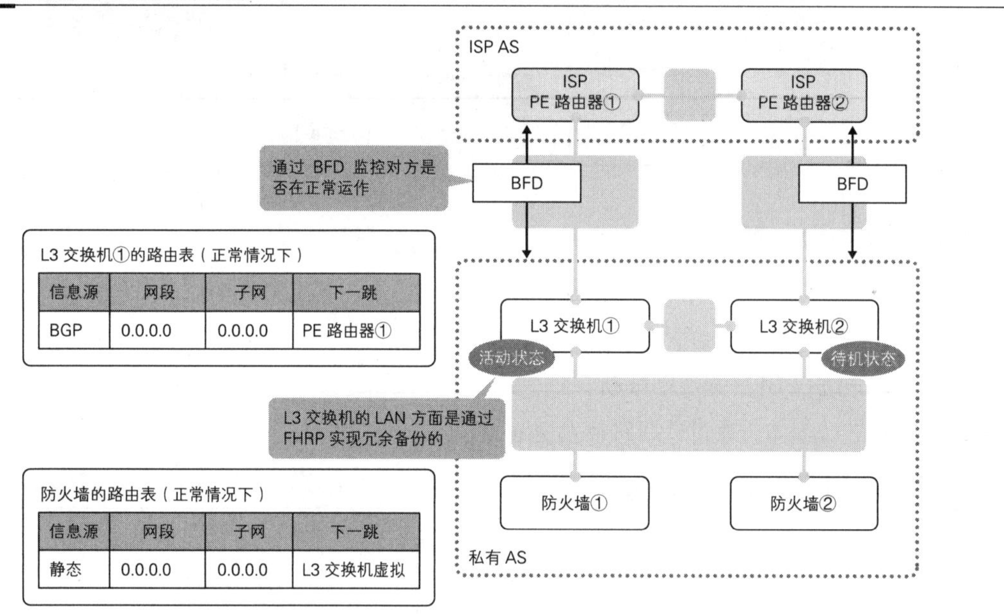

图 4.1.66 通过 BFD 检测出故障

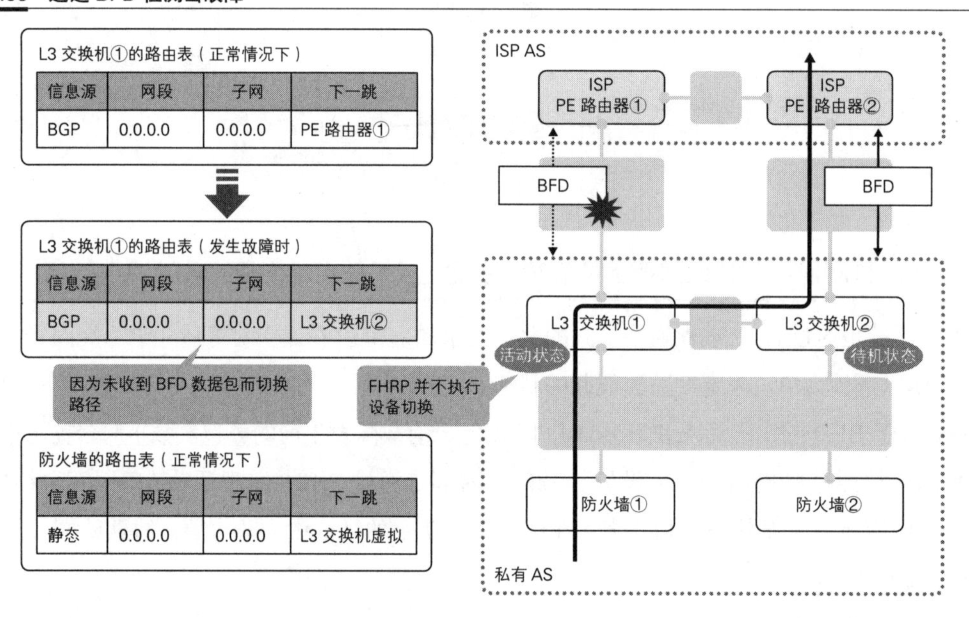

LAN 内的路径通过 IGP 实现冗余

LAN 内的路径是通过 OSPF 或 EIGRP 等 IGP 来实现冗余的。在不久之前的网络设计中，人们还倾向于将 VLAN 尽量做小并且大量地分布路由选择点。在这个前提下，通过 IGP 去实现路径冗余是必需的手段。OSPF 和 EIGRP 的默认设置均为等价多路径（度量值相同的路径全部都要用上），因此能够同时实现带宽增强和路径冗余。

图 4.1.67　通过 IGP 实现路径冗余

核心 L3 交换机①的路由表

信息源	目的网段	下一跳
OSPF	VLAN2	边缘 L3 交换机①
OSPF	VLAN2	边缘 L3 交换机②
OSPF	VLAN3	边缘 L3 交换机①
OSPF	VLAN3	边缘 L3 交换机②
OSPF	VLAN4	边缘 L3 交换机①
OSPF	VLAN4	边缘 L3 交换机②

边缘 L3 交换机①的路由表

信息源	目的网段	下一跳
OSPF	VLAN1	核心 L3 交换机①
OSPF	VLAN1	核心 L3 交换机②

如果度量值相同，则两条路径都会被写入表内

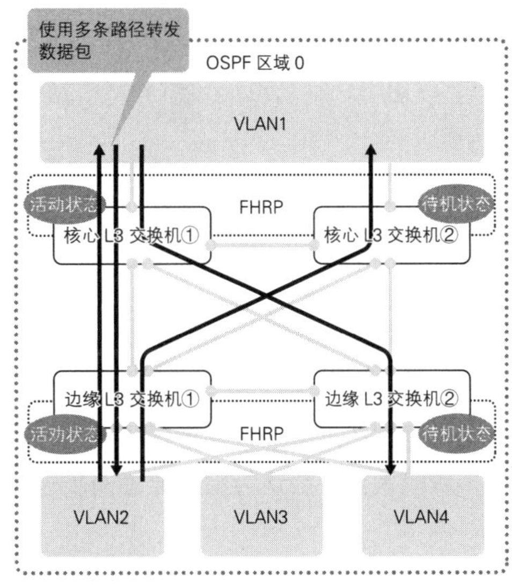

4.1.4　从传输层到应用层的冗余技术

防火墙和负载均衡器中使用的从传输层到应用层的冗余技术在网络层的冗余技术 FHRP 中又加入了同步技术，从而实现了更上一层楼的效果。基本工作机制并没有变化，不过对于不同的信息会进行不同的同步处理，下面我们就来详细说明。

4.1.4.1　防火墙的冗余技术

防火墙的冗余技术是在 FHRP 中添加了几项同步技术，包括设置信息和连接信息的同步等，进而在更高的层次上实现冗余备份。关于这两项同步技术，我们先来通过它们和 FHRP 的比较来说明一下。

同步设置信息

FHRP 中活动路由器和备用路由器的设置信息是各自独立的，并没有同步。因此，如果我们修改了活动路由器的设置，那么也要修改备用路由器的设置，否则就无法保持二者的一致性。与此相对，防火墙的冗余技术能够根据活动机的设置自动同步备用机的设置，让设备的运行管理更加方便快捷。

图 4.1.68　同步设置信息

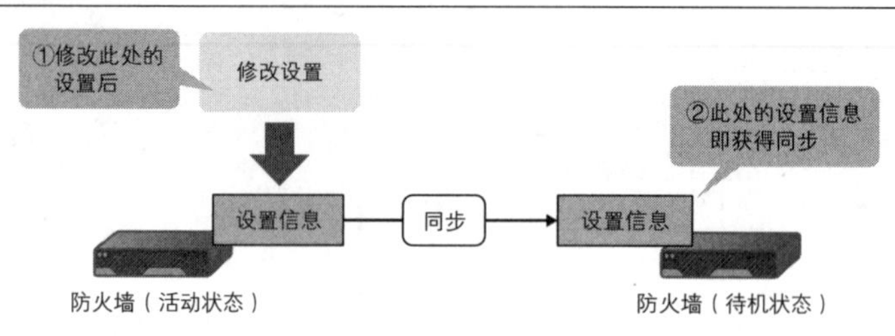

同步连接信息

虽然 FHRP 会通过发送 Hello（Advertisement）报文去掌握对方的通信状态，但并没有对连接信息进行同步处理。说起来，数据包这一级的路径变更和连接、应用程序的运行本来就没有太大的关系，所以人们一般认为没必要去同步连接信息。但是防火墙就不一样了，防火墙是基

图 4.1.69　同步连接信息

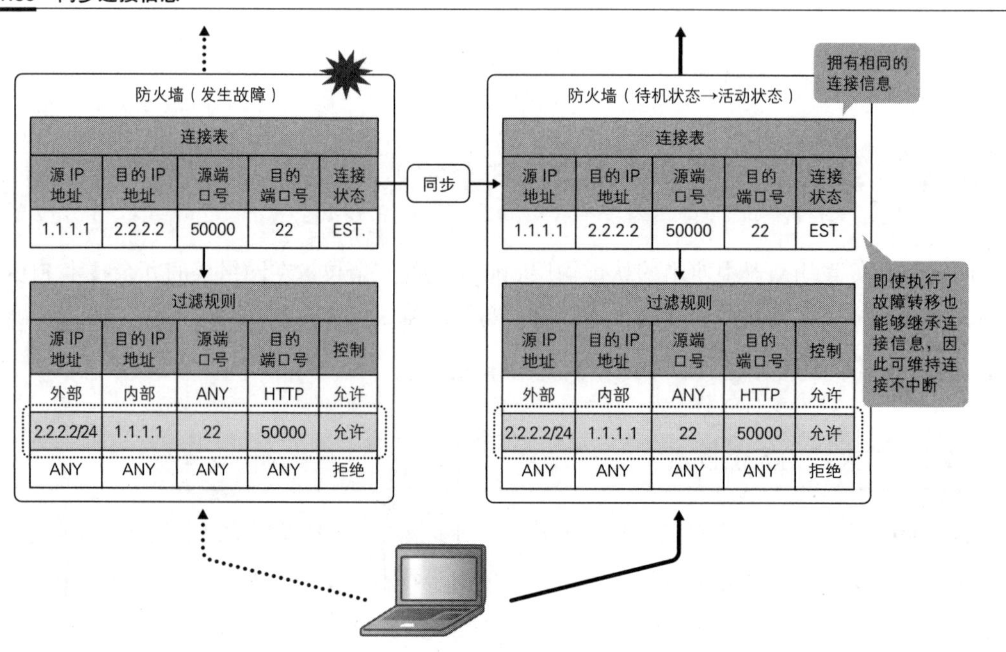

于 TCP 连接信息来建立过滤规则的。从这个角度来看，不同步连接信息是说不过去的，因为假如连接中断而不得不重建，应用程序就会无法接通，这可称得上是重大事故了。为了避免出现这种情况，我们必须在防火墙中同步连接信息，给备用机预先建立起过滤规则，这样才能尽量减少发生故障时 TCP 层面的宕机时间。

用于同步的链路应另外设计

防火墙的冗余技术要求我们必须严格遵守一项原则，那就是要将用于同步的链路和用于同步的 VLAN 分别设计。用于同步的数据量可不像 Hello 报文或 Advertisement 报文那样少，并且由于是实时地同步信息，端口的 LED 灯会一直地猛烈闪动，简直让人怀疑是不是出现了环路故障。鉴于此，我们应尽可能地避免同步与正常服务的通信并存，应将用于同步的链路和 VLAN 分开来设计。

用于同步的链路是防火墙冗余技术中最根本的一条重要链路，这条链路如果中断的话事态就非常严重了。为了避免出现这样的局面，人们一般会用链路聚合将链路捆绑在一起以应对原发性故障。有些设备还可以设置第二链路和第二 VLAN，以防主链路中断时没有备用的可供切换。对于这样的设备，请务必将它们的 Trust VLAN（LAN 方面的 VLAN）定义成第二位的性质。我见过误将 Untrust VLAN 定义成第二位性质的网络环境，按照这个错误设置来的话，当主链路中断时管理信息就会全部泄露出去，是万万不可的。请记住，至少，第二链路一定要定义成 Trust VLAN 中的链路才行。

图 4.1.70 用于同步的链路应另外设计

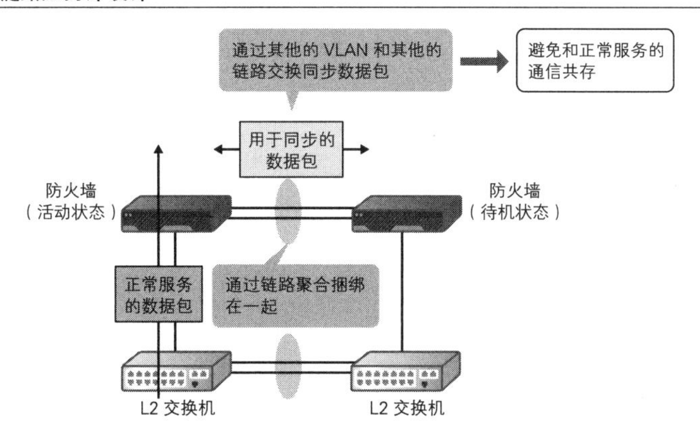

设置虚拟 MAC 地址

有些设备可以将它们真实的 MAC/IP 地址直接用作两机共享的虚拟 MAC/IP 地址，思科公司的 ASA 系列设备就是一例。在这个系列中，最初定义的主机的真实 MAC/IP 地址即默认的虚拟 MAC/IP 地址。使用这种设备时，主机一旦被更换，虚拟 MAC 地址就会改变，最终导致通信中断。F5 公司的 BIG-IP 系列设备则是另一种情况。在这个系列中，两机并没有共享的虚拟 MAC 地址，而是将活动机的真实 MAC 地址用作虚拟 IP 地址的 MAC 地址。使用这种设备时，一旦执行故障转移，所有相邻设备的 ARP 条目都需要通过 GARP 进行切换，所以周边设备的状态变化比较大。

图 4.1.71 有些设备可将活动机的 MAC 地址直接用作虚拟 MAC 地址

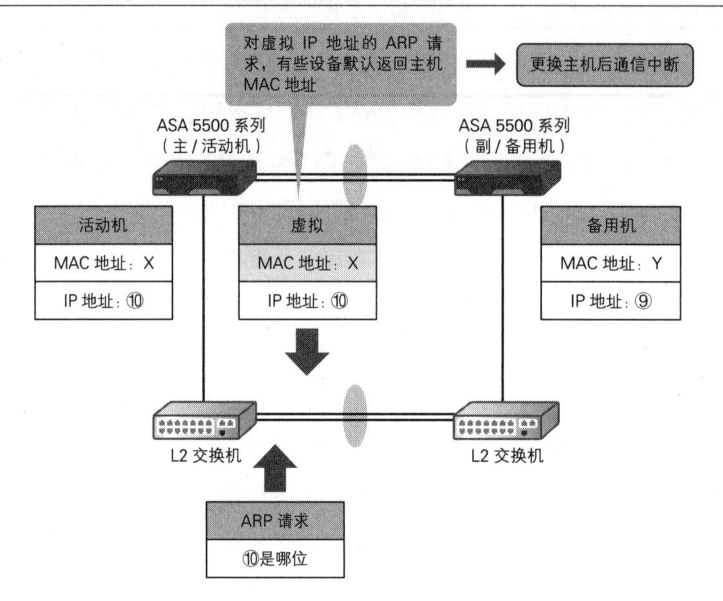

如果设备本身允许指定虚拟 MAC 地址，那我们最好事先就设置好，这一点对任何设备的冗余备份来说都是一样的。因为这样的话，我们就能将相邻设备的状态变化控制在最小范围之内。

防火墙冗余技术的运作流程

请记住，防火墙冗余技术的基本运作流程和 FHRP 并没有太大的不同，只是在 FHRP 的基本运作中增加了同步连接的处理而已。下面，我们就来看一看具体的步骤。

正常情况下的运作流程

首先，我们来看看正常情况下的运作流程。

1. 针对发送给默认网关 IP 地址（即虚拟 IP 地址或 NAT 地址）的 ARP 请求，活动防火墙会返回一个答复。答复的 MAC 地址即虚拟 MAC 地址。
2. 在客户端的 ARP 条目中写入虚拟 MAC 地址和虚拟 IP 地址。
3. 客户端中经由活动防火墙建立起 TCP 连接，具体来说是经过活动防火墙执行三次握手处理之后建立起 TCP 连接。

4 活动防火墙根据 TCP 连接信息建立起过滤规则，同时将该连接信息同步到备用防火墙中。于是备用防火墙也根据该连接信息建立起过滤规则。

图 4.1.72 正常情况下的运作和 FHRP 基本一样

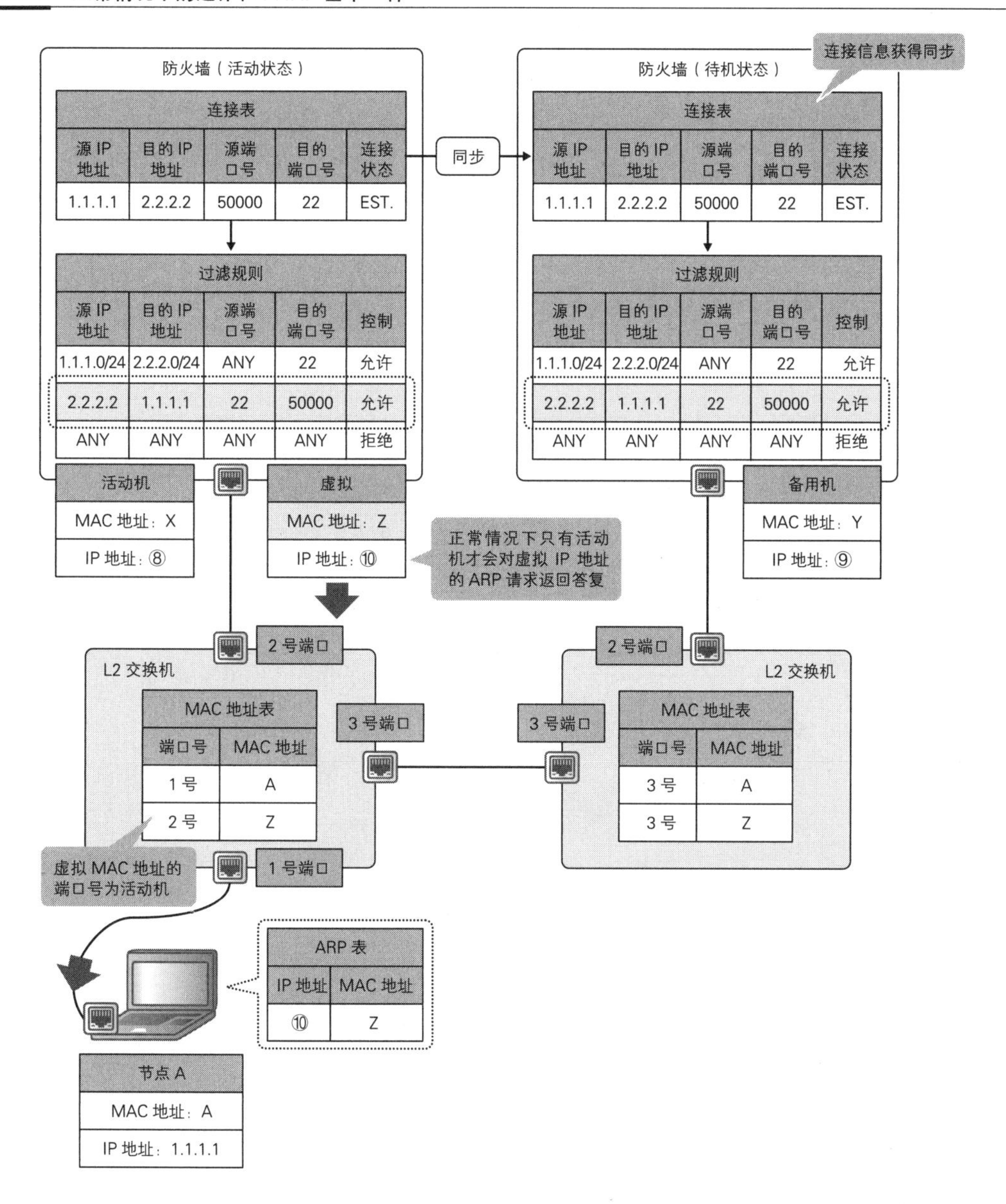

发生故障时的运作流程

接下来，我们再看看执行故障转移时的运作流程。

1 活动防火墙发生故障。

2 备用防火墙通过同步数据包检测到该故障并升级为新的活动防火墙，同时发出 GARP 声明。

3 GARP 更新 L2 交换机的 MAC 地址表，并将通往虚拟 IP 地址的路径引向新的活动防火墙。此时客户端的 ARP 条目并不更新，虚拟 IP 地址的 MAC 地址仍然保持虚拟 MAC 地址的原样不变。

4 经由新的活动防火墙建立连接。

5 由于新的活动防火墙中早已拥有同步好的连接信息，所以可继续保持连接状态。

图 4.1.73 利用同步好的连接信息缩短通信中断时间

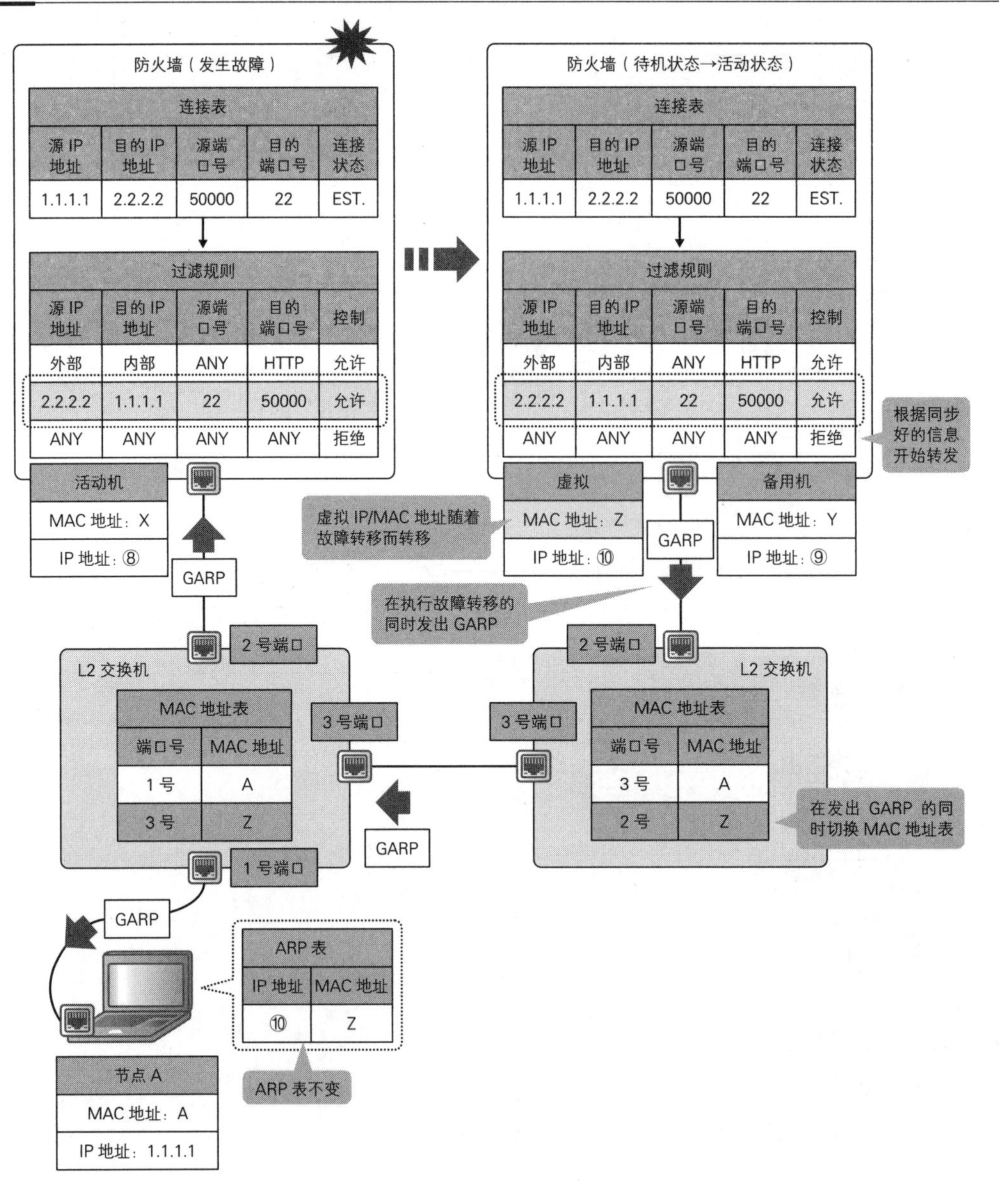

4.1.4.2 负载均衡器的冗余技术

负载均衡器的冗余技术是在防火墙冗余技术和同步技术的基础上进一步添加了应用程序的同步技术，能够在更高的层次上实现冗余备份。与防火墙的情况相比，二者的基本设计要点和冗余机制大都是一样的，只是同步的范围稍有差异而已。这里，我们仅介绍一下负载均衡器冗余技术中重要的部分。

同步会话保持信息

负载均衡器冗余备份的关键在于同步会话保持表。会话保持是确保应用程序同步不可或缺的一项功能。执行故障转移的时候，如果我们没有同步会话保持表，应用程序就会被分配到另外的服务器中，导致前后无法呼应。因此我们必须始终同步会话保持的信息，使其能够持续不断地被分配到同一台服务器中，确保应用程序的前后呼应和一致性。

图 4.1.74 同步会话保持信息

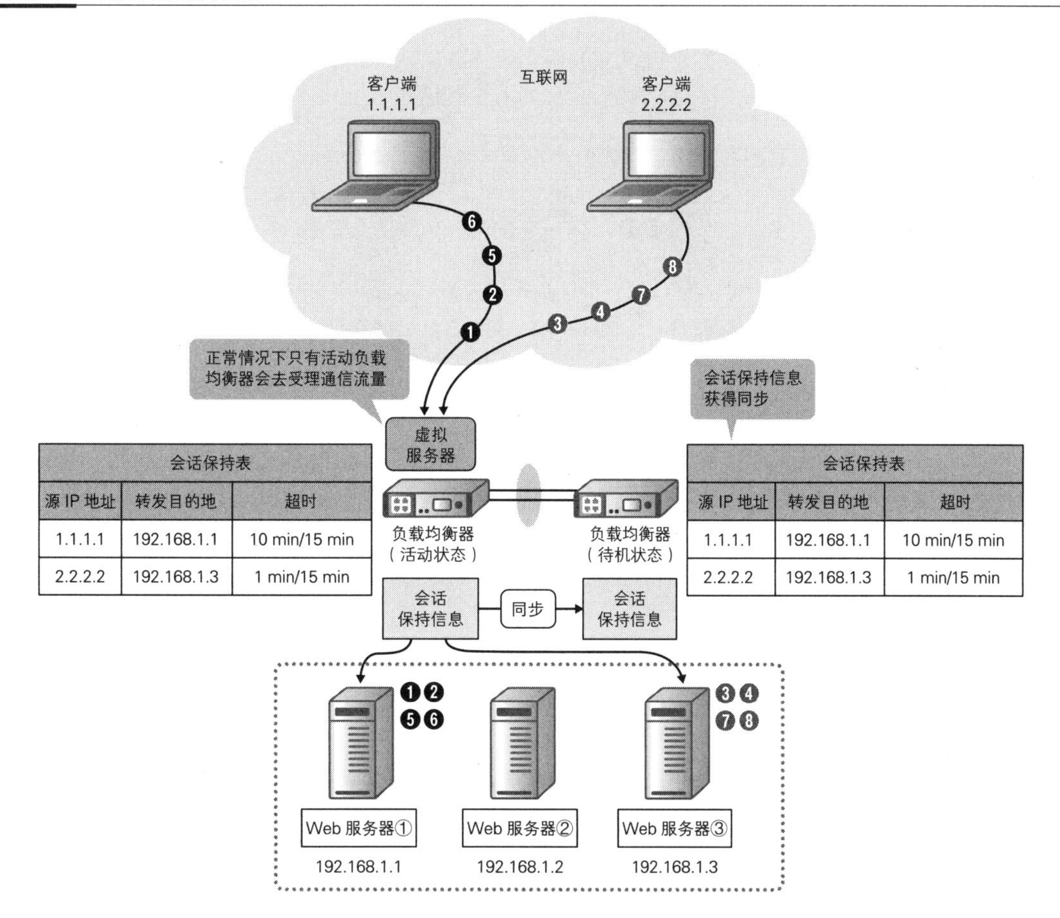

图 4.1.75 继承会话保持信息

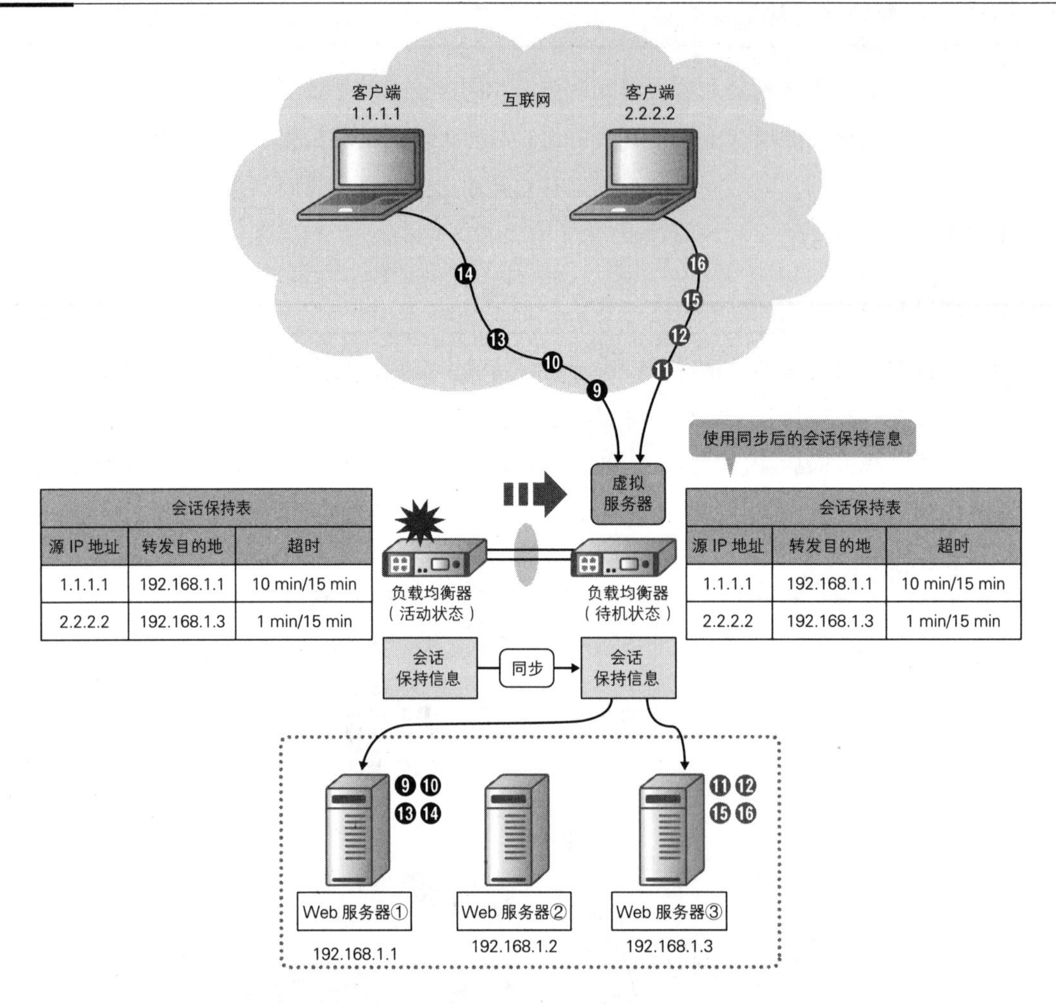

4.2 高可用架构设计

前面介绍了多种在冗余结构中使用的技术和这些技术的设计要点。从 4.2 节开始，本书将从实用性的角度来讲解如何在服务器端组合应用这些技术，以及我们在设计和架构网站时必须注意哪些事项。

4.2.1 高可用架构设计

高可用架构设计的要点在于并列配置。具体来说，就是将同一种类型的设备并列配置，然后用 L2 交换机将它们拼接起来。在第 1 章里已经讲过，冗余结构只有串联式和单路并联式两种。下面，就分别说明在这两种结构中分别利用了什么样的冗余技术，又是如何利用这些冗余技术的。

4.2.1.1 串联式结构

首先，我们来看看串联式结构。在串联式结构中，各个组成部分各司其职，结构非常简单。结构中的路径一目了然，故障也容易排除，因此深受管理人员的青睐。在介绍物理设计的章节中我们已经接触过几种结构实例，下面将基于这些实例来进行讲解。

串联式结构之类型 1

我们先来看看第一种类型（见图 4.2.1），这是串联式结构中最简单、最容易理解的一种网络结构。人们就是在这种结构的基础上对各种冗余技术进行组合和应用的，这样说就比较容易理解了吧。下面我们就从 ISP 的角度出发，逐一看看各个组成要素的情况。

CE 交换机

CE 交换机在互联网上和 LAN 上分别使用着不同的冗余技术。在互联网上是通过 BGP 实现冗余备份、通过 BFD 检测故障的。具体说来就是在 PE 交换机和 eBGP 对等体之间，以及 CE 交换机之间安排 iBGP 对等体，生成迂回路径。而在 LAN 上则是通过 FHRP 实现活动 / 备用冗余结构的。如果是出站通信（服务器到互联网），正常情况下只有活动路由器会接收数据包，然后根据通过 BGP 学习到的路径转发数据包；如果是入站通信（互联网到服务器），则在 ISP 中操作 BGP 属性，让数据包只会被传给活动路由器。

图 4.2.1 在串联式结构类型 1 中使用的冗余技术

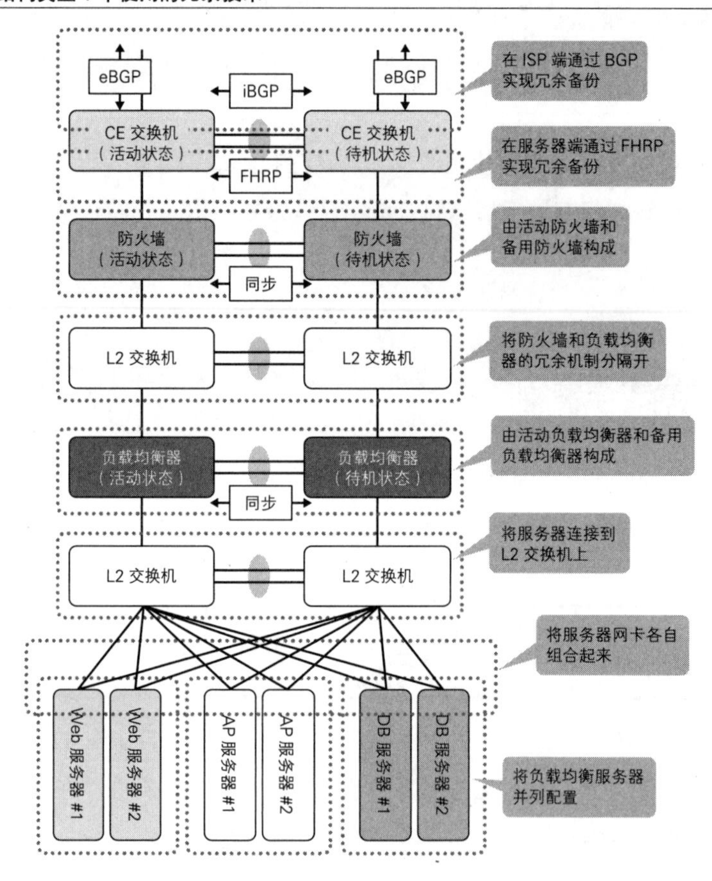

事实上，由于 ISP 大多会提供租赁设备供我们使用，所以这部分的设置很可能并不需要我们亲自动手。不过，了解原理和机制对工程师来说是非常重要的，况且它们本身也非常有趣。

防火墙

防火墙同样也是由活动机和备用机构成的。我们应该另外设计用于同步的链路和用于同步的 VLAN，然后交换设置信息和状态信息的同步数据包，将设备状态的变化对服务通信流量的影响控制在最小范围之内。

L2 交换机（设置在防火墙和负载均衡器之间）

设置在此处的 L2 交换机乍一看似乎毫无必要，确实常常会有系统管理人员过来询问“根本用不上吧?”然而回答是否定的。事实上，这台 L2 交换机起着非常重要的作用，它能将防火墙和负载均衡器的冗余机制分隔开。如果没有这台 L2 交换机，当防火墙或负载均衡器其中一方执行故障转移时，另一方就会受其影响也会随之执行故障转移。为了避免不必要的服务中断，这台 L2 交换机绝对是必要的。

负载均衡器

我们可以认为负载均衡器的设计和防火墙的基本上是一样的，同样也是由活动机和备用机构成，也是要另外单独设计用于同步的链路和用于同步的 VLAN，然后交换设置信息和状态信息的同步数据包，将设备状态的变化对服务通信流量的影响控制在最小范围之内。

L2 交换机（设置在负载均衡器和服务器之间）

几乎没有任何一种结构是让服务器直接连接到负载均衡器上去的。说起来，负载均衡器本身就并不具备大量的物理端口，所以必须通过 L2 交换机连接服务器。考虑到 L2 交换机本身可能会发生故障，所以应该连接成呈四边形的回路。

服务器

服务器网卡是通过网卡组合实现冗余备份的。冗余方式有很多种，但最简单易行、也是最受人们欢迎的是由活动 / 备用机构成的容错方式。考虑到交换机可能会发生故障，我们必须让活动机和备用机各自连接不同的交换机才行。采用容错方式时，通信流量容易集中到活动网卡上，但是对于通信流量的增加，人们大多会选择增设负载均衡服务器这种横向扩展的办法来应对。横向扩展同时具有冗余备份的效果，人们将负载均衡服务器并列配置并实施健康检查，以此来实现服务器和服务本身的冗余备份。

串联式结构之类型 2

我们再来看第二种类型。这种类型是在第一种结构类型中加入了刀片服务器、虚拟化、StackWise 技术和 VSS、数据安全区域划分这 4 个元素（见图 4.2.2）。Untrust 区域和类型 1 是一样的。这里我们只选择性地介绍类型 2 和类型 1 不一样的地方。

L2 交换机（DMZ）

DMZ 的 L2 交换机利用 StackWise 技术使得冗余备份和结构简化能够同时实现。从物理角度上看存在两台交换机，但从逻辑角度上看则只有一台。不过，防火墙和负载均衡器应分别连接不同的物理交换机，以应对某台物理交换机发生故障的情况。

图 4.2.2 在串联式结构类型 2 中使用的冗余技术

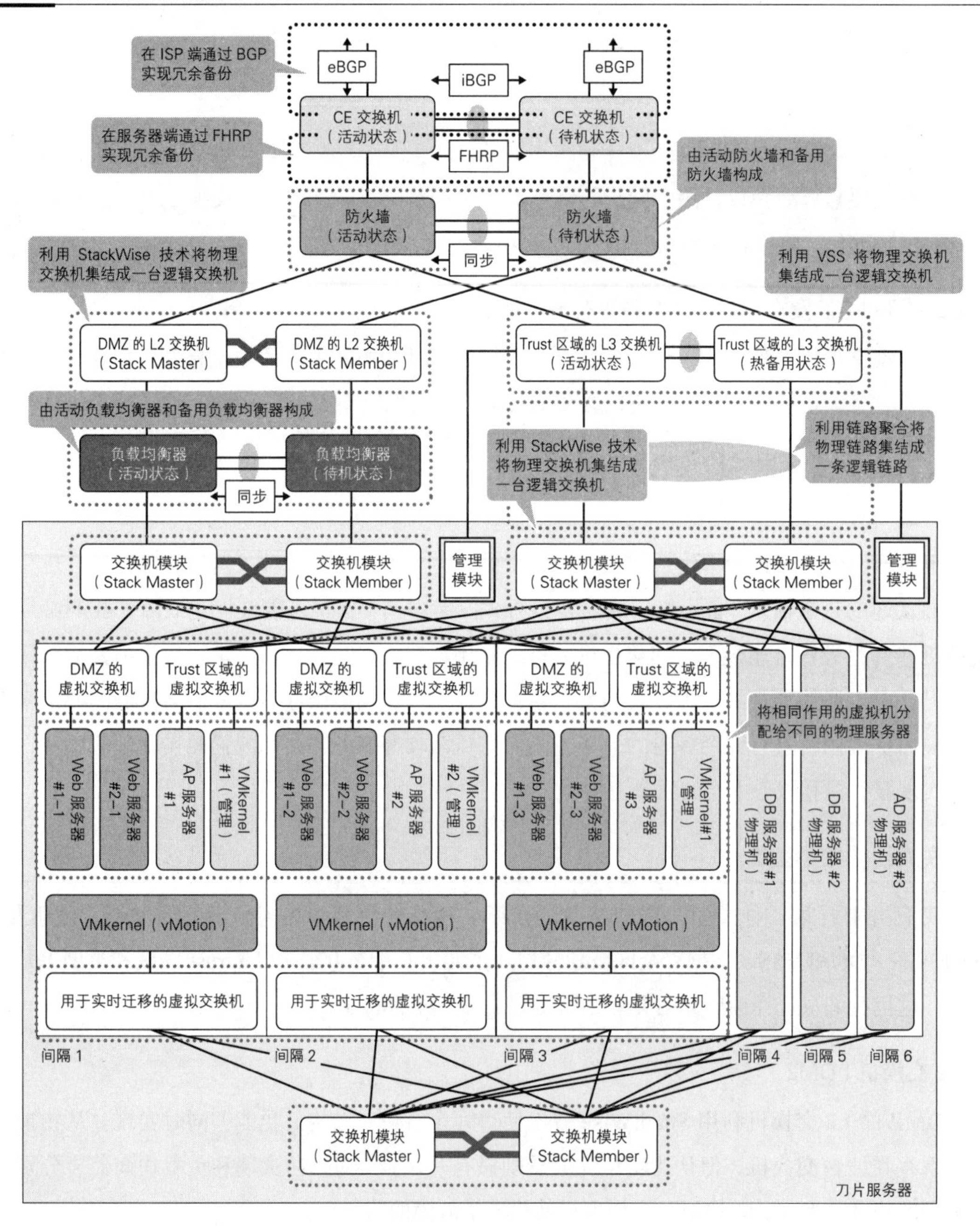

※ 由于版面关系，部分服务器在图中省略未画。

交换机模块

交换机模块和 L2 交换机（DMZ）一样，也是通过堆叠技术实现冗余备份的。负载均衡器分别连接到不同的物理交换机上，以应对某台物理交换机发生故障的情况。至于 L3 交换机的连接，则是形成链路聚合之后分别从不同的物理交换机获取物理链路。交换机模块是按用途（DMZ、Trust、虚拟通信流量）划分开的，它们的通信流量不会互相影响。

刀片服务器和虚拟化处理

刀片服务器按用途对应交换机模块，并与交换机模块是自动进行物理连线的，每个用途对应 2 个交换机模块，总共有 8 个交换机模块。利用连接好的网卡组合虚拟交换机，虚拟交换机组合的负载均衡多采用基于端口 ID 的方式或明确的故障转移方式，故障检测则多采用链路状态检测方式。虚拟化处理能够简单快速地添加服务器，这使得服务器容易在不知不觉中越来越多，所以我们必须巧妙地将负载均衡分配出去。另外，我们还得注意虚拟机的配置问题，如果将相同作用的虚拟机都分配给同一台物理机，那么该物理机一旦宕机，服务就会中断。因此，具有相同作用的虚拟机务必分配给不同的物理机才行。

L3 交换机（Trust 区域）

Trust 区域是通过 VSS 形成的。VSS 和 StackWise 技术一样，从物理角度上看存在两台交换机，但从逻辑角度上看则只有一台。两道防火墙应分别和不同的物理交换机连接，利用链路聚合使交换机模块的连接能够同时实现链路冗余和带宽扩展。分别连接不同的物理交换机，是为了让通信在某台交换机发生故障时不至于中断。

4.2.1.2 单路并联式结构

接下来，我们再看看单路并联式结构。在这种结构中，核心 L3 交换机扮演着多重角色，整体结构比串联式结构要复杂。不过，这种结构兼具逻辑结构的灵活性和可扩展性，非常适合规模较大的环境。单路并联式结构分为物理结构和逻辑结构两种，我们整理好这两种结构之后再去学习会比较容易理解一些。

单路并联式结构之类型 1

先来看第一种类型（见图 4.2.3），这是单路并联式结构中比较容易理解的一种网络结构。人们就是在这种结构的基础上对各种冗余技术进行组合和应用的，这样说就比较容易理解了吧。下面，我们就从 ISP 的角度出发，逐一看看各个组成要素的情况。

图 4.2.3　在单路并联式结构类型 1 中使用的冗余技术

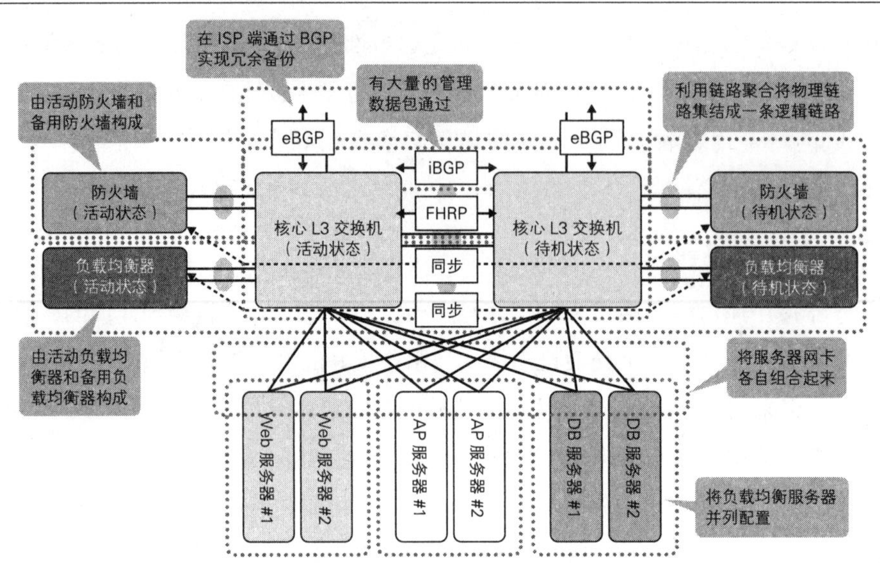

L3 交换机（核心交换机）

可以说，作为核心的 L3 交换机决定了单路并联式结构的一切。ISP 的 PE 路由器之间的 BGP 对等体也要通过核心交换机去安排，LAN 内的 VLAN 通过 FHRP 形成活动 / 备用结构。在串联式结构中，为了减少故障转移的影响我们非得配置 L2 交换机不可，然而在单路并联式结构中就不需要 L2 交换机了，因为核心交换机完全可以起到相同的作用。由于身兼数职，核心交换机发生故障时的影响还是比较大的，不过它能够统一管理复杂的端口分配工作，这是个很大的优点。

防火墙

防火墙由活动机和备用机构成，通过链路聚合连接核心 L3 交换机，能够同时实现冗余备份和带宽扩展。另外，防火墙是通过主干链路去连接多个 VLAN（包括 Untrust 区域、Trust 区域、用于同步的 VLAN 等）的。

用于同步的通信流量在通过链路聚合形成的逻辑链路中通行。由于一般服务和同步处理的通信流量同时并存，所以为了安全，有些情况下我们可以用 QoS 去控制优先顺序，或者干脆另外开设一条同步处理专用的链路，以尽量减少同步处理给一般服务造成的不良影响。

负载均衡器

我们可以认为负载均衡器的设计和防火墙基本上是一样的，同样也是由活动机和备用机构成，也是通过链路聚合连接核心 L3 交换机连接，以便同时实现冗余备份和带宽扩展。

用于同步的通信流量也是一样的。用于同步的通信流量在通过链路聚合形成的逻辑链路中通行。由于一般服务和同步处理的通信流量同时并存，所以为了安全，有些情况下我们可以用QoS去控制优先顺序，或者干脆另外开设一条该VLAN专用的链路，以尽量减少同步处理给服务造成的不良影响。

服务器

在串联式结构中有专门连接服务器的交换机，而在单路并联式结构中起着同样作用的则是核心交换机。毋庸多言，每台服务器都必须分别连接不同的核心交换机，以应对某台核心交换机发生故障的情况。

单路并联式结构之类型2

我们再来看第二种类型。这种类型是在第一种单路并联式结构类型中加入了刀片服务器、虚拟化、StackWise技术和VSS、数据安全区域划分这4个要素（见图4.2.4）。这里我们只选择性地介绍类型2和类型1不一样的地方。

交换机（核心交换机）

作为核心的L3交换机利用VSS实现冗余备份。从物理的角度上看有两台交换机，但从逻辑的角度上看只有一台，管理因此得以简化。就作用而言它和类型1的并无太大差别，结构和类型1的一样，也是由核心交换机扮演多重角色，且其几乎决定了这种结构的一切。

交换机模块

交换机模块通过StackWise技术实现冗余备份。至于核心交换机的连接，则是形成链路聚合之后分别从不同的物理交换机获取物理链路。交换机模块是按用途（DMZ、Trust、虚拟通信流量）划分开的，它们的通信流量不会互相影响。

刀片服务器和虚拟化处理

刀片服务器按用途对应交换机模块，并与交换机模块是自动进行物理连接的，每个用途对应2个交换机模块，总共有6个交换机模块。利用连接好的网卡将虚拟交换机组合起来，虚拟交换机组合的负载均衡多采用基于端口ID的方式或明确的故障转移方式，故障检测则多采用链路状态检测方式。虚拟化处理能够简单快速地添加服务器，这使得服务器容易在不知不觉中越来越多，所以我们必须巧妙地将负载均衡分配出去。

图 4.2.4 在单路并联式结构类型 2 中使用的冗余技术

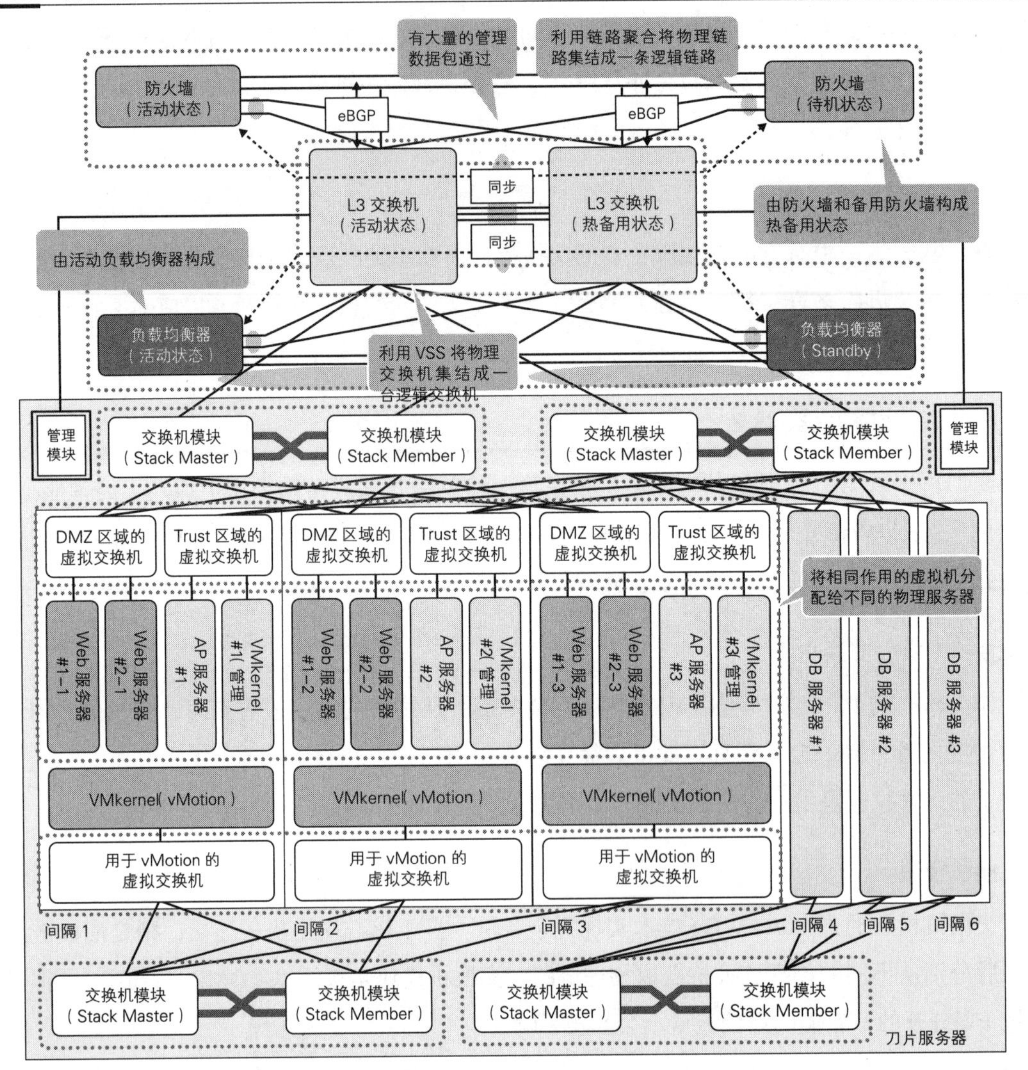

4.2.2 理清通信流

我不止一次地被系统管理人员问到过“说了那么多，通信到底会通过哪里？又是怎样流动的呢？”这个问题将在后文中给出回答。不过这里介绍的通信流只是部分示例，实际情况不同，物理结构和逻辑结构也会有所差异。大家应做好充分的故障测试，便于自己理解通信流的知识。

服务器端的通信流分为串联式结构和单路并联式结构两种，二者之间的区别很大，分开说明会比较容易理解一些。下面，本书将均以前面提到的结构类型 1 为例来一一说明。

4.2.2.1 串联式结构

串联式结构比较容易预测到发生故障的路径，故障排除也比较简单。活动路径的某处一旦断开就会立刻切换到备用路径，工作原理十分简单易懂。那么，下面我们就从 ISP 的角度出发，逐一看看当活动路径发生故障时，该结构中的各个组成要素是如何处理的。

正常情况下的路径

我们先来看正常情况下的通信路径。在正常情况下通信流量一定是集中在活动机上的，这一点前面已经讲过了。这时候通信会流经下图中左侧的设备。

图 4.2.5　正常情况下通信只会流经活动机

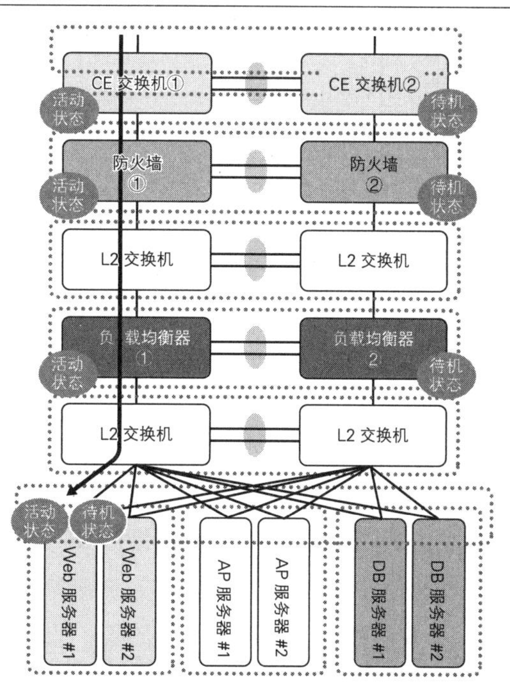

线路故障

当 ISP 线路发生故障时，eBGP 对等体会因为收不到 KEEPALIVE 消息而中断，于是 ISP 网和 CE 交换机重新进行 BGP 计算，切换通往分配 IP 地址的路径。等计算告一段落之后，通往 ISP（通往互联网）的路径就会切换成经过配置在同一列的 CE 交换机（下图中的 CE 交换机②）的路径。

图 4.2.6 线路发生故障时会通过 BGP 切换路径

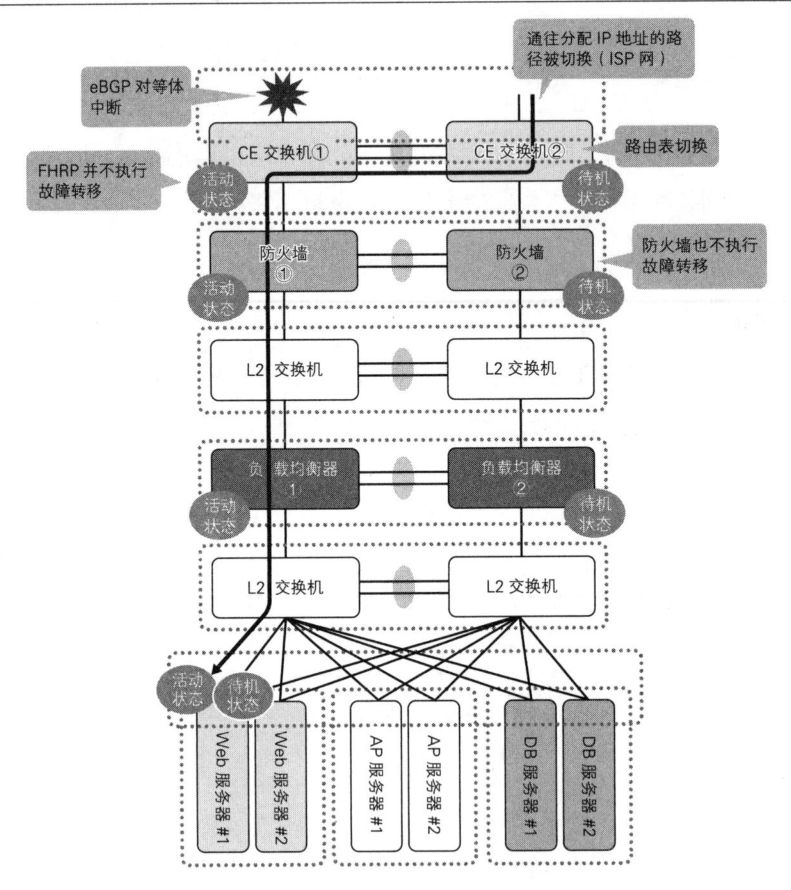

CE 交换机故障

当 CE 交换机发生故障时，BFD 邻居会因为 PE 路由器收不到 BFD 数据包而中断，致使 eBGP 对等体也发生中断，于是 ISP 网和 CE 交换机重新进行 BGP 计算，切换通往分配 IP 地址的路径。此外，由于备用 CE 交换机内部收不到 Hello 报文，FHRP 会执行故障转移。

在这种结构中，防火墙同样也会执行故障转移。防火墙一直监控自身的链路状态，并将其作为故障转移的触发器。CE 交换机发生故障时，Untrust 区域链路会断掉，因此防火墙也会执行故障转移。

图 4.2.7　CE 交换机发生故障时，CE 交换机和防火墙都会执行故障转移

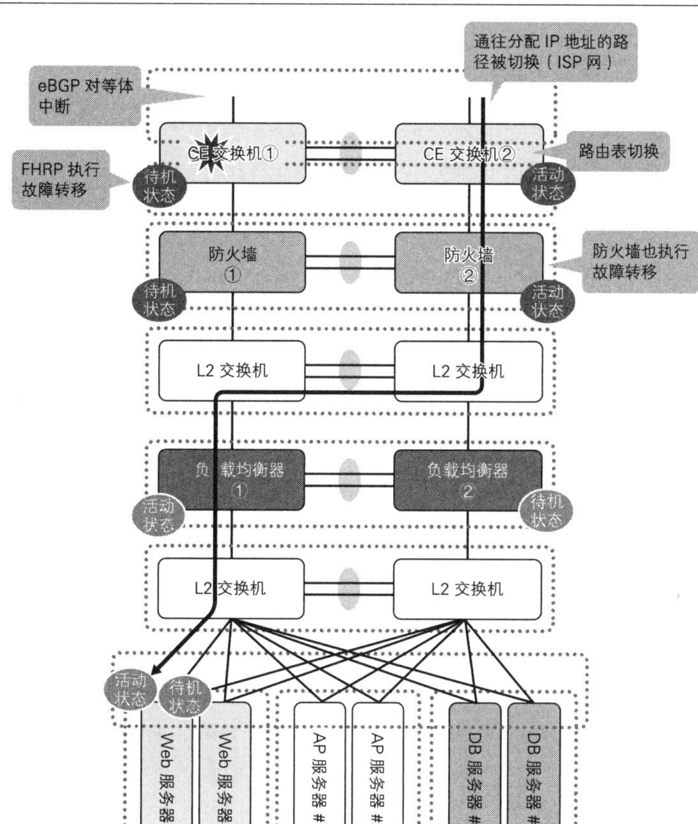

⁘ CE 交换机内部链路（防火墙的 Untrust 区域链路）故障

在这种结构中，当 CE 交换机内部链路发生故障时，防火墙的 Untrust 区域链路也会随之中断。防火墙检测到 Untrust 区域链路中断后立即执行故障转移，而在 CE 交换机内部运作的 FHRP 则维持原状，并不执行故障转移。

图 4.2.8 CE 交换机内部链路发生故障时，只有防火墙会执行故障转移

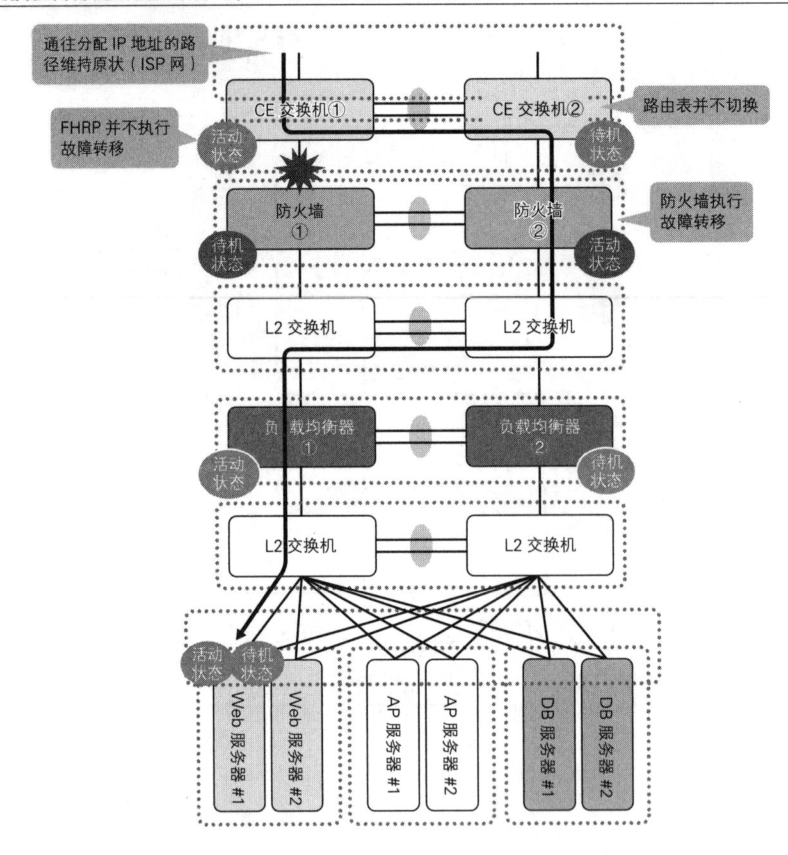

防火墙故障

当防火墙发生故障时，防火墙会检测到自身的故障并立即执行故障转移。在这种结构中，CE 交换机的内部链路也会因故障而中断，但 FHRP 的 Hello 报文依然能在 CE 交换机之间的逻辑链路上正常交换，因此 FHRP 并不需要执行故障转移。

图 4.2.9 防火墙发生故障时，只有防火墙会执行故障转移

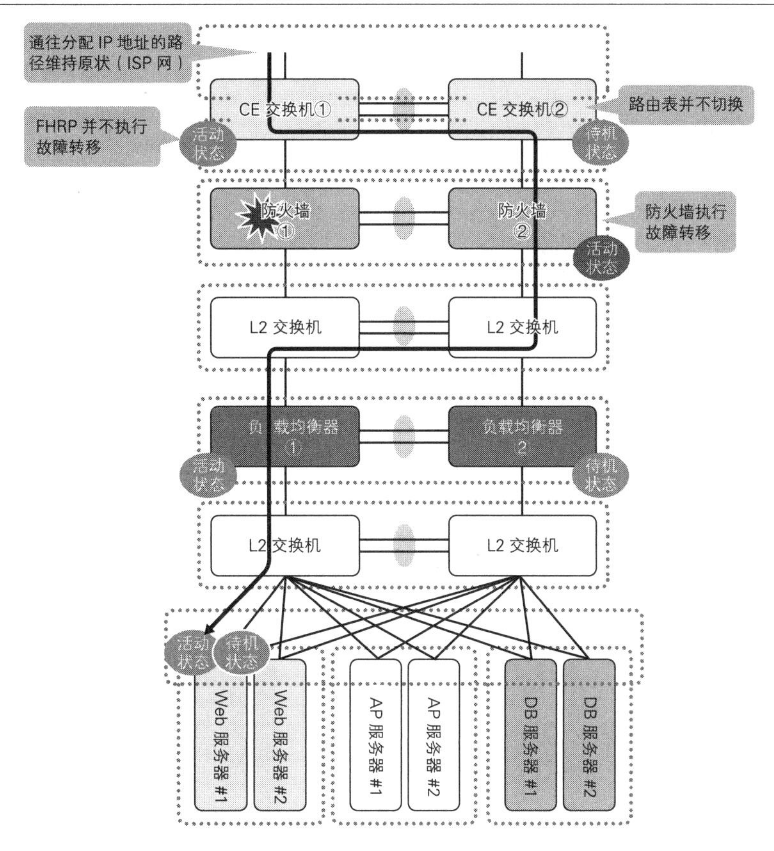

防火墙的 Trust 区域链路故障

当防火墙的 Trust 区域链路发生故障时，防火墙会检测到该故障并立即执行故障转移，其他部分则维持原状，不会执行故障转移。与此同时，L2 交换机会生成一条迂回路径，以避免防火墙的故障转移给负载均衡器造成不良影响。

图 4.2.10 防火墙的 Trust 区域链路发生故障时，只有防火墙会执行故障转移

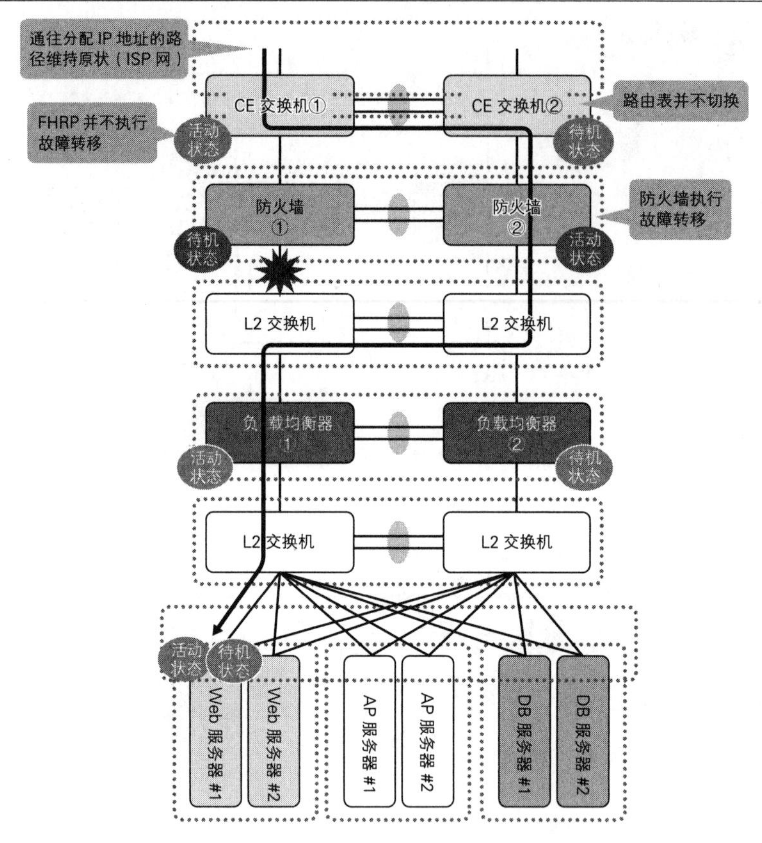

L2 交换机故障（位于防火墙和负载均衡器之间）

当 L2 交换机发生故障时，防火墙和负载均衡器都会执行故障转移。防火墙通过该故障检测到 Trust 区域链路中断，于是执行故障转移。

负载均衡器和防火墙一样，一直在监控自身的链路状态，并将其作为故障转移的触发器。L2 交换机发生故障时，负载均衡器的外部链路会断掉，因此负载均衡器也会执行故障转移。

图 4.2.11 L2 交换机发生故障时，防火墙和负载均衡器都会执行故障转移

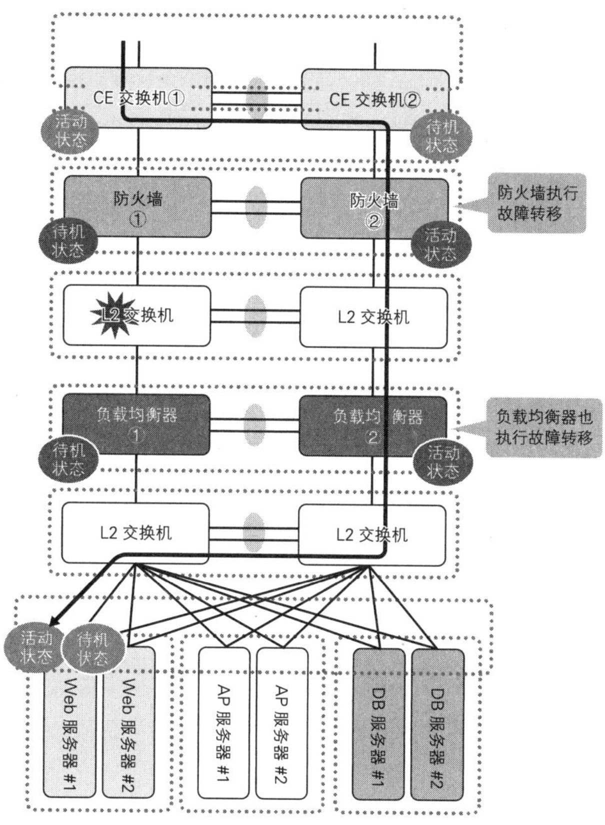

负载均衡器的外部链路故障

当负载均衡器的外部链路发生故障时，备用负载均衡器会检测到该故障并立即执行故障转移，其他部分则维持原状，不会执行故障转移。与此同时，L2 交换机会生成一条迂回路径，以避免负载均衡器的故障转移给防火墙造成不良影响。

图 4.2.12 负载均衡器的外部链路发生故障时，只有负载均衡器会执行故障转移

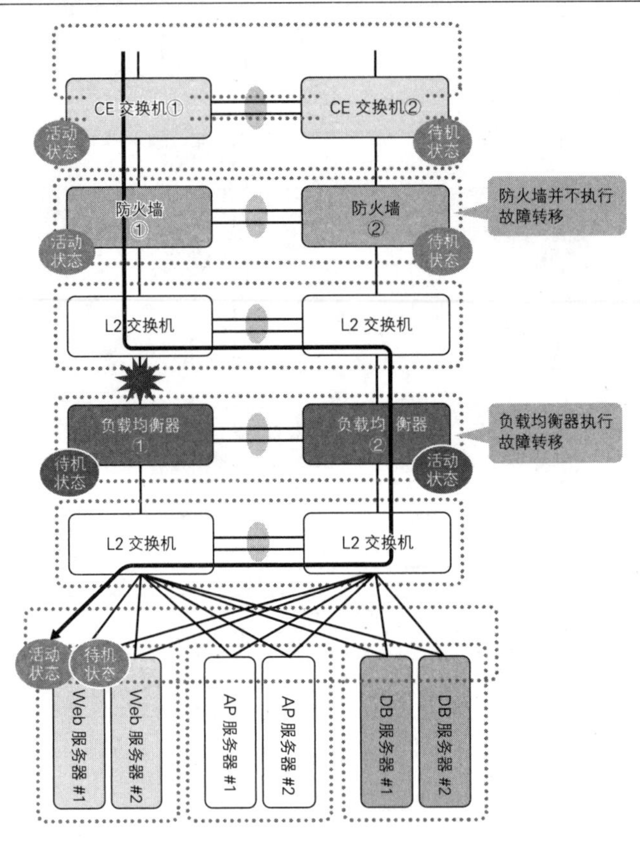

负载均衡器故障

发生这种故障时，对应机制和负载均衡器的外部链路发生故障时的机制基本上是一样的。当负载均衡器发生故障时，备用负载均衡器会检测到该故障并立即执行故障转移，其他部分则维持原状，不会执行故障转移。与此同时，L2 交换机会生成一条迂回路径，以避免负载均衡器的故障转移给防火墙或服务器造成不良影响。

图 4.2.13 负载均衡器发生故障时，只有负载均衡器会执行故障转移

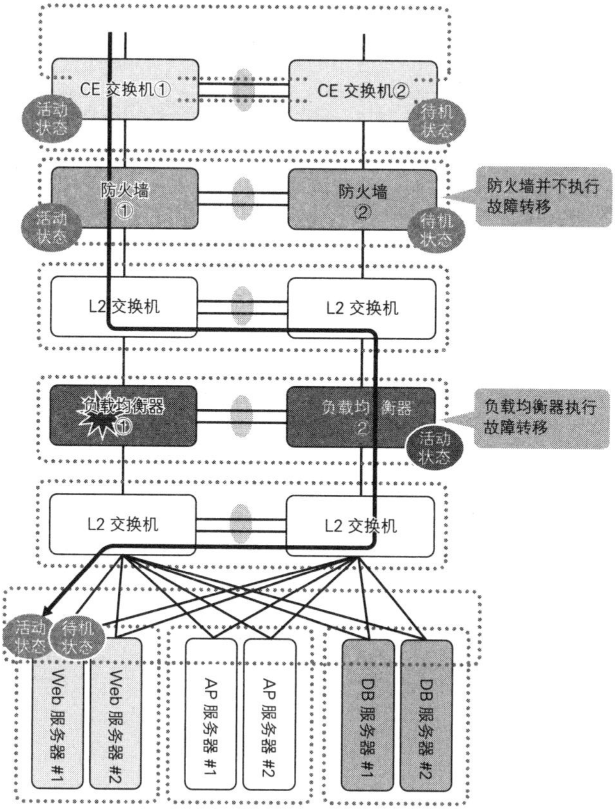

负载均衡器的内部链路故障

发生这种故障时，对应机制也和负载均衡器的外部链路发生故障时的机制基本上是一样的。当负载均衡器的内部链路发生故障时，备用负载均衡器会检测到该故障并立即执行故障转移，其他部分则维持原状，不会执行故障转移。与此同时，L2 交换机会生成一条迂回路径，以避免负载均衡器的故障转移给防火墙或服务器造成不良影响。

图 4.2.14 负载均衡器的内部链路发生故障时，只有负载均衡器会执行故障转移

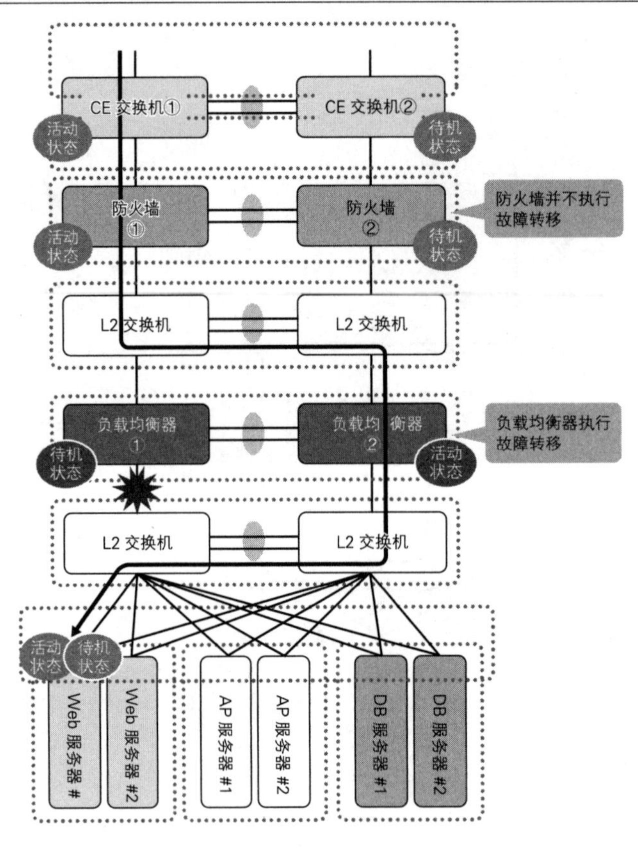

内部的 L2 交换机故障（位于负载均衡器和服务器之间）

当内部的 L2 交换机发生故障时，不仅负载均衡器的内部链路会中断，服务器的链路也会中断，因此负载均衡器和网卡组合都会执行故障转移。与此同时，L2 交换机会生成一条迂回路径，以避免负载均衡器的故障转移给防火墙带来不良影响。

图 4.2.15 内部的 L2 交换机发生故障时，负载均衡器和网卡组合都会执行故障转移

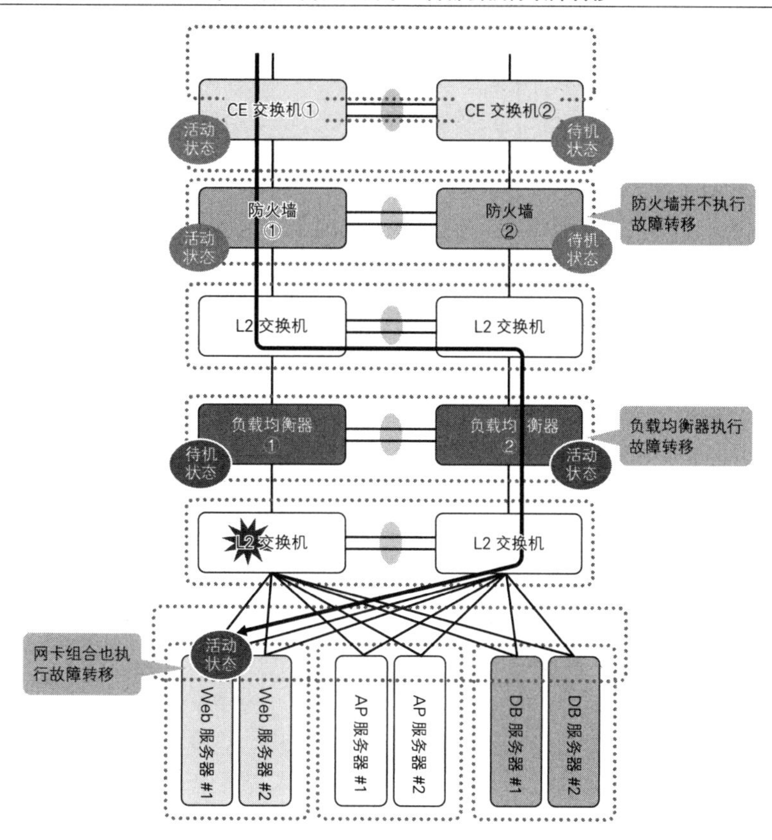

服务器的链路故障和网卡故障

当服务器的链路或网卡发生故障时，只有网卡组合会执行故障转移。与此同时，L2 交换机会生成一条迂回路径，以避免网卡组合的故障转移给负载均衡器造成不良影响。

图 4.2.16 服务器的链路或网卡发生故障时，只有网卡组合会执行故障转移

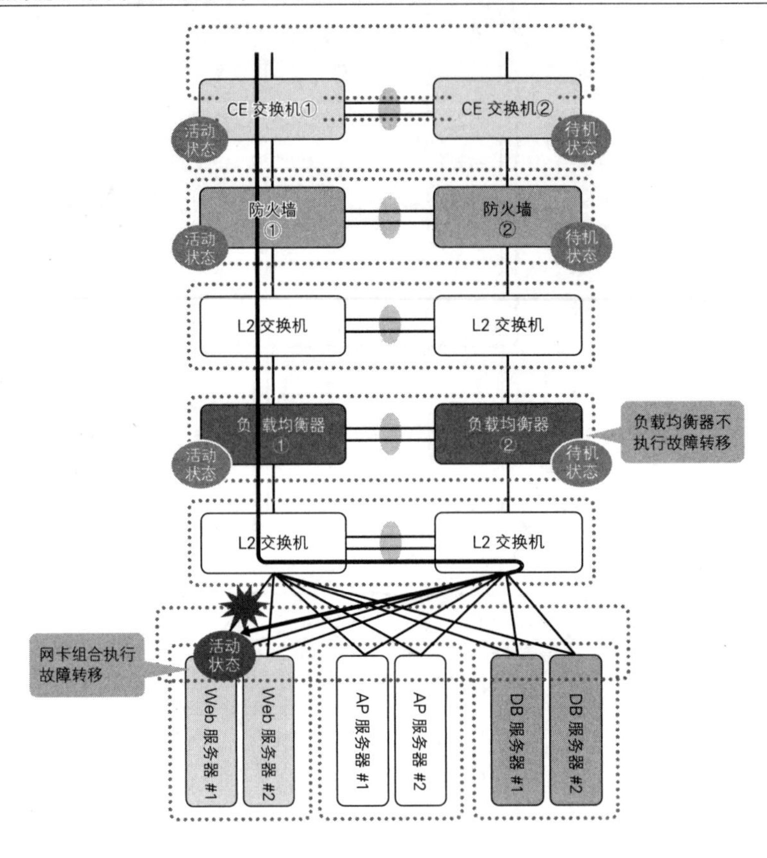

服务器的服务故障

当服务器的服务发生故障时，负载均衡器的健康检查会失败，于是该服务器被排除到负载均衡服务器范围之外，这样连接就不会被分配到已发生服务故障的服务器上。其他部分没有任何变化。

图 4.2.17 服务器的服务发生故障时，该服务器会被排除到负载均衡服务器范围之外

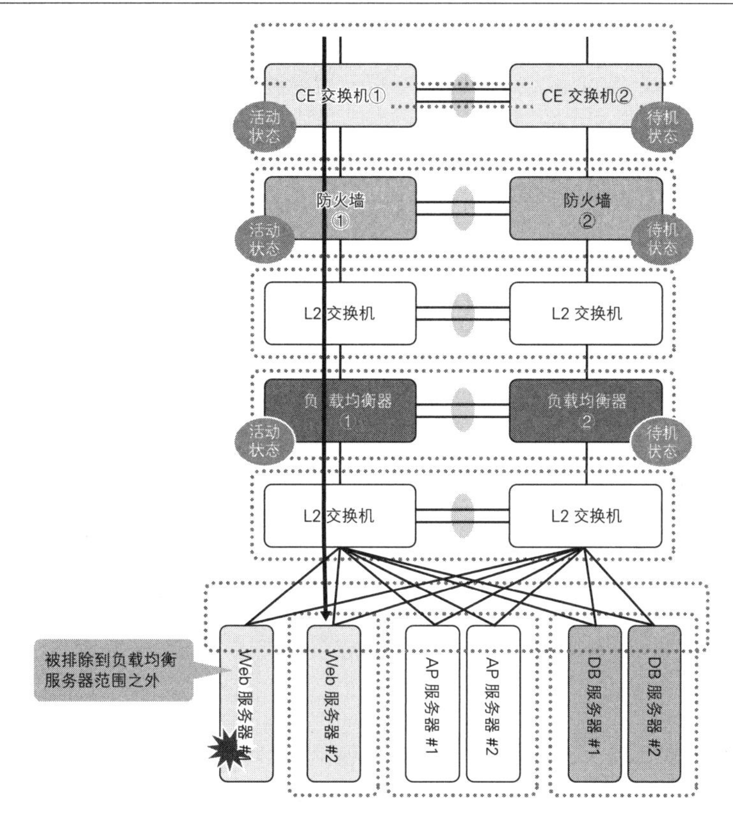

非活动路径的故障

如果是非活动路径发生故障，那么无论故障发生在什么环节都不会执行故障转移，也不存在通信中断时间。不过从我的经验来说，偶尔也会有这样的情况：因某些网络设备本身的设计漏洞等原因导致其发送了不必要的 GARP，结果离奇宕机。为了避免类似情况的发生，我们应提前做好充分的故障测试，确保各设备都不会受到不良影响。

4.2.2.2 单路并联式结构

在单路并联式结构中，核心 L3 交换机扮演着多重角色，通信流似乎也比串联式结构要复杂得多。不过实际上它们的逻辑原理是一样的，所以用不着有太多的思想负担。活动路径的某处一旦发生故障，就应切换成备用路径——我们应该本着这个原则，从 ISP 的角度出发逐一排除故障。

正常情况下的路径

我们先来看正常情况下的通信路径。在正常情况下，通信流量一定是集中在活动机上的，

这一点前面已经讲过了。这时候通信会流经下图中左侧的设备。和串联式结构不同的是，单路并联式结构的通信会多次经过核心交换机，这是因为所有交换机（包括 CE 交换机和 L2 交换机等）的任务都要由核心交换机去完成的缘故。至于逻辑路径，单路并联式结构和串联式结构都是一样的，二者只是物理路径不同而已。

图 4.2.18　正常情况下，通信只会流经活动机

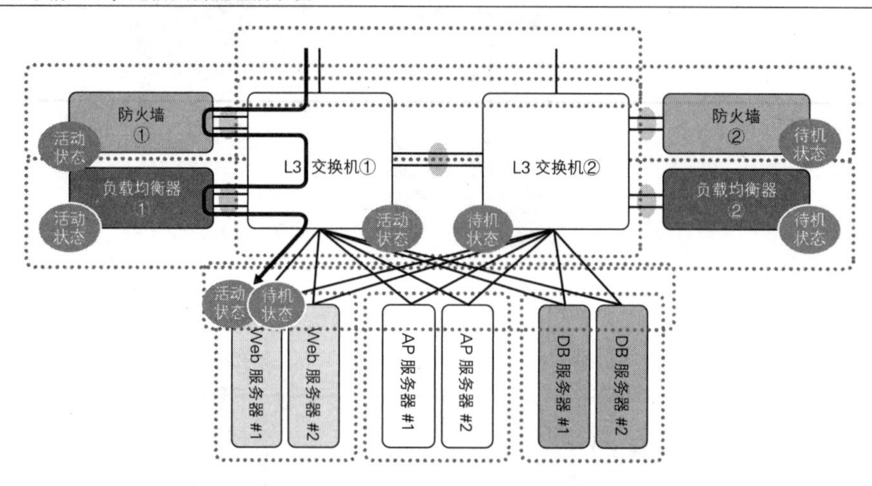

线路故障

当 ISP 线路发生故障时，BFD 邻居会因为收不到 BFD 数据包而中断，致使 eBGP 对等体也发生中断，于是 ISP 网和 L3 交换机重新进行 BGP 计算，切换通往分配 IP 地址的路径。等计算告一段落之后，通往 ISP（通往互联网）的路径就会切换成经过配置在同一列的 L3 交换机（下图中的 L3 交换机②）的路径。

图 4.2.19　线路发生故障时会通过 BGP 切换路径

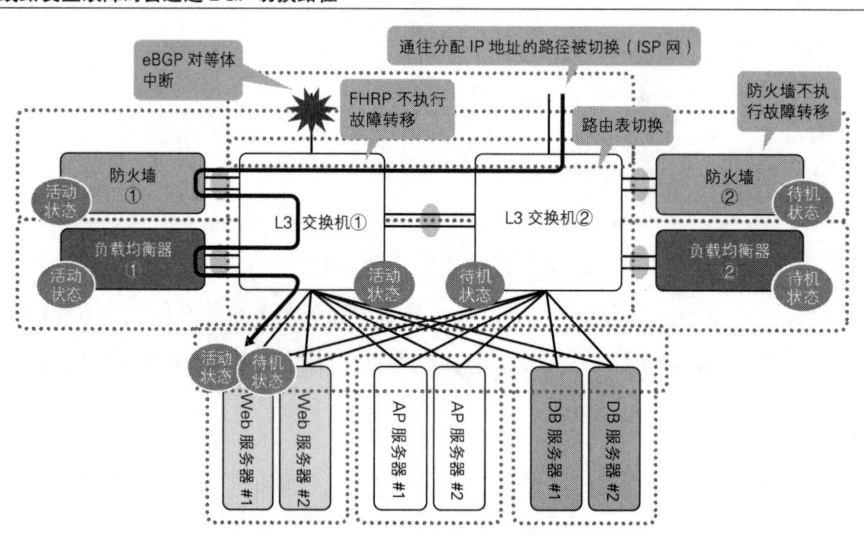

防火墙故障

当防火墙发生故障时，只有防火墙会立即执行故障转移，其他部分则维持原状，不会执行故障转移。前面已经提到过，在串联式结构中会由 L2 交换机生成一条迂回路径，在单路并联式结构中这一角色则由核心交换机来担任，因此通信会多次经过核心交换机，然后才最终抵达服务器。

图 4.2.20　防火墙发生故障时，只有防火墙会执行故障转移

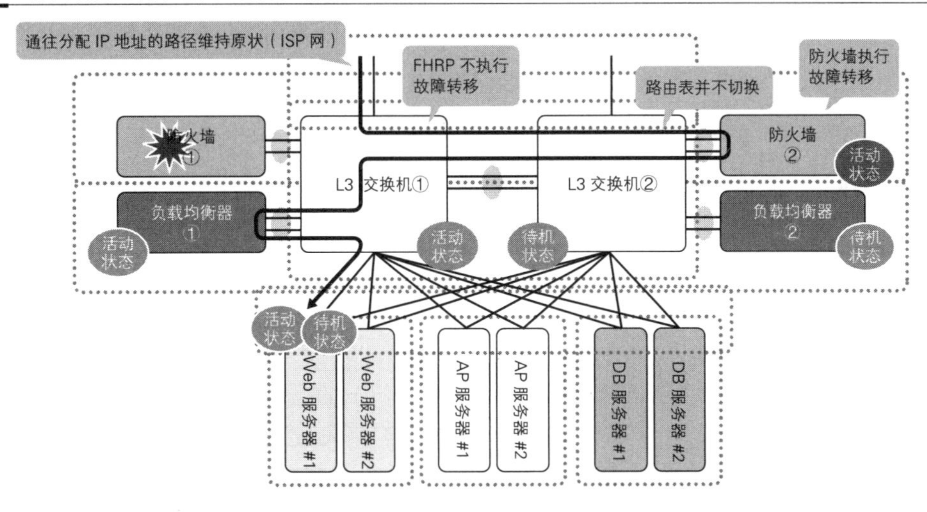

负载均衡器故障

当负载均衡器发生故障时，备用负载均衡器会检测到该故障并立即执行故障转移，其他部分则维持原状，不会执行故障转移。这时候通信会依次经过 L3 交换机①、防火墙①、L3 交换机①、L3 交换机②、新升级的活动负载均衡器②、L3 交换机②和 L3 交换机①，像这样多次经过 L3 交换机之后，才最终抵达服务器。

图 4.2.21　负载均衡器发生故障时，只有负载均衡器会执行故障转移

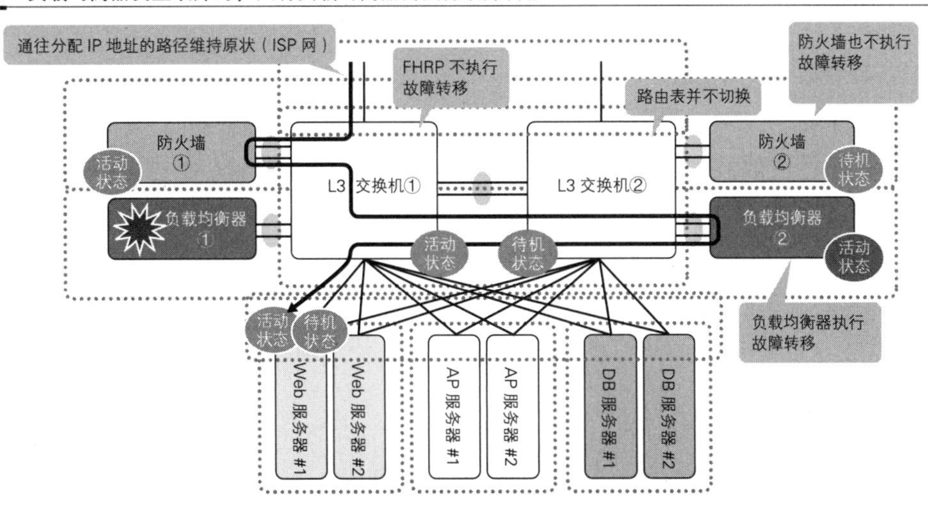

L3 核心交换机（核心交换机）故障

在单路并联式结构中，作为核心的 L3 交换机故障的影响范围是非常之大的，在它的影响下所有环节都会执行故障转移。下面我们就来逐一了解一下。

首先，我们来看 L3 交换机。在外部，由于 eBGP 对等体中断，L3 交换机会进行包括 ISP 网在内的路径重新计算；在内部，由于备用机收不到 FHRP 报文，L3 交换机会执行故障转移。

接下来，我们看防火墙和负载均衡器。原本是活动防火墙的防火墙①受到孤立，防火墙②则升级为新的活动防火墙。负载均衡器方面也会发生同样的改变，原本是活动负载均衡器的负载均衡器①受到孤立，负载均衡器②则升级为新的活动负载均衡器。

最后，我们来看服务器网卡。服务器链路因 L3 交换机的故障而中断，网卡组合检测到该情况之后便会执行故障转移。

图 4.2.22 L3 交换机发生故障时，所有环节都会执行故障转移

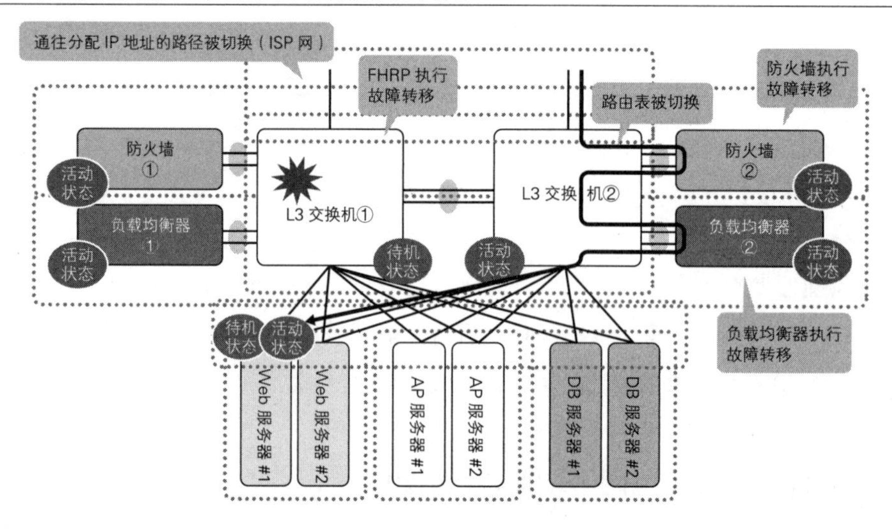

服务器的链路故障和网卡故障

当服务器的链路或网卡发生故障时，只有网卡组合会执行故障转移。这时候，通信会依次经过 L3 交换机①、防火墙①、L3 交换机①、负载均衡器①、L3 交换机①和 L3 交换机②，像这样多次经过 L3 交换机之后，才最终抵达服务器。

图 4.2.23 服务器的链路或网卡发生故障时，只有网卡组合会执行故障转移

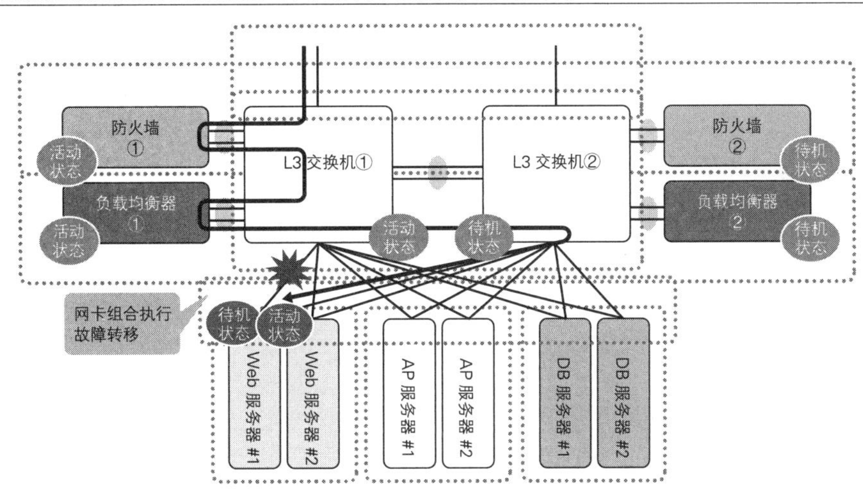

服务器的服务故障

这里和单路并联式结构一样，当服务器的服务发生故障时，负载均衡器的健康检查会失败，于是该服务器被排除到负载均衡的对象之外，这样连接就不会被分配到已发生服务故障的服务器上。其他部分没有任何变化。

图 4.2.24 服务器的服务发生故障时，该服务器会被排除到负载均衡的对象之外

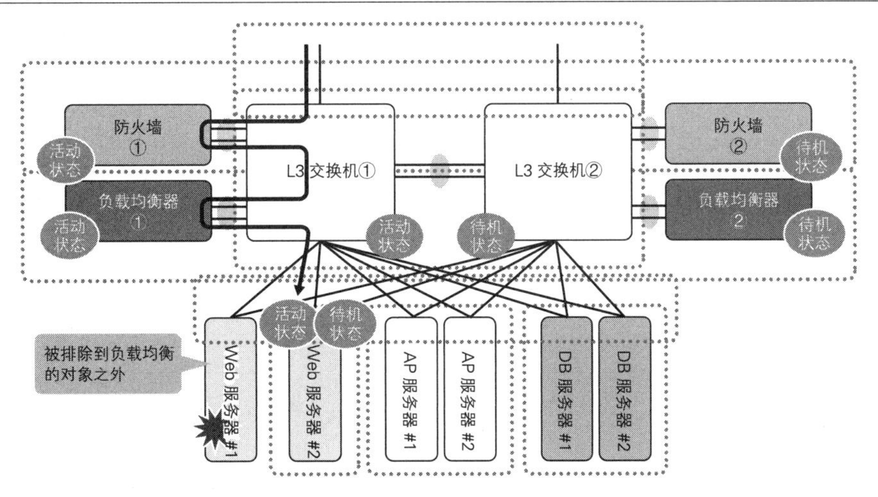

非服务器链路的链路故障

服务器链路是由一条条链路构成的，所以发生故障时必须通过网卡组合去执行故障转移。与此相对，其他链路（如 L3 交换机、防火墙、负载均衡器这些连接网络设备的链路）发生故障

时，由于它们都通过链路聚合做了冗余备份，所以无论哪个环节发生了故障都不会执行故障转移，路径也不会被切换。

图 4.2.25 非服务器链路由于做了链路聚合处理，路径不会改变

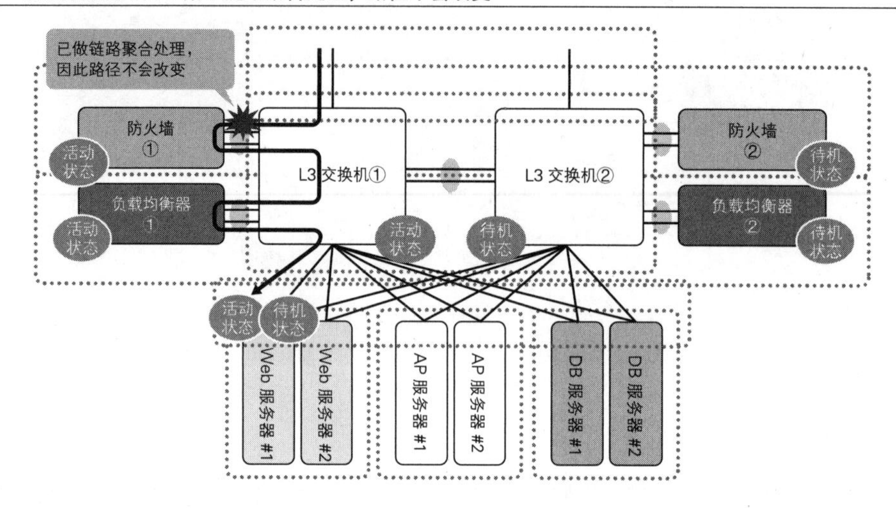

非活动路径的故障

如果是非活动路径发生故障，那么故障无论发生在什么环节都不会执行故障转移，也不存在通信中断时间。不过从我的经验来说，偶尔也会有这样的情况：因某些网络设备本身的设计漏洞等原因导致其发出了不必要的 GARP，结果离奇宕机。为了避免类似情况的发生，我们应提前做好充分的故障测试，确保各个设备都不会受到不良影响。

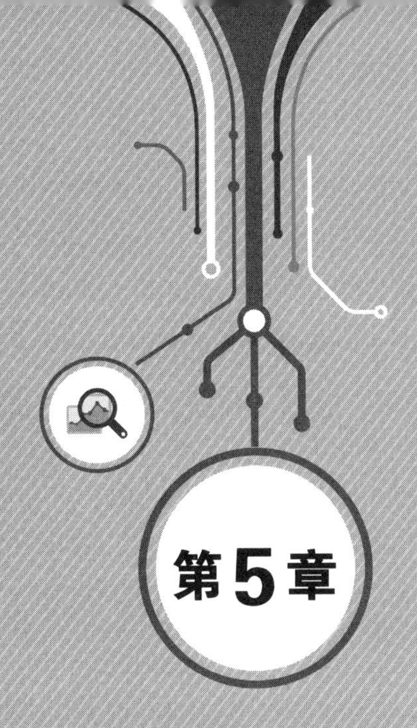

第5章

管理设计

本章概要

本章将要讲解在服务器端运行管理中使用的技术及其设计要点，以及对于运行管理，我们应该提前规定好的一些事项。

执行关键任务的服务器端经常会发生形形色色的问题。设计和架构结束之后，服务器端才算真正开始执行它的使命。在长期使用的过程中，设备可能会发生故障，线缆也可能会断掉。对于这些不同种类的问题，我们不仅要注重发现和预防，还要能够在突发情况下迅速采取对策。为此，我们必须熟练掌握相关技术和设备规格，设计出最符合实际情况的运行管理环境。

5.1 管理技术

管理技术能够让网络更加顺畅地运行，同时提供相应的规则帮助我们管理好网络。网络设计和架构结束之后，一切才刚刚开始，对于将来可能发生的问题，我们只有运用多种管理技术才能快速、高效地把它们解决。下面，本书将从大量的管理技术中选出比较常用的协议，以及设计时必须注意的事项来逐一讲解。

5.1.1 用 NTP 同步时间

NTP 是一种用于同步设备时间的协议。乍一听可能有人会想“什么？同步设备时间没什么意义吧？”曾几何时，我也是这么认为的。但后来，当我面对突发问题冷汗涟涟的时候，才终于理解这个协议是多么重要。

对于牵涉到多台设备的复杂问题，找出原因并将其解决的关键在于我们对该问题的理解程度。具体来说，就是能够理解该问题随着时间的变化是如何演变的，即在不同的时刻（几点几分几秒）都发生了什么。为了厘清这些头绪，我们需要正确掌握时间这一要素。

NTP 的工作原理非常简单

NTP 的工作原理非常简单。形象一点讲，就是先由客户端发出一个“现在几点了？”的询问（NTP Query），然后服务器针对该询问给出答复（NTP Reply）——“现在是○○点○○分○○秒哦！”

图 5.1.1 NTP 的工作原理非常简单

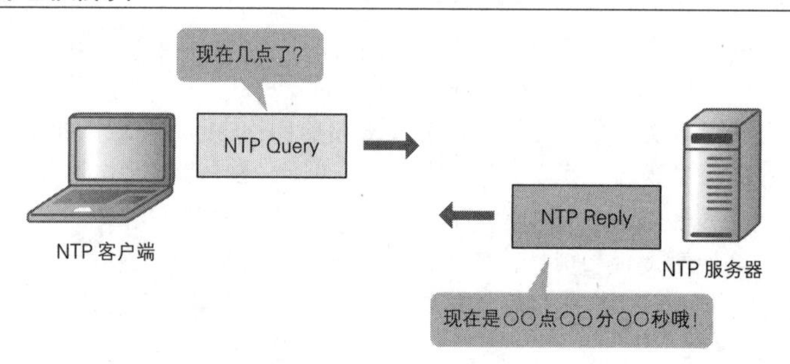

NTP 利用一个叫作“层”（stratum）的概念及其数值形成阶梯式结构。层值表示从顶层的时

间源到本层有多少 NTP 跳。顶层的时间源是从原子钟或 GPS（全球定位系统）时钟等获取高精度的时间信息，能够保证时间的正确性，层值为 0。从顶层往下，每经过一台 NTP 服务器，层值就会加一。层值不为 0 的 NTP 服务器对上一层的 NTP 服务器来说是 NTP 客户端，对下一层的 NTP 客户端来说则是 NTP 服务器。此外，如果无法和上一层的 NTP 服务器同步时间，就绝不会将时间发布给下一层。

图 5.1.2 NTP 是通过层形成的阶梯式结构

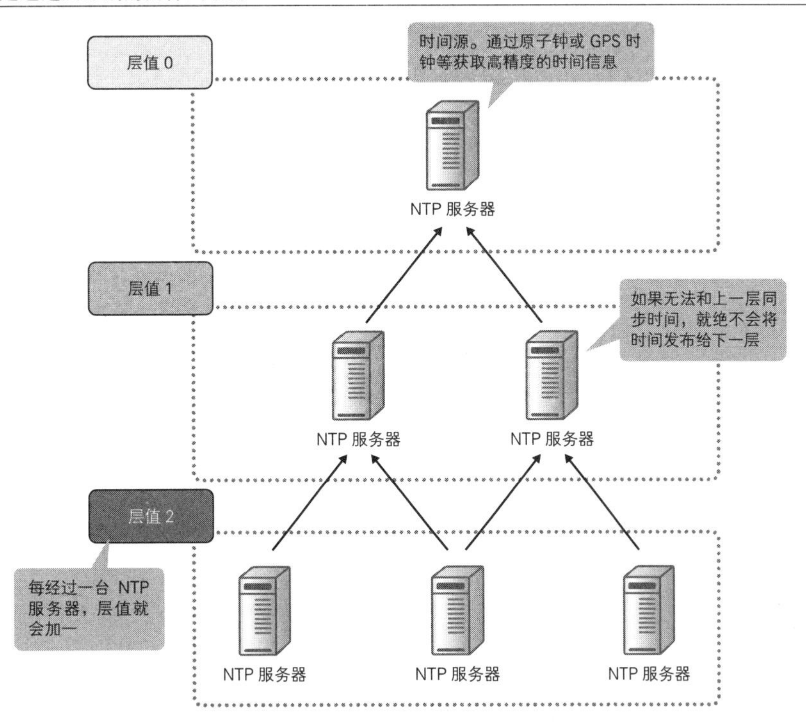

使用 UDP 单播

NTP 在任何通信类型中都能够运作，包括单播、多播和广播，不过用于服务器系统的 NTP 仅限单播。本书将仅介绍单播的 NTP。

NTP Query

前面已经讲过，“现在几点了？”这个询问就是 NTP Query。在 NTP Query 报文中，源 IP 地址为需要同步时间的设备的 IP 地址，目的 IP 地址则是 NTP 服务器的 IP 地址。采用的协议为追求实时性的 UDP。此外，源端口号和目的端口号都是 123。通过标志字段中的模式数值可以识别该报文是 NTP Query 还是 NTP Reply。如果是 NTP Query，则数值为 3（client）。

图 5.1.3 通过 UDP 单播发送 NTP Query

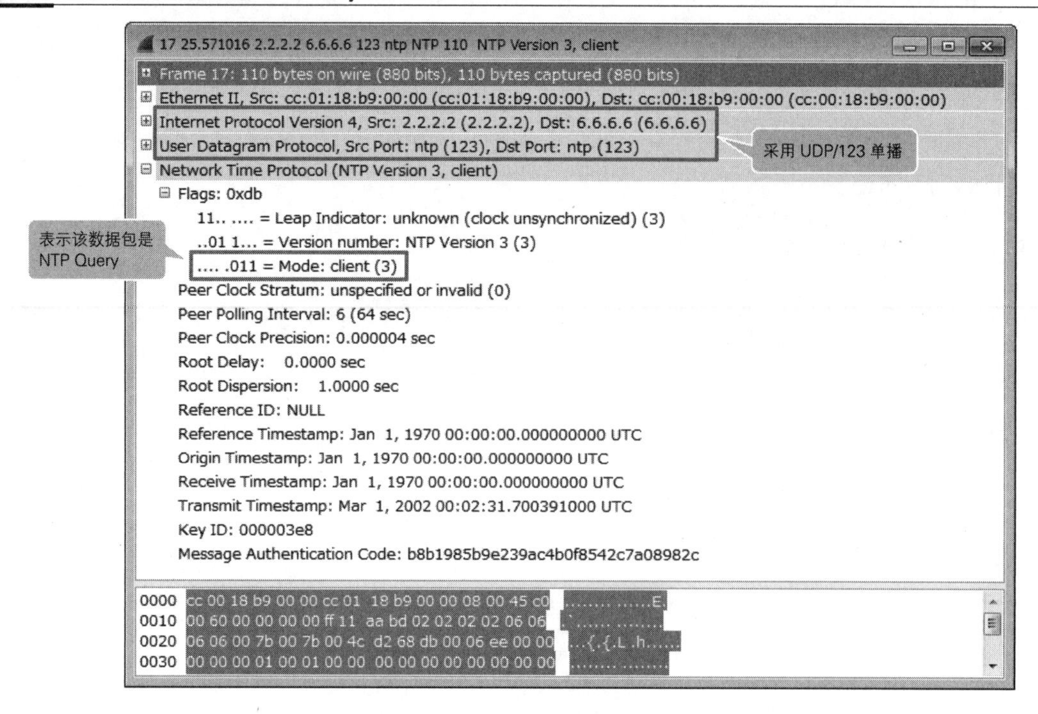

NTP Reply

前面已经讲过，“现在是○○点○○分○○秒哦！”这个答复就是 NTP Reply。在 NTP Reply 报文中，源 IP 地址为 NTP 服务器的 IP 地址，目的 IP 地址则是需要同步时间的设备的 IP 地址。和 NTP Query 一样，采用的协议也是追求实时性的 UDP，源端口号和目的端口号也都是 123。通过标志字段中的模式数值可识别该报文是 Query 还是 Reply。如果是 Reply 则数值为 4（server）。模式后面紧跟着客户端生成正确时间所需要的信息，包括层、时间信息和延迟等。

同步的时间间隔会发生改变

使用的 NTP 应用程序不同，对 NTP 服务器执行同步处理的时间间隔就不同。我们以 Linux 中常用的 ntpd 为例来看一下。ntpd 的同步时间间隔在尚不稳定的时候为 64 s，随着稳定程度的提高会逐渐变成 128 s、256 s……像这样成倍地增加，最长可达 1024 s。当然，这些时间间隔的设置是可以修改的。

图 5.1.4 NTP Reply 中包含着诸多生成正确时间所需要的信息

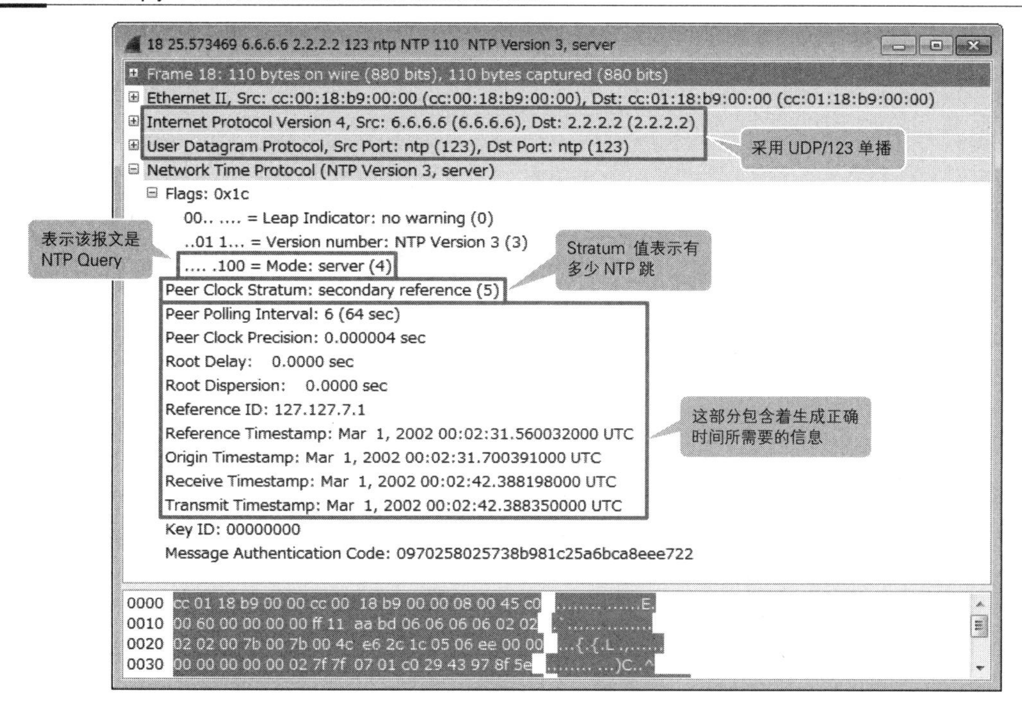

图 5.1.5 同步时间的间隔会逐渐变大

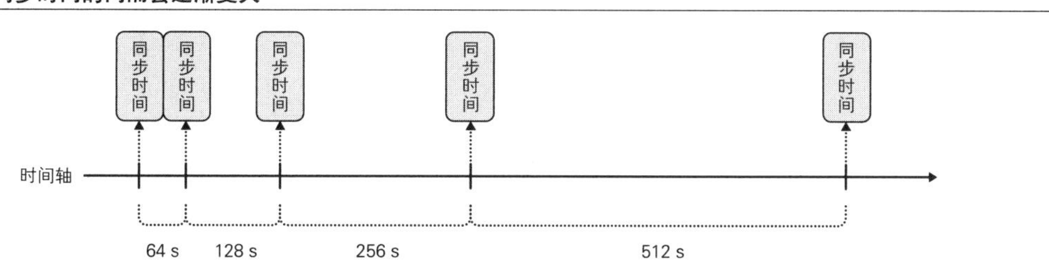

两种运行模式

NTP 客户端有两种运行模式，分别叫作 step 模式和 slew 模式。粗略地讲，二者的区别在于它们对服务器发布的时间是如何校准的。step 模式的校准是一气呵成地完成的，slew 模式的校准则是慢条斯理地实现的。采用哪一种模式取决于 NTP 客户端使用的 OS。例如，ntpd 默认的运行模式就是当 NTP 客户端的时间和 NTP 服务器发布的时间相差超过 128 ms 时采用 step 模式，小于 128 ms 时则采用 slew 模式。

step 模式

在 step 模式中，无论 NTP 客户端的时间和 NTP 服务器发布的时间相差多少，校准的工作都是一气呵成的。就算 NTP 客户端的计时又往前走了一点，也会被调回 NTP 服务器发布的时间。交换机、路由器等并不特别注重时间信息的设备一般会采用这种模式。

图 5.1.6 step 模式一气呵成地完成校准

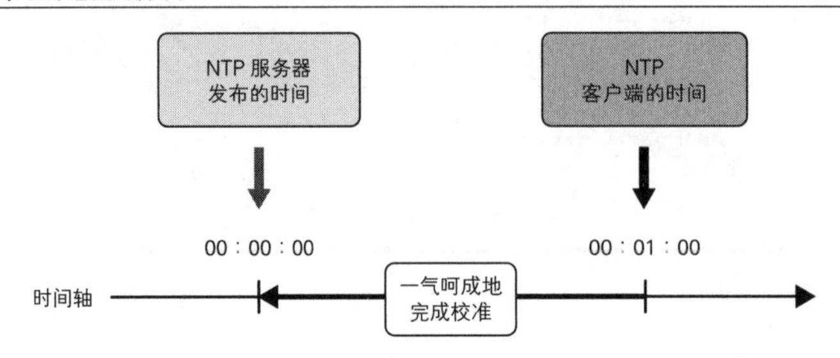

slew 模式

在 slew 模式中，校准是慢条斯理地完成的，每秒只校正 0.5 ms，所以就算 NTP 客户端的计时又往前走了一点，也不会被马上调回到 NTP 服务器发布的时间。由于校正的时间比计时往前走的时间要短，所以校准的进度非常缓慢。

在 DB 应用程序、日志应用程序等时间信息非常重要的应用程序中，采用 step 模式一气呵成地完成校准可能会引发故障，因此人们一般会在安装应用程序之前先用 step 模式校准，之后如果出现时间差异就改用 slew 模式去校准。

图 5.1.7 slew 模式慢条斯理地实现校准

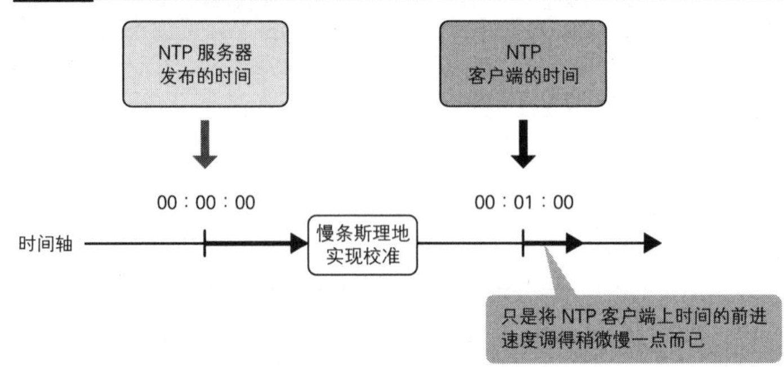

要耐心等待校准结束

在实际架构服务器系统的过程中，由于各台设备的时间往往五花八门、各不相同，很容易让我们烦躁不安。有的设备有强制发送 NTP Query 的命令，这样还好说。但如果没有类似的命令，那么该设备同步时间的作业就会很费工夫。对于这种情况，我们一定要有足够的耐心才行。不过，如果等了一个小时还是没有校准好，那就说明设置有误，应该去仔细确认设置的内容。

与监控服务器同步时间以便于整理日志信息

利用 NTP 同步时间时，最重要的事项就是保持整个系统的统一性。系统内的各台设备都要和分散在互联网上的 NTP 服务器取得时间上的同步，然而，如果这些 NTP 服务器的时间本身就不统一，那么即使各台设备完成了同步也是毫无意义的。而且，还会浪费互联网的通信流量。所以，我们应在系统内只选择一两台 NTP 服务器，然后执行时间同步作业，这样就能够保证整个系统的统一性，效率也会更高。

那么，我们应该选择哪一台（或两台）服务器，让其担任 NTP 服务器这一角色呢？这是一个经常会被问到的问题。当然，我们也可以把 NTP 服务器完全独立出来。不过，如果要让 NTP 服务和其他服务器的服务共存，那么我建议让 NTP 服务器和监控服务器共居一体。这是因为，时间信息在监控服务器的日志中最能发挥作用，最能成为我们排除故障的重要依据。只要校准监控服务器的时间，我们就能将日志按照时间顺序有条不紊地整理出来。

图 5.1.8　确保系统内时间的一致性

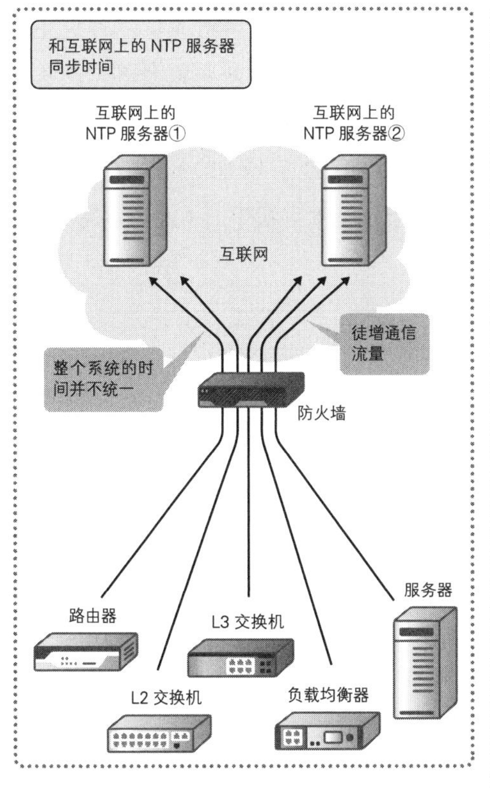

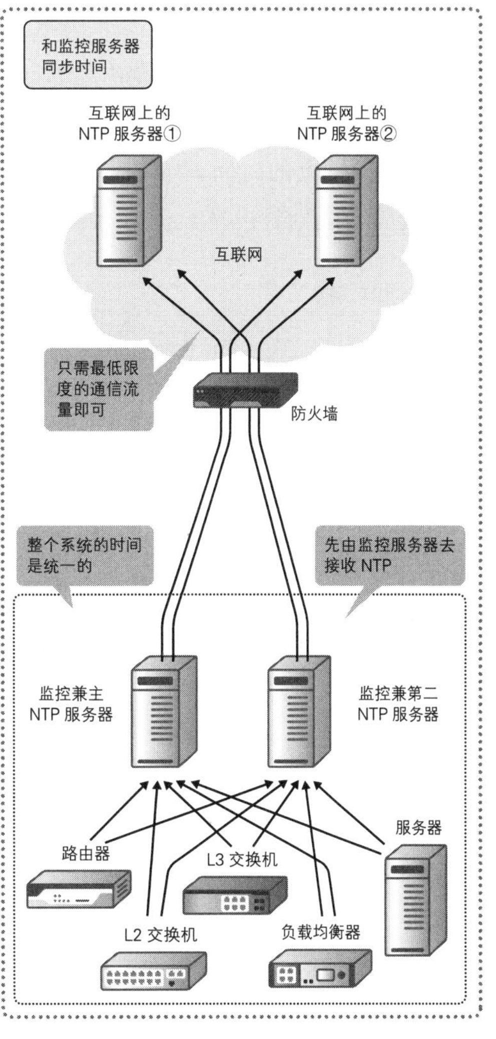

确认设备是否支持闰秒

各位读者听说过闰秒（leap second）吗？不是闰年，是闰秒。闰秒几年发生一次，对于 NTP 来说是一件大事。

前面介绍过，层值为 0 的 NTP 服务器采用原子钟或者 GPS 时钟等精度极高的计时装置，按照一定的节奏保证本机时间的精度。然而，地球的自转周期（天文观测的时间）时快时慢，并不固定。这就导致以地球自转一周为标准定义的一日时长时短。因此，即使原子钟或者 GPS 时钟能够保持极高的精度，随着时间的推移，两种计时系统也一定会出现时差。闰秒就是为调整这个时差而出现的。

闰秒调整每隔几年进行一次，是不定期地实施的。人们通常是对协调世界时（UTC）6 月或 12 月最后一天的最后一秒做调整。如果等不到 6 月或者 12 月，也可以对 3 月或者 9 月最后一天的最后一秒做调整。举个例子，如果地球自转速度变快，时钟上的时间就会落后，这时需要跳过 23:59:58 之后的 23:59:59，直接进入 00:00:00，也就是将时钟拨快 1 s。反过来，如果地球自转变慢，时钟上的时间就会提前，这时需要在 23:59:59 后增加 23:59:60，然后进入 00:00:00，也就是将时钟拨慢 1 s。顺带提一下，自 1972 年至本书执笔时（2019 年 5 月）为止，

图 5.1.9　时钟的闰秒调整

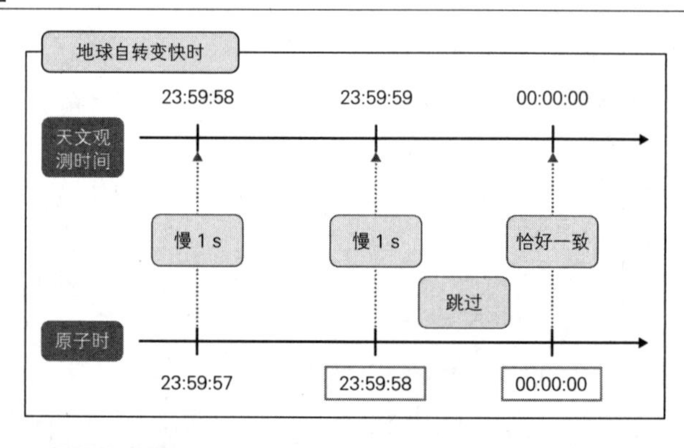

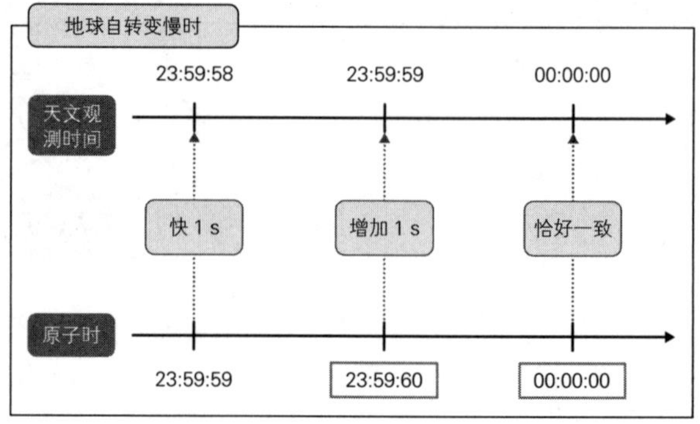

人们已经实施过 27 次闰秒调整。最近的一次是在 2016 年 12 月 31 日（GMT，格林尼治标准时）增加了 1 s。截至目前，第 28 次的调整时间尚未确定。

之所以说闰秒对于 NTP 来说是一件大事，是因为在闰秒调整之前，NTP 需要完成大量的准备工作。具体来说，在实施闰秒调整的 24 h 前，NTP 服务器需要通过一个叫作 LI（Leap Indicator，闰秒指示器）的标志位将“接下来会进行闰秒调整哦”的消息告诉客户端。然而，遗憾的是有些 NTP 客户端（服务器或者网络设备等）并不能正确地处理 LI 标志位。这是个很大的困扰，想必不少工程师都有过因这个问题而苦苦守候在设备旁的经历吧。我就亲身体验过，当得知新年第一天（2017 年 1 月 1 日）9 点增加闰秒的消息后，不禁哀嚎“至少避开新年假期啊”。

所以，如果我们收到了闰秒调整的通知，首先要向生产商或者 SI 提供商确认使用的设备是否支持闰秒。如果答案是否定的，有时间和余力的一定要将系统升级到支持闰秒的版本。如果版本无法升级，则至少要提前 24 h 停止查询 NTP 服务器，以防客户端收到来自 NTP 服务器的置有 LI 标志位的 NTP 报文。等闰秒调整结束后，我们需要重新开启 NTP 服务器的查询。此时，客户端和服务器之间只有 1 s 左右的时差，很快就能完成时间同步。最近，像谷歌的 Public NTP 服务器或者 AWS 的 NTP 服务器等，都拥有将 1 s 的时差分散到较长一段时间进行同步的闰秒弥补（leap smear）功能。我们也可以运用该功能，防止客户端收到置有 LI 标志位的 NTP 报文。

图 5.1.10　如果客户端不支持 LI 标志位，需要想办法避免发生故障

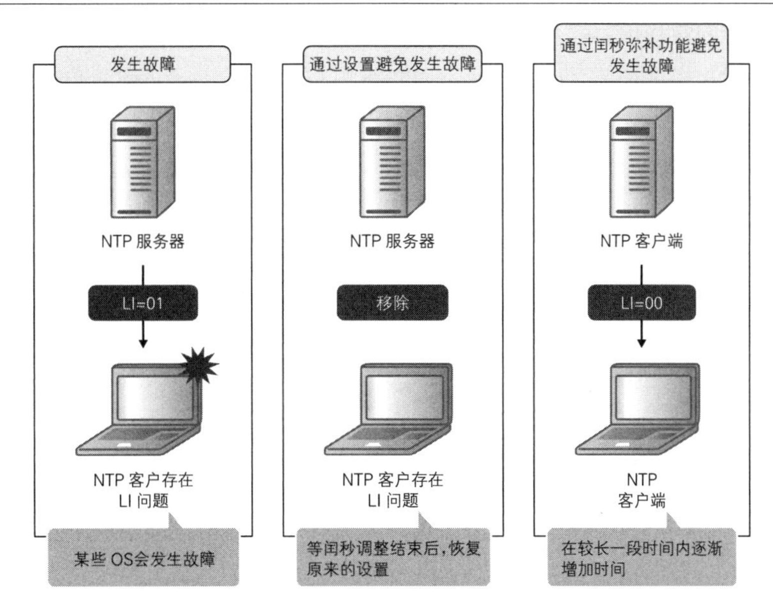

5.1.2 用 SNMP 检测故障

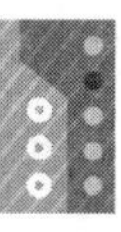

SNMP 是一种用于监控网络设备、服务器的性能以及监控故障的业内标准管理协议，在服务器系统的运行管理中使用得非常广泛。在服务器系统中，任何故障出现之前都是会有蛛丝马迹的，抓住这些线索极其重要。所以，我们应坚持定期收集所管设备的各种信息，包括 CPU 使用率、内存占用率、通信流量、数据包数量等，尽早检测出故障的苗头。

5.1.2.1 通过 SNMP 管理器和 SNMP 代理交换信息

SNMP 由两个要素构成，分别是身为管理方的 SNMP 管理器和被管理的 SNMP 代理。在这二者之间交换着好几种消息组合，前者通过这些消息组合就能够掌握后者当前的状态。

SNMP 管理器是负责收集 SNMP 代理的管理信息并对其进行监控的应用程序。比较知名的有 Zabbix、Open View Network Node Manager（Open View 网络节点管理器）和 TWSNMP 管理器[①]等。无论哪一种应用程序都能对收集来的信息进行加工并基于 Web GUI 实现可视化，让用户对信息一目了然。

SNMP 代理则是接收 SNMP 管理器发出的要求并将故障通知给对方的程序。绝大部分的网络设备和服务器中都装有 SNMP 代理。在 SNMP 代理中有一个叫作 MIB（Management Information Base，管理信息库）的树状数据库，该数据库中保存着通过 OID（Object Identifier，客体标识符）数值识别出来的管理信息以及与这些信息相关的数值。SNMP 管理器发出的要求中就包括 OID 值，SNMP 代理根据该值返回相关值，而当发现 OID 值有变时，就会通知 SNMP 管理器发生了故障。

图 5.1.11 SNMP 管理器对 SNMP 代理进行管理

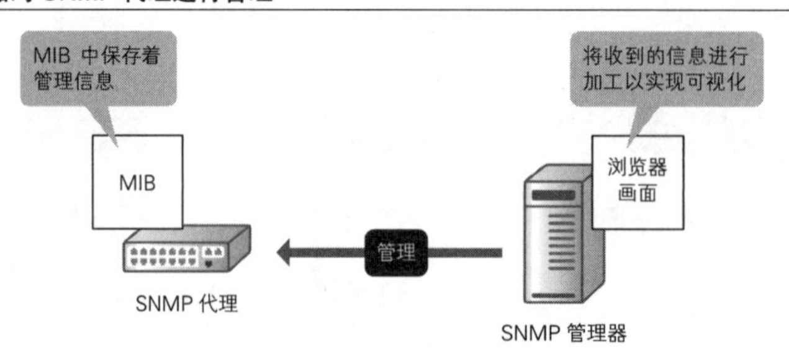

① 由 Twise Labo. 公司的山居正幸先生开发的一款 SNMP 管理器。——译者注

图 5.1.12 MIB 为树状结构（图为在 TWSNMP 管理器中看到的 MIB 信息）

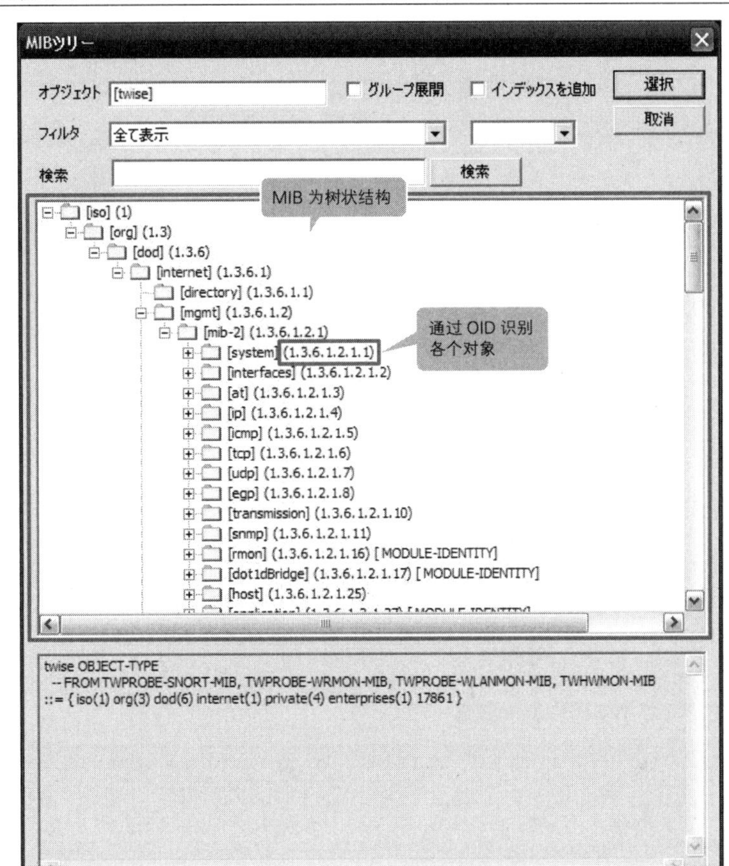

5.1.2.2 熟练掌握 3 种运作模式

SNMP 采用 UDP，工作原理非常简单易懂。将 GetRequest、GetNextRequest、SetRequest、GetResponse 和 Trap 这 5 种消息进行组合，然后通过 SNMP Get、SNMP Set 和 SNMP Trap 这 3 种运作模式实现沟通。各消息之间均以 community 名为认证口令，口令通过则通信成立。下面我们来分别看看这 3 种模式是如何运作的。

SNMP Get

SNMP Get 是获取设备信息的运作模式。形象地说就相当于 SNMP 管理器提出“请把○○的信息给我”的请求，SNMP 代理则给出“这个信息的内容是○○”的回应，过程并不复杂。

图 5.1.13 通过 SNMP Get 获取 OID 的信息

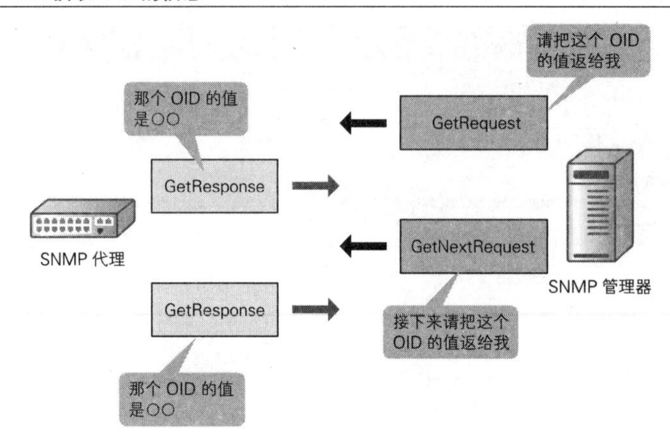

具体的步骤就是先由 SNMP 管理器将包含着 OID 的 GetRequest 消息发给 SNMP 代理。GetRequest 消息以 UDP 单播的形式发出，目的端口号为 161。然后，SNMP 代理将被指定的 OID 的值以 GetResponse 消息的形式返回给 SNMP 管理器。SNMP 管理器需要下一则信息时，就将所需的 OID 放在 GetNextRequest 消息中再次发给 SNMP 代理，然后 SNMP 代理又返回相应的 GetResponse 消息。这样不断循环。

图 5.1.14 发出一条包含 OID 的 GetRequest 消息

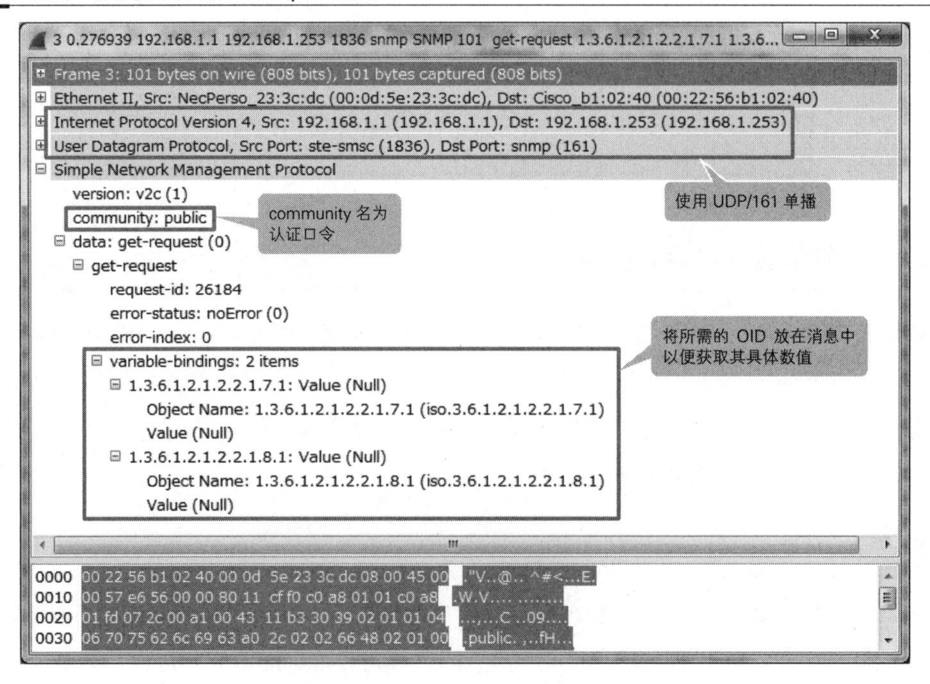

图 5.1.15 返回的 GetResponse 消息包含被指定的 OID 的值

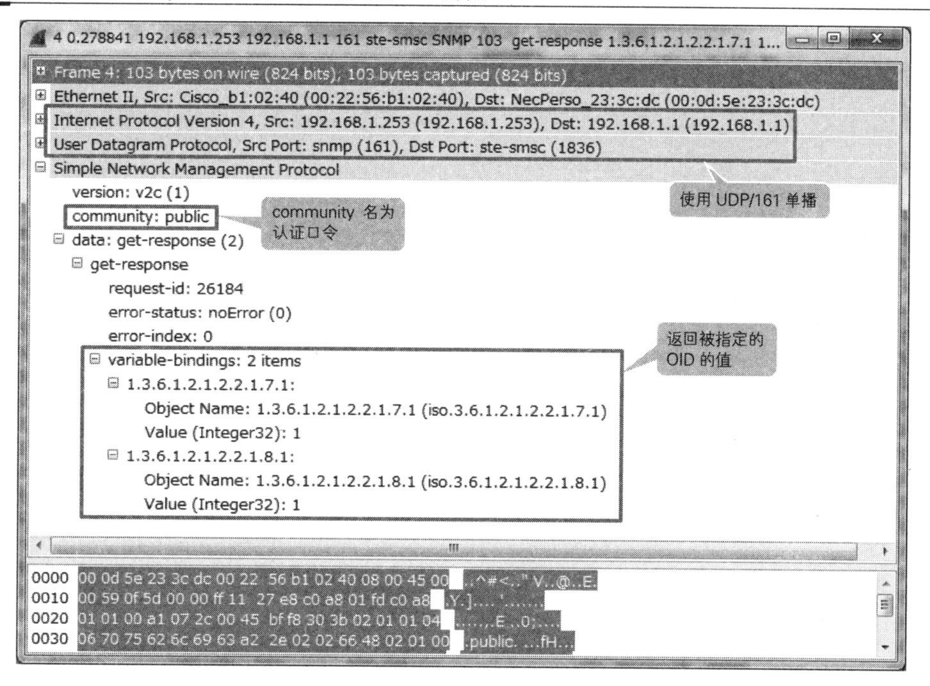

SNMP Set

SNMP Set 是更新设备信息的运作模式。形象地说相当于 SNMP 管理器提出了“请更新○○的信息”的要求，SNMP 代理执行之后则给出“更新好了”的回应。以前曾有系统管理人员问我：“为什么要更新呢？那不成了造假吗？”但实际上，这种运作并不是用来造假的。在使用 SNMP Set 的例子当中，最容易理解的就是关闭端口了。我们知道，SNMP 代理保存的 OID 值代表了端口的状态，只有更新这个值之后我们才能将端口关闭掉。

具体步骤和 SNMP Get 的差别并不大，只是使用的消息不同而已。先是 SNMP 管理器将包含着 OID 的 SetRequest 消息发给 SNMP 代理。SetRequest 消息和 GetRequest 消息同样以 UDP 单播的形式发出，目的端口号也是 161。然后，SNMP 代理将更新好的 OID 值以 GetResponse 消息的形式返回给 SNMP 管理器。

图 5.1.16 通过 SNMP Set 更新 OID 的值

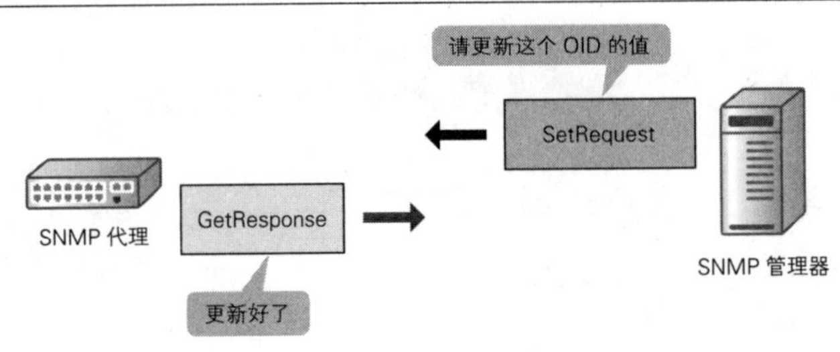

图 5.1.17 发出 SetRequest 消息，告知需要更新的 OID 及其当前数值

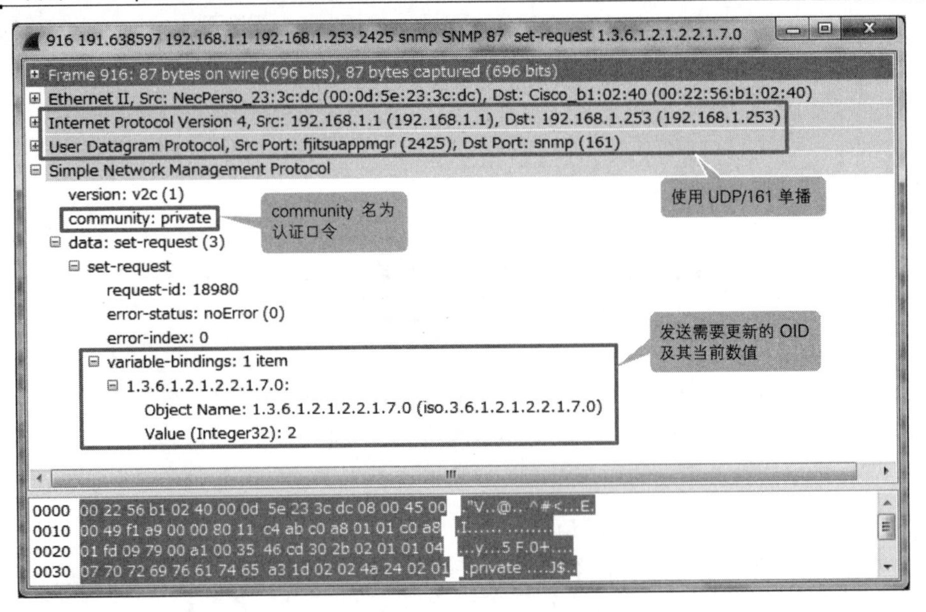

SNMP Trap

SNMP Trap 是告知故障发生的运作模式。形象地说就相当于 SNMP 代理向 SNMP 管理器发出了“○○发生故障了”的通知。这里请务必要注意，SNMP Get 和 SNMP Set 都是由 SNMP 管理器发出的通信，只有 Trap 是由 SNMP 代理发出的通信。

SNMP 代理一旦发现 OID 的值有了特定的变化，就会断定有故障发生，于是向 SNMP 管理器发送 Trap 信息。Trap 依然是以 UDP 单播的形式发出，但目的端口号是 162。

图 5.1.18 通过 SNMP Trap 检测到故障

图 5.1.19 通过 SNMP Trap 告知是哪个 OID 发生了故障

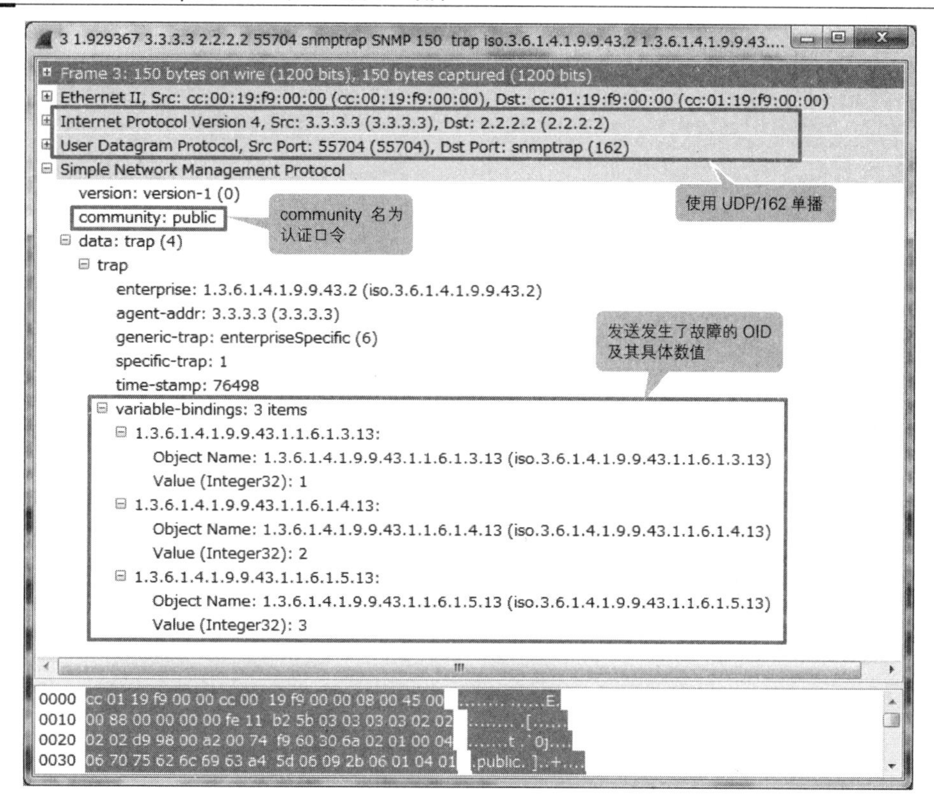

5.1.2.3 限制源 IP 地址

目前，世界上常用的 SNMP 版本为 v2c。v2c 并不具备加密功能，重要的管理信息会以明文的形式发出。在 v2c 中，唯一能够保证数据安全的只有 community 名这个认证口令，但信息终究还是以明文的形式发出去的，所以数据安全是该版本的一个弱项。

为了解决这个问题，我们在使用 SNMP 的时候务必要限制被 SNMP 代理所允许的源 IP 地址，即 SNMP 管理器的 IP 地址，以此来保证数据安全。

图 5.1.20 在 SNMP 代理中限制源 IP 地址

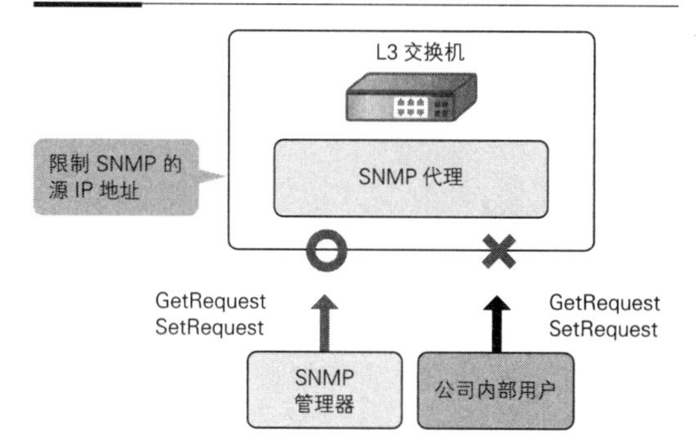

5.1.3 用 Syslog 检测故障

Syslog 是一种用于转发日志消息的业内标准管理协议。网络设备和服务器的内部（缓存、硬盘等）保存着很多记录了各种事件的日志，Syslog 将这些日志转发给 Syslog 服务器，实现日志的一元化管理。在服务器系统中，Syslog 常常和 SNMP 一起使用。

Syslog 的工作原理非常简单

Syslog 采用 UDP，工作原理非常简单、易懂。当发生某个事件的时候，它会将该事件保存到本机的缓存或硬盘中，同时也将事件转发给 Syslog 服务器。转发以 UDP 单播的形式进行，目的端口号为 514。消息部分由 Facility（程序模块）、Severity（严重性）和消息本体构成，消息本体即日志的内容，本书将要介绍的是 Facility 和 Severity。

图 5.1.21 通过 Syslog 转发日志

图 5.1.22 通过 Syslog 转发日志消息

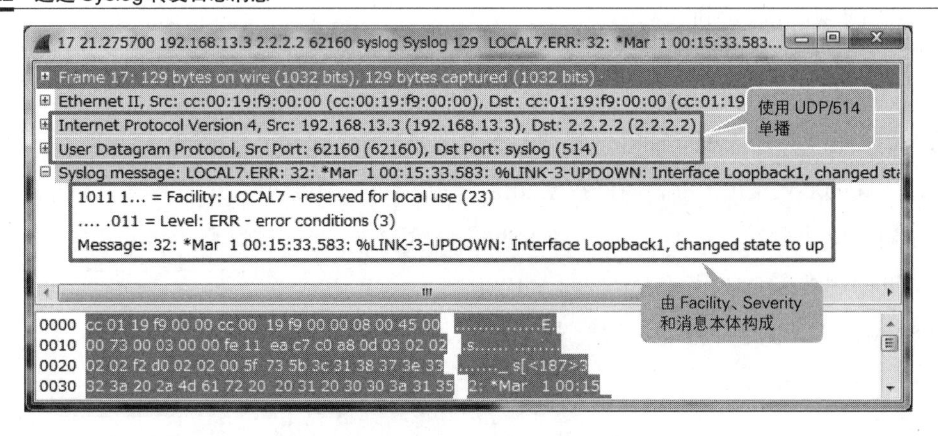

Severity

Severity 是表示日志消息重要性的值，分成 0～7 共 8 个等级，值越小，重要性就越高。哪个 Severity 以上的消息应发给 Syslog 服务器、哪个 Severity 以上的消息应保存到什么程度（消息大小或保存时间），这些事项在设计的时候都必须定义清楚。例如，“warning 级别以上的消息应发给 Syslog 服务器，informational 级别以上的消息应保存在缓存中（最大 40960 字节）”——应该像这样去定义。对有些设备来说，输出日志这个作业本身可能就会成为处理负荷，所以我们也要充分考虑到这一点，合理调整 Severity，避免让输出日志成为处理负荷。

表 5.1.1 Severity 的值表示重要性的高低

名　称	解　说	Severity	重要性
emergencies	使系统不稳定的错误	0	高
alerts	必须紧急处理的错误	1	↑
critical	“致命”的错误	2	
errors	错误	3	
warnings	警告	4	
notifications	通知	5	
informational	参考信息	6	↓
debugging	调试	7	低

Facility

Facility 表示日志消息的种类，总共有 24 种，具体内容如下表所示。

表 5.1.2 Facility 表示消息的种类

Facility	代码	说　明
kern	0	内核消息
user	1	任意用户的消息
mail	2	邮件系统（sendmail、qmail 等）的消息
daemon	3	系统守护进程（ftpd、named 等）的消息
auth	4	数据安全 / 认证（login、su 等）的消息
syslog	5	Syslog 守护进程的消息
lpr	6	行式打印机子系统的消息
news	7	网络新闻子系统的消息
uucp	8	UUCP 子系统的消息
cron	9	时钟守护进程（cron 和 at）的消息
auth-priv	10	数据安全 / 认证的消息
ftp	11	FTP 守护进程的消息
ntp	12	NTP 子系统的消息

（续）

Facility	代码	说　明
—	13	日志审计的消息
—	14	日志警告的消息
—	15	时钟守护进程的消息
local0	16	任意用途
local1	17	任意用途
local2	18	任意用途
local3	19	任意用途
local4	20	任意用途
local5	21	任意用途
local6	22	任意用途
local7	23	任意用途

请注意，有些设备的 Facility 是不能修改的，所以设计时我们一定要仔细确认设备的规格。

将消息过滤后会更加容易管理

我常听说这样的情况：在 Syslog 服务器的日常运行当中，日志消息总是在系统发生故障的时候大量涌现，结果导致管理人员看漏了重要的日志。其实，故障发生时收到大量的日志消息是再自然不过的事情，而这种关键时刻如果起不到任何作用，Syslog 服务器也就毫无存在意义了。为了避免看漏重要的日志，我们应通过 Severity 或 Facility 在 Syslog 服务器中对消息进行过滤。

5.1.4 通过 CDP/LLDP 传递设备信息

服务器系统发生故障的根源大多在物理层，所以我们必须做好连接管理。具体说来，就是要清楚哪个端口连接着哪台设备，这在服务器系统的运行管理中极其重要。网络中有好几个能够查找相邻设备的协议，都是我们管理连接的好帮手，比较有代表性的是 CDP 和 LLDP（Link Layer Discovery Protocol，链路层发现协议）。二者都是 L2 协议，能够发送包括 IP 地址、机型和 OS 版本等在内的设备信息，让连接管理变得轻松起来。

5.1.4.1 CDP

CDP 是思科公司独有的 L2 协议。对设备信息进行封装处理时，它使用的不是 Ethernet Ⅱ

（DIX）规格，而是 IEEE 802.3 规格的增强版 IEEE 802.3 with LLC/SNAP。

CDP 为激活状态的设备在默认情况下会每隔 60 s 将一个 CDP 帧发送给系统已占用的多播 MAC 地址 01-00-0c-cc-cc-cc。收到 CDP 帧的互连设备将其保存到缓存中，在接下来的 180 s 之内，如果没有收到对方发来的 CDP 帧，或者链路发生了中断，该设备就会将对方的相关链路信息丢弃。

图 5.1.23 通过 CDP 了解相邻设备的信息

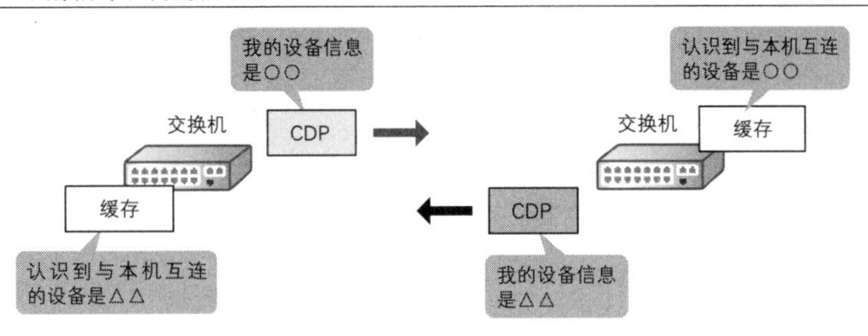

图 5.1.24 CDP 中包含着诸多的设备管理信息

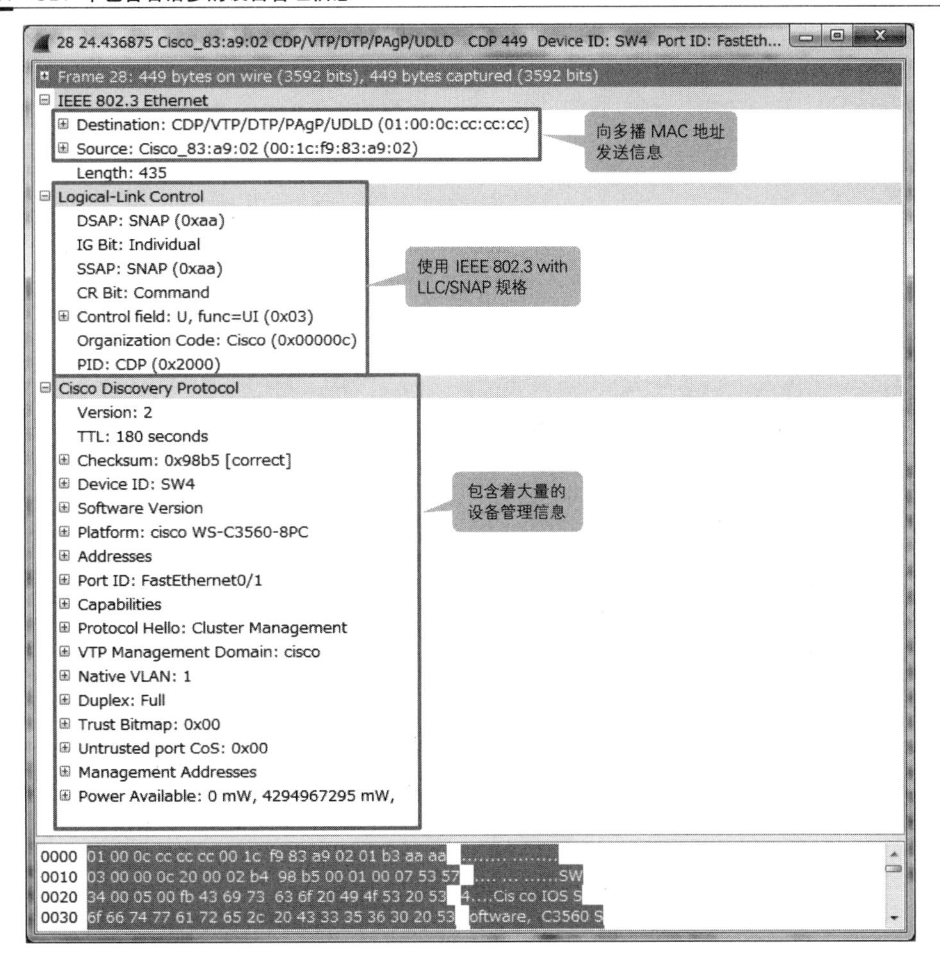

5.1.4.2 LLDP

LLDP 是基于 IEEE 802.1ab 的协议，一般用在由多家供应商提供的不同品牌设备所组成的环境中。它使用 Ethernet Ⅱ规格对设备信息进行封装处理，格式和 CDP 有所不同，但功能基本上是一样的。

LLDP 为激活状态的设备每隔 30 s（推荐时间）将一个 LLDP 帧发送给系统已占用的多播 MAC 地址 01-80-c2-00-00-0e。收到 LLDP 帧的互连设备将其保存到一个叫作 LLDP MIB 的数据库中管理。在接下来的 120 s 之内，如果没有收到对方发来的 LLDP 帧或者链路发生了中断，该设备就会将对方的相关链路信息丢弃。

图 5.1.25 通过 LLDP 了解相邻设备的信息

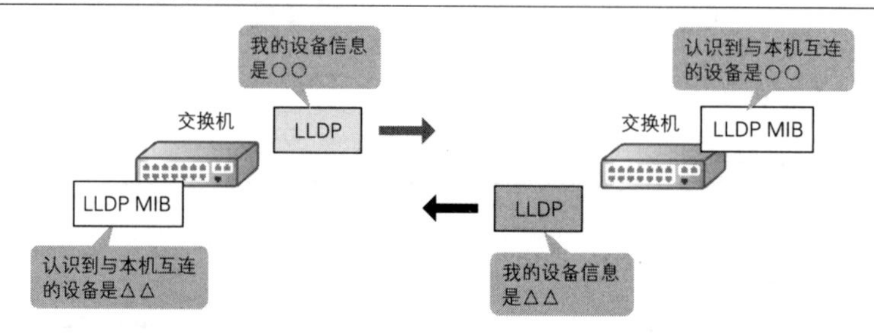

图 5.1.26 LLDP 中包含着诸多的设备管理信息

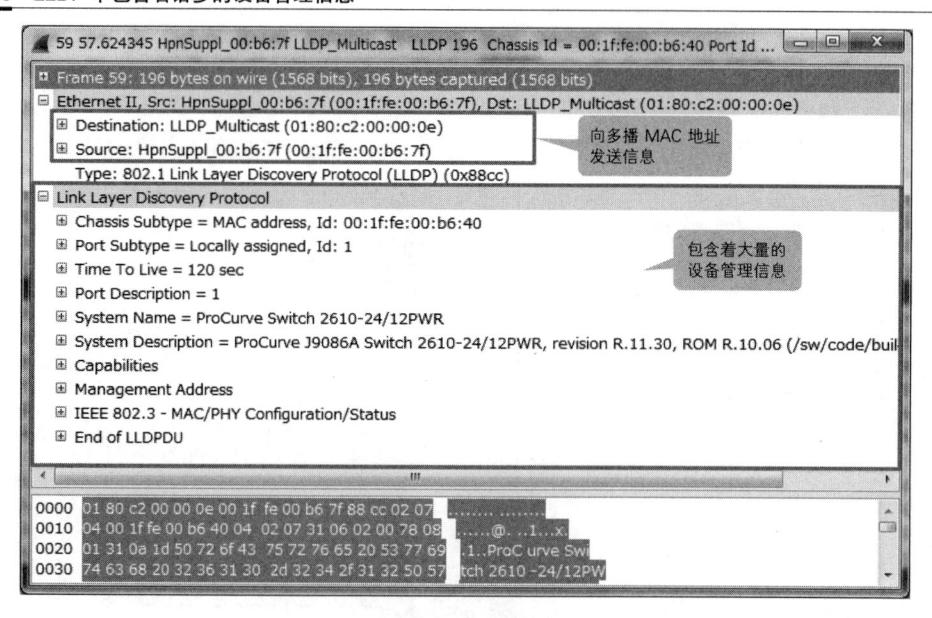

5.1.4.3 注意 CDP 和 LLDP 的数据安全问题

CDP 和 LLDP 在连接管理方面能够发挥巨大的作用，然而它们并不是完美无缺的。由于二者都是以明文的形式发送设备管理信息，从数据安全的角度来看极易受到恶意攻击。因此，在 Untrust 区域和 DMZ，我们最好不要激活这两个协议。我一般会在连接设备的时候激活这两个协议，等到连接结束并且确认到物理结构的连接没有问题之后就将它们注销，用这种方式来应用 CDP 和 LLDP。

总之，进行设计的时候，我们首先应该决定是否需要激活查找相邻设备的协议。如果需要，那么接下来就要明确两个事项：应激活哪一个协议以及在哪里激活（用在何处）。间隔时间（发送信息的间隔）和 Hold 时间（经过多长时间之后丢弃信息）一般无须变更。

5.2 管理设计

从本节开始，将不再讲述运行管理技术，而是介绍一些偏管理方面的设计事项。内容会稍微琐碎一点，但对今后的工作是大有裨益的，建议大家在设计阶段就对这些内容一一做好规定。

5.2.1 确定主机名

主机名定义了地点、设备以及设备承担的角色等标识符，必须让人一看就懂才行。有些设备规定主机名中不能使用特殊字符或者必须使用 FQDN，对于这些限制，我们一定要预先确认好。在定义主机名时有两个要点容易被忽视，那就是字数和称呼。

在大规模的网络环境中，人们常常会利用 Ansible 或 Tera Term 的宏处理等自动形成主机名。主机名的字数如果一致，宏代码的制作就会相对简单一些，可以省去很多不必要的字符串处理。此外，称呼也是一个容易被人们忽视的要点。主机名中包含着各种各样的标识符，理解不够充分的话很容易看得晕头转向。所以，我们应定义和主机名一致的称呼，这样在谈论相关话题或编写文档等情况下就不会弄混了，可谓好处多多。

5.2.2 确定对象名

防火墙策略、地址组或者 VLAN 链路聚合的逻辑端口等各种设置对象的命名规则也是设计阶段的重要元素。特别是最近的网络设备要求所有设置对象必须拥有名称，因此我们需要制定的命名规则也与日俱增。如果我们能够为每个对象制定符合实际情况的命名规则，并赋予一个一目了然的名称，不仅能够实现运行管理的自动化，还能够使今后的工作交接变得更加轻松。相反地，如果我们赋予每个对象的名称都是杂乱无章的，恐怕连设计人员本人都会混淆，从而无法正确地将名称和对象匹配起来。

制定命名规则的关键在于如何对设置内容做概括说明。一般情况下，人们不会对某个设置对象中的所有项目都进行设置。因此，只要名称中包含关键设置项目的值，人们就可以直观地判断具体的设置内容。我们以防火墙策略的过滤规则为例来看看具体应该如何制定命名规则。防火墙过滤规则中有很多设置项目，其中有 5 个关键项目，分别是“源地址”“目的地址”“协议”“端口号”“运作”。如果按照下表的示例赋予名称，人们就能粗略地理解具体的设置内容。

表 5.2.1 为设置对象命名时，推荐使用关键设置项目的值

名称示例	源地址	目的地址	协议	端口号	运作
any-web1-tcp-80-p	any	web1	tcp	80	允许
any-web2-tcp-443-p	any	web2	tcp	443	允许
any-dns1-tcp-53-p	any	dns1	udp	53	允许
any-dns2-tcp-53-p	any	dns2	udp	53	允许
any-dmz-any-any-d	any	dmz	any	any	拒绝

5.2.3 通过标签管理连接

所谓定义标签，就是规定在什么地方贴什么样的标签，这在管理设计中是非常重要的环节。你可能会想“啊？标签？封条？能起多大的作用啊？”千万别小看一枚小小的标签，它的作用可大着呢。系统发生故障的时候，我们需要立即知道是什么地方的哪台设备出了问题，而这个小小的标签就能帮上我们的大忙[①]。

5.2.2.1 线缆标签

这里说的线缆不光是 LAN 线缆，还包括电源线缆、用于 SAN 的光纤光缆等服务器端的所有线缆。对于这些线缆，我们要定义它们应各自使用哪一种标签以及要标注什么内容。

定义的办法有很多种，如果在现有的其他系统中也用到了标签，我们不妨直接取经，以该系统中的定义为准。一般来说，人们大都会使用过塑类型的标签或圆形标签，在标签上注明连接源设备和连接目的设备的主机名和端口号。

图 5.2.1 定义线缆标签的种类和标注的内容

一般多使用过塑类型的标签或圆形标签

连接源设备的主机名和端口号
连接目的设备的主机名和端口号

① 出于对数据安全的考虑，有些网络环境可能不允许使用标签。遇到这种情况时应和系统管理人员协商解决。

5.2.2.2 本体标签

我们对贴在设备本体上的标签也应做出定义，定义将它们贴在哪里以及标注些什么内容。本体标签同样有多种定义的办法，如果在现有的其他系统中也用到了标签，我们不妨直接取经，以该系统中的定义为准。有些管理人员会对本体标签中的字体等比较介意，我们最好详细征询一下他们的意见。一般来说，设备本体的正、反面都应贴上标有主机名的标签。

5.2.4 确定密码

在管理设计中，我们还要为设备定义其专用密码。无论放置设备的数据中心建得有多么固若金汤，如果我们将设备密码随便地设成“password”，那么数据安全依然无从谈起，因为这种密码毕竟只是虚张声势的纸老虎而已。根据信息安全认证规格 ISMS（Information Security Management System，信息安全管理体系）的规定，好的密码必须具备以下几个条件。

（1）容易记忆。

（2）他人很难从本人的相关信息（如名字、电话号码、生日等）中推测或获取该密码。

（3）经得住字典式攻击（即无法从字典中包含的单词或短语破解密码）。

（4）不是重复同样的文字，不仅是数字或字母的长串罗列。

如果并不需要获得 ISMS 认证，我们大可不必严格遵守上面的条件。将密码设置得过于复杂，安全是得到了保证，但是可能会导致设置密码的人因忘记密码而无法登录系统。不过，至少我们应该避免将密码设置成用户能够轻易想到的内容。有些设备可以在浏览层面和设置层面分别设置几个不同的密码，对于这样的设备，我们绝不能图省事而都设成完全一样的密码，否则分层管理就形同虚设。所以我们千万不能偷懒，一定要给不同的层面分别设置不同的密码才行。此外，我们还要注意密码特有的一些限制条件，例如可以使用的字符类型、最大长度、是否区分大小写等。有些设备不能使用冒号、分号或反斜杠等特殊字符，这些都需要提前通过手册等确认。

5.2.5 定义运行管理网络

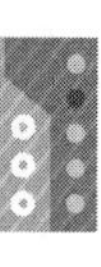

按照是否配置设备运行管理专用网络可以将网络设备的运行管理模式分为两种，分别是带外管理（Out-Of-Band，OOB）模式和带内管理（inband）模式。

带外管理模式是指设备的运行管理使用专用的 Trusted 网络（下文通称“运行管理网络”），与提供服务的网络分隔开，一般大型网络都会采用这种模式。最近的网络设备除了一般的服务端口外,还提供了运行管理专用的管理端口[①]。我们只需要为管理端口分配运行管理网络的 IP 地址，然后就可以通过该端口执行 NTP、SNMP、Syslog、访问 GUI、访问 CLI 等操作，以此完成与运行管理相关的通信。带外管理的优点是，即使与服务相关的通信接近网络的处理极限，运行管理工作也不会受到任何影响。另外，运行管理通信是在可信任网络中进行的，我们不需要担心数据的安全性。但是，它也有缺点，那就是需要提前配置一个可信任的运行管理专用网络。

带内管理模式是指将提供服务的网络同时作为运行管理网络使用，一般中小型网络大多采用这种模式。这种模式下，设备的运行管理端口不是管理端口，而是提供服务的端口。带内管理的优点在于不需要另行配置运行管理专用网络。但是，缺点就是与服务相关的通信量接近极限时，运行管理工作可能就无法实施。此外，我们还需要想办法保证运行管理通信的数据安全性。

表 5.2.2 网络设备的运行管理形态

管理方法	带外管理	带内管理
采用的网络规模	大型网络	中小型网络
运行管理专用的网络（VLAN）	需要	不需要
用于运行管理的端口	管理端口	服务端口
运行管理端口的数据安全措施	不需要	需要
服务通信接近极限时对运行管理通信的影响	无	有

5.2.6 管理设置信息

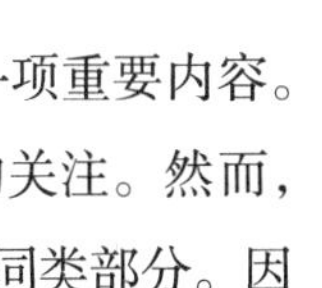

应如何备份网络设备的设置信息、又应如何将它们还原，这也是管理设计的一项重要内容。人们往往十分重视服务器的备份和恢复，对网络设备的备份和恢复却没有足够的关注。然而，网络设备的设置信息承载着整个系统的根基和主干，其重要性绝不亚于服务器中的同类部分。因此，对于网络设备的设置信息，我们一定要明确定义应在何时、何处、怎样去进行备份和恢复。

① 如果不具备管理端口，可以建立管理 VLAN 或者管理 VRF（Virtual Routing Forwarding，虚拟路由转发）的路由表，并将其分配给端口。

5.2.4.1 在备份设计中应定义时机、方式和保存地点

进行备份设计时要把握时机、方式和保存地点这 3 个要点，下面就简单说明一下这 3 个要点。

在修改设置之前备份

网络设备的备份不同于服务器的备份，人们一般很少会去定期执行。当然，我们可以通过专用的管理工具去定期执行备份。最近，也可以利用网络设备中的 cron① 功能定期安排备份了。不过在大多数情况下，人们都是在修改设置之前去备份的。

为不同的设备定义不同的备份方式

设备不同，备份方式就会有所不同。有些设备甚至专门配置了生成备份文件用的菜单，足见差别之大。所以，我们务必仔细确认需要备份什么信息以及通过什么协议去执行备份，针对不同的设备定义不同的备份方式。

定义将备份文件保存到什么地方

我们还必须定义应将备份文件保存到哪里。如果将每台设备的备份文件都保存到不同的地方就毫无统一性可言了，只会引起管理上的混乱。另外，我们还要注意备份文件名的格式，同样，如果各自使用不同的格式就会杂乱无章，导致我们会连最基本的设备设置时间都无从得知。总而言之，各个方面我们都必须进行统一的规划，保持管理的统一性。

图 5.2.2 在备份设计中定义备份的时机、方式和保存地点

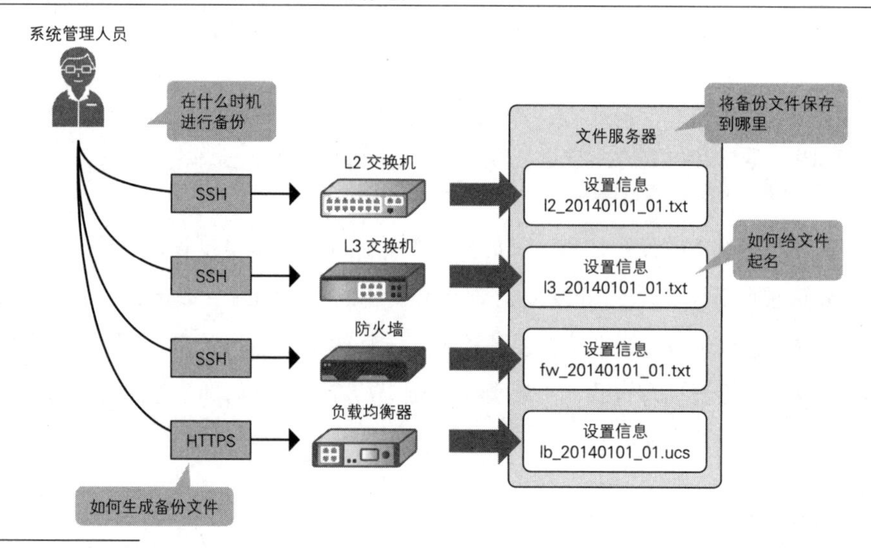

① cron 是一种能够定期执行 job 的功能。

5.2.4.2 发生故障时执行恢复处理

和服务器的恢复处理一样，网络设备的恢复处理也是在发生故障时执行的。至于采用什么恢复方式则和备份一样取决于设备本身。我们要预先确认各种设备分别应该采取怎样的恢复方式，然后明确做出定义。对某些设备和设置项目的数量来说，在发生故障的时候与其执行恢复处理，还不如直接重新设置。对于这样的设备，我们应将其作为例外单独定义。总而言之，在恢复处理的设计中，系统快速起死回生的命门掌握在清晰明确的各种定义当中。

图 5.2.3 发生故障时执行恢复处理

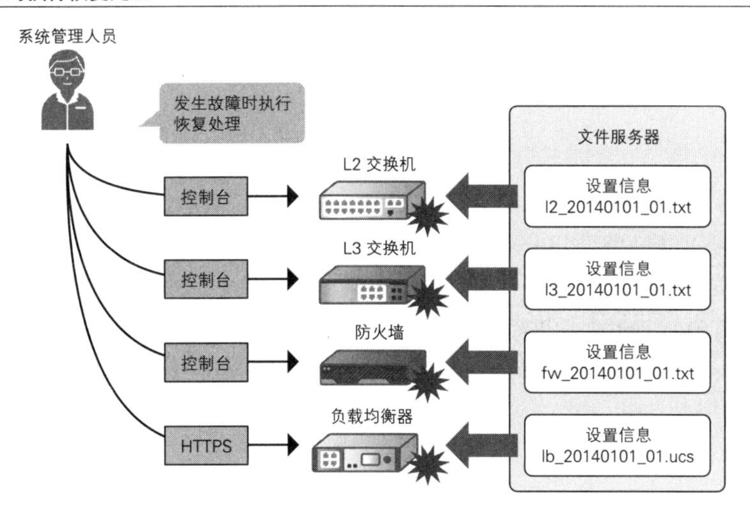

版权声明